"101 计划"核心教材
数学领域

最优化方法与理论

文再文 袁亚湘 编著

中国教育出版传媒集团

高等教育出版社·北京

内容简介

本书介绍最优化的基本概念、典型案例、基本理论和优化算法。典型案例来自数据科学、机器学习、人工智能、图像和信号处理等领域，基本理论覆盖最优解的存在性和唯一性、各类优化问题的一阶或二阶最优性条件、对偶理论等，优化算法包括无约束优化算法、约束优化算法、复合优化算法。全书案例丰富，理论详实，展现了最优化的"实践—算法—理论—实践"这一特点。书中配备了适量的习题，这些习题难易兼顾、层次分明，为正文的内容提供补充，并可检验读者的学习效果。

本书可作为高等学校数学类专业、数据科学相关专业的教材或参考书，供研究生和本科生高年级学生使用，也可供从事运筹学、计算数学、图像和信号处理、机器学习、人工智能等领域的科技工作者参考。

总　序

　　自数学出现以来，世界上不同国家、地区的人们在生产实践中、在思考探索中以不同的节奏推动着数学的不断突破和飞跃，并使之成为一门系统的学科。尤其是进入 21 世纪之后，数学发展的速度、规模、抽象程度及其应用的广泛和深入都远远超过了以往任何时期。数学的发展不仅是在理论知识方面的增加和扩大，更是思维能力的转变和升级，数学深刻地改变了人类认识和改造世界的方式。对于新时代的数学研究和教育工作者而言，有责任将这些知识和能力的发展与革新及时体现到课程和教材改革等工作当中。

　　数学 "101 计划" 核心教材是我国高等教育领域数学教材的大型编写工程。作为教育部基础学科系列 "101 计划" 的一部分，数学 "101 计划" 旨在通过深化课程、教材改革，探索培养具有国际视野的数学拔尖创新人才，教材的编写是其中一项重要工作。教材是学生理解和掌握数学的主要载体，教材质量的高低对数学教育的变革与发展意义重大。优秀的数学教材可以为青年学生打下坚实的数学基础，培养他们的逻辑思维能力和解决问题的能力，激发他们进一步探索数学的兴趣和热情。为此，数学 "101 计划" 工作组统筹协调来自国内 16 所一流高校的师资力量，全面梳理知识点，强化协同创新，陆续编写完成符合数学学科 "教与学"特点，体现学术前沿，具备中国特色的高质量核心教材。此次核心教材的编写者均为具有丰富教学成果和教材编写经验的数学家，他们当中很多人不仅有国际视野，还在各自的研究领域作出杰出的工作成果。在教材的内容方面，几乎是包括了分析学、代数学、几何学、微分方程、概率论、现代分析、数论基础、代数几何基础、拓扑学、微分几何、应用数学基础、统计学基础等现代数学的全部分支方向。考虑到不同层次的学生需要，编写组对个别教材设置了不同难度的版本。同时，还及时结合现代科技的最新动向，特别组织编写《人工智能的数学基础》等相关教材。

　　数学 "101 计划" 核心教材得以顺利完成离不开所有参与教材编写和审订的专家、学者及编辑人员的辛勤付出，在此深表感谢。希望读者们能通过数学 "101计划" 核心教材更好地构建扎实的数学知识基础，锻炼数学思维能力，深化对数学的理解, 进一步生发出自主学习探究的能力。期盼广大青年学生受益于这套核心教材, 有更多的拔尖创新人才脱颖而出!

田 刚

数学 "101 计划" 工作组组长

中国科学院院士

北京大学讲席教授

前　言

　　最优化计算方法是运筹学、计算数学、机器学习和数据科学与大数据技术等专业的一门核心课程。最优化问题通常需要对实际需求进行定性和定量分析，建立恰当的数学模型来描述该问题，设计合适的计算方法来寻找问题的最优解，探索研究模型和算法的理论性质，考察算法的计算性能等。最优化算法广泛应用于科学与工程计算、数据科学、机器学习、人工智能、图像和信号处理、金融和经济、管理科学等众多领域。本书将介绍最优化的基本概念、典型案例、基本算法和理论，培养学生解决实际问题的能力。

　　本书可作为数学优化、运筹学、计算数学、机器学习、人工智能、计算机科学和数据科学等方向的本科生或研究生教材，以及相关研究人员的参考书。通过本书的学习，希望读者能掌握最优化的基本概念、最优性理论、一些典型的最优化问题（如凸优化、无约束优化、约束优化、复合优化，等等）的建模或判别、相关优化问题的基本计算方法，能学会调用基于 MATLAB 或 Python 等语言的典型优化软件程序求解一些标准的优化问题，可以灵活运用所讲授的算法和理论求解一些非标准的优化问题，并锻炼对实际问题建立最优化模型、选择合适的现有软件包和算法、遇到没有现成算法自己实现简单算法等能力。

　　本书从四个方面进行讲述。

　　• **基础知识**：第二章介绍最优化建模和算法中经常需要使用的一些基础知识，包括范数、导数、凸集、凸函数、共轭函数、次梯度等。

　　• **无约束优化算法**：第三章先介绍无约束优化最优性理论，包括最优解的存在性、无约束可微问题和无约束不可微问题等。然后介绍无约束优化算法，包括线搜索方法、梯度类算法、次梯度算法、共轭梯度法、牛顿（Newton）类算法、拟牛顿类算法、信赖域算法、非线性最小二乘问题算法。

　　• **约束优化算法**：第四章先介绍带约束优化问题的对偶理论和一阶、二阶最优性条件。然后介绍约束优化算法，包括罚函数法、增广拉格朗日（Lagrange）函数法及其在典型凸优化问题的原始问题和对偶问题上的具体应用、逐步二次规划。

　　• **复合优化算法**：第五章介绍复合优化算法，包括近似点梯度法、Nesterov 加速算法、分块坐标下降法、交替方向乘子法、随机优化算法。

　　本书主要概念配有详细的例子来解释，主要优化算法的介绍包含算法描述、应用举例和收敛性分析三个方面。在算法描述方面，本书侧重于算法的基本思想和直观解释；在应用举例方面，针对几乎所有算法写出了其在稀疏优化或逻辑回归等典型问题中的具体形式和求解过程，给出了最优性度量与迭代步数关系等数值结果。相关程序也可以从作者主页下载，读者可方便地比较各种算法的特点。

　　本书各部分内容的难易程度有些差异，比较难的部分在小节标题标注星号。理论和算法涉及的基础知识也有较大差异，比如向量导数、凸集、凸函数、线性代数等在低年级课程中大多已经覆盖，但是矩阵函数及其导数、共轭函数、次梯度等可能讲述很少。因此讲授或阅读时可以根据具体情况进行选择，不一定要按照章节的顺序进行。例如次梯度、无约束不可微问题的最优性理论和次梯度算法等涉及非光滑函数的基础部分可以考虑放在光滑函数的梯度类算法之后再讲授或阅读。

　　最优化理论与算法内涵十分丰富，本书涉及的各方面仍然比较初步和浅略。更全面的应用场景、更深入的理论探讨和更详细的算法设计需读者进一步查阅相关章节给出的参考文献。由于篇幅限制，有很多重要内容没有讲述，如连续优化里的无导数优化、线性规划单纯形法和更详细的内点法、二次锥规划和半定规划的内点法、非线性规划的内点法等。本书也没有讲述带微分方程约束优化、流形约束优化、鲁棒优化、整数规划、组合优化、次模优化、动态规划等应用广泛的知识，感兴趣的读者可以阅读相关文献。

　　诚挚感谢教育部本科教育教学改革试点工作（"101 计划"）组对本书的规划和内容给予的宝贵意见。非常感谢北京大学北京国际数学研究中心和数学科学学院、中国科学院数学与系统科学研究院计算数学与科学工程计算研究所等的长期资助和支持。

　　本书基于高等教育出版社出版的《最优化: 建模、算法与理论》和《最优化计算方法》整合修改，感谢刘浩洋、户将和李勇锋的付出与努力。本书写作也参考了 Jorge Nocedal 教授和 Stephen Wright 教授的 *Numerical Optimization*，Stephen Boyd 教授和 Lieven Vandenberghe 教授的 *Convex Optimization* 等经典教材。Lieven Vandenberghe 教授在加州大学洛杉矶分校多门课程的讲义对本书的整理帮助很大。也特别感谢加州大学洛杉矶分校印卧涛教授慷慨分享稀疏优化、交替方向乘子法、坐标下降法等很多方面的内容。

　　本书内容在北京大学数学科学学院多次开设的"凸优化""最优化方法"和"大数据分析中的算法"课程中使用，感谢课题组同学在初稿整理方面的支持，如刘普凡在内容简介，金泽宇在数值代数基础和 Nesterov 加速算法，许东在数学分析基础，杨明瀚在无约束光滑函数优化方法，柳伊扬在无约束非光滑函数优化算法，柳昊明在近似点梯度法，刘德斌在罚函数法，赵明明在对偶函数方法，王金鑫在交替方向乘子法及其变形，陈铖和谢中林在书稿整理等方面的帮助。感谢邹海军对本书的整理。习题答案由丁思哲、邓展望、李天佑、陈铖、谢中林和俞建江协助准备。电子教案讲义由朱桢源、谢中林、邓展望、丁思哲、华奕轩和李煦恒协助准备。配套代码与教材网页由杨昊桐协助准备。同时也感谢高等教育出版社编辑精心细致的校稿和修改。

限于作者的知识水平，书中恐有不妥之处，恳请读者不吝批评和指正。

文再文、袁亚湘

2024 年 2 月于北京

目 录

第一章

最优化简介

最优化问题 (也称优化问题) 泛指定量决策问题, 主要关心如何对有限资源进行有效分配和控制, 并达到某种意义上的最优. 它通常需要对需求进行定性和定量分析, 建立恰当的数学模型来描述该问题, 设计合适的计算方法来寻找问题的最优解, 探索研究模型和算法的理论性质, 考察算法的计算性能等. 由于很多数学问题难以直接给出显式解, 最优化模型就成为人们最常见的选择, 计算机的高速发展也为最优化方法提供了有力辅助工具. 因此最优化方法被广泛应用于科学与工程计算、金融与经济、管理科学、工业生产、图像与信号处理、数据分析与人工智能、计算物理与化学等众多领域.

本章将介绍最优化问题的一般形式和一些重要的基本概念, 并通过实际应用中的例子让读者更加直观地理解最优化问题.

1.1　最优化问题概括

1.1.1　最优化问题的一般形式

最优化问题一般可以描述为

$$
\begin{aligned}
&\min \quad f(x), \\
&\text{s.t.} \quad x \in \mathcal{X},
\end{aligned}
\tag{1.1.1}
$$

其中 $x = (x_1, x_2, \cdots, x_n)^{\mathrm{T}} \in \mathbb{R}^n$ 是**决策变量**, $f \colon \mathbb{R}^n \to \mathbb{R}$ 是**目标函数**, $\mathcal{X} \subseteq \mathbb{R}^n$ 是**约束集合**或**可行域**, 可行域包含的点称为**可行解**或**可行点**. 记号 s.t. 是 "subject to" 的缩写, 专指约束条件. 当 $\mathcal{X} = \mathbb{R}^n$ 时, 问题 (1.1.1) 称为无约束优化问题. 集合 $\mathcal{X}$ 通常可以由约束函数 $c_i(x) \colon \mathbb{R}^n \to \mathbb{R}, i = 1, 2, \cdots, m + l$ 表达为如下具体形式:

$$
\begin{aligned}
\mathcal{X} = \{x \in \mathbb{R}^n \mid\ &c_i(x) \leqslant 0, \quad i = 1, 2, \cdots, m, \\
&c_i(x) = 0, \quad i = m+1, m+2, \cdots, m+l\}.
\end{aligned}
$$

在所有满足约束条件的决策变量中, 使目标函数取最小值的变量 x^* 称为优化问题 (1.1.1) 的最优解, 即对任意 $x \in \mathcal{X}$ 都有 $f(x) \geqslant f(x^*)$. 如果我们求解在约束集合 $\mathcal{X}$ 上目标函数 $f(x)$ 的最大值, 则问题 (1.1.1) 的 "min" 应相应地替换为 "max". 注意到在集合 $\mathcal{X}$ 上, 函数 f 的最小 (最大) 值不一定存在, 但是其下 (上) 确界 "inf f(sup f)" 总是存在的. 因此, 当目标函数的最小 (最大) 值不存在时, 我们便关心其下 (上) 确界, 即将问题 (1.1.1) 中的 "min(max)" 改为 "inf(sup)". 为了叙述简便, 问题 (1.1.1) 中 x 为 $\mathbb{R}^n$ 空间中的向量. 实际上, 根据具体应用和需求, x 还可以是矩阵、多维数组或张量等, 本书介绍的很多理论和算法可以相应推广.

由于本书涉及较多公式, 请读者根据上下文区分公式中的标量、向量、矩阵. 在不加说明的情况下, 向量一般用小写英文字母或希腊字母表示, 矩阵一般用大写英文字母或希腊字母表示. 公式中的标量可能使用多种记号, 需要根据上下文确定. 读者也可参考书后符号表.

1.1.2　最优化问题的类型与应用背景

最优化问题 (1.1.1) 的具体形式非常丰富, 我们可以按照目标函数、约束函数以及解的性质将其分类. 按照目标函数和约束函数的形式来分: 当目标函数和约束函数均为线性函数时, 问题 (1.1.1) 称为线性规划; 当目标函数和约束函数中至少有一个为非线性函数时, 相应的问题称为非线性规划; 若目标函数是二次函数而约束函数是线性函数则称为二次规划; 包含非光滑函数的问题称为非光滑优化; 不能直接求导数的问题称为无导数优化; 变量只能取整数的问题称为整数规划; 在线性约束下极小化关于半正定矩阵的线性函数的问题称为半定规划, 其广义形式为锥规划. 按照最优解的性质来分: 最优解只有少量非零元素的问题称为稀疏优化; 最优解是低秩矩阵的问题称为低秩矩阵优化. 此外还有几何优化、二次锥规划、张量优化、鲁棒优化、全局优化、组合优化、网络规划、随机优化、动态规划、带微分方程约束优化、微分流约束优化、分布式优化等. 就具体应用而言, 问题 (1.1.1) 可涵盖统计学习、压缩感知、最优运输、信号处理、图像处理、机器学习、强化学习、模式识别、金融工程、电力系统等领域的优化模型.

需要指出的是, 数学建模很容易给出应用问题不同的模型, 可以对应性质很不相同的问题, 其求解难度和需要的算法也将差别很大. 在投资组合优化中, 人们希望通过寻求最优的投资组合以降低风险、提高收益. 这时决策变量 x_i 表示在第 i 项资产上的投资额, 向量 $x \in \mathbb{R}^n$ 表示整体的投资分配. 约束条件可能为总资金数、每项资产的最大 (最小) 投资额、最低收益等. 目标函数通常是某种风险度量. 若是极小化收益的方差, 则该问题是典型的二次规划; 若极小化风险价值 (value at risk) 函数, 则该问题是混合整数规划; 若极小化条件风险价值 (conditional value at risk) 函数, 则该问题是非光滑优化, 也可以进一步化成线性规划.

在本章后面的三节中, 我们通过一些实际应用中的例子更直观、深入地理解最优化问题. 由于篇幅限制, 我们通常只简要给出它们的一些典型形式, 而且叙述并不严格, 主要是提供这些应用的大致形式, 详细的定义和描述请读者参考本书后面的章节或者相关参考文献. 本书的目标之一是使得读者通过学习本书的理论和算法, 能用算法软件包来求解这些模型, 并了解这些算法有哪些优缺点, 更进一步地, 使得读者能独立设计类似问题的算法.

1.2 实例: 稀疏优化

考虑线性方程组求解问题:

$$Ax = b, \tag{1.2.1}$$

其中向量 $x \in \mathbb{R}^n$, $b \in \mathbb{R}^m$, 矩阵 $A \in \mathbb{R}^{m \times n}$, 且向量 b 的维数远小于向量 x 的维数, 即 $m \ll n$. 在自然科学和工程中常常遇到已知向量 b 和矩阵 A, 想要重构向量 x 的问题. 例如在信号传输过程中, 希望通过接收到长度为 m 的数字信号精确地重构原始信号. 注意到由于 $m \ll n$, 方程组 (1.2.1) 是欠定的, 因此存在无穷多个解, 重构出原始信号看似很难. 所幸的是, 这些解当中大部分是我们不感兴趣的, 真正有用的解是所谓的 "稀疏解", 即原始信号中有较多的零元素. 如果加上稀疏性这一先验信息, 且矩阵 A 以及原问题的解 u 满足某些条件, 那么我们可以通过求解稀疏优化问题把 u 与方程组 (1.2.1) 的其他解区别开. 这类技术广泛应用于压缩感知 (compressive sensing), 即通过部分信息恢复全部信息的解决方案.

先来看一个具体的例子. 在 MATLAB 环境里构造 A, u 和 b:

```matlab
m = 128; n = 256;
A = randn(m, n);
u = sprandn(n, 1, 0.1);
b = A * u;
```

在这个例子中, 我们构造了一个 128×256 矩阵 A, 它的每个元素都服从高斯 (Gauss) 随机分布. 精确解 u 只有 10% 的元素非零, 每一个非零元素也服从高斯分布. 这些特征可以在理论上保证 u 是方程组 (1.2.1) 唯一的非零元素最少的解, 即 u 是如下 ℓ_0 范数[①]问题的最优解:

$$\begin{aligned} \min_{x \in \mathbb{R}^n} \quad & \|x\|_0, \\ \text{s.t.} \quad & Ax = b. \end{aligned} \tag{1.2.2}$$

其中 $\|x\|_0$ 是指 x 中非零元素的个数. 由于 $\|x\|_0$ 是不连续的函数, 且取值只可能是整数, 问题 (1.2.2) 实际上是 NP(non-deterministic polynomial) 难的, 求解起来非常困难. 因此当 n 较大时通过直接求解问题 (1.2.2) 来恢复出原始信号 u 是行不通的. 那有没有替代的方法呢? 答案是有的. 若定义 ℓ_1 范数: $\|x\|_1 = \sum_{i=1}^n |x_i|$, 并将其替换到问题 (1.2.2) 当中, 我们得到了另一个形式上非常相似的问题 (又称 ℓ_1 范数优化问题, 基追踪问题):

---

① 实际上, ℓ_0 范数不是一个范数, 这里为了叙述统一而采用了这个术语, 读者应当注意这个区别.

$$\min_{x \in \mathbb{R}^n} \quad \|x\|_1,$$
$$\text{s.t.} \quad Ax = b. \tag{1.2.3}$$

令人惊讶的是, 可以从理论上证明: 若 A, b 满足一定的条件 (例如使用前面随机产生的 A 和 b), 向量 u 也是 ℓ_1 范数优化问题 (1.2.3) 的唯一最优解. 这一发现的重要之处在于, 虽然问题 (1.2.3) 仍没有显式解, 但与问题 (1.2.2) 相比难度已经大大降低. 前面我们提到 ℓ_0 范数优化问题是 NP 难问题, 但 ℓ_1 范数优化问题的解可以非常容易地通过现有优化算法得到! 从这个例子不难发现, 优化学科的研究能够极大程度上帮助我们攻克现有的困难问题. 既然有如上令人兴奋的结果, 我们是否能使用其他更容易求解的范数替代 ℓ_0 范数呢? 事实并非如此. 如果简单地把 ℓ_1 范数修改为 ℓ_2 范数: $\|x\|_2 = \left(\sum_{i=1}^n x_i^2 \right)^{1/2}$, 即求解如下优化问题:

$$\min_{x \in \mathbb{R}^n} \quad \|x\|_2,$$
$$\text{s.t.} \quad Ax = b. \tag{1.2.4}$$

几何学的知识表明, 问题 (1.2.4) 实际上就是原点到仿射集 $Ax = b$ 的投影, 我们可以直接写出它的显式表达式. 但遗憾的是, u 并不是问题 (1.2.4) 的解. 事实上, 图 1.1(a)—(c) 分别给出了一组随机数据下的 u, 以及问题 (1.2.3) 和问题 (1.2.4) 的数值解. 可以看出图 1.1(a) 和 (b) 是完全一样的, 而 (c) 则与 u 相去甚远, 虽然隐约能看出数据点的大致趋势, 但已经不可分辨非零元素的具体位置.

为什么会出现这种情况呢? 这要追溯到 ℓ_0, ℓ_1, ℓ_2 范数的性质. 下面用图示的方式来直观说明为什么 ℓ_1 范数优化问题的解具有稀疏性而 ℓ_2 范数优化问题的解不具有该性质. 为了方便起见, 我们在二维空间上讨论求解欠定方程组 $Ax = b$, 此时 $Ax = b$ 是一条直线. 在几何上, 三种优化问题实际上要找到最小的 C, 使得 "范数球" $\{x \mid \|x\| \leqslant C\}$ ($\|\cdot\|$ 表示任何一种范数) 恰好与 $Ax = b$ 相交. 而图 1.2 分别展示了三种范数球的几何直观: 对 ℓ_0 范数, 当 $C = 2$ 时 $\{x \mid \|x\|_0 \leqslant C\}$ 是全平面, 它自然与 $Ax = b$ 相交, 而当 $C = 1$ 时退化成两条直线 (坐标轴), 此时问题的解是 $Ax = b$ 和这两条直线的交点; 对 ℓ_1 范数, 根据 C 不同 $\{x \mid \|x\|_1 \leqslant C\}$ 为一系列正方形, 这些正方形的顶点恰好都在坐标轴上, 而最小的 C 对应的正方形和直线 $Ax = b$ 的交点一般都是顶点, 因此 ℓ_1 范数的解有稀疏性; 对 ℓ_2 范数, 当 C 取值不同时 $\{x \mid \|x\|_2 \leqslant C\}$ 为一系列圆, 而圆有光滑的边界, 它和直线 $Ax = b$ 的切点可以是圆周上的任何一点, 所以 ℓ_2 范数优化问题一般不能保证解的稀疏性.

问题 (1.2.3) 的理论和算法研究在 2006 年左右带来了革命性的影响. 理论上研究的课题包括什么条件下问题 (1.2.3) 的解具有稀疏性、如何改进这些条件、如何推广这些条件到其他应用. 常见的数据矩阵 A 一般由离散余弦变换、小波变换、傅里叶 (Fourier) 变换等生成. 虽然这些矩阵本身并没有稀疏性, 但通常具有很好的分析性质, 保证稀疏

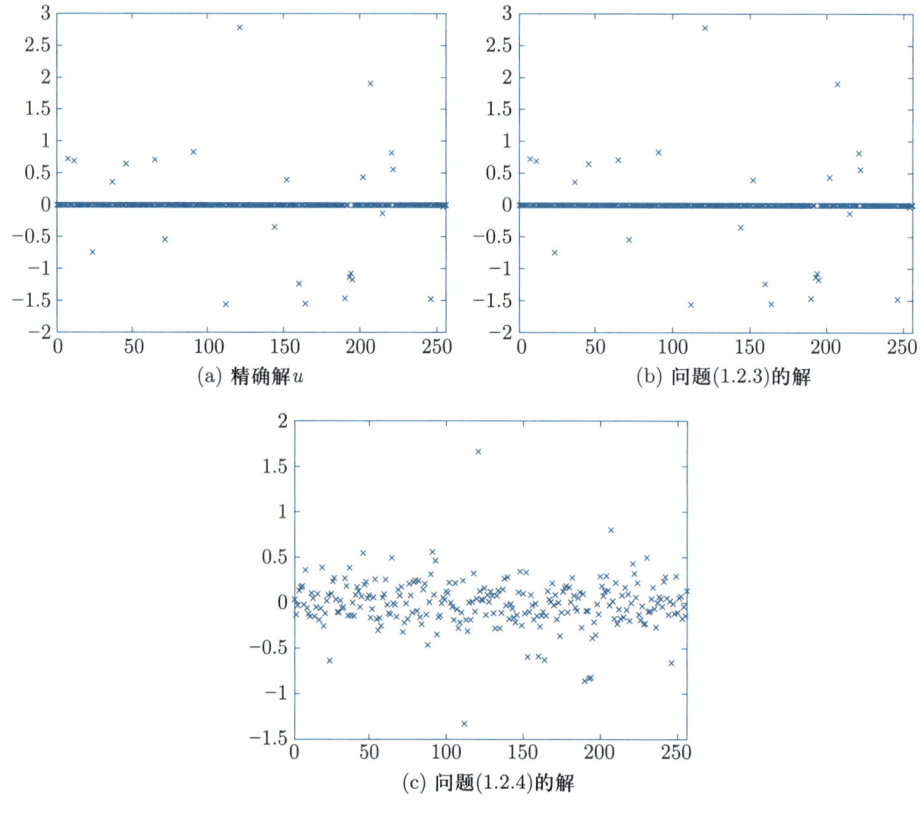

(a) 精确解u (b) 问题(1.2.3)的解

(c) 问题(1.2.4)的解

图 1.1   稀疏优化的例子

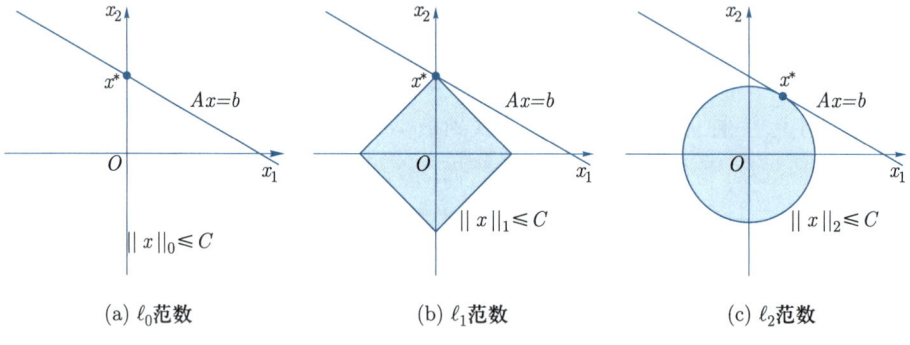

(a) ℓ_0范数   (b) ℓ_1范数   (c) ℓ_2范数

图 1.2   三种范数优化问题求解示意图

解的存在性. 注意到绝对值函数在零点处不可微, 问题 (1.2.3) 是非光滑优化问题. 虽然它可以等价于线性规划问题, 但是数据矩阵 A 通常是稠密矩阵, 甚至 A 的元素未知或者不能直接存储, 只能提供 Ax 或 $A^{\mathrm{T}}y$ 等运算结果. 在这些特殊情况下, 线性规划经典的单纯形法和内点法通常不太适用于求解大规模的问题 (1.2.3). 本书的一个主要目的就是根据这些问题的特点设计合适的算法进行求解. 需要强调的是, 问题 (1.2.3) 主要特点是其最优解是稀疏向量, 它是稀疏优化的一种典型形式.

本书还将考虑带 ℓ_1 范数正则项的优化问题

$$\min_{x\in\mathbb{R}^n} \quad \mu\|x\|_1 + \frac{1}{2}\|Ax - b\|_2^2, \tag{1.2.5}$$

其中 $\mu > 0$ 是给定的正则化参数. 问题 (1.2.5) 又称为 LASSO(least absolute shrinkage and selection operator), 该问题可以看成是问题 (1.2.3) 的二次罚函数形式. 由于它是无约束优化问题, 形式上看起来比问题 (1.2.3) 简单. 本书大部分数值算法都将针对问题 (1.2.3) 或问题 (1.2.5) 给出具体形式. 因此全面掌握它们的求解方法是掌握基本最优化算法的一个标志.

1.3 实例: 低秩矩阵恢复

某视频网站提供了约 48 万用户对 1.7 万部电影的上亿条评级数据, 希望对用户的电影评级进行预测, 从而改进用户电影推荐系统, 为每个用户更有针对性地推荐影片.

显然每一个用户不可能看过所有的电影, 每一部电影也不可能收集到全部用户的评级. 电影评级由用户打分 1 星到 5 星表示, 记为取值 1~5 的整数. 我们将电影评级放在一个矩阵 M 中, 矩阵 M 的每一行表示不同用户, 每一列表示不同电影. 由于用户只对看过的电影给出自己的评价, 矩阵 M 中很多元素是未知的. 图 1.3 给出了用户电影评级矩阵 M 的一个简单示例. 令 Ω 是矩阵 M 中所有已知评级元素的下标的集合, 则该问题可以初步描述为构造一个矩阵 X, 使得在给定位置的元素等于已知评级元素, 即满足 $X_{ij} = M_{ij}, (i,j) \in \Omega$. 不难看出满足这个条件的矩阵 X 有无穷多个, 那么如何得到一个真正有价值的 X 呢? 这就需要分析 X 应该具有什么样的结构. 类型相似的电影获得的评分往往是类似的, 这意味着这些电影在矩阵 M 中所对应的列也是相似的, 因此矩阵 M 的列可能是亏秩的; 同样地, 相似人群对不同电影的评分也可能是相似的, 它们在矩阵 M 中所对应的行也是相似的, 因此矩阵 M 的行也可能是亏秩的. 因此寻找一个低秩矩阵 X 可能给出很好的解. 令 $\mathrm{rank}(X)$ 为矩阵 X 的秩, 该问题可以表达为

$$\begin{aligned}\min_{X\in\mathbb{R}^{m\times n}} \quad & \mathrm{rank}(X),\\ \text{s.t.} \quad & X_{ij} = M_{ij}, (i,j) \in \Omega.\end{aligned} \tag{1.3.1}$$

这类问题称为低秩矩阵恢复 (low rank matrix completion). 其约束条件保证了构造的低秩矩阵 X 与 M 中的所有已知元素完全相同. 但是极小化矩阵的秩是 NP 难的问题, 如何将其化成一个容易求解的问题呢? 这里仍然沿用稀疏优化的思想. 在稀疏优化问题中, 我们将 ℓ_0 范数换成了 ℓ_1 范数. 而 $\mathrm{rank}(X)$ 正好是矩阵 X 所有非零奇异值的个数, 根据稀疏优化的思想, 我们将其更换成所有非零奇异值 σ_i 的和, 即矩阵 X 的核范

数 (nuclear norm): $\|X\|_* = \sum_i \sigma_i(X)$. 因此问题 (1.3.1) 就变成

$$\min_{X \in \mathbb{R}^{m \times n}} \quad \|X\|_*,$$
$$\text{s.t.} \quad X_{ij} = M_{ij}, \ (i,j) \in \Omega. \tag{1.3.2}$$

	电影1	电影2	电影3	电影4	$\cdots$	电影n
用户1	4	?	?	3	$\cdots$	?
用户2	?	2	4	?	$\cdots$	?
用户3	3	?	?	?	$\cdots$	?
用户4	2	?	5	?	$\cdots$	?
$\vdots$	$\vdots$	$\vdots$	$\vdots$	$\vdots$		$\vdots$
用户m	?	3	?	4	$\cdots$	?

图 1.3 用户电影评级矩阵 M 示例

可以证明问题 (1.3.2) 是一个凸优化问题, 并且在一定条件下它与问题 (1.3.1) 等价. 也可以将问题 (1.3.2) 转换为一个半定规划问题, 但是目前半定规划算法所能有效求解的问题规模限制了这种技术的实际应用. 同样地, 考虑到观测可能出现误差, 对于给定的参数 $\mu > 0$, 我们也写出该问题的二次罚函数形式:

$$\min_{X \in \mathbb{R}^{m \times n}} \quad \mu\|X\|_* + \frac{1}{2} \sum_{(i,j) \in \Omega} (X_{ij} - M_{ij})^2. \tag{1.3.3}$$

类似于稀疏优化问题 (1.2.3) 和 (1.2.5), 本书大部分数值算法都可以针对问题 (1.3.2) 或问题 (1.3.3) 给出具体形式.

1.4 实例: 深度学习

深度学习 (deep learning) 的起源可以追溯至 20 世纪 40 年代, 其雏形出现在控制论中. 近十年来深度学习又重新走入了人们的视野, 深度学习问题和算法的研究也经历了一次新的浪潮. 虽然卷积网络的设计受到了生物学和神经科学的启发, 但深度学习目前的发展早已超越了机器学习模型中的神经科学观点. 它用相对简单的函数来表达复杂的表示, 从低层特征概括到更加抽象的高层特征, 让计算机从经验中挖掘隐含的信息和价值. 本节我们将通过介绍多层感知机和卷积神经网络来了解优化模型在深度学习中的应用.

1.4.1 多层感知机

多层感知机 (multi-layer perceptron, MLP) 也叫作深度前馈网络 (deep feedforward network) 或前馈神经网络 (feedforward neural network), 它通过已有的信息或者知识来

对未知事物进行预测. 在神经网络中, 已知的信息通常用数据集来表示. 数据集一般分为训练集和测试集: 训练集用来训练神经网络, 从而使得神经网络能够掌握训练集上的信息; 测试集用来测试训练完的神经网络的预测准确性. 一个常见的任务是分类问题. 假设我们有一个猫和狗的图片集, 将其划分成训练集和测试集 (保证集合中猫和狗图片要有一定的比例). 神经网络是想逼近一个从图片到 $\{0,1\}$ 的函数, 这里 0 表示猫, 1 表示狗. 因为神经网络本身的结构和大量的训练集信息, 训练得到的函数与真实结果具有非常高的吻合性.

具体地, 给定训练集 $D = \{\{a_1, b_1\}, \{a_2, b_2\}, \cdots, \{a_m, b_m\}\}$, 假设数据 $a_i \in \mathbb{R}^p$, $b_i \in \mathbb{R}^q$. 为了方便处理模型里的偏差项, 还假设 a_i 的第一个元素等于 1, 即 $a_{i1} = 1$. 图 1.4 给出了一种由 p 个输入单元和 q 个输出单元构成的 $(L+2)$ 层感知机, 其含有一个输入层, 一个输出层和 L 个隐藏层. 该感知机的第 l 个隐藏层共有 $m^{(l)}$ 个神经元, 为了方便我们用 $l = 0$ 表示输入层, $l = L+1$ 表示输出层, 并定义 $m^{(0)} = p$ 和 $m^{(L+1)} = q$. 设 $y^{(l)} \in \mathbb{R}^{m^{(l)}}$ 为第 l 层的所有神经元, 同样地, 为了能够处理每一个隐藏层的信号偏差, 除输出层外, 我们令 $y^{(l)}$ 的第一个元素等于 1, 即 $y_1^{(l)} = 1, 0 \leqslant l \leqslant L$, 而其余的元素则是通过上一层的神经元的值进行加权求和得到. 令参数 $x = (x^{(1)}, x^{(2)}, \cdots, x^{(L+1)})$ 表示网络中所有层之间的权重, 其中 $x_{i,k}^{(l)}$ 是第 $(l-1)$ 隐藏层的第 k 个单元连接到第 l 隐藏层的第 i 个单元对应的权重, 则在第 l 隐藏层中, 第 i 个单元 ($i > 1$, 当 $l = L+1$ 时可取为 $i \geqslant 1$) 计算输出信息 $y_i^{(l)}$ 为

$$y_i^{(l)} = t(z_i^{(l)}), \quad z_i^{(l)} = \sum_{k=1}^{m^{(l-1)}} x_{i,k}^{(l)} y_k^{(l-1)}. \tag{1.4.1}$$

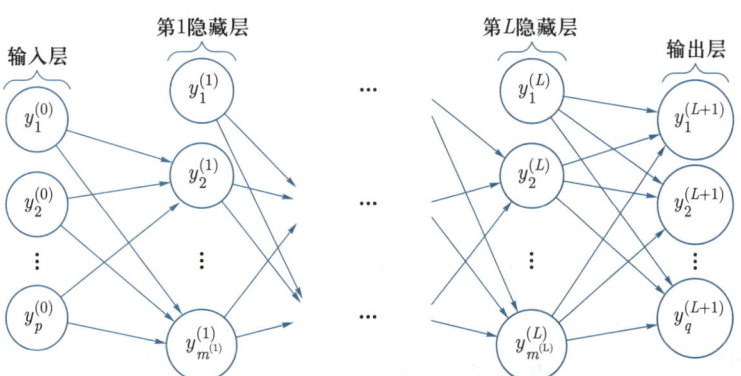

图 1.4 带 p 个输入单元和 q 个输出单元的 $(L+2)$ 层感知机的网络图, 第 l 个隐藏层包含 $m^{(l)}$ 个神经元

这里函数 $t(\cdot)$ 称为激活函数, 常见的类型有 Sigmoid 函数

$$t(z) = \frac{1}{1 + \exp(-z)},$$

Heaviside 函数

$$t(z) = \begin{cases} 1, & z \geqslant 0, \\ 0, & z < 0, \end{cases}$$

以及 ReLU 函数

$$t(z) = \max\{0, z\}. \tag{1.4.2}$$

整个过程可以描述为

$$y^{(0)} \xrightarrow{x^{(1)}} z^{(1)} \xrightarrow{t} y^{(1)} \xrightarrow{x^{(2)}} \cdots \xrightarrow{t} y^{(L+1)}.$$

　　容易看出, 多层感知机的每一层输出实际就是由其上一层的数值作线性组合再逐分量作非线性变换得到的. 若将 $y^{(0)}$ 视为自变量, $y^{(L+1)}$ 视为因变量, 则多层感知机实际上定义了一个以 x 为参数的函数 $h(a; x) : \mathbb{R}^p \to \mathbb{R}^q$, 这里 a 为输入层 $y^{(0)}$ 的取值. 当输入数据为 a_i 时, 其输出 $h(a_i; x)$ 将作为真实标签 b_i 的估计. 若选择平方误差为损失函数, 则我们得到多层感知机的优化模型:

$$\min_x \quad \sum_{i=1}^{m} \|h(a_i; x) - b_i\|_2^2 + \lambda r(x), \tag{1.4.3}$$

其中 $r(x)$ 是正则项, 用来刻画解的某些性质, 如光滑性或稀疏性等; λ 称为正则化参数, 用来平衡模型的拟合程度和解的性质. 如果 λ 太小, 那么对解的性质没有起到改善作用; 如果 λ 太大, 那么模型与原问题相差很大, 可能是一个糟糕的逼近.

1.4.2　卷积神经网络

　　卷积神经网络 (convolutional neural network, CNN) 是一种深度前馈人工神经网络, 专门用来处理如时间序列数据或是图像等网格数据. CNN 在计算机视觉、视频分析、自然语言处理等诸多领域有大量成功的应用. 与图 1.4 对应的全连接网络 (相邻两层之间的节点都是相连或相关的) 不同, 卷积神经网络的思想是通过局部连接以及共享参数的方式来大大减少参数量, 从而减少对数据量的依赖以及提高训练的速度. 典型的 CNN 网络结构通常由一个或多个卷积层、下采样层 (subsampling)① 和顶层的全连接层组成. 全连接层的结构与多层感知机的结构相同. 卷积层是一种特殊的网络层, 它首先对输入数据进行卷积操作产生多个特征映射, 之后使用非线性激活函数 (比如 ReLU) 对每个特征进行变换. 下采样层一般位于卷积层之后, 它的作用是减小数据维数并提取数据的多尺度信息, 其结果最终会输出到下一组变换.

---

　　① 有时也称为 "池化" (pooling).

给定一个二维图像 $I \in \mathbb{R}^{n \times n}$ 和卷积核 $K \in \mathbb{R}^{k \times k}$, 我们定义一种简单的卷积操作 $S = I * K$, 它的元素是

$$S_{i,j} = \langle I(i : i+k-1, j : j+k-1), K \rangle, \tag{1.4.4}$$

其中两个矩阵 X, Y 的内积是它们相应元素乘积之和, 即 $\langle X, Y \rangle = \sum_{i,j} X_{ij} Y_{ij}$, $I(i : i+k-1, j : j+k-1)$ 是矩阵 I 从位置 (i, j) 开始的一个 $k \times k$ 子矩阵. 图 1.5 给出了一个例子. 生成的结果 S 可以根据卷积核的维数、I 的边界是否填充、卷积操作时滑动的大小等相应变化.

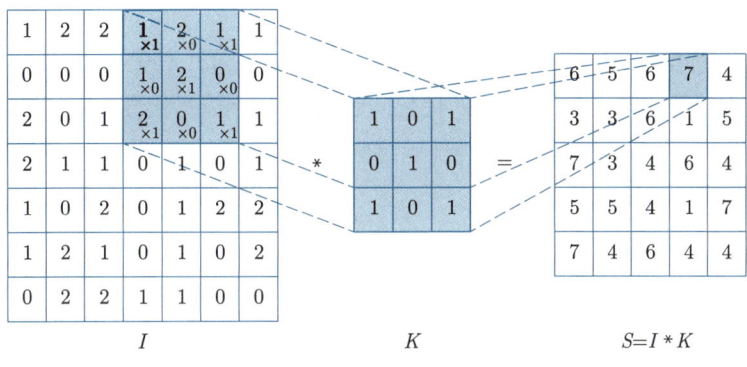

图 1.5　卷积操作

图 1.6 给出了下采样层的一个示例. 第 l 特征层是第 $(l-1)$ 特征层的下采样层. 具体地, 我们先将第 $(l-1)$ 层的每个矩阵划分成若干子矩阵, 之后将每个子矩阵里所有元素按照某种规则 (例如取平均值或最大值) 变换成一个元素. 因此, 第 $(l-1)$ 特征层每个小框里所有元素的平均值或最大值就对应于第 l 特征层的一个元素. 容易看出, 下采样层实际上是用一个数代表一个子矩阵, 经过下采样层变换后, 前一特征层矩阵的维数会进一步降低. 图 1.7 给出了一个简单的卷积神经网络示意图. 输入图片通过不同的卷积核生成的不同矩阵, 再经过非线性激活函数作用后生成第 1 层的特征; 第 2 层是第 1 层的下采样层; 第 3 层和第 4 层又是卷积层和下采样层; 第 5 层是全连接层; 第 6 层为

第 $(l-1)$特征层　　　　　　　第 l 特征层

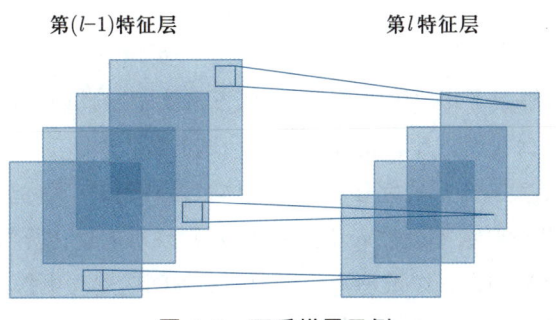

图 1.6　下采样层示例

输出层. 实际的卷积神经网络可达几十层甚至更多, 卷积核的大小、网络节点之间的连接方式也可以有很多变化, 从而生成不一样的模型.

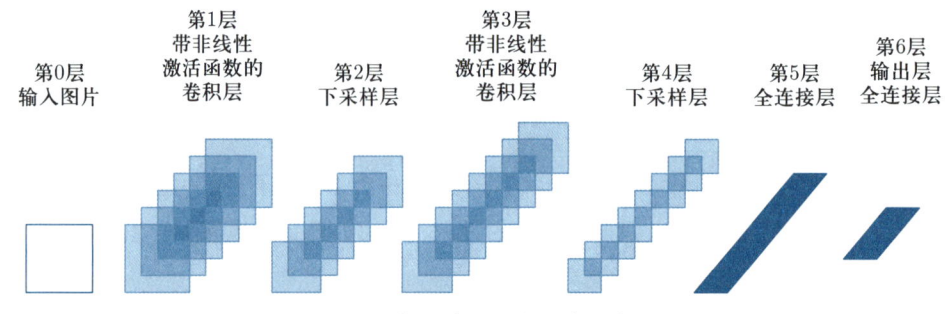

第0层
输入图片

第1层
带非线性
激活函数的
卷积层

第2层
下采样层

第3层
带非线性
激活函数的
卷积层

第4层
下采样层

第5层
全连接层

第6层
输出层
全连接层

图 1.7   卷积神经网络一种示意图

给定一个训练集 $D = \{\{a_1, b_1\}, \{a_2, b_2\}, \cdots, \{a_m, b_m\}\}$, 其中 a_i 是训练图片, b_i 是其对应的标签. 卷积神经网络对应的优化问题的形式仍可套用 (1.4.3), 但函数 $h(a_i; x)$ 由卷积神经网络构成, 而 x 是卷积神经网络的参数.

1.5   最优化的基本概念

一般来说, 最优化算法研究可以分为: 构造最优化模型、确定最优化问题的类型和设计算法、实现算法或调用优化算法软件包进行求解. 最优化模型的构造和实际问题紧密相关, 比如说, 给定二维欧几里得 (Euclid) 空间的若干个离散点, 假定它们可以通过一条直线分成两部分, 也可以通过一条曲线分成两部分, 那么分别使用直线与曲线所得到的最优化模型是不同的. 在问题 (1.1.1) 中, 目标函数 f 和约束函数 c_i 都是由模型来确定的. 在确定模型之后, 我们需要对模型对应的优化问题进行分类. 这里, 分类的必要性是因为不存在对于所有优化问题的一个统一的算法. 因此我们需要针对具体优化问题所属的类别, 来设计或者调用相应的算法求解器. 最后就是模型的求解过程. 同一类优化问题往往存在着不同的求解算法. 对于具体的优化问题, 我们需要充分利用问题的结构, 并根据问题的需求 (求解精度和速度等) 来设计相应的算法. 另外, 根据算法得到的结果, 我们可以来判别模型构造是否合理或者进一步地改进模型. 如果构造的模型比较复杂, 那么算法求解起来相对困难 (时间慢或者精度差). 此时算法分析可以帮助我们设计替代模型, 以确保快速且比较精确地求出问题的解.

这三个部分的研究对于形成完备的最优化体系是必要的. 实际应用导出的各种各样的最优化模型给最优化学科不断注入新鲜的血液, 对现有的优化算法进行挑战并推动其向前发展. 最优化算法的设计以及理论分析帮助实际问题建立更鲁棒稳定的模型. 模型与算法相辅相成, 使得最优化学科不断发展.

1.5.1　连续和离散优化问题

最优化问题可以分为连续和离散优化问题两大类. 连续优化问题是指决策变量所在的可行集合是连续的, 比如平面、区间等. 如稀疏优化问题 (1.2.2) — (1.2.5) 的约束集合就是连续的. 离散优化问题是指决策变量能在离散集合上取值, 比如离散点集、整数集等. 常见的离散优化问题有整数规划, 其对应的决策变量的取值范围是整数集合.

在连续优化问题中, 基于决策变量取值空间以及约束和目标函数的连续性, 我们可以从一个点处目标和约束函数的取值来估计该点可行邻域内的取值情况. 进一步地, 可以根据邻域内的取值信息来判断该点是否最优. 离散优化问题则不具备这个性质, 因为决策变量是在离散集合上取值. 因此在实际中往往比连续优化问题更难求解. 实际中的离散优化问题往往可以转化为一系列连续优化问题来进行求解. 比如线性整数规划问题中著名的分支定界方法, 就是松弛成一系列线性规划问题来进行求解. 因此连续优化问题的求解在最优化理论与算法中扮演着重要的角色. 本书后续的内容也将围绕连续优化问题展开介绍.

1.5.2　无约束和约束优化问题

最优化问题的另外一个重要的分类标准是约束是否存在. 无约束优化问题的决策变量没有约束条件限制, 即可行域 $\mathcal{X} = \mathbb{R}^n$. 相对地, 约束优化问题是指带有约束条件的问题. 在实际应用中, 这两类优化问题广泛存在. 无约束优化问题对应于在欧几里得空间中求解一个函数的最小值点. 比如在 ℓ_1 正则化问题 (1.2.5) 中, 决策变量的可行域是 $\mathbb{R}^n$, 其为一个无约束优化问题. 在问题 (1.2.2) — (1.2.4) 中, 可行域为 $\{x \mid Ax = b\}$, 其为约束优化问题.

因为问题 (1.1.1) 可以通过将约束 ($\mathcal{X} \neq \mathbb{R}^n$) 罚到目标函数上转化为无约束问题, 所以在某种程度上, 约束优化问题就是无约束优化问题. 很多约束优化问题的求解也是转化为一系列的无约束优化问题来做, 常见方式有增广拉格朗日函数法、罚函数法等. 尽管如此, 约束优化问题的理论以及算法研究仍然是非常重要的. 主要原因是, 借助于约束函数, 我们能够更好地描述可行域的几何性质, 进而更有效地找到最优解.

1.5.3　随机和确定性优化问题

伴随着近年来人工智能的发展, 随机优化问题的研究得到了长足的发展. 随机优化问题是指目标或者约束函数中涉及随机变量而带有不确定性的问题. 不像确定性优化问题中目标和约束函数都是确定的, 随机优化问题中总是包含一些未知的参数. 在实际问题中, 我们往往只能知道这些参数的某些估计. 随机优化问题在机器学习、深度学习以及强化学习中有着重要应用, 其优化问题的目标函数是关于一个未知参数的期望的形式. 因为参数的未知性, 实际中常用的方法是通过足够多的样本来逼近目标函数, 得到一个新的有限和形式的目标函数. 由于样本数量往往非常大, 我们还是将这个问题看作相对于指标随机变量的期望形式, 然后通过随机优化方法来进行求解.

相比于确定性优化问题, 随机优化问题的求解往往涉及更多的随机性. 很多确定性优化算法都有相应的随机版本. 随机性使得这些算法在特定问题上具有更低的计算复杂度或者更好的收敛性质. 以目标函数为多项求和的优化问题为例, 如果使用确定性优化算法, 每一次计算目标函数的梯度都会引入昂贵的复杂度. 但是对于随机优化问题, 我们每次可能只计算和式中的一项或者几项, 这大大减少了计算时间. 同时还能保证算法求解的足够精确. 确定性优化算法会在第三—五章中给出, 随机优化算法会在第五章中介绍.

1.5.4 线性和非线性规划问题

线性规划是指问题 (1.1.1) 中目标函数和约束函数都是线性的. 当目标函数和约束函数至少有一个是非线性的时, 对应的优化问题称为非线性规划问题. 线性规划问题在约束优化问题中具有较为简单的形式. 类似于连续函数可以用分片线性函数来逼近, 线性规划问题的理论分析与数值求解可以为非线性规划问题提供很好的借鉴和基础.

线性规划问题的研究很早便得到了人们的关注. 在 1946—1947 年, George Bernard Dantzig 提出了线性规划的一般形式并提出了至今仍非常流行的单纯形方法. 虽然单纯形方法在实际问题中经常表现出快速收敛, 但是其复杂度并不是多项式的. 1979 年, Leonid Khachiyan 证明了线性规划问题多项式时间算法的存在性. 1984 年, Narendra Karmarkar 提出了多项式时间的内点法. 后来, 内点法也被推广到求解一般的非线性规划问题. 目前, 求解线性规划问题最流行的两类方法依然是单纯形法和内点法.

1.5.5 凸和非凸优化问题

凸优化问题是指最小化问题 (1.1.1) 中的目标函数和可行域分别是凸函数和凸集. 如果其中有一个或者两者都不是凸的, 那么相应的最小化问题是非凸优化问题. 因为凸优化问题的任何局部最优解都是全局最优解, 其相应的算法设计以及理论分析相对非凸优化问题简单很多.

> **注 1.1** 若问题 (1.1.1) 中的 min 改为 max, 且目标函数和可行域分别为凹函数和凸集, 我们也称这样的问题为凸优化问题. 这是因为对凹函数求极大等价于对其相反数 (凸函数) 求极小.

在实际问题的建模中, 我们经常更倾向于得到一个凸优化模型. 另外, 判断一个问题是不是凸问题也很重要. 比如, 给定一个非凸优化问题, 一种方法是将其转化为一系列凸优化子问题来求解. 此时需要清楚原非凸问题中的哪个或哪些函数导致了非凸性, 之后考虑的是如何用凸优化模型来逼近原问题. 在压缩感知问题中, ℓ_0 范数是非凸的, 原问题对应的解的性质难以直接分析, 相应的全局收敛的算法也不容易构造. 利用 ℓ_0 范数和 ℓ_1 范数在某种意义上的等价性, 我们将原非凸问题转化为凸优化问题. 在一定的假设下, 我们通过求解 ℓ_1 范数对应的凸优化问题得到了原非凸优化问题的全局最优解.

1.5.6　全局和局部最优解

在求解最优化问题之前, 先介绍最小化问题 (1.1.1) 的最优解的定义.

定义 1.1(最优解)　对于可行点 $\bar{x}$ (即 $\bar{x} \in \mathcal{X}$), 定义如下概念:

(1) 如果 $f(\bar{x}) \leqslant f(x), \forall x \in \mathcal{X}$, 那么称 $\bar{x}$ 为问题 (1.1.1) 的全局极小解 (点), 有时也称为 (全局) 最优解或最小值点;

(2) 如果存在 $\bar{x}$ 的一个 ε 邻域 $N_\varepsilon(\bar{x})$ 使得 $f(\bar{x}) \leqslant f(x), \forall x \in N_\varepsilon(\bar{x}) \cap \mathcal{X}$, 那么称 $\bar{x}$ 为问题 (1.1.1) 的局部极小解 (点), 有时也称为局部最优解;

(3) 进一步地, 如果有 $f(\bar{x}) < f(x), \forall x \in N_\varepsilon(\bar{x}) \cap \mathcal{X}, x \neq \bar{x}$ 成立, 那么称 $\bar{x}$ 为问题 (1.1.1) 的严格局部极小解 (点).

如果一个点是局部极小解, 但不是严格局部极小解, 我们称之为**非严格局部极小解**. 在图 1.8 中, 我们以一个简单的函数为例, 指出了其全局与局部极小解.

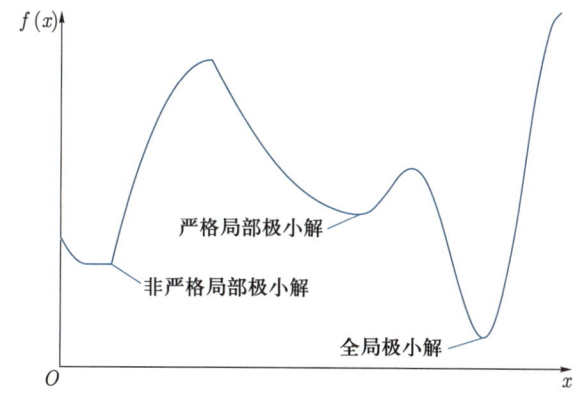

图 1.8　函数的全局极小解、严格局部极小解和非严格局部极小解

在问题 (1.1.1) 的求解中, 我们想要得到的是其全局最优解, 但是由于实际问题的复杂性, 往往只能够得到其局部最优解.

1.5.7　优化算法

在给定优化问题之后, 我们要考虑如何求解. 根据优化问题的不同形式, 其求解的困难程度可能会有很大差别. 对于一个优化问题, 如果我们能用代数表达式给出其最优解, 那么这个解称为显式解, 对应的问题往往比较简单. 例如二次函数在有界区间上的极小化问题, 我们可以通过比较其在对称轴上和区间两个端点处的值得到最优解, 这个解可以显式地写出. 但实际问题往往是没有办法显式求解的, 因此常采用迭代算法.

迭代算法的基本思想是: 从一个初始点 x^0 出发, 按照某种给定的规则进行迭代, 得到一个序列 $\{x^k\}$. 如果迭代在有限步内终止, 那么希望最后一个点就是优化问题的解. 如果迭代列是无穷集合, 那么希望该序列的极限点 (或者聚点) 则为优化问题的解. 为了使算法能在有限步内终止, 我们一般会通过一些收敛准则来保证迭代停在问题的一定精度逼近解上. 对于无约束优化问题, 常用的收敛准则有

$$\frac{f(x^k) - f^*}{\max\{|f^*|, 1\}} \leqslant \varepsilon_1, \quad \|\nabla f(x^k)\| \leqslant \varepsilon_2, \tag{1.5.1}$$

其中 $\varepsilon_1, \varepsilon_2$ 为给定的很小的正数, $\|\cdot\|$ 表示某种范数$\big($这里可以简单理解为 ℓ_2 范数: $\|x\|_2 = \left(\sum_{i=1}^n x_i^2\right)^{1/2}$, 第二章将会给出范数的一般定义$\big)$, f^* 为函数 f 的最小值 (假设已知或者以某种方式估计得到) 以及 $\nabla f(x^k)$ 表示函数 f 在点 x 处的梯度 (光滑函数在局部最优点处梯度为零向量, 第三章中会给出更多介绍). 对于约束优化问题, 还需要考虑约束违反度. 具体地, 要求最后得到的点满足

$$c_i(x^k) \leqslant \varepsilon_3, \ i = 1, 2, \cdots, m,$$

$$|c_i(x^k)| \leqslant \varepsilon_4, \ i = m+1, m+2, \cdots, m+l,$$

其中 $\varepsilon_3, \varepsilon_4$ 为很小的正数, 用来刻画 x^k 的可行性. 除了约束违反度之外, 我们也要考虑 x^k 与最优解之间的距离, 如 (1.5.1) 式中给出的函数值与最优值的相对误差. 由于一般情况下事先并不知道最优解, 在最优解唯一的情形下一般使用某种基准算法来得到 x^* 的一个估计, 之后计算其与 x^k 的距离以评价算法的性能. 因为约束的存在, 我们不能简单地用目标函数的梯度来判断最优性, 实际中采用的判别准则是点的最优性条件的违反度 (关于约束优化的最优性条件, 会在第四章中给出).

对于一个具体的算法, 根据其设计的出发点, 我们不一定能得到一个高精度的逼近解. 此时, 为了避免无用的计算开销, 我们还需要一些停机准则来及时停止算法的进行. 常用的停机准则有

$$\frac{\|x^{k+1} - x^k\|}{\max\{\|x^k\|, 1\}} \leqslant \varepsilon_5, \quad \frac{|f(x^{k+1}) - f(x^k)|}{\max\{|f(x^k)|, 1\}} \leqslant \varepsilon_6,$$

这里的各个 ε_l 一般互不相等. 上面的准则分别表示相邻迭代点和其对应目标函数值的相对误差很小. 在算法设计中, 这两个条件往往只能反映迭代点列接近收敛, 但不能代表收敛到优化问题的最优解.

在算法设计中, 一个重要的标准是算法产生的点列是否收敛到优化问题的解. 对于问题 (1.1.1), 其可能有很多局部极小解和全局极小解, 但所有全局极小解对应的目标函数值, 即优化问题的最小值 f^* 是一样的. 考虑无约束的情形, 对于一个算法, 给定初始点 x^0, 记其迭代产生的点列为 $\{x^k\}$. 如果 $\{x^k\}$ 在某种范数 $\|\cdot\|$ 的意义下满足

$$\lim_{k\to\infty} \|x^k - x^*\| = 0,$$

且收敛的点 x^* 为一个局部 (全局) 极小解, 那么我们称该点列收敛到局部 (全局) 极小解, 相应的算法称为是**依点列收敛到局部 (全局) 极小解**的.

在算法的收敛分析中, 初始迭代点 x^0 的选取也尤为重要. 比如一般的牛顿法, 只有在初始点足够接近局部 (全局) 最优解时, 才能收敛. 但是这样的初始点的选取往往比较困难, 此时我们更想要的是一个从任何初始点出发都能收敛的算法. 因此优化算法的研究包括如何设计全局化策略, 将已有的可能发散的优化算法修改得到一个新的全局收敛到局部 (全局) 最优解的算法. 比如通过采用合适的全局化策略, 我们可以修正一般的牛顿法使得修改后的算法是全局收敛到局部 (全局) 最优解的.

进一步地, 如果从任意初始点 x^0 出发, 算法都是依点列收敛到局部 (全局) 极小解的, 我们称该算法是**全局依点列收敛到局部 (全局) 极小解**的. 相应地, 如果记对应的函数值序列为 $\{f(x^k)\}$, 我们还可以定义算法的 **(全局) 依函数值收敛到局部 (全局) 极小值**的概念. 对于凸优化问题, 因为其任何局部最优解都为全局最优解, 算法的收敛性都是相对于其全局极小而言的. 除了点列和函数值的收敛外, 实际中常用的还有每个迭代点的最优性条件 (如无约束优化问题中的梯度范数, 约束优化问题中的最优性条件违反度等) 的收敛.

对于带约束的情形, 给定初始点 x^0, 算法产生的点列 $\{x^k\}$ 不一定是可行的 (即 $x^k \in \mathcal{X}$ 未必对任意 k 成立). 考虑到约束违反的情形, 我们需要保证 $\{x^k\}$ 在收敛到 x^* 的时候, 其违反度是可接受的. 除此要求之外, 算法的收敛性的定义和无约束情形相同.

在设计优化算法时, 我们有一些基本的准则或技巧. 对于复杂的优化问题, 基本的想法是将其转化为一系列简单的优化问题 (其最优解容易计算或者有显式表达式) 来逐步求解. 常用的技巧有:

(1) **泰勒 (Taylor) 展开**. 对于一个非线性的目标或者约束函数, 我们通过其泰勒展开用简单的线性函数或者二次函数来逼近, 从而得到一个简化的问题. 因为该简化问题只在小邻域内逼近原始问题, 所以我们需要根据迭代点的更新来重新构造相应的简化问题.

(2) **对偶**. 每个优化问题都有对应的对偶问题. 特别是凸的情形, 当原始问题比较难解的时候, 其对偶问题可能很容易求解. 通过求解对偶问题或者同时求解原始问题和对偶问题, 我们可以简化原始问题的求解, 从而设计更有效的算法.

(3) **拆分**. 对于一个复杂的优化问题, 我们可以将变量进行拆分, 比如 $\min_x h(x) +$

$r(x)$, 可以拆分成

$$\min_{x,y} h(x) + r(y), \quad \text{s.t.} \quad x = y.$$

通过引入更多的变量, 我们可以得到每个变量的简单问题 (较易求解或者解有显式表达式), 从而通过交替求解等方式来得到原问题的解.

(4) **块坐标下降**. 对于一个 n 维空间 (n 很大) 的优化问题, 我们可以通过逐步求解分量的方式将其转化为多个低维空间中的优化问题. 比如, 对于 $n = 100$, 我们可以先固定第 2—100 个分量来求解 x_1; 接着固定下标为 $1, 3$—100 的分量来求解 x_2; 依次类推.

关于这些技巧的具体应用, 读者可以进一步阅读本书中的算法部分.

对于同一个优化问题, 其求解算法可以有很多. 在设计和比较不同的算法时, 另一个重要的指标是算法的渐近收敛速度. 我们以点列的 **Q-收敛速度** (Q 的含义为 quotient) 为例 (函数值的 Q-收敛速度可以类似地定义). 设 $\{x^k\}$ 为算法产生的迭代点列且收敛于 x^*, 若对充分大的 k 有

$$\frac{\|x^{k+1} - x^*\|}{\|x^k - x^*\|} \leqslant a, \quad a \in (0, 1),$$

则称算法 (点列) 是 **Q-线性收敛**的; 若满足

$$\lim_{k \to \infty} \frac{\|x^{k+1} - x^*\|}{\|x^k - x^*\|} = 0,$$

则称算法 (点列) 是 **Q-超线性收敛**的; 若满足

$$\lim_{k \to \infty} \frac{\|x^{k+1} - x^*\|}{\|x^k - x^*\|} = 1,$$

则称算法 (点列) 是 **Q-次线性收敛**的. 若对充分大的 k 满足

$$\frac{\|x^{k+1} - x^*\|}{\|x^k - x^*\|^2} \leqslant a, \quad a > 0,$$

则称算法 (点列) 是 **Q-二次收敛**的. 类似地, 也可定义更一般的 Q-r 次收敛 ($r > 1$). 我们举例来更直观地展示不同的 Q-收敛速度, 参见图 1.9(图中对所考虑的点列作了适当的变换). 点列 $\{2^{-k}\}$ 是 Q-线性收敛的, 点列 $\{2^{-2^k}\}$ 是 Q-二次收敛的 (也是 Q-超线性收敛的), 点列 $\left\{\dfrac{1}{k}\right\}$ 是 Q-次线性收敛的. 一般来说, 具有 Q-超线性收敛速度和 Q-二次收敛速度的算法是收敛较快的.

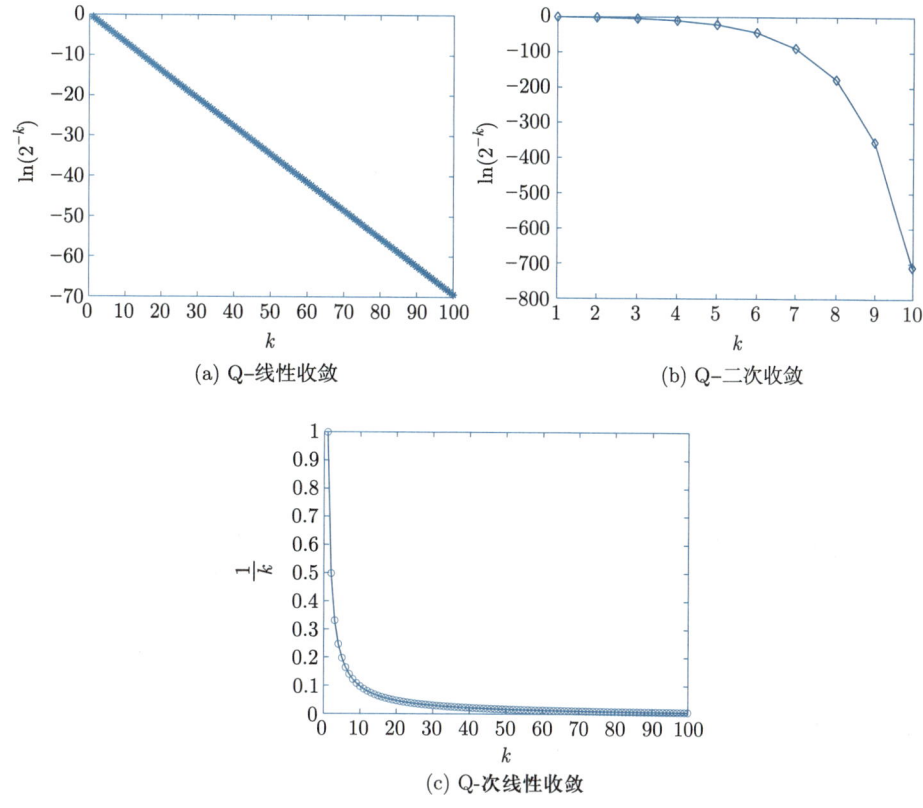

图 1.9　不同 Q-收敛速度比较

除 Q-收敛速度外, 另一常用概念是 **R-收敛速度** (R 的含义为 root). 以点列为例, 设 $\{x^k\}$ 为算法产生的迭代点且收敛于 x^*, 若存在 Q-线性收敛于 0 的非负序列 t_k, 并且

$$\|x^k - x^*\| \leqslant t_k$$

对任意的 k 成立, 则称算法 (点列) 是 **R-线性收敛**的. 类似地, 可定义 **R-超线性收敛**和 **R-二次收敛**等收敛速度. 从 R-收敛速度的定义可以看出序列 $\{\|x^k - x^*\|\}$ 被另一趋于 0 的序列 $\{t_k\}$ 控制. 当知道 t_k 的形式时, 我们也称算法 (点列) 的收敛速度为 $\mathcal{O}(t_k)$.

与收敛速度密切相关的概念是优化算法的**复杂度** $N(\varepsilon)$, 即计算出给定精度 ε 的解所需的迭代次数或浮点运算次数. 在实际应用中, 这两种定义复杂度的方式均很常见. 若能较准确地估计每次迭代的运算量, 则可以由算法所需迭代次数推出所需浮点运算次数. 我们用具体的例子来进一步解释算法复杂度. 设某一算法产生的迭代序列 $\{x^k\}$ 满足

$$f(x^k) - f(x^*) \leqslant \frac{c}{\sqrt{k}}, \quad \forall\, k > 0,$$

其中 $c > 0$ 为常数, x^* 为全局极小点. 如果需要计算算法满足精度 $f(x^k) - f(x^*) \leqslant \varepsilon$ 所需的迭代次数, 只需令 $\dfrac{c}{\sqrt{k}} \leqslant \varepsilon$ 就得到 $k \geqslant \dfrac{c^2}{\varepsilon^2}$, 因此该优化算法对应的 (迭代次数) 复杂度为 $N(\varepsilon) = \mathcal{O}\left(\dfrac{1}{\varepsilon^2}\right)$. 注意, 渐近收敛速度更多的是考虑迭代次数充分大的情形, 而复杂度给出了算法迭代有限步之后产生的解与最优解之间的定量关系, 因此近年来受到人们广泛关注.

1.6   总结

本章简要介绍了优化问题的应用背景、一般形式以及一些基本概念. 对于优化问题的更多分类、优化领域关心的热点问题, 可以参考文献 [162] 中的介绍. 对于优化算法的收敛准则、收敛性以及收敛速度, 我们会在介绍算法的时候再具体展开. 本书也会围绕上面介绍的优化算法的四个设计技巧, 针对不同类别的问题, 来具体地展示相应的算法构造以及有效性分析.

习题 1

1.1   考虑稀疏优化问题, 我们已经直观地讨论了在 ℓ_0, ℓ_1, ℓ_2 三种范数下问题的解的可能形式. 针对一般的 ℓ_p 范数:

$$\|x\|_p \stackrel{\text{def}}{=\!=} \left(\sum_{i=1}^{n} |x_i|^p\right)^{1/p}, \quad 0 < p < 2,$$

我们考虑优化问题:

$$\begin{aligned} \min \quad & \|x\|_p, \\ \text{s.t.} \quad & Ax = b. \end{aligned}$$

试着用几何直观的方式 (类似于图 1.2) 来说明当 $p \in (0, 2)$ 取何值时, 该优化问题的解可能具有稀疏性.

1.2   给定一个函数 $f(x) : \mathbb{R}^n \to \mathbb{R}$ 及其一个局部最优点 x^*, 则该点沿任何方向 $d \in \mathbb{R}^n$ 也是局部最优的, 即 0 为函数 $\phi(\alpha) \stackrel{\text{def}}{=\!=} f(x^* + \alpha d)$ 的一个局部最优解. 反之, 若 x^* 沿任何方向 $d \in \mathbb{R}^n$ 都是局部最优解, 则 x^* 是否为 $f(x)$ 的一个局部最优解? 若是, 请给出证明; 若不是, 请给出反例.

1.3 试给出如下点列的 Q-收敛速度:

(a) $x^k = \dfrac{1}{k!}, k = 1, 2, \cdots$;

(b) $x^k = \begin{cases} \left(\dfrac{1}{4}\right)^{2^k}, & k \text{ 为偶数}, \\[2mm] \dfrac{x^{k-1}}{k}, & k \text{ 为奇数}, \end{cases} \quad k = 1, 2, \cdots.$

1.4 考虑函数 $f(x) = x_1^2 + x_2^2$, $x = (x_1, x_2) \in \mathbb{R}^2$, 以及迭代点列 $x^k = \left(1 + \dfrac{1}{2^k}\right) \cdot$ $(\cos k, \sin k)^{\mathrm{T}}, k = 1, 2, \cdots$, 请说明

(a) $\{f(x^{k+1})\}$ 是否收敛? 若收敛, 给出 Q-收敛速度;

(b) $\{x^{k+1}\}$ 是否收敛? 若收敛, 给出 Q-收敛速度.

第二章

基础知识

在介绍具体的最优化模型、理论和算法之前, 我们先介绍一些必备的基础知识. 本章从范数和导数讲起, 接着介绍广义实值函数、凸集、凸函数、共轭函数和次梯度等凸分析方面的重要概念和相关结论. 这一章的部分内容可能在较靠后的章节中才会用到, 读者阅读时可按需选择, 如共轭函数、次梯度可在学习相关优化算法时再阅读.

2.1　范数

和标量不同, 我们不能简单地按照元素大小来比较不同的向量和矩阵. 向量范数和矩阵范数给出了一种长度计量方式. 我们首先介绍向量范数.

2.1.1　向量范数

定义 2.1 (范数)　称一个从向量空间 $\mathbb{R}^n$ 到实数域 $\mathbb{R}$ 的非负函数 $\|\cdot\|$ 为范数, 如果它满足

(1) 正定性: 对于所有的 $v \in \mathbb{R}^n$, 有 $\|v\| \geqslant 0$, 且 $\|v\| = 0$ 当且仅当 $v = 0$;

(2) 齐次性: 对于所有的 $v \in \mathbb{R}^n$ 和 $\alpha \in \mathbb{R}$, 有 $\|\alpha v\| = |\alpha| \|v\|$;

(3) 三角不等式: 对于所有的 $v, w \in \mathbb{R}^n$, 有 $\|v + w\| \leqslant \|v\| + \|w\|$.

最常用的向量范数为 ℓ_p 范数 $(p \geqslant 1)$,

$$\|v\|_p = (|v_1|^p + |v_2|^p + \cdots + |v_n|^p)^{\frac{1}{p}};$$

当 $p = \infty$ 时, ℓ_∞ 范数定义为

$$\|v\|_\infty = \max_i |v_i|.$$

其中 $p = 1, 2, \infty$ 的情形最重要, 分别记为 $\|\cdot\|_1, \|\cdot\|_2$ 和 $\|\cdot\|_\infty$. 在不引起歧义的情况下, 我们有时省略 ℓ_2 范数的角标, 记为 $\|\cdot\|$. 在最优化问题算法构造和分析中, 也常常遇到由正定矩阵 A 诱导的范数, 即 $\|x\|_A \stackrel{\text{def}}{=\!=} \sqrt{x^{\mathrm{T}} A x}$. 根据正定矩阵的定义, 很容易验证 $\|\cdot\|_A$ 定义了一个范数.

对向量的 ℓ_2 范数, 我们有常用的柯西 (Cauchy) 不等式:

命题 2.1 (柯西不等式)　设 $a, b \in \mathbb{R}^n$, 则

$$|a^{\mathrm{T}} b| \leqslant \|a\|_2 \|b\|_2,$$

等号成立当且仅当 a 与 b 线性相关.

2.1.2　矩阵范数

和向量范数类似, 矩阵范数是定义在矩阵空间上的非负函数, 并且满足正定性、齐次性和三角不等式. 向量的 ℓ_p 范数可以比较容易地推广到矩阵的 ℓ_p 范数, 本书常用 $p = 1, 2$ 的情形. 当 $p = 1$ 时, 矩阵 $A \in \mathbb{R}^{m \times n}$ 的 ℓ_1 范数定义为

$$\|A\|_1 = \sum_{i=1}^{m} \sum_{j=1}^{n} |a_{ij}|,$$

即 $\|A\|_1$ 为 A 中所有元素绝对值的和. 当 $p = 2$ 时, 此时得到的是矩阵的弗罗贝尼乌斯 (Frobenius) 范数 (以下简称 F 范数), 记为 $\|A\|_F$. 它可以看成是向量的 ℓ_2 范数的推广, 即所有元素平方和开根号:

$$\|A\|_F = \sqrt{\operatorname{Tr}(AA^{\mathrm{T}})} = \sqrt{\sum_{i,j} a_{ij}^2}. \tag{2.1.1}$$

这里, $\operatorname{Tr}(X)$ 表示方阵 X 的迹. 矩阵的 F 范数具有正交不变性, 即对于任意的正交矩阵 $U \in \mathbb{R}^{m \times m}, V \in \mathbb{R}^{n \times n}$, 我们有

$$\|UAV\|_F^2 = \operatorname{Tr}(UAVV^{\mathrm{T}}A^{\mathrm{T}}U^{\mathrm{T}}) = \operatorname{Tr}(UAA^{\mathrm{T}}U^{\mathrm{T}})$$
$$= \operatorname{Tr}(AA^{\mathrm{T}}U^{\mathrm{T}}U) = \operatorname{Tr}(AA^{\mathrm{T}}) = \|A\|_F^2,$$

其中第三个等号成立是因为 $\operatorname{Tr}(AB) = \operatorname{Tr}(BA)$.

除了从向量范数直接推广以外, 矩阵范数还可以由向量范数诱导出来, 一般称这种范数为**算子范数**. 给定矩阵 $A \in \mathbb{R}^{m \times n}$, 以及 m 维和 n 维空间的向量范数 $\|\cdot\|_{(m)}$ 和 $\|\cdot\|_{(n)}$, 其诱导的矩阵范数定义如下:

$$\|A\|_{(m,n)} = \max_{x \in \mathbb{R}^n, \|x\|_{(n)} = 1} \|Ax\|_{(m)},$$

容易验证 $\|\cdot\|_{(m,n)}$ 满足范数的定义. 如果将 $\|\cdot\|_{(m)}$ 和 $\|\cdot\|_{(n)}$ 都取为相应向量空间的 ℓ_p 范数, 我们可以得到矩阵的 p 范数. 本书经常用到的是矩阵的 2 范数, 即

$$\|A\|_2 = \max_{x \in \mathbb{R}^n, \|x\|_2 = 1} \|Ax\|_2.$$

容易验证 (见习题 2.2), 矩阵的 2 范数是该矩阵的最大奇异值. 根据算子范数的定义, 所有算子范数都满足如下性质:

$$\|Ax\|_{(m)} \leqslant \|A\|_{(m,n)} \|x\|_{(n)}. \tag{2.1.2}$$

例如当 $m = n = 2$ 时, $\|Ax\|_2 \leqslant \|A\|_2 \|x\|_2$. 性质(2.1.2)又被称为矩阵范数的**相容性**, 即 $\|\cdot\|_{(m,n)}$ 与 $\|\cdot\|_{(m)}$ 和 $\|\cdot\|_{(n)}$ 是相容的. 并非所有矩阵范数都与给定的向量范数相容, 在今后的应用中读者需要注意这一问题.

> **注 2.1**   和矩阵 2 范数类似, 向量的 ℓ_1 范数以及 ℓ_∞ 范数均可诱导出相应的矩阵范数 (分别为矩阵的 1 范数和无穷范数), 在多数数值代数教材中将它们记为 $\|\cdot\|_1$ 和 $\|\cdot\|_\infty$. 然而本书较少涉及这两个范数, 因此我们将 $\|A\|_1$ 定义为矩阵 A 中所有元素绝对值的和. 读者应当注意它和其他数值代数教材中定义的不同.

除了矩阵 2 范数以外, 另一个常用的矩阵范数为**核范数**. 给定矩阵 $A \in \mathbb{R}^{m \times n}$, 其核范数定义为

$$\|A\|_* = \sum_{i=1}^{r} \sigma_i,$$

其中 σ_i, $i = 1, 2, \cdots, r$ 为 A 的所有非零奇异值, $r = \mathrm{rank}(A)$. 类似于向量的 ℓ_1 范数的保稀疏性, 我们也经常通过限制矩阵的核范数来保证矩阵的低秩性. 同时, 根据范数的三角不等式 (下文中的凸性), 相应的优化问题可以有效求解.

2.1.3 矩阵内积

对于矩阵空间 $\mathbb{R}^{m \times n}$ 的两个矩阵 A 和 B, 除了定义它们各自的范数以外, 我们还可以定义它们之间的内积. 范数一般用来衡量矩阵的模的大小, 而内积一般用来表征两个矩阵 (或其张成的空间) 之间的夹角. 这里, 我们介绍一种常用的内积——弗罗贝尼乌斯内积. $m \times n$ 矩阵 A 和 B 的弗罗贝尼乌斯内积定义为

$$\langle A, B \rangle = \mathrm{Tr}(AB^{\mathrm{T}}) = \sum_{i=1}^{m} \sum_{j=1}^{n} a_{ij} b_{ij}.$$

易知其为两个矩阵逐分量相乘的和, 因而满足内积的定义. 当 $A = B$ 时, $\langle A, B \rangle$ 等于矩阵 A 的 F 范数的平方.

和向量范数相似, 我们也有矩阵范数对应的柯西不等式:

命题 2.2 (矩阵范数的柯西不等式)   设 $A, B \in \mathbb{R}^{m \times n}$, 则

$$|\langle A, B \rangle| \leqslant \|A\|_F \|B\|_F,$$

等号成立当且仅当 A 和 B 线性相关.

2.2 导数

为了分析可微最优化问题的性质, 我们需要知道目标函数和约束函数的导数信息. 在算法设计中, 当优化问题没有显式解时, 我们也往往通过函数值和导数信息来构造容

易求解的子问题. 利用目标函数和约束函数的导数信息, 可以确保构造的子问题具有很好的逼近性质, 从而构造各种各样有效的算法. 本节将介绍有关导数的内容.

2.2.1 梯度与海瑟矩阵

在数学分析课程中, 我们已经学过多元函数微分学. 这一小节, 我们首先回顾梯度和海瑟 (Hesse) 矩阵的定义, 之后介绍多元可微函数的一些重要性质.

定义 2.2 (梯度) 给定函数 $f : \mathbb{R}^n \to \mathbb{R}$, 且 f 在点 x 的一个邻域内有意义, 若存在向量 $g \in \mathbb{R}^n$ 满足

$$\lim_{p \to 0} \frac{f(x+p) - f(x) - g^{\mathrm{T}} p}{\|p\|} = 0, \tag{2.2.1}$$

其中 $\|\cdot\|$ 是任意的向量范数, 就称 f 在点 x 处可微 (或 Fréchet 可微). 此时 g 称为 f 在点 x 处的梯度, 记作 $\nabla f(x)$. 若对区域 D 上的每一个点 x 都有 $\nabla f(x)$ 存在, 则称 f 在 D 上可微.

若 f 在点 x 处的梯度存在, 在 (2.2.1) 式中令 $p = \varepsilon e_i$, e_i 是第 i 个分量为 1 的单位向量, 可知 $\nabla f(x)$ 的第 i 个分量为 $\dfrac{\partial f(x)}{\partial x_i}$. 因此,

$$\nabla f(x) = \left[\frac{\partial f(x)}{\partial x_1}, \frac{\partial f(x)}{\partial x_2}, \cdots, \frac{\partial f(x)}{\partial x_n} \right]^{\mathrm{T}}.$$

如果只关心对一部分变量的梯度, 可以通过对 ∇ 加下标来表示. 例如, $\nabla_x f(x, y)$ 表示将 y 视为常数时 f 关于 x 的梯度.

对应于一元函数的二阶导数, 对于多元函数我们可以定义其海瑟矩阵.

定义 2.3 (海瑟矩阵) 若函数 $f(x) : \mathbb{R}^n \to \mathbb{R}$ 在点 x 处的二阶偏导数 $\dfrac{\partial^2 f(x)}{\partial x_i \partial x_j}$, $i, j = 1, 2, \cdots, n$ 都存在, 则

$$\nabla^2 f(x) = \begin{bmatrix} \dfrac{\partial^2 f(x)}{\partial x_1^2} & \dfrac{\partial^2 f(x)}{\partial x_1 \partial x_2} & \dfrac{\partial^2 f(x)}{\partial x_1 \partial x_3} & \cdots & \dfrac{\partial^2 f(x)}{\partial x_1 \partial x_n} \\ \dfrac{\partial^2 f(x)}{\partial x_2 \partial x_1} & \dfrac{\partial^2 f(x)}{\partial x_2^2} & \dfrac{\partial^2 f(x)}{\partial x_2 \partial x_3} & \cdots & \dfrac{\partial^2 f(x)}{\partial x_2 \partial x_n} \\ \vdots & \vdots & \vdots & & \vdots \\ \dfrac{\partial^2 f(x)}{\partial x_n \partial x_1} & \dfrac{\partial^2 f(x)}{\partial x_n \partial x_2} & \dfrac{\partial^2 f(x)}{\partial x_n \partial x_3} & \cdots & \dfrac{\partial^2 f(x)}{\partial x_n^2} \end{bmatrix}$$

称为 f 在点 x 处的海瑟矩阵.

当 $\nabla^2 f(x)$ 在区域 D 上的每个点 x 处都存在时, 称 f 在 D 上二阶可微. 若 $\nabla^2 f(x)$ 在 D 上还连续, 则称 f 在 D 上二阶连续可微, 可以证明此时海瑟矩阵是一个对称矩阵.

当 $f : \mathbb{R}^n \to \mathbb{R}^m$ 是向量值函数时, 我们可以定义它的雅可比 (Jacobi) 矩阵 $J(x) \in \mathbb{R}^{m \times n}$, 它的第 i 行是分量 $f_i(x)$ 梯度的转置, 即

$$
J(x) = \begin{bmatrix}
\dfrac{\partial f_1(x)}{\partial x_1} & \dfrac{\partial f_1(x)}{\partial x_2} & \cdots & \dfrac{\partial f_1(x)}{\partial x_n} \\[2mm]
\dfrac{\partial f_2(x)}{\partial x_1} & \dfrac{\partial f_2(x)}{\partial x_2} & \cdots & \dfrac{\partial f_2(x)}{\partial x_n} \\[2mm]
\vdots & \vdots & & \vdots \\[2mm]
\dfrac{\partial f_m(x)}{\partial x_1} & \dfrac{\partial f_m(x)}{\partial x_2} & \cdots & \dfrac{\partial f_m(x)}{\partial x_n}
\end{bmatrix}.
$$

此外容易看出, 梯度 $\nabla f(x)$ 的雅可比矩阵就是 $f(x)$ 的海瑟矩阵.

类似于一元函数的泰勒展开, 对于多元函数, 我们不加证明地给出如下形式的泰勒展开:

定理 2.1   设 $f : \mathbb{R}^n \to \mathbb{R}$ 是连续可微的, $p \in \mathbb{R}^n$ 为向量, 那么

$$
f(x + p) = f(x) + \nabla f(x + tp)^{\mathrm{T}} p,
$$

其中 $0 < t < 1$. 进一步地, 如果 f 是二阶连续可微的, 则

$$
\nabla f(x + p) = \nabla f(x) + \int_0^1 \nabla^2 f(x + tp) p \, \mathrm{d}t,
$$

$$
f(x + p) = f(x) + \nabla f(x)^{\mathrm{T}} p + \frac{1}{2} p^{\mathrm{T}} \nabla^2 f(x + tp) p,
$$

其中 $0 < t < 1$.

在这一小节的最后, 我们介绍一类特殊的可微函数——梯度利普希茨 (Lipschitz) 连续的函数. 该类函数在很多优化算法收敛性证明中起着关键作用.

定义 2.4 (梯度利普希茨连续)   给定可微函数 f, 若存在 $L > 0$, 对任意的 $x, y \in \mathbf{dom}\, f$ 有

$$
\|\nabla f(x) - \nabla f(y)\| \leqslant L \|x - y\|, \tag{2.2.2}
$$

则称 f 是梯度利普希茨连续的, 相应利普希茨常数为 L. 有时也简记为梯度 L-利普希茨连续或 L-光滑.

梯度利普希茨连续表明 $\nabla f(x)$ 的变化可以被自变量 x 的变化所控制, 满足该性质的函数具有很多好的性质, 一个重要的性质是其具有**二次上界**.

引理 2.1 (二次上界)   设可微函数 $f(x)$ 的定义域 $\mathbf{dom}\, f = \mathbb{R}^n$, 且为梯度 L-利普希茨连续的, 则函数 $f(x)$ 有二次上界:

$$
f(y) \leqslant f(x) + \nabla f(x)^{\mathrm{T}} (y - x) + \frac{L}{2} \|y - x\|^2, \quad \forall\, x, y \in \mathbf{dom}\, f. \tag{2.2.3}
$$

证明 对任意的 $x, y \in \mathbb{R}^n$, 构造辅助函数

$$g(t) = f(x + t(y - x)), \quad t \in [0, 1]. \tag{2.2.4}$$

显然 $g(0) = f(x)$, $g(1) = f(y)$, 以及

$$g'(t) = \nabla f(x + t(y - x))^{\mathrm{T}}(y - x).$$

由等式

$$g(1) - g(0) = \int_0^1 g'(t)\mathrm{d}t$$

可知

$$f(y) - f(x) - \nabla f(x)^{\mathrm{T}}(y - x)$$

$$= \int_0^1 (g'(t) - g'(0))\mathrm{d}t$$

$$= \int_0^1 (\nabla f(x + t(y - x)) - \nabla f(x))^{\mathrm{T}}(y - x)\mathrm{d}t$$

$$\leqslant \int_0^1 \|\nabla f(x + t(y - x)) - \nabla f(x)\| \|y - x\|\mathrm{d}t$$

$$\leqslant \int_0^1 L\|y - x\|^2 t\mathrm{d}t = \frac{L}{2}\|y - x\|^2,$$

其中最后一行的不等式利用了梯度利普希茨连续的条件 (2.2.2). 整理可得 (2.2.3) 式成立. $\square$

引理 2.1 实际上指的是 $f(x)$ 可被一个二次函数上界所控制, 即要求 $f(x)$ 的增长速度不超过二次. 实际上, 该引理对 $f(x)$ 定义域的要求可减弱为 **dom** f 是凸集 (见定义 2.13), 此条件的作用是保证证明中的 $g(t)$ 当 $t \in [0, 1]$ 时是有定义的.

若 f 是梯度利普希茨连续的, 且有一个全局极小点 x^*, 一个重要的推论就是我们能够利用二次上界(2.2.3) 来估计 $f(x) - f(x^*)$ 的大小, 其中 x 可以是定义域中的任意一点.

推论 2.1 设可微函数 $f(x)$ 的定义域为 $\mathbb{R}^n$ 且存在一个全局极小点 x^*, 若 $f(x)$ 为梯度 L-利普希茨连续的, 则对任意的 x 有

$$\frac{1}{2L}\|\nabla f(x)\|^2 \leqslant f(x) - f(x^*). \tag{2.2.5}$$

证明 由于 x^* 是全局极小点, 应用二次上界(2.2.3)有

$$f(x^*) \leqslant f(y) \leqslant f(x) + \nabla f(x)^{\mathrm{T}}(y - x) + \frac{L}{2}\|y - x\|^2.$$

在这里固定 x, 注意到上式对于任意的 y 均成立, 因此可对上式不等号右边取下确界:

$$f(x^*) \leqslant \inf_{y \in \mathbb{R}^n} \left\{ f(x) + \nabla f(x)^{\mathrm{T}}(y - x) + \frac{L}{2} \|y - x\|^2 \right\}$$

$$= f(x) - \frac{1}{2L} \|\nabla f(x)\|^2. \qquad \square$$

推论 2.1 证明的最后一步应用了二次函数的性质: 当 $y = x - \dfrac{\nabla f(x)}{L}$ 时取到最小值. 有关二次函数最优性条件将在第三章中进一步讨论.

2.2.2 矩阵变量函数的导数

多元函数梯度的定义可以推广到变量是矩阵的情形. 对于以 $m \times n$ 矩阵 X 为自变量的函数 $f(X)$, 若存在矩阵 $G \in \mathbb{R}^{m \times n}$ 满足

$$\lim_{V \to 0} \frac{f(X + V) - f(X) - \langle G, V \rangle}{\|V\|} = 0,$$

其中 $\|\cdot\|$ 是任意矩阵范数, 则称矩阵变量函数 f 在 X 处 Fréchet 可微, 称 G 为 f 在 Fréchet 可微意义下的梯度. 类似于向量情形, 矩阵变量函数 $f(X)$ 的梯度可以用其偏导数表示为

$$\nabla f(x) = \begin{bmatrix} \dfrac{\partial f}{\partial x_{11}} & \dfrac{\partial f}{\partial x_{12}} & \cdots & \dfrac{\partial f}{\partial x_{1n}} \\[2mm] \dfrac{\partial f}{\partial x_{21}} & \dfrac{\partial f}{\partial x_{22}} & \cdots & \dfrac{\partial f}{\partial x_{2n}} \\[2mm] \vdots & \vdots & & \vdots \\[2mm] \dfrac{\partial f}{\partial x_{m1}} & \dfrac{\partial f}{\partial x_{m2}} & \cdots & \dfrac{\partial f}{\partial x_{mn}} \end{bmatrix},$$

其中 $\dfrac{\partial f}{\partial x_{ij}}$ 表示 f 关于 x_{ij} 的偏导数.

在实际应用中, 矩阵 Fréchet 可微的定义和使用往往比较繁琐, 为此我们需要介绍另一种定义——Gâteaux 可微.

定义 2.5 (Gâteaux 可微) 设 $f(X)$ 为矩阵变量函数, 若存在矩阵 $G \in \mathbb{R}^{m \times n}$, 对任意方向 $V \in \mathbb{R}^{m \times n}$ 满足

$$\lim_{t \to 0} \frac{f(X + tV) - f(X) - t \langle G, V \rangle}{t} = 0, \qquad (2.2.6)$$

则称 f 关于 X 是 Gâteaux 可微的. 满足(2.2.6)式的 G 称为 f 在 X 处在 Gâteaux 可微意义下的梯度.

和 Fréchet 可微的定义进行对比不难发现, Gâteaux 可微实际上是方向导数的某种推广, 它针对一元函数考虑极限, 因此利用 Gâteaux 可微计算梯度是更容易实现的. 此

外, 从二者定义容易看出, 若 f 是 Fréchet 可微的, 则 f 也是 Gâteaux 可微的, 且二者意义下的梯度相等. 但这一命题反过来不一定成立. 本书考虑的大多数可微函数都是 Fréchet 可微的, 根据以上结论, 我们无须具体区分 f 的导数究竟是在哪个意义下的. 在不引起歧义的情况下, 我们统一将矩阵变量函数 $f(X)$ 的导数记为 $\dfrac{\partial f}{\partial X}$ 或 $\nabla f(X)$.

在实际中, 由于 Gâteaux 可微定义式更容易操作, 因此通常是利用 (2.2.6) 式进行矩阵变量函数 $f(X)$ 的求导运算. 我们以下面的例子来具体说明.

例 2.1 (1) 考虑线性函数: $f(X) = \mathrm{Tr}(AX^\mathrm{T}B)$, 其中 $A \in \mathbb{R}^{p \times n}, B \in \mathbb{R}^{m \times p}, X \in \mathbb{R}^{m \times n}$, 对任意方向 $V \in \mathbb{R}^{m \times n}$ 以及 $t \in \mathbb{R}$, 有

$$\lim_{t \to 0} \frac{f(X + tV) - f(X)}{t} = \lim_{t \to 0} \frac{\mathrm{Tr}(A(X + tV)^\mathrm{T}B) - \mathrm{Tr}(AX^\mathrm{T}B)}{t}$$
$$= \mathrm{Tr}(AV^\mathrm{T}B) = \langle BA, V \rangle.$$

因此, $\nabla f(X) = BA$.

(2) 考虑二次函数: $f(X, Y) = \dfrac{1}{2}\|XY - A\|_F^2$, 其中 $(X, Y) \in \mathbb{R}^{m \times p} \times \mathbb{R}^{p \times n}$, $A \in \mathbb{R}^{m \times n}$. 对变量 Y, 取任意方向 $V \in \mathbb{R}^{p \times n}$ 以及充分小的 $t \in \mathbb{R}$, 有

$$f(X, Y + tV) - f(X, Y) = \frac{1}{2}\|X(Y + tV) - A\|_F^2 - \frac{1}{2}\|XY - A\|_F^2$$
$$= \langle tXV, XY - A \rangle + \frac{1}{2}t^2\|XV\|_F^2$$
$$= t \langle V, X^\mathrm{T}(XY - A) \rangle + \mathcal{O}(t^2).$$

由定义可知 $\dfrac{\partial f}{\partial Y} = X^\mathrm{T}(XY - A)$.

对变量 X, 取任意方向 $V \in \mathbb{R}^{m \times p}$ 以及充分小的 $t \in \mathbb{R}$, 有

$$f(X + tV, Y) - f(X, Y) = \frac{1}{2}\|(X + tV)Y - A\|_F^2 - \frac{1}{2}\|XY - A\|_F^2$$
$$= \langle tVY, XY - A \rangle + \frac{1}{2}t^2\|VY\|_F^2$$
$$= t \langle V, (XY - A)Y^\mathrm{T} \rangle + \mathcal{O}(t^2).$$

由定义可知 $\dfrac{\partial f}{\partial X} = (XY - A)Y^\mathrm{T}$.

(3) 考虑 ln-det 函数: $f(X) = \ln \det(X)$, $X \in \mathcal{S}_{++}^n$ (定义见 2.4.2 小节), 给定 $X \succ 0$, 对任意方向 $V \in \mathcal{S}^n$ 以及 $t \in \mathbb{R}$, 我们有

$$f(X + tV) - f(X)$$
$$= \ln \det(X + tV) - \ln \det(X)$$
$$= \ln \det(X^{1/2}(I + tX^{-1/2}VX^{-1/2})X^{1/2}) - \ln \det(X)$$
$$= \ln \det(I + tX^{-1/2}VX^{-1/2}).$$

由于 $X^{-1/2}VX^{-1/2}$ 是对称矩阵, 所以它可以正交对角化, 不妨设它的特征值为 λ_1, $\lambda_2, \cdots, \lambda_n$, 则

$$\ln \det(I + tX^{-1/2}VX^{-1/2})$$

$$= \ln \prod_{i=1}^{n}(1 + t\lambda_i)$$

$$= \sum_{i=1}^{n} \ln(1 + t\lambda_i) = \sum_{i=1}^{n} t\lambda_i + \mathcal{O}(t^2)$$

$$= t\mathrm{Tr}(X^{-1/2}VX^{-1/2}) + \mathcal{O}(t^2)$$

$$= t\left\langle (X^{-1})^{\mathrm{T}}, V \right\rangle + \mathcal{O}(t^2).$$

上式中倒数第二个等号成立是因为 $\mathrm{Tr}(A) = \sum_{i=1}^{n} \lambda_i(A)$. 因此, 我们得到结论 $\nabla f(X) = (X^{-1})^{\mathrm{T}}$.

在对函数求导的过程中, 应注意, 函数的自变量和相应的导数应该有相同的维数. 例如自变量 $X \in \mathbb{R}^{m \times n}$, 那么其矩阵导数 $\nabla f(X) \in \mathbb{R}^{m \times n}$. 这个要求在对矩阵变量函数求导时非常容易被忽略, 检查一个矩阵变量函数的导数是否正确的第一步是要验证其维数是否和对应的自变量相符. 读者可利用例 2.1 的 (2) 来加深对矩阵变量函数导数的理解.

2.2.3 自动微分

自动微分是使用计算机计算导数的算法. 在神经网络中, 我们通过前向传播的方式将输入数据 a 转化为输出 $\hat{y}$, 也就是将输入数据 a 作为初始信息, 将其传递到隐藏层的每个神经元, 处理后得到输出 $\hat{y}$. 通过比较输出 $\hat{y}$ 与真实标签 y, 可以定义一个损失函数 $f(x)$, 其中 x 表示所有神经元对应的参数集合并且 $f(x)$ 一般是多个函数复合的形式. 为了找到最优的参数, 我们需要通过优化算法来调整 x 使得 $f(x)$ 达到最小. 因此, 对神经元参数 x 计算导数是不可避免的.

对于一个由很多个简单函数复合而成的函数, 根据复合函数的链式法则, 可以通过每个简单函数的导数的乘积来计算对于各层变量的导数. 我们先从一个简单的例子说起. 考虑函数 $f(x_1, x_2) = x_1 x_2 + \sin x_1$. 计算该函数的过程可以用图 2.1 来表示. 利用链式法则, 我们可以依次计算

$$\frac{\partial f}{\partial w_5} = 1,$$

$$\frac{\partial f}{\partial w_4} = \frac{\partial f}{\partial w_5}\frac{\partial w_5}{\partial w_4} = 1,$$

$$\frac{\partial f}{\partial w_3} = \frac{\partial f}{\partial w_5}\frac{\partial w_5}{\partial w_3} = 1,$$

$$\frac{\partial f}{\partial w_2} = \frac{\partial f}{\partial w_3}\frac{\partial w_3}{\partial w_2} = w_1 = x_1,$$

$$\frac{\partial f}{\partial w_1} = \frac{\partial f}{\partial w_3}\frac{\partial w_3}{\partial w_1} + \frac{\partial f}{\partial w_4}\frac{\partial w_4}{\partial w_1} = w_2 + \cos w_1 = \cos x_1 + x_2.$$

通过这种方式, 就求得了导数

$$\frac{\partial f}{\partial x_1} = \cos x_1 + x_2, \quad \frac{\partial f}{\partial x_2} = x_1.$$

在图 2.1中, w_1 和 w_2 为自变量, w_3 和 w_4 为中间变量, w_5 代表最终的目标函数值. 容易看出, 函数 f 计算过程中涉及的所有变量 $w_1, w_2, \cdots, w_5$ 和它们之间的依赖关系构成了一个有向图: 每个变量 w_i 代表着图中的一个节点, 变量的依赖关系为该图的边. 如果有一条从节点 w_i 指向 w_j 的边, 我们称 w_i 为 w_j 的父节点, w_j 为 w_i 的子节点. 一个节点的值由其所有的父节点的值确定. 则称从父节点的值推子节点值的计算流为前向传播.

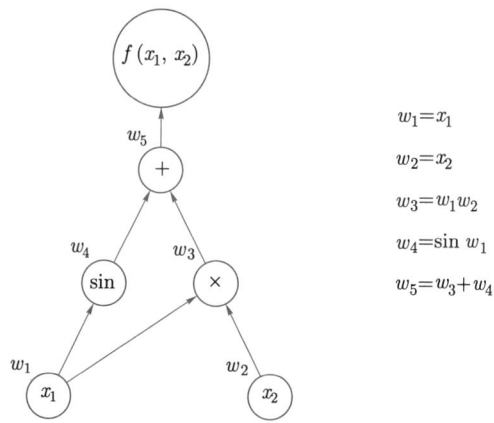

图 2.1 函数 $f(x_1, x_2)$ 的计算过程

自动微分有两种方式: 前向模式和后向模式. 在前向模式中, 根据计算图, 可以依次计算每个中间变量的取值及其对父变量的偏导数值$\Big($例如由 w_1 和 w_2 的值, 可以确定 w_3 的值, 并确定 $\dfrac{\partial w_3}{\partial w_1}$ 和 $\dfrac{\partial w_3}{\partial w_2}$ 的值$\Big)$. 通过链式法则, 可以复合得到每个中间变量对自变量的导数值. 直至传播到最后一个子节点 (w_5) 时, 就得到了最终的目标函数值以及目标函数关于自变量 (x_1, x_2) 的梯度值.

不同于前向模式, 后向模式的节点求值和导数计算不是同时进行的. 它是先利用前向模式计算各个节点的值, 然后再根据计算图逆向计算对函数 f 关于各个中间变量的偏导数. 如前面给的计算例子, 设节点 w_i 的值已经通过前向模式计算得到, 为了计算梯度, 我们首先计算 f(即 w_5) 对其父节点 (w_4 和 w_3) 的导数. 这样依次往下展开, 就可以由子节点的导数得到对当前节点的导数, 即

$$\frac{\partial f}{\partial w_i} = \sum_{w_j \text{ 是 } w_i \text{ 的子节点}} \frac{\partial f}{\partial w_j}\frac{\partial w_j}{\partial w_i}.$$

对于前向模式而言, 后向模式的梯度的计算复杂度更低. 具体地, 后向模式的梯度计算代价至多为函数值计算代价的 5 倍, 但是前向模式的计算代价可能多达函数值计算代价的 $n(n$ 为自变量维数) 倍. 这使得后向模式在实际中更加流行. 对于神经网络中的优化问题, 其自动微分采用的是后向模式, 具体实现可以参考文献 [1,35].

2.3　广义实值函数

在数学分析课程中我们学习了函数的基本概念: 函数是从向量空间 $\mathbb{R}^n$ 到实数域 $\mathbb{R}$ 的映射. 而在最优化领域, 经常涉及对某个函数其中的一个变量取 inf(sup) 操作, 这导致函数的取值可能为无穷. 为了能够更方便地描述优化问题, 我们需要对函数的定义进行某种扩展.

定义 2.6(广义实值函数)　令 $\overline{\mathbb{R}} \stackrel{\text{def}}{=\!=} \mathbb{R} \cup \{\pm\infty\}$ 为广义实数空间, 则映射 $f : \mathbb{R}^n \to \overline{\mathbb{R}}$ 称为广义实值函数.

从广义实值函数的定义可以看出, 其值域多了两个特殊的值 $\pm\infty$. 和数学分析一样, 我们规定

$$-\infty < a < +\infty, \quad \forall\, a \in \mathbb{R},$$

以及

$$(+\infty) + (+\infty) = +\infty, \quad +\infty + a = +\infty, \,\forall\, a \in \mathbb{R}.$$

2.3.1　适当函数

适当函数是一类很重要的广义实值函数, 很多最优化理论都是建立在适当函数之上的.

定义 2.7(适当函数)　给定广义实值函数 f 和非空集合 $\mathcal{X}$. 如果存在 $x \in \mathcal{X}$ 使得 $f(x) < +\infty$, 并且对任意的 $x \in \mathcal{X}$, 都有 $f(x) > -\infty$, 那么称函数 f 关于集合 $\mathcal{X}$ 是适当的.

概括来说, 适当函数 f 的特点是 "至少有一处取值不为正无穷", 以及 "处处取值不为负无穷". 对最优化问题 $\min\limits_{x} f(x)$, 适当函数可以帮助去掉一些我们不感兴趣的函数, 从而在一个比较合理的函数类中考虑最优化问题. 我们约定: **在本书中若无特殊说明, 定理中所讨论的函数均为适当函数.**

对于适当函数 f, 规定其定义域

$$\mathbf{dom}\, f = \{x \mid f(x) < +\infty\}.$$

正是因为适当函数的最小值不可能在函数值为无穷处取到, 因此 **dom** f 的定义方式是自然的.

2.3.2　闭函数

闭函数是另一类重要的广义实值函数, 本书后面章节的许多定理都建立在闭函数之上. 在数学分析课程中我们接触过连续函数, 本小节介绍的闭函数可以看成是连续函数的一种推广.

在介绍闭函数之前, 我们先引入一些基本概念.

1. 下水平集

下水平集是描述实值函数取值情况的一个重要概念. 为此有如下定义:

定义 2.8(α-下水平集)　对于广义实值函数 $f\colon \mathbb{R}^n \to \overline{\mathbb{R}}$,

$$C_\alpha = \{x \mid f(x) \leqslant \alpha\}$$

称为 f 的 α-下水平集.

在最优化问题中, 多数情况都要对函数 $f(x)$ 求极小值, 通过研究 α-下水平集可以知道具体在哪些点处 $f(x)$ 的值不超过 α. 若 C_α 非空, 我们知道 $f(x)$ 的全局极小点 (若存在) 一定落在 C_α 中, 因此也就无须考虑 C_α 之外的点.

2. 上方图

上方图是从集合的角度来描述一个函数的具体性质. 我们有如下定义:

定义 2.9(上方图)　对于广义实值函数 $f\colon \mathbb{R}^n \to \overline{\mathbb{R}}$,

$$\mathbf{epi}\, f = \{(x,t) \in \mathbb{R}^{n+1} \mid f(x) \leqslant t\}$$

称为 f 的上方图.

上方图的一个直观的例子如图 2.2 所示.

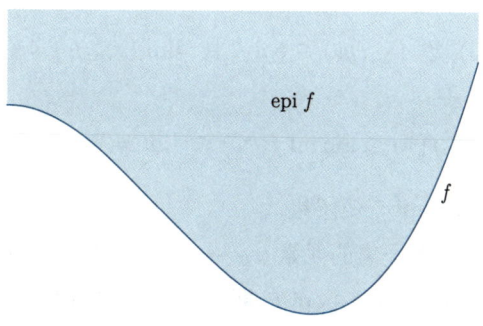

图 2.2　函数 f 和其上方图 epi f

上方图将函数和集合建立了联系, f 的很多性质都可以在 $\mathbf{epi}\, f$ 上得到体现. 在后面的分析中将看到, 我们可以通过 $\mathbf{epi}\, f$ 的一些性质来反推 f 的性质.

3. 闭函数与下半连续函数

基于前面介绍的一些基本概念, 我们可以给出闭函数和下半连续函数的定义.

定义 2.10 (闭函数)　设 $f\colon \mathbb{R}^n \to \overline{\mathbb{R}}$ 为广义实值函数, 若 $\mathbf{epi}\, f$ 为闭集, 则称 f 为闭函数.

定义 2.11 (下半连续函数)　设广义实值函数 $f\colon \mathbb{R}^n \to \overline{\mathbb{R}}$, 若对任意的 $x \in \mathbb{R}^n$, 有

$$\liminf_{y \to x} f(y) \geqslant f(x),$$

则 $f(x)$ 为下半连续函数.

如图 2.3 所示, $f(x)$ 为 $\mathbb{R}$ 上的下半连续函数.

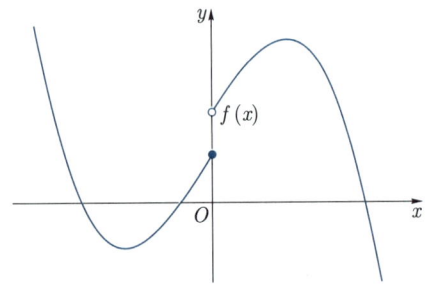

图 2.3　下半连续函数 $f(x)$

有趣的是, 虽然表面上看这两种函数的定义方式截然不同, 但闭函数和下半连续函数是等价的. 实际上我们有如下定理:

定理 2.2 (闭函数和下半连续函数的等价性 [7])　设广义实值函数 $f\colon \mathbb{R}^n \to \overline{\mathbb{R}}$, 则以下命题等价:

(1) $f(x)$ 的任意 α-下水平集都是闭集;

(2) $f(x)$ 是下半连续的;

(3) $f(x)$ 是闭函数.

证明　(2) $\Longrightarrow$ (3), 设 $(x_k, y_k) \in \mathbf{epi}\, f$ 且 $\lim\limits_{k \to \infty}(x_k, y_k) = (\bar{x}, \bar{y})$, 根据下半连续性和极限定义, 我们有

$$f(\bar{x}) \leqslant \liminf_{k \to \infty} f(x_k) \leqslant \lim_{k \to \infty} y_k = \bar{y},$$

这等价于 $(\bar{x}, \bar{y}) \in \mathbf{epi}\, f$, 即 $\mathbf{epi}\, f$ 是闭集.

(3) $\Longrightarrow$ (1), 取 α-下水平集的元素 $x_k \to \bar{x}$, 注意到 $(x_k, \alpha) \in \mathbf{epi}\, f$ 且 $(x_k, \alpha) \to (\bar{x}, \alpha)$, 由 $\mathbf{epi}\, f$ 为闭集可知 $(\bar{x}, \alpha) \in \mathbf{epi}\, f$, 即 $f(\bar{x}) \leqslant \alpha$. 这说明了 $f(x)$ 的任意 α-下水平集是闭集.

(1) $\implies$ (2): 我们用反证法. 反设存在序列 $\{x_k\} \to \bar{x}(k \to \infty)$ 但 $f(\bar{x}) > \liminf\limits_{k\to\infty} f(x_k)$, 取 t 使得

$$f(\bar{x}) > t > \liminf_{k\to\infty} f(x_k).$$

由下极限的定义, $\{x_k \mid f(x_k) \leqslant t\}$ 中必定含有无穷多个 x_k, 不妨设 $\{x_k\}$ 中存在子列 $\{x_{k_l}\}$ 使得 $f(x_{k_l}) \leqslant t$ 且 $\lim\limits_{l\to\infty} x_{k_l} = \bar{x}$. 这显然与 t-下水平集为闭集矛盾. □

以上等价性为我们之后证明定理提供了很大的方便. 由于下半连续函数也具有某种连续性, 第三章也会介绍其相应的最小值存在定理. 在许多文献中闭函数和下半连续函数往往只出现一种定义, 读者应当注意这个等价关系.

闭 (下半连续) 函数间的简单运算会保持原有性质:

(1) 加法: 若 f 与 g 均为适当的闭 (下半连续) 函数, 并且 $\mathbf{dom}\ f \cap \mathbf{dom}\ g \neq \varnothing$, 则 $f + g$ 也是闭 (下半连续) 函数. 在这里添加适当函数的条件是为了避免出现未定式 $(-\infty) + (+\infty)$ 的情况;

(2) 仿射映射的复合: 若 f 为闭 (下半连续) 函数, 则 $f(Ax + b)$ 也为闭 (下半连续) 函数;

(3) 取上确界: 若每一个函数 f_α 均为闭 (下半连续) 函数, 则 $\sup\limits_{\alpha} f_\alpha(x)$ 也为闭 (下半连续) 函数.

2.4　凸集

2.4.1　凸集的相关定义

对于 $\mathbb{R}^n$ 中的两个点 $x_1 \neq x_2$, 形如

$$y = \theta x_1 + (1 - \theta)x_2$$

的点形成了过点 x_1 和 x_2 的**直线**. 当 $0 \leqslant \theta \leqslant 1$ 时, 这样的点形成了连接点 x_1 与 x_2 的**线段**.

定义 2.12　若过集合 C 中任意两点的直线都在 C 内, 则称 C 为仿射集, 即

$$x_1, x_2 \in C \implies \theta x_1 + (1 - \theta)x_2 \in C,\ \forall \theta \in \mathbb{R}.$$

线性方程组 $Ax = b$ 的解集是仿射集. 反之, 任何仿射集都可以表示成一个线性方程组的解集, 读者可以自行验证.

定义 2.13　若连接集合 C 中任意两点的线段都在 C 内, 则称 C 为凸集, 即

$$x_1, x_2 \in C \implies \theta x_1 + (1 - \theta)x_2 \in C,\ \forall 0 \leqslant \theta \leqslant 1.$$

从仿射集的定义容易看出仿射集都是凸集. 下面给出一些凸集和非凸集的例子.

例 2.2   在图 2.4 中, (a) 为凸集, (b)(c) 为非凸集, 其中 (c) 不含部分边界点

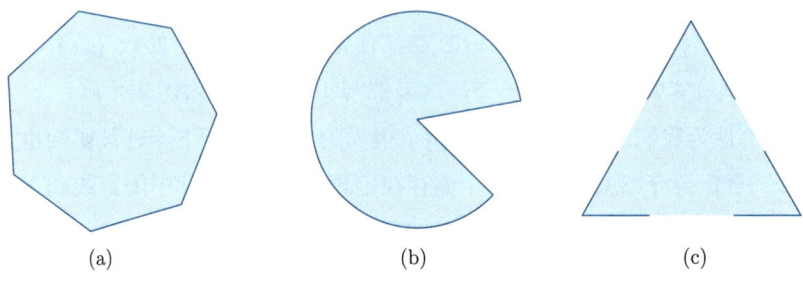

(a)   (b)   (c)

图 2.4   一个凸集和两个非凸集

从凸集可以引出凸组合和凸包等概念. 形如

$$x = \theta_1 x_1 + \theta_2 x_2 + \cdots + \theta_k x_k,$$

$$1 = \theta_1 + \theta_2 + \cdots + \theta_k, \quad \theta_i \geqslant 0, i = 1, 2, \cdots, k$$

的点称为 $x_1, x_2, \cdots, x_k$ 的**凸组合**. 集合 S 中点所有可能的凸组合构成的集合称作 S 的 **凸包**, 记作 **conv** S. 实际上, **conv** S 是包含 S 的最小的凸集. 如图 2.5所示, 左边的为离散点集的凸包, 右边的为扇形的凸包.

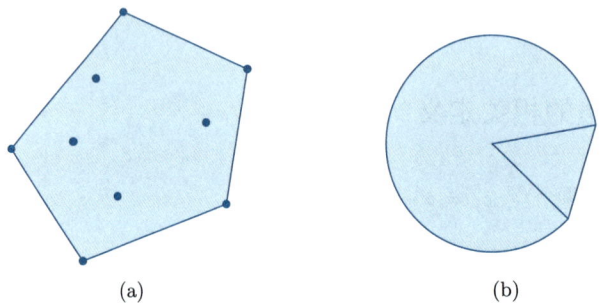

(a)   (b)

图 2.5   离散点集和扇形的凸包

若在凸组合的定义中去掉 $\theta_i \geqslant 0$ 的限制, 我们可以得到**仿射包**的概念.

<u>**定义 2.14**</u>(仿射包)   设 S 为 $\mathbb{R}^n$ 的子集, 称如下集合为 S 的仿射包:

$$\{x \mid x = \theta_1 x_1 + \theta_2 x_2 + \cdots + \theta_k x_k, \quad x_1, x_2, \cdots, x_k \in S, \quad \theta_1 + \theta_2 + \cdots + \theta_k = 1\},$$

记为 **affine** S.

图 2.6 展示了 $\mathbb{R}^3$ 中圆盘 S 的仿射包, 其为一个平面.

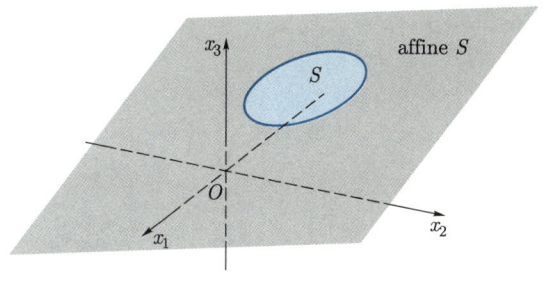

图 2.6　集合 S 的仿射包

一般而言, 一个集合的仿射包实际上是包含该集合的最小的仿射集, 这个概念在之后我们讨论凸问题最优性条件的时候会用到.

若对于非空集合 S 的任意元素 x 和任意 $\lambda > 0$ 都有 $\lambda x \in S$, 则称集合 S 为一个锥. 如果锥 S 同时是凸集, 则其为凸锥, 如图 2.7所示. 对于 $k \geqslant 1$, 形如

$$x = \sum_{i=1}^{k} \theta_i x_i, \quad x_1, x_2, \cdots, x_k \in S, \quad \theta_i > 0, i = 1, \cdots, k,$$

的点称为点 $\{x_i\}_{i=1}^{k}$ 的**锥组合**. 集合 S 为凸锥当且仅当 S 中任意点的锥组合都在 S 中.

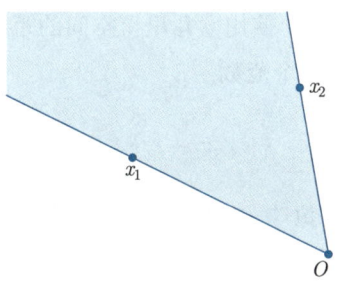

图 2.7　凸锥

2.4.2　重要的凸集

下面将介绍一些重要的凸集. 这些凸集在实际问题中常常会遇到.

1. 超平面和半空间

任取非零向量 a, 形如 $\{\, x \,|\, a^{\mathrm{T}} x = b \,\}$ 的集合称为**超平面**, 形如 $\{\, x \,|\, a^{\mathrm{T}} x \leqslant b \,\}$ 的集合称为**半空间** (如图 2.8). a 是对应的超平面和半空间的法向量. 一个超平面将 $\mathbb{R}^n$ 分为两个半空间. 容易看出, 超平面是仿射集和凸集, 半空间是凸集但不是仿射集.

2. 球、椭球、锥

球和椭球也是常见的凸集. 球是空间中到某个点距离 (或两者差的范数) 小于某个常数的点的集合, 并将

$$B(x_c, r) = \{\, x \mid \|x - x_c\|_2 \leqslant r \,\} = \{\, x_c + ru \mid \|u\|_2 \leqslant 1 \,\}$$

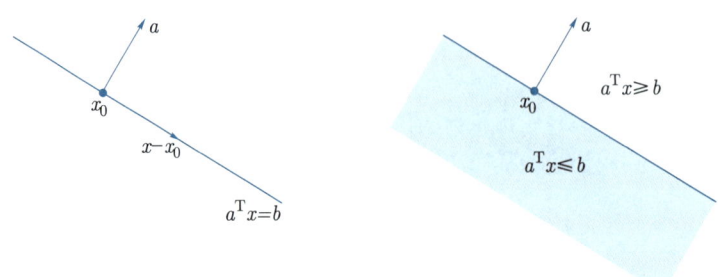

图 2.8   超平面和半空间

称为中心为 x_c, 半径为 r 的 **(欧几里得) 球**. 而形如

$$\{\, x \mid (x - x_c)^{\mathrm{T}} P^{-1}(x - x_c) \leqslant 1 \,\}$$

的集合称为**椭球**, 其中 $P \in \mathcal{S}^n_{++}$ (即 P 对称正定). 椭球的另一种表示为 $\{\, x_c + Au \mid \|u\|_2 \leqslant 1 \,\}$, A 为非奇异的方阵.

在定义一个球时, 并不一定要使用欧几里得空间的距离. 对于一般的范数, 同样可以定义 "球". 令 $\|\cdot\|$ 是任意一个范数,

$$\{\, x \mid \|x - x_c\| \leqslant r \,\}$$

称为中心为 x_c, 半径为 r 的**范数球**. 另外, 我们称集合

$$\{\, (x, t) \mid \|x\| \leqslant t \,\}$$

为**范数锥**. 欧几里得范数锥也称为**二次锥**. 范数球和范数锥都是凸集.

3. 多面体

我们把满足线性等式和不等式组的点的集合称为**多面体**, 即

$$\{\, x \mid Ax \leqslant b, \quad Cx = d \,\},$$

其中 $A \in \mathbb{R}^{m \times n}$, $C \in \mathbb{R}^{p \times n}$, $x \leqslant y$ 表示向量 x 的每个分量均小于等于 y 的对应分量. 多面体是有限个半空间和超平面的交集, 因此是凸集.

4. (半) 正定锥

记 $\mathcal{S}^n$ 为 $n \times n$ 对称矩阵的集合, $\mathcal{S}^n_+ = \{\, X \in \mathcal{S}^n \mid X \succeq 0 \,\}$ 为 $n \times n$ 半正定矩阵的集合, $\mathcal{S}^n_{++} = \{\, X \in \mathcal{S}^n \mid X \succ 0 \,\}$ 为 $n \times n$ 正定矩阵的集合. 容易证明 $\mathcal{S}^n_+$ 是凸锥, 因此 $\mathcal{S}^n_+$ 又称为**半正定锥**. 同理, $\mathcal{S}^n_{++}$ 称为正定锥. 图 2.9 展示了二维半正定锥的几何形状.

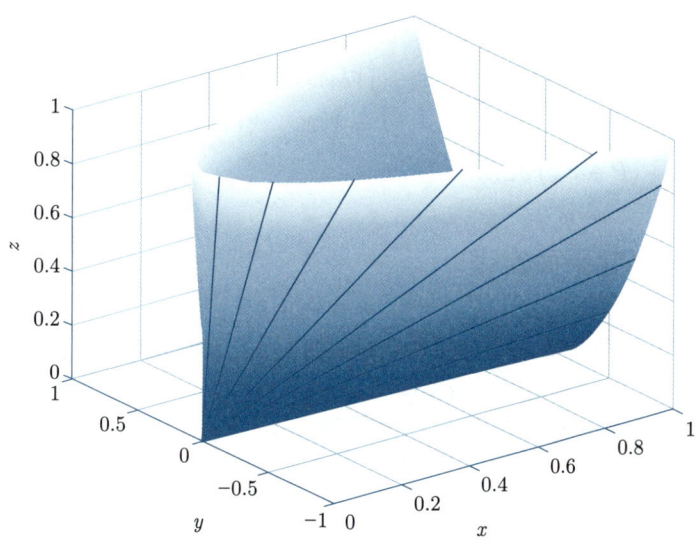

图 2.9 二维半正定锥 $\mathcal{S}_+^2$ 的边界

例 2.3 $\begin{bmatrix} x & y \\ y & z \end{bmatrix} \in \mathcal{S}_+^2$, 点 (x, y, z) 构成的图形的边界如图 2.9 所示.

2.4.3 保凸的运算

下面介绍证明一个集合 (设为 C) 为凸集的两种方式. 第一种是利用定义

$$x_1, x_2 \in C, 0 \leqslant \theta \leqslant 1 \implies \theta x_1 + (1 - \theta) x_2 \in C$$

来证明集合 C 是凸集. 第二种方法是说明集合 C 可由简单的凸集 (超平面、半空间、范数球等) 经过保凸的运算后得到. 为此, 我们需要掌握一些常见的保凸运算. 下面的两个定理分别说明了取交集和仿射变换这两种运算是保凸的.

定理 2.3 任意多个凸集的交为凸集, 即若 $C_i, i \in \mathcal{I}$ 是凸集, 则

$$\bigcap_{i \in \mathcal{I}} C_i$$

为凸集. 这里 $\mathcal{I}$ 是任意指标集 (不要求可列).

定理 2.4 设 $f : \mathbb{R}^n \to \mathbb{R}^m$ 是仿射变换 $\left(f(x) = Ax + b, A \in \mathbb{R}^{m \times n}, b \in \mathbb{R}^m \right)$, 则

(1) 凸集在 f 下的像是凸集:

$$S \subseteq \mathbb{R}^n \text{ 是凸集} \implies f(S) \stackrel{\text{def}}{=\!=} \{ f(x) \,|\, x \in S \} \text{ 是凸集};$$

(2) 凸集在 f 下的原像是凸集:

$$C \subseteq \mathbb{R}^m \text{ 是凸集} \implies f^{-1}(C) \stackrel{\text{def}}{=\!=} \{ x \in \mathbb{R}^n \,|\, f(x) \in C \} \text{ 是凸集}.$$

注意到缩放、平移和投影变换都是仿射变换, 因此凸集经过缩放、平移或投影的像仍是凸集. 利用仿射变换保凸的性质, 可以证明线性矩阵不等式的解集 $\{x \,|\, x_1 A_1 + x_2 A_2 + \cdots + x_m A_m \preceq B\}$ 是凸集 $(A_i,\ i = 1, 2, \cdots, m,\ B \in \mathcal{S}^p)$, 双曲锥 $\{x \,|\, x^{\mathrm{T}} P x \leqslant (c^{\mathrm{T}} x)^2,\ c^{\mathrm{T}} x \geqslant 0\}$ $(P \in \mathcal{S}_+^n)$ 是凸集.

2.4.4　分离超平面定理

这里, 我们介绍凸集的一个重要性质, 即可以用超平面分离不相交的凸集. 最基本的结果是分离超平面定理和支撑超平面定理.

定理 2.5 (分离超平面定理[124]定理 11.3**)**　若 C 和 D 是不相交的两个凸集, 则存在非零向量 a 和常数 b, 使得

$$a^{\mathrm{T}} x \leqslant b, \quad \forall x \in C, \quad \text{且 } a^{\mathrm{T}} x \geqslant b, \quad \forall x \in D,$$

即超平面 $\{x \,|\, a^{\mathrm{T}} x = b\}$ 分离了 C 和 D(如图 2.10).

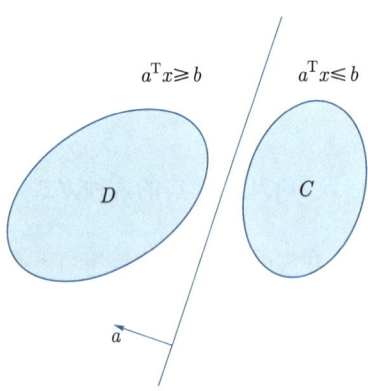

图 2.10　分离超平面

严格分离 (即上式成立严格不等号) 需要更强的假设. 例如, 当 C 是闭凸集, D 是单点集时, 我们有如下严格分离定理.

定理 2.6 (严格分离定理[20]例 2.20**)**　设 C 是闭凸集, 点 $x_0 \notin C$, 则存在非零向量 a 和常数 b, 使得

$$a^{\mathrm{T}} x < b, \forall x \in C, \quad \text{且} \quad a^{\mathrm{T}} x_0 > b.$$

上述严格分离定理要求点 $x_0 \notin C$. 当点 x_0 恰好在凸集 C 的边界上时, 我们可以构造支撑超平面.

定义 2.15(支撑超平面)　给定集合 C 及其边界上一点 x_0, 如果 $a \neq 0$ 满足 $a^{\mathrm{T}} x \leqslant a^{\mathrm{T}} x_0, \forall x \in C$, 那么称集合

$$\{x \,|\, a^{\mathrm{T}} x = a^{\mathrm{T}} x_0\}$$

为 C 在边界点 x_0 处的支撑超平面.

因此, 点 x_0 和集合 C 也被该超平面分开. 从几何上来说, 超平面 $\{x \mid a^{\mathrm{T}}x = a^{\mathrm{T}}x_0\}$ 与集合 C 在点 x_0 处相切并且半空间 $\{x \mid a^{\mathrm{T}}x \leqslant a^{\mathrm{T}}x_0\}$ 包含 C.

根据凸集的分离超平面定理, 我们有如下支撑超平面定理.

定理 2.7 (支撑超平面定理[124]推论 11.6.1)　若 C 是凸集, 则在 C 的任意边界点处都存在支撑超平面.

支撑超平面定理有非常强的几何直观: 给定一个平面后, 可把凸集边界上的任意一点当成支撑点将凸集放置在该平面上. 其他形状的集合一般没有这个性质, 例如图 2.4 的 (b), 不可能以凹陷处为支撑点将其放置在水平面上.

2.5　凸函数

有了凸集的定义, 我们来定义一类特殊的函数, 即凸函数. 因在实际问题中的广泛应用, 凸函数的研究得到了人们大量的关注.

2.5.1　凸函数的定义

定义 2.16 (凸函数)　设函数 f 为适当函数, 若 $\mathbf{dom}\, f$ 是凸集, 且

$$f(\theta x + (1-\theta)y) \leqslant \theta f(x) + (1-\theta)f(y)$$

对所有 $x, y \in \mathbf{dom}\, f, 0 \leqslant \theta \leqslant 1$ 都成立, 则称 f 是凸函数.

直观地来看, 连接凸函数的图像上任意两点的线段都在函数图像上方 (如图 2.11).

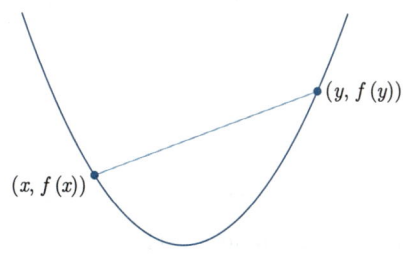

图 2.11　凸函数

相应地, 我们也可以定义凹函数: 若 $-f$ 是凸函数, 则称 f 是**凹函数**. 只要改变一下符号, 很多凸函数的性质都可以直接应用到凹函数上. 另外, 若 $\mathbf{dom}\, f$ 是凸集, 且

$$f(\theta x + (1-\theta)y) < \theta f(x) + (1-\theta)f(y)$$

对所有的 $x, y \in \mathbf{dom}\, f$, $x \neq y$, $0 < \theta < 1$ 成立, 则称 f 是**严格凸函数**. 除了严格凸函数以外, 还有另一类常用的凸函数: **强凸函数**.

定义 2.17(强凸函数)　*若存在常数 $m > 0$, 使得*

$$g(x) = f(x) - \frac{m}{2}\|x\|^2$$

为凸函数, 则称 $f(x)$ 为强凸函数, 其中 m 为强凸参数. 为了方便, 我们也称 $f(x)$ 为 m-强凸函数.

通过直接对 $g(x) = f(x) - \frac{m}{2}\|x\|^2$ 应用凸函数的定义, 我们可得到另一个常用的强凸函数定义.

定义 2.18 (强凸函数的等价定义)　*若存在常数 $m > 0$, 使得对任意 $x, y \in \mathbf{dom}\, f$ 以及 $\theta \in (0, 1)$, 有*

$$f(\theta x + (1-\theta)y) \leqslant \theta f(x) + (1-\theta)f(y) - \frac{m}{2}\theta(1-\theta)\|x-y\|^2,$$

则称 $f(x)$ 为强凸函数, 其中 m 为强凸参数.

强凸函数的两种定义侧重点不同: 从定义 2.17 可以看出, 强凸函数减去一个正定二次函数仍然是凸的; 而从定义 2.18 可以看出, 强凸函数一定是严格凸函数, 当 $m = 0$ 时退化成凸函数. 无论从哪个定义出发, 容易看出和凸函数相比, 强凸函数有更好的性质. 在后面很多算法的理论分析中, 为了得到点列的收敛性以及更快的收敛速度, 我们都要加上强凸这一条件.

此外, 根据强凸函数的等价定义容易得出下面的结论:

命题 2.3　设 f 为强凸函数且存在最小值, 则 f 的最小值点唯一.

证明　采用反证法. 设 $x \neq y$ 均为 f 的最小值点, 根据强凸函数的等价定义, 取 $\theta \in (0, 1)$, 则有

$$
\begin{aligned}
f(\theta x + (1-\theta)y) &\leqslant \theta f(x) + (1-\theta)f(y) - \frac{m}{2}\theta(1-\theta)\|x-y\|^2 \\
&= f(x) - \frac{m}{2}\theta(1-\theta)\|x-y\|^2 \\
&< f(x),
\end{aligned}
$$

其中严格不等号成立是因为 $x \neq y$. 这显然和 $f(x)$ 为最小值矛盾, 得证.　□

注 2.2　命题 2.3 中 f 存在最小值是前提. 强凸函数 f 的全局极小点不一定存在, 例如 $f(x) = x^2$, $\quad \mathbf{dom}\, f = (1, 2)$.

2.5.2　凸函数判定定理

凸函数的一个最基本的判定方式是: 先将其限制在任意直线上, 然后判断对应的一维函数是不是凸的. 如下面的定理所述, 一个函数是凸函数当且仅当将函数限制在任意

直线在定义域内的部分上时仍是凸的.

定理 2.8　$f(x)$ 是凸函数当且仅当对任意的 $x \in \mathbf{dom}\, f, v \in \mathbb{R}^n$, $g : \mathbb{R} \to \mathbb{R}$,

$$g(t) = f(x + tv), \quad \mathbf{dom}\, g = \{\, t \mid x + tv \in \mathbf{dom}\, f \,\}$$

是凸函数.

证明　先证必要性. 设 $f(x)$ 是凸函数, 要证 $g(t) = f(x + tv)$ 是凸函数. 先说明 $\mathbf{dom}\, g$ 是凸集. 对任意的 $t_1, t_2 \in \mathbf{dom}\, g$ 以及 $\theta \in (0, 1)$,

$$x + t_1 v \in \mathbf{dom}\, f, \quad x + t_2 v \in \mathbf{dom}\, f,$$

由 $\mathbf{dom}\, f$ 是凸集可知

$$x + (\theta t_1 + (1 - \theta) t_2) v \in \mathbf{dom}\, f,$$

这说明 $\theta t_1 + (1 - \theta) t_2 \in \mathbf{dom}\, g$, 即 $\mathbf{dom}\, g$ 是凸集. 此外, 我们有

$$
\begin{aligned}
g(\theta t_1 + (1 - \theta) t_2) &= f(x + (\theta t_1 + (1 - \theta) t_2) v) \\
&= f(\theta(x + t_1 v) + (1 - \theta)(x + t_2 v)) \\
&\leqslant \theta f(x + t_1 v) + (1 - \theta) f(x + t_2 v) \\
&= \theta g(t_1) + (1 - \theta) g(t_2).
\end{aligned}
$$

结合以上两点得到函数 $g(t)$ 是凸函数.

再证充分性. 设对任意的 $x \in \mathbf{dom}\, f, v \in \mathbb{R}^n$, $g(t) = f(x + tv)$ 为凸函数, 对任意的 $x, y \in \mathbf{dom}\, f$ 以及 $\theta \in (0, 1)$, 现在要说明 $\mathbf{dom}\, f$ 是凸集以及估计 $f(\theta x + (1 - \theta) y)$ 的上界. 取 $v = y - x$, 以及 $t_1 = 0, t_2 = 1$, 由 $\mathbf{dom}\, g$ 是凸集可知 $\theta \cdot 0 + (1 - \theta) \cdot 1 \in \mathbf{dom}\, g$, 即 $\theta x + (1 - \theta) y \in \mathbf{dom}\, f$, 这说明 $\mathbf{dom}\, f$ 是凸集. 再根据 $g(t) = f(x + tv)$ 的凸性, 我们有

$$
\begin{aligned}
g(1 - \theta) &= g(\theta t_1 + (1 - \theta) t_2) \\
&\leqslant \theta g(t_1) + (1 - \theta) g(t_2) \\
&= \theta g(0) + (1 - \theta) g(1) \\
&= \theta f(x) + (1 - \theta) f(y).
\end{aligned}
$$

而等式左边有

$$g(1 - \theta) = f(x + (1 - \theta)(y - x)) = f(\theta x + (1 - \theta) y),$$

这说明 $f(x)$ 是凸函数. □

这里给出实际中经常遇到的一些凸 (凹) 函数.

例 2.4   凸函数的例子:

(1) 仿射函数: $a^{\mathrm{T}}x+b$, 其中 $a, x \in \mathbb{R}^n$ 是向量; $\langle A, X \rangle$, 其中 $A, X \in \mathbb{R}^{m \times n}$ 是矩阵;

(2) 指数函数: e^{ax}, $a, x \in \mathbb{R}$ 是凸函数;

(3) 幂函数: x^α $(x>0)$, 当 $\alpha \geqslant 1$ 或 $\alpha \leqslant 0$ 时为凸函数;

(4) 负熵: $x \ln x$ $(x>0)$ 是凸函数;

(5) 所有范数都是凸函数 (向量和矩阵版本), 这是由于范数有三角不等式.

下面的例子说明如何利用定理 2.8 来判断一个函数是否为凸函数.

例 2.5 $f(X) = -\ln \det(X)$ 是凸函数, 其中 $\mathbf{dom}\, f = \mathcal{S}_{++}^n$.

事实上, 任取 $X \succ 0$ 以及方向 $V \in \mathcal{S}^n$, 将 f 限制在直线 $X+tV$(t 满足 $X+tV \succ 0$) 上, 考虑函数 $g(t) = -\ln \det(X + tV)$. 那么

$$g(t) = -\ln \det(X) - \ln \det(I + tX^{-1/2}VX^{-1/2})$$

$$= -\ln \det(X) - \sum_{i=1}^n \ln(1 + t\lambda_i),$$

其中 λ_i 是 $X^{-1/2}VX^{-1/2}$ 的第 i 个特征值. 对每个 $X \succ 0$ 以及方向 V, g 关于 t 是凸的. 因此 f 是凸的.

对于可微函数, 除了将其限制在直线上之外, 还可以利用其导数信息来判断它的凸性. 具体来说, 有如下的一阶条件:

定理 2.9 (一阶条件)   对于定义在凸集上的可微函数 f, f 是凸函数当且仅当

$$f(y) \geqslant f(x) + \nabla f(x)^{\mathrm{T}}(y - x), \quad \forall x, y \in \mathbf{dom}\, f.$$

证明   先证必要性. 设 f 是凸函数, 则对于任意的 $x, y \in \mathbf{dom}\, f$ 以及 $t \in (0, 1)$, 有

$$tf(y) + (1-t)f(x) \geqslant f(x + t(y - x)).$$

将上式移项, 两边同时除以 t, 注意 $t > 0$, 则

$$f(y) - f(x) \geqslant \frac{f(x + t(y - x)) - f(x)}{t}.$$

令 $t \to 0$, 由极限保号性可得

$$f(y) - f(x) \geqslant \lim_{t \to 0} \frac{f(x + t(y - x)) - f(x)}{t} = \nabla f(x)^{\mathrm{T}}(y - x).$$

这里最后一个等式成立是由于方向导数的性质.

再证充分性. 对任意的 $x, y \in \mathbf{dom}\, f$ 以及任意的 $t \in (0, 1)$, 定义 $z = tx + (1-t)y$, 应用两次一阶条件我们有

$$f(x) \geqslant f(z) + \nabla f(z)^{\mathrm{T}}(x - z),$$

$$f(y) \geqslant f(z) + \nabla f(z)^{\mathrm{T}}(y - z).$$

将上述第一个不等式两边同时乘 t, 第二个不等式两边同时乘 $1 - t$, 相加得

$$tf(x) + (1 - t)f(y) \geqslant f(z) + 0.$$

这正是凸函数的定义, 因此充分性成立. □

定理 2.9 说明可微凸函数 f 的图形始终在其任一点处切线的上方, 见图 2.12. 因此, 用可微凸函数 f 在任意一点处的一阶近似可以得到 f 的一个全局下界. 另一个常用的一阶条件是梯度单调性.

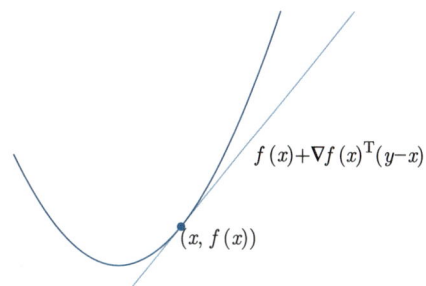

图 2.12 凸函数的全局下界

定理 2.10 (梯度单调性) 设 f 为可微函数, 则 f 为凸函数当且仅当 $\mathbf{dom}\, f$ 为凸集且 ∇f 为单调映射, 即

$$(\nabla f(x) - \nabla f(y))^{\mathrm{T}}(x - y) \geqslant 0, \quad \forall\, x, y \in \mathbf{dom}\, f.$$

证明 先证必要性. 若 f 可微且为凸函数, 根据一阶条件, 我们有

$$f(y) \geqslant f(x) + \nabla f(x)^{\mathrm{T}}(y - x),$$
$$f(x) \geqslant f(y) + \nabla f(y)^{\mathrm{T}}(x - y).$$

将两式不等号左右两边相加即可得到结论.

再证充分性. 若 ∇f 为单调映射, 构造一元辅助函数

$$g(t) = f(x + t(y - x)), \quad g'(t) = \nabla f(x + t(y - x))^{\mathrm{T}}(y - x)$$

由 ∇f 的单调性可知 $g'(t) \geqslant g'(0), \forall\, t \geqslant 0$. 因此

$$f(y) = g(1) = g(0) + \int_0^1 g'(t)\mathrm{d}t$$
$$\geqslant g(0) + g'(0) = f(x) + \nabla f(x)^{\mathrm{T}}(y - x).$$ □

和凸函数类似, 严格凸函数和强凸函数都有对应的单调性.

推论 2.2　设 f 为可微函数, 且 $\mathbf{dom}\,f$ 是凸集, 则

(1) f 是严格凸函数当且仅当

$$(\nabla f(x) - \nabla f(y))^{\mathrm{T}}(x-y) > 0, \quad \forall\, x, y \in \mathbf{dom}\,f, x \neq y;$$

(2) f 是 m-强凸函数当且仅当

$$(\nabla f(x) - \nabla f(y))^{\mathrm{T}}(x-y) \geqslant m\|x-y\|^2, \quad \forall\, x, y \in \mathbf{dom}\,f.$$

进一步地, 如果函数二阶连续可微, 我们可以得到下面的二阶条件:

定理 2.11 (二阶条件)　设 f 为定义在凸集上的二阶连续可微函数, 则 f 是凸函数当且仅当

$$\nabla^2 f(x) \succeq 0, \quad \forall x \in \mathbf{dom}\,f.$$

若 $\nabla^2 f(x) \succ 0, \forall x \in \mathbf{dom}\,f$, 则 f 是严格凸函数.

证明　先证必要性. 反设 $f(x)$ 在点 x 处的海瑟矩阵 $\nabla^2 f(x) \not\succeq 0$, 即存在非零向量 $v \in \mathbb{R}^n$ 使得 $v^{\mathrm{T}} \nabla^2 f(x) v < 0$. 根据佩亚诺 (Peano) 余项的泰勒展开,

$$f(x+tv) = f(x) + t\nabla f(x)^{\mathrm{T}} v + \frac{t^2}{2} v^{\mathrm{T}} \nabla^2 f(x) v + o(t^2).$$

移项后等式两边同时除以 t^2,

$$\frac{f(x+tv) - f(x) - t\nabla f(x)^{\mathrm{T}} v}{t^2} = \frac{1}{2} v^{\mathrm{T}} \nabla^2 f(x) v + o(1).$$

当 t 充分小时,

$$\frac{f(x+tv) - f(x) - t\nabla f(x)^{\mathrm{T}} v}{t^2} < 0,$$

这显然和一阶条件 (定理 2.9) 矛盾, 因此必有 $\nabla^2 f(x) \succeq 0$ 成立.

再证充分性. 设 $f(x)$ 满足二阶条件 $\nabla^2 f(x) \succeq 0$, 对任意 $x, y \in \mathbf{dom}\,f$, 根据泰勒展开 (定理 2.1),

$$f(y) = f(x) + \nabla f(x)^{\mathrm{T}}(y-x) + \frac{1}{2}(y-x)^{\mathrm{T}} \nabla^2 f(x+t(y-x))(y-x),$$

其中 $t \in (0,1)$ 是和 x, y 有关的常数. 由半正定性可知对任意 $x, y \in \mathbf{dom}\,f$ 有

$$f(y) \geqslant f(x) + \nabla f(x)^{\mathrm{T}}(y-x).$$

这是凸函数判定的一阶条件, 由定理 2.9 知 f 为凸函数. 进一步, 若 $\nabla^2 f(x) \succ 0$, 上式中不等号严格成立 $(x \neq y)$. 利用定理 2.9 的充分性的证明过程可得 $f(x)$ 为严格凸函数. $\qquad\square$

当函数二阶连续可微时, 利用二阶条件判断凸性通常更为方便. 下面给出两个用二阶条件判断凸性的例子.

例 2.6　(1) 考虑二次函数 $f(x) = \frac{1}{2}x^{\mathrm{T}}Px + q^{\mathrm{T}}x + r\ (P \in \mathcal{S}^n)$, 容易计算出其梯度与海瑟矩阵分别为

$$\nabla f(x) = Px + q, \quad \nabla^2 f(x) = P.$$

那么, f 是凸函数当且仅当 $P \succeq 0$.

(2) 考虑最小二乘函数 $f(x) = \frac{1}{2}\|Ax - b\|_2^2$, 其梯度与海瑟矩阵分别为

$$\nabla f(x) = A^{\mathrm{T}}(Ax - b), \quad \nabla^2 f(x) = A^{\mathrm{T}}A.$$

注意到 $A^{\mathrm{T}}A$ 恒为半正定矩阵, 因此, 对任意的 A, f 都是凸函数.

除了上述结果之外, 还可以使用上方图 **epi** f 来判断 f 的凸性. 实际上我们有如下定理:

定理 2.12　函数 $f(x)$ 为凸函数当且仅当其上方图 **epi** f 是凸集.

定理 2.12 的证明留给读者完成.

2.5.3　保凸的运算

要验证一个函数 f 是凸函数, 前面已经介绍了三种方法: 一是用定义去验证凸性, 通常将函数限制在一条直线上; 二是利用一阶条件、二阶条件证明函数的凸性; 三是直接研究 f 的上方图 **epi** f. 而接下来要介绍的方法说明 f 可由简单的凸函数通过一些保凸的运算得到. 下面的定理说明非负加权和、与仿射函数的复合、逐点取最大值等运算, 是不改变函数的凸性的.

定理 2.13

(1) 若 f 是凸函数, 则 αf 是凸函数, 其中 $\alpha \geqslant 0$.

(2) 若 f_1, f_2 是凸函数, 则 $f_1 + f_2$ 是凸函数.

(3) 若 f 是凸函数, 则 $f(Ax + b)$ 是凸函数.

(4) 若 $f_1, f_2, \cdots, f_m$ 是凸函数, 则 $f(x) = \max\{f_1(x), f_2(x), \cdots, f_m(x)\}$ 是凸函数.

(5) 若对每个 $y \in \mathcal{A}$, $f(x, y)$ 关于 x 是凸函数, 则

$$g(x) = \sup_{y \in \mathcal{A}} f(x, y)$$

是凸函数.

(6) 给定函数 $g: \mathbb{R}^n \to \mathbb{R}$ 和 $h: \mathbb{R} \to \mathbb{R}$, 令 $f(x) = h(g(x))$. 若 g 是凸函数, h 是凸函数且单调不减, 那么 f 是凸函数; 若 g 是凹函数, h 是凸函数且单调不增, 那么 f 是凸函数.

(7) 给定函数 $g: \mathbb{R}^n \to \mathbb{R}^k$, $h: \mathbb{R}^k \to \mathbb{R}$,

$$f(x) = h(g(x)) = h(g_1(x), g_2(x), \cdots, g_k(x)).$$

若 g_i 是凸函数, h 是凸函数且关于每个分量单调不减, 则 f 是凸函数; 若 g_i 是凹函数, h 是凸函数且关于每个分量单调不增, 则 f 是凸函数.

(8) 若 $f(x,y)$ 关于 (x,y) 整体是凸函数, C 是凸集, 则

$$g(x) = \inf_{y \in C} f(x,y)$$

是凸函数.

(9) 定义函数 $f : \mathbb{R}^n \to \mathbb{R}$ 的透视函数 $g : \mathbb{R}^n \times \mathbb{R} \to \mathbb{R}$,

$$g(x,t) = t f\left(\frac{x}{t}\right), \quad \mathbf{dom}\, g = \left\{ (x,t) \Big| \frac{x}{t} \in \mathbf{dom}\, f, t > 0 \right\}.$$

若 f 是凸函数, 则 g 是凸函数.

证明 我们只对其中的 (4)(5)(8) 进行证明, 剩下的读者可自行验证.

(4) 我们只对 $m = 2$ 的情况验证, 一般情况下同理可证. 设

$$f(x) = \max\{f_1(x), f_2(x)\},$$

对任意的 $0 \leqslant \theta \leqslant 1$ 和 $x, y \in \mathbf{dom}\, f$, 我们有

$$
\begin{aligned}
f(\theta x + (1-\theta)y) &= \max\{f_1(\theta x + (1-\theta)y), f_2(\theta x + (1-\theta)y)\} \\
&\leqslant \max\{\theta f_1(x) + (1-\theta)f_1(y), \theta f_2(x) + (1-\theta)f_2(y)\} \\
&\leqslant \theta f(x) + (1-\theta)f(y),
\end{aligned}
$$

其中第一个不等式是 f_1 和 f_2 的凸性, 第二个不等式是将 $f_1(x)$ 和 $f_2(x)$ 放大为 $f(x)$. 所以 f 是凸函数.

(5) 可以直接仿照 (4) 的证明进行验证. 也可利用上方图的性质. 不难看出

$$\mathbf{epi}\, g = \bigcap_{y \in \mathcal{A}} \mathbf{epi}\, f(\cdot, y).$$

由于任意多个凸集的交集还是凸集, 所以 $\mathbf{epi}\, g$ 是凸集, 根据上方图的性质容易推出 g 是凸函数.

(8) 仍然根据定义进行验证. 任取 $\theta \in (0,1)$ 以及 x_1, x_2, 要证

$$g(\theta x_1 + (1-\theta)x_2) \leqslant \theta g(x_1) + (1-\theta)g(x_2).$$

由 g 的定义知对任意 $\varepsilon > 0$, 存在 $y_1, y_2 \in C$, 使得

$$f(x_i, y_i) < g(x_i) + \varepsilon, \quad i = 1, 2.$$

因此

$$g(\theta x_1 + (1-\theta)x_2) = \inf_{y \in C} f(\theta x_1 + (1-\theta)x_2, y)$$

$$\leqslant f(\theta x_1 + (1-\theta)x_2, \theta y_1 + (1-\theta)y_2)$$

$$\leqslant \theta f(x_1, y_1) + (1-\theta)f(x_2, y_2)$$

$$\leqslant \theta g(x_1) + (1-\theta)g(x_2) + \varepsilon,$$

其中第一个不等号是利用了 C 的凸性, 第二个不等号利用了 $f(x,y)$ 的凸性. 最后令 ε 趋于 0 可以得到最终结论. $\qquad\square$

下面是一些利用保凸运算证明函数是凸函数的例子.

例 2.7 利用与仿射函数的复合函数保凸, 可以证明:

(1) 线性不等式的对数障碍函数:

$$f(x) = -\sum_{i=1}^{m} \ln(b_i - a_i^{\mathrm{T}} x), \quad \mathbf{dom}\, f = \{x \mid a_i^{\mathrm{T}} x < b_i, i = 1, 2, \cdots, m\}$$

是凸函数.

(2) 仿射函数的 (任意) 范数: $f(x) = \|Ax + b\|$ 都是凸函数.

例 2.8 利用逐点取最大值保凸, 可以证明:

(1) 分段线性函数: $f(x) = \max\limits_{i=1,2,\cdots,m} \{a_i^{\mathrm{T}} x + b_i\}$ 是凸函数.

(2) $x \in \mathbb{R}^n$ 的前 r 个最大分量之和:

$$f(x) = x_{[1]} + x_{[2]} + \cdots + x_{[r]}$$

是凸函数 ($x_{[i]}$ 为 x 的从大到小排列的第 i 个分量). 事实上, $f(x)$ 可以写成如下多个线性函数取最大值的形式:

$$f(x) = \max\{x_{i_1} + x_{i_2} + \cdots + x_{i_r} \mid 1 \leqslant i_1 < i_2 < \cdots < i_r \leqslant n\}.$$

例 2.9 利用逐点取上确界保凸, 可以证明:

(1) 集合 C 的**支撑函数**: $S_C(x) = \sup\limits_{y \in C} y^{\mathrm{T}} x$ 是凸函数.

(2) 集合 C 的点到给定点 x 的最远距离: $f(x) = \sup\limits_{y \in C} \|x - y\|$ 是凸函数.

(3) 对称矩阵的最大特征值:

$$\lambda_{\max}(X) = \sup_{\|y\|=1} y^{\mathrm{T}} X y, \quad X \in \mathcal{S}^n$$

是凸函数.

例 2.10 利用复合函数的保凸性质, 可以证明:

(1) 若 $g(x)$ 是凸函数, 则 $\exp(g(x))$ 是凸函数;

(2) 若 g 是正值凹函数, 则 $\dfrac{1}{g(x)}$ 是凸函数;

(3) 若 g_i 是正值凹函数, 则 $\displaystyle\sum_{i=1}^{m} \ln(g_i(x))$ 是凹函数;

(4) 若 g_i 是凸函数, 则 $\ln \displaystyle\sum_{i=1}^{m} \exp(g_i(x))$ 是凸函数.

例 2.11 利用取下确界保凸, 可以证明:

(1) 考虑函数 $f(x,y) = x^{\mathrm{T}}Ax + 2x^{\mathrm{T}}By + y^{\mathrm{T}}Cy$, 其中 $A \in \mathcal{S}^m, B \in \mathbb{R}^{m \times n}, C \in \mathcal{S}^n$. 其海瑟矩阵若满足

$$\begin{bmatrix} A & B \\ B^{\mathrm{T}} & C \end{bmatrix} \succeq 0, \quad C \succ 0,$$

则 $f(x,y)$ 为凸函数. 对 y 求最小值得

$$g(x) = \inf_y f(x,y) = x^{\mathrm{T}}(A - BC^{-1}B^{\mathrm{T}})x,$$

因此 g 是凸函数. 进一步地, 根据凸函数判定的二阶条件可以得到 $A - BC^{-1}B^{\mathrm{T}} \succeq 0$, 这也称为 A 的 Schur 补.

(2) 点 x 到凸集 S 的距离: $\operatorname{dist}(x,S) = \inf\limits_{y \in S} \|x - y\|$ 是凸函数.

2.5.4 凸函数的性质

1. 连续性

凸函数不一定是连续函数, 但下面这个定理说明凸函数在定义域中内点处是连续的.

定理 2.14 设 $f: \mathbb{R}^n \to (-\infty, +\infty]$ 为凸函数. 对任意点 $x_0 \in \operatorname{int} \operatorname{dom} f$, 有 f 在点 x_0 处连续. 这里 $\operatorname{int} \operatorname{dom} f$ 表示定义域 $\operatorname{dom} f$ 的内点.

定理 2.14 的证明见文献 [134] 中定理 1.3.12. 此定理表明凸函数 "差不多" 是连续的, 它的一个直接推论为

推论 2.3 设 $f(x)$ 是凸函数, 且 $\operatorname{dom} f$ 是开集, 则 $f(x)$ 在 $\operatorname{dom} f$ 上是连续的.

证明 由于开集中所有的点都为内点, 利用定理 2.14 可直接得到结论. □

凸函数在定义域的边界上可能不连续. 一个例子为

$$f(x) = \begin{cases} 0, & x < 0, \\ 1, & x = 0. \end{cases}$$

其中 $\operatorname{dom} f = (-\infty, 0]$. 容易证明 $f(x)$ 是凸函数, 但其在点 $x = 0$ 处不连续.

2. 凸下水平集

凸函数的所有下水平集都为凸集, 即有如下结果:

命题 2.4 设 $f(x)$ 是凸函数, 则 $f(x)$ 所有的 α-下水平集 C_α 为凸集.

证明 任取 $x_1, x_2 \in C_\alpha$, 对任意的 $\theta \in (0,1)$, 根据 $f(x)$ 的凸性我们有

$$f(\theta x_1 + (1-\theta)x_2) \leqslant \theta f(x_1) + (1-\theta)f(x_2)$$

$$\leqslant \theta \alpha + (1-\theta)\alpha = \alpha.$$

这说明 C_α 是凸集. □

需要注意的是, 上述命题的逆命题不成立, 即任意下水平集为凸集的函数不一定是凸函数. 读者可自行举出反例.

3. 二次下界

强凸函数具有**二次下界**的性质.

引理 2.2(二次下界) 设 $f(x)$ 是参数为 m 的可微强凸函数, 则如下不等式成立:

$$f(y) \geqslant f(x) + \nabla f(x)^{\mathrm{T}}(y-x) + \frac{m}{2}\|y-x\|^2, \quad \forall\, x, y \in \mathbf{dom}\, f. \tag{2.5.1}$$

证明 由强凸函数的定义, $g(x) = f(x) - \dfrac{m}{2}\|x\|^2$ 是凸函数, 根据凸函数的一阶条件可知

$$g(y) \geqslant g(x) + \nabla g(x)^{\mathrm{T}}(y-x),$$

即

$$f(y) \geqslant f(x) - \frac{m}{2}\|x\|^2 + \frac{m}{2}\|y\|^2 + (\nabla f(x) - mx)^{\mathrm{T}}(y-x)$$

$$= f(x) + \nabla f(x)^{\mathrm{T}}(y-x) + \frac{m}{2}\|y-x\|^2. \qquad \Box$$

利用二次下界容易推出可微强凸函数的下水平集都是有界的, 证明留给读者完成.

推论 2.4 设 f 为可微强凸函数, 则 f 的所有 α-下水平集有界.

2.6 共轭函数

2.6.1 共轭函数的定义和例子

共轭函数是凸分析中的一个重要概念, 其在凸优化问题的理论与算法中扮演着重要角色.

定义 2.19(共轭函数) 任一适当函数 f 的共轭函数定义为

$$f^*(y) = \sup_{x \in \mathbf{dom}\, f} \{y^{\mathrm{T}} x - f(x)\}. \tag{2.6.1}$$

设 f 为 $\mathbb{R}$ 上的适当函数, 图 2.13 展示了对固定的 y, $f^*(y)$ 的几何意义. 在这里注意共轭函数是广义实值函数, $f^*(y)$ 可以是正无穷. 自然地, 我们规定其定义域 $\mathbf{dom}\, f^*$ 为使得 $f^*(y)$ 有限的 y 组成的集合. 对任意函数 f 都可以定义共轭函数 (不要求 f 是凸的), 根据定理 2.13 的 (5), 共轭函数 f^* 恒为凸函数. 由共轭函数的定义, 有如下的重要不等式:

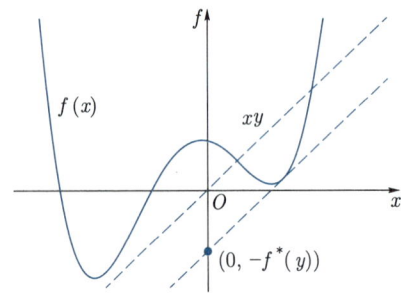

图 2.13 共轭函数

命题 2.5 (Fenchel 不等式)

$$f(x) + f^*(y) \geqslant x^{\mathrm{T}} y. \tag{2.6.2}$$

证明 由定义立即得出, 对任意的 $x \in \mathbf{dom}\, f$,

$$f^*(y) = \sup_{x \in \mathbf{dom}\, f} \{y^{\mathrm{T}} x - f(x)\} \geqslant y^{\mathrm{T}} x - f(x),$$

整理即得 (2.6.2) 式. $\qquad\qquad\square$

以下我们给出一些常见函数的共轭函数.

例 2.12(二次函数) 考虑二次函数

$$f(x) = \frac{1}{2} x^{\mathrm{T}} A x + b^{\mathrm{T}} x + c.$$

(1) 强凸情形 $(A \succ 0)$:

$$f^*(y) = \frac{1}{2}(y - b)^{\mathrm{T}} A^{-1}(y - b) - c;$$

(2) 一般凸情形 $(A \succeq 0)$:

$$f^*(y) = \frac{1}{2}(y - b)^{\mathrm{T}} A^{\dagger}(y - b) - c, \quad \mathbf{dom}\, f^* = \mathcal{R}(A) + b,$$

这里 $A^{\dagger}$ 为 Moore-Penrose 逆, $\mathcal{R}(A)$ 为 A 的像空间.

例 2.13(凸集的示性函数) 给定凸集 C, 其示性函数为

$$I_C(x) = \begin{cases} 0, & x \in C, \\ +\infty, & x \notin C. \end{cases}$$

可知对应的共轭函数为

$$I_C^*(y) = \sup_x \{y^{\mathrm{T}}x - I_C(x)\} = \sup_{x \in C} y^{\mathrm{T}}x.$$

这里 $I_C^*(y)$ 又称为凸集 C 的**支撑函数**.

例 2.14(范数) 范数的共轭函数为其单位对偶范数球的示性函数, 即若 $f(x) = \|x\|$, 则

$$f^*(y) = \begin{cases} 0, & \|y\|_* \leqslant 1, \\ +\infty, & \|y\|_* > 1. \end{cases}$$

证明   对偶范数定义为: $\|y\|_* = \sup_{\|x\| \leqslant 1} x^{\mathrm{T}}y$. 为了计算

$$f^*(y) = \sup_{x \in \mathbf{dom}\, f} \{y^{\mathrm{T}}x - \|x\|\},$$

我们分两种情形讨论:

(1) 若 $\|y\|_* \leqslant 1$, 则 $y^{\mathrm{T}}x \leqslant \|x\|$ 对任一 x 成立, 且当 $x = 0$ 时等号成立, 从而 $\sup_{x \in \mathbf{dom}f} \{y^{\mathrm{T}}x - \|x\|\} = 0$;

(2) 若 $\|y\|_* > 1$, 则至少存在一个 x, 使得 $\|x\| \leqslant 1$ 且 $x^{\mathrm{T}}y > 1$, 从而对 $t > 0$,

$$f^*(y) \geqslant y^{\mathrm{T}}(tx) - \|tx\| = t(y^{\mathrm{T}}x - \|x\|),$$

而不等式右端当 $t \to +\infty$ 时趋于无穷.   □

2.6.2 二次共轭函数

定义 2.20(二次共轭函数)   任一函数 f 的二次共轭函数定义为

$$f^{**}(x) = \sup_{y \in \mathbf{dom}\, f^*} \{x^{\mathrm{T}}y - f^*(y)\}.$$

显然 f^{**} 恒为闭凸函数, 且由 Fenchel 不等式(2.6.2)可知

$$f^{**}(x) \leqslant f(x), \quad \forall x,$$

或等价地, $\mathbf{epi}\, f \subseteq \mathbf{epi}\, f^{**}$. 对于闭凸函数 f, 下面的定理描述了 f 的二次共轭函数与其自身的关系 [124]推论 12.2.1.

定理 2.15   若 f 为闭凸函数, 则

$$f^{**}(x) = f(x), \quad \forall x,$$

或等价地, $\mathbf{epi}\, f = \mathbf{epi}\, f^{**}$.

证明   我们采用反证法. 若 $(x, f^{**}(x)) \notin \mathbf{epi}\, f$, 则存在一个严格分割超平面:

$$\begin{bmatrix} a \\ b \end{bmatrix}^{\mathrm{T}} \begin{bmatrix} z - x \\ s - f^{**}(x) \end{bmatrix} \leqslant c < 0, \quad \forall (z, s) \in \mathbf{epi}\, f, \tag{2.6.3}$$

其中 $a \in \mathbb{R}^n$, $b, c \in \mathbb{R}$ 且 $b \leqslant 0$(若 $b > 0$, 则取 $s \to +\infty$ 可推出矛盾).

若 $b < 0$, 在(2.6.3)式中取 $s = f(z)$, 则有

$$a^{\mathrm{T}} z + b f(z) - a^{\mathrm{T}} x - b f^{**}(x) \leqslant c.$$

记 $y = -\dfrac{a}{b}$, 并将上式左边关于 z 极大化得到

$$f^*(y) - y^{\mathrm{T}} x + f^{**}(x) \leqslant -\frac{c}{b} < 0,$$

与 Fenchel 不等式(2.6.2)相违背.

若 $b = 0$, 取 $\hat{y} \in \mathbf{dom}\, f^*$ 并给 $\begin{bmatrix} a \\ b \end{bmatrix}$ 加上一个 $\begin{bmatrix} \hat{y} \\ -1 \end{bmatrix}$ 的 $\varepsilon(> 0)$ 倍, 则有

$$\begin{bmatrix} a + \varepsilon \hat{y} \\ -\varepsilon \end{bmatrix}^{\mathrm{T}} \begin{bmatrix} z - x \\ s - f^{**}(x) \end{bmatrix} \leqslant c + \varepsilon(f^*(\hat{y}) - x^{\mathrm{T}} \hat{y} + f^{**}(x)) < 0, \tag{2.6.4}$$

即化为 $b < 0$ 的情况, 推出矛盾. $\square$

2.7   次梯度

2.7.1   次梯度的定义

前面介绍了可微函数的梯度. 但是对于一般的函数, 之前定义的梯度不一定存在. 对于凸函数, 类比梯度的一阶性质, 我们可以引入次梯度的概念, 其在凸优化算法设计与理论分析中扮演着重要角色.

定义 2.21 (次梯度) 设 f 为适当凸函数, x 为定义域 $\mathbf{dom}\,f$ 中的一点. 若向量 $g \in \mathbb{R}^n$ 满足

$$f(y) \geqslant f(x) + g^{\mathrm{T}}(y-x), \quad \forall y \in \mathbf{dom}\,f, \tag{2.7.1}$$

则称 g 为函数 f 在点 x 处的一个次梯度. 进一步地, 称集合

$$\partial f(x) = \{g \,|\, g \in \mathbb{R}^n, f(y) \geqslant f(x) + g^{\mathrm{T}}(y-x), \forall y \in \mathbf{dom}\,f\} \tag{2.7.2}$$

为 f 在点 x 处的次微分. 如果点 x 不在定义域 $\mathbf{dom}\,f$ 中, 那么我们将 f 在点 x 处的次微分定义为空集.

如图 2.14 所示, 对适当凸函数 $f(x)$, g_1 为点 x_1 处的唯一次梯度, 而 g_2, g_3 为点 x_2 处的两个不同的次梯度.

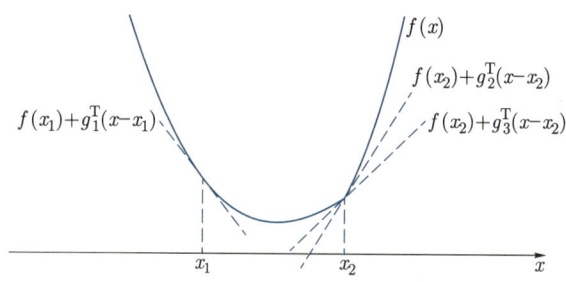

图 2.14 函数 $f(x)$ 的次梯度

从定义 2.21 可以看出, 次梯度实际上借鉴了凸函数判定定理的一阶条件 (定理 2.9). 定义次梯度的初衷之一也是希望它具有类似于梯度的一些性质.

从次梯度的定义可直接推出, 若 g 是 $f(x)$ 在 x_0 处的次梯度, 则函数

$$l(x) \stackrel{\text{def}}{=\!=} f(x_0) + g^{\mathrm{T}}(x - x_0)$$

为凸函数 $f(x)$ 的一个全局下界. 此外, 次梯度 g 可以诱导出上方图 $\mathbf{epi}\,f$ 在点 $(x, f(x))$ 处的一个支撑超平面, 因为容易验证, 对 $\mathbf{epi}\,f$ 中的任意点 (y, t), 有

$$\begin{bmatrix} g \\ -1 \end{bmatrix}^{\mathrm{T}} \left(\begin{bmatrix} y \\ t \end{bmatrix} - \begin{bmatrix} x \\ f(x) \end{bmatrix} \right) \leqslant 0, \quad \forall\, (y, t) \in \mathbf{epi}\,f.$$

接下来的一个问题自然就是: 次梯度在什么条件下是存在的? 实际上对一般凸函数 f 而言, f 未必在所有的点处都存在次梯度. 但对于定义域中的内点, f 在其上的次梯度总是存在的.

定理 2.16 (次梯度存在性) 设 f 为凸函数, $\mathbf{dom}\,f$ 为其定义域. 若 $x \in \mathbf{int}\,\mathbf{dom}\,f$, 则 $\partial f(x)$ 是非空的, 其中 $\mathbf{int}\,\mathbf{dom}\,f$ 的含义是集合 $\mathbf{dom}\,f$ 的所有内点.

证明　考虑 $f(x)$ 的上方图 **epi** f. 由于 $(x, f(x))$ 是 **epi** f 边界上的点, 且 **epi** f 为凸集, 根据支撑超平面定理, 存在 $a \in \mathbb{R}^n, b \in \mathbb{R}$ 使得

$$\begin{bmatrix} a \\ b \end{bmatrix}^{\mathrm{T}} \left(\begin{bmatrix} y \\ t \end{bmatrix} - \begin{bmatrix} x \\ f(x) \end{bmatrix} \right) \leqslant 0, \quad \forall\, (y, t) \in \mathbf{epi}\, f.$$

即

$$a^{\mathrm{T}}(y - x) \leqslant b(f(x) - t). \tag{2.7.3}$$

我们断言 $b < 0$. 这是因为根据 t 的任意性, 在(2.7.3)式中令 $t \to +\infty$, 可以得知(2.7.3)式成立的必要条件是 $b \leqslant 0$; 同时由于 x 是内点, 因此当取 $y = x + \varepsilon a \in \mathbf{dom}\, f, \varepsilon > 0$ 时, $b = 0$ 不能使得(2.7.3)式成立. 于是令 $g = -\dfrac{a}{b}$, 则对任意 $y \in \mathbf{dom}\, f$, 我们有

$$g^{\mathrm{T}}(y - x) = \frac{a^{\mathrm{T}}(y - x)}{-b} \leqslant -(f(x) - f(y)),$$

整理得

$$f(y) \geqslant f(x) + g^{\mathrm{T}}(y - x).$$

这说明 g 是 f 在点 x 处的次梯度. □

根据定义可以计算一些简单函数的次微分, 在这里我们给出一个例子.

例 2.15 (ℓ_2 范数的次微分)　设 $f(x) = \|x\|_2$, 则 $f(x)$ 在点 $x = 0$ 处不可微, 我们求其在该点处的次微分. 注意到对任意的 g 且 $\|g\|_2 \leqslant 1$, 根据柯西不等式,

$$g^{\mathrm{T}}(x - 0) \leqslant \|g\|_2 \|x\|_2 \leqslant \|x\|_2 - 0,$$

因此

$$\{g \mid \|g\|_2 \leqslant 1\} \subseteq \partial f(0).$$

接下来说明若 $\|g\|_2 > 1$, 则 $g \notin \partial f(0)$. 取 $x = g$, 若 g 为次梯度, 则

$$\|g\|_2 - 0 \geqslant g^{\mathrm{T}}(g - 0) = \|g\|_2^2 > \|g\|_2,$$

这显然是矛盾的. 综上, 我们有

$$\partial f(0) = \{g \mid \|g\|_2 \leqslant 1\}.$$

2.7.2　次梯度的性质

凸函数 $f(x)$ 的次梯度和次微分有许多有用的性质. 下面的定理说明次微分 $\partial f(x)$ 在一定条件下分别为闭凸集和非空有界集.

定理 2.17 设 f 是凸函数, 则 $\partial f(x)$ 有如下性质:

(1) 对任何 $x \in \operatorname{dom} f$, $\partial f(x)$ 是一个闭凸集 (可能为空集);

(2) 若 $x \in \operatorname{int} \operatorname{dom} f$, 则 $\partial f(x)$ 是非空有界集.

证明 设 $g_1, g_2 \in \partial f(x)$, 并设 $\lambda \in (0, 1)$, 由次梯度的定义我们有

$$f(y) \geqslant f(x) + g_1^{\mathrm{T}}(y - x), \quad \forall y \in \operatorname{dom} f,$$

$$f(y) \geqslant f(x) + g_2^{\mathrm{T}}(y - x), \quad \forall y \in \operatorname{dom} f.$$

由上面第一式的 λ 倍加上第二式的 $(1 - \lambda)$ 倍, 我们得到 $\lambda g_1 + (1 - \lambda) g_2 \in \partial f(x)$, 从而 $\partial f(x)$ 是凸集. 此外令 $g_k \in \partial f(x)$ 为次梯度且 $g_k \to g$, 则

$$f(y) \geqslant f(x) + g_k^{\mathrm{T}}(y - x), \quad \forall y \in \operatorname{dom} f,$$

在上述不等式中取极限, 并注意到极限的保号性, 最终我们有

$$f(y) \geqslant f(x) + g^{\mathrm{T}}(y - x), \quad \forall y \in \operatorname{dom} f.$$

这说明 $\partial f(x)$ 为闭集.

下设 $x \in \operatorname{int} \operatorname{dom} f$, 我们来证明 $\partial f(x)$ 是非空有界的. 首先, $\partial f(x)$ 非空是定理 2.16 的直接结果, 因此我们只需要证明有界性. 对 $i = 1, 2, \cdots, n$, 定义 $e_i = (0, \cdots, 1, \cdots, 0)$ (第 i 个分量为 1, 其余分量均为 0), 易知 $\{e_i\}_{i=1}^{n}$ 为 $\mathbb{R}^n$ 的一组标准正交基. 取定充分小的正数 r, 使得

$$B = \{x \pm r e_i \mid i = 1, 2, \cdots, n\} \subset \operatorname{dom} f.$$

对任意 $g \in \partial f(x)$, 不妨设 g 不为 0. 存在 $y \in B$ 使得

$$f(y) \geqslant f(x) + g^{\mathrm{T}}(y - x) = f(x) + r\|g\|_{\infty}.$$

由此得到

$$\|g\|_{\infty} \leqslant \frac{\max\limits_{y \in B} f(y) - f(x)}{r} < +\infty,$$

即 $\partial f(x)$ 有界. $\qquad \square$

当凸函数 $f(x)$ 在某点处可微时, $\nabla f(x)$ 就是 $f(x)$ 在该点处唯一的次梯度.

命题 2.6 设 $f(x)$ 在 $x_0 \in \operatorname{int} \operatorname{dom} f$ 处可微, 则

$$\partial f(x_0) = \{\nabla f(x_0)\}.$$

证明 根据可微凸函数的一阶条件 (定理 2.9) 可知梯度 $\nabla f(x_0)$ 为次梯度. 下证 $f(x)$ 在点 x_0 处不可能有其他次梯度. 设 $g \in \partial f(x_0)$, 根据次梯度的定义, 对任意的非零 $v \in \mathbb{R}^n$ 且 $x_0 + tv \in \operatorname{dom} f, t > 0$ 有

$$f(x_0 + tv) \geqslant f(x_0) + t g^{\mathrm{T}} v.$$

若 $g \neq \nabla f(x_0)$, 取 $v = g - \nabla f(x_0) \neq 0$, 上式变形为

$$\frac{f(x_0 + tv) - f(x_0) - t\nabla f(x_0)^{\mathrm{T}} v}{t\|v\|} \geqslant \frac{(g - \nabla f(x_0))^{\mathrm{T}} v}{\|v\|} = \|v\|.$$

不等式两边令 $t \to 0$, 根据 Fréchet 可微的定义, 左边趋于 0, 而右边是非零正数, 可得到矛盾. □

和梯度类似, 凸函数的次梯度也具有某种单调性. 这一性质在很多和次梯度有关的算法的收敛性分析中起到了关键的作用.

定理 2.18 (次梯度的单调性) 设 $f : \mathbb{R}^n \to \mathbb{R}$ 为凸函数, $x, y \in \mathbf{dom}\, f$, 则

$$(u - v)^{\mathrm{T}}(x - y) \geqslant 0,$$

其中 $u \in \partial f(x)$, $v \in \partial f(y)$.

证明 由次梯度的定义,

$$f(y) \geqslant f(x) + u^{\mathrm{T}}(y - x),$$

$$f(x) \geqslant f(y) + v^{\mathrm{T}}(x - y).$$

将以上两个不等式相加即得结论. □

对于闭凸函数 (即凸下半连续函数), 次梯度还具有某种连续性.

定理 2.19 设 $f(x)$ 是闭凸函数且 ∂f 在点 $\bar{x}$ 附近存在且非空. 若序列 $x^k \to \bar{x}$, $g^k \in \partial f(x^k)$ 为 $f(x)$ 在点 x^k 处的次梯度, 且 $g^k \to \bar{g}$, 则 $\bar{g} \in \partial f(\bar{x})$.

证明 对任意 $y \in \mathbf{dom}\, f$, 根据次梯度的定义,

$$f(y) \geqslant f(x^k) + \langle g^k, y - x^k \rangle.$$

对上述不等式两边取下极限, 我们有

$$f(y) \geqslant \liminf_{k \to \infty} [f(x^k) + \langle g^k, y - x^k \rangle]$$

$$\geqslant f(\bar{x}) + \langle \bar{g}, y - \bar{x} \rangle,$$

其中第二个不等式利用了 $f(x)$ 的下半连续性以及 $g^k \to \bar{g}$, 由此可推出 $\bar{g} \in \partial f(\bar{x})$. □

在这里注意, 定理 2.19 不完全是 $\partial f(x)$ 的连续性, 它额外要求 g^k 本身是收敛的. 这个性质等价于 $\partial f(x)$ 的图像 $\{(x, g) \mid g \in \partial f(x), x \in \mathbf{dom}\, f\}$ 是闭集.

2.7.3　凸函数的方向导数

在数学分析中我们接触过方向导数的概念. 设 f 为适当函数, 给定点 x_0 以及方向 $d \in \mathbb{R}^n$, 方向导数 (若存在) 定义为

$$\lim_{t \downarrow 0} \phi(t) = \lim_{t \downarrow 0} \frac{f(x_0 + td) - f(x_0)}{t}, \tag{2.7.4}$$

其中 $t \downarrow 0$ 表示 t 单调下降趋于 0. 对于凸函数 $f(x)$, 易知 $\phi(t)$ 在 $(0, +\infty)$ 上是单调不减的, (2.7.4) 式中的极限号 $\lim$ 可以替换为下确界 $\inf$. 上述极限总是存在 (可以为无穷), 进而凸函数总是可以定义方向导数.

定义 2.22(方向导数)　对于凸函数 f, 给定点 $x_0 \in \mathbf{dom}\, f$ 以及方向 $d \in \mathbb{R}^n$, 其方向导数定义为

$$\partial f(x_0; d) = \inf_{t>0} \frac{f(x_0 + td) - f(x_0)}{t}.$$

方向导数可能是正、负无穷, 但在定义域的内点处方向导数 $\partial f(x_0; d)$ 是有限的.

命题 2.7　设 $f(x)$ 为凸函数, $x_0 \in \mathbf{int}\,\mathbf{dom}\, f$, 则对任意 $d \in \mathbb{R}^n$, $\partial f(x_0; d)$ 有限.

证明　首先 $\partial f(x_0; d)$ 不为正无穷是显然的. 由于 $x_0 \in \mathbf{int}\,\mathbf{dom}\, f$, 根据定理 2.16 可知 $f(x)$ 在点 x_0 处存在次梯度 g. 根据方向导数的定义, 我们有

$$\partial f(x_0; d) = \inf_{t>0} \frac{f(x_0 + td) - f(x_0)}{t}$$
$$\geq \inf_{t>0} \frac{t g^{\mathrm{T}} d}{t} = g^{\mathrm{T}} d.$$

其中的不等式利用了次梯度的定义. 这说明 $\partial f(x_0; d)$ 不为负无穷. □

凸函数的方向导数和次梯度之间有很强的联系. 以下结果表明, 凸函数 $f(x)$ 关于 d 的方向导数 $\partial f(x; d)$ 正是 f 在点 x 处的所有次梯度与 d 的内积的最大值.

定理 2.20　设 $f : \mathbb{R}^n \to (-\infty, +\infty]$ 为凸函数, 点 $x_0 \in \mathbf{int}\,\mathbf{dom}\, f$, d 为 $\mathbb{R}^n$ 中任一方向, 则

$$\partial f(x_0; d) = \max_{g \in \partial f(x_0)} g^{\mathrm{T}} d. \tag{2.7.5}$$

证明　为了方便, 对任意 $v \in \mathbb{R}^n$, 我们定义 $q(v) = \partial f(x_0; v)$. 根据命题 2.7 的证明过程可直接得出对任意 $g \in \partial f(x_0)$,

$$q(d) = \partial f(x_0; d) \geq g^{\mathrm{T}} d.$$

这说明 $\partial f(x_0; d)$ 是 $g^{\mathrm{T}} d$ 的一个上界, 接下来说明该上界为上确界.

构造函数

$$h(v, t) = t \left(f\left(x_0 + \frac{v}{t} \right) - f(x_0) \right),$$

可知 $h(v, t)$ 为 $\tilde{f}(v) = f(x_0 + v) - f(x_0)$ 的透视函数 (见定理 2.13 的 (9)), 并且

$$q(v) = \inf_{t'>0} \frac{f(x_0 + t'v) - f(x_0)}{t'} \xlongequal{t=1/t'} \inf_{t>0} h(v, t).$$

根据定理 2.13 的 (9) 知透视函数 $h(v, t)$ 为凸函数, 又根据 (8) 知取下确界仍为凸函数, 因此 $q(v)$ 关于 v 是凸函数. 由命题 2.7 直接可以得出 $\mathbf{dom}\, q = \mathbb{R}^n$, 因此 $q(v)$ 在全空间任意一点次梯度存在. 对方向 d, 设 $\hat{g} \in \partial q(d)$, 则对任意 $v \in \mathbb{R}^n$ 以及 $\lambda \geq 0$, 我们有

$$\lambda q(v) = q(\lambda v) \geq q(d) + \hat{g}^{\mathrm{T}}(\lambda v - d).$$

令 $\lambda = 0$, 我们有 $q(d) \leqslant \hat{g}^{\mathrm{T}} d$; 令 $\lambda \to +\infty$, 我们有

$$q(v) \geqslant \hat{g}^{\mathrm{T}} v,$$

进而推出

$$f(x_0 + v) \geqslant f(x_0) + q(v) \geqslant f(x_0) + \hat{g}^{\mathrm{T}} v.$$

这说明 $\hat{g} \in \partial f(x_0)$ 且 $\hat{g}^{\mathrm{T}} d \geqslant q(d)$. 即 $q(d)$ 为 $g^{\mathrm{T}} d$ 的上确界, 且当 $g = \hat{g}$ 时上确界达到. $\qquad\square$

定理 2.20 可对一般的 $x \in \mathbf{dom}\, f$ 作如下推广, 证明见文献 [126] 中引理 2.75.

定理 2.21 设 f 为适当凸函数, 且在 x_0 处次微分不为空集, 则对任意 $d \in \mathbb{R}^n$ 有

$$\partial f(x_0; d) = \sup_{g \in \partial f(x_0)} g^{\mathrm{T}} d,$$

且当 $\partial f(x_0; d)$ 不为无穷时, 上确界可以取到.

2.7.4   次梯度的计算规则

如何计算一个不可微凸函数的次梯度在优化算法设计中是很重要的问题. 根据定义来计算次梯度一般来说比较繁琐, 我们来介绍一些次梯度的计算规则. 本小节讨论的计算规则都默认 $x \in \mathbf{int}\, \mathbf{dom}\, f$.

1. 基本规则

我们首先不加证明地给出一些计算次梯度 (次微分) 的基本规则.

(1) **可微凸函数:** 设 f 为凸函数, 若 f 在点 x 处可微, 则 $\partial f(x) = \{\nabla f(x)\}$.

(2) **凸函数的非负线性组合:** 设 f_1, f_2 为凸函数, 且满足

$$\mathbf{int}\, \mathbf{dom}\, f_1 \cap \mathbf{dom}\, f_2 \neq \varnothing,$$

而 $x \in \mathbf{dom}\, f_1 \cap \mathbf{dom}\, f_2$. 若

$$f(x) = \alpha_1 f_1(x) + \alpha_2 f_2(x), \quad \alpha_1, \alpha_2 \geqslant 0,$$

则 $f(x)$ 的次微分

$$\partial f(x) = \alpha_1 \partial f_1(x) + \alpha_2 \partial f_2(x).$$

(3) **线性变量替换:** 设 h 为适当凸函数, 并且函数 f 满足

$$f(x) = h(Ax + b), \quad \forall x \in \mathbb{R}^m,$$

其中 $A \in \mathbb{R}^{n \times m}, b \in \mathbb{R}^n$. 若存在 $x^{\sharp} \in \mathbb{R}^m$, 使得 $Ax^{\sharp} + b \in \mathbf{int}\, \mathbf{dom}\, h$, 则

$$\partial f(x) = A^{\mathrm{T}} \partial h(Ax + b), \quad \forall\, x \in \mathbf{int}\, \mathbf{dom}\, f.$$

注 2.3 第一个结论就是命题 2.6; 第二个结论是定理 2.22 的简单推论; 第三个结论见文献 [124] 中定理 23.9.

2. 两个函数之和的次梯度

以下的 Moreau-Rockafellar 定理给出两个凸函数之和的次微分的计算方法.

定理 2.22 (Moreau-Rockafellar [124]定理 23.8) 设 $f_1, f_2 : \mathbb{R}^n \to (-\infty, +\infty]$ 是两个凸函数, 则对任意的 $x_0 \in \mathbb{R}^n$,

$$\partial f_1(x_0) + \partial f_2(x_0) \subseteq \partial(f_1 + f_2)(x_0). \tag{2.7.6}$$

进一步地, 若 $\mathbf{int\ dom} f_1 \cap \mathbf{dom} f_2 \neq \varnothing$, 则对任意的 $x_0 \in \mathbb{R}^n$,

$$\partial(f_1 + f_2)(x_0) = \partial f_1(x_0) + \partial f_2(x_0). \tag{2.7.7}$$

证明 第一个结论由次梯度的定义是显而易见的. 以下我们证第二个结论.

对于任意给定的 x_0, 设 $g \in \partial(f_1 + f_2)(x_0)$. 若 $f_1(x_0) = +\infty$, 则 $(f_1 + f_2)(x_0) = +\infty$. 由次梯度的定义, 我们有

$$(f_1 + f_2)(x) \geqslant (f_1 + f_2)(x_0) + g^{\mathrm{T}}(x - x_0)$$

对任意 $x \in \mathbb{R}^n$ 成立, 故 $f_1 + f_2 \equiv +\infty$. 这与 $\mathbf{int\ dom} f_1 \cap \mathbf{dom} f_2 \neq \varnothing$ 矛盾, 因此以下我们假设 $f_1(x_0), f_2(x_0) < +\infty$. 定义如下两个集合:

$$S_1 = \{(x - x_0, y) \in \mathbb{R}^n \times \mathbb{R} \mid y > f_1(x) - f_1(x_0) - g^{\mathrm{T}}(x - x_0)\},$$

$$S_2 = \{(x - x_0, y) \in \mathbb{R}^n \times \mathbb{R} \mid y \leqslant f_2(x_0) - f_2(x)\},$$

容易验证 S_1, S_2 均为非空凸集. 设 $(x - x_0, y) \in S_1 \cap S_2$, 则

$$y > f_1(x) - f_1(x_0) - g^{\mathrm{T}}(x - x_0),$$

$$y \leqslant f_2(x_0) - f_2(x).$$

上两式相减即得

$$(f_1 + f_2)(x) < (f_1 + f_2)(x_0) + g^{\mathrm{T}}(x - x_0),$$

这与 $g \in \partial(f_1 + f_2)(x_0)$ 矛盾. 因此 $S_1 \cap S_2 = \varnothing$. 根据凸集分离定理, 存在非零的 $(a, b) \in \mathbb{R}^n \times \mathbb{R}$ 和另一个实数 $c \in \mathbb{R}$, 使得

$$a^{\mathrm{T}}(x - x_0) + by \leqslant c, \quad \forall (x - x_0, y) \in S_1, \tag{2.7.8}$$

$$a^{\mathrm{T}}(x - x_0) + by \geqslant c, \quad \forall (x - x_0, y) \in S_2. \tag{2.7.9}$$

注意到 $(0,0) \in S_2$, 故 $c \leqslant 0$. 此外还有 $(0,\varepsilon) \in S_1$ 对任何 $\varepsilon > 0$ 成立, 由此容易得到 $c = 0$ 以及 $b \leqslant 0$. 若 $b = 0$, 则由上两式即得 $a^{\mathrm{T}}(x-x_0) = 0$ 对任何 $x \in \mathbf{dom} f_1 \cap \mathbf{dom} f_2$ 成立. 现在取 $\hat{x} \in \mathbf{int}\, \mathbf{dom} f_1 \cap \mathbf{dom} f_2$, 并设 $\delta > 0$ 使得点 $\hat{x}$ 处的邻域 $N_\delta(\hat{x}) \subset \mathbf{int}\, \mathbf{dom}\, f_1 \cap \mathbf{dom}\, f_2$, 则

$$a^{\mathrm{T}} u = a^{\mathrm{T}}(\hat{x} + u - x_0)$$

对任何 $u \in \mathbb{R}^n$ 成立. 此时再令 $u = \dfrac{\delta a}{2\|a\|_2}$ 即得 $a = 0$. 但这与 (a,b) 非零矛盾, 故 b 不可能为 0. 现将 (2.7.8) 式除以 $-b$, 并令 $\hat{a} = -\dfrac{a}{b}$, 就得到

$$\hat{a}^{\mathrm{T}}(x - x_0) \leqslant y, \quad \forall (x - x_0, y) \in S_1,$$

$$\hat{a}^{\mathrm{T}}(x - x_0) \geqslant y, \quad \forall (x - x_0, y) \in S_2.$$

利用上面两个式子和 S_1、S_2 的定义可以分别得到 $g + \hat{a} \in \partial f_1(x_0)$ 和 $-\hat{a} \in \partial f_2(x_0)$. 因此 $g = (g + \hat{a}) + (-\hat{a}) \in \partial f_1(x_0) + \partial f_2(x_0)$. $\qquad\square$

3. 函数族的上确界

容易验证一族凸函数的上确界函数仍是凸函数. 我们有如下重要结果:

定理 2.23 (Dubovitskii-Milyutin[43]定理)　设 $f_1, f_2, \cdots, f_m : \mathbb{R}^n \to (-\infty, +\infty]$ 均为凸函数, 令

$$f(x) = \max\{f_1(x), f_2(x), \cdots, f_m(x)\}, \quad \forall x \in \mathbb{R}^n.$$

对 $x_0 \in \bigcap\limits_{i=1}^{m} \mathbf{int}\, \mathbf{dom}\, f_i$, 定义 $I(x_0) = \{i \mid f_i(x_0) = f(x_0)\}$, 则

$$\partial f(x_0) = \mathbf{conv} \bigcup_{i \in I(x_0)} \partial f_i(x_0). \tag{2.7.10}$$

证明　若 $f(x_0) = +\infty$, 则 $f_i(x_0) = +\infty, i \in I(x_0)$, 于是 (2.7.10) 式两端均为 $\varnothing$. 下设 $f(x_0) < +\infty$. $\forall i \in I(x_0)$, 容易验证 $\partial f_i(x_0) \subseteq \partial f(x_0)$. 再由定理 2.17 可知

$$\mathbf{conv} \bigcup_{i \in I(x_0)} \partial f_i(x_0) \subseteq \partial f(x_0).$$

另一方面, 设 $g \in \partial f(x_0)$. 假设 $g \notin \mathbf{conv} \bigcup\limits_{i \in I(x_0)} \partial f_i(x_0)$, 由严格分离定理 $\Big($ 注意到 $\mathbf{conv} \bigcup\limits_{i \in I(x_0)} \partial f_i(x_0)$ 和 $\{g\}$ 均为闭凸集 $\Big)$ 和定理 2.20, 存在 $a \in \mathbb{R}^n$ 和 $b \in \mathbb{R}$, 使得

$$a^{\mathrm{T}} g > b \geqslant \max_{i \in I(x_0)} \sup_{\xi \in \partial f_i(x_0)} a^{\mathrm{T}} \xi = \max_{i \in I(x_0)} \partial f_i(x_0; a).$$

因为

$$\partial f(x_0; a) = \lim_{t \to 0^+} \frac{f(x_0 + ta) - f(x_0)}{t}$$

$$= \max_{i \in I(x_0)} \lim_{t \to 0^+} \frac{f_i(x_0 + ta) - f_i(x_0)}{t}$$

$$= \max_{i \in I(x_0)} \partial f_i(x_0; a).$$

故 $a^{\mathrm{T}} g > \partial f(x_0; a)$. 但由于 $g \in \partial f(x_0)$, 我们有 $f(x_0 + ta) \geqslant f(x_0) + t g^{\mathrm{T}} a$, 因而 $\partial f(x_0; a) \geqslant a^{\mathrm{T}} g$, 这就导致矛盾. 故 $g \in \mathbf{conv} \bigcup_{i \in I(x_0)} \partial f_i(x_0)$. □

有了前面的结论, 我们可以非常简单地得到一些基本函数的次梯度.

例 2.16 设 f_1, f_2 为凸可微函数 (如图 2.15), 令 $f(x) = \max\{f_1(x), f_2(x)\}$.

(1) 若 $f_1(x) = f_2(x)$, 则 $\partial f(x) = \{v \mid v = t \nabla f_1(x) + (1 - t)\nabla f_2(x), 0 \leqslant t \leqslant 1\}$;

(2) 若 $f_1(x) > f_2(x)$, 则 $\partial f(x) = \{\nabla f_1(x)\}$;

(3) 若 $f_2(x) > f_1(x)$, 则 $\partial f(x) = \{\nabla f_2(x)\}$.

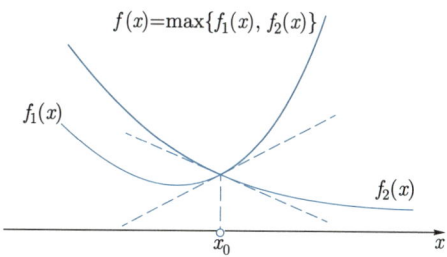

图 2.15 例 2.16 图 (一维情形)

例 2.17 (分段线性函数) 令

$$f(x) = \max_{i = 1, 2, \cdots, m} \{a_i^{\mathrm{T}} x + b_i\},$$

其中 $x, a_i \in \mathbb{R}^n$, $b_i \in \mathbb{R}$, $i = 1, 2, \cdots, m$, 如图 2.16所示, 则

$$\partial f(x) = \mathbf{conv}\{a_i \mid i \in I(x)\},$$

其中

$$I(x) = \{i \mid a_i^{\mathrm{T}} x + b_i = f(x)\}.$$

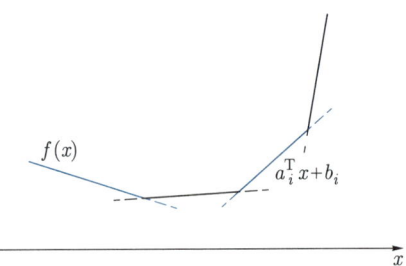

图 2.16   例 2.17 图 (一维情形)

例 2.18(ℓ_1 范数)   定义 $f : \mathbb{R}^n \to \mathbb{R}$ 为 ℓ_1 范数, 则对 $x = (x_1, x_2, \cdots, x_n) \in \mathbb{R}^n$, 有

$$f(x) = \|x\|_1 = \max_{s \in \{-1,1\}^n} s^{\mathrm{T}} x.$$

于是

$$\partial f(x) = J_1 \times J_2 \times \cdots \times J_n, \quad J_k = \begin{cases} [-1, 1], & x_k = 0, \\ \{1\}, & x_k > 0, \\ \{-1\}, & x_k < 0. \end{cases}$$

如图 2.17 所示.

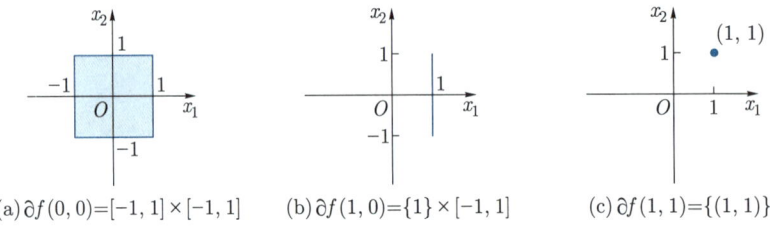

(a) $\partial f(0,0) = [-1,1] \times [-1,1]$ (b) $\partial f(1,0) = \{1\} \times [-1,1]$ (c) $\partial f(1,1) = \{(1,1)\}$

图 2.17 ℓ_1 范数的次微分 $(n = 2)$

定理 2.23 可进一步推广为下面的结果:

定理 2.24   设 $\{f_\alpha \mid \mathbb{R}^n \to (-\infty, +\infty]\}_{\alpha \in \mathcal{A}}$ 是一族凸函数, 令

$$f(x) = \sup_{\alpha \in \mathcal{A}} f_\alpha(x).$$

对 $x_0 \in \bigcap\limits_{\alpha \in \mathcal{A}} \mathbf{int\ dom}\, f_\alpha$, 定义 $I(x_0) = \{\alpha \in \mathcal{A} \mid f_\alpha(x_0) = f(x_0)\}$, 则

$$\mathbf{conv} \bigcup_{\alpha \in I(x_0)} \partial f_\alpha(x_0) \subseteq \partial f(x_0).$$

若还有 $\mathcal{A}$ 是紧集且 f_α 关于 α 连续, 则

$$\mathbf{conv} \bigcup_{\alpha \in I(x_0)} \partial f_\alpha(x_0) = \partial f(x_0).$$

4. 固定分量的函数极小值

设 $h:\mathbb{R}^n\times\mathbb{R}^m\to(-\infty,+\infty]$ 是关于 (x,y) 的凸函数, 则 $f(x)\stackrel{\text{def}}{=\!=}\inf\limits_y h(x,y)$ 是关于 $x\in\mathbb{R}^n$ 的凸函数. 以下结果可以用于求解 f 在点 x 处的一个次梯度.

定理 2.25 考虑函数
$$f(x)=\inf_y\,h(x,y),$$
其中
$$h:\mathbb{R}^n\times\mathbb{R}^m\to(-\infty,+\infty]$$
是关于 (x,y) 的凸函数. 对 $\hat{x}\in\mathbb{R}^n$, 设 $\hat{y}\in\mathbb{R}^m$ 满足 $h(\hat{x},\hat{y})=f(\hat{x})$, 且存在 $g\in\mathbb{R}^n$ 使得 $(g,0)\in\partial h(\hat{x},\hat{y})$, 则 $g\in\partial f(\hat{x})$.

证明 由次梯度的定义知, 对任意 $x\in\mathbb{R}^n,y\in\mathbb{R}^m$, 有

$$h(x,y)\geqslant h(\hat{x},\hat{y})+g^{\mathrm{T}}(x-\hat{x})+0^{\mathrm{T}}(y-\hat{y})$$
$$=f(\hat{x})+g^{\mathrm{T}}(x-\hat{x}).$$

于是
$$f(x)=\inf_y\,h(x,y)\geqslant f(\hat{x})+g^{\mathrm{T}}(x-\hat{x}).\qquad\square$$

有了上面的结果, 我们可以推导如下距离函数的部分次梯度:

例 2.19 设 C 是 $\mathbb{R}^n$ 中的闭凸集, 令
$$f(x)=\inf_{y\in C}\|x-y\|_2,$$
且 $\hat{x}\in\mathbb{R}^n$, 我们来求 f 在 $\hat{x}$ 处的一个次梯度.

(1) 若 $f(\hat{x})=0$, 则容易验证 $g=0\in\partial f(\hat{x})$;

(2) 若 $f(\hat{x})>0$, 由 C 是闭凸集, 可取 $\hat{y}$ 为 $\hat{x}$ 在 C 上的投影, 即
$$\hat{y}=\mathcal{P}_c(\hat{x})\stackrel{\text{def}}{=\!=}\arg\min_{y\in C}\|\hat{x}-y\|_2.$$

利用 $\hat{y}$ 的定义可以验证
$$g=\frac{1}{\|\hat{x}-\hat{y}\|_2}(\hat{x}-\hat{y})=\frac{1}{\|\hat{x}-\mathcal{P}_c(\hat{x})\|_2}(\hat{x}-\mathcal{P}_c(\hat{x})),$$
满足定理 2.25 的条件. 故 $g\in\partial f(\hat{x})$.

5. 复合函数

对于复合函数的次梯度, 我们有如下链式法则 (注意比较其与可微情形下链式法则的异同):

定理 2.26　设 $f_1, f_2, \cdots, f_m : \mathbb{R}^n \to (-\infty, +\infty]$ 为 m 个凸函数, $h : \mathbb{R}^m \to (-\infty, +\infty]$ 为关于各分量单调递增的凸函数, 令

$$f(x) = h(f_1(x), f_2(x), \cdots, f_m(x)).$$

设 $z = (z_1, z_2, \cdots, z_m) \in \partial h(f_1(\hat{x}), f_2(\hat{x}), \cdots, f_m(\hat{x}))$ 以及 $g_i \in \partial f_i(\hat{x})$, 则

$$g \overset{\text{def}}{=\!=} z_1 g_1 + z_2 g_2 + \cdots + z_m g_m \in \partial f(\hat{x}).$$

证明　易知 f 也是凸函数. 我们有

$$f(x) \geqslant h\left(f_1(\hat{x}) + g_1^{\mathrm{T}}(x - \hat{x}), f_2(\hat{x}) + g_2^{\mathrm{T}}(x - \hat{x}), \cdots, f_m(\hat{x}) + g_m^{\mathrm{T}}(x - \hat{x})\right)$$

$$\geqslant h(f_1(\hat{x}), f_2(\hat{x}), \cdots, f_m(\hat{x})) + \sum_{i=1}^{m} z_i g_i^{\mathrm{T}}(x - \hat{x})$$

$$= f(\hat{x}) + g^{\mathrm{T}}(x - \hat{x}),$$

因此 g 为 f 在点 $\hat{x}$ 处的一个次梯度. □

2.8　总结

本章介绍了本书一些必要的预备知识. 主要内容包括范数、导数、凸分析等方面的内容. 其中凸分析方面的内容编写参考了文献 [20] 和 Lieven Vandenberghe 教授的课件.

在优化算法实现当中, 经常会涉及数值代数方面的内容: 例如求解线性方程组、正交分解、特征值 (奇异值) 分解等运算. 有关数值代数的详细内容, 我们推荐读者阅读文献 [39, 163, 164].

导数相关内容涉及梯度、海瑟矩阵的基本概念、矩阵变量函数的求导方法. 关于矩阵变量函数的导数的更多内容, 可以参考文献 [107]. 对于 Wirtinger 导数, 可以参考文献 [27] 的第 VI 节.

我们在凸分析部分详细介绍了凸集、凸函数、次梯度的知识, 对于共轭函数部分的内容涉及较少, 后面章节需要的时候会继续展开讨论. 本章不加证明地给出了凸集、凸函数的很多定理和性质, 其中很多证明可以在文献 [20] 中找到, 该书中有对凸集、凸函数进一步的介绍和更多的例子. 比较严格化的凸分析内容, 我们建议感兴趣的读者阅读文献 [124].

习题 2

2.1 说明矩阵 F 范数不是算子范数 (即它不可能被任何一种向量范数所诱导). (提示: 算子范数需要满足某些必要条件, 只需找到一个 F 范数不满足的必要条件即可.)

2.2 证明: 矩阵 A 的 2 范数等于其最大奇异值, 即

$$\sigma_1(A) = \max_{\|x\|_2=1} \|Ax\|_2.$$

2.3 证明如下有关矩阵范数的不等式:

(a) $\|AB\|_F \leqslant \|A\|_2 \|B\|_F$;

(b) $|\langle A, B \rangle| \leqslant \|A\|_2 \|B\|_*$.

2.4 设矩阵 A 为

$$A = \begin{bmatrix} I & B \\ B^{\mathrm{T}} & I \end{bmatrix},$$

其中 $\|B\|_2 < 1$, I 为单位矩阵, 证明: A 可逆且

$$\|A\|_2 \|A^{-1}\|_2 = \frac{1 + \|B\|_2}{1 - \|B\|_2}.$$

2.5 假设 A 和 B 均为半正定矩阵, 求证: $\langle A, B \rangle \geqslant 0$. (提示: 利用对称矩阵的特征值分解.)

2.6 计算下列矩阵变量函数的导数.

(a) $f(X) = a^{\mathrm{T}} X b$, 这里 $X \in \mathbb{R}^{m \times n}$, $a \in \mathbb{R}^m$, $b \in \mathbb{R}^n$ 为给定的向量;

(b) $f(X) = \mathrm{Tr}(X^{\mathrm{T}} A X)$, 其中 $X \in \mathbb{R}^{m \times n}$ 是长方形矩阵, A 是方阵 (但不一定对称);

(c) $f(X) = \ln \det(X)$, 其中 $X \in \mathbb{R}^{n \times n}$, 定义域为 $\{X \mid \det(X) > 0\}$ (注意这个习题和例 2.1 的 (3) 的区别).

2.7 考虑二次不等式

$$x^{\mathrm{T}} A x + b^{\mathrm{T}} x + c \leqslant 0,$$

其中 A 为 n 阶对称矩阵, 设 C 为上述不等式的解集.

(a) 证明: 当 A 正定时, C 为凸集;

(b) 设 C' 是 C 和超平面 $g^{\mathrm{T}} x + h = 0$ 的交集 $(g \neq 0)$, 若存在 $\lambda \in \mathbb{R}$, 使得 $A + \lambda g g^{\mathrm{T}}$ 半正定, 证明: C' 为凸集.

2.8 (鞍点问题) 设函数 $f : \mathbb{R}^n \times \mathbb{R}^m \to \mathbb{R}$ 满足如下性质: 当固定 $z \in \mathbb{R}^m$ 时, $f(x,z)$ 关于 x 是凸函数; 当固定 $x \in \mathbb{R}^n$ 时, $f(x,z)$ 关于 z 是凹函数, 则称 f 为**凸–凹函数**.

(a) 设 f 二阶可导, 试利用海瑟矩阵 $\nabla^2 f$ 给出 f 为凸–凹函数的一个二阶条件;

(b) 设 f 为凸–凹函数且可微, 且在点 $(\bar{x}, \bar{z})$ 处满足 $\nabla f(\bar{x}, \bar{z}) = 0$, 求证: 对任意 x 和 z, 如下鞍点性质成立:

$$f(\bar{x}, z) \leqslant f(\bar{x}, \bar{z}) \leqslant f(x, \bar{z}).$$

进一步证明 f 满足极小–极大性质:

$$\sup_z \inf_x f(x, z) = \inf_x \sup_z f(x, z).$$

(c) 设 f 可微但不一定是凸–凹函数, 且在点 $(\bar{x}, \bar{z})$ 处满足鞍点性质

$$f(\bar{x}, z) \leqslant f(\bar{x}, \bar{z}) \leqslant f(x, \bar{z}), \quad \forall\, x, z,$$

求证: $\nabla f(\bar{x}, \bar{z}) = 0$.

注: 这个题目的结论和之后我们要学习的拉格朗日函数有密切联系.

2.9 利用凸函数二阶条件证明如下结论:

(a) ln-sum-exp 函数: $f(x) = \ln \sum_{k=1}^{n} \exp x_k$ 是凸函数;

(b) 几何平均: $f(x) = \left(\prod_{k=1}^{n} x_k \right)^{1/n}$ $(x \in \mathbb{R}^n_{++})$ 是凹函数;

(c) 设 $f(x) = \left(\sum_{i=1}^{n} x_i^p \right)^{1/p}$, 其中 $p \in (0,1)$, 定义域为 $x > 0$, 则 $f(x)$ 是凹函数.

2.10 证明定理 2.12.

2.11 考虑如下带有半正定约束的优化问题:

$$\begin{aligned} \min \quad & \mathrm{Tr}(X), \\ \mathrm{s.t.} \quad & \begin{bmatrix} A & B \\ B^{\mathrm{T}} & X \end{bmatrix} \succeq 0, \quad X \in \mathcal{S}^n, \end{aligned}$$

其中 A 是正定矩阵.

(a) 利用 Schur 补的结论证明此优化问题的解为 $X = B^{\mathrm{T}} A^{-1} B$;

(b) 利用定理 2.13 的 (8) 证明: 函数 $f(A, B) = \mathrm{Tr}(B^{\mathrm{T}} A^{-1} B)$ 关于 (A, B) 是凸函数, 其中 $f(A, B)$ 的定义域 $\mathbf{dom}\, f = \mathcal{S}^m_{++} \times \mathbb{R}^{m \times n}$.

2.12 求下列函数的共轭函数:

(a) 负熵: $\sum_{i=1}^{n} x_i \ln x_i$;

(b) 矩阵对数: $f(x) = -\ln \det(X)$;

(c) 最大值函数: $f(x) = \max_i x_i$;

(d) 二次锥上的对数函数: $f(x, t) = -\ln(t^2 - x^{\mathrm{T}} x)$, 注意, 这里 f 的自变量是 (x, t).

2.13   求下列函数的一个次梯度:

(a) $f(x) = \|Ax - b\|_2 + \|x\|_2$;

(b) $f(x) = \inf_{y} \|Ay - x\|_{\infty}$, 这里可以假设能够取到 $\hat{y}$, 使得 $\|A\hat{y} - x\|_{\infty} = f(x)$.

2.14   利用定理 2.24来求出最大特征值函数 $f(x) = \lambda_1(A(x))$ 的次微分 $\partial f(x)$, 其中 $A(x)$ 是关于 x 的线性函数

$$A(x) = A_0 + \sum_{i=1}^{n} x_i A_i, \quad A_i \in \mathcal{S}^m, i = 0, 1, \cdots, n.$$

说明 $f(x)$ 何时是可微函数.

2.15   设 $f(x)$ 为 m-强凸函数, 求证: 对于任意的 $x \in \mathbf{int\,dom}\, f$,

$$f(x) - \inf_{y \in \mathbf{dom}\, f} f(y) \leqslant \frac{1}{2m} \mathrm{dist}^2(0, \partial f(x)),$$

其中 $\mathrm{dist}(z, S)$ 表示点 z 到集合 S 的欧几里得距离.

第三章

无约束优化算法

本章考虑如下无约束优化问题:

$$\min_{x \in \mathbb{R}^n} \quad f(x), \tag{3.0.1}$$

其中 $f(x)$ 是 $\mathbb{R}^n \to \mathbb{R}$ 的函数. 无约束优化问题是众多优化问题中最基本的问题, 它对自变量 x 的取值范围不加限制, 所以无须考虑 x 的可行性. 对于光滑函数, 我们可以较容易地利用梯度和海瑟矩阵的信息来设计算法; 对于非光滑函数, 我们可以利用次梯度来构造迭代格式. 很多无约束优化问题的算法思想可以推广到其他优化问题上, 因此掌握如何求解无约束优化问题的方法是设计其他优化算法的基础.

无约束优化问题的优化算法主要分为两大类: 线搜索类型的优化算法和信赖域类型的优化算法. 它们都是对函数 $f(x)$ 在局部进行近似, 但处理近似问题的方式不同. 线搜索类算法根据搜索方向的不同可以分为梯度类算法、次梯度算法、牛顿算法、拟牛顿算法等. 一旦确定了搜索的方向, 下一步即沿着该方向寻找下一个迭代点. 而信赖域算法主要针对 $f(x)$ 二阶可微的情形, 它是在一个给定的区域内使用二阶模型近似原问题, 通过不断直接求解该二阶模型从而找到最优值点. 我们在本章中将初步介绍这些算法的思想和具体执行过程, 并简要分析它们的性质.

3.1　最优化问题解的存在性

考虑优化问题

$$\min_{x \in \mathbb{R}^n} \quad f(x), \\ \text{s.t.} \quad x \in \mathcal{X}, \tag{3.1.1}$$

其中 $\mathcal{X} \subseteq \mathbb{R}^n$ 为可行域. 对于问题 (3.1.1), 首先要考虑的是最优解的存在性, 然后考虑如何求出其最优解. 在数学分析课程中, 我们学习过魏尔斯特拉斯 (Weierstrass) 定理, 即定义在紧集上的连续函数一定存在最大 (最小) 值点. 而在许多实际问题中, 定义域可能不是紧的, 目标函数也不一定连续, 因此需要将此定理推广来保证最优化问题解的存在性.

定理 3.1 (魏尔斯特拉斯定理)　考虑一个适当且闭的函数 $f : \mathcal{X} \to (-\infty, +\infty]$, 假设下面三个条件中任意一个成立:

(1) $\mathbf{dom}\, f \stackrel{\text{def}}{=\!=} \{x \in \mathcal{X} : f(x) < +\infty\}$ 是有界的;

(2) 存在一个常数 $\bar{\gamma}$ 使得下水平集

$$C_{\bar{\gamma}} \stackrel{\text{def}}{=\!=} \{x \in \mathcal{X} : f(x) \leqslant \bar{\gamma}\}$$

是非空且有界的;

(3) f 是强制的, 即对于任一满足 $\|x^k\| \to +\infty$ 的点列 $\{x^k\} \subset \mathcal{X}$, 都有

$$\lim_{k \to \infty} f(x^k) = +\infty,$$

那么, 问题 (3.1.1) 的最小值点集 $\{x \in \mathcal{X} \mid f(x) \leqslant f(y), \, \forall y \in \mathcal{X}\}$ 是非空且紧的.

证明 假设条件 (2) 成立. 我们先证下确界 $t \stackrel{\text{def}}{=\!=} \inf\limits_{x \in \mathcal{X}} f(x) > -\infty$. 采用反证法. 假设 $t = -\infty$, 则存在点列 $\{x^k\}_{k=1}^{\infty} \subset C_{\bar{\gamma}}$, 使得 $\lim\limits_{k \to \infty} f(x^k) = t = -\infty$. 因为 $C_{\bar{\gamma}}$ 的有界性, 点列 $\{x^k\}$ 一定存在聚点, 记为 x^*. 根据上方图的闭性, 我们知道 $(x^*, t) \in \mathbf{epi}\, f$, 即有 $f(x^*) \leqslant t = -\infty$. 这与函数的适当性矛盾, 故 $t > -\infty$.

利用上面的论述, 我们知道 $f(x^*) \leqslant t$. 因为 t 是下确界, 故必有 $f(x^*) = t$. 这就证明了下确界是可取得的. 再根据定理 2.2 以及 $C_{\bar{\gamma}}$ 的有界性, 易知最小值点集是紧的.

假设条件 (1) 成立, 则 $\mathbf{dom}\, f$ 是有界的. 因为 f 是适当的, 即存在 $x_0 \in \mathcal{X}$ 使得 $f(x_0) < +\infty$. 令 $\bar{\gamma} = f(x_0)$, 则下水平集 $C_{\bar{\gamma}}$ 是非空有界的, 那么利用条件 (2) 的结论, 可知问题 (3.1.1) 的最小值点集是非空且紧的.

假设条件 (3) 成立. 我们沿用上面定义的 x_0, $\bar{\gamma} \stackrel{\text{def}}{=\!=} f(x_0)$ 以及下水平集 $C_{\bar{\gamma}}$. 因为 f 是强制的, 则 $C_{\bar{\gamma}}$ 是非空有界的 (假设无界, 则存在点列 $\{x^k\} \subset C_{\bar{\gamma}}$ 满足 $\lim\limits_{k \to \infty} \|x^k\| = +\infty$, 由强制性有 $\lim\limits_{k \to \infty} f(x^k) = +\infty$, 这与 $f(x) \leqslant \bar{\gamma}$ 矛盾), 即推出条件 (2). $\square$

定理 3.1 的三个条件在本质上都是保证 $f(x)$ 的最小值不能在无穷远处取到, 因此我们可以仅在一个有界的下水平集中考虑 $f(x)$ 的最小值. 同时要求 $f(x)$ 为适当且闭的函数, 并不需要 $f(x)$ 的连续性. 因此定理 3.1 比数学分析中的魏尔斯特拉斯定理应用范围更广.

当定义域不是有界闭集时, 我们通过例子来进一步解释上面的定理. 对于强制函数 $f(x) = x^2$, $x \in \mathcal{X} = \mathbb{R}$, 其全局最优解一定存在. 但对于适当且闭的函数 $f(x) = \mathrm{e}^{-x}$, $x \in \mathcal{X} = \mathbb{R}$, 它不满足定理 3.1 三个条件中任意一个, 因此我们不能断言其全局极小值点存在. 事实上, 其全局极小值点不存在.

定理 3.1 给出了最优解的存在性条件, 但其对应的解可能不止一个. 最优化问题解的唯一性在理论分析和算法比较中扮演着重要角色. 比如, 假设问题 (3.1.1) 的解是唯一存在的, 记为 x^*, 那么不同的算法最终都会收敛到 x^*. 此时, 我们通过比较不同算法的收敛速度来判断算法好坏是非常合理的. 但是如果问题有多个最优值点, 不同的算法收敛到的最优值点可能不同, 那么这些算法收敛速度的比较就失去了参考价值. 但是如果不同最优值点对应的目标函数值 (即最优值) 相同, 我们可以比较不同算法对应的函数值收敛速度.

关于解的存在唯一性, 我们这里考虑 f 是强拟凸的情况.

定义 3.1 (强拟凸函数) 给定凸集 $\mathcal{X}$ 和函数 $f : \mathcal{X} \to (-\infty, +\infty]$. 如果对任意的

$x \neq y$ 和 $\lambda \in (0,1)$, 都有

$$f(\lambda x + (1 - \lambda)y) < \max\{f(x), f(y)\},$$

那么称函数 f 是强拟凸的.

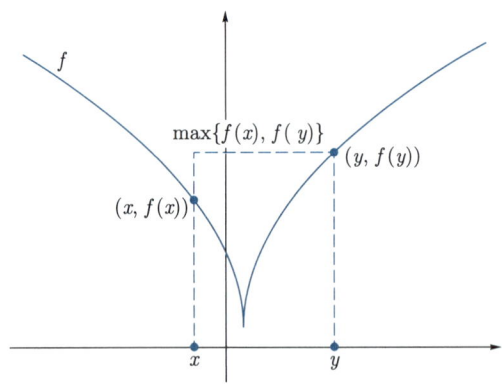

图 3.1   一个强拟凸函数

强拟凸函数的几何意义是定义域内任何两点之间线段上的函数值不会大于两个端点处函数值的最大值, 如图 3.1 所示. 一般来说, 强拟凸函数不一定是凸函数, 但其任意一个下水平集都是凸集, 并可以包含一部分性质较好的非凸函数. 对于强拟凸函数, 我们可以证出如下解的存在唯一性定理.

定理 3.2 (唯一性定理)   对于问题 (3.1.1), 设 $\mathcal{X}$ 是 $\mathbb{R}^n$ 的一个非空、紧且凸的子集, 如果 $f : \mathcal{X} \to (-\infty, +\infty]$ 是适当、闭且强拟凸函数, 那么存在唯一的 x^* 满足

$$f(x^*) < f(x), \quad \forall x \in \mathcal{X} \backslash \{x^*\}.$$

证明   由魏尔斯特拉斯定理知, 问题 (3.1.1)至少存在一个全局极小解 x^*. 假设还有另外一个全局极小解 y^*, 那么 $f(x^*) = f(y^*)$. 根据强拟凸函数的定义, 对任意的 λ, 有

$$f(\lambda x^* + (1 - \lambda)y^*) < \max\{f(x^*),\ f(y^*)\} = f(x^*),$$

这与 x^* 的全局最优性矛盾.   □

从强拟凸函数的定义可知, 任意强凸函数均为强拟凸的, 但凸函数并不一定是强拟凸的. 利用上面的结论, 对任何定义在有界凸集上的闭强凸函数 (如 $f(x) = x^2$), 其最优解都是唯一存在的. 但是对于一般的凸函数, 其最优解可能不唯一, 比如函数 $f(x) = \max\{x, 0\}$, 任意 $x \leqslant 0$ 都是 $f(x)$ 的最优解.

3.2 无约束可微问题的最优性理论

无约束可微优化问题通常表示为如下形式:

$$\min_{x\in\mathbb{R}^n}\quad f(x),\tag{3.2.1}$$

其中假设 f 是连续可微函数. 第一章已经引入了局部最优解和全局最优解的定义. 给定一个点 $\bar{x}$, 我们想要知道这个点是不是函数 f 的一个局部极小解或者全局极小解. 如果从定义出发, 需要对其邻域内的所有点进行判断, 这是不可行的. 因此, 需要一个更简单的方式来验证一个点是否为极小值点. 我们称其为最优性条件, 它主要包含一阶最优性条件和二阶最优性条件.

3.2.1 一阶最优性条件

一阶最优性条件是利用梯度 (一阶) 信息来判断给定点的最优性. 这里先考虑目标函数可微的情形, 并给出下降方向的定义.

定义 3.2(下降方向)   对于可微函数 f 和点 $x\in\mathbb{R}^n$, 如果存在向量 d 满足

$$\nabla f(x)^{\mathrm{T}}d<0,$$

那么称 d 为 f 在点 x 处的一个下降方向.

由下降方向的定义, 容易验证: 如果 f 在点 x 处存在一个下降方向 d, 那么对于任意的 $T>0$, 存在 $t\in(0,T]$, 使得

$$f(x+td)<f(x).$$

因此, 在局部最优点处不能有下降方向. 我们有如下一阶必要条件:

定理 3.3 (一阶必要条件)   假设 f 在全空间 $\mathbb{R}^n$ 可微. 如果 x^* 是一个局部极小点, 那么

$$\nabla f(x^*)=0.$$

证明   任取 $v\in\mathbb{R}^n$, 考虑 f 在点 $x=x^*$ 处的泰勒展开

$$f(x^*+tv)=f(x^*)+tv^{\mathrm{T}}\nabla f(x^*)+o(t),$$

整理得

$$\frac{f(x^*+tv)-f(x^*)}{t}=v^{\mathrm{T}}\nabla f(x^*)+o(1).$$

根据 x^* 的最优性, 在上式中分别对 t 取点 0 处的左、右极限可知

$$\lim_{t \to 0^+} \frac{f(x^* + tv) - f(x^*)}{t} = v^{\mathrm{T}} \nabla f(x^*) \geqslant 0,$$

$$\lim_{t \to 0^-} \frac{f(x^* + tv) - f(x^*)}{t} = v^{\mathrm{T}} \nabla f(x^*) \leqslant 0,$$

即对任意的 v 有 $v^{\mathrm{T}} \nabla f(x^*) = 0$, 由 v 的任意性知 $\nabla f(x^*) = 0$. $\qquad\square$

注意, 上面的条件仅仅是必要的. 对于 $f(x) = x^2, x \in \mathbb{R}$, 我们知道满足 $f'(x) = 0$ 的点为 $x^* = 0$, 并且其也是全局最优解. 对于 $f(x) = x^3, x \in \mathbb{R}$, 满足 $f'(x) = 0$ 的点为 $x^* = 0$, 但其不是一个局部最优解. 实际上, 我们称满足 $\nabla f(x) = 0$ 的点 x 为 f 的**稳定点** (有时也称为驻点或临界点). 可以看出, 除了一阶必要条件, 还需要对函数加一些额外的限制条件, 才能保证最优解的充分性. 我们会在后面的小节中继续讨论.

3.2.2 二阶最优性条件

在没有额外假设时, 如果一阶必要条件满足, 我们仍然不能确定当前点是不是一个局部极小点. 这里考虑使用二阶信息来进一步判断给定点的最优性.

假设 f 在点 x 的一个开邻域内是二阶连续可微的. 类似于一阶必要条件的推导, 可以借助当前点处的二阶泰勒展开来逼近该函数在该点附近的取值情况, 从而来判断最优性. 具体地, 在点 x 附近我们考虑泰勒展开

$$f(x + d) = f(x) + \nabla f(x)^{\mathrm{T}} d + \frac{1}{2} d^{\mathrm{T}} \nabla^2 f(x) d + o(\|d\|^2).$$

当一阶必要条件满足时, $\nabla f(x) = 0$, 那么上面的展开式简化为

$$f(x + d) = f(x) + \frac{1}{2} d^{\mathrm{T}} \nabla^2 f(x) d + o(\|d\|^2). \tag{3.2.2}$$

因此, 我们有如下二阶最优性条件:

定理 3.4 假设 f 在点 x^* 的一个开邻域内是二阶连续可微的, 则以下最优性条件成立:

(1) (二阶必要条件) 如果 x^* 是 f 的一个局部极小点, 那么

$$\nabla f(x^*) = 0, \quad \nabla^2 f(x^*) \succeq 0;$$

(2) (二阶充分条件) 如果在点 x^* 处有

$$\nabla f(x^*) = 0, \quad \nabla^2 f(x^*) \succ 0$$

成立, 那么 x^* 为 f 的一个局部极小点.

证明　考虑 $f(x)$ 在点 x^* 处的二阶泰勒展开(3.2.2), 这里因为一阶必要条件成立, 所以 $\nabla f(x^*) = 0$. 反设 $\nabla^2 f(x^*) \succeq 0$ 不成立, 即 $\nabla^2 f(x^*)$ 有负的特征值. 取 d 为其负特征值 λ_- 对应的特征向量, 通过对(3.2.2)式变形得到

$$\frac{f(x^* + d) - f(x^*)}{\|d\|^2} = \frac{1}{2} \frac{d^{\mathrm{T}}}{\|d\|} \nabla^2 f(x^*) \frac{d}{\|d\|} + o(1).$$

这里注意 $\dfrac{d}{\|d\|}$ 是 d 的单位化, 因此

$$\frac{f(x^* + d) - f(x^*)}{\|d\|^2} = \frac{1}{2} \lambda_- + o(1).$$

当 $\|d\|$ 充分小时, $f(x^* + d) < f(x^*)$, 这和点 x^* 的最优性矛盾. 因此二阶必要条件成立.

当 $\nabla^2 f(x) \succ 0$ 时, 对任意的 $d \neq 0$ 有 $d^{\mathrm{T}} \nabla^2 f(x^*) d \geqslant \lambda_{\min} \|d\|^2 > 0$, 这里 $\lambda_{\min} > 0$ 是 $\nabla^2 f(x^*)$ 的最小特征值. 因此我们有

$$\frac{f(x^* + d) - f(x^*)}{\|d\|^2} \geqslant \frac{1}{2} \lambda_{\min} + o(1).$$

当 $\|d\|$ 充分小时有 $f(x^* + d) \geqslant f(x^*)$, 即二阶充分条件成立. $\qquad\square$

由定理 3.4有如下结论: 设点 $\bar{x}$ 满足一阶最优性条件 (即 $\nabla f(\bar{x}) = 0$), 且该点处的海瑟矩阵 $\nabla^2 f(\bar{x})$ 不是半正定的, 那么 $\bar{x}$ 不是一个局部极小点. 进一步地, 如果海瑟矩阵 $\nabla^2 f(\bar{x})$ 既有正特征值又有负特征值, 我们称稳定点 $\bar{x}$ 为一个**鞍点**. 事实上, 记 d_1, d_2 为其正、负特征值对应的特征向量, 那么对于任意充分小的 $t > 0$, 我们都有 $f(\bar{x} + t d_1) > f(\bar{x})$ 且 $f(\bar{x} + t d_2) < f(\bar{x})$.

注意, 二阶最优性条件给出的仍然是关于局部最优性的判断. 对于给定点的全局最优性判断, 我们还需要借助实际问题的性质, 比如目标函数是凸的、非线性最小二乘问题中目标函数值为 0 等.

3.2.3　实例

我们以线性最小二乘问题为例来说明其最优性条件的具体形式. 线性最小二乘问题可以表示为

$$\min_{x \in \mathbb{R}^n} \ f(x) \stackrel{\text{def}}{=\!=} \frac{1}{2} \|b - Ax\|_2^2,$$

其中 $A \in \mathbb{R}^{m \times n}, b \in \mathbb{R}^m$ 分别是给定的矩阵和向量. 易知 $f(x)$ 是可微且凸的, 因此, x^* 为一个全局最优解当且仅当

$$\nabla f(x^*) = A^{\mathrm{T}}(Ax^* - b) = 0.$$

因此, 线性最小二乘问题本质上等于求解线性方程组, 可以利用数值代数知识对其有效求解.

在实际中, 我们还经常遇到非线性最小二乘问题, 如实数情形的相位恢复问题, 其一般形式如下:

$$\min_{x \in \mathbb{R}^n} \quad f(x) \stackrel{\text{def}}{=\!=} \sum_{i=1}^m r_i^2(x), \tag{3.2.3}$$

其中非线性函数 $r_i(x) = (a_i^{\mathrm{T}} x)^2 - b_i^2, i = 1, 2, \cdots, m$. 这个问题是非凸的. 在点 $x \in \mathbb{R}^n$ 处, 我们有

$$\nabla f(x) = 2 \sum_{i=1}^m r_i(x) \nabla r_i(x) = 4 \sum_{i=1}^m ((a_i^{\mathrm{T}} x)^2 - b_i^2)(a_i^{\mathrm{T}} x) a_i,$$

$$\nabla^2 f(x) = 2 \sum_{i=1}^m \nabla r_i(x) \nabla r_i(x)^{\mathrm{T}} + 2 \sum_{i=1}^m r_i(x) \nabla^2 r_i(x)$$

$$= 8 \sum_{i=1}^m (a_i^{\mathrm{T}} x)^2 a_i a_i^{\mathrm{T}} + 4 \sum_{i=1}^m ((a_i^{\mathrm{T}} x)^2 - b_i^2) a_i a_i^{\mathrm{T}}$$

$$= \sum_{i=1}^m (12(a_i^{\mathrm{T}} x)^2 - 4b_i^2) a_i a_i^{\mathrm{T}}.$$

如果 x^* 为问题 (3.2.3) 的一个局部最优解, 那么其满足一阶必要条件

$$\nabla f(x^*) = 0,$$

即

$$\sum_{i=1}^m ((a_i^{\mathrm{T}} x^*)^2 - b_i^2)(a_i^{\mathrm{T}} x^*) a_i = 0,$$

以及二阶必要条件

$$\nabla^2 f(x^*) \succeq 0,$$

即

$$\sum_{i=1}^m (12(a_i^{\mathrm{T}} x^*)^2 - 4b_i^2) a_i a_i^{\mathrm{T}} \succeq 0.$$

如果一个点 $x^{\#}$ 满足二阶充分条件

$$\nabla f(x^{\#}) = 0, \quad \nabla^2 f(x^{\#}) \succ 0,$$

即

$$\sum_{i=1}^m ((a_i^{\mathrm{T}} x^{\#})^2 - b_i^2)(a_i^{\mathrm{T}} x^{\#}) a_i = 0, \quad \sum_{i=1}^m (12(a_i^{\mathrm{T}} x^{\#})^2 - 4b_i^2) a_i a_i^{\mathrm{T}} \succ 0,$$

那么 $x^{\#}$ 为问题 (3.2.3) 的一个局部最优解.

3.3　无约束不可微问题的最优性理论

本节仍考虑问题 (3.2.1):

$$\min_{x \in \mathbb{R}^n} f(x),$$

但其中 $f(x)$ 为不可微函数. 很多实际问题的目标函数不是光滑的, 例如 $f(x) = \|x\|_1$. 对于此类问题, 由于目标函数可能不存在梯度和海瑟矩阵, 因此第 3.2 节中的一阶和二阶条件不适用. 此时我们必须使用其他最优性条件来判断不可微问题的最优点.

3.3.1　凸优化问题一阶充要条件

对于目标函数是凸函数的情形, 我们已经引入了次梯度的概念并给出了其计算法则. 一个自然的问题是: 可以利用次梯度代替梯度来构造最优性条件吗? 答案是肯定的, 实际上有如下定理:

定理 3.5　假设 f 是适当且凸的函数, 则 x^* 为问题 (3.2.1) 的一个全局极小点当且仅当

$$0 \in \partial f(x^*).$$

证明　先证必要性. 因为 x^* 为全局极小点, 所以

$$f(y) \geqslant f(x^*) = f(x^*) + 0^{\mathrm{T}}(y - x^*), \quad \forall y \in \mathbb{R}^n.$$

因此, $0 \in \partial f(x^*)$.

再证充分性. 如果 $0 \in \partial f(x^*)$, 那么根据次梯度的定义

$$f(y) \geqslant f(x^*) + 0^{\mathrm{T}}(y - x^*) = f(x^*), \quad \forall y \in \mathbb{R}^n.$$

因而 x^* 为一个全局极小点. □

定理 3.5 说明条件 $0 \in \partial f(x^*)$ 是 x^* 为全局最优解的充要条件. 这个结论比定理 3.3 要强, 其原因是凸问题有非常好的性质, 它的稳定点中不存在鞍点. 因此, 可以通过计算凸函数的次梯度集合来求解其对应的全局极小点. 相较于非凸函数, 凸函数的最优性分析简单, 计算以及验证起来比较方便, 因此在实际建模中受到广泛的关注.

3.3.2　复合优化问题的一阶必要条件

在实际问题中, 目标函数不一定是凸函数, 但它可以写成一个光滑函数与一个非光滑凸函数的和, 其中目标函数的光滑项可能是凸的, 比如 LASSO 问题、图像去噪问题

和盲反卷积问题; 也可能是非凸的, 例如字典学习问题和神经网络的损失函数. 因此研究此类问题的最优性条件十分必要. 这里, 我们考虑一般复合优化问题

$$\min_{x \in \mathbb{R}^n} \quad \psi(x) \stackrel{\text{def}}{=} f(x) + h(x), \tag{3.3.1}$$

其中 f 为光滑函数 (可能非凸), h 为凸函数 (可能非光滑). 对于其任何局部最优解, 我们给出如下一阶必要条件:

定理 3.6 (复合优化问题一阶必要条件)   令 x^* 为问题 (3.3.1) 的一个局部极小点, 那么

$$-\nabla f(x^*) \in \partial h(x^*),$$

其中 $\partial h(x^*)$ 为凸函数 h 在点 x^* 处的次梯度集合.

证明   因为 x^* 为一个局部极小点, 所以对于任意单位向量 $d \in \mathbb{R}^n$ 和足够小的 $t > 0$,

$$f(x^* + td) + h(x^* + td) \geqslant f(x^*) + h(x^*).$$

给定任一方向 $d \in \mathbb{R}^n$, 其中 $\|d\| = 1$. 因为对光滑函数和凸函数都可以考虑方向导数 (凸函数的方向导数参考定义 2.22), 根据方向导数的定义,

$$\begin{aligned}
\psi'(x^*; d) &= \lim_{t \to 0^+} \frac{\psi(x^* + td) - \psi(x^*)}{t} \\
&= \nabla f(x^*)^{\mathrm{T}} d + \partial h(x^*; d) \\
&= \nabla f(x^*)^{\mathrm{T}} d + \sup_{\theta \in \partial h(x^*)} \theta^{\mathrm{T}} d,
\end{aligned}$$

其中 $\partial h(x^*; d)$ 表示凸函数 $h(x)$ 在点 x^* 处的方向导数, 最后一个等式利用了凸函数方向导数和次梯度的关系 (定理 2.20). 现在用反证法证明我们所需要的结论. 反设 $-\nabla f(x^*) \notin \partial h(x^*)$, 根据定理 2.17可知 $\partial h(x^*)$ 是有界闭凸集, 又根据定理 2.6(严格分离定理), 存在 $d \in \mathbb{R}^n$ 以及常数 b 使得

$$\theta^{\mathrm{T}} d < b < -\nabla f(x^*)^{\mathrm{T}} d, \quad \forall \theta \in \partial h(x^*).$$

根据 $\partial h(x^*)$ 是有界闭集可知对此方向 d,

$$\psi'(x^*; d) = \nabla f(x^*)^{\mathrm{T}} d + \sup_{\theta \in \partial h(x^*)} \theta^{\mathrm{T}} d < 0.$$

这说明对充分小的非负实数 t,

$$\psi(x^* + td) < \psi(x^*).$$

这与 x^* 的局部极小性矛盾. 因此 $-\nabla f(x^*) \in \partial h(x^*)$. $\square$

定理 3.6在之后我们推导复合优化问题算法性质的时候非常重要, 它给出了当目标函数一部分是非光滑凸函数时的一阶必要条件. 在这里注意, 由于目标函数可能是整体非凸的, 因此一般没有一阶充分条件. 在第五章中我们介绍邻近算子时会用到这个定理.

*3.3.3 非光滑非凸问题的最优性条件

当函数 f 不可微且非凸时, 其梯度和通常意义的次梯度都可能不存在. 为了能得到和可微情形类似的结果, 我们必须对次梯度和次微分概念进行某种推广. 实际上, 对适当下半连续函数依然可以定义次微分.

定义 3.3(次微分) 设 $f : \mathbb{R}^n \to (-\infty, +\infty]$ 是适当下半连续函数.

(1) 对给定的 $x \in \mathbf{dom}\, f$, 满足如下条件的所有向量 $u \in \mathbb{R}^n$ 的集合定义为 f 在点 x 处的 Fréchet 次微分:

$$\liminf_{y \to x, y \neq x} \frac{f(y) - f(x) - \langle u, y - x \rangle}{\|y - x\|} \geqslant 0,$$

记为 $\hat{\partial} f(x)$. 当 $x \notin \mathbf{dom}\, f$ 时, 将 $\hat{\partial} f(x)$ 定义为空集 $\varnothing$.

(2) f 在点 $x \in \mathbb{R}^n$ 处的极限次微分 (或简称为次微分) 定义为

$$\partial f(x) = \{u \in \mathbb{R}^n \,:\, \exists\, x^k \to x, f(x^k) \to f(x), u^k \in \hat{\partial} f(x^k) \to u\}.$$

即极限次微分是通过对 x 附近的点处的 Fréchet 次微分取极限得到的.

我们对非凸函数次微分做如下说明:

注 3.1   (1) 容易证明 $\hat{\partial} f(x) \subseteq \partial f(x)$, 前者是闭凸集, 后者是闭集. 并非在所有的 $x \in \mathbf{dom}\, f$ 处都存在 Fréchet 次微分. 如图 3.2 所示.

(2) 和凸函数次微分 (定义 2.21) 比较可知, 凸函数的次梯度要求不等式

$$f(y) \geqslant f(x) + \langle g, y - x \rangle, \quad g \in \partial f(x)$$

在定义域内全局成立, 而对非凸函数只需要其在极限意义下成立即可.

(3) 当 f 是可微函数时, Fréchet 次微分和次微分都退化成梯度.

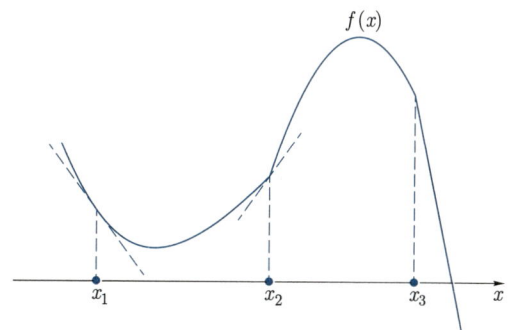

图 3.2 非凸函数次微分

($f(x)$ 在点 x_3 处不存在 Fréchet 次微分, 但存在次微分)

引入非凸函数次微分是为了推导出非凸非光滑函数局部极小点的一阶必要条件. 定理 3.5 已经说明了对凸函数 f, x 是 $f(x)$ 的全局极小点当且仅当 $0 \in \partial f(x)$. 而对适当下半连续函数 f, 我们依然有类似的一阶必要条件.

定理 3.7 (一阶必要条件)　设 f 是适当下半连续函数. 若 x^* 是 $f(x)$ 的一个局部极小点, 则有

$$0 \in \partial f(x^*).$$

证明　实际上我们可以证明 $0 \in \hat{\partial} f(x^*)$, 直接对 0 验证它是不是点 x^* 处的一个 Fréchet 次微分即可. 对任意 $x \in \mathbf{dom}\, f$, 考虑

$$\frac{f(x) - f(x^*) - \langle 0, x - x^* \rangle}{\|x - x^*\|}.$$

注意到在 x^* 的任意邻域内有 $f(x) \geqslant f(x^*)$, 对 $x \to x^*$ 取下极限得

$$\liminf_{x \to x^*, x \neq x^*} \frac{f(x) - f(x^*)}{\|x - x^*\|} \geqslant 0.$$

这说明 $0 \in \hat{\partial} f(x^*)$.　　　　□

3.3.4　实例

我们以 ℓ_1 范数优化问题为例, 给出其最优解的最优性条件. 第一章介绍了 ℓ_1 范数优化问题, 其一般形式可以写成

$$\min_{x \in \mathbb{R}^n} \quad \psi(x) \stackrel{\text{def}}{=\!=} f(x) + \mu \|x\|_1, \tag{3.3.2}$$

其中 $f(x): \mathbb{R}^n \to \mathbb{R}$ 为光滑函数, 正则系数 $\mu > 0$ 用来调节解的稀疏度. 尽管 $\|x\|_1$ 不是可微的, 但我们可以计算其次微分

$$\partial_i \|x\|_1 = \begin{cases} \{1\}, & x_i > 0, \\ [-1, 1], & x_i = 0, \\ \{-1\}, & x_i < 0. \end{cases}$$

因此, 如果 x^* 是问题 (3.3.2) 的一个局部最优解, 那么其满足

$$-\nabla f(x^*) \in \mu \partial \|x^*\|_1,$$

即

$$\nabla_i f(x^*) = \begin{cases} -\mu, & x_i^* > 0, \\ a \in [-\mu, \mu], & x_i^* = 0, \\ \mu, & x_i^* < 0. \end{cases}$$

进一步地, 如果 $f(x)$ 是凸的$\left(\text{比如在 LASSO 问题中 } f(x) = \frac{1}{2}\|Ax - b\|^2\right)$, 那么满足上式的 x^* 就是问题 (3.3.2) 的全局最优解.

3.4 线搜索方法

对于优化问题(3.0.1), 我们将求解 $f(x)$ 的最小值点的过程比喻成下山的过程. 假设一个人处于某点 x 处, $f(x)$ 表示此地的高度, 为了寻找最低点, 在点 x 处需要确定如下两件事情: 第一, 下一步该走向哪一方向行走; 第二, 沿着该方向行走多远后停下以便选取下一个下山方向. 以上这两个因素确定后, 便可以一直重复, 直至到达 $f(x)$ 的最小值点.

线搜索类算法的数学表述为: 给定当前迭代点 x^k, 首先通过某种算法选取向量 d^k, 之后确定正数 α_k, 则下一步的迭代点可写作

$$x^{k+1} = x^k + \alpha_k d^k. \tag{3.4.1}$$

我们称 d^k 为迭代点 x^k 处的**搜索方向**, α_k 为相应的**步长**. 这里要求 d^k 是一个**下降方向**, 即 $(d^k)^{\mathrm{T}}\nabla f(x^k) < 0$. 这个下降性质保证了沿着此方向搜索函数 f 的值会减小. 线搜索类算法的关键是如何选取一个好的方向 $d^k \in \mathbb{R}^n$ 以及合适的步长 α_k.

在本节中, 我们将回答如何选取 α_k 这一问题. 这是因为选取 d^k 的方法千差万别, 但选取 α_k 的方法在不同算法中非常相似. 首先构造辅助函数

$$\phi(\alpha) = f(x^k + \alpha d^k),$$

其中 d^k 是给定的下降方向, $\alpha > 0$ 是该辅助函数的自变量. 函数 $\phi(\alpha)$ 的几何含义非常直观: 它是目标函数 $f(x)$ 在射线 $\{x^k + \alpha d^k \,:\, \alpha > 0\}$ 上的限制. 注意到 $\phi(\alpha)$ 是一个一元函数, 而我们研究一元函数相对比较方便.

线搜索的目标是选取合适的 α_k 使得 $\phi(\alpha_k)$ 尽可能减小. 但这一工作并不容易: α_k 应该使得 f 充分下降, 与此同时不应在寻找 α_k 上花费过多的计算量. 我们需要权衡这两个方面. 一个自然的想法是寻找 α_k 使得

$$\alpha_k = \underset{\alpha > 0}{\arg\min}\, \phi(\alpha),$$

即 α_k 为最佳步长. 这种线搜索算法被称为**精确线搜索算法**. 需要指出的是, 使用精确线搜索算法时我们可以在多数情况下得到优化问题的解, 但选取 α_k 通常需要很大计算量, 在实际应用中较少使用. 另一个想法不要求 α_k 是 $\phi(\alpha)$ 的最小值点, 而是仅仅要求 $\phi(\alpha_k)$ 满足某些不等式性质. 这种线搜索方法被称为**非精确线搜索算法**. 由于非精确线搜索算法结构简单, 在实际应用中较为常见, 接下来我们介绍该算法的结构.

3.4.1 线搜索准则

在非精确线搜索算法中, 选取 α_k 需要满足一定的要求, 这些要求被称为**线搜索准则**. 这里指出, 线搜索准则的合适与否直接决定了算法的收敛性, 若选取不合适的线搜索准则将会导致算法无法收敛. 为此我们给出一个例子.

例 3.1　考虑一维无约束优化问题

$$\min_x \ f(x) = x^2,$$

迭代初始点 $x^0 = 1$. 由于问题是一维的, 下降方向只有 $\{-1, +1\}$ 两种. 我们选取 $d^k = -\mathrm{sign}(x^k)$, 且只要求选取的步长满足迭代点处函数值单调下降, 即 $f(x^k + \alpha_k d^k) < f(x^k)$. 考虑选取如下两种步长:

$$\alpha_{k,1} = \frac{1}{3^{k+1}}, \quad \alpha_{k,2} = 1 + \frac{2}{3^{k+1}},$$

通过简单计算可以得到

$$x_1^k = \frac{1}{2}\left(1 + \frac{1}{3^k}\right), \quad x_2^k = \frac{(-1)^k}{2}\left(1 + \frac{1}{3^k}\right).$$

显然, 序列 $\{f(x_1^k)\}$ 和序列 $\{f(x_2^k)\}$ 均单调下降, 但序列 $\{x_1^k\}$ 收敛的点不是极小值点, 序列 $\{x_2^k\}$ 则在原点左右振荡, 不存在极限.

出现上述情况的原因是在迭代过程中函数值 $f(x^k)$ 的下降量不够充分, 以至于算法无法收敛到极小值点. 为了避免这种情况发生, 必须引入一些更合理的线搜索准则来确保迭代的收敛性.

1. Armijo 准则

我们首先引入 Armijo 准则, 它是一个常用的线搜索准则. 引入 Armijo 准则的目的是保证每一步迭代充分下降.

定义 3.4(Armijo 准则)　设 d^k 是点 x^k 处的下降方向, 若

$$f(x^k + \alpha d^k) \leqslant f(x^k) + c_1 \alpha \nabla f(x^k)^{\mathrm{T}} d^k, \tag{3.4.2}$$

则称步长 α 满足 Armijo 准则, 其中 $c_1 \in (0, 1)$ 是一个常数.

　　Armijo 准则(3.4.2)有非常直观的几何含义, 它指的是点 $(\alpha, \phi(\alpha))$ 必须在直线

$$l(\alpha) = \phi(0) + c_1 \alpha \nabla f(x^k)^{\mathrm{T}} d^k$$

的下方. 如图 3.3 所示, 区间 $[0, \alpha_1]$ 中的点均满足 Armijo 准则. 我们注意到 d^k 为下降方向, 这说明 $l(\alpha)$ 的斜率为负, 选取符合条件(3.4.2)的 α 确实会使得函数值下降. 在实际应用中, 参数 c_1 通常选为一个很小的正数, 例如 $c_1 = 10^{-3}$, 这使得 Armijo 准则非常

容易得到满足. 但是仅仅使用 Armijo 准则并不能保证迭代的收敛性, 这是因为 $\alpha = 0$ 显然满足条件(3.4.2), 而这意味着迭代序列中的点固定不变, 研究这样的步长是没有意义的. 为此, Armijo 准则需要配合其他准则共同使用.

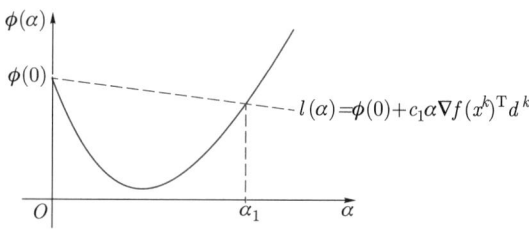

图 3.3　Armijo 准则

在优化算法的实现中, 寻找一个满足 Armijo 准则的步长是比较容易的, 一个最常用的算法是**回退法**. 给定初值 $\hat{\alpha}$, 回退法通过不断以指数方式缩小试探步长, 找到第一个满足 Armijo 准则(3.4.2)的点. 具体来说, 回退法选取

$$\alpha_k = \gamma^{j_0} \hat{\alpha},$$

其中

$$j_0 = \min\{ j = 0, 1, \cdots \mid f(x^k + \gamma^j \hat{\alpha} d^k) \leqslant f(x^k) + c_1 \gamma^j \hat{\alpha} \nabla f(x^k)^{\mathrm{T}} d^k \},$$

参数 $\gamma \in (0,1)$ 为一个给定的实数. 回退法的基本过程如算法 3.1 所示.

算法 3.1　线搜索回退法

1: 选择初始步长 $\hat{\alpha}$, 参数 $\gamma, c \in (0, 1)$. 初始化 $\alpha \leftarrow \hat{\alpha}$.
2: **while** $f(x^k + \alpha d^k) > f(x^k) + c\alpha \nabla f(x^k)^{\mathrm{T}} d^k$ **do**
3:　　令 $\alpha \leftarrow \gamma \alpha$.
4: **end while**
5: 输出 $\alpha_k = \alpha$.

该算法被称为回退法是因为 α 的试验值是由大至小的, 它可以确保输出的 α_k 能尽量地大. 此外算法 3.1 不会无限进行下去, 因为 d^k 是一个下降方向, 当 α 充分小时, Armijo 准则总是成立的. 在实际应用中我们通常也会给 α 设置一个下界, 防止步长过小.

2. Goldstein 准则

为了克服 Armijo 准则的缺陷, 我们需要引入其他准则来保证每一步的 α^k 不会太小. 既然 Armijo 准则只要求点 $(\alpha, \phi(\alpha))$ 必须处在某直线下方, 我们也可使用相同的形式使得该点必须处在另一条直线的上方. 这就是 Armijo-Goldstein 准则, 简称 Goldstein 准则.

定义 3.5 (Goldstein 准则) 设 d^k 是点 x^k 处的下降方向, 若

$$f(x^k + \alpha d^k) \leqslant f(x^k) + c\alpha \nabla f(x^k)^{\mathrm{T}} d^k, \tag{3.4.3a}$$

$$f(x^k + \alpha d^k) \geqslant f(x^k) + (1-c)\alpha \nabla f(x^k)^{\mathrm{T}} d^k, \tag{3.4.3b}$$

则称步长 α 满足 Goldstein 准则, 其中 $c \in \left(0, \dfrac{1}{2}\right)$.

同样, Goldstein 准则 (3.4.3) 也有非常直观的几何含义, 它指的是点 $(\alpha, \phi(\alpha))$ 必须在两条直线

$$l_1(\alpha) = \phi(0) + c\alpha \nabla f(x^k)^{\mathrm{T}} d^k,$$

$$l_2(\alpha) = \phi(0) + (1-c)\alpha \nabla f(x^k)^{\mathrm{T}} d^k$$

之间. 如图 3.4 所示, 区间 $[\alpha_1, \alpha_2]$ 中的点均满足 Goldstein 准则. 同时我们也注意到 Goldstein 准则确实去掉了过小的 α.

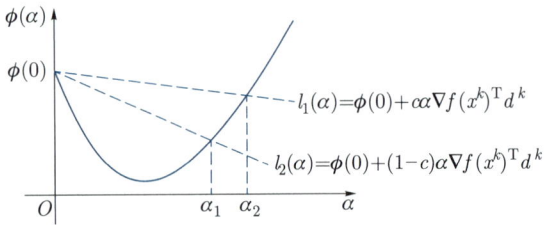

图 3.4 Goldstein 准则

3. Wolfe 准则

Goldstein 准则能够使得函数值充分下降, 但是它可能避开了最优的函数值. 如图 3.4所示, 一维函数 $\phi(\alpha)$ 的最小值点并不在满足 Goldstein 准则的区间 $[\alpha_1, \alpha_2]$ 中. 为此我们引入 Armijo-Wolfe 准则, 简称 Wolfe 准则.

定义 3.6 (Wolfe 准则) 设 d^k 是点 x^k 处的下降方向, 若

$$f(x^k + \alpha d^k) \leqslant f(x^k) + c_1 \alpha \nabla f(x^k)^{\mathrm{T}} d^k, \tag{3.4.4a}$$

$$\nabla f(x^k + \alpha d^k)^{\mathrm{T}} d^k \geqslant c_2 \nabla f(x^k)^{\mathrm{T}} d^k, \tag{3.4.4b}$$

则称步长 α 满足 Wolfe 准则, 其中 $c_1, c_2 \in (0, 1)$ 为给定的常数且 $c_1 < c_2$.

在准则(3.4.4)中, 第一个不等式(3.4.4a)即是 Armijo 准则, 而第二个不等式(3.4.4b) 则是 Wolfe 准则的本质要求. 注意到 $\nabla f(x^k + \alpha d^k)^{\mathrm{T}} d^k$ 恰好就是 $\phi(\alpha)$ 的导数, Wolfe 准则实际要求 $\phi(\alpha)$ 在点 α 处切线的斜率不能小于 $\phi'(0)$ 的 c_2 倍. 如图 3.5 所示, 在区间 $[\alpha_1, \alpha_2]$ 中的点均满足 Wolfe 准则. 注意到在 $\phi(\alpha)$ 的极小值点 α^* 处有 $\phi'(\alpha^*) = \nabla f(x^k + \alpha^* d^k)^{\mathrm{T}} d^k = 0$, 因此 α^* 永远满足条件(3.4.4b). 而选择较小的 c_1 可使得 α^* 同

时满足条件(3.4.4a), 即 Wolfe 准则在绝大多数情况下会包含线搜索子问题的精确解. 在实际应用中, 参数 c_2 通常取为 0.9.

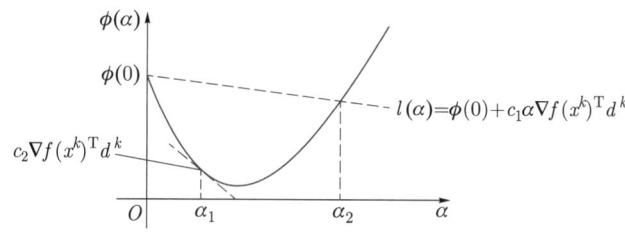

图 3.5　Wolfe 准则

4. 非单调线搜索准则

以上介绍的三种准则都有一个共同点: 使用这些准则产生的迭代点列都是单调的. 在实际应用中, 非单调算法有时会有更好的效果. 这就需要我们应用非单调线搜索准则, 这里介绍其中两种.

定义 3.7(Grippo [64])　设 d^k 是点 x^k 处的下降方向, $M > 0$ 为给定的正整数. 以下不等式可作为一种线搜索准则:

$$f(x^k + \alpha d^k) \leqslant \max_{0 \leqslant j \leqslant \min\{k,M\}} f(x^{k-j}) + c_1 \alpha \nabla f(x^k)^{\mathrm{T}} d^k, \tag{3.4.5}$$

其中 $c_1 \in (0,1)$ 为给定的常数.

准则(3.4.5)和 Armijo 准则非常相似, 区别在于 Armijo 准则要求下一次迭代的函数值 $f(x^{k+1})$ 相对于本次迭代的函数值 $f(x^k)$ 有充分下降, 而准则 (3.4.5) 只需要下一步函数值相比前面至多 M 步以内迭代的函数值有下降就可以了. 显然这一准则的要求比 Armijo 准则更宽, 它也不要求 $f(x^k)$ 的单调性.

另一种非单调线搜索准则的定义更加宽泛.

定义 3.8(Zhang, Hager [158])　设 d^k 是点 x^k 处的下降方向, 以下不等式可作为一种线搜索准则:

$$f(x^k + \alpha d^k) \leqslant C^k + c_1 \alpha \nabla f(x^k)^{\mathrm{T}} d^k, \tag{3.4.6}$$

其中 C^k 满足递推式 $C^0 = f(x^0), C^{k+1} = \dfrac{1}{Q^{k+1}}(\eta Q^k C^k + f(x^{k+1}))$, 序列 $\{Q^k\}$ 满足 $Q^0 = 1, Q^{k+1} = \eta Q^k + 1$, 参数 $\eta, c_1 \in (0,1)$.

我们可以用以下的方式理解这个准则: 变量 C^k 实际上是本次搜索准则的参照函数值, 即充分下降性质的起始标准; 而下一步的标准 C^{k+1} 则是函数值 $f(x^{k+1})$ 和 C^k 的凸组合, 并非仅仅依赖于 $f(x^{k+1})$, 而凸组合的两个系数由参数 η 决定. 可以看到当 $\eta = 0$ 时, 此准则就是 Armijo 准则.

3.4.2 线搜索算法

本小节介绍在实际中使用的线搜索算法. 之前的讨论已经初步介绍了回退法 (算法 3.1), 并指出该算法可以用于寻找 Armijo 准则(3.4.2)的步长. 实际上只要修改一下算法的终止条件, 回退法就可以被用在其他线搜索准则之上, 例如之前我们提到的两种非单调线搜索准则(3.4.5)和(3.4.6). 回退法的实现简单、原理直观, 所以它是最常用的线搜索算法之一. 然而, 回退法的缺点也很明显: 第一, 它无法保证找到满足 Wolfe 准则的步长, 即条件(3.4.4b)不一定成立, 但对一些优化算法而言, 找到满足 Wolfe 准则的步长是十分必要的; 第二, 回退法以指数的方式缩小步长, 因此对初值 $\hat{\alpha}$ 和参数 γ 的选取比较敏感, 当 γ 过大时每一步试探步长改变量很小, 此时回退法效率比较低, 当 γ 过小时回退法过于激进, 导致最终找到的步长太小, 错过了选取大步长的机会. 下面简单介绍其他类型的线搜索算法.

为了提高回退法的效率, 我们有基于多项式插值的线搜索算法. 假设初始步长 $\hat{\alpha}_0$ 已给定, 如果经过验证, $\hat{\alpha}_0$ 不满足 Armijo 准则, 下一步就需要减小试探步长. 和回退法不同, 我们不直接将 $\hat{\alpha}_0$ 缩小常数倍, 而是基于 $\phi(0), \phi'(0), \phi(\hat{\alpha}_0)$ 这三个信息构造一个二次插值函数 $p_2(\alpha)$, 即寻找二次函数 $p_2(\alpha)$ 满足

$$p_2(0) = \phi(0), \quad p_2'(0) = \phi'(0), \quad p_2(\hat{\alpha}_0) = \phi(\hat{\alpha}_0).$$

由于二次函数只有三个参数, 以上三个条件可以唯一决定 $p_2(\alpha)$, 而且不难验证 $p_2(\alpha)$ 的最小值点恰好位于 $(0, \hat{\alpha}_0)$ 内. 此时取 $p_2(\alpha)$ 的最小值点 $\hat{\alpha}_1$ 作为下一个试探点, 利用同样的方式不断递归下去直至找到满足 Armijo 准则的点.

基于插值的线搜索算法可以有效减少试探次数, 但仍然不能保证找到的步长满足 Wolfe 准则. 为此, Fletcher 提出了一个用于寻找满足 Wolfe 准则的算法 [48]. 这个算法比较复杂, 有较多细节, 这里不展开叙述, 读者可以参考文献 [48,102].

3.4.3 收敛性分析

这一小节给出使用不同线搜索准则导出的算法的收敛性. 此收敛性建立在一般的线搜索类算法的框架上, 因此得到的结论也比较弱. 不过它可以帮助我们理解线搜索类算法收敛的本质要求.

定理 3.8 (Zoutendijk) *考虑一般的迭代格式(3.4.1), 其中 d^k 是搜索方向, α_k 是步长, 且在迭代过程中 Wolfe 准则 (3.4.4)满足. 假设目标函数 f 下有界、连续可微且梯度 L-利普希茨连续, 即*

$$\|\nabla f(x) - \nabla f(y)\| \leqslant L\|x - y\|, \quad \forall\, x, y \in \mathbb{R}^n,$$

那么

$$\sum_{k=0}^{\infty} \cos^2 \theta_k \|\nabla f(x^k)\|^2 < +\infty, \tag{3.4.7}$$

其中 $\cos \theta_k$ 为负梯度 $-\nabla f(x^k)$ 和下降方向 d^k 夹角的余弦, 即

$$\cos \theta_k = \frac{-\nabla f(x^k)^{\mathrm{T}} d^k}{\|\nabla f(x^k)\| \|d^k\|}.$$

不等式(3.4.7)也被称为 Zoutendijk 条件.

证明　由条件(3.4.4b),

$$\left(\nabla f(x^{k+1}) - \nabla f(x^k) \right)^{\mathrm{T}} d^k \geqslant (c_2 - 1) \nabla f(x^k)^{\mathrm{T}} d^k.$$

由柯西不等式和梯度 L-利普希茨连续性质,

$$\left(\nabla f(x^{k+1}) - \nabla f(x^k) \right)^{\mathrm{T}} d^k \leqslant \|\nabla f(x^{k+1}) - \nabla f(x^k)\| \|d^k\| \leqslant \alpha_k L \|d^k\|^2.$$

结合上述两式可得

$$\alpha_k \geqslant \frac{c_2 - 1}{L} \frac{\nabla f(x^k)^{\mathrm{T}} d^k}{\|d^k\|^2}.$$

注意到 $\nabla f(x^k)^{\mathrm{T}} d^k < 0$, 将上式代入条件(3.4.4a), 则

$$f(x^{k+1}) \leqslant f(x^k) + c_1 \frac{c_2 - 1}{L} \frac{\left(\nabla f(x^k)^{\mathrm{T}} d^k \right)^2}{\|d^k\|^2}.$$

根据 θ_k 的定义, 此不等式可等价表述为

$$f(x^{k+1}) \leqslant f(x^k) + c_1 \frac{c_2 - 1}{L} \cos^2 \theta_k \|\nabla f(x^k)\|^2.$$

再关于 k 求和, 我们有

$$f(x^{k+1}) \leqslant f(x^0) - c_1 \frac{1 - c_2}{L} \sum_{j=0}^{k} \cos^2 \theta_j \|\nabla f(x^j)\|^2.$$

又因为函数 f 是下有界的, 且由 $0 < c_1 < c_2 < 1$ 可知 $c_1(1 - c_2) > 0$, 因此当 $k \to \infty$ 时,

$$\sum_{j=0}^{\infty} \cos^2 \theta_j \|\nabla f(x^j)\|^2 < +\infty. \qquad \square$$

定理 3.8 指出, 只要迭代点满足 Wolfe 准则, 对梯度利普希茨连续且下有界函数总能推出(3.4.7)式成立. 实际上采用 Goldstein 准则也可推出类似的条件. Zoutendijk 定理刻画了线搜索准则的性质, 配合下降方向 d^k 的选取方式我们可以得到最基本的收敛性.

推论 3.1 (线搜索算法的收敛性)   对于迭代法 (3.4.1), 设 θ_k 为每一步负梯度 $-\nabla f(x^k)$ 与下降方向 d^k 的夹角, 并假设对任意的 k, 存在常数 $\gamma > 0$, 使得

$$\theta_k < \frac{\pi}{2} - \gamma, \tag{3.4.8}$$

则在定理 3.8 成立的条件下, 有

$$\lim_{k \to \infty} \nabla f(x^k) = 0.$$

证明   假设结论不成立, 即存在子列 $\{k_l\}$ 和正常数 $\delta > 0$, 使得

$$\|\nabla f(x^{k_l})\| \geqslant \delta, \quad l = 1, 2, \cdots.$$

根据 θ_k 的假设, 对任意的 k,

$$\cos \theta_k > \sin \gamma > 0.$$

我们仅考虑和式(3.4.7)的第 k_l 项, 有

$$\sum_{k=0}^{\infty} \cos^2 \theta_k \|\nabla f(x^k)\|^2 \geqslant \sum_{l=1}^{\infty} \cos^2 \theta_{k_l} \|\nabla f(x^{k_l})\|^2$$

$$\geqslant \sum_{l=1}^{\infty} (\sin^2 \gamma) \cdot \delta^2 \to +\infty,$$

这显然和定理 3.8 矛盾. 因此必有

$$\lim_{k \to \infty} \nabla f(x^k) = 0. \qquad \square$$

推论 3.1 建立在 Zoutendijk 条件之上, 它的本质要求是关系(3.4.8), 即每一步的下降方向 d^k 和负梯度方向不能趋于正交. 这个条件的几何直观明显: 当下降方向 d^k 和梯度正交时, 根据泰勒展开的一阶近似, 目标函数值 $f(x^k)$ 几乎不发生改变. 因此我们要求 d^k 与梯度正交方向夹角有一致的下界. 后面会介绍多种 d^k 的选取方法, 在选取 d^k 时条件(3.4.8)总得到满足.

总的来说, 推论 3.1 仅仅给出了最基本的收敛性, 而没有更进一步回答算法的收敛速度. 这是由于算法收敛速度极大地取决于 d^k 的选取. 接下来我们将着重介绍如何选取下降方向 d^k.

3.5   梯度类算法

本节介绍梯度类算法, 其本质是仅仅使用函数的一阶导数信息选取下降方向 d^k. 这其中最基本的算法是梯度下降法, 即直接选择负梯度作为下降方向 d^k. 梯度下降法的方

向选取非常直观, 实际应用范围非常广, 因此它在优化算法中的地位相当于高斯消元法在线性方程组算法中的地位. 此外我们也会介绍 BB 方法. 该方法作为一种梯度法的变形, 虽然理论性质目前仍不完整, 但由于它有优秀的数值表现, 也是在实际应用中使用较多的一种算法.

3.5.1　梯度下降法

对于光滑函数 $f(x)$, 在迭代点 x^k 处, 我们需要选择一个较为合理的 d^k 作为下降方向. 注意到 $\phi(\alpha) = f(x^k + \alpha d^k)$ 有泰勒展开

$$\phi(\alpha) = f(x^k) + \alpha \nabla f(x^k)^{\mathrm{T}} d^k + \mathcal{O}(\alpha^2 \|d^k\|^2),$$

根据柯西不等式, 当 α 足够小时, 取 $d^k = -\nabla f(x^k)$ 会使得函数下降最快. 因此梯度法就是选取 $d^k = -\nabla f(x^k)$ 的算法, 它的迭代格式为

$$x^{k+1} = x^k - \alpha_k \nabla f(x^k). \tag{3.5.1}$$

步长 α_k 的选取可依赖于上一节的线搜索算法, 也可直接选取固定的 α_k.

为了直观地理解梯度法的迭代过程, 我们以二次函数为例来展示该过程.

例 3.2 (二次函数的梯度法)　设二次函数 $f(x,y) = x^2 + 10y^2$, 初始点 (x^0, y^0) 取为 $(10,1)$, 取固定步长 $\alpha_k = 0.085$. 我们使用梯度法(3.5.1)进行 15 次迭代, 结果如图 3.6 所示.

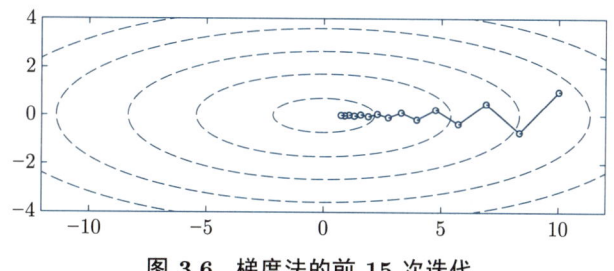

图 3.6　梯度法的前 15 次迭代

实际上, 对正定二次函数有如下收敛定理 (证明见文献 [86]):

定理 3.9　考虑正定二次函数

$$f(x) = \frac{1}{2} x^{\mathrm{T}} A x - b^{\mathrm{T}} x,$$

其最优值点为 x^*. 若使用梯度法(3.5.1)并选取 α_k 为精确线搜索步长, 即

$$\alpha_k = \frac{\|\nabla f(x^k)\|^2}{\nabla f(x^k)^{\mathrm{T}} A \nabla f(x^k)}, \tag{3.5.2}$$

则梯度法关于迭代点列 $\{x^k\}$ 是 Q-线性收敛的, 即

$$\|x^{k+1} - x^*\|_A^2 \leqslant \left(\frac{\lambda_1 - \lambda_n}{\lambda_1 + \lambda_n}\right)^2 \|x^k - x^*\|_A^2,$$

其中 λ_1, λ_n 分别为 A 的最大、最小特征值, $\|x\|_A \overset{\text{def}}{=\!=} \sqrt{x^{\mathrm{T}} A x}$ 为由正定矩阵 A 诱导的范数.

定理 3.9指出使用精确线搜索的梯度法在正定二次问题上有 Q-线性收敛速度. 线性收敛速度的常数和矩阵 A 最大特征值与最小特征值之比有关. 从等高线角度来看, 这个比例越大则 $f(x)$ 的等高线越扁平, 图 3.6中迭代路径折返频率会随之变高, 梯度法收敛也就越慢. 这个结果其实说明了梯度法的一个很重大的缺陷: 当目标函数的海瑟矩阵条件数较大时, 它的收敛速度会非常缓慢.

接下来我们介绍当 $f(x)$ 为梯度利普希茨连续的凸函数时, 梯度法(3.5.1)的收敛性质.

定理 3.10 (梯度法在凸函数上的收敛性) 设函数 $f(x)$ 为凸的梯度 L-利普希茨连续函数, $f^* = f(x^*) = \inf_x f(x)$ 存在且可达. 如果步长 α_k 取为常数 α 且满足 $0 < \alpha \leqslant \dfrac{1}{L}$, 那么由迭代 (3.5.1) 得到的点列 $\{x^k\}$ 的函数值收敛到最优值, 且在函数值的意义下收敛速度为 $\mathcal{O}\left(\dfrac{1}{k}\right)$.

证明 因为函数 f 是利普希茨可微函数, 对任意的 x, 根据(2.2.3)式,

$$f(x - \alpha \nabla f(x)) \leqslant f(x) - \alpha \left(1 - \frac{L\alpha}{2}\right) \|\nabla f(x)\|^2. \tag{3.5.3}$$

现在记 $\tilde{x} = x - \alpha \nabla f(x)$ 并限制 $0 < \alpha \leqslant \dfrac{1}{L}$, 我们有

$$\begin{aligned}
f(\tilde{x}) &\leqslant f(x) - \frac{\alpha}{2}\|\nabla f(x)\|^2 \\
&\leqslant f^* + \nabla f(x)^{\mathrm{T}}(x - x^*) - \frac{\alpha}{2}\|\nabla f(x)\|^2 \\
&= f^* + \frac{1}{2\alpha}\left(\|x - x^*\|^2 - \|x - x^* - \alpha\nabla f(x)\|^2\right) \\
&= f^* + \frac{1}{2\alpha}(\|x - x^*\|^2 - \|\tilde{x} - x^*\|^2),
\end{aligned}$$

其中第一个不等式是由于(3.5.3)式, 第二个不等式为 f 的凸性. 在上式中取 $x = x^{i-1}, \tilde{x} = x^i$ 并将不等式对 $i = 1, 2, \cdots, k$ 求和得到

$$\begin{aligned}
\sum_{i=1}^{k}(f(x^i) - f^*) &\leqslant \frac{1}{2\alpha}\sum_{i=1}^{k}\left(\|x^{i-1} - x^*\|^2 - \|x^i - x^*\|^2\right) \\
&= \frac{1}{2\alpha}\left(\|x^0 - x^*\|^2 - \|x^k - x^*\|^2\right)
\end{aligned}$$

$$\leqslant \frac{1}{2\alpha}\|x^0 - x^*\|^2.$$

根据(3.5.3)式得知 $f(x^i)$ 是非增的, 所以

$$f(x^k) - f^* \leqslant \frac{1}{k}\sum_{i=1}^{k}(f(x^i) - f^*) \leqslant \frac{1}{2k\alpha}\|x^0 - x^*\|^2. \qquad \Box$$

如果函数 f 还是 m-强凸函数, 则梯度法的收敛速度会进一步提升为 Q-线性收敛.

在给出收敛性证明之前, 我们需要以下的引理来揭示凸的梯度 L-利普希茨连续函数的另一个重要性质.

引理 3.1　设函数 $f(x)$ 是 $\mathbb{R}^n$ 上的凸可微函数, 则以下结论等价:

(1)f 的梯度为 L-利普希茨连续的;

(2) 函数 $g(x) \stackrel{\text{def}}{=\!=} \frac{L}{2}x^{\mathrm{T}}x - f(x)$ 是凸函数;

(3)$\nabla f(x)$ 有余强制性, 即对任意的 $x, y \in \mathbb{R}^n$, 有

$$(\nabla f(x) - \nabla f(y))^{\mathrm{T}}(x - y) \geqslant \frac{1}{L}\|\nabla f(x) - \nabla f(y)\|^2. \tag{3.5.4}$$

证明　(1) $\implies$ (2), 即证 $g(x)$ 的单调性. 对任意 $x, y \in \mathbb{R}^n$,

$$(\nabla g(x) - \nabla g(y))^{\mathrm{T}}(x - y) = L\|x - y\|^2 - (\nabla f(x) - \nabla f(y))^{\mathrm{T}}(x - y)$$
$$\geqslant L\|x - y\|^2 - \|x - y\|\|\nabla f(x) - \nabla f(y)\| \geqslant 0.$$

因此 $g(x)$ 为凸函数.

(2) $\implies$ (3), 构造辅助函数

$$f_x(z) = f(z) - \nabla f(x)^{\mathrm{T}}z,$$
$$f_y(z) = f(z) - \nabla f(y)^{\mathrm{T}}z,$$

容易验证 f_x 和 f_y 均为凸函数. 根据已知条件, $g_x(z) = \frac{L}{2}z^{\mathrm{T}}z - f_x(z)$ 关于 z 是凸函数. 根据凸函数的性质, 我们有

$$g_x(z_2) \geqslant g_x(z_1) + \nabla g_x(z_1)^{\mathrm{T}}(z_2 - z_1), \quad \forall z_1, z_2 \in \mathbb{R}^n.$$

整理可推出 $f_x(z)$ 有二次上界, 且对应的系数也为 L. 注意到 $\nabla f_x(x) = 0$, 这说明 x 是 $f_x(z)$ 的最小值点. 再由推论 2.1 的证明过程,

$$f_x(y) - f_x(x) = f(y) - f(x) - \nabla f(x)^{\mathrm{T}}(y - x)$$
$$\geqslant \frac{1}{2L}\|\nabla f_x(y)\|^2 = \frac{1}{2L}\|\nabla f(y) - \nabla f(x)\|^2.$$

同理, 对 $f_y(z)$ 进行类似的分析可得

$$f(x) - f(y) - \nabla f(y)^{\mathrm{T}}(x - y) \geqslant \frac{1}{2L}\|\nabla f(y) - \nabla f(x)\|^2.$$

将以上两式不等号左右分别相加, 可得余强制性(3.5.4).

(3) $\implies$ (1), 由余强制性和柯西不等式,

$$\frac{1}{L}\|\nabla f(x) - \nabla f(y)\|^2 \leqslant (\nabla f(x) - \nabla f(y))^{\mathrm{T}}(x - y)$$

$$\leqslant \|\nabla f(x) - \nabla f(y)\|\|x - y\|,$$

整理后即可得到 $f(x)$ 是梯度 L-利普希茨连续的. $\square$

引理 3.1 说明在 f 为凸函数的条件下, 梯度 L-利普希茨连续、二次上界、余强制性三者是等价的, 知道其中一个性质就可推出剩下两个. 接下来给出梯度法在强凸函数下的收敛性.

定理 3.11 (梯度法在强凸函数上的收敛性)   设函数 $f(x)$ 为 m-强凸的梯度 L-利普希茨连续函数, $f^* = f(x^*) = \inf\limits_x f(x)$ 存在且可达. 如果步长 α 满足 $0 < \alpha \leqslant \dfrac{2}{m+L}$, 那么由梯度下降法(3.5.1)迭代得到的点列 $\{x^k\}$ 收敛到 x^*, 且为 Q-线性收敛.

证明   首先根据 f 强凸且 ∇f 利普希茨连续, 可得

$$g(x) = f(x) - \frac{m}{2}x^{\mathrm{T}}x$$

为凸函数且 $\dfrac{L-m}{2}x^{\mathrm{T}}x - g(x)$ 为凸函数. 由引理 3.1 可得 $g(x)$ 是梯度 $(L-m)$-利普希茨连续的. 再次利用引理 3.1可得关于 $g(x)$ 的余强制性

$$(\nabla g(x) - \nabla g(y))^{\mathrm{T}}(x - y) \geqslant \frac{1}{L-m}\|\nabla g(x) - \nabla g(y)\|^2. \tag{3.5.5}$$

代入 $g(x)$ 的表达式, 可得

$$(\nabla f(x) - \nabla f(y))^{\mathrm{T}}(x - y)$$

$$\geqslant \frac{mL}{m+L}\|x - y\|^2 + \frac{1}{m+L}\|\nabla f(x) - \nabla f(y)\|^2. \tag{3.5.6}$$

然后我们估计在固定步长下梯度法的收敛速度. 设步长 $\alpha \in \left(0, \dfrac{2}{m+L}\right]$, 则

$$\|x^{k+1} - x^*\|^2 = \|x^k - \alpha\nabla f(x^k) - x^*\|^2$$

$$= \|x^k - x^*\|^2 - 2\alpha\nabla f(x^k)^{\mathrm{T}}(x^k - x^*) + \alpha^2\|\nabla f(x^k)\|^2$$

$$\leqslant \left(1 - \alpha\frac{2mL}{m+L}\right)\|x^k - x^*\|^2 + \alpha\left(\alpha - \frac{2}{m+L}\right)\|\nabla f(x^k)\|^2$$

$$\leqslant \left(1 - \alpha\frac{2mL}{m+L}\right)\|x^k - x^*\|^2.$$

其中第一个不等式是对 x^k, x^* 应用(3.5.6)式并注意到 $\nabla f(x^*) = 0$. 因此,

$$\|x^k - x^*\|^2 \leqslant c^k \|x^0 - x^*\|^2, \quad c = 1 - \alpha \frac{2mL}{m+L} < 1,$$

即在强凸函数的条件下, 梯度法是 Q-线性收敛的. □

3.5.2 Barzilai-Borwein 方法

由上一小节可以知道, 当问题的条件数很大, 也即问题比较病态时, 梯度下降法的收敛性质会受到很大影响. Barzilai-Borwein (BB) 方法是一种特殊的梯度法, 经常比一般的梯度法有着更好的效果. 从形式上来看, BB 方法的下降方向仍是点 x^k 处的负梯度方向 $-\nabla f(x^k)$, 但步长 α_k 并不是直接由线搜索算法给出的. 考虑梯度下降法的格式:

$$x^{k+1} = x^k - \alpha_k \nabla f(x^k),$$

这种格式也可以写成

$$x^{k+1} = x^k - D^k \nabla f(x^k),$$

其中 $D^k = \alpha_k I$. BB 方法选取的 α_k 是如下两个最优问题之一的解:

$$\min_{\alpha} \quad \|\alpha y^{k-1} - s^{k-1}\|^2, \tag{3.5.7}$$

$$\min_{\alpha} \quad \|y^{k-1} - \alpha^{-1} s^{k-1}\|^2, \tag{3.5.8}$$

其中引入记号 $s^{k-1} \stackrel{\text{def}}{=\!=} x^k - x^{k-1}$ 以及 $y^{k-1} \stackrel{\text{def}}{=\!=} \nabla f(x^k) - \nabla f(x^{k-1})$. 在这里先直接写出问题(3.5.7)和(3.5.8), 它们的实际含义将在第 3.9 节中给出合理的解释.

容易验证问题(3.5.7)和(3.5.8)的解分别为

$$\alpha_{\text{BB1}}^k \stackrel{\text{def}}{=\!=} \frac{(s^{k-1})^{\mathrm{T}} y^{k-1}}{(y^{k-1})^{\mathrm{T}} y^{k-1}} \quad \text{和} \quad \alpha_{\text{BB2}}^k \stackrel{\text{def}}{=\!=} \frac{(s^{k-1})^{\mathrm{T}} s^{k-1}}{(s^{k-1})^{\mathrm{T}} y^{k-1}}, \tag{3.5.9}$$

因此可以得到 BB 方法的两种迭代格式:

$$x^{k+1} = x^k - \alpha_{\text{BB1}}^k \nabla f(x^k), \tag{3.5.10a}$$

$$x^{k+1} = x^k - \alpha_{\text{BB2}}^k \nabla f(x^k). \tag{3.5.10b}$$

我们从表达式(3.5.9)注意到, 计算两种 BB 步长的任何一种仅仅需要函数相邻两步的梯度信息和迭代点信息, 不需要任何线搜索算法即可选取算法步长. 因为这个特点, BB 方法的使用范围特别广泛. 对于一般的问题, 通过(3.5.9)式计算出的步长可能过大或过小, 因此我们还需要将步长做上界和下界的截断, 即选取 $0 < \alpha_m < \alpha_M$ 使得

$$\alpha_m \leqslant \alpha_k \leqslant \alpha_M.$$

还需注意的是, BB 方法本身是非单调方法, 有时也配合非单调收敛准则使用以获得更好的实际效果. 算法 3.2 给出了一种 BB 方法的框架.

算法 3.2　非单调线搜索的 BB 方法

1: 给定 x^0, 选取初值 $\alpha > 0$, 整数 $M \geqslant 0$, $c_1, \beta, \varepsilon \in (0, 1)$, $k = 0$.

2: **while** $\|\nabla f(x^k)\| > \varepsilon$ **do**

3:      **while** $f(x^k - \alpha \nabla f(x^k)) \geqslant \max\limits_{0 \leqslant j \leqslant \min\{k, M\}} f(x^{k-j}) - c_1 \alpha \|\nabla f(x^k)\|^2$ **do**

4:         令 $\alpha \leftarrow \beta\alpha$.

5:      **end while**

6:      令 $x^{k+1} = x^k - \alpha \nabla f(x^k)$.

7:      根据公式(3.5.9)之一计算 α, 并做截断使得 $\alpha \in [\alpha_m, \alpha_M]$.

8:      $k \leftarrow k + 1$.

9: **end while**

我们仍然使用例 3.2 来说明 BB 方法的迭代过程.

例 3.3 (二次函数的 BB 方法)　设二次函数 $f(x, y) = x^2 + 10y^2$, 并使用 BB 方法进行迭代, 初始点为 $(-10, -1)$, 结果如图 3.7 所示. 为了方便对比, 我们也在此图中描绘了梯度法的迭代过程. 可以很明显看出 BB 方法的收敛速度较快, 在经历 15 次迭代后已经接近最优值点. 从等高线也可观察到 BB 方法是非单调方法.

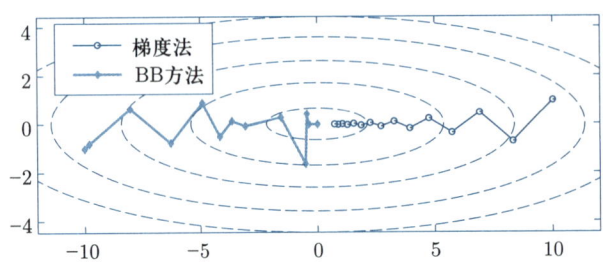

图 3.7　梯度法与 BB 方法的前 15 次迭代

实际上, 对于正定二次函数, BB 方法有 R-线性收敛速度. 对于一般问题, BB 方法的收敛性还需要进一步研究. 但即便如此, 使用 BB 方法的步长通常都会减少算法的迭代次数. 因此在编写算法时, 选取 BB 方法的步长是常用加速策略之一.

3.5.3　应用举例

1. LASSO 问题求解

本小节利用梯度法来求解 LASSO 问题. 这个问题的原始形式为

$$\min \quad f(x) = \frac{1}{2} \|Ax - b\|^2 + \mu \|x\|_1.$$

LASSO 问题的目标函数 $f(x)$ 不光滑, 在某些点处无法求出梯度, 因此不能直接对原始问题使用梯度法求解. 考虑到目标函数的不光滑项为 $\|x\|_1$, 它实际上是 x 各个分量绝对值的和, 如果能找到一个光滑函数来近似绝对值函数, 那么梯度法就可以被用在 LASSO 问题的求解上. 在实际应用中, 我们可以考虑如下一维光滑函数:

$$l_\delta(x) = \begin{cases} \dfrac{1}{2\delta}x^2, & |x| < \delta, \\ |x| - \dfrac{\delta}{2}, & \text{其他.} \end{cases} \tag{3.5.11}$$

定义(3.5.11)实际上是 Huber 损失函数的一种变形, 当 $\delta \to 0$ 时, 光滑函数 $l_\delta(x)$ 和绝对值函数 $|x|$ 会越来越接近. 图 3.8 展示了当 δ 取不同值时 $l_\delta(x)$ 的图形.

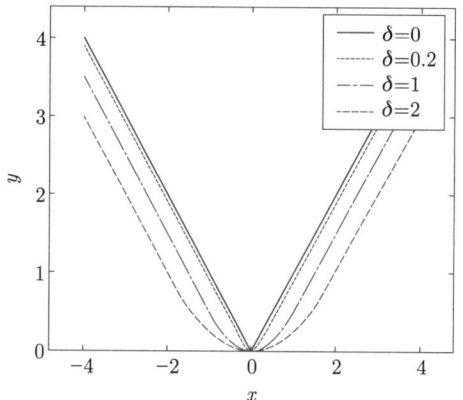

图 3.8 当 δ 取不同值时 $l_\delta(x)$ 的图形

因此, 我们构造光滑化 LASSO 问题为

$$\min \quad f_\delta(x) = \frac{1}{2}\|Ax - b\|^2 + \mu L_\delta(x), \tag{3.5.12}$$

其中 δ 为给定的光滑化参数, 在这里

$$L_\delta(x) = \sum_{i=1}^{n} l_\delta(x_i),$$

即对 x 的每个分量作用光滑函数 (3.5.11) 再整体求和. 容易计算出 $f_\delta(x)$ 的梯度为

$$\nabla f_\delta(x) = A^{\mathrm{T}}(Ax - b) + \mu \nabla L_\delta(x),$$

其中 $\nabla L_\delta(x)$ 是逐个分量定义的:

$$(\nabla L_\delta(x))_i = \begin{cases} \operatorname{sign}(x_i), & |x_i| > \delta, \\ \dfrac{x_i}{\delta}, & |x_i| \leqslant \delta. \end{cases}$$

显然 $f_\delta(x)$ 的梯度是利普希茨连续的, 且相应常数为 $L = \|A^{\mathrm{T}}A\|_2 + \dfrac{\mu}{\delta}$. 根据定理 3.10, 固定步长需不超过 $\dfrac{1}{L}$ 才能保证算法收敛, 如果 δ 过小, 那么我们需要选取充分小的步长 α_k 使得梯度法收敛.

图 3.9 和图 3.10 展示了光滑化 LASSO 问题的求解结果. 在 MATLAB 环境中, 我们用如下方式生成 A, b:

```
m = 512; n = 1024;
A = randn(m, n);
u = sprandn(n, 1, r);
b = A * u;
```

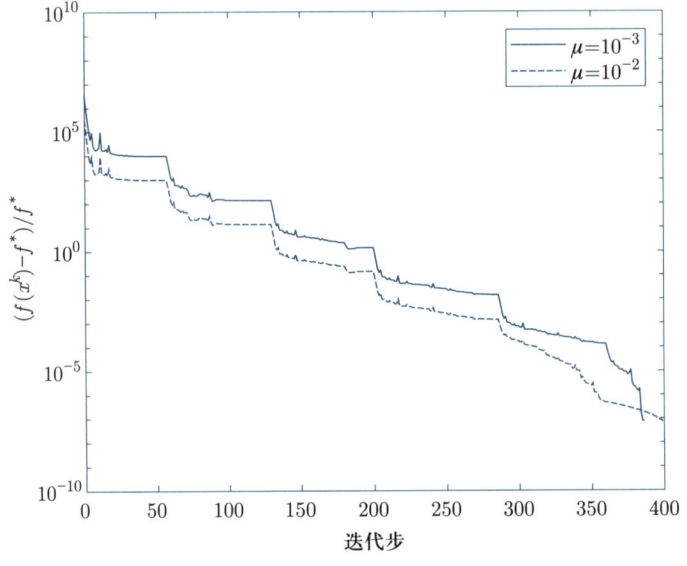

图 3.9 光滑化 LASSO 问题求解迭代过程

其中 r 用来控制真解 u 的稀疏度 (u 中非零元个数与总元素个数的比值为 r). 这里取稀疏度 $r = 0.1$, 正则化参数 $\mu = 10^{-3}$. 只要

$$|f_\delta(x^k) - f_\delta(x^{k-1})| < 10^{-8}, \text{ 或者 } \|\nabla f_\delta(x)\| < 10^{-6},$$

或者最大迭代步数达到 3000, 则算法停止. 为了加快算法的收敛速度, 可以采用连续化策略来从较大的正则化参数 μ_0 逐渐减小到 μ. 具体地, 对于每一个 μ_t, 我们调用带 BB 步长的光滑化梯度法 (这里光滑化参数 $\delta_t = 10^{-3}\mu_t$) 来求解对应的子问题. 每个子问题的终止条件设为

$$|f_\delta(x^k) - f_\delta(x^{k-1})| < 10^{-4-t}, \text{ 或者 } \|\nabla f_\delta(x)\| < 10^{-1-t}.$$

当 μ_t 的子问题求解完之后, 设置

$$\mu_{t+1} = \max\left\{\mu_t\eta, \mu\right\}, \tag{3.5.13}$$

其中 η 为缩小因子, 这里取为 0.1. 第 4.5.4 小节将给出连续化策略合理性的解释.

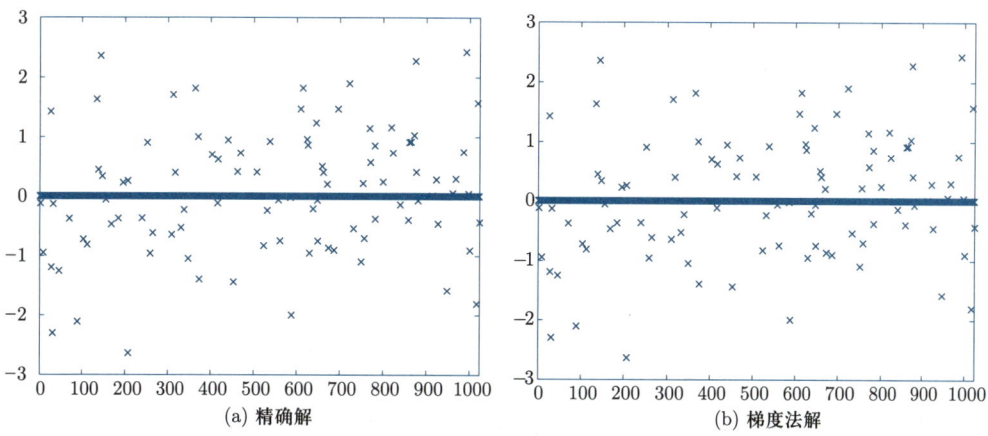

图 3.10   光滑化 LASSO 问题求解结果

可以看到, 在连续化策略的帮助下, 光滑化梯度法在 400 步左右收敛到 LASSO 问题的解.

2. Tikhonov 正则化模型求解

Tikhonov 正则化方法是 Tikhonov 等人在 1977 年提出的求解病态问题的方法 [137]. 在这里我们讨论其在图像处理问题上的应用. 假设用 x 来表示真实图像, 它是一个 $m \times n$ 点阵, 用 y 来表示带噪声的图像, 即

$$y = x + e,$$

其中 e 是高斯白噪声. 为了从有噪声的图像 y 中还原出原始图像 x, 利用 Tikhonov 正则化的思想可以建立如下模型:

$$\min_x \quad f(x) = \frac{1}{2}\|x - y\|_F^2 + \lambda(\|D_1 x\|_F^2 + \|D_2 x\|_F^2), \tag{3.5.14}$$

其中 $D_1 x, D_2 x$ 分别表示对 x 在水平方向和竖直方向上做向前差分, 即

$$(D_1 x)_{ij} = \frac{1}{h}(x_{i+1,j} - x_{ij}), \quad (D_2 x)_{ij} = \frac{1}{h}(x_{i,j+1} - x_{ij}),$$

其中 h 为给定的离散间隔. 模型(3.5.14)由两项组成: 第一项为保真项, 即要求真实图像 x 和带噪声的图像 y 不要相差太大, 这里使用 F 范的原因是我们假设噪声是高斯白噪声; 第二项为 Tikhonov 正则项, 它实际上是对 x 本身的性质做出限制, 在这里的含义

是希望原始图像 x 各个部分的变化不要太剧烈 (即水平和竖直方向上差分的平方和不要太大), 这种正则项会使得恢复出的 x 有比较好的光滑性.

模型(3.5.14)的目标函数是光滑的, 因此可以利用梯度法来求解. 容易求出 $f(x)$ 的梯度

$$\nabla f(x) = x - y - 2\lambda \Delta x,$$

其中 Δ 是图像 x 的离散拉普拉斯算子, 即

$$(\Delta x)_{ij} = \frac{x_{i+1,j} + x_{i-1,j} + x_{i,j+1} + x_{i,j-1} - 4x_{ij}}{h^2},$$

因此梯度法的迭代格式为

$$x^{k+1} = x^k - t(I - 2\lambda \Delta)x^k + ty^k.$$

我们注意到离散拉普拉斯算子是一个线性算子, 因此求解模型(3.5.14)本质上是求解一个线性方程组. 由于该线性方程组的系数矩阵不方便写出, 所以可以使用梯度法求解. 实际上该梯度法和 Landweber 迭代[78] 是等价的.

图 3.11展示了模型(3.5.14)的求解结果, 可以看到 Tikhonov 正则化模型可以有效地

(a) 原图　　　　　　　　　(b) 高斯噪声

(c) λ=0.5　　　　　　　　(d) λ=2

图 3.11　Tikhonov 正则化模型求解结果

去除图像中的噪声, 但它的缺点也很明显: 经过 Tikhonov 正则化处理的图像会偏光滑, 原图中物体之间的边界变得很模糊, 当 λ 较大时尤为明显. 出现这一现象的原因是模型(3.5.14)中正则项选取不当, 在后面的章节中我们将会考虑选取其他正则项的求解.

3.6 次梯度算法

上一节讨论了梯度下降法, 使用该方法的前提为目标函数 $f(x)$ 是一阶可微的. 在实际应用中经常会遇到不可微的函数, 对于这类函数我们无法在每个点处求出梯度, 但往往它们的最优值都是在不可微点处取到的. 为了能处理这种情形, 这一节介绍次梯度算法.

3.6.1 次梯度算法结构

现在我们在问题(3.0.1)中假设 $f(x)$ 为凸函数, 但不一定可微. 对凸函数可以在定义域的内点处定义次梯度 $g \in \partial f(x)$. 类比梯度法的构造, 我们有如下次梯度算法的迭代格式:

$$x^{k+1} = x^k - \alpha_k g^k, \quad g^k \in \partial f(x^k), \tag{3.6.1}$$

其中 $\alpha_k > 0$ 为步长. 它通常有如下四种选择:

(1) 固定步长 $\alpha_k = \alpha$;

(2) 固定 $\|x^{k+1} - x^k\|$, 即 $\alpha_k \|g^k\|$ 为常数;

(3) 消失步长 $\alpha_k \to 0$ 且 $\sum_{k=0}^{\infty} \alpha_k = +\infty$;

(4) 选取 α_k 使其满足某种线搜索准则.

次梯度算法(3.6.1)的构造虽然是受梯度法(3.5.1)的启发, 但在很多方面次梯度算法有其独特性质. 首先, 我们知道次微分 $\partial f(x)$ 是一个集合, 在次梯度算法的构造中只要求从这个集合中选出一个次梯度即可, 但在实际中不同的次梯度取法可能会产生截然不同的效果; 其次, 对于梯度法, 判断一阶最优性条件只需要验证 $\|\nabla f(x^*)\|$ 是否充分小即可, 但对于次梯度算法, 根据定理 3.5, 有 $0 \in \partial f(x^*)$, 而这个条件在实际应用中往往是不易直接验证的, 这导致我们不能使用定理 3.5作为次梯度算法的停机条件; 此外, 步长选取在次梯度法中的影响非常大, 下一小节将讨论在不同步长取法下次梯度算法的收敛性质.

3.6.2 收敛性分析

本小节讨论次梯度算法的收敛性. 首先我们列出 $f(x)$ 所要满足的基本假设.

假设 3.1 对无约束优化问题(3.0.1), 目标函数 $f(x)$ 满足:

(1)f 为凸函数;

(2)f 至少存在一个有限的极小值点 x^*, 且 $f(x^*) > -\infty$;

(3)f 为利普希茨连续的, 即

$$|f(x) - f(y)| \leqslant G\|x - y\|, \quad \forall\ x, y \in \mathbb{R}^n,$$

其中 $G > 0$ 为利普希茨常数.

对于次梯度算法, 我们假设 $f(x)$ 本身是利普希茨连续的, 这等价于 $f(x)$ 的次梯度有界. 实际上有如下引理:

引理 3.2 设 $f(x)$ 为凸函数, 则 $f(x)$ 是 G-利普希茨连续的当且仅当 $f(x)$ 的次梯度是有界的, 即

$$\|g\| \leqslant G, \quad \forall\ g \in \partial f(x), x \in \mathbb{R}^n.$$

证明 先证充分性. 假设对任意次梯度 g 都有 $\|g\| \leqslant G$, 选取 $g_y \in \partial f(y), g_x \in \partial f(x)$, 由次梯度的定义不难得出

$$g_x^{\mathrm{T}}(x - y) \geqslant f(x) - f(y) \geqslant g_y^{\mathrm{T}}(x - y).$$

再由柯西不等式,

$$g_x^{\mathrm{T}}(x - y) \leqslant \|g_x\|\|x - y\| \leqslant G\|x - y\|,$$

$$g_y^{\mathrm{T}}(x - y) \geqslant -\|g_y\|\|x - y\| \geqslant -G\|x - y\|.$$

结合上面两个不等式最终有

$$|f(x) - f(y)| \leqslant G\|x - y\|.$$

再证必要性. 设 $f(x)$ 是 G-利普希茨连续的, 反设存在 x 和 $g \in \partial f(x)$ 使得 $\|g\| > G$, 取 $y = x + \dfrac{g}{\|g\|}$, 则根据次梯度的定义,

$$f(y) \geqslant f(x) + g^{\mathrm{T}}(y - x)$$

$$= f(x) + \|g\|$$

$$> f(x) + G,$$

这与 $f(x)$ 是 G-利普希茨连续的矛盾, 因此必要性成立. $\qquad\square$

1. 不同步长下的收敛性

对于次梯度算法, 一个重要的观察就是它并不是一个下降方法, 即无法保证 $f(x^{k+1})$ $< f(x^k)$, 这给收敛性的证明带来了困难. 不过我们可以分析 $f(x)$ 历史迭代的最优点所满足的性质, 实际上有如下定理.

定理 3.12 (次梯度算法的收敛性) 在假设 3.1 的条件下, 设 $\{\alpha_k > 0\}$ 为任意步长序列, $\{x^k\}$ 是由算法 (3.6.1) 产生的迭代序列, 则对任意的 $k \geqslant 0$, 有

$$2\left(\sum_{i=0}^{k} \alpha_i\right)(\hat{f}^k - f^*) \leqslant \|x^0 - x^*\|^2 + \sum_{i=0}^{k} \alpha_i^2 G^2, \tag{3.6.2}$$

其中 x^* 是 $f(x)$ 的一个全局极小值点, $f^* = f(x^*)$, $\hat{f}^k$ 为前 k 次迭代 $f(x)$ 的最小值, 即

$$\hat{f}^k = \min_{0 \leqslant i \leqslant k} f(x^i).$$

证明 该证明的关键是估计迭代点 x^k 与最小值点 x^* 之间的距离满足的关系. 根据迭代格式 (3.6.1),

$$\begin{aligned}
\|x^{i+1} - x^*\|^2 &= \|x^i - \alpha_i g^i - x^*\|^2 \\
&= \|x^i - x^*\|^2 - 2\alpha_i \langle g^i, x^i - x^* \rangle + \alpha_i^2 \|g^i\|^2 \\
&\leqslant \|x^i - x^*\|^2 - 2\alpha_i(f(x^i) - f^*) + \alpha_i^2 G^2.
\end{aligned} \tag{3.6.3}$$

这里最后一个不等式是根据次梯度的定义和 $\|g^i\| \leqslant G$. 将 (3.6.3) 式移项, 等价于

$$2\alpha_i(f(x^i) - f^*) \leqslant \|x^i - x^*\|^2 - \|x^{i+1} - x^*\|^2 + \alpha_i^2 G^2. \tag{3.6.4}$$

对 (3.6.4) 式两边关于 i 求和 (从 0 到 k), 有

$$\begin{aligned}
2\sum_{i=0}^{k} \alpha_i(f(x^i) - f^*) &\leqslant \|x^0 - x^*\|^2 - \|x^{k+1} - x^*\|^2 + G^2 \sum_{i=0}^{k} \alpha_i^2 \\
&\leqslant \|x^0 - x^*\|^2 + G^2 \sum_{i=0}^{k} \alpha_i^2.
\end{aligned}$$

根据 $\hat{f}^k$ 的定义容易得出

$$\sum_{i=0}^{k} \alpha_i(f(x^i) - f^*) \geqslant \left(\sum_{i=0}^{k} \alpha_i\right)(\hat{f}^k - f^*).$$

结合以上两式可得到结论 (3.6.2). $\qquad \square$

定理 3.12 揭示了次梯度算法的一些关键性质: 次梯度算法的收敛性非常依赖于步长的选取; 次梯度算法是非单调算法, 可以配套非单调线搜索准则(3.4.5)和 (3.4.6)一起使用. 根据定理 3.12 可以直接得到不同步长取法下次梯度算法的收敛性, 证明留给读者完成.

推论 3.2   在假设 3.1的条件下, 次梯度算法的收敛性满足 ($\hat{f}^k$ 的定义和定理 3.12 中的定义相同):

(1) 取 $\alpha_i = t$ 为固定步长, 则

$$\hat{f}^k - f^* \leqslant \frac{\|x^0 - x^*\|^2}{2kt} + \frac{G^2 t}{2};$$

(2) 取 α_i 使得 $\|x^{i+1} - x^i\|$ 固定, 即 $\alpha_i \|g^i\| = s$ 为常数, 则

$$\hat{f}^k - f^* \leqslant \frac{G\|x^0 - x^*\|^2}{2ks} + \frac{Gs}{2};$$

(3) 取 α_i 为消失步长, 即 $\alpha_i \to 0$ 且 $\sum_{i=0}^{\infty} \alpha_i = +\infty$, 则

$$\hat{f}^k - f^* \leqslant \frac{\|x^0 - x^*\|^2 + G^2 \displaystyle\sum_{i=0}^{k} \alpha_i^2}{2\displaystyle\sum_{i=0}^{k} \alpha_i};$$

进一步可得 $\hat{f}^k$ 收敛到 f^*.

从推论 3.2可以看到, 无论是固定步长还是固定 $\|x^{k+1} - x^k\|$, 次梯度算法均没有收敛性, 只能收敛到一个次优的解, 这和梯度法的结论有很大的不同; 只有当 α_k 取消失步长时 $\hat{f}^k$ 才具有收敛性. 一个常用的取法是 $\alpha_k = \dfrac{1}{k}$, 这样不但可以保证其为消失步长, 还可以保证 $\displaystyle\sum_{i=0}^{\infty} \alpha_i^2$ 有界.

2. 收敛速度和步长的关系

在推论 3.2 中, 通过适当选取步长 α_i 可以获得对应次梯度算法的收敛速度. 在这里我们假设 $\|x^0 - x^*\| \leqslant R$, 即初值和最优解之间的距离有上界. 假设总迭代步数 k 是给定的, 根据推论 3.2 的第一个结论,

$$\hat{f}^k - f^* \leqslant \frac{\|x^0 - x^*\|^2}{2kt} + \frac{G^2 t}{2} \leqslant \frac{R^2}{2kt} + \frac{G^2 t}{2}.$$

在固定步长下, 由平均值不等式得知当 t 满足

$$\frac{R^2}{2kt} = \frac{G^2 t}{2}, \quad \text{即 } t = \frac{R}{G\sqrt{k}}$$

时, 我们有估计

$$\hat{f}^k - f^* \leqslant \frac{GR}{\sqrt{k}}.$$

以上分析表明要使得目标函数值达到 ε 的精度, 即 $\hat{f}^k - f^* \leqslant \varepsilon$, 必须取迭代步数 $k = \mathcal{O}\left(\frac{1}{\varepsilon^2}\right)$ 且固定步长 α_k 要满足 $t = \mathcal{O}\left(\frac{1}{\sqrt{k}}\right)$. 注意这里的固定步长依赖于最大迭代步数, 这和之前构造梯度法的步长是不太一样的. 从上面的取法中还可以看出对于满足假设 3.1 的函数 f, 最大迭代步数可以作为判定迭代点是否最优的一个终止准则.

类似地, 根据推论 3.2 的第二个结论以及平均值不等式, 在固定 $\|x^{i+1} - x^i\|$ 的条件下可以取 $s = \frac{R}{\sqrt{k}}$, 同样会得到估计

$$\hat{f}^k - f^* \leqslant \frac{GR}{\sqrt{k}}.$$

若我们知道 $f(x)$ 的更多信息, 则可以利用这些信息来选取步长. 例如在某些应用中可预先知道 f^* 的值 (但不知道最小值点), 根据(3.6.3)式, 当

$$\alpha_i = \frac{f(x^i) - f^*}{\|g^i\|^2}$$

时, 不等式右侧达到极小, 这等价于

$$\frac{(f(x^i) - f^*)^2}{\|g^i\|^2} \leqslant \|x^i - x^*\|^2 - \|x^{i+1} - x^*\|^2.$$

递归地利用上式并结合 $\|x^0 - x^*\| \leqslant R$ 和 $\|g^i\| \leqslant G$, 可以得到

$$\hat{f}^k - f^* \leqslant \frac{GR}{\sqrt{k}}.$$

注意, 此时步长的选取已经和最大迭代数无关, 它仅仅依赖于当前点处的函数值与最优值的差和次梯度模长.

3.6.3 应用举例

1. LASSO 问题求解

考虑 LASSO 问题

$$\min \quad f(x) = \frac{1}{2}\|Ax - b\|^2 + \mu\|x\|_1, \tag{3.6.5}$$

容易得知 $f(x)$ 的一个次梯度为

$$g = A^{\mathrm{T}}(Ax - b) + \mu \operatorname{sign}(x),$$

其中 $\text{sign}(x)$ 是关于 x 逐分量的符号函数. 因此 LASSO 问题的次梯度算法为

$$x^{k+1} = x^k - \alpha_k(A^{\mathrm{T}}(Ax^k - b) + \mu \, \text{sign}(x^k)),$$

步长 α_k 可选为固定步长或消失步长.

　　图 3.12 展示了使用不同步长的次梯度算法求解 LASSO 问题的迭代过程, 其中测试数据的生成方式和 第 3.5 节中一致, 正则化参数 $\mu = 1$. 我们分别选取固定步长 $\alpha_k = 0.0005, 0.0002, 0.0001$ 以及消失步长 $\alpha_k = \dfrac{0.002}{\sqrt{k}}$ 来测试求解效果. 从图 3.12 可以看出, 在 3000 步迭代内, 使用不同的固定步长最终会到达次优解, 函数值下降到一定程度便稳定在某个值附近; 而使用消失步长算法最终将会收敛. 从图中还可以看出次梯度算法本身是非单调方法, 因此在求解过程中我们需要记录历史中最好的一次迭代来作为算法的最终输出.

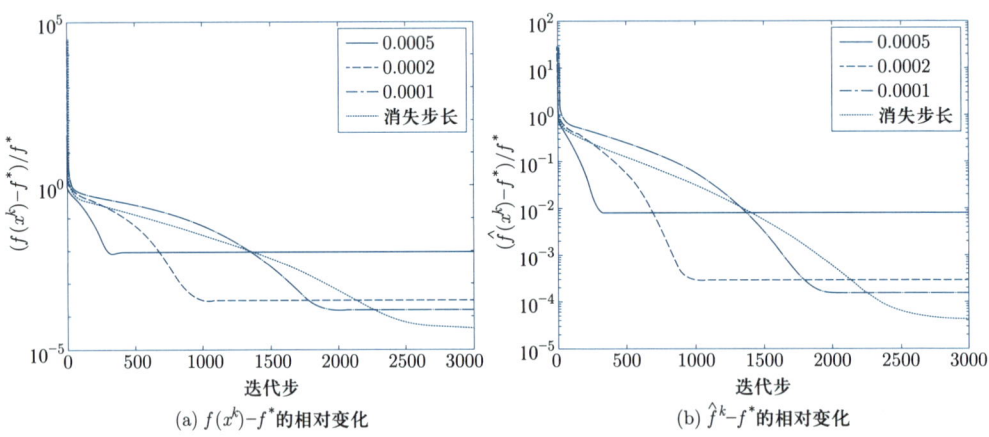

(a) $f(x^k) - f^*$的相对变化　　　　　　(b) $\hat{f}^k - f^*$的相对变化

图 3.12　次梯度算法求解 LASSO 问题结果

　　对于 $\mu = 10^{-2}, 10^{-3}$, 我们采用连续化次梯度算法进行求解. 停机准则和参数 μ 的连续化设置与第 3.5 节中的光滑化梯度法一致, 且若 $\mu_t > \mu$, 则取固定步长 $\dfrac{1}{\lambda_{\max}(A^{\mathrm{T}}A)}$; 若 $\mu_t = \mu$, 则取步长

$$\frac{1}{\lambda_{\max}(A^{\mathrm{T}}A) \cdot (\max\{k, 100\} - 99)},$$

其中 k 为迭代步数. 迭代收敛过程见图 3.13. 可以看到, 次梯度算法在 1000 步左右收敛, 比上一节中的光滑化梯度法慢一些.

2. 正定矩阵补全问题

　　正定矩阵补全问题是一种特殊的矩阵恢复问题, 它的具体形式为

$$\begin{aligned}
\text{find} \quad & X \in \mathcal{S}^n, \\
\text{s.t.} \quad & X_{ij} = M_{ij}, \quad (i, j) \in \Omega, \\
& X \succeq 0.
\end{aligned} \tag{3.6.6}$$

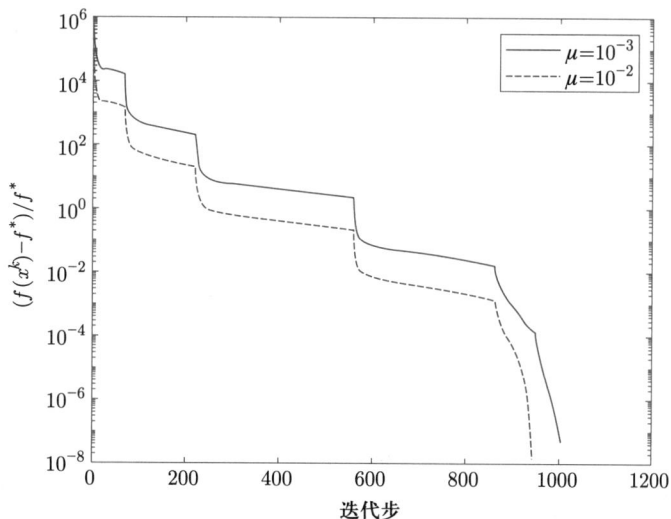

图 **3.13** **LASSO** 问题在不同正则化参数下的求解结果

其中 Ω 是已经观测的分量位置集合. 问题(3.6.6)本质上是一个目标函数为常数的半定规划问题, 但由于其特殊性我们可以使用次梯度算法求解. 考虑两个集合

$$C_1 = \{X \mid X_{ij} = M_{ij}, (i,j) \in \Omega\},$$

$$C_2 = \{X \mid X \succeq 0\},$$

求解问题(3.6.6)等价于寻找闭凸集 C_1 和 C_2 的交集. 定义欧几里得距离函数

$$d_j(X) = \inf_{Y \in C_j} \|X - Y\|_F,$$

则可将这个问题转化为无约束非光滑优化问题

$$\min \quad f(X) = \max\{d_1(X), d_2(X)\}. \tag{3.6.7}$$

由定理 2.23,

$$\partial f(X) = \begin{cases} \partial d_1(X), & d_1(X) > d_2(X), \\ \partial d_2(X), & d_1(X) < d_2(X), \\ \mathbf{conv}(\partial d_1(X) \cup \partial d_2(X)), & d_1(X) = d_2(X). \end{cases}$$

而又根据例 2.19, 我们可以求得距离函数的一个次梯度为

$$G_j = \begin{cases} 0, & X \in C_j, \\ \dfrac{1}{d_j(X)}(X - \mathcal{P}_{C_j}(X)), & X \notin C_j, \end{cases} \tag{3.6.8}$$

其中 $\mathcal{P}_{C_j}(X) = \underset{Y \in C_j}{\arg\min} \|Y - X\|_F$ 为 X 到 C_j 的投影. 对于集合 C_1, X 在它上面的投影为

$$(\mathcal{P}_{C_1}(X))_{ij} = \begin{cases} M_{ij}, & (i,j) \in \Omega, \\ X_{ij}, & (i,j) \notin \Omega. \end{cases} \tag{3.6.9}$$

对于集合 C_2, X 在它上面的投影为

$$\mathcal{P}_{C_2}(X) = \sum_{i=1}^{n} \max\{0, \lambda_i\} q_i q_i^{\mathrm{T}}, \tag{3.6.10}$$

其中 (λ_i, q_i) 是 X 的第 i 个特征对. 在这里注意, 为了比较 $d_1(X)$ 和 $d_2(X)$ 的大小关系, 我们在计算次梯度时还是要将 X 到两个集合的投影分别求出, 之后再选取距离较大的一个计算出次梯度, 因此完整的次梯度计算过程为:

(1) 给定点 X, 根据(3.6.9)式和(3.6.10)式计算出 X 到 C_1 和 C_2 的投影, 分别记为 P_1 和 P_2;

(2) 比较 $d_j(X) = \|X - P_j\|_F, j = 1, 2$, 较大者为 $\hat{j}$;

(3) 计算次梯度 $G = \dfrac{X - P_{\hat{j}}}{d_{\hat{j}}(X)}$.

3.7 共轭梯度法

3.7.1 线性共轭梯度法

共轭梯度法 (conjugate gradient methods) 是利用目标函数梯度逐步产生共轭方向作为线搜索方向的方法. 考虑目标函数是凸的二次函数的情形, 即

$$f(x) = g^{\mathrm{T}}x + \frac{1}{2}x^{\mathrm{T}}Bx,$$

其中 $g \in \mathbb{R}^n, B \in \mathbb{R}^{n \times n}$ 对称正定. 共轭方向的定义如下:

定义 3.9 设 $B \in \mathbb{R}^{n \times n}$ 对称正定, 对 $\mathbb{R}^n$ 中的任何一组非零向量 $d^1, d^2, \cdots, d^m$, 若

$$(d^i)^{\mathrm{T}}Bd^j = 0, \quad i \neq j. \tag{3.7.1}$$

则称 $d^1, d^2, \cdots, d^m$ 相互 B 共轭.

显然可见, 若 $d^1, d^2, \cdots, d^m$ 相互 B 共轭, 则 $d^1, d^2, \cdots, d^m$ 必线性无关. 假设我们通过某种方法得到了 n 个相互 B 共轭的向量 $d^1, d^2, \cdots, d^n$, 由于 $d^1, d^2, \cdots, d^n$ 线性无

关, 可把 x 表示为

$$x = \sum_{i=1}^{n} \alpha_i d^i. \tag{3.7.2}$$

将 (3.7.2) 代入 (3.7.1), 利用共轭性质(3.7.1), 我们可把求 $f(x)$ 极小转化为

$$\min_{\alpha_i \in \mathbb{R}^n} \sum_{i=1}^{n} \left(\alpha_i g^{\mathrm{T}} d^i + \frac{1}{2} \alpha_i^2 (d^i)^{\mathrm{T}} B d^i \right). \tag{3.7.3}$$

显而易见, (3.7.3)的解为

$$\alpha_i = \frac{-g^{\mathrm{T}} d^i}{(d^i)^{\mathrm{T}} B d^i}, \quad i = 1, 2, \cdots, n. \tag{3.7.4}$$

由于确定这些参数 $\alpha_i(i = 1, 2, \cdots, n)$ 都是相互独立的, 我们并不要求一开始就有所有的 n 个 B 共轭方向. 例如, 假定一开始只有一个方向 d^1, 我们可利用(3.7.4)求出 α_1, 然后利用某种方式得到一个与 d^1 是 B 共轭的方向 d^2, 再利用(3.7.4)计算 α_2, 以此下去, 直到把 α_n 求出. 共轭梯度法正是按这种方式逐步产生搜索方向 $d^i(i = 1, 2, \cdots, n)$.

共轭梯度法一般取第一个搜索方向为负梯度方向, 即

$$d^1 = -g^1 = -B x^1 + g, \tag{3.7.5}$$

然后通过精确线搜索求出步长 α_1:

$$\alpha_1 = \frac{\|g^1\|^2}{(g^1)^{\mathrm{T}} B g^1},$$

从而得到 $x^2 = x^1 + \alpha_1 d^1$. 由于 α_1 是由精确线搜索给出的, 故必有

$$(g^2)^{\mathrm{T}} d^1 = 0.$$

所以可取

$$d^2 = -g^2 + \beta_1 d^1,$$

使得 d^2 与 d^1 是 B 共轭的. 不难求出

$$\beta_1 = \frac{(g^2)^{\mathrm{T}} B d^1}{(d^1)^{\mathrm{T}} B d^1}.$$

对任何 $k \geqslant 1$, 共轭梯度法取

$$d^{k+1} = -g^{k+1} + \beta_k d^k + \sum_{i=1}^{k-1} \beta_k^{(i)} d^i, \tag{3.7.6}$$

使得 d^{k+1} 与 $d^1, \cdots, d^k$ 是 B 共轭的. 利用数学归纳法可证

$$(g^{k+1})^{\mathrm{T}} d^i = 0, \quad i = 1, 2, \cdots, k. \tag{3.7.7}$$

所以, 只要 $g^{k+1} \neq 0$, 则可由(3.7.6)求出一个与 $d^1, d^2, \cdots, d^k$ 都 B 共轭的下降方向. 事实上

$$(g^{k+1})^{\mathrm{T}} d^{k+1} = -\|g^{k+1}\|^2. \tag{3.7.8}$$

由(3.7.6)可知 g^i 是 $d^1, d^2, \cdots, d^i$ 的线性组合, 所以从(3.7.7)可得到

$$(g^{k+1})^{\mathrm{T}} g^i = 0, \quad i = 1, 2, \cdots, k, \tag{3.7.9}$$

于是

$$\begin{aligned} (g^{k+1})^{\mathrm{T}} B d^i &= (g^{k+1})^{\mathrm{T}} (g^{i+1} - g^i)/\alpha_i \\ &= 0, \quad i = 1, 2, \cdots, k-1. \end{aligned} \tag{3.7.10}$$

在等式(3.7.6)的两端左乘 $(d^i)^{\mathrm{T}} B (i = 1, 2, \cdots, k)$, 就得到

$$\beta_k^{(i)} = 0, \tag{3.7.11}$$

$$\beta_k = \frac{(g^{k+1})^{\mathrm{T}} B d^k}{(d^k)^{\mathrm{T}} B d^k}. \tag{3.7.12}$$

现在我们可将共轭梯度法总结为算法 3.3.

算法 3.3 二次函数的共轭梯度法

1: 给定初始点 $x^1 \in \mathbb{R}^n$, 设置初始搜索方向 $d^1 = -g^1$, 并令 $k = 1$.

2: **while** $\|g^k\| > 0$ **do**

3:     计算精确搜索步长

$$\alpha_k = -(g^k)^{\mathrm{T}} d^k / (d^k)^{\mathrm{T}} B d^k. \tag{3.7.13}$$

4:     令 $x^{k+1} = x^k + \alpha_k d^k$.

5:     由(3.7.12)计算 β_k, 并更新搜索方向

$$d^{k+1} = -g^{k+1} + \beta_k d^k. \tag{3.7.14}$$

6:     $k \leftarrow k + 1$.

7: **end while**

由于 $d^1, d^2, \cdots, d^k$ 相互 B 共轭, 从(3.7.7)可知, 必存在 $m \leqslant n$, 使得

$$g^{m+1} = 0. \tag{3.7.15}$$

于是我们可以得到定理 3.13.

定理 3.13 算法 3.3 经过不超过 n 次迭代就会终止, 即存在 $m \leqslant n$, 使得

$$g^{m+1} = 0. \tag{3.7.16}$$

而且对一切 $1 \leqslant k \leqslant m$, 都有

$$(g^k)^\mathrm{T} d^k = -\|g^k\|^2, \tag{3.7.17}$$

$$(d^k)^\mathrm{T} B d^j = 0, \tag{3.7.18}$$

$$(g^k)^\mathrm{T} d^j = 0, \tag{3.7.19}$$

$$(g^k)^\mathrm{T} g^j = 0, \tag{3.7.20}$$

其中 $j = 1, 2, \cdots, k-1$.

证明 由 d^k 的定义即知(3.7.18)成立. 公式(3.7.16)、(3.7.17)、(3.7.19) 和(3.7.20)分别由(3.7.15)、(3.7.8)、(3.7.7)和(3.7.9)给出. □

利用定理 3.13, 我们可以简化 α_k 和 β_k 的计算公式. 首先, 利用(3.7.17), 我们可以将 α_k 的计算公式(3.7.13)简化为

$$\alpha_k = \frac{\|g^k\|^2}{(d^k)^\mathrm{T} B d^k}. \tag{3.7.21}$$

其次, 利用 $Bd^k = (g^{k+1} - g^k)/\alpha_k$ 以及(3.7.17)、(3.7.19)和(3.7.20), 我们可以将 β_k 的计算公式(3.7.12)简化为

$$\beta_k = \frac{\|g^{k+1}\|^2}{\|g^k\|^2}. \tag{3.7.22}$$

3.7.2 非线性共轭梯度法

对于一般的非线性函数 $f(x)$, 同样可以利用 (3.7.14)来构造共轭方向. 由于海瑟矩阵不是常矩阵 B, 不可能由 (3.7.12)来定义 β_k. 不同的 β_k 导致不同的非线性共轭梯度法. 著名的选取 β_k 的方法有如下四种:

$$\beta_k = \frac{\|g^{k+1}\|^2}{\|g^k\|^2}, \tag{3.7.23}$$

$$\beta_k = \frac{(g^{k+1} - g^k)^\mathrm{T} g^{k+1}}{\|g^k\|^2}, \tag{3.7.24}$$

$$\beta_k = \frac{(g^{k+1} - g^k)^\mathrm{T} g^{k+1}}{(d^k)^\mathrm{T} (g^{k+1} - g^k)}, \tag{3.7.25}$$

$$\beta_k = \frac{\|g^{k+1}\|^2}{(d^k)^\mathrm{T} (g^{k+1} - g^k)}. \tag{3.7.26}$$

公式(3.7.23)—(3.7.26)分别称为 Fletcher-Reeves 公式[46]、Polak-Ribiere-Polyak 公式[109,111]、Hestenes-Stiefel 公式[69] 以及 Dai-Yuan 公式[36]. 这四个方法可通过两个分子和两个分母的组合来得到. 若取分母为 $(-d^k)^\mathrm{T} g^k$, 则得到如下两个方法:

$$\beta_k = \frac{(g^{k+1} - g^k)^\mathrm{T} g^{k+1}}{(-d^k)^\mathrm{T} g^k}, \tag{3.7.27}$$

$$\beta_k = \frac{\|g^{k+1}\|^2}{(-d^k)^{\mathrm{T}} g^k} , \tag{3.7.28}$$

它们分别称为共轭下降公式[47] 和 Liu-Storey 公式[85]. 显然, 在目标函数是二次的情况下, 在算法 3.3 中用(3.7.23)—(3.7.28)中任何一个式子定义 β_k 算法都产生一相同的点列. 但是对于一般的非线性函数, (3.7.23)—(3.7.28)并不相互等价, 从而导出不同方法. 下面给出的算法 3.4 是基于(3.7.23)的方法.

如果把步 5 中利用(3.7.23)计算 β_k 换成利用(3.7.24)—(3.7.28)中的其他公式计算 β_k, 则得其他的非线性共轭梯度法. 例如, 采用(3.7.24)计算 β_k 就得到 Polak-Ribiére-Polyak 方法, 简称为 PRP 方法. 下面我们考虑算法 3.4 的收敛性.

算法 3.4 Fletcher-Reeves 方法

1: 给定初始点 $x^1 \in \mathbb{R}^n$ 和精度要求 $0 < \varepsilon < 1$, 并令 $d^1 = -g^1 = -\nabla f(x^1), k = 1$.

2: **while** $\|g^k\| > \varepsilon$ **do**

3:     利用某种线搜索方法确定步长 α_k.

4:     更新 $x^{k+1} = x^k + \alpha_k d^k$.

5:     利用(3.7.23)计算 β_k, 由 (3.7.14) 计算 d^{k+1}.

6:     $k \leftarrow k + 1$.

7: **end while**

设目标函数 $f(x)$ 二次连续可微, 且由算法 3.4 产生的点列 $\{x^k\}$ 有界. $\alpha_k > 0$ 由精确线搜索或者非精确线搜索求得, 由定理 3.8 的证明过程, 我们可知, 必存在常数 $\delta > 0$, 使得

$$f(x^k) - f(x^k + \alpha_k d^k) \geqslant \frac{\delta((d^k)^{\mathrm{T}} g^k)^2}{\|d^k\|^2}. \tag{3.7.29}$$

定理 3.14 设 $f(x)$ 二次连续可微, $\{x^k\}$ 由算法 3.4 产生且有界. $\alpha_k > 0$ 由某种线性搜索求得满足 (3.7.29), 且存在常数 $b_2 \leqslant \frac{1}{2}$, 使得

$$|(d^k)^{\mathrm{T}} \nabla f(x^k + \alpha_k d^k)| \leqslant -b_2 (d^k)^{\mathrm{T}} \nabla f(x^k) \tag{3.7.30}$$

对一切 k 都成立, 则必有

$$\lim_{k \to \infty} \inf \|g^k\| = 0. \tag{3.7.31}$$

证明 首先用数学归纳法证明

$$|(d^k)^{\mathrm{T}} g^k + \|g^k\|^2| \leqslant u_k \|g^k\|^2 , \tag{3.7.32}$$

其中 $u_k = \dfrac{b_2(1 - b_2^k)}{1 - b_2} < 1$. (3.7.32)显然对 $k = 1$ 成立, 假定 (3.7.32)对 $k = 1, 2, \cdots, i$ 都

成立, 则有

$$|(d^{i+1})^{\mathrm{T}}g^{i+1} + \|g^{i+1}\|^2| = \frac{\|g^{i+1}\|^2}{\|g^i\|^2}|(g^{i+1})^{\mathrm{T}}d^i| \leqslant b_2\|g^{i+1}\|^2\frac{|(g^i)^{\mathrm{T}}d^i|}{\|g^i\|^2}$$
$$\leqslant b_2\|g^{i+1}\|^2(1 + u_i) = u_{i+1}\|g^{i+1}\|^2.$$

所以 (3.7.32) 对一切 k 都成立. 由 (3.7.23) 和上式可得

$$\|d^{k+1}\|^2 = \|g^{k+1}\|^2 + \frac{\|g^{k+1}\|^4}{\|g^k\|^4}\|d^k\|^2 - 2\frac{\|g^{k+1}\|^2}{\|g^k\|^2}(g^{k+1})^{\mathrm{T}}d^k$$
$$\leqslant \|g^{k+1}\|^2 + \frac{\|g^{k+1}\|^4}{\|g^k\|^4}\|d^k\|^2 + 2u_{k+1}\|g^{k+1}\|^2.$$

令 $t_k = \|d^k\|^2/\|g^k\|^4$, 则有

$$t_{k+1} \leqslant t_k + \frac{3}{\|g^{k+1}\|^2}.$$

若定理不真, 则存在 $\delta' > 0$, 使得 $\|g^k\|^2 \geqslant \delta'$ 对一切 k 均成立. 故知

$$t_k \leqslant \frac{3}{\delta'}k + t_1. \tag{3.7.33}$$

记 $r_k = (-g^k)^{\mathrm{T}}d^k/\|g^k\|$, 由算法的定义有

$$r_{k+1} - \frac{(g^{k+1})^{\mathrm{T}}d^k}{(g^k)^{\mathrm{T}}d^k}r_k = 1.$$

利用上式、(3.7.30) 以及柯西不等式即得

$$r_k^2 + r_{k+1}^2 \geqslant \frac{1}{1 + b_2^2} \geqslant \frac{4}{5}.$$

另一方面, 由于点列 $\{x^k\}$ 有界, 从而有

$$\infty > \sum_{k=1}^{\infty}[f(x^k) - f(x^{k+1})] \geqslant \sum_{k=1}^{\infty}\frac{\delta((d^k)^{\mathrm{T}}g^k)^2}{\|d^k\|^2}$$
$$= \delta\sum_{k=1}^{\infty}\left(\frac{r_{2k-1}^2}{t_{2k-1}} + \frac{r_{2k}^2}{t_{2k}}\right) \geqslant \frac{4\delta}{5}\sum_{k=1}^{\infty}\frac{1}{\max\{t_{2k-1}, t_{2k}\}} = \infty.$$

这显然是矛盾的. 此矛盾说明了定理是正确的. □

Powell[116] 在精确线搜索的假定下 (即 $b_2 = 0$) 证明了定理 3.14. Al-Baali[6] 将 Powell 结果推广到非精确线搜索 ($b_2 < 1/2$). 我们能证明 $b_2 = 1/2$ 的情形, 其关键是将两次迭代一起估计. 定理 3.14 不能进一步推广到 $b_2 > 1/2$, 此时算法可能产生上升方向. 若采用广义的线搜索, 即允许在上升方向的相反方向搜索以及在稳定方向走零步长, 则可证明对 $b_2 \in (1/2, 1)$, 只要

$$(d^k)^{\mathrm{T}}\nabla f(x^k + \alpha_k d^k) \geqslant b_2(d^k)^{\mathrm{T}}\nabla f(x^k),$$

Fletcher-Reeves 方法就能保证 (3.7.31), 详细讨论可参阅文献 [165].

对于另一个重要的共轭梯度法 PRP 方法 (即 β_k 由(3.7.24)给出), Powell[116] 给出了一个有趣的例子: 在精确线搜索下的 PRP 方法产生的点列 $\{x^k\}$ 在 6 点附近循环, 这 6 点中任何一点都不是目标函数的稳定点. 这个例子的发现的确有点令人意外, 因为在实际计算中, PRP 方法比 Fletcher-Reeves 方法好得多 (Powell[114]). 由于 Powell 的例子, 如果我们只限定目标函数二次连续可微, 那么无论是精确线搜索还是非精确线搜索的 PRP 方法均可能产生一串点列 $\{x^k\}(k = 1, 2, \cdots)$, 使得

$$\lim_{k \to \infty} \inf \|\nabla f(x^k)\| > 0.$$

尽管 Powell 的例子说明了 PRP 方法对一般非线性函数可能不收敛, 但对于强凸函数, 有定理 3.15 的收敛性结果. 我们首先给出强凸函数在精确线搜索或者非精确线搜索下的函数下降量的估计式:

引理 3.3   设 $\alpha^* > 0$ 由精确线搜索得到, 若 $f(x)$ 是 m-强凸的, 则必有

$$f(x) - f(x + \alpha^* d) \geqslant \frac{1}{2} m \|\alpha^* d\|^2.$$

证明   由 $\nabla f(x + \alpha^* d)^{\mathrm{T}} d = 0$ 及强凸函数的性质

$$[\nabla f(x) - \nabla f(y)]^{\mathrm{T}} (x - y) \geqslant m \|x - y\|^2,$$

得

$$
\begin{aligned}
f(x) - f(x + \alpha^* d) &= \int_0^{\alpha^*} -d^{\mathrm{T}} \nabla f(x + td) \mathrm{d}t \\
&= \int_0^{\alpha^*} d^{\mathrm{T}} \left[\nabla f(x + \alpha^* d) - \nabla f(x + td) \right] \mathrm{d}t \\
&\geqslant \int_0^{\alpha^*} m(\alpha^* - t) \mathrm{d}t \|d\|^2 \\
&= \frac{m}{2} \|\alpha^* d\|^2.
\end{aligned}
$$

于是定理成立. $\square$

引理 3.4   设 $\alpha > 0$ 满足 Wolfe 准则(3.4.4), 若函数 $f(x)$ 是 m-强凸的梯度 L-利普希茨连续函数, 则必有

$$f(x) - f(x + \alpha d) \geqslant \frac{c_1 m}{1 + \sqrt{L/m}} \|\alpha d\|^2. \tag{3.7.34}$$

证明   先假定 $d^{\mathrm{T}} \nabla f(x + \alpha d) \leqslant 0$. 这时有

$$f(x) - f(x + \alpha d) = \int_0^\alpha -d^{\mathrm{T}} \nabla f(x + td)\mathrm{d}t$$

$$\geqslant \int_0^\alpha d^{\mathrm{T}} \left[\nabla f(x + \alpha d) - \nabla f(x + td) \right] \mathrm{d}t$$

$$\geqslant \int_0^\alpha m(\alpha - t)\mathrm{d}t \|d\|^2$$

$$= \frac{m}{2} \|\alpha d\|^2.$$

从 $c_1 < 1, L \geqslant m$ 和上式就知(3.7.34)成立.

再假定 $d^{\mathrm{T}} \nabla f(x + \alpha d) > 0$, 则必存在 $0 < \alpha^* < \alpha$, 使得 $d^{\mathrm{T}} \nabla f(x + \alpha^* d) = 0$. 利用梯度 L-利普希茨连续函数的二次上界性质, 可得到

$$f(x) - f(x + \alpha^* d) \leqslant \frac{L}{2} \|\alpha^* d\|^2. \tag{3.7.35}$$

另一方面, 利用强凸函数的二次下界性质可得到

$$f(x + \alpha d) - f(x + \alpha^* d) \geqslant \frac{m}{2} \|(\alpha - \alpha^*)d\|^2. \tag{3.7.36}$$

由于 $f(x + \alpha d) \leqslant f(x)$, 故由(3.7.35)和(3.7.36)得

$$\alpha \leqslant \left(1 + \sqrt{L/m} \right) \alpha^*.$$

从而有

$$f(x) - f(x + \alpha d) \geqslant -\alpha c_1 d^{\mathrm{T}} \nabla f(x)$$

$$= c_1 \alpha d^{\mathrm{T}} \left[\nabla f(x + \alpha^* d) - \nabla f(x) \right]$$

$$\geqslant c_1 m \alpha \alpha^* \|d\|^2$$

$$\geqslant \frac{c_1 m}{1 + \sqrt{L/m}} \|\alpha d\|^2.$$

所以定理为真. $\qquad\square$

接下来给出 PRP 方法在二次可微的强凸函数下的收敛性.

定理 3.15 设 $f(x)$ 为二次连续可微的强凸函数. 假定每一步的步长 $\alpha_k > 0$ 由精确线搜索得到或者每一步产生的搜索方向 d^k 为下降方向且步长 $\alpha_k > 0$ 满足 Wolfe 准则(3.4.4), 则由 PRP 方法产生的点列 $\{x^k\}$ 必有

$$\lim_{k \to \infty} \inf \|\nabla f(x^k)\| = 0.$$

证明 假定定理不真, 则存在 $\delta' > 0$, 使得

$$\|g^k\| \geqslant \delta' \tag{3.7.37}$$

对一切 k 都成立. 由引理 3.3 和 3.4 可知, 存在常数 $\eta' > 0$, 使得

$$f(x^k) - f(x^{k+1}) \geqslant \eta' \|x^k - x^{k+1}\|^2.$$

由于 $f(x)$ 强凸, 故 $f(x)$ 必下方有界, 于是

$$\sum_{k=1}^{\infty} \|x^k - x^{k+1}\|^2 \leqslant \frac{1}{\eta'} \sum_{k=1}^{\infty} [f(x^k) - f(x^{k+1})] < +\infty.$$

从而有

$$|\beta_k| = \left| \frac{(g^{k+1})^{\mathrm{T}}[g^{k+1} - g^k]}{\|g^k\|^2} \right| \to 0. \tag{3.7.38}$$

由函数 $f(x)$ 的强凸性, 点列 $\{x^k\}$ 必有界. 于是 $\|g^k\|$ 有界, 从

$$\|d^{k+1}\| \leqslant \|g^{k+1}\| + |\beta_k| \|d^k\|$$

可知 $\|d^k\|$ 必有界. 利用 $\|d^k\|$ 和 $\|g^k\|$ 的有界性和 (3.7.38), 我们可证 (当 k 充分大时)

$$|(d^k)^{\mathrm{T}} g^k| = |-\|g^k\|^2 + \beta_k (g^k)^{\mathrm{T}} d^{k-1}| \geqslant \frac{1}{2} \|g^k\|^2.$$

于是, 当 k 充分大时,

$$\cos^2(d^k, -g^k) \geqslant \frac{1}{2} \frac{\|g^k\|^2}{\|d^k\|^2}.$$

从上式, $\|d^k\|$ 上方有界和 (3.7.37)可知, 必存在 $\bar{\delta} > 0$, 使得

$$\cos^2(d^k, -g^k) \geqslant \bar{\delta}. \tag{3.7.39}$$

由于 $f(x)$ 是二次连续可微的强凸函数, 且精确线搜索得到的步长也满足 Wolfe 准则, 故由 Zoutendijk 条件 (定理 3.8) 可知

$$\sum_{k=1}^{\infty} \|g^k\|^2 \cos^2(d^k, -g^k) < +\infty. \tag{3.7.40}$$

另一方面, 从 (3.7.39)和 (3.7.37)可知 (3.7.40)左端的级数应该发散. 这一矛盾说明定理正确. $\qquad\square$

现在考虑 Dai-Yuan 方法 (即 β_k 由(3.7.26)给出). 从(3.7.26) 和 (3.7.14)可推出

$$\beta_k = \frac{(g^{k+1})^{\mathrm{T}} d^{k+1}}{(g^k)^{\mathrm{T}} d^k}. \tag{3.7.41}$$

β_k 的这一表达式使得 Dai-Yuan 方法的收敛性分析十分简便.

定理 3.16 设 $f(x)$ 连续可微且导数利普希茨连续, $\{x^k\}$ 由 Dai-Yuan 方法产生有界, $\alpha_k > 0$ 由某种线搜索求得满足 (3.7.29), 则 (3.7.31) 成立.

证明 利用 (3.7.14) 和 (3.7.41), 我们可证

$$
\begin{aligned}
\frac{\|d^{k+1}\|^2}{((g^{k+1})^{\mathrm{T}}d^{k+1})^2} &= \frac{\|d^k\|^2}{((g^k)^{\mathrm{T}}d^k)^2} - \frac{2}{(g^{k+1})^{\mathrm{T}}d^{k+1}} - \frac{\|g^{k+1}\|^2}{((g^{k+1})^{\mathrm{T}}d^{k+1})^2} \\
&= \frac{\|d^k\|^2}{((g^k)^{\mathrm{T}}d^k)^2} - \left(\frac{1}{\|g^{k+1}\|} + \frac{\|g^{k+1}\|}{(g^{k+1})^{\mathrm{T}}d^{k+1}}\right)^2 + \frac{1}{\|g^{k+1}\|^2}.
\end{aligned}
$$

假定定理不真, 则存在 $\delta' > 0$, 使得 (3.7.37) 对所有 k 都成立. 于是,

$$
\frac{\|d^k\|^2}{((g^k)^{\mathrm{T}}d^k)^2} \leqslant \sum_{i=1}^{k} \frac{1}{\|g^i\|^2} \leqslant \frac{k}{(\delta')^2}.
$$

另一方面, 由于 (3.7.29) 成立以及点列 $\{x^k\}$ 有界, 有

$$
\infty > \sum_{k=1}^{\infty} [f(x^k) - f(x^{k+1})] \geqslant \sum_{k=1}^{\infty} \delta \frac{((d^k)^{\mathrm{T}}g^k)^2}{\|d^k\|^2} \geqslant \sum_{k=1}^{\infty} \frac{\delta(\delta')^2}{k} = \infty.
$$

这显然是矛盾的. 该矛盾说明定理为真. $\qquad\square$

另一点值得提到的是: 当目标函数是 (3.7.1) 时, 极小化问题等价于求解线性方程组

$$
Bx = g.
$$

不难发现, 算法 3.3 和解线性方程组的共轭梯度法是完全等价的. 事实上, 第一个求极小值的共轭梯度法的 Fletcher-Reeves 方法正是从 Hestenes 和 Stiefel 提出的解线性方程组的共轭梯度法[69] 直接发展而来的.

共轭梯度法的二次终止性是基于 (3.7.5). 若第一个搜索方向不是最速下降方向, 则对严格凸的二次函数共轭梯度法一般不会有限终止[113]. 而且从下一节的分析可知, 共轭梯度法的收敛速度仅是线性的.

Powell 提出重开始 (restart) 技巧[114], 即共轭梯度法每迭代 n 步后把当前点的负梯度取为下一次迭代的搜索方向. 由于每 n 步中都有一次是用最速下降方向做搜索方向, 所以无论是精确线搜索还是非精确线搜索都可保证重开始共轭梯度法收敛. 不同形式的共轭梯度法采用重开始技术, 可使收敛速度从原来的线性提高到 n 步超线性收敛, 即

$$
\lim_{k \to \infty} \frac{\|x^{k+n} - x^*\|}{\|x^k - x^*\|} = 0.
$$

于是, 我们看到重开始共轭梯度法无论是在总体收敛还是在局部收敛速度方面都比原来的共轭梯度法具有更好的性质. 但令人不解的是, Fletcher[47] 给出的数值结果表明, 重

开始的 Fletcher-Reeves 方法和重开始的 PRP 方法并没有比原始的 Fletcher-Reeves 方法和 PRP 方法好多少. 也就是说, 重开始技术对共轭梯度法的改进没有人们想象得那么大.

重开始实质上就是令 $\beta_k = 0$. 举 PRP 方法为例, 如果只要 $\beta_k \leqslant 0$ 就重开始, 这等价于对所有的 k 取

$$\beta_k = \max\{\beta_k^{\mathrm{PRP}}, 0\}, \tag{3.7.42}$$

其中 β_k^{PRP} 由 (3.7.24) 给出. 利用 (3.7.42) 的方法称为 PRP$^+$ 方法, 它本质上是 PRP 方法和最速下降法的杂交. 利用杂交的思想还可导致许多定义 β_k 的公式, 如

$$\beta_k = \max\{\min\{\beta_k^{\mathrm{PRP}}, \beta_k^{\mathrm{FR}}\}, 0\}, \tag{3.7.43}$$

$$\beta_k = \max\{\min\{\beta_k^{\mathrm{PRP}}, \beta_k^{\mathrm{FR}}\}, -\beta_k^{FR}\}, \tag{3.7.44}$$

$$\beta_k = \max\{\min\{\beta_k^{\mathrm{HS}}, \beta_k^{\mathrm{DY}}\}, 0\}. \tag{3.7.45}$$

(3.7.43)—(3.7.45) 分别由 Touati-Ahmed 和 Storey[140], Gilbert 和 Nocedal[56] 以及 Dai 和 Yuan[36] 提出.

3.7.3　共轭梯度法的线性收敛性

共轭梯度法具有二次终止性, 但对于一个一般的非线性函数 $f(x)$, 只有经过若干次迭代后, 迭代点都在解的附近, 我们才可把 $f(x)$ 近似地看成二次函数. 即使考虑最特殊的情形, 即 $f(x)$ 在解的附近是一个凸的二次函数, 我们也不能用已有的二次终止结果, 这是因为一般说来, 对所有的 $k > 1$, 都有

$$d^k \neq -g^k.$$

所以, 为了研究共轭梯度法的局部收敛性, 假定目标函数是二次函数

$$f(x) = \frac{1}{2}x^{\mathrm{T}}Bx,$$

且假定初始线搜索方向 d^1 是任意一个下降方向, 即只要求

$$(d^1)^{\mathrm{T}}g^1 < 0.$$

假定每次迭代都是用精确线搜索确定步长 α_k, 于是有

$$x^{k+1} = x^k + \alpha_k d^k,$$

$$d^{k+1} = -g^{k+1} + \beta_k d^k, \tag{3.7.46}$$

$$g^{k+1} = g^k + \alpha_k B d^k, \tag{3.7.47}$$

$$(d^{k+1})^{\mathrm{T}}g^{k+1} = -\|g^{k+1}\|^2 \tag{3.7.48}$$

对一切 $k \geqslant 1$ 均成立, α_k 和 β_k 分别由 (3.7.13) 和 (3.7.12) 确定. 从 (3.7.46) 式可知 $d^{k+1} + g^{k+1}$ 可由 d^k 表示, 利用精确线搜索性质和共轭方向的性质可得

$$(d^{k+1})^{\mathrm{T}}B(d^{k+1} + g^{k+1}) = 0, \tag{3.7.49}$$

$$(g^{k+1})^{\mathrm{T}}(d^{k+1} + g^{k+1}) = 0, \tag{3.7.50}$$

对一切 $k \geqslant 1$ 均成立.

引理 3.5 若

$$d^k + g^k = 0, \tag{3.7.51}$$

则必有 $k \leqslant 2$ 或者 $g^k = d^k = 0$.

证明 假定 $k > 2$, 由 (3.7.51) 和共轭性可知

$$(d^{k-1})^{\mathrm{T}}Bg^k = -(d^{k-1})^{\mathrm{T}}Bd^k = 0. \tag{3.7.52}$$

由 (3.7.47) 和 (3.7.52) 可推出

$$(d^{k-1})^{\mathrm{T}}Bg^{k-1} = (g^{k-1})^{\mathrm{T}}d^{k-1}\frac{\|Bd^{k-1}\|^2}{(d^{k-1})^{\mathrm{T}}Bd^{k-1}}, \tag{3.7.53}$$

利用 (3.7.53)、(3.7.49) 和 (3.7.50), 有

$$(d^{k-1})^{\mathrm{T}}Bg^{k-1} = \|g^{k-1}\|^2\frac{\|Bd^{k-1}\|^2}{(d^{k-1})^{\mathrm{T}}Bg^{k-1}}.$$

上式说明 g^{k-1} 与 Bd^{k-1} 在同一个方向, 从而必有 $g^k = 0$. □

由精确线搜索及共轭性可得

$$(d^{k-1})^{\mathrm{T}}g^{k+1} = (d^{k-1})^{\mathrm{T}}g^k + \alpha_k(d^{k-1})^{\mathrm{T}}Bd^k = 0.$$

于是

$$(g^{k+1})^{\mathrm{T}}g^k = (g^{k+1})^{\mathrm{T}}(-d^k + \beta_{k-1}d^{k-1}) = 0$$

对一切 $k \geqslant 2$ 都成立. 现在我们给出一个类似定理 3.13 的结果.

引理 3.6 假定共轭梯度法 N 次迭代后终止, 即

$$g^{N+1} = 0, \tag{3.7.54}$$

而且对 $k = N, N-1, \cdots, N-l+1$, 都有

$$d^k + g^k \neq 0. \tag{3.7.55}$$

则必有

$$(d^i)^{\mathrm{T}}Bd^j = 0, \tag{3.7.56}$$

$$(g^i)^{\mathrm{T}}g^j = 0 \tag{3.7.57}$$

对一切 $N-l \leqslant i < j \leqslant N$ 都成立.

证明 对于 $l = 1$ 引理显然成立. 我们假定引理对 $l = l_0$ 成立. 不难看出, 要证明引理对 $l = l_0 + 1$ 成立, 只需证明(3.7.56)和(3.7.57)对 $i = N - l_0 - 1$ 和 $i < j \leqslant N$ 成立即可.

$$
\begin{aligned}
(d^{N-l_0-1})^{\mathrm{T}}Bd^j &= \beta_{N-l_0-1}^{-1}(d^{N-l_0} + g^{N-l_0})^{\mathrm{T}}Bd^j \\
&= \beta_{N-l_0-1}^{-1}(g^{N-l_0})^{\mathrm{T}}Bd^j \\
&= \begin{cases}
-\beta_{N-l_0-1}^{-1}(g^{N-l_0})^{\mathrm{T}}g^N, & j = N, \\
\alpha_j^{-1}\beta_{N-l_0-1}^{-1}(g^{N-l_0})^{\mathrm{T}}[g^{j+1} - g^j], & j < N
\end{cases} \\
&= 0.
\end{aligned}
$$

$$
\begin{aligned}
(g^{N-l_0-1})^{\mathrm{T}}g^j &= (g^{N-l_0} - \alpha_{N-l_0-1}Bd^{N-l_0-1})^{\mathrm{T}}g^j \\
&= -\alpha_{N-l_0-1}(d^{N-l_0-1})^{\mathrm{T}}Bg^j \\
&= -\alpha_{N-l_0-1}(d^{N-l_0-1})^{\mathrm{T}}B[d^j - \beta_{j-1}d^{j-1}] \\
&= 0.
\end{aligned}
$$

于是利用归纳法即知引理成立. □

利用上面的引理, 我们可得到下面一般情形下共轭梯度法的二次终止特点: 即若有限终止, 则必终止在最初的 $n+1$ 次迭代. 如以下定理所述.

定理 3.17 假定目标函数是二次函数, 精确线搜索的共轭梯度法在第 N 次迭代后终止, 即(3.7.54)成立, 则必有 $N \leqslant n+1$.

证明 假定 $N > n+1$. 令 $l = N - 2$, 由引理 3.5 知(3.7.55)成立. 从而有

$$(g^i)^{\mathrm{T}}g^j = 0 \tag{3.7.58}$$

对所有的 $2 \leqslant i < j < N$. 由算法假定 $g^i(i = 2, \cdots, N)$ 均为非零向量 (否则, 算法将不需要 N 次迭代就终止了). 于是(3.7.58)说明 $\mathbb{R}^n$ 中存在 $N-1 > n$ 个相互正交的非零向量, 而这是不可能的. 这一矛盾说明定理成立. □

由于

$$
\begin{aligned}
\frac{f(x^{k+1}) - (x^*)}{f(x^k) - f(x^*)} &= \frac{(g^{k+1})^{\mathrm{T}}B^{-1}g^{k+1}}{(g^k)^{\mathrm{T}}B^{-1}g^k} \\
&= 1 - \frac{((g^k)^{\mathrm{T}}d^k)^2}{(d^k)^{\mathrm{T}}Bd^k(g^k)^{\mathrm{T}}B^{-1}g^k}
\end{aligned}
$$

$$\leqslant 1 - \frac{\sigma_n(B)}{\sigma_1(B)} < 1,$$

其中 $\sigma_1(B)$ 和 $\sigma_n(B)$ 分别是 B 的最大特征值和最小特征值. 我们知道共轭梯度法的收敛速度至少是线性的. 下面可证明, 只要共轭梯度法不是有限终止, 它的收敛速度正好是线性的.

假定算法不是有限终止, 故必有

$$d^k + g^k \neq 0 \tag{3.7.59}$$

对一切 k 均成立. 首先有以下引理:

引理 3.7
$$Bd^k = -\alpha_k^{-1}[d^{k+1} - (1 + \beta_k)d^k + \beta_{k-1}d^{k-1}] \tag{3.7.60}$$

对所有的 $k > 1$ 均成立.

证明   (3.7.47)和(3.7.46)可改写成

$$Bd^k = \alpha_k^{-1}[g^{k+1} - g^k], \tag{3.7.61}$$

$$g^{k+1} = -d^{k+1} + \beta_k d^k. \tag{3.7.62}$$

因为 $k > 1$, 将(3.7.62)中的 k 换成 $k-1$ 后得到

$$g^k = -d^k + \beta_{k-1}d^{k-1}. \tag{3.7.63}$$

用(3.7.61)—(3.7.63)即可推导出(3.7.60). $\square$

引理 3.8   对任何整数 $l > 1$, 若 $d^k, d^{k+1}, \cdots, d^{k+l}$ 相互 B 共轭, 则必有

$$(d^j)^{\mathrm{T}}g^i = 0, \quad k \leqslant j < i \leqslant k + l + 1. \tag{3.7.64}$$

证明   利用精确线搜索性质和引理中的假设, 即知

$$(d^j)^{\mathrm{T}}g^i = (d^j)^{\mathrm{T}}\Big[g^{j+1} + \sum_{i=j+1}^{i-1}(g^{i+1} - g^i)\Big]$$

$$= (d^j)^{\mathrm{T}}\Big[g^{j+1} + \sum_{i=j+1}^{i-1}\alpha_i Bd^i\Big] = 0. \tag{3.7.65}$$

从而引理为真. $\square$

引理 3.9   对任给定的正整数 l, 若 $d^k, d^{k+1}, \cdots, d^{k+l}$ 相互 B 共轭, 则 $d^{k+1}, d^{k+2}, \cdots, d^{k+l+1}$ 也相互 B 共轭.

证明 显然, 只需证明 d^{k+l+1} 与 $d^{k+j}(j = 1, 2, \cdots, l)$ 共轭. 根据 d^k 的定义知 d^{k+l+1} 与 d^{k+l} 是 B 共轭的. 对于 $1 \leqslant j \leqslant l-1$, 我们利用(3.7.46)、(3.7.60)和(3.7.64), 可得到

$$
\begin{aligned}
(d^{k+l+1})^{\mathrm{T}} B d^j &= (-g^{k+l+1} + \beta_{k+l} d^{k+l})^{\mathrm{T}} B d^j \\
&= -(g^{k+l+1})^{\mathrm{T}} B d^j \\
&= \alpha_j^{-1} (g^{k+l+1})^{\mathrm{T}} (d^{j+1} - (1 + \beta_j) d^j + \beta_{j-1} d^{j-1}) \\
&= 0.
\end{aligned}
$$

于是引理成立. □

设 L 是使 $d^1, d^2, \cdots, d^L$ 相互 B 共轭的最大正数, 由引理 3.9可知

$$(d^{L+1})^{\mathrm{T}} B d^1 \neq 0, \tag{3.7.66}$$

而且有以下引理:

引理 3.10 设 $d^1, d^2, \cdots, d^L$ 相互 B 共轭, 且(3.7.66)成立, 则对任何 $k \geqslant 1$, 均有 $d^k, d^{k+1}, \cdots, d^{k+L-1}$ 相互 B 共轭, 且

$$(d^{k+L})^{\mathrm{T}} B d^k \neq 0. \tag{3.7.67}$$

证明 利用归纳法即知只需证明引理对 $k = 2$ 成立就足够了. 从引理 3.9 知 $d^2, \cdots, d^{L+1}$ 相互 B 共轭. 由(3.7.60)和(3.7.64)可得到

$$
\begin{aligned}
(d^{L+2})^{\mathrm{T}} B d^2 &= (-g^{L+2} + \beta_{L+1} d^{L+1})^{\mathrm{T}} B d^2 = -(g^{L+2})^{\mathrm{T}} B d^2 \\
&= \alpha_2^{-1} (g^{L+2})^{\mathrm{T}} (d^3 - (1 + \beta_2) d^2 + \beta_1 d^1) \\
&= \frac{\beta_1}{\alpha_2} (g^{L+2})^{\mathrm{T}} d^1 = \alpha_2^{-1} \beta_1 (g^{L+1} + \alpha_{L+1} B d^{L+1})^{\mathrm{T}} d^1 \\
&= \alpha_2^{-1} \beta_1 \alpha_{L+1} (d^{L+1})^{\mathrm{T}} B d^1 \neq 0.
\end{aligned} \tag{3.7.68}
$$

从而引理对 $k = 2$ 成立. □

下面的引理指出比值 $\|d^k\|/\|g^k\|$ 对所有 k 上方下方均一致有界, 而且指出搜索步长 α_k 也是上方下方一致有界.

引理 3.11 对所有 $k > 1$, 均有

$$1 \leqslant \frac{\|d^k\|}{\|g^k\|} \leqslant \sqrt{\kappa_2(B)}, \tag{3.7.69}$$

$$\frac{1}{\kappa_2(B)\sigma_1(B)} \leqslant \alpha_k \leqslant \frac{1}{\sigma_n(B)}, \tag{3.7.70}$$

其中 $\kappa_2(B) = \sigma_1(B)/\sigma_n(B), \sigma_1(B), \sigma_n(B)$ 分别为 B 的最大特征值和最小特征值.

证明　(3.7.69)的第一个不等式可由(3.7.46)直接推出. 由(3.7.47)以及 $-(g^k)^{\mathrm{T}}d^k = \|g^k\|^2$ 可得

$$
\begin{aligned}
0 \leqslant \|g^{k+1}\|^2 &= \|g^k + \alpha_k B d^k\|^2 \\
&= \|g^k\|^2 + 2\alpha_k (g^k)^{\mathrm{T}} B d^k + \alpha_k^2 \|B d^k\|^2 \\
&= \|g^k\|^2 \Big(\frac{\|g^k\|^2 \|B d^k\|^2}{((d^k)^{\mathrm{T}} B d^k)^2} - 1 \Big).
\end{aligned}
$$

于是

$$
\frac{\|d^k\|^2}{\|g^k\|^2} \leqslant \frac{\|d^k\|^2 \|B d^k\|^2}{((d^k)^{\mathrm{T}} B d^k)^2} \leqslant \kappa_2(B).
$$

从而(3.7.69)得证. 由(3.7.50)和(3.7.69)得

$$
\alpha_k = -\frac{(g^k)^{\mathrm{T}} d^k}{(d^k)^{\mathrm{T}} B d^k} = \frac{\|g^k\|^2}{(d^k)^{\mathrm{T}} B d^k} \leqslant \frac{\|d^k\|^2}{(d^k)^{\mathrm{T}} B d^k} \leqslant \frac{1}{\sigma_n(B)} \tag{3.7.71}
$$

以及

$$
\alpha_k = \frac{\|g^k\|^2}{(d^k)^{\mathrm{T}} B d^k} \geqslant \frac{\|d^k\|^2}{\kappa_2(B)(d^k)^{\mathrm{T}} B d^k} \geqslant \frac{1}{\kappa_2(B)\sigma_1(B)}. \tag{3.7.72}
$$

从(3.7.71)、(3.7.72)即知不等式(3.7.70)成立. $\qquad\qquad\square$

有了这些引理, 可以证明共轭梯度法的收敛速度正好是线性的.

定理 3.18　设 $d^1, d^2, \cdots, d^L$ 相互 B 共轭, 且(3.7.66)成立, 则共轭梯度法的收敛仅是线性的, 且对任何 k 都有

$$
\|g^{k+L+1}\| \geqslant \frac{|\beta_1 (g^{L+2})^{\mathrm{T}} d^1|}{\|g^2\|^2 [\kappa_2(B)]^{2L+0.5}} \|g^k\|. \tag{3.7.73}
$$

证明　由(3.7.47)和引理 3.8 可知

$$
\begin{aligned}
(g^{L+2})^{\mathrm{T}} d^1 &= [g^{L+1} + \alpha_{L+1} B d^{L+1}]^{\mathrm{T}} d^1 \\
&= \alpha_{L+1} (d^{L+1})^{\mathrm{T}} B d^1 \neq 0. \tag{3.7.74}
\end{aligned}
$$

于是只需证明(3.7.73)对一切 k 都成立, 则显然算法的收敛速度仅是线性的.

与(3.7.68)类似, 我们可证

$$
(d^{L+k+1})^{\mathrm{T}} B d^{k+1} = \beta_k \alpha_{k+1}^{-1} \alpha_{L+k} (d^{L+k})^{\mathrm{T}} B d^k \tag{3.7.75}
$$

对一切 k 均成立. 同样, 与(3.7.74)类似

$$
(g^{L+k+1})^{\mathrm{T}} d^k = \alpha_{L+k} (d^{L+k})^{\mathrm{T}} B d^k. \tag{3.7.76}
$$

所以, 从(3.7.75)和(3.7.76)可得递推关系

$$(g^{L+k+2})^{\mathrm{T}}d^{k+1} = \beta_k \alpha_{k+1}^{-1} \alpha_{L+k+1}(g^{L+k+1})^{\mathrm{T}}d^k. \tag{3.7.77}$$

显然 $L \geqslant 1$, 由引理 3.7、引理 3.8 和 (3.7.48) 可知, 对任何 $k > 1$, 都有

$$\beta_k = \frac{(g^{k+1})^{\mathrm{T}}Bd^k}{(d^k)^{\mathrm{T}}Bd^k} = \frac{(g^{k+1})^{\mathrm{T}}[d^{k+1} - (1+\beta_k)d^k + \beta_{k-1}d^{k-1}]}{\alpha_k(d^k)^{\mathrm{T}}Bd^k} = \frac{\|g^{k+1}\|^2}{\|g^k\|^2}. \tag{3.7.78}$$

由(3.7.77)、(3.7.78)和(3.7.70)可得

$$|(g^{k+L+1})^{\mathrm{T}}d^k| = |(g^{L+2})^{\mathrm{T}}d^1| \prod_{i=1}^{k-1} |\beta_i| \alpha_{i+1}^{-1} \alpha_{L+i+1}$$

$$= |\beta_1 (g^{L+2})^{\mathrm{T}}d^1| \frac{\|g^k\|^2}{\|g^2\|^2} \prod_{i=1}^{L} \alpha_{i+1}^{-1} \alpha_{k+i}$$

$$\geqslant |\beta_1 (g^{L+2})^{\mathrm{T}}d^1| \frac{\|g^k\|^2}{\|g^2\|^2} [\kappa_2(B)]^{-2L}. \tag{3.7.79}$$

另一方面有

$$|(g^{k+L+1})^{\mathrm{T}}d^k| \leqslant \|g^{k+L+1}\| \|d^k\| \leqslant \|g^{k+L+1}\| \|g^k\| \sqrt{\kappa_2(B)}. \tag{3.7.80}$$

从(3.7.79)和(3.7.80)可看出(3.7.73)必成立. □

3.8 牛顿类算法

梯度法仅仅依赖函数值和梯度的信息 (即一阶信息), 若函数 $f(x)$ 充分光滑, 则可以利用二阶导数信息构造下降方向 d^k. 牛顿类算法就是利用二阶导数信息来构造迭代格式的算法. 由于利用的信息变多, 牛顿法的实际表现可以远好于梯度法, 但是它对函数 $f(x)$ 的要求也相应变高. 本节首先介绍经典牛顿法的构造和性质, 然后介绍一些修正的牛顿法和实际应用.

3.8.1 经典牛顿法

对二次连续可微函数 $f(x)$, 考虑 $f(x)$ 在迭代点 x^k 处的二阶泰勒展开

$$f(x^k + d^k) = f(x^k) + \nabla f(x^k)^{\mathrm{T}}d^k + \frac{1}{2}(d^k)^{\mathrm{T}}\nabla^2 f(x^k)d^k + o(\|d^k\|^2). \tag{3.8.1}$$

我们的目的是根据这个二阶近似来选取合适的下降方向 d^k. 如果忽略(3.8.1)式中的高阶项, 并将等式右边看成关于 d^k 的函数求其稳定点, 可以得到

$$\nabla^2 f(x^k)d^k = -\nabla f(x^k). \tag{3.8.2}$$

方程(3.8.2)也被称为**牛顿方程**, 容易得出当 $\nabla^2 f(x^k)$ 非奇异时, 更新方向 $d^k = -\nabla^2 f(x^k)^{-1}\nabla f(x^k)$. 一般称满足方程(3.8.2)的 d^k 为**牛顿方向**. 因此经典牛顿法的更新格式为

$$x^{k+1} = x^k - \nabla^2 f(x^k)^{-1}\nabla f(x^k). \tag{3.8.3}$$

注意, 在格式(3.8.3)中, 步长 α_k 恒为 1, 即可以不额外考虑步长的选取. 我们也称步长为 1 的牛顿法为经典牛顿法.

3.8.2　收敛性分析

经典牛顿法(3.8.3)有很好的局部收敛性质. 实际上我们有如下定理:

定理 3.19 (经典牛顿法的收敛性)　假设目标函数 f 是二阶连续可微的函数, 且海瑟矩阵在最优值点 x^* 的一个邻域 $N_\delta(x^*)$ 内是利普希茨连续的, 即存在常数 $L > 0$ 使得

$$\|\nabla^2 f(x) - \nabla^2 f(y)\| \leqslant L\|x - y\|, \quad \forall x, y \in N_\delta(x^*).$$

若函数 $f(x)$ 在点 x^* 处满足 $\nabla f(x^*) = 0, \nabla^2 f(x^*) \succ 0$, 则对于迭代法(3.8.3)有如下结论:

(1) 若初始点离 x^* 足够近, 则牛顿法产生的迭代点列 $\{x^k\}$ 收敛到 x^*;

(2) $\{x^k\}$ 收敛到 x^* 的速度是 Q-二次的;

(3) $\{\|\nabla f(x^k)\|\}$Q-二次收敛到 0.

证明　从牛顿法的定义(3.8.3)和最优值点 x^* 的性质 $\nabla f(x^*) = 0$ 可得

$$
\begin{aligned}
x^{k+1} - x^* &= x^k - \nabla^2 f(x^k)^{-1}\nabla f(x^k) - x^* \\
&= \nabla^2 f(x^k)^{-1}[\nabla^2 f(x^k)(x^k - x^*) - (\nabla f(x^k) - \nabla f(x^*))].
\end{aligned}
\tag{3.8.4}
$$

根据泰勒公式, 可得

$$\nabla f(x^k) - \nabla f(x^*) = \int_0^1 \nabla^2 f(x^k + t(x^* - x^k))(x^k - x^*)\mathrm{d}t,$$

因此我们有估计

$$\|\nabla^2 f(x^k)(x^k - x^*) - (\nabla f(x^k) - \nabla f(x^*))\|$$

$$= \| \int_0^1 [\nabla^2 f(x^k + t(x^* - x^k)) - \nabla^2 f(x^k)](x^k - x^*)\mathrm{d}t\|$$

$$\leqslant \int_0^1 \|\nabla^2 f(x^k + t(x^* - x^k)) - \nabla^2 f(x^k)\|\|x^k - x^*\|\mathrm{d}t \qquad (3.8.5)$$

$$\leqslant \|x^k - x^*\|^2 \int_0^1 Lt\mathrm{d}t$$

$$= \frac{L}{2}\|x^k - x^*\|^2,$$

其中第二个不等式是由于海瑟矩阵的局部利普希茨连续性. 又因为 $\nabla^2 f(x^*)$ 是非奇异的且 f 二阶连续可微, 因此存在 r, 使得对任意满足 $\|x - x^*\| \leqslant r$ 的点 x 均有 $\|\nabla^2 f(x)^{-1}\| \leqslant 2\|\nabla^2 f(x^*)^{-1}\|$. 结合(3.8.4)式与(3.8.5)式可得

$$\|x^{k+1} - x^*\|$$

$$\leqslant \|\nabla^2 f(x^k)^{-1}\|\|\nabla^2 f(x^k)(x^k - x^*) - (\nabla f(x^k) - \nabla f(x^*))\| \qquad (3.8.6)$$

$$\leqslant L\|\nabla^2 f(x^*)^{-1}\|\|x^k - x^*\|^2.$$

因此, 当初始点 x^0 满足

$$\|x^0 - x^*\| \leqslant \min\left\{\delta, r, \frac{1}{2L\|\nabla^2 f(x^*)^{-1}\|}\right\} \xlongequal{\mathrm{def}} \hat{\delta}$$

时, 可保证迭代点列一直处于邻域 $N_{\hat{\delta}}(x^*)$ 中, 因此 $\{x^k\}$ Q-二次收敛到 x^*. 由牛顿方程(3.8.2)可知

$$\|\nabla f(x^{k+1})\| = \|\nabla f(x^{k+1}) - \nabla f(x^k) - \nabla^2 f(x^k)d^k\|$$

$$= \| \int_0^1 \nabla^2 f(x^k + td^k)d^k\mathrm{d}t - \nabla^2 f(x^k)d^k\|$$

$$\leqslant \int_0^1 \|\nabla^2 f(x^k + td^k) - \nabla^2 f(x^k)\|\|d^k\|\mathrm{d}t \qquad (3.8.7)$$

$$\leqslant \frac{L}{2}\|d^k\|^2 \leqslant \frac{1}{2}L\|\nabla^2 f(x^k)^{-1}\|^2\|\nabla f(x^k)\|^2$$

$$\leqslant 2L\|\nabla^2 f(x^*)^{-1}\|^2\|\nabla f(x^k)\|^2.$$

这证明了梯度的范数 Q-二次收敛到 0. □

定理 3.19表明经典牛顿法是收敛速度很快的算法, 但它的收敛是有条件的: 第一, 初始点 x^0 必须距离问题的解充分近, 即牛顿法只有局部收敛性, 当 x^0 距问题的解较远

时, 牛顿算法在多数情况下会失效; 第二, 海瑟矩阵 $\nabla^2 f(x^*)$ 需要为正定矩阵, 有例子表明, 若 $\nabla^2 f(x^*)$ 是奇异的半正定矩阵, 牛顿算法的收敛速度可能仅达到 Q-线性. 在定理 3.19 的证明中还可以看出, 问题的条件数并不会在很大程度上影响牛顿法的收敛速度, 利普希茨常数 L 在迭代后期通常会被 $\|x^k - x^*\|$ 抵消. 但对于病态问题, 牛顿法的收敛域可能会变小, 这对初值选取有了更高的要求.

以上总结了牛顿法的特点, 我们可以知道牛顿法适用于优化问题的高精度求解, 但它没有全局收敛性质. 因此在实际应用中, 人们通常会使用梯度类算法先求得较低精度的解, 而后调用牛顿法来获得高精度的解.

3.8.3　修正牛顿法

尽管我们提出了算法 (3.8.3) 并分析了其理论性质, 在实际应用中此格式几乎是不能使用的. 经典牛顿法有如下缺陷:

(1) 每一步迭代需要求解一个 n 维线性方程组, 这导致在高维问题中计算量很大. 海瑟矩阵 $\nabla^2 f(x^k)$ 既不容易计算又不容易储存.

(2) 当 $\nabla^2 f(x^k)$ 不正定时, 由牛顿方程 (3.8.2) 给出的解 d^k 的性质通常比较差. 例如可以验证当海瑟矩阵正定时, d^k 是一个下降方向, 而在其他情况下 d^k 不一定为下降方向.

(3) 当迭代点距最优值较远时, 直接选取步长 $\alpha_k = 1$ 会使得迭代极其不稳定, 在有些情况下迭代点列会发散.

为了克服这些缺陷, 我们必须对经典牛顿法做出某种修正或变形, 使其成为真正可以使用的算法. 这里介绍带线搜索的修正牛顿法, 其基本思想是对牛顿方程中的海瑟矩阵 $\nabla^2 f(x^k)$ 进行修正, 使其变成正定矩阵; 同时引入线搜索以改善算法稳定性. 它的一般框架见算法 3.5. 该算法的关键在于修正矩阵 E^k 如何选取. 一个最直接的取法是取 $E^k = \tau_k I$, 即取 E^k 为单位矩阵的常数倍. 根据矩阵理论可以知道, 当 τ_k 充分大时, 总可以保证 B^k 是正定矩阵. 然而 τ_k 不宜取得过大, 这是因为当 τ_k 趋于无穷时, d^k 的方向会接近负梯度方向. 比较合适的取法是先估计 $\nabla^2 f(x^k)$ 的最小特征值, 再适当选择 τ_k.

算法 3.5　带线搜索的修正牛顿法

1: 给定初始点 x^0.

2: **for** $k = 0, 1, 2, \cdots$ **do**

3:　　确定矩阵 E^k 使得矩阵 $B^k \overset{\text{def}}{=} \nabla^2 f(x^k) + E^k$ 正定且条件数较小.

4:　　求解修正的牛顿方程 $B^k d^k = -\nabla f(x^k)$ 得方向 d^k.

5:　　使用任意一种线搜索准则确定步长 α_k.

6:　　更新 $x^{k+1} = x^k + \alpha_k d^k$.

7: **end for**

　　另一种 E^k 的选取是隐式的, 它是通过修正楚列斯基 (Cholesky) 分解的方式来求解牛顿方程(3.8.2). 我们知道当海瑟矩阵正定时, 方程组(3.8.2)可以用楚列斯基分解快速求解. 当海瑟矩阵不定或条件数较大时, 楚列斯基分解会失败. 而修正楚列斯基分解算法对基本楚列斯基分解算法进行修正, 且修正后的分解和原矩阵相差不大. 我们首先回顾楚列斯基分解的定义. 对任意对称正定矩阵 $A = (a_{ij})$, 它的楚列斯基分解可写作

$$A = LDL^{\mathrm{T}},$$

其中 $L = (l_{ij})$ 是对角线元素均为 1 的下三角形矩阵, $D = \mathrm{Diag}(d_1, d_2, \cdots, d_n)$ 是对角矩阵且对角线元素均为正. 我们在算法 3.6 中直接给出基本的楚列斯基分解算法. 根据楚列斯基分解的形式, 若 A 正定且条件数较小, 则矩阵 D 的对角线元素不应该太小. 如果计算过程中发现 d_j 过小就应该及时修正. 同时我们需要保证该修正是有界的, 因此对修正后的矩阵元素也需要有上界约束. 具体来说, 我们选取两个正参数 δ, β 使得

$$d_j \geqslant \delta, \quad l_{ij}\sqrt{d_j} \leqslant \beta, \quad i = j+1, j+2, \cdots, n.$$

算法 3.6　楚列斯基分解
___
1: 给定对称矩阵 $A = (a_{ij})$.

2: **for** $j = 1, 2, \cdots, n$ **do**

3: 　　计算 $c_{jj} = a_{jj} - \displaystyle\sum_{s=1}^{j-1} d_s l_{js}^2$.

4: 　　令 $d_j = c_{jj}$.

5: 　　**for** $i = j+1, j+2, \cdots, n$ **do**

6: 　　　计算 $c_{ij} = a_{ij} - \displaystyle\sum_{s=1}^{j-1} d_s l_{is} l_{js}$.

7: 　　　计算 $l_{ij} = \dfrac{c_{ij}}{d_j}$.

8: 　　**end for**

9: **end for**
___

在算法 3.6 中, 我们只需要修改对 d_j 的更新即可保证上述条件成立. 具体更新方式为

$$d_j = \max\left\{ |c_{jj}|, \left(\frac{\theta_j}{\beta}\right)^2, \delta \right\}, \quad \theta_j = \max_{i>j} |c_{ij}|.$$

可以证明, 修正的楚列斯基分解算法实际上是计算修正矩阵 $\nabla^2 f(x^k) + E^k$ 的楚列斯基分解, 其中 E^k 是对角矩阵且对角线元素非负. 当 $\nabla^2 f(x^k)$ 正定且条件数足够小时有 $E^k = 0$.

3.8.4 非精确牛顿法

在经典牛顿法中, 计算牛顿方向 d^k 依赖于求解线性方程组. 当 n 较大但 $\nabla^2 f(x^k)$ 有稀疏结构时, 需要通过迭代法来求解牛顿方程(3.8.2). 我们知道迭代法求解线性方程组总有精度误差, 那么牛顿方程解的误差对牛顿法收敛性有何影响? 如何控制解的精度使得牛顿法依然能够收敛? 下面将简要回答这一问题.

考虑牛顿方程(3.8.2)的非精确解 d^k, 我们引入向量 r^k 来表示残差, 则非精确牛顿方向满足

$$\nabla^2 f(x^k)d^k = -\nabla f(x^k) + r^k. \tag{3.8.8}$$

这里假设相对误差 η_k 满足

$$\|r^k\| \leqslant \eta_k \|\nabla f(x^k)\|. \tag{3.8.9}$$

显然, 牛顿法的收敛性依赖于相对误差 η_k 的选取, 直观上牛顿方程求解得越精确, 非精确牛顿法的收敛性就越好. 为此我们直接给出如下的定理 (证明见文献 [134]):

> **定理 3.20 (非精确牛顿法的收敛性)** 设函数 $f(x)$ 二阶连续可微, 且在最小值点 x^* 处的海瑟矩阵正定, 则在非精确牛顿法中,
>
> (1) 若存在常数 $t < 1$ 使得 η_k 满足 $0 < \eta_k < t, k = 1, 2, \cdots$, 则该算法收敛速度是 Q-线性的;
>
> (2) 若 $\lim_{k \to \infty} \eta_k = 0$, 则该算法收敛速度是 Q-超线性的;
>
> (3) 若 $\eta_k = \mathcal{O}(\|\nabla f(x^k)\|)$, 则该算法收敛速度是 Q-二次的.

定理 3.20 的直观含义是, 如果要达到更好的收敛性就必须使得牛顿方程求解更加精确. 在一般迭代法中, 算法的停机准则通常都会依赖于相对误差的大小. 定理 3.20 的第一条表明我们完全可以将这个相对误差设置为固定值, 算法依然有收敛性. 和经典牛顿法相比, 固定误差的非精确牛顿法仅仅有 Q-线性收敛性, 但在病态问题上的表现很可能好于传统的梯度法. 如果希望非精确牛顿法能有 Q-二次收敛速度, 则在迭代后期牛顿方程必须求解足够精确, 这在本质上和牛顿法并无差别.

常用的非精确牛顿法是牛顿共轭梯度法, 即使用共轭梯度法求解 (3.8.2) 式. 由于共轭梯度法在求解线性方程组方面有不错的表现, 因此只需少数几步 (有时可能只需要一步) 迭代就可以达到定理 3.20 中第一条结论需要的条件. 在多数问题上牛顿共轭梯度法都有较好的数值表现, 该方法已经是求解优化问题不可少的优化工具.

3.8.5 应用举例

本小节给出牛顿法的一个具体例子, 从而说明牛顿法具体的迭代过程. 考虑二分类的逻辑回归模型:

$$\min_x \quad \ell(x) \stackrel{\text{def}}{=\!=} \frac{1}{m}\sum_{i=1}^m \ln(1+\exp(-b_i a_i^{\mathrm{T}} x)) + \lambda\|x\|_2^2. \tag{3.8.10}$$

在实际中, λ 经常取为 $\dfrac{1}{100m}$. 接下来推导牛顿法, 这又化为计算目标函数 $\ell(x)$ 的梯度和海瑟矩阵的问题. 根据向量值函数求导法, 容易算出

$$\begin{aligned}
\nabla\ell(x) &= \frac{1}{m}\sum_{i=1}^m \frac{1}{1+\exp(-b_i a_i^{\mathrm{T}} x)} \cdot \exp(-b_i a_i^{\mathrm{T}} x)\cdot(-b_i a_i) + 2\lambda x \\
&= -\frac{1}{m}\sum_{i=1}^m (1-p_i(x))b_i a_i + 2\lambda x,
\end{aligned} \tag{3.8.11}$$

其中 $p_i(x)=\dfrac{1}{1+\exp(-b_i a_i^{\mathrm{T}} x)}$. 再对(3.8.11)式求导可得到

$$\begin{aligned}
\nabla^2\ell(x) &= \frac{1}{m}\sum_{i=1}^m b_i\cdot\nabla p_i(x)a_i^{\mathrm{T}} + 2\lambda I \\
&= \frac{1}{m}\sum_{i=1}^m b_i \frac{-1}{(1+\exp(-b_i a_i^{\mathrm{T}} x))^2}\cdot\exp(-b_i a_i^{\mathrm{T}} x)\cdot(-b_i a_i^{\mathrm{T}}) + 2\lambda I \\
&= \frac{1}{m}\sum_{i=1}^m (1-p_i(x))p_i(x)a_i a_i^{\mathrm{T}} + 2\lambda I,
\end{aligned} \tag{3.8.12}$$

其中利用了 $b_i^2=1$ 以及

$$\frac{\exp(-b_i a_i^{\mathrm{T}} x)}{(1+\exp(-b_i a_i^{\mathrm{T}} x))^2} = p_i(x)(1-p_i(x)).$$

实际上我们可以使用矩阵语言将以上结果用更紧凑的形式表达. 引入矩阵 $A=[a_1, a_2,\cdots,a_m]^{\mathrm{T}}\in\mathbb{R}^{m\times n}$, 向量 $b=(b_1,b_2,\cdots,b_m)^{\mathrm{T}}$, 以及

$$p(x) = (p_1(x),p_2(x),\cdots,p_m(x))^{\mathrm{T}},$$

梯度和海瑟矩阵可重写为

$$\begin{aligned}
\nabla\ell(x) &= -\frac{1}{m}A^{\mathrm{T}}(b-b\odot p(x)) + 2\lambda x, \\
\nabla^2\ell(x) &= \frac{1}{m}A^{\mathrm{T}}W(x)A + 2\lambda I,
\end{aligned} \tag{3.8.13}$$

其中 $W(x)$ 为由 $\{p_i(x)(1-p_i(x))\}_{i=1}^m$ 生成的对角矩阵, $\odot$ 表示两个向量逐分量的乘积. 因此牛顿法可以写作

$$x^{k+1} = x^k + \left(\frac{1}{m}A^{\mathrm{T}}W(x^k)A + 2\lambda I\right)^{-1}\left(\frac{1}{m}A^{\mathrm{T}}(b-b\odot p(x^k)) - 2\lambda x^k\right).$$

当变量规模不是很大时, 可以利用正定矩阵的楚列斯基分解来求解牛顿方程; 当变量规模较大时, 可以使用共轭梯度法进行不精确求解.

这里采用 LIBSVM[31] 网站的数据集, 见表 3.1. 对于不同的数据集均调用牛顿法求解, 其迭代过程见图 3.14. 其中, 我们采用不精确的共轭梯度法求解牛顿方程, 使得如下条件成立:

$$\|\nabla^2\ell(x^k)d^k + \nabla\ell(x^k)\|_2 \leqslant \min\left\{\|\nabla\ell(x^k)\|_2^2, 0.1\|\nabla\ell(x^k)\|_2\right\}.$$

表 3.1 数据集信息

名称	m	n
a9a	16281	122
ijcnn1	91701	22
CINA	3206	132

从图 3.14 中可以看到, 在精确解附近梯度范数具有 Q-超线性收敛性.

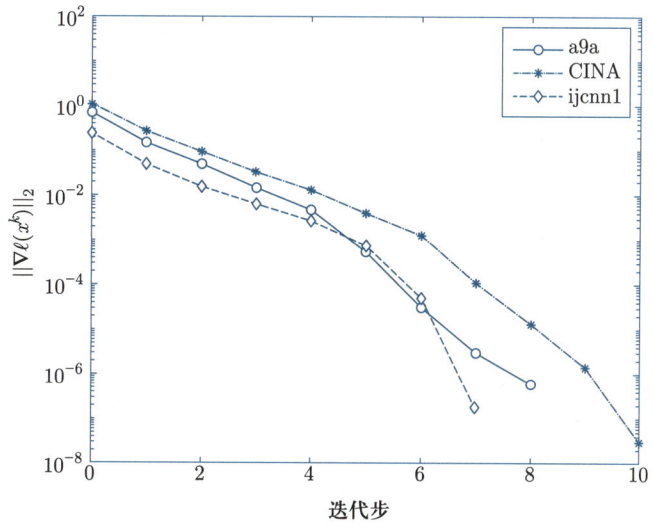

图 3.14 梯度范数随迭代步的变化

3.9 拟牛顿类算法

牛顿法在理论上和实践中均取得很好的效果. 然而对于大规模问题, 函数的海瑟矩阵计算代价特别大或者难以得到, 即便得到海瑟矩阵我们还需要求解一个大规模线性方程组. 那么能否使用海瑟矩阵或其逆矩阵的近似来进行牛顿迭代呢? 拟牛顿法便是这样的算法, 它能够在每一步以较小的计算代价生成近似矩阵, 并且使用近似矩阵代替海瑟矩阵而产生的迭代序列仍具有超线性收敛的性质.

拟牛顿方法不计算海瑟矩阵 $\nabla^2 f(x)$, 而是构造其近似矩阵 B^k 或其逆的近似矩阵 H^k. 我们希望 B^k 或 H^k 仍然保留海瑟矩阵的部分性质, 例如使得 d^k 仍然为下降方向. 那么拟牛顿矩阵应该满足一些什么性质? 如何构造它们呢?

3.9.1　割线方程

首先回顾牛顿法的推导过程. 设 $f(x)$ 是二次连续可微函数, 根据泰勒展开, 向量值函数 $\nabla f(x)$ 在点 x^{k+1} 处的近似为

$$\nabla f(x) = \nabla f(x^{k+1}) + \nabla^2 f(x^{k+1})(x - x^{k+1}) + \mathcal{O}(\|x - x^{k+1}\|^2). \tag{3.9.1}$$

令 $x = x^k$, $s^k = x^{k+1} - x^k$ 及 $y^k = \nabla f(x^{k+1}) - \nabla f(x^k)$, 得到

$$\nabla^2 f(x^{k+1})s^k + \mathcal{O}(\|s^k\|^2) = y^k. \tag{3.9.2}$$

忽略高阶项 $\|s^k\|^2$, 我们希望海瑟矩阵的近似矩阵 B^{k+1} 满足方程

$$y^k = B^{k+1}s^k, \tag{3.9.3}$$

或者其逆的近似矩阵 H^{k+1} 满足方程

$$s^k = H^{k+1}y^k, \tag{3.9.4}$$

并称(3.9.3)式和(3.9.4)式为**割线方程**.

还可以从另一个角度理解割线方程(3.9.3). 我们知道, 牛顿法本质上是对目标函数 $f(x)$ 在迭代点 x^k 处做二阶近似然后求解. 考虑在点 x^{k+1} 处的二阶近似

$$m_{k+1}(d) = f(x^{k+1}) + \nabla f(x^{k+1})^{\mathrm{T}}d + \frac{1}{2}d^{\mathrm{T}}B^{k+1}d, \tag{3.9.5}$$

我们要求 $m_{k+1}(d)$ 在 $d = -s^k$ 和 $d = 0$ 处的梯度与 $f(x)$ 在 $x = x^k$ 和 $x = x^{k+1}$ 处的梯度分别保持一致. 注意到 $\nabla m_{k+1}(0) = \nabla f(x^{k+1})$ 是自然满足的, 为了使得第一个条件满足只需

$$\nabla m_{k+1}(-s^k) = \nabla f(x^{k+1}) - B^{k+1}s^k = \nabla f(x^k), \tag{3.9.6}$$

整理即可得到(3.9.3)式.

另外, 注意到近似矩阵 B^k 的正定性是一个很关键的因素, 在(3.9.3)式两边同时左乘 $(s^k)^{\mathrm{T}}$ 可得 $(s^k)^{\mathrm{T}}B^{k+1}s^k = (s^k)^{\mathrm{T}}y^k$, 因此条件

$$(s^k)^{\mathrm{T}}y^k > 0 \tag{3.9.7}$$

为 B^{k+1} 正定的一个必要条件. 我们额外要求条件(3.9.7)在迭代过程中始终满足, 这个条件也称为**曲率条件**. 对于一般的目标函数 $f(x)$, 需要使用 Wolfe 准则线搜索来保证曲率条件(3.9.7)成立. 实际上, 根据 Wolfe 准则的条件(3.4.4b)有 $\nabla f(x^{k+1})^{\mathrm{T}} s^k \geqslant c_2 \nabla f(x^k)^{\mathrm{T}} s^k$, 两边同时减去 $\nabla f(x^k)^{\mathrm{T}} s^k$,

$$(y^k)^{\mathrm{T}} s^k \geqslant (c_2 - 1)\nabla f(x^k)^{\mathrm{T}} s^k > 0,$$

这是因为 $c_2 < 1$ 以及 $s^k = \alpha_k d^k$ 是下降方向. 仅仅使用 Armijo 准则不能保证曲率条件成立.

在通常情况下, 近似矩阵 B^{k+1} 或 H^{k+1} 是由上一步迭代加上一个修正得到的, 并且要求满足割线方程(3.9.3). 这一小节先给出拟牛顿方法的一般框架 (算法 3.7), 下一小节将讨论一些具体的矩阵更新方式.

算法 3.7　拟牛顿算法框架

1: 给定 $x^0 \in \mathbb{R}^n$, 初始矩阵 $B^0 \in \mathbb{R}^{n \times n}$(或 H^0), 令 $k = 0$.

2: **while** 未达到停机准则 **do**

3:　　计算方向 $d^k = -(B^k)^{-1}\nabla f(x^k)$ 或 $d^k = -H^k \nabla f(x^k)$.

4:　　通过线搜索找到合适的步长 $\alpha_k > 0$, 令 $x^{k+1} = x^k + \alpha_k d^k$.

5:　　更新海瑟矩阵的近似矩阵 B^{k+1} 或其逆矩阵的近似 H^{k+1}.

6:　　$k \leftarrow k + 1$.

7: **end while**

在实际应用中基于 H^k 的拟牛顿法更加实用, 这是因为根据 H^k 计算下降方向 d^k 不需要求解线性方程组, 而求解线性方程组在大规模问题上是非常耗时的. 但基于 B^k 的拟牛顿法有比较好的理论性质, 产生的迭代序列比较稳定. 如果有办法快速求解线性方程组, 我们也可采用基于 B^k 的拟牛顿法. 此外在某些场景下, 比如有些带约束的优化问题的算法设计, 由于需要用到海瑟矩阵的近似, B^k 的使用也很常见.

3.9.2　拟牛顿矩阵更新方式

这一小节介绍一些常见的拟牛顿矩阵的更新方式.

1. 秩一更新 (SR1)

秩一更新 (SR1) 公式是结构最简单的拟牛顿矩阵更新公式. 设 B^k 是第 k 步的近似海瑟矩阵, 我们通过对 B^k 进行秩一修正得到 B^{k+1}, 使其满足割线方程(3.9.3). 为此使用待定系数法求出修正矩阵, 并设

$$B^{k+1} = B^k + auu^{\mathrm{T}}, \tag{3.9.8}$$

其中 $u \in \mathbb{R}^n, a \in \mathbb{R}$ 待定. 根据割线方程(3.9.3),

$$B^{k+1}s^k = (B^k + auu^{\mathrm{T}})s^k = y^k,$$

进而得到

$$(a \cdot u^{\mathrm{T}}s^k)u = y^k - B^k s^k.$$

注意到 $a \cdot u^{\mathrm{T}}s^k$ 是一个标量, 因此 u 和 $y^k - B^k s^k$ 方向相同. 不妨令 $u = y^k - B^k s^k$, 代入原方程可知

$$a((y^k - B^k s^k)^{\mathrm{T}}s^k)(y^k - B^k s^k) = y^k - B^k s^k.$$

如果假设 $(y^k - B^k s^k)^{\mathrm{T}}s^k \neq 0$, 可以得到 $a = \dfrac{1}{(y^k - B^k s^k)^{\mathrm{T}}s^k}$, 最终得到更新公式为

$$B^{k+1} = B^k + \frac{(y^k - B^k s^k)(y^k - B^k s^k)^{\mathrm{T}}}{(y^k - B^k s^k)^{\mathrm{T}}s^k}. \tag{3.9.9}$$

我们称(3.9.9)式为基于 B^k 的 SR1 公式. 由完全一样的过程我们可以根据割线方程(3.9.4) 得到基于 H^k 的 SR1 公式:

$$H^{k+1} = H^k + \frac{(s^k - H^k y^k)(s^k - H^k y^k)^{\mathrm{T}}}{(s^k - H^k y^k)^{\mathrm{T}}y^k}. \tag{3.9.10}$$

SR1 公式虽然结构简单, 但是有一个重大缺陷: 它不能保证矩阵在迭代过程中保持正定. 容易验证 $(y^k - B^k s^k)^{\mathrm{T}}s^k > 0$ 是 B^{k+1} 正定的一个充分条件, 但这个条件在迭代过程中未必得到满足. 因此在实际中较少使用 SR1 公式.

另一个比较有趣的观察是公式(3.9.9)和(3.9.10)在形式上互为对偶. 将公式(3.9.9)里的变量作如下替换:

$$B^k \to H^k, \quad s^k \leftrightarrow y^k,$$

即可得到公式(3.9.10). 实际上如果增加假设 $H^k = (B^k)^{-1}$, 公式(3.9.10)也可由 SMW 公式推出.

2. BFGS 公式

为了克服 SR1 公式的缺陷, 现在考虑对 B^k 的秩二更新. 同样地, 采用待定系数法来推导此公式. 设

$$B^{k+1} = B^k + auu^{\mathrm{T}} + bvv^{\mathrm{T}}, \tag{3.9.11}$$

其中 $u, v \in \mathbb{R}^n, a, b \in \mathbb{R}$ 待定. 根据割线方程(3.9.3),

$$B^{k+1}s^k = (B^k + auu^{\mathrm{T}} + bvv^{\mathrm{T}})s^k = y^k,$$

整理可得

$$(a \cdot u^{\mathrm{T}}s^k)u + (b \cdot v^{\mathrm{T}}s^k)v = y^k - B^k s^k.$$

我们通过选取 u 和 v 让以上等式成立即可. 实际上, u, v 有非常多的取法, 一种最直接的取法是让上面等式左右两边的两项分别对应相等, 即

$$u = y^k, \quad a \cdot u^{\mathrm{T}} s^k = 1,$$

$$v = B^k s^k, \quad b \cdot v^{\mathrm{T}} s^k = -1.$$

因此得到更新方式

$$B^{k+1} = B^k + \frac{y^k (y^k)^{\mathrm{T}}}{(y^k)^{\mathrm{T}} s^k} - \frac{B^k s^k (B^k s^k)^{\mathrm{T}}}{(s^k)^{\mathrm{T}} B^k s^k}. \tag{3.9.12}$$

格式 (3.9.12) 被称为基于 B^k 的 BFGS 公式, 它是由 Broyden, Fletcher, Goldfarb, Shanno 四人名字的首字母组成.

为了推导基于 H^k 的 BFGS 公式, 我们需要如下的 Sherman-Morrison-Woodbury(简称 SMW) 公式来给出原矩阵和其在秩-k 更新后的矩阵的逆矩阵之间的关系.

命题 3.1 (SMW 公式)　设 $A \in \mathbb{R}^{n \times n}$ 为一可逆矩阵, 给定矩阵 $U \in \mathbb{R}^{n \times k}$, $C \in \mathbb{R}^{k \times k}$, $V \in \mathbb{R}^{k \times n}$ 且 C 可逆. 那么 $A + UCV$ 可逆当且仅当 $C^{-1} + V A^{-1} U$ 可逆, 且此时 $A + UCV$ 的逆矩阵可以表示为

$$(A + UCV)^{-1} = A^{-1} - A^{-1} U (C^{-1} + V A^{-1} U)^{-1} V A^{-1}. \tag{3.9.13}$$

根据 SMW 公式 (3.9.13) 并假设 $H^k = (B^k)^{-1}$, 可立即推出基于 H^k 的 BFGS 公式:

$$H^{k+1} = (I - \rho_k y^k (s^k)^{\mathrm{T}})^{\mathrm{T}} H^k (I - \rho_k y^k (s^k)^{\mathrm{T}}) + \rho_k s^k (s^k)^{\mathrm{T}}, \tag{3.9.14}$$

其中 $\rho_k = \dfrac{1}{(y^k)^{\mathrm{T}} s^k}$. 容易看出, 若要 BFGS 公式更新产生的矩阵 H^{k+1} 正定, 一个充分条件是不等式 (3.9.7) 成立且上一步更新矩阵 H^k 正定. 在问题求解过程中, 条件 (3.9.7) 不一定会得到满足, 此时应该使用 Wolfe 准则的线搜索来迫使条件 (3.9.7) 成立.

BFGS 格式 (3.9.14) 还有更深刻的含义, 它其实满足了某种逼近的最优性. 具体来说, 由 (3.9.14) 式定义的 H^{k+1} 恰好是如下优化问题的解:

$$\begin{aligned} \min_{H} \quad & \|H - H^k\|_W, \\ \text{s.t.} \quad & H = H^{\mathrm{T}}, \\ & H y^k = s^k. \end{aligned} \tag{3.9.15}$$

这个优化问题的含义是在满足割线方程 (3.9.4) 的对称矩阵中找到离 H^k 最近的矩阵 H. 这里 $\| \cdot \|_W$ 是加权范数, 定义为

$$\|H\|_W = \|W^{1/2} H W^{1/2}\|_F,$$

其中 W 可以是任意满足割线方程 $W s^k = y^k$ 的矩阵.

BFGS 公式是目前最有效的拟牛顿更新格式之一, 它有比较好的理论性质, 实现起来也并不复杂. 对格式 (3.9.14) 进行改动可得到有限内存 BFGS 格式 (L-BFGS), 它是常用的处理大规模优化问题的拟牛顿类算法, 我们将在本节的末尾介绍这一算法.

3. DFP 公式

在 BFGS 公式的推导中, 如果利用割线方程(3.9.4)对 H^k 推导秩二修正的拟牛顿修正, 我们将得到基于 H^k 的拟牛顿矩阵更新

$$H^{k+1} = H^k - \frac{H^k y^k (H^k y^k)^{\mathrm{T}}}{(y^k)^{\mathrm{T}} H^k y^k} + \frac{s^k (s^k)^{\mathrm{T}}}{(y^k)^{\mathrm{T}} s^k}. \tag{3.9.16}$$

这种迭代格式首先由 Davidon 发现, 此后由 Fletcher 以及 Powell 进一步发展, 因此被称为 DFP 公式. 根据 SMW 公式可得其关于 B^k 的更新格式

$$B^{k+1} = (I - \rho_k s^k (y^k)^{\mathrm{T}})^{\mathrm{T}} B^k (I - \rho_k s^k (y^k)^{\mathrm{T}}) + \rho_k y^k (y^k)^{\mathrm{T}}, \tag{3.9.17}$$

其中 $\rho_k = \dfrac{1}{(y^k)^{\mathrm{T}} s^k}$.

可以看到, DFP 公式(3.9.16)(3.9.17)和 BFGS 公式(3.9.12)(3.9.14) 分别呈对偶关系. 将 BFGS 格式(3.9.14)中的 H^k 换成 B^k, s^k 与 y^k 对换便得到了 DFP 格式(3.9.17). 不仅如此, 在逼近性上也有这样的对偶现象. 实际上, 由(3.9.17)式定义的 B^{k+1} 是如下优化问题的解:

$$\begin{aligned} \min_{B} \quad & \|B - B^k\|_W, \\ \mathrm{s.t.} \quad & B = B^{\mathrm{T}}, \\ & B s^k = y^k, \end{aligned} \tag{3.9.18}$$

其中 $\|\cdot\|_W$ 的含义和 问题(3.9.15) 中的基本相同, 但 W 为任意满足 $W y^k = s^k$ 的矩阵. 和 BFGS 格式类似, DFP 格式要求 B^{k+1} 为满足割线方程(3.9.3) 的对称矩阵中离 B^k 最近的矩阵, 它也暗含某种最优性.

遗憾的是, 尽管 DFP 格式在很多方面和 BFGS 格式存在对偶关系, 但从实际效果来看, DFP 格式整体上不如 BFGS 格式. 因此在实际使用中人们更多使用 BFGS 格式.

3.9.3 拟牛顿法的全局收敛性

本小节介绍拟牛顿法的收敛性质. 首先我们利用 Zoutendijk 条件得到拟牛顿法基本的收敛性, 之后简要介绍收敛速度.

定理 3.21 (BFGS 全局收敛性 [102]定理 6.5)　假设初始矩阵 B^0 是对称正定矩阵, 目标函数 $f(x)$ 是二阶连续可微函数, 且下水平集

$$\mathcal{L} = \{x \in \mathbb{R}^n \mid f(x) \leqslant f(x^0)\}$$

是凸的, 并且存在正数 m 以及 M 使得对于任意的 $z \in \mathbb{R}^n$ 以及任意的 $x \in \mathcal{L}$ 有

$$m\|z\|^2 \leqslant z^{\mathrm{T}} \nabla^2 f(x) z \leqslant M\|z\|^2, \tag{3.9.19}$$

则采用 BFGS 格式(3.9.12) 并结合 Wolfe 线搜索的拟牛顿算法全局收敛到 $f(x)$ 的极小值点 x^*.

证明 为了方便, 我们定义

$$m_k = \frac{(y^k)^{\mathrm{T}} s^k}{(s^k)^{\mathrm{T}} s^k}, \quad M_k = \frac{(y^k)^{\mathrm{T}} y^k}{(y^k)^{\mathrm{T}} s^k}.$$

由(3.9.19)以及 $y^k = \int_0^1 \nabla^2 f(x^k + t(x^{k+1} - x^k)) s^k \mathrm{d}t$ 可得

$$m_k \geqslant m, \quad M_k \leqslant M.$$

根据 BFGS 格式(3.9.12), 两边同时计算迹, 得到

$$\mathrm{Tr}(B^{k+1}) = \mathrm{Tr}(B^k) - \frac{\|B^k s^k\|^2}{(s^k)^{\mathrm{T}} B^k s^k} + \frac{\|y^k\|^2}{(y^k)^{\mathrm{T}} s^k}. \tag{3.9.20}$$

此外, 容易验证 (见课后习题 **3.15**)

$$\det B^{k+1} = \det B^k \frac{(y^k)^{\mathrm{T}} s^k}{(s^k)^{\mathrm{T}} B^k s^k}. \tag{3.9.21}$$

接下来定义

$$\cos \theta_k = \frac{(s^k)^{\mathrm{T}} B^k s^k}{\|s^k\| \|B^k s^k\|}, \quad q_k = \frac{(s^k)^{\mathrm{T}} B^k s^k}{(s^k)^{\mathrm{T}} s^k},$$

那么将(3.9.20)式等号右边第二项整理可以得到

$$\frac{\|B^k s^k\|^2}{(s^k)^{\mathrm{T}} B^k s^k} = \frac{\|B^k s^k\|^2 \|s^k\|^2}{((s^k)^{\mathrm{T}} B^k s^k)^2} \frac{(s^k)^{\mathrm{T}} B^k s^k}{\|s^k\|^2} = \frac{q_k}{\cos^2 \theta_k}.$$

同样, 重新整理(3.9.21)式可以得到

$$\det B^{k+1} = \det B^k \frac{(y^k)^{\mathrm{T}} s^k}{(s^k)^{\mathrm{T}} s^k} \frac{(s^k)^{\mathrm{T}} s^k}{(s^k)^{\mathrm{T}} B^k s^k} = \det B^k \frac{m_k}{q_k}.$$

再引进矩阵辅助函数

$$\psi(B) = \mathrm{Tr}(B) - \ln \det B,$$

那么, 我们有

$$\begin{aligned}
\psi(B^{k+1}) =& \mathrm{Tr}(B^k) + M_k - \frac{q_k}{\cos^2 \theta_k} - \ln \det B^k - \ln m_k + \ln q_k \\
=& \psi(B^k) + (M_k - \ln m_k - 1) + \left(1 - \frac{q_k}{\cos^2 \theta_k} + \ln \frac{q_k}{\cos^2 \theta_k}\right) + \tag{3.9.22}
\end{aligned}$$

$$\ln \cos^2 \theta_k.$$

根据递推关系式(3.9.22), 以及 $\psi(B) > 0, 1 - t + \ln t \leqslant 0, \forall\, t$ 可以得到

$$0 < \psi(B^{k+1}) \leqslant \psi(B^0) + (k+1)c + \sum_{j=0}^{k} \ln \cos^2 \theta_j. \tag{3.9.23}$$

这里 $c = M - \ln m - 1$ 并且不失一般性假设 $c > 0$. 注意到 $s^k = -\alpha_k (B^k)^{-1} \nabla f(x^k)$ 是搜索方向, 那么 $\cos \theta_k$ 即是搜索方向与梯度方向夹角的余弦. 根据定理 3.8, 可知 $\|\nabla f(x^k)\|$ 大于某个非零常数仅当 $\cos \theta_k \to 0$. 因此, 为了证明 $\|\nabla f(x^k)\| \to 0$, 我们仅需证明 $\cos \theta_k \to 0$ 不成立, 下面用反证法证明这一结论. 假设 $\cos \theta_k \to 0$, 那么存在 $k_1 > 0$, 对于任意的 $j > k_1$,

$$\ln \cos^2 \theta_j < -2c.$$

结合(3.9.23)式, 当 $k > k_1$ 时,

$$0 < \psi(B^{k+1}) \leqslant \psi(B^0) + (k+1)c + \sum_{j=0}^{k_1} \ln \cos^2 \theta_j + \sum_{j=k_1}^{k} (-2c) \tag{3.9.24}$$

$$= \psi(B^0) + \sum_{j=0}^{k_1} \ln \cos^2 \theta_j + 2ck_1 + c - ck. \tag{3.9.25}$$

上式的右边对于充分大的 k 是负的, 而不等式左边是 0, 这导出矛盾, 因此假设不成立, 即存在一个子列 $\{j_k\}, k = 1, 2, \cdots$, 使得 $\cos \theta_{j_k} \geqslant \delta > 0$. 根据 Zoutendijk 条件 (定理 3.8), 我们可以得到 $\liminf_{k \to \infty} \|\nabla f(x^k)\| \to 0$. 又因为问题对 $x \in \mathcal{L}$ 是强凸的, 所以这可以导出 $x^k \to x^*$. $\qquad\square$

定理 3.21叙述了 BFGS 格式的全局收敛性, 但没有说明以什么速度收敛. 下面这个定理介绍了在一定条件下 BFGS 格式会达到 Q-超线性收敛速度. 这里只给出定理结果, 详细的证明过程可参考文献 [102].

定理 3.22 (BFGS 收敛速度)   设 $f(x)$ 二阶连续可微, 在最优点 x^* 的一个邻域内海瑟矩阵利普希茨连续, 且使用 BFGS 迭代格式收敛到 f 的最优值点 x^*. 若迭代点列 $\{x^k\}$ 满足

$$\sum_{k=1}^{\infty} \|x^k - x^*\| < +\infty, \tag{3.9.26}$$

则 $\{x^k\}$ 以 Q-超线性收敛到 x^*.

正如我们预期的, 由于仅仅使用了海瑟矩阵的近似矩阵, 拟牛顿法只能达到 Q-超线性收敛速度, 这个速度和牛顿法相比较慢. 但由于拟牛顿法不需要每一步都计算海瑟矩阵, 它在整体计算开销方面可能远远小于牛顿法, 因此在实际问题中较为实用. 同样地, 定理 3.22的结果建立在序列 $\{x^k\}$ 本身收敛的前提之上, 而对于强凸函数, 定理 3.21 保证了序列 $\{x^k\}$ 是全局收敛的. 若函数的性质稍差, 则拟牛顿法可能只有局部的收敛性.

3.9.4 有限内存 BFGS 方法

拟牛顿法虽然克服了计算海瑟矩阵的困难, 但是它仍然无法应用在大规模优化问题上. 一般来说, 拟牛顿矩阵 B^k 或 H^k 是稠密矩阵, 而存储稠密矩阵要消耗 $\mathcal{O}(n^2)$ 的内存, 这对于大规模问题显然是不可能实现的. 在本小节介绍的有限内存 BFGS (L-BFGS) 方法解决了这一存储问题, 从而使得人们在大规模问题上也可应用拟牛顿类方法加速迭代的收敛.

L-BFGS 方法是根据 BFGS 公式(3.9.12)(3.9.14)变形而来的. 为了推导方便, 我们以 H^k 的更新公式(3.9.14)为基础来推导相应的 L-BFGS 公式. 首先引入新的记号重写(3.9.14)式:

$$H^{k+1} = (V^k)^{\mathrm{T}} H^k V^k + \rho_k s^k (s^k)^{\mathrm{T}}, \tag{3.9.27}$$

其中

$$\rho_k = \frac{1}{(y^k)^{\mathrm{T}} s^k}, \quad V^k = I - \rho_k y^k (s^k)^{\mathrm{T}}. \tag{3.9.28}$$

观察到(3.9.27)式有类似递推的性质, 为此我们可将(3.9.27)式递归地展开 m 次, 其中 m 是一个给定的整数:

$$
\begin{aligned}
H^k = {} & (V^{k-m} \cdots V^{k-1})^{\mathrm{T}} H^{k-m} (V^{k-m} \cdots V^{k-1}) + \\
& \rho_{k-m} (V^{k-m+1} \cdots V^{k-1})^{\mathrm{T}} s^{k-m} (s^{k-m})^{\mathrm{T}} (V^{k-m+1} \cdots V^{k-1}) + \\
& \rho_{k-m+1} (V^{k-m+2} \cdots V^{k-1})^{\mathrm{T}} s^{k-m+1} (s^{k-m+1})^{\mathrm{T}} (V^{k-m+2} \cdots V^{k-1}) + \cdots + \\
& \rho_{k-1} s^{k-1} (s^{k-1})^{\mathrm{T}}.
\end{aligned}
\tag{3.9.29}
$$

为了达到节省内存的目的, (3.9.27)式不能无限展开下去, 但这会产生一个问题: H^{k-m} 还是无法显式求出. 一个很自然的想法就是用 H^{k-m} 的近似矩阵来代替 H^{k-m} 进行计算, 近似矩阵的选取方式非常多, 但基本原则是要保证近似矩阵具有非常简单的结构. 假定我们给出了 H^{k-m} 的一个近似矩阵 $\hat{H}^{k-m}$, (3.9.29)式便可以用于计算拟牛顿迭代.

在拟牛顿迭代中, 实际上并不需要计算 H^k 的显式形式, 只需要利用 $H^k \nabla f(x^k)$ 来计算迭代方向 d^k. 为此先直接给出一个利用展开式(3.9.29)直接求解 $H^k \nabla f(x^k)$ 的算法, 见算法 3.8. 该算法的设计非常巧妙, 它充分利用了(3.9.29)式的结构来尽量节省计算 $H^k \nabla f(x^k)$ 的开销. 由于其主体结构包含了方向相反的两个循环, 因此它也被称为双循环递归算法.

我们现在给出算法 3.8 的一个比较直观的执行过程. 在(3.9.29)式中, 等式左右两边同时右乘 $\nabla f(x^k)$, 若只观察等式右侧, 则需要计算

$$V^{k-1} \nabla f(x^k), \ V^{k-2} V^{k-1} \nabla f(x^k), \ \cdots, \ V^{k-m} \cdots V^{k-2} V^{k-1} \nabla f(x^k).$$

算法 3.8   L-BFGS 双循环递归算法

1: 初始化 $q \leftarrow \nabla f(x^k)$.

2: **for** $i = k-1, k-2, \cdots, k-m$ **do**

3:     计算并保存 $\alpha_i \leftarrow \rho_i(s^i)^{\mathrm{T}} q$.

4:     更新 $q \leftarrow q - \alpha_i y^i$.

5: **end for**

6: 初始化 $r \leftarrow \hat{H}^{k-m} q$, 其中 $\hat{H}^{k-m}$ 是 H^{k-m} 的近似矩阵.

7: **for** $i = k-m, k-m+1, \cdots, k-1$ **do**

8:     计算 $\beta \leftarrow \rho_i(y^i)^{\mathrm{T}} r$.

9:     更新 $r \leftarrow r + (\alpha_i - \beta)s^i$.

10: **end for**

11: 输出 r, 即 $H^k \nabla f(x^k)$.

这些结果可以递推地进行, 无须重复计算. 另一个比较重要的观察是, 在计算 $V^{k-l} \cdots V^{k-1} \nabla f(x^k)$ 的过程中恰好同时计算了上一步的 $\rho_{k-l}(s^{k-l})^{\mathrm{T}}[V^{k-l+1} \cdots V^{k-1} \nabla f(x^k)]$, 这是一个标量, 对应着算法 3.8 的 α_i. 因此执行完第一个循环后, 我们得到了 α_i, q, 公式(3.9.29) 变成了如下形式:

$$
\begin{aligned}
H^k \nabla f(x^k) =& (V^{k-m} \cdots V^{k-1})^{\mathrm{T}} H^{k-m} q + \\
& (V^{k-m+1} \cdots V^{k-1})^{\mathrm{T}} s^{k-m} \alpha_{k-m} + \\
& (V^{k-m+2} \cdots V^{k-1})^{\mathrm{T}} s^{k-m+1} \alpha_{k-m+1} + \cdots + s^{k-1} \alpha_{k-1}.
\end{aligned}
\tag{3.9.30}
$$

公式(3.9.30)已经简化了不少, 接下来算法 3.8 的第二个循环就是自上而下合并每一项. 以合并前两项为例, 它们有公共的因子 $(V^{k-m+1} \cdots V^{k-1})^{\mathrm{T}}$, 提取出来之后前两项的和可以写为

$$
\begin{aligned}
& (V^{k-m+1} \cdots V^{k-1})^{\mathrm{T}}((V^{k-m})^{\mathrm{T}} r + \alpha_{k-m} s^{k-m}) \\
=& (V^{k-m+1} \cdots V^{k-1})^{\mathrm{T}}(r + (\alpha_{k-m} - \beta)s^{k-m}),
\end{aligned}
$$

这正是第二个循环的迭代格式. 注意合并后(3.9.30)式的结构仍不变, 因此可递归地计算下去, 最后变量 r 就是我们期望的结果 $H^k \nabla f(x^k)$.

算法 3.8 双循环约需要 $4mn$ 次乘法运算与 $2mn$ 次加法运算, 若近似矩阵 $\hat{H}^{k-m}$ 是对角矩阵, 则额外需要 n 次乘法运算. 由于 m 不会很大, 因此该算法的复杂度是 $\mathcal{O}(mn)$. 算法所需要的额外存储为临时变量 α_i, 它的大小是 $\mathcal{O}(m)$. 综上所述, L-BFGS 双循环算法是非常高效的.

近似矩阵 $\hat{H}^{k-m}$ 的取法可以是对角矩阵 $\hat{H}^{k-m} = \gamma_k I$, 其中

$$
\gamma_k = \frac{(s^{k-1})^{\mathrm{T}} y^{k-1}}{(y^{k-1})^{\mathrm{T}} y^{k-1}}.
\tag{3.9.31}
$$

注意, 这恰好是 BB 方法的第一个步长, 见(3.5.9)式.

至此我们基本介绍了 L-BFGS 方法的迭代格式 (见算法 3.9), 下面从另一个角度出发来重新理解这个格式, 进而可以直接给出 L-BFGS 格式下拟牛顿矩阵的形式. 为了讨论问题方便, 我们引入新的记号

$$S^k = [s^0, s^1, \cdots, s^{k-1}], \quad Y^k = [y^0, y^1, \cdots, y^{k-1}]. \tag{3.9.32}$$

引入矩阵记号的目的是使得 BFGS 格式(3.9.14)有更紧凑的表达形式.

算法 3.9 L-BFGS 方法

1: 选择初始点 x^0, 参数 $m > 0$, $k \leftarrow 0$.
2: **while** 未达到收敛准则 **do**
3:     选取近似矩阵 $\hat{H}^{k-m}$.
4:     使用算法 3.8 计算下降方向 $d^k = -H^k \nabla f(x^k)$.
5:     使用线搜索算法计算满足 Wolfe 准则的步长 α_k.
6:     更新 $x^{k+1} = x^k + \alpha_k d^k$.
7:     **if** $k > m$ **then**
8:         从内存空间中删除 s^{k-m}, y^{k-m}.
9:     **end if**
10:    计算并保存 $s^k = x^{k+1} - x^k$, $y^k = \nabla f(x^{k+1}) - \nabla f(x^k)$.
11:    $k \leftarrow k + 1$.
12: **end while**

定理 3.23 设 H^0 为 BFGS 格式的初始矩阵, 且是对称正定的, 又设 k 个向量对 $\{s^i, y^i\}_{i=0}^{k-1}$ 满足 $(s^i)^{\mathrm{T}} y^i > 0$, H^k 是 BFGS 格式(3.9.14)产生的拟牛顿矩阵, 则有

$$H^k = H^0 + \begin{bmatrix} S^k & H^0 Y^k \end{bmatrix} \begin{bmatrix} W^k & -(R^k)^{-\mathrm{T}} \\ -(R^k)^{-1} & 0 \end{bmatrix} \begin{bmatrix} (S^k)^{\mathrm{T}} \\ (Y^k)^{\mathrm{T}} H^0 \end{bmatrix}, \tag{3.9.33}$$

其中

$$W^k = \left((R^k)^{-1}\right)^{\mathrm{T}} \left(D^k + (Y^k)^{\mathrm{T}} H^0 Y^k\right)(R^k)^{-1},$$

矩阵 R^k 是 $k \times k$ 上三角形矩阵, 其元素为

$$(R^k)_{ij} = \begin{cases} (s^{i-1})^{\mathrm{T}} y^{j-1}, & i \leqslant j, \\ 0, & i > j, \end{cases}$$

$D^k = \mathrm{Diag}((s^0)^{\mathrm{T}} y^0, (s^1)^{\mathrm{T}} y^1, \cdots, (s^{k-1})^{\mathrm{T}} y^{k-1})$ 为对角矩阵.

该定理证明比较烦琐, 见文献 [25]. 它的重要意义在于可在给定 H^0, S^k, Y^k 的条件下直接计算出 BFGS 迭代矩阵 H^k. 如果 H^0 是一个近似矩阵, 那么 (3.9.33)式将给

出 L-BFGS 格式迭代矩阵的显式格式. 我们注意到格式(3.9.33) 非常紧凑, 直接使用矩阵的语言表达, 因此从实现和理解上也比双循环算法直观. 格式(3.9.33) 也可直接用于 L-BFGS 的计算, 但总计算量要比算法 3.8 多一个常数量级. 然而(3.9.33)涉及矩阵操作, 在现代计算机实现下可以使用 BLAS2(BLAS3) 操作更高效地执行, 实际效果很可能赶超双循环算法.

利用 SMW 公式(3.9.13)可以求出 BFGS 基于 B^k 的块迭代格式.

定理 3.24　设 B^0 为 BFGS 格式的初始矩阵, 且是对称正定的, 又设 k 个向量对 $\{s^i, y^i\}_{i=0}^{k-1}$ 满足 $(s^i)^{\mathrm{T}} y^i > 0$, B^k 是 BFGS 格式(3.9.12)产生的拟牛顿矩阵, 则有

$$B^k = B^0 - \begin{bmatrix} B^0 S^k & Y^k \end{bmatrix} \begin{bmatrix} (S^k)^{\mathrm{T}} B^0 S^k & L^k \\ (L^k)^{\mathrm{T}} & -D^k \end{bmatrix}^{-1} \begin{bmatrix} (S^k)^{\mathrm{T}} B^0 \\ (Y^k)^{\mathrm{T}} \end{bmatrix}, \tag{3.9.34}$$

其中矩阵 L^k 是 $k \times k$ 严格下三角形矩阵, 其元素为

$$(L^k)_{ij} = \begin{cases} (s^{i-1})^{\mathrm{T}} y^{j-1}, & i > j, \\ 0, & i \leqslant j, \end{cases}$$

$D^k = \mathrm{Diag}((s^0)^{\mathrm{T}} y^0, (s^1)^{\mathrm{T}} y^1, \cdots, (s^{k-1})^{\mathrm{T}} y^{k-1})$ 为对角矩阵.

正因为 L-BFGS 方法的出现, 人们可以使用拟牛顿类算法求解优化问题. 虽然有关 L-BFGS 方法的收敛性质依然很有限, 但在实际应用中 L-BFGS 方法很快成了应用最广泛的拟牛顿类算法. 比较有趣的是, 尽管 DFP 公式和 BFGS 公式呈对偶关系, 但极少有人研究有限内存的 DFP 格式, 这也使得 BFGS 格式在地位上比 DFP 格式略胜一筹.

3.9.5　应用举例

1. 基追踪问题

考虑基追踪问题:
$$\min_{x \in \mathbb{R}^n} \quad \|x\|_1, \quad \text{s.t.} \quad Ax = b, \tag{3.9.35}$$

其中 $A \in \mathbb{R}^{m \times n}, b \in \mathbb{R}^m$ 为给定的矩阵和向量. 这是一个约束优化问题, 如何将其转化为一个无约束优化问题呢? 自然地, 我们可以考虑其对偶问题. 由于问题(3.9.35)的对偶问题的无约束优化形式不是可微的, 即无法计算梯度 (读者可以自行验证), 我们考虑如下正则化问题:
$$\min_{x \in \mathbb{R}^n} \quad \|x\|_1 + \frac{1}{2\alpha} \|x\|_2^2, \quad \text{s.t.} \quad Ax = b, \tag{3.9.36}$$

这里 $\alpha > 0$ 为正则化参数. 显然, 当 α 趋于无穷大时, 问题(3.9.36)的解会逼近(3.9.35)的解. 由于问题(3.9.36)的目标函数是强凸的, 其对偶问题的无约束优化形式的目标函数是

可微的. 具体地, 问题(3.9.36)的对偶问题为

$$\min_{y \in \mathbb{R}^m} \quad f(y) = -b^{\mathrm{T}}y + \frac{\alpha}{2}\|A^{\mathrm{T}}y - \mathcal{P}_{[-1,1]^n}(A^{\mathrm{T}}y)\|_2^2, \tag{3.9.37}$$

其中 $\mathcal{P}_{[-1,1]^n}(x)$ 为 x 到集合 $[-1,1]^n$ 的投影. 通过简单计算, 可知

$$\nabla f(y) = -b + \alpha A(A^{\mathrm{T}}y - \mathcal{P}_{[-1,1]^n}(A^{\mathrm{T}}y)),$$

那么, 我们可以利用 L-BFGS 方法来求解问题(3.9.37). 在得到该问题的解 y^* 之后, 问题(3.9.36)的解 x^* 可通过下式近似得到:

$$x^* \approx \alpha \left(A^{\mathrm{T}}y^* - \mathcal{P}_{[-1,1]^n}(A^{\mathrm{T}}y^*)\right).$$

进一步地, 文章 [154] 中证明, 当 α 充分大时, 问题(3.9.36)的解就是原问题(3.9.35)的解. 因此, 我们可以通过选取合适的 α, 通过求解问题(3.9.37)来得到问题(3.9.35)的解.

我们用第 3.5 小节中的 A 和 b, 分别选取 $\alpha = 5, 10$, 调用 L-BFGS 方法求解问题(3.9.37), 其中内存长度取为 5. 迭代收敛过程见图 3.15. 从图中我们可以看到, 当靠近最优解时, L-BFGS 方法的迭代点列呈 Q-线性收敛.

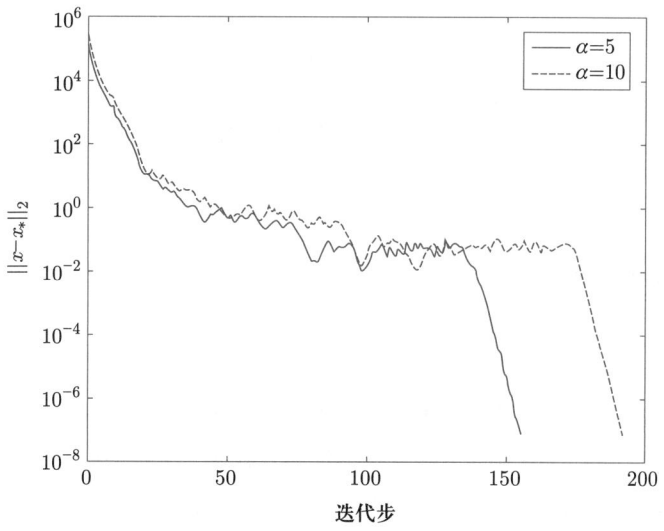

图 3.15 基追踪问题

2. 逻辑回归问题

考虑逻辑回归问题

$$\min_x \quad \ell(x) \stackrel{\mathrm{def}}{=\!=} \frac{1}{m}\sum_{i=1}^{m}\ln(1 + \exp(-b_i a_i^{\mathrm{T}}x)) + \lambda\|x\|_2^2, \tag{3.9.38}$$

这里, 选取 $\lambda = \dfrac{1}{100m}$. 目标函数的导数计算可以参考上一节. 同样地, 我们选取 LIBSVM 上的数据集, 调用 L-BFGS(内存长度取为 5) 求解代入数据集后的问题(3.9.38), 其迭代收敛过程见图 3.16.

从 ijcnn 数据集的迭代结果可以看到, 当靠近最优解时, L-BFGS 方法的迭代点列呈 Q-线性收敛. 对于 a9a 和 CINA 数据集, 由于对应的海瑟矩阵的谱分布不同, 图中的迭代还没有进入 LBFGS 算法的线性收敛区域, 因而会产生一些抖动, 但总体是呈下降趋势.

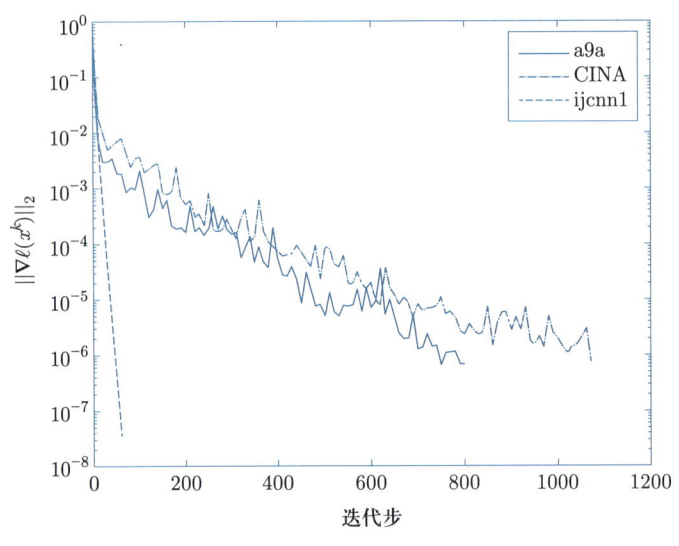

图 3.16 逻辑回归问题

3.10 信赖域算法

本节介绍信赖域算法. 它和线搜索算法都是借助泰勒展开来对目标函数进行局部近似, 但它们看待近似函数的方式不同. 在线搜索算法中, 我们先利用近似模型求出下降方向, 然后给定步长; 而在信赖域类算法中, 我们直接在一个有界区域内求解这个近似模型, 而后迭代到下一个点. 因此信赖域算法实际上是同时选择了方向和步长.

3.10.1 信赖域算法框架

我们对信赖域算法给一个直观的数学表达. 根据带拉格朗日余项的泰勒展开,

$$f(x^k + d) = f(x^k) + \nabla f(x^k)^{\mathrm{T}} d + \frac{1}{2} d^{\mathrm{T}} \nabla^2 f(x^k + td) d,$$

其中 $t \in (0, 1)$ 为和 d 有关的正数. 和牛顿法相同, 我们利用 $f(x)$ 的一个二阶近似来刻画 $f(x)$ 在点 $x = x^k$ 处的性质:

$$m_k(d) = f(x^k) + \nabla f(x^k)^{\mathrm{T}} d + \frac{1}{2} d^{\mathrm{T}} B^k d, \tag{3.10.1}$$

其中 B^k 是对称矩阵. 这里要求 B^k 是海瑟矩阵的近似矩阵, 如果 B^k 恰好是函数 $f(x)$ 在点 $x = x^k$ 处的海瑟矩阵, 那么当 $f(x)$ 充分光滑时, $m_k(d)$ 的逼近误差是 $O(\|d\|^3)$.

我们使用了二阶泰勒展开来近似目标函数 $f(x)$, 但还需要考虑到泰勒展开是函数的局部性质, 它仅仅对模长较小的 d 有意义. 当 d 过长时, 模型(3.10.1) 便不再能刻画 $f(x)$ 的特征, 为此需要对模型(3.10.1)添加约束. 我们仅在如下球内考虑 $f(x)$ 的近似:

$$\Omega_k = \{x^k + d \mid \|d\| \leqslant \Delta_k\},$$

其中 $\Delta_k > 0$ 是一个和迭代有关的参数. 我们称 Ω_k 为**信赖域**, Δ_k 为 **信赖域半径**. 从命名方式也可看出, 信赖域就是我们相信 $m_k(d)$ 能很好地近似 $f(x)$ 的区域, 而 Δ_k 表示了这个区域的大小. 因此信赖域算法每一步都需要求解如下子问题:

$$\min_{d \in \mathbb{R}^n} \quad m_k(d), \quad \text{s.t.} \quad \|d\| \leqslant \Delta_k. \tag{3.10.2}$$

图 3.17显示了子问题(3.10.2)的求解过程. 图中实线表示 $f(x)$ 的等高线, 虚线表示 $m_k(d)$ 的等高线 (这里有关系 $d = x - x^k$), d_N 表示求解无约束问题得到的下降方向 (若 B^k 为海瑟矩阵, 则 d_N^k 为牛顿方向), d_{TR}^k 表示求解信赖域子问题(3.10.2)得到的下降方向, 可以看到二者明显是不同的. 信赖域算法正是限制了 d 的大小, 使得迭代更加保守, 因此可以在牛顿方向很差时发挥作用.

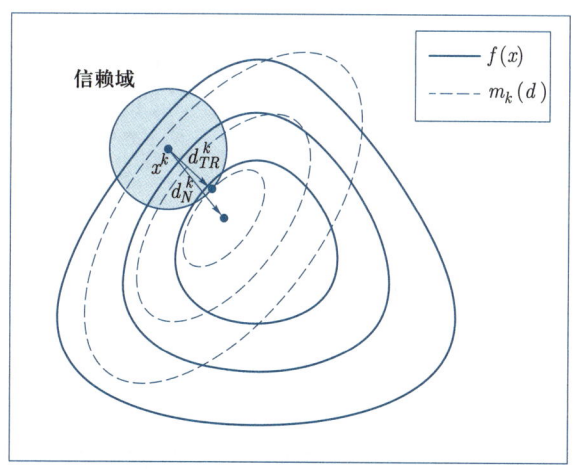

图 3.17　信赖域算法一步迭代

在子问题(3.10.2)中仍需要确定信赖域半径 Δ_k. 实际上, 选取信赖域半径非常关键, 它决定了算法的收敛性. 考虑到信赖域半径是 "对模型 $m_k(d)$ 相信的程度", 如果 $m_k(d)$

对函数 $f(x)$ 近似较好, 就应该扩大信赖域半径, 在更大的区域内使用这个近似, 反之就应该减小信赖域半径重新计算. 我们引入如下定义来衡量 $m_k(d)$ 近似程度的好坏:

$$\rho_k = \frac{f(x^k) - f(x^k + d^k)}{m_k(0) - m_k(d^k)}, \tag{3.10.3}$$

其中 d^k 为求解子问题(3.10.2)得到的迭代方向. 根据 ρ_k 的定义我们知道, 它是函数值实际下降量与预估下降量 (即二阶近似模型下降量) 的比值. 如果 ρ_k 接近于 1 , 说明用 $m_k(d)$ 来近似 $f(x)$ 是比较成功的, 我们应该扩大 Δ_k; 如果 ρ_k 非常小甚至为负, 就说明我们过分地相信了二阶模型 $m_k(d)$, 此时应该缩小 Δ_k. 使用这个机制可以动态调节 Δ_k, 让二阶模型 $m_k(d)$ 的定义域处于一个合适的范围.

算法 3.10 给出完整的信赖域方法. 该算法虽然有一些参数, 但是它对这些参数的取值并不敏感. 实际中可取 $\bar{\rho}_1 = 0.25, \bar{\rho}_2 = 0.75$ 以及 $\gamma_1 = 0.25, \gamma_2 = 2$. 注意, 信赖域半径 Δ_k 不会无限增长, 一是因为它有上界的控制, 二是如果信赖域约束不起作用 (即二次模型最优值处于信赖域内), 我们也无须增加信赖域半径. 只有当 $m_k(d)$ 近似足够好并且信赖域约束起作用时, 才需要增加 Δ_k.

算法 3.10 信赖域算法

1: 给定最大半径 $\Delta_{\max}$, 初始半径 Δ_0, 初始点 x^0, $k \leftarrow 0$.

2: 给定参数 $0 \leqslant \eta < \bar{\rho}_1 < \bar{\rho}_2 < 1, \gamma_1 < 1 < \gamma_2$.

3: **while** 未达到收敛准则 **do**

4:   计算子问题(3.10.2)得到迭代方向 d^k.

5:   根据(3.10.3)式计算下降率 ρ_k.

6:   更新信赖域半径:

$$\Delta_{k+1} = \begin{cases} \gamma_1 \Delta_k, & \rho_k < \bar{\rho}_1, \\ \min\{\gamma_2 \Delta_k, \Delta_{\max}\}, & \rho_k > \bar{\rho}_2 \text{ 以及 } \|d^k\| = \Delta_k, \\ \Delta_k, & \text{其他.} \end{cases}$$

7:   更新自变量:

$$x^{k+1} = \begin{cases} x^k + d^k, & \rho_k > \eta, \qquad \text{/* 只有下降比例足够大才更新 */} \\ x^k, & \text{其他.} \end{cases}$$

8:   $k \leftarrow k + 1$.

9: **end while**

在算法 3.10 中只剩下一个关键问题没有说明: 如何求解信赖域子问题(3.10.2)? 下一个小节将给出两种方法.

3.10.2 信赖域子问题求解

在多数实际应用中, 信赖域子问题(3.10.2)的解是无法显式写出的. 为了求出迭代方向 d^k, 我们需要设计算法快速或近似求解子问题(3.10.2).

1. 迭代法

信赖域子问题是一个仅仅涉及二次函数的约束优化问题, 那么能否用约束优化问题的最优性条件来求解子问题的解呢? 下面的定理给出了子问题的最优解 p^* 需要满足的条件:

定理 3.25 d^* 是信赖域子问题

$$\min \quad m(d) = f + g^{\mathrm{T}}d + \frac{1}{2}d^{\mathrm{T}}Bd, \quad \text{s.t.} \quad \|d\| \leqslant \Delta \tag{3.10.4}$$

的全局极小解当且仅当 d^* 是可行的且存在 $\lambda \geqslant 0$ 使得

$$(B + \lambda I)d^* = -g, \tag{3.10.5a}$$

$$\lambda(\Delta - \|d^*\|) = 0, \tag{3.10.5b}$$

$$(B + \lambda I) \succeq 0. \tag{3.10.5c}$$

证明 先证明必要性. 实际上, 我们可以利用 KKT 条件来直接写出 d^* 所满足的关系. 问题(3.10.4)的拉格朗日函数为

$$L(d, \lambda) = f + g^{\mathrm{T}}d + \frac{1}{2}d^{\mathrm{T}}Bd - \frac{\lambda}{2}(\Delta^2 - \|d\|^2),$$

其中乘子 $\lambda \geqslant 0$. 根据 KKT 条件, d^* 是可行解, 且

$$\nabla_d L(d^*, \lambda) = (B + \lambda I)d^* + g = 0.$$

此外还有互补条件

$$\frac{\lambda}{2}(\Delta^2 - \|d^*\|^2) = 0,$$

以上两式整理后就是(3.10.5a)式和(3.10.5b)式. 为了证明(3.10.5c)式, 我们任取 d 满足 $\|d\| = \Delta$, 根据最优性, 有

$$m(d) \geqslant m(d^*) = m(d^*) + \frac{\lambda}{2}(\|d\|^2 - \|d^*\|^2).$$

利用(3.10.5a)式消去 g, 代入上式整理可知

$$(d - d^*)^{\mathrm{T}}(B + \lambda I)(d - d^*) \geqslant 0,$$

由任意性可知 $B + \lambda I$ 半正定.

再证明充分性. 定义辅助函数

$$\hat{m}(d) = f + g^{\mathrm{T}}d + \frac{1}{2}d^{\mathrm{T}}(B + \lambda I)d = m(d) + \frac{\lambda}{2}d^{\mathrm{T}}d,$$

由条件 (3.10.5c) 可知 $\hat{m}(d)$ 关于 d 是凸函数. 根据条件 (3.10.5a), d^* 满足凸函数一阶最优性条件, 结合定理 3.5 可推出 d^* 是 $\hat{m}(d)$ 的全局极小值点, 进而对任意可行解 d, 我们有

$$m(d) \geqslant m(d^*) + \frac{\lambda}{2}(\|d^*\|^2 - \|d\|^2).$$

由互补条件 (3.10.5b) 可知 $\lambda(\Delta^2 - \|d^*\|^2) = 0$, 代入上式消去 $\|d^*\|^2$ 得

$$m(d) \geqslant m(d^*) + \frac{\lambda}{2}(\Delta^2 - \|d\|^2) \geqslant m(d^*). \qquad \square$$

定理 3.25提供了问题维数 n 较小时寻找 d^* 的一个方法. 根据 (3.10.5a) 式, 最优解是以 λ 为参数的一族向量. 我们定义

$$d(\lambda) = -(B + \lambda I)^{-1}g, \qquad (3.10.6)$$

则只需要寻找合适的 λ 使得(3.10.5b)式和(3.10.5c)式成立即可. 根据互补条件(3.10.5b), 当 $\lambda > 0$ 时必有 $\|d(\lambda)\| = \Delta$; 根据半正定条件(3.10.5c), λ 须不小于 B 的最小特征值的相反数. 现在研究 $\|d(\lambda)\|$ 随 λ 变化的性质. 设 B 有特征值分解 $B = Q\Lambda Q^{\mathrm{T}}$, 其中 $Q = [q_1, q_2, \cdots, q_n]$ 是正交矩阵, $\Lambda = \mathrm{Diag}(\lambda_1, \lambda_2, \cdots, \lambda_n)$ 是对角矩阵, $\lambda_1 \leqslant \lambda_2 \leqslant \cdots \leqslant \lambda_n$ 是 B 的特征值. 为了方便, 以下仅考虑 $\lambda_1 \leqslant 0$ 且 λ_1 是单特征值的情形. 其他情形可类似分析. 显然, $B + \lambda I$ 有特征值分解 $B + \lambda I = Q(\Lambda + \lambda I)Q^{\mathrm{T}}$. 对 $\lambda > -\lambda_1 \geqslant 0$, 我们可直接写出 $d(\lambda)$ 的表达式:

$$d(\lambda) = -Q(\Lambda + \lambda I)^{-1}Q^{\mathrm{T}}g = -\sum_{i=1}^{n}\frac{q_i^{\mathrm{T}}g}{\lambda_i + \lambda}q_i. \qquad (3.10.7)$$

这正是 $d(\lambda)$ 的正交分解, 由正交性可容易求出

$$\|d(\lambda)\|^2 = \sum_{i=1}^{n}\frac{(q_i^{\mathrm{T}}g)^2}{(\lambda_i + \lambda)^2}. \qquad (3.10.8)$$

根据(3.10.8)式可知当 $\lambda > -\lambda_1$ 且 $q_1^{\mathrm{T}}g \neq 0$ 时, $\|d(\lambda)\|^2$ 是关于 λ 的严格减函数, 且有

$$\lim_{\lambda \to \infty}\|d(\lambda)\| = 0, \qquad \lim_{\lambda \to -\lambda_1^+}\|d(\lambda)\| = +\infty.$$

根据连续函数介值定理, $\|d(\lambda)\| = \Delta$ 的解必存在且唯一. 一个典型的例子如图 3.18 所示.

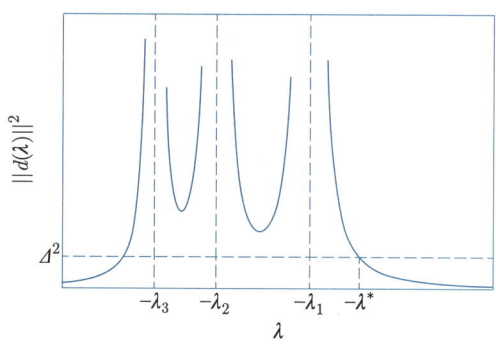

图 3.18 $\|d(\lambda)\|^2$ 随 λ 的变化关系

根据上面的分析, 寻找 λ^* 已经转化为一个一元方程求根问题, 我们可以使用牛顿法求解. 在得到最优解 λ^* 后, 根据(3.10.5a)式即可求出迭代方向 d^*, 这里略去细节, 感兴趣的读者可参考文献 [102].

此外, 在上面的分析中我们假定了 $q_1^{\mathrm{T}} g \neq 0$, 在实际中这个条件未必满足. 当 $q_1^{\mathrm{T}} g = 0$ 时, (3.10.8)式将没有和 λ_1 相关的项. 此时未必存在 $\lambda^* > -\lambda_1$ 使得 $\|d(\lambda^*)\| = \Delta$ 成立. 记 $M = \lim\limits_{\lambda \to -\lambda_1^+} \|d(\lambda)\|$, 当 $M \geqslant \Delta$ 时, 仍然可以根据介值定理得出 $\lambda^*(> -\lambda_1)$ 的存在性; 而当 $M < \Delta$ 时, 无法利用前面的分析求出 λ^* 和 d^*, 此时信赖域子问题变得比较复杂. 实际上, $q_1^{\mathrm{T}} g = 0$ 且 $M < \Delta$ 的情形被人们称为 "困难情形 (hard case)". 此情形发生时, 区间 $(-\lambda_1, +\infty)$ 中的点无法使得 (3.10.5b) 成立, 而定理 3.25 的结果说明 $\lambda^* \in [-\lambda_1, +\infty)$, 因此必有 $\lambda^* = -\lambda_1$.

为了求出 d^*, 可以利用 (奇异) 线性方程组 (3.10.5a) 解的结构, 其通解可以写为

$$d(\alpha) = -\sum_{i=2}^{n} \frac{q_i^{\mathrm{T}} g}{\lambda_i - \lambda_1} q_i + \alpha q_1, \quad \alpha \in \mathbb{R}.$$

由正交性,

$$\|d(\alpha)\|^2 = \alpha^2 + \sum_{i=2}^{n} \frac{(q_i^{\mathrm{T}} g)^2}{(\lambda_i - \lambda_1)^2}.$$

注意在困难情形中有 $M = \sqrt{\sum\limits_{i=2}^{n} \dfrac{(q_i^{\mathrm{T}} g)^2}{(\lambda_i - \lambda_1)^2}} < \Delta$, 因此必存在 α^* 使得 $\|d(\alpha^*)\| = \Delta$. 这就求出了 d^* 的表达式.

2. 截断共轭梯度法

我们再介绍一种信赖域子问题的求解方法. 既然问题(3.10.2)的解不易求出, 能否写出它的一个近似解呢? Steihaug[131] 在 1983 年对共轭梯度法进行了改造, 使其成为能求解问题(3.10.2)的算法. 此算法能够应用在大规模问题中, 是一种非常有效的信赖域子问题的求解方法. 我们知道, 子问题(3.10.2)和一般的二次极小化问题相差一个约束, 如

果先不考虑其中的约束 $\|d\| \leqslant \Delta$ 而直接使用共轭梯度法求解, 在迭代过程中应该能找到合适的迭代点作为信赖域子问题的近似解. 这就是截断共轭梯度法的基本思想.

为了介绍截断共轭梯度法, 我们简要回顾一下标准共轭梯度法的迭代过程. 对于二次极小化问题

$$\min_{s} \quad q(s) \stackrel{\text{def}}{=\!=} g^{\mathrm{T}}s + \frac{1}{2}s^{\mathrm{T}}Bs,$$

给定初值 $s^0 = 0, r^0 = g, p^0 = -g$, 共轭梯度法的迭代过程为

$$\alpha_{k+1} = \frac{\|r^k\|^2}{(p^k)^{\mathrm{T}}Bp^k},$$

$$s^{k+1} = s^k + \alpha_k p^k,$$

$$r^{k+1} = r^k + \alpha_k Bp^k,$$

$$\beta_k = \frac{\|r^{k+1}\|^2}{\|r^k\|^2},$$

$$p^{k+1} = -r^{k+1} + \beta_k p^k,$$

其中迭代序列 $\{s^k\}$ 最终的输出即为二次极小化问题的解, 算法的终止准则是判断 $\|r^k\|$ 是否足够小. 截断共轭梯度法则是给标准的共轭梯度法增加了两条终止准则, 并对最后一步的迭代点 s^k 进行修正来得到信赖域子问题的解. 考虑到矩阵 B 不一定是正定矩阵, 在迭代过程中可能会产生如下三种情况:

(1) $(p^k)^{\mathrm{T}}Bp^k \leqslant 0$, 即 B 不是正定矩阵. 我们知道共轭梯度法不能处理非正定的线性方程组, 遇到这种情况应该立即终止算法. 但根据这个条件也找到了一个负曲率方向, 此时只需要沿着这个方向走到信赖域边界即可.

(2) $(p^k)^{\mathrm{T}}Bp^k > 0$ 但 $\|s^{k+1}\| \geqslant \Delta$, 这表示若继续进行共轭梯度法迭代, 则点 s^{k+1} 将处于信赖域之外或边界上, 此时必须马上停止迭代, 并在 s^k 和 s^{k+1} 之间找一个近似解.

(3) $(p^k)^{\mathrm{T}}Bp^k > 0$ 且 $\|r^{k+1}\|$ 充分小, 这表示若共轭梯度法成功收敛到信赖域内. 子问题(3.10.2)和不带约束的二次极小化问题是等价的.

从上述终止条件来看, 截断共轭梯度法仅仅产生了共轭梯度法的部分迭代点, 这也是该方法名字的由来.

算法 3.11 给出截断共轭梯度法的迭代过程, 其中的三个判断分别对应了之前叙述的三种情况. 注意, 在不加限制时, 下一步迭代点总是为 $s^{k+1} = s^k + \alpha_k p^k$. 当情况 (1) 发生时, 只需要沿着 p^k 走到信赖域边界; 当情况 (2) 发生时, 由于 $\|s^k\| < \Delta, \|s^k + \alpha_k p^k\| \geqslant \Delta$, 由连续函数介值定理可得 τ 必定存在且处于区间 $(0, \alpha_k]$ 内.

算法 3.11　截断共轭梯度法 (Steihaug-CG)

1: 给定精度 $\varepsilon > 0$, 初始化 $s^0 = 0, r^0 = g, p^0 = -g, k \leftarrow 0$.

2: **if** $\|p^0\| \leqslant \varepsilon$ **then**

3:　　算法停止, 输出 $s = 0$.

4: **end if**

5: **loop**

6:　　**if** $(p^k)^{\mathrm{T}} B p^k \leqslant 0$ **then**

7:　　　　计算 $\tau > 0$ 使得 $\|s^k + \tau p^k\| = \Delta$.

8:　　　　算法停止, 输出 $s = s^k + \tau p^k$.

9:　　**end if**

10:　　计算 $\alpha_k = \dfrac{\|r^k\|^2}{(p^k)^{\mathrm{T}} B p^k}$, 更新 $s^{k+1} = s^k + \alpha_k p^k$.

11:　　**if** $\|s^{k+1}\| \geqslant \Delta$ **then**

12:　　　　计算 $\tau > 0$ 使得 $\|s^k + \tau p^k\| = \Delta$.

13:　　　　算法停止, 输出 $s = s^k + \tau p^k$.

14:　　**end if**

15:　　计算 $r^{k+1} = r^k + \alpha_k B p^k$.

16:　　**if** $\|r^{k+1}\| < \varepsilon \|r^0\|$ **then**

17:　　　　算法停止, 输出 $s = s^{k+1}$.

18:　　**end if**

19:　　计算 $\beta_k = \dfrac{\|r^{k+1}\|^2}{\|r^k\|^2}$, 更新 $p^{k+1} = -r^{k+1} + \beta_k p^k$.

20:　　$k \leftarrow k + 1$.

21: **end loop**

截断共轭梯度法的迭代序列 $\{s^k\}$ 有非常好的性质, 实际上我们可以证明如下定理:

定理 3.26　设 $q(s)$ 是任意外迭代步信赖域子问题的目标函数, 令 $\{s^j\}$ 是由算法 3.11 产生的迭代序列, 则在算法终止前 $q(s^j)$ 是严格单调递减的, 即

$$q(s^{j+1}) < q(s^j). \tag{3.10.9}$$

并且 $\|s^j\|$ 是严格单调递增的, 即

$$0 = \|s^0\| < \|s^1\| < \cdots < \|s^{j+1}\| < \cdots \leqslant \Delta. \tag{3.10.10}$$

证明　为了方便讨论, 我们不妨设迭代在第 t 步终止. 根据算法 3.11, 在终止之前, $(p^j)^{\mathrm{T}} B p^j > 0, j < t$ 是一直成立的. 此时的算法就是共轭梯度法, 而对共轭梯度法很容易证明(3.10.9)式和(3.10.10)式. 注意到 $q(s)$ 在点 s^j 处的梯度就是 r^j, 而根据共轭梯度迭代性质 $(r^j)^{\mathrm{T}} p^i = 0, i < j$, 所以

$$(r^j)^{\mathrm{T}} p^j = (r^j)^{\mathrm{T}}(-r^j + \beta_{j-1} p^{j-1}) = -\|r^j\|^2 < 0,$$

即 p^j 是下降方向. 而 α_j 的选取恰好为精确线搜索的步长, 因此有 $q(s^{j+1}) < q(s^j)$. 此外由 s^j 的定义,

$$s^j = \sum_{i=0}^{j-1} \alpha_i p^i, \quad \alpha_i > 0.$$

再一次根据共轭梯度法的性质, 我们有

$$(p^j)^{\mathrm{T}}s^j = \sum_{i=0}^{j-1}\alpha_i(p^j)^{\mathrm{T}}p^i = \sum_{i=0}^{j-1}\alpha_i\frac{\|r^j\|^2}{\|r^i\|^2}\|p^i\|^2 > 0.$$

结合以上表达式可得

$$\|s^{j+1}\|^2 = \|s^j + \alpha_j p^j\|^2 = \|s^j\|^2 + 2\alpha_j(p^j)^{\mathrm{T}}s^j + \alpha_j^2\|p^j\|^2 > \|s^j\|^2. \qquad \square$$

实际上, 我们还可进一步说明算法 3.11 的输出 s 满足如下关系:

$$q(s) \leqslant q(s^t), \quad \|s^t\| \leqslant \|s\|,$$

其中 t 为算法终止时的迭代数. 这只需要分别讨论三种终止条件即可.

(1) 若 $(p^t)^{\mathrm{T}}Bp^t \leqslant 0$, 则 p^t 是负曲率方向, 沿着负曲率方向显然有 $q(s) \leqslant q(s^t)$. 注意到此时 $\|s\| = \Delta$, 因此有 $\|s^t\| \leqslant \|s\| = \Delta$.

(2) 若 $(p^t)^{\mathrm{T}}Bp^t > 0$ 但 $\|s^{t+1}\| \geqslant \Delta$, 根据最速下降法的性质, $q(s^t + \alpha p^t)$ 关于 $\alpha \in (0, \alpha_t]$ 单调下降, 根据 t 的取法显然有 $q(s) \leqslant q(s^t)$. 此时依然有 $\|s\| = \Delta$, 因此 $\|s^t\| \leqslant \|s\| = \Delta$ 仍成立.

(3) 若 $(p^t)^{\mathrm{T}}Bp^t > 0$ 且 $\|r^{t+1}\| \leqslant \varepsilon\|r^0\|$, 此时算法就是共轭梯度法, 结论自然成立.

定理 3.26 其实可以从以下的观点来看: 记 $d(\Delta)$ 为信赖域子问题 (3.10.2) 当信赖域半径取 Δ 时的解, 在这里我们让 Δ 从 0 开始变化, 则 $d(\Delta)$ 的轨迹就是一条单参数曲线. 算法 3.11 实际上是使用由共轭梯度法迭代点列 $\{s^j\}$ 确定的折线来逼近这条曲线, 并将该折线与信赖域交集中距信赖域中心的最远点作为信赖域子问题的近似解. 实际上, 许多方法都利用了这种逼近的思想, 例如 Dogleg 方法[115], 双折 Dogleg 方法[41]. 根据定理 3.26, 由于目标函数的单调递减性, 截断共轭梯度法可以保证子问题的求解精度自动满足信赖域方法的收敛条件 (收敛性分析将在下一小节中介绍), 从而保证理论与数值上有更好的效果.

3.10.3 收敛性分析

本小节简要介绍信赖域算法的收敛性结果. 我们将着重于介绍定理的条件和最终结论, 而略去较为烦琐的证明部分.

1. 柯西点

为了估计求解每个信赖域子问题得到的函数值改善情况, 我们引入柯西点的定义.

定义 3.10 (柯西点) 设 $m_k(d)$ 是 $f(x)$ 在点 $x = x^k$ 处的二阶近似, 常数 τ_k 为如下优化问题的解:

$$\begin{aligned}
\min \quad & m_k(-\tau\nabla f(x^k)), \\
\text{s.t.} \quad & \|\tau\nabla f(x^k)\| \leqslant \Delta_k, \, \tau \geqslant 0.
\end{aligned}$$

则称 $x_C^k \stackrel{\text{def}}{=\!=} x^k + d_C^k$ 为柯西点, 其中 $d_C^k = -\tau_k \nabla f(x^k)$.

根据柯西点的定义, 它实际上是对 $m_k(d)$ 进行了一次精确线搜索的梯度法, 不过这个线搜索是考虑了信赖域约束的. 图 3.19 直观地解释了柯西点的含义.

实际上, 给定 $m_k(d)$, 柯西点可以显式计算出来. 为了方便我们用 g^k 表示 $\nabla f(x^k)$, 根据 τ_k 的定义, 容易计算出其表达式为

$$
\tau_k = \begin{cases}
\dfrac{\Delta_k}{\|g^k\|}, & (g^k)^{\mathrm{T}} B^k g^k \leqslant 0, \\[3mm]
\min\left\{\dfrac{\|g^k\|^2}{(g^k)^{\mathrm{T}} B^k g^k}, \dfrac{\Delta_k}{\|g^k\|}\right\}, & \text{其他}.
\end{cases}
$$

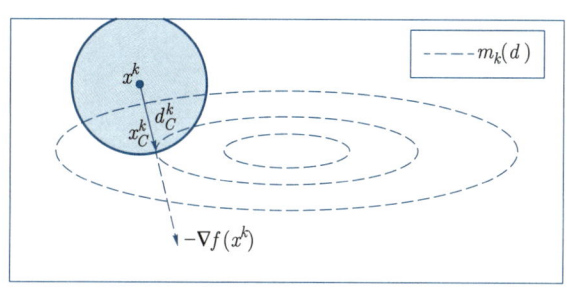

图 3.19 柯西点

以上的分析表明, 柯西点是信赖域子问题(3.10.2)的一个可行点, 但在实际计算中人们一般不会将柯西点作为下一步迭代点的近似. 这是由于求柯西点本质上为一个带截断步长的最速下降法, 它并没有充分利用海瑟矩阵 B^k 的信息. 即便如此, 人们还是可以将柯西点作为信赖域子问题算法的一个评判标准, 即要求子问题算法产生的迭代点至少比柯西点要好. 而容易看出, 若迭代点取为柯西点, 二次模型的目标函数值依然是下降的. 实际上, 我们有如下引理 (证明见文献 [102] 引理 4.3):

引理 3.12 (柯西点的下降量) 设 d_C^k 为求解柯西点产生的下降方向, 则

$$
m_k(0) - m_k(d_C^k) \geqslant \frac{1}{2} \|g^k\| \min\left\{\Delta_k, \frac{\|g^k\|}{\|B^k\|_2}\right\}. \tag{3.10.11}
$$

而前一小节介绍的子问题求解方法 (如迭代法、截断共轭梯度法、Dogleg 方法) 得到的迭代方向 d^k 均满足

$$
m_k(0) - m_k(d^k) \geqslant c_2(m_k(0) - m_k(d_C^k)).
$$

这也就意味着估计式

$$
m_k(0) - m_k(d^k) \geqslant \frac{1}{2} c_2 \|g^k\| \min\left\{\Delta_k, \frac{\|g^k\|}{\|B^k\|_2}\right\} \tag{3.10.12}
$$

在很多情况下都会成立. 这为我们证明信赖域算法的收敛性提供了基础.

2. 全局收敛性

现在介绍信赖域算法的全局收敛性. 回顾信赖域算法 3.10, 我们引入了一个参数 η 来确定是否应该更新迭代点. 这分为两种情况: 当 $\eta = 0$ 时, 只要原目标函数有下降量就接受信赖域迭代步的更新; 当 $\eta > 0$ 时, 只有当改善量 ρ_k 达到一定程度时才进行更新. 在这两种情况下得到的收敛性结果是不同的, 我们分别介绍这两种结果.

根据文献 [102] 定理 4.5, 在 $\eta = 0$ 的条件下有如下收敛性定理:

定理 3.27 (全局收敛性 1)　设近似海瑟矩阵 B^k 有界, 即 $\|B^k\|_2 \leqslant M, \forall\, k, f(x)$ 在下水平集 $\mathcal{L} = \{x \mid f(x) \leqslant f(x^0)\}$ 上有下界, 且 $\nabla f(x)$ 在 $\mathcal{L}$ 的一个开邻域内利普希茨连续. 若 d^k 为信赖域子问题的近似解且满足(3.10.12)式, 算法 3.10 选取参数 $\eta = 0$, 则

$$\liminf_{k \to \infty} \|\nabla f(x^k)\| = 0,$$

即 x^k 的聚点中包含稳定点.

定理 3.27 表明若无条件接受信赖域子问题的更新, 则算法 3.10 仅仅有子序列的收敛性, 迭代点序列本身不一定收敛. 根据文献 [102] 定理 4.6, 下面的定理则说明选取 $\eta > 0$ 可以改善收敛性结果.

定理 3.28 (全局收敛性 2)　在定理 3.27的条件下, 若算法 3.10 选取参数 $\eta > 0$, 且信赖域子问题近似解 d^k 满足(3.10.12)式, 则

$$\lim_{k \to \infty} \|\nabla f(x^k)\| = 0.$$

和牛顿类算法不同, 信赖域算法具有全局收敛性, 因此它对迭代初值选取的要求比较弱. 而牛顿法的收敛性极大地依赖初值的选取.

3. 局部收敛性

再来介绍信赖域算法的局部收敛性. 在构造信赖域子问题时利用了 $f(x)$ 的二阶信息, 它在最优点附近应该具有牛顿法的性质. 特别地, 当近似矩阵 B^k 取为海瑟矩阵 $\nabla^2 f(x^k)$ 时, 根据信赖域子问题的更新方式, 二次模型 $m_k(d)$ 将会越来越逼近原函数 $f(x)$, 最终信赖域约束 $\|d\| \leqslant \Delta_k$ 将会失效. 此时信赖域方法将会和牛顿法十分接近, 而根据定理 3.19, 牛顿法有 Q-二次收敛的性质, 这个性质很自然地会继承到信赖域算法上.

和牛顿法不同的是, 在信赖域迭代算法中, 我们并不知道迭代点列是否已经接近最优点. 即使信赖域半径约束已经不起作用, 如果 B^k 没有取为海瑟矩阵 $\nabla^2 f(x^k)$ 或者信赖域子问题没有精确求解, d^k 一般也不会等于牛顿方向 d_N^k, 但是它们的误差往往是越来越小的. 根据文献 [102] 定理 4.9, 我们有如下定理:

定理 **3.29** 设 $f(x)$ 在最优点 $x = x^*$ 的一个邻域内二阶连续可微, 且 $\nabla f(x)$ 利普希茨连续, 在最优点 x^* 处二阶充分条件成立, 即 $\nabla^2 f(x^*) \succ 0$. 若迭代点列 $\{x^k\}$ 收敛到 x^*, 且在迭代中选取 B^k 为海瑟矩阵 $\nabla^2 f(x^k)$, 则对充分大的 k, 任意满足(3.10.12)式的信赖域子问题算法产生的迭代方向 d^k 均满足

$$\|d^k - d_N^k\| = o(\|d_N^k\|), \tag{3.10.13}$$

其中 d_N^k 为第 k 步迭代的牛顿方向且满足假设 $\|d_N^k\| \leqslant \dfrac{\Delta_k}{2}$.

定理 3.29 说明若信赖域算法收敛, 则当 k 充分大时, 信赖域半径的约束终将失效, 且算法产生的迭代方向将会越来越接近牛顿方向.

根据定理 3.29 很容易得到收敛速度的估计.

推论 3.3 (信赖域算法的局部收敛速度) 在定理 3.29 的条件下, 信赖域算法产生的迭代序列 $\{x^k\}$ 具有 Q-超线性收敛速度.

证明 根据定理 3.19, 对牛顿方向,

$$\|x^k + d_N^k - x^*\| = \mathcal{O}(\|x^k - x^*\|^2),$$

因此得到估计 $\|d_N^k\| = \mathcal{O}(\|x^k - x^*\|)$. 又根据定理 3.29,

$$\|x^k + d^k - x^*\| \leqslant \|x^k + d_N^k - x^*\| + \|d^k - d_N^k\| = o(\|x^k - x^*\|).$$

这说明信赖域算法是 Q-超线性收敛的. □

容易看出, 若在迭代后期 $d^k = d_N^k$ 能得到满足, 则信赖域算法是 Q-二次收敛的. 很多算法都会有这样的性质, 例如前面提到的截断共轭梯度法和 Dogleg 方法. 因此在实际应用中, 截断共轭梯度法是最常用的信赖域子问题求解方法, 使用此方法能够同时兼顾全局收敛性和局部 Q-二次收敛性.

3.10.4 应用举例

考虑逻辑回归问题

$$\min_x \quad \frac{1}{m} \sum_{i=1}^m \ln(1 + \exp(-b_i a_i^{\mathrm{T}} x)) + \lambda \|x\|_2^2, \tag{3.10.14}$$

这里选取 $\lambda = \dfrac{1}{100m}$. 其导数和海瑟矩阵计算参见第 3.8 节. 同样地, 我们选取 LIBSVM 上的数据集, 调用信赖域算法求解代入数据集后的问题(3.10.14), 其迭代收敛过程见图 3.20. 其中使用截断共轭梯度法来求解信赖域子问题, 精度设置同第 3.8 节的牛顿法一

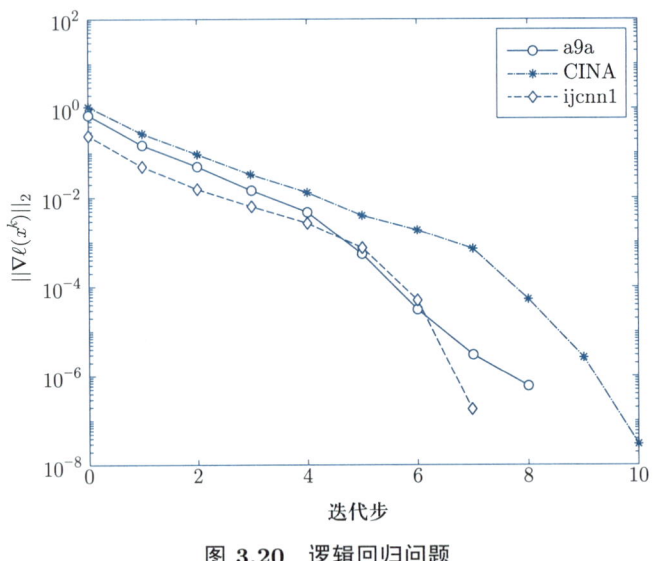

图 3.20   逻辑回归问题

致. 从图中可以看到, 在精确解附近梯度范数具有 Q-超线性收敛性质. 由于这个问题是强凸的, 所以选取一个较大的初始信赖域半径 $(\sqrt{n})$. 在数据集 a9a 和 ijcnn1 的求解中, 信赖域子问题的求解没有因为超出信赖域边界而停机, 因此和第 3.8 节中牛顿法的数值表现一致.

3.11   非线性最小二乘问题算法

本节研究非线性最小二乘问题的算法. 非线性最小二乘问题是一类特殊的无约束优化问题, 它有非常广泛的实际应用背景. 例如在统计中, 我们经常建立如下带参数的模型:

$$b = \phi(a; x) + \varepsilon,$$

其中 a 为自变量, b 为响应变量, 它们之间的关系由函数 $\phi(\cdot; x)$ 决定且 x 是参数, ε 是噪声项, 即观测都是有误差的. 我们的目的是要根据观测 (a_i, b_i), 估计未知参数 x 的值. 若 ε 服从高斯分布, 则使用 ℓ_2 范数平方是处理高斯噪声最好的方式: 对 ℓ_2 范数平方损失函数

$$f(x) = \frac{1}{m} \sum_{i=1}^{m} \|b_i - \phi(a_i; x)\|^2$$

进行极小化即可求出未知参数 x 的估计. 而对 ℓ_2 范数平方损失函数求解极小值就是一个最小二乘问题.

最小二乘问题一般属于无约束优化问题, 但由于问题特殊性, 人们针对其结构设计了许多算法快速求解. 一般地, 设 x^* 为最小二乘问题的解, 根据最优解处残量 $\sum_{i=1}^{m}\|b_i - \phi(a_i;x)\|^2$ 的大小, 可以将最小二乘问题分为**小残量问题**和**大残量问题**. 本节针对小残量问题介绍两种方法: 高斯–牛顿算法和 LM 方法; 而针对大残量问题简要地引入带结构的拟牛顿法.

3.11.1　非线性最小二乘问题

考虑非线性最小二乘问题的一般形式

$$f(x) = \frac{1}{2}\sum_{j=1}^{m} r_j^2(x), \tag{3.11.1}$$

其中 $r_j : \mathbb{R}^n \to \mathbb{R}$ 是光滑函数, 并且假设 $m \geqslant n$. 我们称 r_j 为残差. 为了表述问题的方便, 定义残差向量 $r : \mathbb{R}^n \to \mathbb{R}^m$ 为

$$r(x) = (r_1(x), r_2(x), \cdots, r_m(x))^{\mathrm{T}}.$$

使用这一定义, 函数 $f(x)$ 可以写为 $f(x) = \dfrac{1}{2}\|r(x)\|_2^2$.

问题(3.11.1)是一个无约束优化问题, 可以使用前面讲过的任何一种算法求解. 为此我们直接给出 $f(x)$ 的梯度和海瑟矩阵:

$$\nabla f(x) = J(x)^{\mathrm{T}} r(x), \tag{3.11.2a}$$

$$\nabla^2 f(x) = J(x)^{\mathrm{T}} J(x) + \sum_{i=1}^{m} r_i(x) \nabla^2 r_i(x), \tag{3.11.2b}$$

其中 $J(x) \in \mathbb{R}^{m \times n}$ 是向量值函数 $r(x)$ 在点 x 处的雅可比矩阵. 这里指出, $\nabla^2 f(x)$ 在形式上分为两部分, 分别为 $J(x)^{\mathrm{T}} J(x)$ 和 $\sum_{i=1}^{m} r_i(x) \nabla^2 r_i(x)$. 处理这两部分的难度是截然不同的: 注意到计算 $\nabla f(x)$ 时需要 $r(x)$ 的雅可比矩阵, 因此海瑟矩阵的前一项是自然得到的, 不需要进行额外计算; 而海瑟矩阵的第二项则需要计算每个 $\nabla^2 r_i(x)$, 这会导致额外计算量, 因此很多最小二乘算法就是根据这个性质来设计的.

3.11.2　高斯–牛顿算法

高斯–牛顿法是求解非线性最小二乘问题的经典方法, 它可以看成是结合了线搜索的牛顿法的变形. 既然海瑟矩阵中有关 $r_i(x)$ 的二阶导数项不易求出, 高斯–牛顿法就不去计算这一部分, 直接使用 $J(x)^{\mathrm{T}} J(x)$ 作为海瑟矩阵的近似矩阵来求解牛顿方程. 我们

用 J^k 简记 $J(x^k)$. 高斯–牛顿法产生的下降方向 d^k 满足

$$(J^k)^{\mathrm{T}} J^k d^k = -(J^k)^{\mathrm{T}} r^k. \tag{3.11.3}$$

方程(3.11.3)正是法方程的形式, 而由线性代数的知识可知, 不管 J^k 是不是满秩矩阵, 方程 (3.11.3)一定存在解. 实际上, 该方程是如下线性最小二乘问题的最优性条件:

$$\min_d \quad \frac{1}{2} \|J^k d + r^k\|^2.$$

在求解线性最小二乘问题时, 我们只需要对 J^k 做 QR 分解, 因此矩阵 $(J^k)^{\mathrm{T}} J^k$ 无须计算出来.

高斯–牛顿法的框架如算法 3.12. 为了方便理解, 我们将求解线性最小二乘问题的方法进行了展开. 高斯–牛顿法每一步的运算量都是来自残差向量 r^k 和雅可比矩阵 J^k, 和其他算法相比, 它的计算量较小. 我们还注意到, 若 J^k 是满秩矩阵, 则高斯–牛顿法得到的方向 d^k 总是一个下降方向, 这是因为

$$(d^k)^{\mathrm{T}} \nabla f(x^k) = (d^k)^{\mathrm{T}} (J^k)^{\mathrm{T}} r^k = -\|J^k d^k\|^2 < 0.$$

这也是高斯–牛顿法的优点. 在此之前我们介绍了牛顿法, 但它并不总是保证 d^k 是下降方向. 而高斯–牛顿法使用一个半正定矩阵来近似牛顿矩阵, 可以获得较好的下降方向.

算法 3.12 高斯–牛顿法

1: 给定初始值 x^0, $k \leftarrow 0$.
2: **while** 未达到收敛准则 **do**
3:     计算残差向量 r^k, 雅可比矩阵 J^k.
4:     计算 J^k 的 QR 分解: $J^k = Q^k R^k$, 其中 $Q^k \in \mathbb{R}^{m \times n}, R^k \in \mathbb{R}^{n \times n}$.
5:     求解方程 $R^k d^k = -(Q^k)^{\mathrm{T}} r^k$ 得下降方向 d^k.
6:     使用线搜索准则计算步长 α_k.
7:     更新: $x^{k+1} = x^k + \alpha_k d^k$.
8:     $k \leftarrow k + 1$.
9: **end while**

一个很自然的问题是: 高斯–牛顿法使用了近似矩阵来求解牛顿方程, 那么在什么情况下这个近似是合理的? 直观上看, 根据海瑟矩阵(3.11.2b)的表达式, 当 $(J^k)^{\mathrm{T}} J^k$ 这一部分起主导时, 所使用的近似是有意义的. 一个充分条件就是在最优点 x^* 处 $r_i(x^*)$ 的值都很小. 此时高斯–牛顿法和牛顿法相近, 它们也有很多相似的性质. 如果残差向量 $r(x^*)$ 模长较大, 那么仅仅使用 $(J^k)^{\mathrm{T}} J^k$ 并不能很好地近似 $\nabla^2 f(x^k)$, 此时高斯–牛顿法可能收敛很慢甚至发散.

接下来给出高斯–牛顿法的收敛性质. 通过上面的描述可以注意到, 雅可比矩阵 J^k 的非奇异性是一个很关键的因素, 因此我们在这个条件下建立收敛性. 假设雅可比矩阵

$J(x)$ 的奇异值一致地大于 0, 即存在 $\gamma > 0$ 使得

$$\|J(x)z\| \geqslant \gamma\|z\|, \quad \forall\, x \in \mathcal{N}, \quad \forall\, z \in \mathbb{R}^n, \tag{3.11.4}$$

其中 $\mathcal{N}$ 是下水平集

$$\mathcal{L} = \{x \mid f(x) \leqslant f(x^0)\} \tag{3.11.5}$$

的一个邻域, x^0 是算法的初始点, 且假设 $\mathcal{L}$ 是有界的.

在前面的假设下, 有如下收敛性定理:

定理 3.30 (全局收敛性)　若每个残差函数 r_j 在有界下水平集(3.11.5)的一个邻域 $\mathcal{N}$ 内是利普希茨连续可微的, 并且雅可比矩阵 $J(x)$ 在 $\mathcal{N}$ 内满足一致满秩条件(3.11.4), 而步长满足 Wolfe 准则(3.4.4), 则对高斯–牛顿法得到的序列 $\{x^k\}$ 有

$$\lim_{k \to \infty} (J^k)^{\mathrm{T}} r^k = 0.$$

证明　这里直接验证 Zoutendijk 条件 (3.4.7) 成立即可. 首先, 选择有界下水平集 $\mathcal{L}$ 的邻域 $\mathcal{N}$ 足够小, 从而使得存在 $L > 0, \beta > 0$, 对于任何 $x, \tilde{x} \in \mathcal{N}$ 以及任意的 $j = 1, 2, \cdots, m$, 以下条件被满足:

$$|r_j(x)| \leqslant \beta, \qquad \|\nabla r_j(x)\| \leqslant \beta, \tag{3.11.6}$$

$$|r_j(x) - r_j(\tilde{x})| \leqslant L\|x - \tilde{x}\|, \qquad \|\nabla r_j(x) - \nabla r_j(\tilde{x})\| \leqslant L\|x - \tilde{x}\|. \tag{3.11.7}$$

易得对任意的 $x \in \mathcal{L}$ 存在 $\tilde{\beta}$ 使得 $\|J(x)\| = \|J(x)^{\mathrm{T}}\| \leqslant \tilde{\beta}$, 及 $\nabla f(x) = J(x)^{\mathrm{T}} r(x)$ 是利普希茨连续函数. 记 θ_k 是高斯–牛顿方向 d^k 与负梯度方向的夹角, 则

$$\cos\theta_k = -\frac{\nabla f(x^k)^{\mathrm{T}} d^k}{\|d^k\|\|\nabla f(x^k)\|} = \frac{\|J^k d^k\|^2}{\|d^k\|\|(J^k)^{\mathrm{T}} J^k d^k\|} \geqslant \frac{\gamma^2\|d^k\|^2}{\tilde{\beta}^2\|d^k\|^2} = \frac{\gamma^2}{\tilde{\beta}^2} > 0.$$

根据推论 3.1 即可得 $\nabla f(x^k) \to 0$.　□

定理 3.30 的关键假设是一致满秩条件 (3.11.4). 实际上, 若 J^k 不满秩, 则线性方程组 (3.11.3)有无穷多个解. 若对解的性质不提额外要求, 则无法推出 $\cos\theta_k$ 一致地大于零. 此时收敛性可能不成立.

当 $(J^k)^{\mathrm{T}} J^k$ 在海瑟矩阵 (3.11.2b) 中占据主导部分时, 高斯–牛顿算法可能会有更快的收敛速度. 类似于牛顿法, 我们给出高斯–牛顿法的局部收敛性.

定理 3.31 (局部收敛性)　设 $r_i(x)$ 二阶连续可微, x^* 是最小二乘问题 (3.11.1) 的最优解, 海瑟矩阵 $\nabla^2 f(x)$ 和其近似矩阵 $J(x)^{\mathrm{T}} J(x)$ 均在点 x^* 的一个邻域内利普希茨连续, 则当高斯–牛顿算法步长 α_k 恒为 1 时,

$$\|x^{k+1} - x^*\| \leqslant C\|((J^*)^{\mathrm{T}}(J^*))^{-1} H^*\|\|x^k - x^*\| + \mathcal{O}(\|x^k - x^*\|^2), \tag{3.11.8}$$

其中 $H^* = \sum\limits_{i=1}^{m} r_i(x^*)\nabla^2 r_i(x^*)$ 为海瑟矩阵 $\nabla^2 f(x^*)$ 去掉 $J(x^*)^{\mathrm{T}}J(x^*)$ 的部分, $C > 0$ 为常数.

证明　根据迭代公式,

$$
\begin{aligned}
x^{k+1} - x^* &= x^k + d^k - x^* \\
&= ((J^k)^{\mathrm{T}}J^k)^{-1}((J^k)^{\mathrm{T}}J^k(x^k - x^*) + \nabla f(x^*) - \nabla f(x^k)).
\end{aligned}
\tag{3.11.9}
$$

由泰勒展开,

$$
\begin{aligned}
\nabla f(x^k) - \nabla f(x^*) = &\int_0^1 J^{\mathrm{T}}J(x^* + t(x^k - x^*))(x^k - x^*)\mathrm{d}t + \\
&\int_0^1 H(x^* + t(x^k - x^*))(x^k - x^*)\mathrm{d}t,
\end{aligned}
$$

其中 $J^{\mathrm{T}}J(x)$ 是 $J^{\mathrm{T}}(x)J(x)$ 的简写, $H(x) = \nabla^2 f(x) - J^{\mathrm{T}}J(x)$ 为海瑟矩阵剩余部分. 将泰勒展开式代入(3.11.9)式右边, 取范数进行估计, 有

$$
\begin{aligned}
&\|(J^k)^{\mathrm{T}}J^k(x^k - x^*) + \nabla f(x^*) - \nabla f(x^k)\| \\
\leqslant &\int_0^1 \|(J^{\mathrm{T}}J(x^k) - J^{\mathrm{T}}J(x^* + t(x^k - x^*)))(x^k - x^*)\|\mathrm{d}t + \\
&\int_0^1 \|H(x^* + t(x^k - x^*))(x^k - x^*)\|\mathrm{d}t \\
\leqslant &\frac{L}{2}\|x^k - x^*\|^2 + C\|H^*\|\|x^k - x^*\|,
\end{aligned}
$$

其中 L 是 $J^{\mathrm{T}}J(x)$ 的利普希茨常数. 最后一个不等式是因为我们使用 H^* 来近似 $H(x^* + t(x^k - x^*))$, 由连续性, 存在 $C > 0$ 以及点 x^* 的一个邻域 $\mathcal{N}$, 对任意的 $x \in \mathcal{N}$ 有 $\|H(x)\| \leqslant C\|H(x^*)\|$. 将上述估计代入 (3.11.9)式即可得到(3.11.8)式. □

定理 3.31指出, 若 $\|H(x^*)\|$ 充分小, 则高斯–牛顿法可以达到 Q-线性收敛速度; 而当 $\|H(x^*)\| = 0$ 时, 收敛速度是 Q-二次的. 若 $\|H(x^*)\|$ 较大, 则高斯–牛顿法很可能会失效.

3.11.3　Levenberg-Marquardt 方法

1. 信赖域型 LM 方法

Levenberg-Marquardt (LM) 方法是由 Levenberg 在 1944 年提出的求解非线性最小二乘问题的方法 [79]. 它本质上是一种信赖域型方法, 主要应用场合是当矩阵 $(J^k)^{\mathrm{T}}J^k$

奇异时, 它仍然能给出一个下降方向. LM 方法每一步求解如下子问题:

$$\min_d \quad \frac{1}{2}\|J^k d + r^k\|^2, \quad \text{s.t.} \quad \|d\| \leqslant \Delta_k. \tag{3.11.10}$$

事实上, LM 方法将如下近似当作信赖域方法中的 m_k:

$$m_k(d) = \frac{1}{2}\|r^k\|^2 + d^{\mathrm{T}}(J^k)^{\mathrm{T}} r^k + \frac{1}{2} d^{\mathrm{T}}(J^k)^{\mathrm{T}} J^k d. \tag{3.11.11}$$

该方法使用 $B^k = (J^k)^{\mathrm{T}} J^k$ 来近似海瑟矩阵, 这个取法是从高斯–牛顿法推广而来的. LM 方法并不直接使用海瑟矩阵来求解. 以下为了方便, 省去迭代指标 k. 子问题(3.11.10)是信赖域子问题, 上一节讨论过这个子问题的一些好的性质. 根据定理 3.25, 可直接得到如下推论:

推论 3.4 向量 d^* 是信赖域子问题

$$\min_d \quad \frac{1}{2}\|Jd + r\|^2, \quad \text{s.t.} \quad \|d\| \leqslant \Delta$$

的解当且仅当 d^* 是可行解, 并且存在数 $\lambda \geqslant 0$ 使得

$$(J^{\mathrm{T}} J + \lambda I) d^* = -J^{\mathrm{T}} r, \tag{3.11.12}$$

$$\lambda(\Delta - \|d^*\|) = 0. \tag{3.11.13}$$

注意到 $J^{\mathrm{T}} J$ 是半正定矩阵, 因此条件(3.10.5c)是自然成立的.

下面简要说明如何求解 LM 子问题(3.11.10). 实际上, 和信赖域子问题中的迭代法相同, 我们先通过求根的方式来确定 λ 的选取, 然后直接求得 LM 方程的迭代方向. 由于 LM 子问题的特殊性, 可以不显式求出矩阵 $J^{\mathrm{T}} J + \lambda I$ 的楚列斯基分解, 而仍然是借助 QR 分解, 进而无须算出 $J^{\mathrm{T}} J + \lambda I$. 注意, $(J^{\mathrm{T}} J + \lambda I)d = -J^{\mathrm{T}} r$ 实际上是最小二乘问题

$$\min_d \quad \left\| \begin{bmatrix} J \\ \sqrt{\lambda} I \end{bmatrix} d + \begin{bmatrix} r \end{bmatrix} \right\| \tag{3.11.14}$$

的最优性条件. 此问题的系数矩阵带有一定结构, 每次改变 λ 进行试探时, 有关 J 的块是不变的, 因此无须重复计算 J 的 QR 分解. 具体来说, 设 $J = QR$ 为 J 的 QR 分解, 其中 $Q \in \mathbb{R}^{m \times n}, R \in \mathbb{R}^{n \times n}$. 我们有

$$\begin{bmatrix} J \\ \sqrt{\lambda} I \end{bmatrix} = \begin{bmatrix} QR \\ \sqrt{\lambda} I \end{bmatrix} = \begin{bmatrix} Q & 0 \\ 0 & I \end{bmatrix} \begin{bmatrix} R \\ \sqrt{\lambda} I \end{bmatrix}.$$

矩阵 $\begin{bmatrix} R \\ \sqrt{\lambda} I \end{bmatrix}$ 含有较多零元素, 利用这个特点我们可以使用豪斯霍尔德 (Householder) 变换或吉文斯 (Givens) 变换来完成此矩阵的 QR 分解. 若矩阵 J 没有显式形式, 只能提供矩阵乘法, 则仍然可以用截断共轭梯度法, 即算法 3.11 来求解子问题(3.11.10).

LM 方法的收敛性也可以直接从信赖域方法的收敛性得出, 我们直接给出收敛性定理.

定理 3.32   假设常数 $\eta \in \left(0, \dfrac{1}{4}\right)$, 下水平集 $\mathcal{L}$ 是有界的且每个 $r_i(x)$ 在下水平集 $\mathcal{L}$ 的一个邻域 $\mathcal{N}$ 内是利普希茨连续可微的. 假设对于任意的 k, 子问题(3.11.10)的近似解 d_k 满足

$$m_k(0) - m_k(d^k) \geqslant c_1 \|(J^k)^{\mathrm{T}} r^k\| \min\left\{\Delta_k, \frac{\|(J^k)^{\mathrm{T}} r^k\|}{\|(J^k)^{\mathrm{T}} J^k\|}\right\},$$

其中 $c_1 > 0$ 且 $\|d^k\| \leqslant \gamma \Delta_k, \gamma \geqslant 1$, 则

$$\lim_{k \to \infty} \nabla f(x^k) = \lim_{k \to \infty} (J^k)^{\mathrm{T}} r^k = 0.$$

2. LMF 方法

信赖域型 LM 方法本质上是固定信赖域半径 Δ, 通过迭代寻找满足条件(3.11.12)的乘子 λ, 每一步迭代需要求解线性方程组

$$(J^{\mathrm{T}} J + \lambda I)d = -J^{\mathrm{T}} r.$$

这个求解过程在 LM 方法中会占据相当大的计算量, 能否简化这个计算呢? 在学习信赖域子问题求解方法时, 我们仔细讨论了迭代法, 图 3.18 表明, 当 $\lambda > -\lambda_1$ 时, 下降方向 d 的模长随着 λ 的增加而减小. 在 LM 方法中, 一个显然的结论就是 $-\lambda_1 < 0$. 这就意味着 Δ 的大小被 λ 隐式地决定, 直接调整 λ 的大小就相当于调整了信赖域半径 Δ 的大小. 因此, 我们可构造基于 λ 更新的 LM 方法. 由于 LM 方程(3.11.12)和信赖域子问题的关系由 Fletcher 在 1981 年给出 [48], 因此基于 λ 更新的 LM 方法也被称为 LMF 方法, 即每一步求解子问题:

$$\min_{d} \quad \frac{1}{2}\|Jd + r\|_2^2 + \lambda\|d\|_2^2.$$

在 LMF 方法中, 设第 k 步产生的迭代方向为 d^k, 根据信赖域算法的思想, 我们需要计算目标函数的预估下降量和实际下降量的比值 ρ_k, 来确定下一步信赖域半径的大小. 这一比值很容易通过公式(3.10.3)计算, 其中 $f(x)$ 和 $m_k(d)$ 分别取为(3.11.1)式和(3.11.11)式. 计算 ρ_k 后, 我们根据 ρ_k 的大小来更新 λ_k. 当乘子 λ_k 增大时, 信赖域半径会变小, 反之亦然. 所以 λ_k 的变化策略应该和信赖域算法中 Δ_k 的恰好相反.

有了上面的叙述, 接下来就可以给出 LMF 算法的框架了. 通过比较得知 LMF 方法 (算法 3.13) 和信赖域算法 3.10 的结构非常相似. 算法 3.13 对 γ_1, γ_2 等参数并不敏感. 但根据信赖域方法的收敛定理 3.28, 参数 η 可以取大于 0 的值来改善收敛结果.

算法 3.13 LMF 方法

1: 给定初始点 x^0, 初始乘子 $\lambda_0, k \leftarrow 0$.

2: 给定参数 $0 \leqslant \eta < \bar{\rho}_1 < \bar{\rho}_2 < 1, \gamma_1 < 1 < \gamma_2$.

3: **while** 未达到收敛准则 **do**

4:　　求解 LM 方程 $((J^k)^{\mathrm{T}}J^k + \lambda I)d = -(J^k)^{\mathrm{T}}r^k$ 得到迭代方向 d^k.

5:　　根据(3.10.3)式计算下降率 ρ_k.

6:　　更新乘子:

$$\lambda_{k+1} = \begin{cases} \gamma_2 \lambda_k, & \rho_k < \bar{\rho}_1, & \text{/* 扩大乘子 (缩小信赖域半径) */} \\ \gamma_1 \lambda_k, & \rho_k > \bar{\rho}_2, & \text{/* 缩小乘子 (扩大信赖域半径) */} \\ \lambda_k, & \text{其他.} & \text{/* 乘子不变 */} \end{cases}$$

7:　　更新自变量:

$$x^{k+1} = \begin{cases} x^k + d^k, & \rho_k > \eta, & \text{/* 只有下降比例足够大才更新 */} \\ x^k, & \text{其他.} \end{cases}$$

8:　　$k \leftarrow k + 1$.

9: **end while**

和 LM 方法相比, LMF 方法每一次迭代只需要求解一次 LM 方程, 从而极大地减少了计算量, 在编程方面也更容易实现. 所以 LMF 方法在求解最小二乘问题中是很常见的做法.

3.11.4　大残量问题的拟牛顿法

前面两个小节分别介绍了高斯–牛顿法和 LM 方法, 这两个算法针对小残量最小二乘问题十分有效. 而在大残量问题中, 海瑟矩阵 $\nabla^2 f(x)$ 的第二部分的作用不可忽视, 仅仅考虑 $(J^k)^{\mathrm{T}}J^k$ 作为第 k 步的海瑟矩阵近似则会带来很大误差. 在这种情况下高斯–牛顿法和 LM 方法很可能会失效. 自然, 我们可以将最小二乘问题(3.11.1)当成一般的无约束问题, 并使用之前讨论过的牛顿法和拟牛顿法求解. 但对于很多问题来说, 各个残量分量的海瑟矩阵 $\nabla^2 r_i(x)$ 不易求出, 使用牛顿法会有很大开销; 而直接使用拟牛顿法对海瑟矩阵 $\nabla^2 f(x)$ 进行近似又似乎忽略了最小二乘问题的特殊结构. 有没有一个两全其美的办法呢?

海瑟矩阵表达式(3.11.2b)说明了 $\nabla^2 f(x)$ 由两部分组成: 一部分容易得出, 但不精确; 另一部分较难求得, 但在计算中又必不可少. 对于容易部分可以直接保留高斯–牛顿矩阵 $J^{\mathrm{T}}J$, 而对于较难部分则可以利用拟牛顿法来进行近似. 这就是我们求解大残量问题的基本思路, 它同时考虑了最小二乘问题的海瑟矩阵结构和计算量, 是一种混合的近似方法.

具体来说, 我们使用 B^k 来表示 $\nabla^2 f(x^k)$ 的近似矩阵, 即

$$B^k = (J^k)^{\mathrm{T}}J^k + T^k,$$

其中 T^k 是海瑟矩阵第二部分 $\displaystyle\sum_{j=1}^{m} r_j(x^k)\nabla^2 r_j(x^k)$ 的近似. 问题的关键在于如何构造矩

阵 T^k, 回忆我们建立拟牛顿法时, 构造拟牛顿格式主要分为两步: 一是找出拟牛顿条件,
二是根据拟牛顿条件来构造拟牛顿矩阵的低秩更新. 在这里我们使用相似的过程, 但注
意 T^k 仅仅是拟牛顿矩阵 B^k 的一部分, 它不太可能满足割线条件(3.9.3)(将其中的 B^{k+1}
替换成 T^{k+1}). 我们的目标是让 T^{k+1} 和海瑟矩阵的第二部分尽量相似, 即

$$T^{k+1} \approx \sum_{j=1}^{m} r_j(x^{k+1})\nabla^2 r_j(x^{k+1}).$$

由一阶泰勒展开得知, T^{k+1} 应该尽量保留原海瑟矩阵的性质, 即

$$
\begin{aligned}
T^{k+1}s^k &\approx \left(\sum_{j=1}^{m} r_j(x^{k+1})\nabla^2 r_j(x^{k+1})\right)s^k \\
&= \sum_{j=1}^{m} r_j(x^{k+1})\left(\nabla^2 r_j(x^{k+1})\right)s^k \\
&\approx \sum_{j=1}^{m} r_j(x^{k+1})(\nabla r_j(x^{k+1}) - \nabla r_j(x^k)) \\
&= (J^{k+1})^{\mathrm{T}}r^{k+1} - (J^k)^{\mathrm{T}}r^{k+1}.
\end{aligned}
$$

令 $\hat{y}^k = (J^{k+1})^{\mathrm{T}}r^{k+1} - (J^k)^{\mathrm{T}}r^{k+1}$, 则 T^k 满足的拟牛顿条件为

$$T^{k+1}s^k = \hat{y}^k. \tag{3.11.15}$$

在这里注意 $\hat{y}^k$ 不是原有的 y^k.

有了拟牛顿条件(3.11.15), 我们就可以使用之前讲过的方法来构造拟牛顿格式了, 构
造的过程完全相同, 这里不再赘述.

3.11.5   应用举例

相位恢复问题是非线性最小二乘问题的重要应用, 它的原始模型为

$$\min_{x\in\mathbb{C}^n}\quad f(x) \overset{\text{def}}{=\!=} \frac{1}{2}\sum_{j=1}^{m}\left(|\bar{a}_j^{\mathrm{T}}x|^2 - b_j\right)^2, \tag{3.11.16}$$

其中 $a_j \in \mathbb{C}^n$ 是已知的采样向量, $b_j \in \mathbb{R}$ 是观测的模长.

该问题的变量为复数, 因此我们考虑使用 Wirtinger 导数 [27] 表示其梯度和雅可比

矩阵. 对于 $f(x)$, 记 $\boldsymbol{x} = \begin{bmatrix} x \\ \bar{x} \end{bmatrix}$, 则

$$\nabla f(x) = \sum_{j=1}^{m} \left(|\bar{a}_j^{\mathrm{T}} x|^2 - b_j \right) a_j \bar{a}_j^{\mathrm{T}} x,$$

以及

$$\nabla f(\boldsymbol{x}) = \begin{bmatrix} \nabla f(x) \\ \overline{\nabla f(x)} \end{bmatrix}.$$

那么, 雅可比矩阵和高斯–牛顿矩阵分别为

$$J(\boldsymbol{x}) = \overline{\begin{bmatrix} a_1(\bar{a}_1^{\mathrm{T}} x), & a_2(\bar{a}_2^{\mathrm{T}} x), & \cdots, & a_m(\bar{a}_m^{\mathrm{T}} x) \\ \bar{a}_1(a_1^{\mathrm{T}} \bar{x}), & \bar{a}_2(a_2^{\mathrm{T}} \bar{x}), & \cdots, & \bar{a}_m(a_m^{\mathrm{T}} \bar{x}) \end{bmatrix}}^{\mathrm{T}},$$

$$\Psi(\boldsymbol{x}) \stackrel{\text{def}}{=\!=} \overline{J(\boldsymbol{x})}^{\mathrm{T}} J(\boldsymbol{x}) = \sum_{j=1}^{m} \begin{bmatrix} |\bar{a}_j^{\mathrm{T}} x|^2 a_j \bar{a}_j^{\mathrm{T}} & (\bar{a}_j^{\mathrm{T}} x)^2 a_j a_j^{\mathrm{T}} \\ (\bar{a}_j^{\mathrm{T}} x)^2 \bar{a}_j \bar{a}_j^{\mathrm{T}} & |\bar{a}_j^{\mathrm{T}} x|^2 \bar{a}_j a_j^{\mathrm{T}} \end{bmatrix}.$$

因此, 在第 k 步, 高斯–牛顿法求解方程

$$\Psi(\boldsymbol{x}^k) d^k = -\nabla f(\boldsymbol{x}^k)$$

以得到方向 d^k; LM 方法则求解正则化方程

$$\left(\Psi(\boldsymbol{x}^k) + \lambda_k \right) d^k = -\nabla f(\boldsymbol{x}^k), \tag{3.11.17}$$

其中 λ_k 是与 $f(\boldsymbol{x}^k)$ 相关的参数. 这里选取

$$\lambda_k = \begin{cases} 70000n\sqrt{nf(x^k)}, & f(x^k) \geqslant \dfrac{1}{900n}\|x^k\|_2^2, \\ \sqrt{f(x^k)}, & \text{其他}. \end{cases}$$

当 $f(x^k) \geqslant \dfrac{1}{900n}\|x^k\|_2^2$ 时, 参数 $\lambda_k = 70000n\sqrt{nf(x^k)}$ 能够保证算法有全局 Q-线性收敛速度. 同时, 我们利用共轭梯度法求解线性方程(3.11.17), 使得

$$\left\| \left(\Psi(\boldsymbol{x}^k) + \lambda_k \right) d^k + \nabla f(\boldsymbol{x}^k) \right\| \leqslant \eta_k \|\nabla f(\boldsymbol{x}^k)\|,$$

其中 $\eta_k > 0$ 是人为设置的参数.

考虑编码衍射模型, 其中信号采集的格式为

$$b_j = \left| \sum_{t=0}^{n-1} x_t \bar{d}_l(t) \mathrm{e}^{-\mathrm{i}2\pi kt/n} \right|^2, \quad j = (l, k), \ 0 \leqslant k \leqslant n-1, \ 1 \leqslant l \leqslant L.$$

上式表明, 对给定的 l, 我们采集在波形 (waveform)d_l 下信号 $\{x_t\}$ 的衍射图的模长. 通过改变 l 和相应的波形 d_l, 可以生成一系列编码衍射图. 这里假设 $d_l, l = 0, 1, \cdots, L$ 是独立同分布的随机向量来模拟实际场景. 具体地, 令 $d_l(t) = c_1 c_2$, 其中

$$c_1 = \begin{cases} +1, & \text{依概率 } 0.25, \\ -1, & \text{依概率 } 0.25, \\ +i, & \text{依概率 } 0.25, \\ -i, & \text{依概率 } 0.25, \end{cases} \qquad c_2 = \begin{cases} \dfrac{\sqrt{2}}{2}, & \text{依概率 } 0.8, \\ \sqrt{3}, & \text{依概率 } 0.2. \end{cases}$$

我们分别测试不精确求解正则化方程 (3.11.17)$(\eta_k = 0.1)$ 的 LM 方法 (ILM1) 以及更精确 $(\eta_k = \min\{0.1, \|\nabla f(\boldsymbol{x}^k)\|\})$ 的 LM 方法 (ILM2), 求解 Wirtinger 梯度下降方法 (WF) 以及其加速版本 Nesterov 加速算法 (Nes). 真实信号 x 取为两张自然图片, 分别为博雅塔和华表的图片, 如图 3.21 所示. 这里图片可以看成 $m \times n$ 矩阵, 其中行、列指标表示像素点所在位置, 取值表示像素点的灰度值. 选取 $L = 20$, 并收集相应的衍射图模长. 图 3.22 给出了不同算法的收敛情况, 其中横坐标为 CPU 时间, 纵坐标为当前迭代点 $\boldsymbol{x}^k$ 与真实信号 x 的相对误差, 即 $\min\limits_{\phi \in [0, 2\pi]} \dfrac{1}{\|x\|} \|\boldsymbol{x}^k - x e^{i\phi}\|$.

(a) 博雅塔, 图片像素为601×541   (b) 华表, 图片像素为601×541

图 **3.21**   测试图片

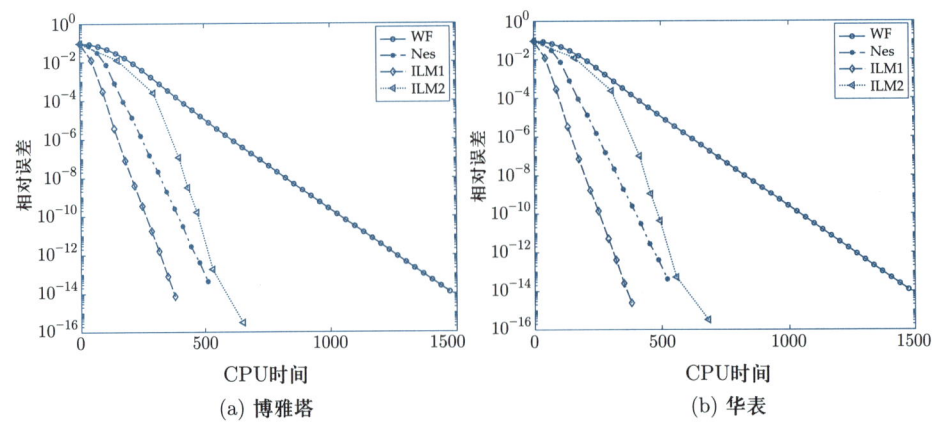

(a) 博雅塔   (b) 华表

图 **3.22**   相对误差和计算时间对比图

3.12 总结

本章简单介绍了若干种经典的无约束优化算法, 这些算法的起源都很早, 但仍然能够流传至今并经受住时间的考验, 正是因为它们在实际问题中取得了很好的效果. 虽然随着技术的进步, 更高效、优美的算法不断被发展出来, 但是本章所列出的算法形式及其背后所蕴含的思想仍然有很强的指导意义.

常用的精确线搜索算法有黄金分割法 (0.618 方法) 和斐波那契 (Fibnacci) 方法, 读者可参考文献 [2,130]. 有关多项式插值类型的线搜索可以参考文献 [42], 满足 Wolfe 准则的非精确线搜索算法可参考文献 [48]. 基于 Wolfe 准则的线搜索算法有标准的子程序, 直接调用即可, 例如 MINPACK-2 [5]. 除在直线上进行搜索外, 我们还有曲线搜索方法, 这类方法大多用于牛顿类算法当中, 以便产生负曲率方向. 其中基于二阶 Armijo 搜索准则的方法有 Goldfarb 方法[59] 和 McCormick 方法[91]; 基于二阶 Wolfe 准则的算法有 Moré-Sorensen 方法[94].

共轭梯度法是利用负梯度方向和已有的搜索方向产生新的搜索方向的算法. 其基本思想是使得这些方向在目标函数是二次凸函数时相互共轭, 从而将一个多维问题转化为等价的多个一维问题. 共轭梯度法是从解线性方程组的共轭梯度法发展而来的, 它具有二次终止性. 对于一般的非线性函数, 在一些条件下可以证明共轭梯度法的收敛速度, 而实用的共轭梯度法也会加上重开始等技巧.

牛顿法是利用海瑟矩阵构造下降方向的算法, 它有很好的局部收敛性. 但经典牛顿法不够稳定, 在实际应用中我们通常使用修正牛顿法求解. 比较古老的修正策略由 Goldstein 在 1967 年提出[60], 当海瑟矩阵不正定时, 选取负梯度作为下降方向. 这一做法完全舍弃了函数的二阶信息, 不推荐使用. 而最简单的对海瑟矩阵的修正是 Goldfeld 提出的加常数倍单位矩阵的做法, 即使用 $B^k + \tau_k I$ 作为海瑟矩阵, 这个策略本质上和信赖域有一定联系. 修正的楚列斯基分解法是 Gill 和 Murray 提出的[57], 除此以外还有基于不定矩阵分解[21] 的 Fletcher-Freeman 算法[49], 这些算法都能有效提高牛顿法的稳定性. 有关牛顿-共轭梯度法读者可以参考文献 [62,96], 使用有限差分格式近似牛顿矩阵的方法可参考文献 [134], 这些算法都能有效减少牛顿法的计算量.

在拟牛顿算法中比较重要的是 BFGS 方法和 L-BFGS 方法. L-BFGS 方法是可以利用在大规模无约束优化问题上的算法, 更细致的讨论可以参考文献 [25,82,96,101]. L-BFGS 算法的代码实现可参考 L-BFGS-B [93,161] 以及其在 GPU 上的一种实现[45]. 对于有些问题, 目标函数的海瑟矩阵是稀疏的, 此时如果直接用拟牛顿方法则会破坏稀疏性, 所以我们必须根据原问题海瑟矩阵的稀疏结构来设计稀疏的拟牛顿更新, 这方面的内容可参考文献 [119,139], 本书中不做讨论.

在信赖域算法中, 除本书介绍的两种算法以外, 还有 Powell 提出的 Dogleg 方法[115]、双折 Dogleg 方法[41] 以及 Byrd 等人提出的二维子空间法[26]. 有关截断共轭梯度法的更多性质可参考文献 [156]. 信赖域算法近几十年的进展总结可参阅文献 [157].

高斯–牛顿法是较常用的求解非线性最小二乘问题的算法. 这个算法充分利用了最小二乘问题的结构, 是二阶算法很好的近似. 我们指出, 在求解其他问题时也可利用高斯–牛顿的思想来构造高效的算法. 例如, 若目标函数的海瑟矩阵可自然地写成两部分的和: 第一部分容易计算且占主要地位, 第二部分难以计算, 则可以先精确计算第一部分的值, 然后寻找第二部分的近似 (或完全舍弃). 这种做法的效果通常要比直接整体近似海瑟矩阵要好, 比较具体的应用可参考文献 [72].

本章中部分内容编写参考了文献 [102], 包括线搜索方法、(拟) 牛顿类算法、信赖域算法、非线性最小二乘问题算法. 信赖域算法中的截断共轭梯度法参考了文献 [134], (次) 梯度算法参考了 Lieven Vandenberghe 教授的课件.

习题 3

3.1 考虑优化问题

$$\min_{x \in \mathbb{R}^n} \quad x^{\mathrm{T}} A x + 2b^{\mathrm{T}} x,$$

其中 $A \in \mathcal{S}^n$, $b \in \mathbb{R}^n$. 为了保证该问题最优解存在, A, b 需要满足什么性质?

3.2 试举例说明对无约束光滑优化问题, 二阶必要条件不是充分的, 二阶充分条件也不是必要的 (见定理 3.4).

3.3 设 $f(x)$ 是连续可微函数, d^k 是一个下降方向, 且 $f(x)$ 在射线 $\{x^k + \alpha d^k \mid \alpha > 0\}$ 上有下界. 求证: 当 $0 < c_1 < c_2 < 1$ 时, 总是存在满足 Wolfe 准则(3.4.4a)(3.4.4b)的点. 并举一个反例说明当 $0 < c_2 < c_1 < 1$ 时, 满足 Wolfe 准则的点可能不存在.

3.4 f 为正定二次函数 $f(x) = \frac{1}{2} x^{\mathrm{T}} A x + b^{\mathrm{T}} x$, d^k 为下降方向, x^k 为当前迭代点. 试求出精确线搜索步长

$$\alpha_k = \arg\min_{\alpha > 0} f(x^k + \alpha d^k),$$

并由此推出最速下降法的步长满足(3.5.2)式 (见定理 3.9).

3.5 利用定理 3.12证明推论 3.2.

3.6 考虑非光滑函数

$$f(x) = \max_{1 \leqslant i \leqslant K} x_i + \frac{1}{2} \|x\|^2,$$

其中 $x \in \mathbb{R}^n$, $K \in [1, n]$ 为一个给定的正整数.

(a) 求出 $f(x)$ 的最小值点 x^* 和对应的函数值 f^*;

(b) 证明 $f(x)$ 在区域 $\{x \mid \|x\| \leqslant R \overset{\text{def}}{=} 1/\sqrt{K}\}$ 上是 G-利普希茨连续的, 其中 $G = 1 + \dfrac{1}{\sqrt{K}}$;

(c) 设初值 $x^0 = 0$, 考虑使用次梯度算法(3.6.1)对 $\min f(x)$ 进行求解, 步长 α_k 可任意选取, 证明: 存在一种次梯度的取法, 在 $k(k < K)$ 次迭代后,

$$\hat{f}^k - f^* \geqslant \frac{GR}{2(1+\sqrt{K})},$$

其中 $\hat{f}^k$ 的定义和定理 3.12 相同. 并根据此例推出次梯度算法的收敛速度 $\mathcal{O}\left(\dfrac{GR}{\sqrt{K}}\right)$ 是不能改进的.

3.7　考虑非平方 ℓ_2 正则项优化问题

$$\min \quad f(x) = \frac{1}{2}\|Ax - b\|_2^2 + \mu\|x\|_2,$$

其中 $A \in \mathbb{R}^{m \times n}$, 注意这个问题并不是岭回归问题.

(a) 若 A 为列正交矩阵, 即 $A^{\mathrm{T}}A = I$, 利用不可微函数的一阶最优性条件求出该优化问题的显式解;

(b) 对一般的 A 我们可以使用迭代算法来求解这个问题, 试设计出不引入次梯度的一种梯度类算法求解该优化问题. (提示: $f(x)$ 仅在一点处不可导, 若这个点不是最小值点, 则次梯度算法和梯度法等价.)

3.8　证明: 如果非零向量 $p_1, p_2, \ldots, p_l$ 关于正定矩阵 A 相互共轭:

$$p_i^{\mathrm{T}}Ap_j = 0, \quad \forall 1 \leqslant i < j \leqslant l,$$

那么这些向量是线性无关的. (这个结果表明 A 最多有 n 个共轭方向.)

3.9　证明: 当应用于二次函数, 并使用精确线搜索时, Polak-Ribière-Polyak 公式(3.7.24)、Hestenes-Stiefel 公式(3.7.25)和 Dai-Yuan 公式(3.7.26)都归结为 Fletcher-Reeves 公式(3.7.23).

3.10　设函数 $f(x) = \|x\|^{\beta}$, 其中 $\beta > 0$ 为给定的常数. 考虑使用经典牛顿法(3.8.2)对 $f(x)$ 进行极小化, 初值 $x^0 \neq 0$. 证明:

(a) 若 $\beta > 3/2$ 且 $\beta \neq 2$, 则 x^k 收敛到 0 的速度为 Q-线性的;

(b) 若 $0 < \beta < 3/2$, 则牛顿法发散;

(c) 试解释定理 3.19 在 (a) 中不成立的原因.

3.11　设矩阵 A 为 n 阶对称矩阵, d^k 为给定的非零向量. 若对任意满足 $\|d\| = \|d^k\|$ 的 $d \in \mathbb{R}^n$, 均有 $(d - d^k)^{\mathrm{T}}A(d - d^k) \geqslant 0$, 证明: A 是半正定矩阵.

3.12　设 $f(x)$ 为正定二次函数, 且假定在迭代过程中 $(s^k - H^k y^k)^{\mathrm{T}} y^k > 0$ 对任意的 k 均满足, 其中 H^k 为由 SR1 公式(3.9.10)产生的拟牛顿矩阵. 证明:

$$H^k y^j = s^j, \quad j = 0, 1, \cdots, k-1,$$

其中 k 是任意给定的整数. 这个结论说明对于正定二次函数, SR1 公式产生的拟牛顿矩阵在当前点处满足割线方程, 且历史迭代产生的 (s^j, y^j) 也满足割线方程.

3.13   仿照 BFGS 公式的推导过程, 试利用待定系数法推导 DFP 公式(3.9.16).

3.14   考虑共轭梯度法中的 Hestenes-Stiefel (HS) 格式

$$d^{k+1} = -\nabla f(x^{k+1}) + \frac{\nabla f(x^{k+1})^{\mathrm{T}} y^k}{(y^k)^{\mathrm{T}} d^k} d^k,$$

其中 $y^k = \nabla f(x^{k+1}) - \nabla f(x^k)$. 假设在迭代过程中 d^k 均为下降方向且精确搜索条件 $\nabla f(x^{k+1})^{\mathrm{T}} d^k = 0$ 满足, 试说明 HS 格式可看成是某一种特殊的拟牛顿方法. (提示: 将 HS 格式改写为拟牛顿迭代格式, 并根据此格式构造另一个拟牛顿矩阵使其满足割线方程(3.9.4), 注意拟牛顿矩阵需要满足对称性和正定性.)

3.15   证明等式(3.9.21).

3.16   设 $m(d)$ 为具有如下形式的二次函数:

$$m(d) = g^{\mathrm{T}} d + \frac{1}{2} d^{\mathrm{T}} B d,$$

其中 B 为对称矩阵, 证明以下结论:

(a) $m(d)$ 存在全局极小值当且仅当 B 半正定且 g 在 B 的值空间中; 若 B 半正定, 则满足 $Bd = -g$ 的 d 均为 $m(d)$ 的全局极小值点;

(b) $m(d)$ 的全局极小值唯一当且仅当 B 严格正定.

3.17   (小样本问题) 设 $J(x) \in \mathbb{R}^{m \times n}$ 为最小二乘问题(3.11.1)中 $r(x)$ 在点 x 处的雅可比矩阵, 其中 $m \ll n$. 设 $J(x)$ 行满秩, 证明:

$$\hat{d} = -J(x)^{\mathrm{T}} (J(x) J(x)^{\mathrm{T}})^{-1} r(x)$$

给出了高斯–牛顿方程(3.11.3)的一个 ℓ_2 范数最小解.

第四章

约束优化算法

本章考虑约束优化问题

$$\begin{aligned}
\min \quad & f(x), \\
\text{s.t.} \quad & x \in \mathcal{X},
\end{aligned} \tag{4.0.1}$$

这里 $\mathcal{X} \subset \mathbb{R}^n$ 为问题的可行域. 与无约束问题不同, 约束优化问题中自变量 x 不能任意取值, 这导致许多无约束优化算法不能使用. 例如梯度法中沿着负梯度方向下降所得的点未必是可行点, 要寻找的最优解处目标函数的梯度也不是零向量. 这使得约束优化问题比无约束优化问题要复杂许多. 本章将介绍一些罚函数法, 它们将约束作为惩罚项加到目标函数中, 从而转化为我们熟悉的无约束优化问题求解. 此外我们还针对线性规划这一特殊的约束优化问题介绍内点法, 它的思想可以被应用到很多一般问题的求解.

4.1　对偶理论

这一节以及本章之后的章节考虑一般的约束优化问题

$$\begin{aligned}
\min_{x \in \mathbb{R}^n} \quad & f(x), \\
\text{s.t.} \quad & c_i(x) \leqslant 0, \; i \in \mathcal{I}; \\
& c_i(x) = 0, \; i \in \mathcal{E},
\end{aligned} \tag{4.1.1}$$

其中 c_i 为定义在 $\mathbb{R}^n$ 或其子集上的实值函数, $\mathcal{I}$ 和 $\mathcal{E}$ 分别表示不等式约束和等式约束对应的下标集合且各下标互不相同. 这个问题的可行域定义为

$$\mathcal{X} = \{x \in \mathbb{R}^n | c_i(x) \leqslant 0, \; i \in \mathcal{I} \text{ 且 } c_i(x) = 0, \; i \in \mathcal{E}\}.$$

我们可以通过将 $\mathcal{X}$ 的示性函数加到目标函数中得到无约束优化问题. 但是转化后问题的目标函数是不连续的、不可微的以及不是有限的, 这导致我们难以分析其理论性质以及设计有效的算法. 对于约束优化问题, 可行性问题是应该最先考虑的. 因此, 对其约束集合的几何性质以及代数性质的分析尤为重要.

4.1.1　拉格朗日函数与对偶问题

研究问题 (4.1.1) 的重要工具之一是拉格朗日函数, 它的基本思想是给该问题中的每一个约束指定一个**拉格朗日乘子**, 以乘子为加权系数将约束增加到目标函数中. 令 λ_i 为对应于第 i 个不等式约束的拉格朗日乘子, ν_i 为对应于第 i 个等式约束的拉格朗日乘子. 为了构造合适的对偶问题, 基本原则是对拉格朗日乘子添加合适的约束条件, 使得 $f(x)$

在问题 (4.1.1) 的任意可行点 x 处大于或等于相应拉格朗日函数值. 根据这个原则, 我们要求 $\lambda \geqslant 0$. 记 $m = |\mathcal{I}|$, $p = |\mathcal{E}|$, 则**拉格朗日函数**的具体形式 $L : \mathbb{R}^n \times \mathbb{R}_+^m \times \mathbb{R}^p \to \mathbb{R}$ 定义为

$$L(x, \lambda, \nu) = f(x) + \sum_{i \in \mathcal{I}} \lambda_i c_i(x) + \sum_{i \in \mathcal{E}} \nu_i c_i(x). \tag{4.1.2}$$

注意, 函数 (4.1.2) 中的加号也可以修改为减号, 同时调整相应乘子的约束条件使得上述下界原则满足即可.

对拉格朗日函数 $L(x, \lambda, \nu)$ 中的 x 取下确界可定义**拉格朗日对偶函数**, 这一函数将在对偶理论中起到很关键的作用.

定义 4.1   拉格朗日对偶函数 $g : \mathbb{R}_+^m \times \mathbb{R}^p \to [-\infty, +\infty)$ 是拉格朗日函数 $L(x, \lambda, \nu)$ 对于 $\lambda \in \mathbb{R}_+^m$, $\nu \in \mathbb{R}^p$ 关于 x 取的下确界:

$$g(\lambda, \nu) = \inf_{x \in \mathbb{R}^n} L(x, \lambda, \nu). \tag{4.1.3}$$

固定 (λ, ν), 如果拉格朗日函数关于 x 无界, 那么对偶函数在 (λ, ν) 处的取值为 $-\infty$. 因为拉格朗日对偶函数是逐点定义的一族关于 (λ, ν) 的仿射函数的下确界, 根据定理 2.13 的 (5) 可知其为凹函数 (无论原始问题是否为凸问题). 这个性质是十分重要的, 它能帮助我们推导出许多拥有良好性质的算法.

对每一对满足 $\lambda \geqslant 0$ 的乘子对 (λ, ν), 拉格朗日对偶函数 $g(\lambda, \nu)$ 给原优化问题(4.1.1) 的最优值 p^* 提供了下界, 且该下界依赖于参数 λ 和 ν 的选取.

引理 4.1(弱对偶原理)   对于任意的 $\lambda \geqslant 0$ 和 ν, 拉格朗日对偶函数给出了优化问题(4.1.1) 最优值的一个下界, 即

$$g(\lambda, \nu) \leqslant p^*, \quad \lambda \geqslant 0. \tag{4.1.4}$$

证明   假设 $\tilde{x}$ 是问题(4.1.1) 的一个可行解, 即 $c_i(\tilde{x}) \leqslant 0$, $i \in \mathcal{I}$ 和 $c_i(\tilde{x}) = 0$, $i \in \mathcal{E}$ 对于任意的 i 均成立. 由于 $\lambda \geqslant 0$, 则

$$\sum_{i \in \mathcal{I}} \lambda_i c_i(\tilde{x}) + \sum_{i \in \mathcal{E}} \nu_i c_i(\tilde{x}) \leqslant 0. \tag{4.1.5}$$

将上式代入拉格朗日函数的定义中, 我们可以得到

$$L(\tilde{x}, \lambda, \nu) = f(\tilde{x}) + \sum_{i \in \mathcal{I}} \lambda_i c_i(\tilde{x}) + \sum_{i \in \mathcal{E}} \nu_i c_i(\tilde{x}) \leqslant f(\tilde{x}), \tag{4.1.6}$$

并且

$$g(\lambda, \nu) = \inf_x L(x, \lambda, \nu) \leqslant L(\tilde{x}, \lambda, \nu) \leqslant f(\tilde{x}). \tag{4.1.7}$$

所以对于任意的可行解 $\tilde{x}$, $g(\lambda, \nu) \leqslant f(\tilde{x})$ 都成立, 从而 $g(\lambda, \nu) \leqslant p^*$ 成立.   □

那么一个自然的问题是, 从拉格朗日对偶函数获得的下界中, 哪个是最优的呢? 为了求解该最优的下界, 便有如下拉格朗日对偶问题:

$$\max_{\lambda \geqslant 0, \nu} g(\lambda, \nu) = \max_{\lambda \geqslant 0, \nu} \inf_{x \in \mathbb{R}^n} L(x, \lambda, \nu). \tag{4.1.8}$$

向量 λ 和 ν 也称为问题(4.1.1)的**对偶变量**或者拉格朗日乘子向量. 由于其目标函数的凹性和约束集合的凸性, 拉格朗日对偶问题是一个凸优化问题 (见注 1.1). 当 $g(\lambda, \nu) = -\infty$ 时, 对偶函数提供的 p^* 的下界变得没有实际意义. 只有当 $g(\lambda, \nu) > -\infty$ 时, 对偶函数生成的关于原始问题最优解 p^* 的下界才是非平凡的. 因此我们规定拉格朗日对偶函数的定义域

$$\mathbf{dom}\, g = \{(\lambda, \nu) \mid \lambda \geqslant 0, g(\lambda, \nu) > -\infty\}.$$

当 $(\lambda, \nu) \in \mathbf{dom}\, g$ 时, 称其为**对偶可行解**. 记对偶问题的最优值为 q^*. 称 $p^* - q^*(\geqslant 0)$ 为**对偶间隙**. 若对偶间隙为 $0(p^* = q^*)$, 则称**强对偶原理**成立. 假设 (λ^*, ν^*) 是使得对偶问题取得最优值的解, 称其为**对偶最优解**或者最优拉格朗日乘子.

推导拉格朗日对偶问题最重要的是能把拉格朗日对偶函数的具体形式方便地写出来. 需要指出的是, 拉格朗日对偶问题的写法并不唯一. 如果问题 (4.1.1) 中有些约束, 比如对应于下标集 $\mathcal{I}_1 = \{i_1, i_2, \cdots, i_q\}$ 的不等式约束, 比较简单, 则可以不把这些约束松弛到拉格朗日函数里. 此时拉格朗日函数为

$$L(x, s, \nu) = f(x) + \sum_{i \in \mathcal{I} \setminus \mathcal{I}_1} s_i c_i(x) + \sum_{i \in \mathcal{E}} \nu_i c_i(x),\ s \geqslant 0,\ c_i(x) \leqslant 0,\ i \in \mathcal{I}_1, \tag{4.1.9}$$

相应地, 对偶问题为

$$\max_{s \geqslant 0, \nu} \left\{ \inf_{x \in \mathbb{R}^n} L(x, s, \nu),\ \text{s.t.}\ c_i(x) \leqslant 0, i \in \mathcal{I}_1 \right\}. \tag{4.1.10}$$

对于强对偶原理满足的凸问题, 不同写法的拉格朗日对偶问题是等价的.

4.1.2 带广义不等式约束优化问题的对偶

问题 (4.1.1) 中的不等式约束 $c_i(x)$, $i \in \mathcal{I}$ 都是实值函数的形式. 在许多实际应用中, 我们还会遇到大量带广义不等式约束的优化问题, 例如自变量 x 可能取值于半正定矩阵空间中. 对于这类约束我们不易将其化为 $c_i(x) \leqslant 0$ 的形式, 此时又该如何构造拉格朗日对偶函数呢?

1. 适当锥和广义不等式

定义广义不等式需要利用适当锥的概念.

定义 4.2 (适当锥) 称满足如下条件的锥 K 为适当锥 (proper cone):

(1) K 是凸锥;

(2) K 是闭集;

(3) K 是实心的 (solid), 即 $\mathbf{int}\, K \neq \varnothing$;

(4) K 是尖的 (pointed), 即对任意非零向量 x, 若 $x \in K$, 则 $-x \notin K$, 也即 K 中无法容纳直线.

适当锥 K 可以诱导出广义不等式, 它定义了全空间上的偏序关系:

$$x \preceq_K y \iff y - x \in K.$$

类似地, 可以定义严格广义不等式:

$$x \prec_K y \iff y - x \in \mathbf{int}\, K.$$

本书常用的是 $K = \mathbb{R}^n_+$(非负锥) 和 $K = \mathcal{S}^n_+$(半正定锥). 当 $K = \mathbb{R}^n_+$ 时, $x \preceq_K y$ 是我们之前经常使用的记号 $x \leqslant y$, 即 x 每个分量小于等于 y 的对应分量; 当 $K = \mathcal{S}^n_+$ 时, $X \preceq_K Y$ 的含义为 $Y - X \succeq 0$, 即 $Y - X$ 是半正定矩阵.

广义不等式满足许多我们熟悉的性质, 例如自反性、反称性、传递性, 这里不详细展开.

2. 对偶锥

在构造拉格朗日对偶函数时, 针对不等式约束 $c_i(x) \leqslant 0$, 我们引入拉格朗日乘子 $\lambda_i \geqslant 0$, 之后将 $\lambda_i c_i(x)(\leqslant 0)$ 作为拉格朗日函数中的一项. 那么对于广义不等式, 应该如何对拉格朗日乘子提出限制呢? 此时需要借助**对偶锥**的概念.

<u>**定义 4.3**</u>(对偶锥)　令 K 为全空间 Ω 的子集, 称集合

$$K^* = \{y \in \Omega \mid \langle x, y \rangle \geqslant 0, \quad \forall x \in K\}$$

为其对偶锥, 其中 $\langle \cdot, \cdot \rangle$ 是 Ω 上的一个内积.

正如其定义所说, 对偶锥是一个锥 (哪怕原始集合 K 不是锥). 我们在图 4.1 中给出了 $\mathbb{R}^2$ 平面上的一个例子. 图中深色区域表示锥 K, 根据对偶锥的定义, K^* 中的向量和 K 中所有向量夹角均为锐角或直角. 因此, 对偶锥 K^* 为图 4.1 的浅色区域. 注意, 在这个例子中 K 也为 K^* 一部分.

如果 $K = \mathbb{R}^n_+, \Omega = \mathbb{R}^n$ 并且定义 $\langle x, y \rangle = x^{\mathrm{T}} y$, 那么易知 $K^* = \mathbb{R}^n_+$. 假设 $K = \mathcal{S}^n_+, \Omega = \mathcal{S}^n$ 并且定义 $\langle X, Y \rangle = \mathrm{Tr}(XY^{\mathrm{T}})$, 可以证明 (见习题 **4.1**)

$$\langle X, Y \rangle \geqslant 0, \forall X \in \mathcal{S}^n_+ \iff Y \in \mathcal{S}^n_+,$$

即半正定锥的对偶锥仍为半正定锥. 此外, 称满足 $K = K^*$ 的锥 K 为**自对偶锥**, 因此非负锥和半正定锥都是自对偶锥.

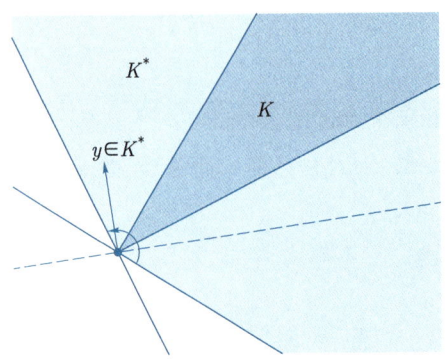

图 4.1　$\mathbb{R}^2$ 平面上的锥 K 及其对偶锥 K^*

直观来说, 对偶锥 K^* 中向量和原锥 K 中向量的内积恒非负, 这一性质可以用来构造拉格朗日对偶函数.

3. 广义不等式约束优化问题拉格朗日函数的构造

如果将不等式约束函数换成向量函数, 并且推广定义相应的广义不等式约束, 我们可以得到如下形式的优化问题:

$$
\begin{aligned}
\min_{x \in \mathbb{R}^n} \quad & f(x), \\
\text{s.t.} \quad & c_i(x) \preceq_{K_i} 0, \ i \in \mathcal{I}; \\
& c_i(x) = 0, \ i \in \mathcal{E},
\end{aligned}
\tag{4.1.11}
$$

其中 $f : \mathbb{R}^n \to \mathbb{R}$, $c_i : \mathbb{R}^n \to \mathbb{R}$, $i \in \mathcal{E}$ 为实值函数, $c_i : \mathbb{R}^n \to \mathbb{R}^{k_i}$, $k_i \in \mathbb{N}_+, i \in \mathcal{I}$ 为向量值函数, K_i 为某种适当锥且 $\preceq_{K_i}$ 表示由锥 K_i 定义的广义不等式. 因此, 问题 (4.1.1) 是在问题 (4.1.11) 中取 $k_i = 1$, $K_i = \mathbb{R}_+$, $\forall i \in \mathcal{I}$ 时的特殊情形.

根据 K_i, $i \in \mathcal{I}$ 的对偶锥 K_i^*, 我们对广义不等式约束分别引入乘子 $\lambda_i \in K_i^*$, $i \in \mathcal{I}$, 对等式约束引入乘子 $\nu_i \in \mathbb{R}$, $i \in \mathcal{E}$, 构造如下拉格朗日函数:

$$
L(x, \lambda, \nu) = f(x) + \sum_{i \in \mathcal{I}} \langle c_i(x), \lambda_i \rangle + \sum_{i \in \mathcal{E}} \nu_i c_i(x), \quad \lambda_i \in K_i^*, \nu_i \in \mathbb{R}.
$$

容易验证 $L(x, \lambda, \nu) \leqslant f(x)$, $\forall \, x \in \mathcal{X}$, $\lambda_i \in K_i^*, \nu_i \in \mathbb{R}$. 类似于 (4.1.3) 式, 我们定义拉格朗日对偶函数

$$
g(\lambda, \nu) = \inf_{x \in \mathbb{R}^n} L(x, \lambda, \nu).
$$

因此, 对偶问题为

$$
\max_{\lambda_i \in K_i^*, \ \nu_i \in \mathbb{R}} g(\lambda, \nu).
$$

对偶问题在最优化理论中扮演着重要角色. 每个优化问题都对应一个对偶问题. 相比原始问题, 对偶问题总是凸的, 其最优值给出了原始问题最优值 (极小化问题) 的

一个下界. 如果原始问题满足一定的条件, 我们可以从理论上证明原始问题和对偶问题的最优值是相等的. 当原始问题的约束个数比决策变量维数更小时, 对偶问题的决策变量维数会比原始问题的小, 从而可能在相对较小的决策空间中求解. 因此, 对于对偶问题的研究非常必要. 接下来我们会给出一些例子来说明如何求出给定问题的对偶问题.

4.1.3　实例

这一小节用四个例子说明拉格朗日对偶问题应当如何计算, 并简要从对偶理论的角度分析这些问题具有的性质.

1. 线性规划问题的对偶

考虑如下线性规划问题:

$$\min_x \quad c^{\mathrm{T}}x, \quad \text{s.t.} \quad Ax = b, \quad x \geqslant 0. \tag{4.1.12}$$

对于等式约束 $Ax = b$, 我们引入拉格朗日乘子 ν; 对于非负约束 $x \geqslant 0$, 我们引入拉格朗日乘子 $s \geqslant 0$. 根据上述准则, 可构造如下拉格朗日函数:

$$L(x, s, \nu) = c^{\mathrm{T}}x + \nu^{\mathrm{T}}(Ax - b) - s^{\mathrm{T}}x = -b^{\mathrm{T}}\nu + (A^{\mathrm{T}}\nu - s + c)^{\mathrm{T}}x,$$

其拉格朗日对偶函数为

$$g(s, \nu) = \inf_x L(x, s, \nu) = \begin{cases} -b^{\mathrm{T}}\nu, & A^{\mathrm{T}}\nu - s + c = 0, \\ -\infty, & \text{其他}. \end{cases}$$

注意到只需考虑 $A^{\mathrm{T}}\nu - s + c = 0$ 情形, 其余情况对应于不可行情形, 因此线性规划问题(4.1.12) 的对偶问题是

$$\max_{s, \nu} \quad -b^{\mathrm{T}}\nu, \quad \text{s.t.} \quad A^{\mathrm{T}}\nu - s + c = 0, \quad s \geqslant 0.$$

经过变量代换 $y = -\nu$ 后, 上述问题等价于常见的形式

$$\max_{s, y} \quad b^{\mathrm{T}}y, \quad \text{s.t.} \quad A^{\mathrm{T}}y + s = c, \quad s \geqslant 0. \tag{4.1.13}$$

若问题(4.1.12) 的拉格朗日函数直接写为

$$L(x, s, y) = c^{\mathrm{T}}x - y^{\mathrm{T}}(Ax - b) - s^{\mathrm{T}}x = b^{\mathrm{T}}y + (c - A^{\mathrm{T}}y - s)^{\mathrm{T}}x,$$

其中 y 为等式约束 $Ax = b$ 的乘子以及 $s \geqslant 0$ 为非负约束 $x \geqslant 0$ 的乘子, 则对偶问题(4.1.13) 可以直接导出.

线性规划问题(4.1.12) 的对偶问题也可以通过保留约束 $x \geqslant 0$ 写出. 对于等式约束 $Ax = b$, 引入乘子 y, 则相应的拉格朗日函数为

$$L(x, y) = c^{\mathrm{T}} x - y^{\mathrm{T}}(Ax - b) = b^{\mathrm{T}} y + (c - A^{\mathrm{T}} y)^{\mathrm{T}} x.$$

而对偶问题需要将 $x \geqslant 0$ 添加到约束里:

$$\max_y \left\{ \inf_x b^{\mathrm{T}} y + (c - A^{\mathrm{T}} y)^{\mathrm{T}} x, \quad \text{s.t.} \quad x \geqslant 0 \right\}.$$

简化后得出

$$\max_y \quad b^{\mathrm{T}} y, \quad \text{s.t.} \quad A^{\mathrm{T}} y \leqslant c. \tag{4.1.14}$$

事实上, 由对偶问题(4.1.13) 也可以消掉变量 s 得到(4.1.14).

下面我们推导问题(4.1.14) 的对偶问题. 先通过极小化目标函数的相反数将其等价地转化为如下极小化问题 (另一种方式是直接构造极大化问题的拉格朗日函数, 通过引入乘子并确定其符号使得构造的拉格朗日函数为 $b^{\mathrm{T}} y$ 的一个上界, 之后再求拉格朗日函数关于 x 的上确界得对偶函数):

$$\min_y \quad -b^{\mathrm{T}} y, \quad \text{s.t.} \quad A^{\mathrm{T}} y \leqslant c.$$

对于不等式约束 $A^{\mathrm{T}} y \leqslant c$, 我们引入拉格朗日乘子 $x \geqslant 0$, 则相应的拉格朗日函数为

$$L(y, x) = -b^{\mathrm{T}} y + x^{\mathrm{T}}(A^{\mathrm{T}} y - c) = -c^{\mathrm{T}} x + (Ax - b)^{\mathrm{T}} y.$$

因此得到对偶函数

$$g(x) = \inf_y L(y, x) = \begin{cases} -c^{\mathrm{T}} x, & Ax = b, \\ -\infty, & \text{其他,} \end{cases}$$

相应的对偶问题是

$$\max_x \quad -c^{\mathrm{T}} x, \quad \text{s.t.} \quad Ax = b, \quad x \geqslant 0. \tag{4.1.15}$$

观察到问题 (4.1.15) 与问题 (4.1.12) 完全等价, 这表明线性规划问题与其对偶问题互为对偶.

2. ℓ_1 正则化问题的对偶

对于 ℓ_1 正则化问题

$$\min_{x \in \mathbb{R}^n} \quad \frac{1}{2} \|Ax - b\|^2 + \mu \|x\|_1, \tag{4.1.16}$$

其中 $A \in \mathbb{R}^{m \times n}, b \in \mathbb{R}^m$ 分别为给定的矩阵和向量, μ 为正则化参数来控制稀疏度. 通过引入 $Ax - b = r$, 可以将问题 (4.1.16) 转化为如下等价的形式:

$$\min_{x \in \mathbb{R}^n, r \in \mathbb{R}^m} \quad \frac{1}{2}\|r\|^2 + \mu\|x\|_1, \quad \text{s.t.} \quad Ax - b = r, \tag{4.1.17}$$

其拉格朗日函数为

$$L(x, r, \lambda) = \frac{1}{2}\|r\|^2 + \mu\|x\|_1 - \langle \lambda, Ax - b - r \rangle$$

$$= \frac{1}{2}\|r\|^2 + \lambda^{\mathrm{T}} r + \mu\|x\|_1 - (A^{\mathrm{T}}\lambda)^{\mathrm{T}} x + b^{\mathrm{T}}\lambda.$$

利用二次函数最小值的性质及 $\|\cdot\|_1$ 的对偶范数的定义, 我们有

$$g(\lambda) = \inf_{x, r} L(x, r, \lambda) = \begin{cases} b^{\mathrm{T}}\lambda - \dfrac{1}{2}\|\lambda\|^2, & \|A^{\mathrm{T}}\lambda\|_\infty \leqslant \mu, \\ -\infty, & \text{其他.} \end{cases}$$

那么对偶问题为

$$\max \quad b^{\mathrm{T}}\lambda - \frac{1}{2}\|\lambda\|^2, \quad \text{s.t.} \quad \|A^{\mathrm{T}}\lambda\|_\infty \leqslant \mu.$$

3. 半定规划问题的对偶问题

考虑标准形式的半定规划问题

$$\begin{aligned} \min_{X \in \mathcal{S}^n} \quad & \langle C, X \rangle, \\ \text{s.t.} \quad & \langle A_i, X \rangle = b_i, \ i = 1, 2, \cdots, m, \\ & X \succeq 0, \end{aligned} \tag{4.1.18}$$

其中 $A_i \in \mathcal{S}^n$, $i = 1, 2, \cdots, m$, $C \in \mathcal{S}^n, b \in \mathbb{R}^m$. 对于等式约束和半正定锥约束分别引入乘子 $y \in \mathbb{R}^m$ 和 $S \in \mathcal{S}^n_+$, 拉格朗日函数可以写为

$$L(X, y, S) = \langle C, X \rangle - \sum_{i=1}^m y_i(\langle A_i, X \rangle - b_i) - \langle S, X \rangle, \quad S \succeq 0,$$

则对偶函数为

$$g(y, S) = \inf_X L(X, y, S) = \begin{cases} b^{\mathrm{T}} y, & \displaystyle\sum_{i=1}^m y_i A_i - C + S = 0, \\ -\infty, & \text{其他.} \end{cases}$$

因此, 对偶问题为

$$\min_{y \in \mathbb{R}^m} \quad -b^{\mathrm{T}}y,$$
$$\text{s.t.} \quad \sum_{i=1}^m y_i A_i - C + S = 0, \tag{4.1.19}$$
$$S \succeq 0.$$

它也可以写成不等式形式

$$\min_{y \in \mathbb{R}^m} \quad -b^{\mathrm{T}}y, \quad \text{s.t.} \quad \sum_{i=1}^m y_i A_i \preceq C. \tag{4.1.20}$$

对于对偶问题(4.1.20), 我们还可以求其对偶问题. 对不等式约束引入乘子 $X \in \mathcal{S}^n$ 并且 $X \succeq 0$, 拉格朗日函数为

$$L(y, X) = -b^{\mathrm{T}}y + \langle X, \sum_{i=1}^m y_i A_i - C \rangle,$$
$$= \sum_{i=1}^m y_i(-b_i + \langle A_i, X \rangle) - \langle C, X \rangle.$$

因为上式对 y 是仿射的, 故对偶函数可以描述为

$$g(X) = \inf_y L(y, X) = \begin{cases} -\langle C, X \rangle, & \langle A_i, X \rangle = b_i, \ i = 1, 2, \cdots, m, \\ -\infty, & \text{其他}. \end{cases}$$

因此, 对偶问题可以写成

$$\min_{X \in \mathcal{S}^n} \quad \langle C, X \rangle,$$
$$\text{s.t.} \quad \langle A_i, X \rangle = b_i, \ i = 1, 2, \cdots, m, \tag{4.1.21}$$
$$X \succeq 0.$$

这就是问题 (4.1.18), 即半定规划问题与其对偶问题互为对偶.

4. 最大割问题

考虑最大割问题:

$$\max_{x \in \mathbb{R}^n} \quad x^{\mathrm{T}}Cx, \quad \text{s.t.} \quad x_i^2 = 1, \ i = 1, 2, \cdots, n, \tag{4.1.22}$$

其中 $C \in \mathbb{R}^{n \times n}$ 为图的拉普拉斯矩阵. 这里, $x_i^2 = 1$ 表明 $x_i = 1$ 或者 $x_i = -1$. 引入拉格朗日乘子 $y \in \mathbb{R}^n$, 拉格朗日函数可以写为

$$L(x, y) = -x^{\mathrm{T}} C x + \sum_{i=1}^{n} y_i(x_i^2 - 1) = x^{\mathrm{T}}(\mathrm{Diag}(y) - C)x - \mathbf{1}^{\mathrm{T}} y,$$

则对偶函数为

$$g(y) = \inf_{x} L(x, y) = \begin{cases} -\mathbf{1}^{\mathrm{T}} y, & \mathrm{Diag}(y) - C \succeq 0, \\ -\infty, & \text{其他.} \end{cases}$$

因此, 对偶问题为

$$\min_{y \in \mathbb{R}^n} \quad \mathbf{1}^{\mathrm{T}} y, \quad \text{s.t.} \quad \mathrm{Diag}(y) - C \succeq 0. \tag{4.1.23}$$

这是一个半定规划问题.

对于对偶问题 (4.1.23), 我们还可以求其对偶问题. 对于半正定约束, 引入拉格朗日乘子 $X \succeq 0$, 拉格朗日函数可以写为

$$L(y, X) = \mathbf{1}^{\mathrm{T}} y - \langle \mathrm{Diag}(y) - C, X \rangle = \sum_{i=1}^{n} (1 - X_{ii}) y_i + \langle C, X \rangle.$$

则对偶函数为

$$g(X) = \inf_{y} L(y, X) = \begin{cases} \langle C, X \rangle, & X_{ii} = 1, \ i = 1, 2, \cdots, n, \\ -\infty, & \text{其他.} \end{cases}$$

因此, 问题(4.1.23) 的对偶问题为

$$\begin{aligned} \max \quad & \langle C, X \rangle, \\ \text{s.t.} \quad & X_{ii} = 1, \ i = 1, 2, \cdots, n, \\ & X \succeq 0. \end{aligned}$$

容易看出, 此问题不是最大割问题, 而是一个半定规划问题. 这个分析也给出了最大割问题半定松弛的一种理解方式.

4.2   一般约束优化问题的最优性理论

4.2.1   一阶最优性条件

类似于无约束优化问题, 约束优化问题 (4.1.1) 的最优性条件要从下降方向开始讨论. 因为决策变量限制在可行域当中, 所以只需要关注 "可行" 的方向. 先引入可行域的几何性质.

1. 切锥和约束品性

在给出最优性条件之前, 我们先介绍一些必要的概念. 与无约束优化问题类似, 首先需要定义问题 (4.1.1) 的下降方向. 这里因为约束的存在, 我们只考虑可行方向, 即可行序列对应的极限方向. 特别地, 称这样的方向为切向量.

定义 4.4 (切锥)   给定可行域 $\mathcal{X}$ 及其内一点 x, 若存在可行序列 $\{z_k\}_{k=1}^{\infty} \subset \mathcal{X}$ 逼近 x(即 $\lim\limits_{k \to \infty} z_k = x$) 以及正标量序列 $\{t_k\}_{k=1}^{\infty}$, $t_k \to 0$ 满足

$$\lim_{k \to \infty} \frac{z_k - x}{t_k} = d,$$

则称向量 d 为 $\mathcal{X}$ 在点 x 处的一个切向量. 点 x 处的所有切向量构成的集合称为切锥, 用 $T_{\mathcal{X}}(x)$ 表示.

我们以 $\mathbb{R}^2$ 上的约束集合为例来直观地给出切锥的几何结构. 图 4.2(a) 中深色区域 $\mathcal{X}$ 表示两个不等式约束, 其在点 x 处的切锥 $T_{\mathcal{X}}(x)$ 为图中浅色区域. 注意, $\mathcal{X}$ 也为 $T_{\mathcal{X}}(x)$ 的一部分. 图 4.2(b) 中则是考虑等式约束, 这里可行域 $\mathcal{X}$ 是图 4.2(a) 中可行域的边界. 根据切锥的定义, 此时 $T_{\mathcal{X}}(x)$ 对应点 x 处与 $\mathcal{X}$ 相切的两条射线.

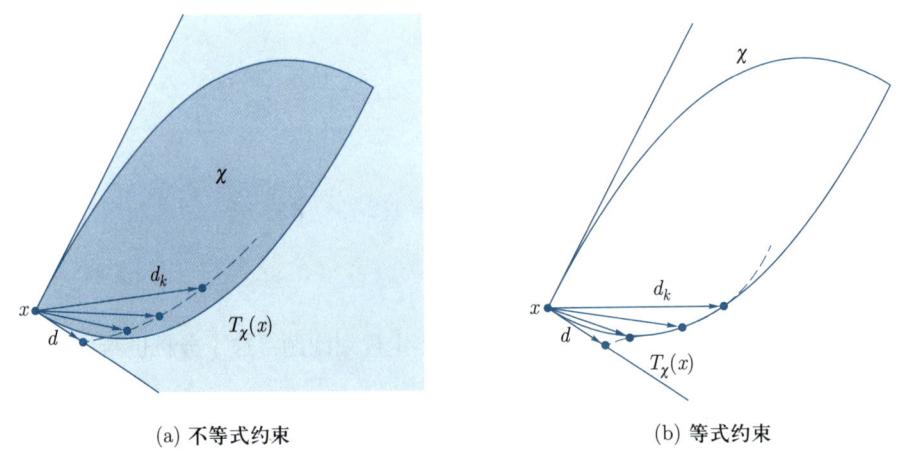

(a) 不等式约束   (b) 等式约束

图 4.2 $\mathbb{R}^2$ 上的约束和切锥

有了切锥的定义之后, 可以从几何上刻画问题 (4.1.1) 的最优性条件. 与无约束优化类似, 我们要求切锥 (可行方向集合) 不包含使得目标函数值下降的方向. 具体地, 有下面的一阶必要条件, 称为几何最优性条件.

定理 4.1 (几何最优性条件[134]) 假设可行点 x^* 是问题 (4.1.1) 的一个局部极小点. 如果 $f(x)$ 和 $c_i(x)$, $i \in \mathcal{I} \cup \mathcal{E}$ 在点 x^* 处是可微的, 那么

$$d^{\mathrm{T}} \nabla f(x^*) \geqslant 0, \quad \forall d \in T_{\mathcal{X}}(x^*)$$

等价于

$$T_{\mathcal{X}}(x^*) \cap \{d \mid \nabla f(x^*)^{\mathrm{T}} d < 0\} = \varnothing.$$

证明 采用反证法. 假设在点 x^* 处有 $T_{\mathcal{X}}(x^*) \cap \{d \mid \nabla f(x^*)^{\mathrm{T}} d < 0\} \neq \varnothing$, 令 $d \in T_{\mathcal{X}}(x^*) \cap \{d \mid \nabla f(x^*)^{\mathrm{T}} d < 0\}$. 根据切向量的定义, 存在 $\{t_k\}_{k=1}^{\infty}$ 和 $\{d_k\}_{k=1}^{\infty}$ 使得 $x^* + t_k d_k \in \mathcal{X}$, 其中 $t_k \to 0$ 且 $d_k \to d$. 由于 $\nabla f(x^*)^{\mathrm{T}} d < 0$, 对于充分大的 k, 我们有

$$\begin{aligned}
f(x^* + t_k d_k) &= f(x^*) + t_k \nabla f(x^*)^{\mathrm{T}} d_k + o(t_k) \\
&= f(x^*) + t_k \nabla f(x^*)^{\mathrm{T}} d + t_k \nabla f(x^*)^{\mathrm{T}} (d_k - d) + o(t_k) \\
&= f(x^*) + t_k \nabla f(x^*)^{\mathrm{T}} d + o(t_k) \\
&< f(x^*).
\end{aligned}$$

这与 x^* 的局部极小性矛盾. $\qquad\qquad\square$

因为切锥是根据可行域的几何性质来定义的, 其计算往往是不容易的. 因此, 我们需要寻找代数方法来计算可行方向, 进而更容易地判断最优性条件. 我们给出另一个容易计算的可行方向集合的定义, 即线性化可行方向锥.

定义 4.5 (线性化可行方向锥) 对于可行点 $x \in \mathcal{X}$, 该点处的积极集 (active set) $\mathcal{A}(x)$ 定义为两部分下标的集合, 一部分是等式约束对应的下标, 另外一部分是不等式约束中等号成立的约束对应的下标, 即

$$\mathcal{A}(x) = \mathcal{E} \cup \{i \in \mathcal{I} \mid c_i(x) = 0\}.$$

进一步地, 点 x 处的线性化可行方向锥定义为

$$\mathcal{F}(x) = \left\{ d \,\middle|\, \begin{aligned} &d^{\mathrm{T}} \nabla c_i(x) = 0, \ \forall \, i \in \mathcal{E}, \\ &d^{\mathrm{T}} \nabla c_i(x) \leqslant 0, \ \forall \, i \in \mathcal{A}(x) \cap \mathcal{I} \end{aligned} \right\}.$$

图 4.3 直观地展示了 $\mathbb{R}^2$ 中的不等式约束集合和线性化可行方向锥 $\mathcal{F}(x)$. 在点 x 处, 已知两个不等式约束的等号均成立. 而 $\mathcal{F}(x)$ 中的向量应保证和 $\nabla c_i(x)$, $i = 1, 2$ 的夹角为钝角或直角.

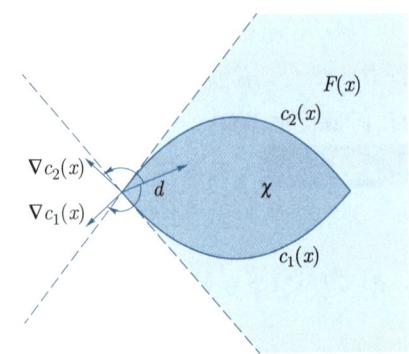

图 4.3 $\mathbb{R}^2$ 上的约束集合和线性化可行方向锥

直观来说, 线性化可行方向锥中的向量应该保证和等式约束中函数的梯度垂直, 这样才能尽量保证 $c_i(x)$, $i \in \mathcal{E}$ 的值不变; 而对积极集 $\mathcal{A}(x) \cap \mathcal{I}$ 中的指标 i, 沿着该向量 $c_i(x)$ 的值不能增加, 因此线性化可行方向对 $c_i(x), i \in \mathcal{A}(x) \cap \mathcal{I}$ 可以是一个下降方向; 而对非积极集中的约束, 无须提出任何对线性化可行方向的要求.

线性化可行方向锥一般比切锥要大, 实际上我们有如下结果:

命题 4.1   设 $c_i(x), i \in \mathcal{E} \cup \mathcal{I}$ 一阶连续可微, 则对任意可行点 x 有

$$T_{\mathcal{X}}(x) \subseteq \mathcal{F}(x).$$

证明   不失一般性, 假设积极集 $\mathcal{A}(x) = \mathcal{E} \cup \mathcal{I}$. 设 $d \in T_{\mathcal{X}}(x)$, 由定义,

$$\lim_{k \to \infty} t_k = 0, \quad \lim_{k \to \infty} \frac{z_k - x}{t_k} = d,$$

上式等价于

$$z_k = x + t_k d + e_k,$$

其中残量 e_k 满足 $\|e_k\| = o(t_k)$. 对 $i \in \mathcal{E}$, 根据泰勒展开,

$$
\begin{aligned}
0 &= \frac{1}{t_k} c_i(z_k) \\
&= \frac{1}{t_k} (c_i(x) + \nabla c_i(x)^{\mathrm{T}}(t_k d + e_k) + o(t_k)) \\
&= \nabla c_i(x)^{\mathrm{T}} d + \frac{\nabla c_i(x)^{\mathrm{T}} e_k}{t_k} + o(1).
\end{aligned}
$$

注意到 $\dfrac{\|e_k\|}{t_k} \to 0$, 令 $k \to \infty$ 即可得到

$$\nabla c_i(x)^{\mathrm{T}} d = 0, \quad i \in \mathcal{E}.$$

同理, 对 $i \in \mathcal{I}$, 根据泰勒展开,

$$0 \geqslant \frac{1}{t_k} c_i(z_k)$$

$$= \frac{1}{t_k} \left(c_i(x) + \nabla c_i(x)^{\mathrm{T}} (t_k d + e_k) + o(t_k) \right)$$

$$= \nabla c_i(x)^{\mathrm{T}} d + \frac{\nabla c_i(x)^{\mathrm{T}} e_k}{t_k} + o(1).$$

注意到 $c_i(x) = 0$, $i \in \mathcal{I}$, 因此我们有

$$\nabla c_i(x)^{\mathrm{T}} d \leqslant 0, \quad i \in \mathcal{I}.$$

结合以上两点, 最终可得到 $T_{\mathcal{X}}(x) \subseteq \mathcal{F}(x)$. $\qquad\qquad\square$

以上命题的结论反过来是不成立的, 我们给出具体的例子. 考虑问题

$$\min_{x \in \mathbb{R}} \quad f(x) = x, \quad \text{s.t.} \quad c(x) = -x + 3 \leqslant 0. \tag{4.2.1}$$

根据切锥的定义, 可以算出点 $x^* = 3$ 处的切锥为 $T_{\mathcal{X}}(x^*) = \{d \,|\, d \geqslant 0\}$, 如图 4.4 所示. 对于线性化可行方向锥, 由于 $c'(x^*) = -1$, 故 $\mathcal{F}(x^*) = \{d \,|\, d \geqslant 0\}$. 此时, 我们有 $T_{\mathcal{X}}(x^*) = \mathcal{F}(x^*)$.

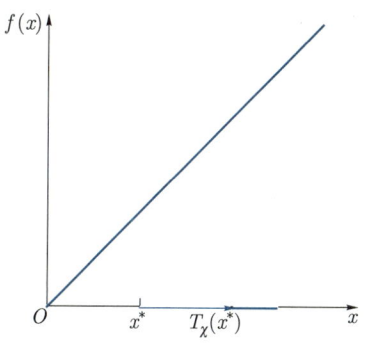

图 4.4 问题 (4.2.1) 的切锥

将问题 (4.2.1) 的约束变形为

$$c(x) = (-x + 3)^3 \leqslant 0.$$

因为可行域没有改变, 所以在点 $x^* = 3$ 处, 切锥 $T_{\mathcal{X}}(x^*) = \{d \,|\, d \geqslant 0\}$ 不变. 对于线性化可行方向锥, 由于 $c'(x^*) = -3(x^* - 3)^2 = 0$, 所以 $\mathcal{F}(x^*) = \{d \,|\, d \in \mathbb{R}\}$. 此时, $\mathcal{F}(x^*) \supset T_{\mathcal{X}}(x^*)$(严格包含). 这个例子告诉我们, 线性化可行方向锥 $\mathcal{F}(x)$ 不但会受到问题可行域 $\mathcal{X}$ 的影响, 还会受到 $\mathcal{X}$ 的代数表示方式的影响. 在不改变 $\mathcal{X}$ 的条件下改

变定义 $\mathcal{X}$ 的等式 (不等式) 的数学形式会影响 $\mathcal{F}(x)$ 包含的元素. 而切锥 $T_{\mathcal{X}}(x)$ 的定义直接依赖于可行域 $\mathcal{X}$, 因此它不受到 $\mathcal{X}$ 代数表示方式的影响.

线性化可行方向锥容易计算和使用, 但会受到问题形式的影响; 切锥比较直接地体现了可行域 $\mathcal{X}$ 的性质, 但比较难计算. 为了刻画线性化可行方向锥 $\mathcal{F}(x)$ 与切锥 $T_{\mathcal{X}}(x)$ 之间的关系, 我们引入约束品性这个概念. 简单来说, 大部分的约束品性都是为了保证在最优点 x^* 处, $\mathcal{F}(x^*) = T_{\mathcal{X}}(x^*)$. 这一性质使得我们能够使用 $\mathcal{F}(x)$ 代替 $T_{\mathcal{X}}(x)$, 进而更方便地研究约束最优化问题的最优性条件. 这里给出一些常用的约束品性的定义.

定义 4.6(线性无关约束品性)   给定可行点 x 及相应的积极集 $\mathcal{A}(x)$. 如果积极集对应的约束函数的梯度, 即 $\nabla c_i(x)$, $i \in \mathcal{A}(x)$ 是线性无关的, 则称线性无关约束品性 (LICQ) 在点 x 处成立.

当 LICQ 成立时, 切锥和线性化可行方向锥是相同的.

引理 4.2   给定任意可行点 $x \in \mathcal{X}$, 若在该点处 LICQ 成立, 则有 $T_{\mathcal{X}}(x) = \mathcal{F}(x)$.

证明   不失一般性, 我们假设积极集 $\mathcal{A}(x) = \mathcal{E} \cup \mathcal{I}$. 记矩阵

$$A(x) = [\nabla c_i(x)]_{i \in \mathcal{I} \cup \mathcal{E}}^{\mathrm{T}},$$

假设集合 $\mathcal{A}(x)$ 的元素个数为 m, 那么矩阵 $A(x) \in \mathbb{R}^{m \times n}$ 并且 $\mathrm{rank}(A) = m$. 令矩阵 $Z \in \mathbb{R}^{n \times (n-m)}$ 为 $A(x)$ 的零空间的基矩阵, 则 Z 满足

$$\mathrm{rank}(Z) = n - m, \quad A(x)Z = 0.$$

令 $d \in \mathcal{F}(x)$ 为任意线性化可行方向, 给定任意一列满足 $\lim_{k \to \infty} t_k = 0$ 的正标量 $\{t_k\}_{k=1}^{\infty}$, 定义映射 $R : \mathbb{R}^n \times \mathbb{R} \to \mathbb{R}^n$:

$$R(z, t) = \begin{bmatrix} c(z) - tA(x)d \\ Z^{\mathrm{T}}(z - x - td) \end{bmatrix},$$

其中 $c(z)$ 为向量值函数, 其第 i 个分量为 $c_i(z)$. 考虑 R 的零点, 即满足 $R(z, t) = 0$ 的 (z, t). 在点 $(x, 0)$ 处, 我们有 $R(x, 0) = 0$ 并且

$$\frac{\partial R(x, 0)}{\partial z} = \begin{bmatrix} A(x) \\ Z^{\mathrm{T}} \end{bmatrix}.$$

根据 Z 的构造, 雅可比矩阵 $\dfrac{\partial R(x, 0)}{\partial z}$ 是非奇异的. 因此, 由隐函数定理, 对任意充分小的 t_k, 都存在唯一的 z_k, 使得 $R(z_k, t_k) = 0$. 由于 $R(z_k, t_k) = 0$, 故 $c_i(z_k) = t_k \nabla c_i(x)^{\mathrm{T}}d$, $i \in \mathcal{I} \cup \mathcal{E}$. 根据线性化可行方向 d 的定义,

$$c_i(z_k) \leqslant 0, \ i \in \mathcal{I}, \quad c_i(z_k) = 0, \ i \in \mathcal{E},$$

即 z_k 为可行点.

进一步地, 由泰勒展开可得到

$$
\begin{aligned}
0 = R(z_k, t_k) &= \begin{bmatrix} c(z_k) - t_k A(x)d \\ Z^{\mathrm{T}}(z_k - x - t_k d) \end{bmatrix} \\
&= \begin{bmatrix} A(x)(z_k - x) + e_k - t_k A(x)d \\ Z^{\mathrm{T}}(z_k - x - t_k d) \end{bmatrix} \\
&= \begin{bmatrix} A(x) \\ Z^{\mathrm{T}} \end{bmatrix} (z_k - x - t_k d) + \begin{bmatrix} e_k \\ 0 \end{bmatrix}.
\end{aligned}
$$

其中残量 e_k 满足 $\|e_k\| = o(t_k)$. 对于上式, 两边同时左乘 $\begin{bmatrix} A(x) \\ Z^{\mathrm{T}} \end{bmatrix}^{-1}$ 并除以 t_k, 则有

$$
\frac{z_k - x}{t_k} = d - \frac{1}{t_k} \begin{bmatrix} A(x) \\ Z^{\mathrm{T}} \end{bmatrix}^{-1} \begin{bmatrix} e_k \\ 0 \end{bmatrix}.
$$

根据 $\|e_k\| = o(t_k)$, 有

$$
\lim_{k\to\infty} \frac{z_k - x}{t_k} = d,
$$

即 $d \in T_{\mathcal{X}}(x)$. 故 $\mathcal{F}(x) \subseteq T_{\mathcal{X}}(x)$. 又 $T_{\mathcal{X}}(x) \subseteq \mathcal{F}(x)$, 则两集合相同. □

关于 LICQ 的一个常用推广是 Mangasarian-Fromovitz 约束品性, 简称为 MFCQ.

定义 4.7(MFCQ)　给定可行点 x 及相应的积极集 $\mathcal{A}(x)$. 若存在一个向量 $w \in \mathbb{R}^n$, 使得

$$
\nabla c_i(x)^{\mathrm{T}} w < 0, \quad \forall i \in \mathcal{A}(x) \cap \mathcal{I},
$$

$$
\nabla c_i(x)^{\mathrm{T}} w = 0, \quad \forall i \in \mathcal{E},
$$

并且等式约束对应的梯度集 $\{\nabla c_i(x), i \in \mathcal{E}\}$ 是线性无关的, 则称 MFCQ 在点 x 处成立.

可以验证 MFCQ 是 LICQ 的一个弱化版本, 即由 LICQ 可以推出 MFCQ, 但是反过来不成立. 在 MFCQ 成立的情况下, 我们也可以证明 $T_{\mathcal{X}}(x) = \mathcal{F}(x)$, 参见文献 [166] 引理 8.2.12.

另外一个用来保证 $T_{\mathcal{X}}(x) = \mathcal{F}(x)$ 的约束品性是线性约束品性.

定义 4.8(线性约束品性)　若所有的约束函数 $c_i(x)$, $i \in \mathcal{I} \cup \mathcal{E}$ 都是线性的, 则称线性约束品性成立.

当线性约束品性成立时, 也有 $T_{\mathcal{X}}(x) = \mathcal{F}(x)$. 因此对只含线性约束的优化问题, 例如线性规划、二次规划, 很自然地有 $T_{\mathcal{X}}(x) = \mathcal{F}(x), \forall x$. 我们无须再关注约束函数的梯度是否线性无关. 一般来说, 线性约束品性和 LICQ 之间没有互相包含的关系.

2. Karush-Kuhn-Tucker(KKT) 条件

基于几何最优性条件, 即定理 4.1, 我们想要得到一个计算上更易验证的形式. 切锥和线性化可行方向锥的联系给我们提供了一种方式. 具体地, 在定理 4.1 中, 如果在局部最优解 x^* 处有

$$T_{\mathcal{X}}(x^*) = \mathcal{F}(x^*)$$

成立 (如果 LICQ 在点 x^* 处成立, 上式自然满足), 那么集合

$$\left\{ d \left| \begin{array}{l} d^{\mathrm{T}}\nabla f(x^*) < 0, \\ d^{\mathrm{T}}\nabla c_i(x^*) = 0, \ i \in \mathcal{E}, \\ d^{\mathrm{T}}\nabla c_i(x^*) \leqslant 0, \ i \in \mathcal{A}(x^*) \cap \mathcal{I} \end{array} \right. \right\} \tag{4.2.2}$$

是空集. (4.2.2) 式的验证仍然是非常麻烦的, 我们需要将其转化为一个更直接的方式. 这里介绍一个重要的引理, 称为 Farkas 引理.

引理 4.3(Farkas 引理) 设 p 和 q 为两个非负整数, 给定向量组 $\{a_i \in \mathbb{R}^n, \ i = 1, 2, \cdots, p\}$, $\{b_i \in \mathbb{R}^n, \ i = 1, 2, \cdots, q\}$ 和 $c \in \mathbb{R}^n$. 满足条件

$$d^{\mathrm{T}}a_i = 0, \quad i = 1, 2, \cdots, p, \tag{4.2.3}$$

$$d^{\mathrm{T}}b_i \geqslant 0, \quad i = 1, 2, \cdots, q, \tag{4.2.4}$$

$$d^{\mathrm{T}}c < 0 \tag{4.2.5}$$

的 d 不存在当且仅当存在 λ_i, $i = 1, 2, \cdots, p$ 和 $\mu_i \geqslant 0$, $i = 1, 2, \cdots, q$, 使得

$$c = \sum_{i=1}^{p} \lambda_i a_i + \sum_{i=1}^{q} \mu_i b_i. \tag{4.2.6}$$

证明 若存在 λ_i 和 $\mu_i \geqslant 0$ 使得 (4.2.6) 式成立, 则对任意满足式 (4.2.3) 式和 (4.2.4) 式的 d, 我们有

$$d^{\mathrm{T}}c = \sum_{i=1}^{p} \lambda_i d^{\mathrm{T}}a_i + \sum_{i=1}^{q} \mu_i d^{\mathrm{T}}b_i \geqslant 0.$$

因此不等式系统(4.2.3) — (4.2.5) 的解不存在.

若不等式系统(4.2.3) — (4.2.5) 的解不存在. 我们利用反证法. 假设不存在 λ_i 和 $\mu_i \geqslant 0$ 使得 (4.2.6) 式成立. 定义集合

$$S = \left\{ z \left| z = \sum_{i=1}^{p} \lambda_i a_i + \sum_{i=1}^{q} \mu_i b_i, \ \lambda_i \in \mathbb{R}, \mu_i \geqslant 0 \right. \right\},$$

易知 S 是一个闭凸锥. 因为 $c \notin S$, 则由凸集的严格分离超平面定理可知: 存在 $d \in \mathbb{R}^n$, 使得

$$d^{\mathrm{T}}c < \alpha < d^{\mathrm{T}}z, \quad \forall z \in S,$$

其中 α 为常数. 因为 $0 \in S$, 则有

$$\alpha < d^{\mathrm{T}}0 = 0,$$

这说明 $d^{\mathrm{T}}c < 0$. 另一方面, 对于任意的 b_i, $i = 1, 2, \cdots, q$, 有 $tb_i \in S, t \geqslant 0$. 又由

$$td^{\mathrm{T}}b_i > \alpha, \quad \forall t > 0,$$

令 $t \to +\infty$, 则

$$d^{\mathrm{T}}b_i \geqslant 0.$$

类似地, 对于任意的 a_i, $i = 1, 2, \cdots, p$, 有 $ta_i \in S, \forall t \in \mathbb{R}$. 又由

$$td^{\mathrm{T}}a_i > \alpha, \quad \forall t \in \mathbb{R},$$

分别令 $t \to +\infty$ 和 $t \to -\infty$, 我们有

$$d^{\mathrm{T}}a_i = 0.$$

故 d 为不等式系统(4.2.3) — (4.2.5) 的一个解. 矛盾. $\qquad\qquad\square$

利用 Farkas 引理, 在 (4.2.3) — (4.2.5) 式中取 $a_i = \nabla c_i(x^*), i \in \mathcal{E}, b_i = \nabla c_i(x^*), i \in \mathcal{A}(x^*) \cap \mathcal{I}$ 以及 $c = -\nabla f(x^*)$, 集合 (4.2.2) 是空集等价于下式成立:

$$-\nabla f(x^*) = \sum_{i \in \mathcal{E}} \lambda_i^* \nabla c_i(x^*) + \sum_{i \in \mathcal{A}(x^*) \cap \mathcal{I}} \lambda_i^* \nabla c_i(x^*), \qquad (4.2.7)$$

其中 $\lambda_i^* \in \mathbb{R}, i \in \mathcal{E}, \lambda_i^* \geqslant 0, i \in \mathcal{A}(x^*) \cap \mathcal{I}$. 如果补充定义 $\lambda_i^* = 0, i \in \mathcal{I} \backslash \mathcal{A}(x^*)$, 那么

$$-\nabla f(x^*) = \sum_{i \in \mathcal{I} \cup \mathcal{E}} \lambda_i^* \nabla c_i(x^*),$$

这恰好对应于拉格朗日函数关于 x 的一阶最优性条件. 另外, 对于任意的 $i \in \mathcal{I}$, 我们注意到

$$\lambda_i^* c_i(x^*) = 0.$$

上式称为**互补松弛条件**. 这个条件表明对不等式约束, 以下两种情况至少出现一种: 乘子 $\lambda_i^* = 0$, 或 $c_i(x^*) = 0$(即 $i \in \mathcal{A}(x^*) \cap \mathcal{I}$). 当以上两种情况恰好只有一种满足时, 我们也称此时**严格互补松弛条件** 成立. 一般来说, 具有严格互补松弛条件的最优值点有比较好的性质, 算法能够很快收敛.

综上所述, 我们有如下一阶必要条件, 也称作 KKT 条件, 并称满足条件(4.2.8) 的变量对 (x^*, λ^*) 为 **KKT 对**.

定理 4.2（KKT 条件[102]）　假设 x^* 是问题 (4.1.1) 的一个局部最优点. 如果

$$T_{\mathcal{X}}(x^*) = \mathcal{F}(x^*)$$

成立, 那么存在拉格朗日乘子 λ_i^* 使得如下条件成立:

稳定性条件　$\nabla_x L(x^*, \lambda^*) = \nabla f(x^*) + \displaystyle\sum_{i \in \mathcal{I} \cup \mathcal{E}} \lambda_i^* \nabla c_i(x^*) = 0,$

原始可行性条件　$c_i(x^*) = 0, \ \forall i \in \mathcal{E},$

原始可行性条件　$c_i(x^*) \leqslant 0, \ \forall i \in \mathcal{I},$ 　　　　　(4.2.8)

对偶可行性条件　$\lambda_i^* \geqslant 0, \ \forall i \in \mathcal{I},$

互补松弛条件　$\lambda_i^* c_i(x^*) = 0, \ \forall i \in \mathcal{I}.$

证明　因为 $T_{\mathcal{X}}(x^*) = \mathcal{F}(x^*)$, 根据定理 4.1, (4.2.2) 式对应的集合为空集. 因此, 由 Farkas 引理可知, 存在乘子 $\lambda_i^* \in \mathbb{R}, i \in \mathcal{E}, \lambda_i^* \geqslant 0, i \in \mathcal{A}(x^*) \cap \mathcal{I}$, 使得 (4.2.7) 式成立. 令 $\lambda_i^* = 0, \ i \in \mathcal{I} \backslash \mathcal{A}(x^*)$, 结合 x^* 的可行性, 我们有 (4.2.8) 式成立. 　　□

我们称满足 (4.2.8) 式的点 x^* 为 KKT 点. 注意, 上面的定理只给出了切锥与线性化可行方向锥相同时的最优性条件. 也就是说, 如果在局部最优点 x^* 处 $T_{\mathcal{X}}(x^*) \neq \mathcal{F}(x^*)$, 那么 x^* 不一定是 KKT 点. 同样地, 因为 KKT 条件只是必要的, 所以 KKT 点不一定是局部最优点.

4.2.2　二阶最优性条件

对于问题 (4.1.1), 如果存在一个点 x^* 满足 KKT 条件, 我们知道沿着任意线性化可行方向目标函数的一阶近似不会下降. 此时一阶条件无法判断 x^* 是不是最优值点, 需要利用二阶信息来进一步判断在其可行邻域内的目标函数值. 具体地, 假设 $T_{\mathcal{X}}(x^*) = \mathcal{F}(x^*)$, 要判断满足 $d^{\mathrm{T}} \nabla f(x^*) = 0$ 的线性化可行方向 d 是否为 $f(x^*)$ 的下降方向. 我们以拉格朗日函数在这些方向上的曲率信息为桥梁来判断点 x^* 处的最优性. 下面给出临界锥的定义.

定义 4.9（临界锥）　设 (x^*, λ^*) 满足 KKT 条件 (4.2.8), 定义临界锥为

$$\mathcal{C}(x^*, \lambda^*) = \{d \in \mathcal{F}(x^*) \mid \nabla c_i(x^*)^{\mathrm{T}} d = 0, \ \forall i \in \mathcal{A}(x^*) \cap \mathcal{I} \text{ 且 } \lambda_i^* > 0\},$$

其中 $\mathcal{F}(x^*)$ 为点 x^* 处的线性化可行方向锥.

临界锥是线性化可行方向锥 $\mathcal{F}(x^*)$ 的子集, 沿着临界锥中的方向进行优化, 所有等式约束和 $\lambda_i^* > 0$ 对应的不等式约束 (此时这些不等式约束中的等号均成立) 都会尽量保持不变. 注意, 对一般的 $d \in \mathcal{F}(x^*)$ 我们仅仅能保证 $d^{\mathrm{T}} \nabla c_i(x^*) \leqslant 0$.

利用上述定义, 可得如下结论:

$$d \in \mathcal{C}(x^*, \lambda^*) \Rightarrow \lambda_i^* \nabla c_i(x^*)^{\mathrm{T}} d = 0, \quad \forall i \in \mathcal{E} \cup \mathcal{I}.$$

更进一步地,

$$d \in \mathcal{C}(x^*, \lambda^*) \Rightarrow d^{\mathrm{T}} \nabla f(x^*) = \sum_{i \in \mathcal{E} \cup \mathcal{I}} \lambda_i^* d^{\mathrm{T}} \nabla c_i(x^*) = 0.$$

也就是说, 临界锥定义了依据一阶导数不能判断是否为下降或上升方向的线性化可行方向, 必须使用高阶导数信息加以判断. 这里给出如下的二阶最优性条件, 其具体证明可以在文献 [102] 中的定理 12.5 以及定理 12.6 中找到:

定理 4.3(二阶必要条件) 假设 x^* 是问题 (4.1.1) 的一个局部最优解, 并且 $T_{\mathcal{X}}(x^*) = \mathcal{F}(x^*)$ 成立. 令 λ^* 为相应的拉格朗日乘子, 即 (x^*, λ^*) 满足 KKT 条件, 那么

$$d^{\mathrm{T}} \nabla_{xx}^2 L(x^*, \lambda^*) d \geqslant 0, \quad \forall d \in \mathcal{C}(x^*, \lambda^*).$$

定理 4.4(二阶充分条件) 假设在可行点 x^* 处, 存在一个拉格朗日乘子 λ^*, 使得 (x^*, λ^*) 满足 KKT 条件. 如果

$$d^{\mathrm{T}} \nabla_{xx}^2 L(x^*, \lambda^*) d > 0, \quad \forall d \in \mathcal{C}(x^*, \lambda^*), \ d \neq 0,$$

那么 x^* 为问题 (4.1.1) 的一个严格局部极小解.

我们比对无约束优化问题的二阶最优性条件 (定理 3.4) 不难发现, 约束优化问题的二阶最优性条件也要求某种 "正定性", 但只需要考虑临界锥 $\mathcal{C}(x^*, \lambda^*)$ 中的向量而无须考虑全空间的向量. 因此有些教材中又将其称为 "投影半正定性".

为了更深刻地理解约束优化的最优性理论, 我们考虑一个具体的例子. 给定如下约束优化问题:

$$\min \quad x_1^2 + x_2^2, \quad \text{s.t.} \quad \frac{x_1^2}{4} + x_2^2 - 1 = 0,$$

其拉格朗日函数为

$$L(x, \lambda) = x_1^2 + x_2^2 + \lambda \left(\frac{x_1^2}{4} + x_2^2 - 1 \right).$$

该问题可行域在任意一点 $x = (x_1, x_2)^{\mathrm{T}}$ 处的线性化可行方向锥为

$$\mathcal{F}(x) = \left\{ (d_1, d_2) \ \middle| \ \frac{x_1}{4} d_1 + x_2 d_2 = 0 \right\}.$$

因为只有一个等式约束且其对应函数的梯度非零, 故有 LICQ 成立, 且在 KKT 对 (x, λ) 处有 $\mathcal{C}(x, \lambda) = \mathcal{F}(x)$. 可以计算出其 4 个 KKT 对

$$(x^{\mathrm{T}}, \lambda) = (2, 0, -4), \quad (-2, 0, -4), \quad (0, 1, -1) \quad \text{和} \quad (0, -1, -1).$$

我们考虑第一个 KKT 对 $y = (2, 0, -4)^T$ 和第三个 KKT 对 $z = (0, 1, -1)^T$. 计算可得,

$$\nabla_{xx}^2 L(y) = \begin{bmatrix} 0 & 0 \\ 0 & -6 \end{bmatrix}, \quad \mathcal{C}(y) = \{(d_1, d_2) \mid d_1 = 0\}.$$

取 $d = (0, 1)^T$, 则

$$d^T \nabla_{xx}^2 L(y) d = -6 < 0,$$

因此 y 不是局部最优点. 类似地, 对于 KKT 对 $z = (0, 1, -1)$,

$$\nabla_{xx}^2 L(z) = \begin{bmatrix} \dfrac{3}{2} & 0 \\ 0 & 0 \end{bmatrix}, \quad \mathcal{C}(z) = \{(d_1, d_2) \mid d_2 = 0\}.$$

对于任意的 $d = (d_1, 0)^T$ 且 $d_1 \ne 0$,

$$d^T \nabla_{xx}^2 L(z) d = \frac{3}{2} d_1^2 > 0.$$

因此, z 为一个严格局部最优点.

4.3 带约束凸优化问题的最优性理论

在实际问题中, 优化问题 (4.1.1) 的目标函数和约束函数往往是凸的 (可能不可微). 因此, 凸优化问题的最优性条件的研究具有重要意义. 这里考虑如下形式的凸优化问题:

$$\begin{aligned} \min_{x \in \mathcal{D}} \quad & f(x), \\ \text{s.t.} \quad & c_i(x) \le 0, \quad i = 1, 2, \cdots, m, \\ & Ax = b, \end{aligned} \tag{4.3.1}$$

其中 $f(x)$ 为适当的凸函数, $c_i(x), i = 1, 2, \cdots, m$ 是凸函数且 $\mathbf{dom}\, c_i = \mathbb{R}^n$, 以及 $A \in \mathbb{R}^{p \times n}, b \in \mathbb{R}^p$ 是已知的. 我们用集合 $\mathcal{D}$ 表示自变量 x 的自然定义域, 即

$$\mathcal{D} = \mathbf{dom}\, f = \{x \mid f(x) < +\infty\}.$$

自变量 x 除了受到自然定义域的限制以外, 还需要受到约束的限制. 我们定义可行域

$$\mathcal{X} = \{x \in \mathcal{D} \mid c_i(x) \le 0, i = 1, 2, \cdots, m; Ax = b\}.$$

在这里注意, 由于凸优化问题的可行域是凸集, 因此等式约束只可能是线性约束. 凸优化问题 (4.3.1) 有很多好的性质. 一个自然的问题是: 我们能否像研究无约束问题那样找到该问题最优解的一阶充要条件? 如果这样的条件存在, 它在什么样的约束品性下成立? 本节将比较具体地回答这一问题.

4.3.1　Slater 约束品性与强对偶原理

在通常情况下, 优化问题的对偶间隙都是大于 0 的, 即强对偶原理不满足. 但是, 对于很多凸优化问题, 在特定约束品性满足的情况下可以证明强对偶原理. 简单直观的一种约束品性是存在满足所有约束条件的严格可行解. 首先, 我们给出集合 $\mathcal{D}$ 的相对内点集 $\mathbf{relint}\,\mathcal{D}$ 的定义.

定义 4.10(相对内点集)　给定集合 $\mathcal{D}$, 记其仿射包为 $\mathbf{affine}\,\mathcal{D}$(见定义 2.14). 集合 $\mathcal{D}$ 的相对内点集 定义为

$$\mathbf{relint}\,\mathcal{D} = \{x \in \mathcal{D} \mid \exists\, r > 0, \text{ s.t. } B(x,r) \cap \mathbf{affine}\,\mathcal{D} \subseteq \mathcal{D}\}.$$

相对内点是内点的推广, 我们知道若 x 是集合 $\mathcal{D} \subseteq \mathbb{R}^n$ 的内点, 则存在一个以 x 为球心的 n 维球含于集合 $\mathcal{D}$. 若 $\mathcal{D}$ 本身的 "维数" 较低, 则 $\mathcal{D}$ 不可能有内点; 但若在它的仿射包 $\mathbf{affine}\,\mathcal{D}$ 中考虑, 则 $\mathcal{D}$ 可能有相对内点.

借助相对内点的定义, 我们给出 Slater 约束品性.

定义 4.11(Slater 约束品性)　若对凸优化问题 (4.3.1), 存在 $x \in \mathbf{relint}\,\mathcal{D}$ 满足

$$c_i(x) < 0, \quad i = 1, 2, \cdots, m, \quad Ax = b,$$

则称对此问题 Slater 约束品性满足. 有时也称该约束品性为 Slater 条件.

Slater 约束品性实际上是要求自然定义域 $\mathcal{D}$ 的相对内点中存在使得不等式约束严格成立的点. 对于很多凸优化问题, 自然定义域 $\mathcal{D}$ 的仿射包 $\mathbf{affine}\,\mathcal{D} = \mathbb{R}^n$, 在这种情况下 Slater 条件中的相对内点就是内点.

> **注 4.1**　当一些不等式约束是仿射函数时, Slater 条件可以适当放宽. 不妨假设前 k 个不等式约束是仿射函数, 此时 Slater 约束品性可变为: 存在 $x \in \mathbf{relint}\,\mathcal{D}$ 满足
>
> $$c_i(x) \leqslant 0, \quad i = 1, 2, \cdots, k; \quad c_i(x) < 0, \quad i = k+1, k+2, \cdots, m; \quad Ax = b,$$
>
> 即对线性不等式约束无须要求其存在严格可行点.

若凸优化问题 (4.3.1) 满足 Slater 条件, 一个很重要的结论就是强对偶原理成立. 此外当对偶问题最优值 $d^* > -\infty$ 时, 对偶问题的最优解可以取到, 即存在对偶可行解 (λ^*, ν^*), 满足 $g(\lambda^*, \nu^*) = d^* = p^*$. 实际上我们有下面的定理:

定理 4.5(强对偶原理 [20] 第 5.3.2 节)　如果凸优化问题(4.3.1) 满足 Slater 条件, 则强对偶原理成立.

证明　为了使证明简单化, 我们这里假设集合 $\mathcal{D}$ 内部非空 (即 $\mathbf{relint}\,\mathcal{D} = \mathrm{int}\,\mathcal{D}$), A 行满秩 (否则可以去掉多余的线性等式约束) 以及原始问题最优函数值 p^* 有限. 定

义集合

$$\mathbb{A} = \{(u,v,t) \mid \exists x \in \mathcal{D},\ c_i(x) \leqslant u_i,\ i = 1, 2, \cdots, m,$$

$$Ax - b = v,\ f(x) \leqslant t\}. \tag{4.3.2}$$

$$\mathbb{B} = \{(0, 0, s) \in \mathbb{R}^m \times \mathbb{R}^p \times \mathbb{R} \mid s < p^*\},$$

可以证明集合 $\mathbb{A}$ 和 $\mathbb{B}$ 是不相交的 (如图 4.5). 事实上, 假设 $(u, v, t) \in \mathbb{A} \cap \mathbb{B}$. 根据 $(u, v, t) \in \mathbb{B}$, 有 $u = 0, v = 0$ 和 $t < p^*$. 由 $(u, v, t) \in \mathbb{A}$, 可知 $f(x) \leqslant t < p^*$, 这与 p^* 是原始问题最优值矛盾.

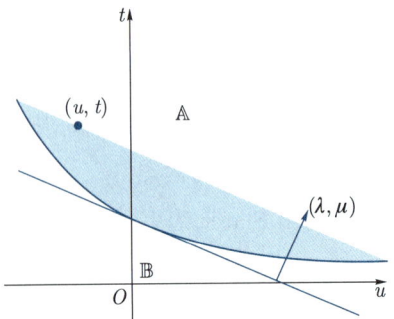

图 4.5 集合 $\mathbb{A}$ 和 $\mathbb{B}$ 在 u-t 方向投影的示意图
($\mathbb{A}$ 一般为有内点的凸集, $\mathbb{B}$ 是一条射线且不含点 $(0, 0, p^*)$)

因为 $\mathbb{A}$ 和 $\mathbb{B}$ 均为凸集, 由超平面分离定理, 存在 $(\lambda, \nu, \mu) \neq 0$ 和 α, 使得

$$\lambda^{\mathrm{T}} u + \nu^{\mathrm{T}} v + \mu t \geqslant \alpha, \quad \forall\, (u, v, t) \in \mathbb{A},$$

$$\lambda^{\mathrm{T}} u + \nu^{\mathrm{T}} v + \mu t \leqslant \alpha, \quad \forall\, (u, v, t) \in \mathbb{B}.$$

我们断言 $\lambda \geqslant 0$ 和 $\mu \geqslant 0$(否则可以取 u_i 和 t 为任意大的正实数以及 $\nu = 0$, 这会导致 $\lambda^{\mathrm{T}} u + \mu t$ 在集合 $\mathbb{A}$ 上无下界). 同时, 由于 $\mu t \leqslant \alpha$ 对于所有 $t < p^*$ 成立, 可得 $\mu p^* \leqslant \alpha$. 对任意 $x \in \mathcal{D}$, 取 $(u, v, t) = (c(x), Ax - b, f(x)) \in \mathbb{A}$, 可知

$$\sum_{i=1}^{m} \lambda_i c_i(x) + \nu^{\mathrm{T}}(Ax - b) + \mu f(x) \geqslant \alpha \geqslant \mu p^*. \tag{4.3.3}$$

假设 $\mu > 0$, 则

$$L\left(x, \frac{\lambda}{\mu}, \frac{\nu}{\mu}\right) \geqslant p^*.$$

进一步地, 我们有 $g\left(\dfrac{\lambda}{\mu}, \dfrac{\nu}{\mu}\right) \geqslant p^*$, 根据弱对偶性 $g\left(\dfrac{\lambda}{\mu}, \dfrac{\nu}{\mu}\right) \leqslant p^*$ 自然成立. 因此, 必有 $g\left(\dfrac{\lambda}{\mu}, \dfrac{\nu}{\mu}\right) = p^*$ 成立. 说明在此情况下强对偶性满足, 且对偶最优解可以达到.

考虑 $\mu = 0$ 的情况, 可以从上面得到, 对于所有的 $x \in \mathcal{D}$,

$$\sum_{i=1}^{m} \lambda_i c_i(x) + \nu^{\mathrm{T}}(Ax - b) \geqslant 0. \tag{4.3.4}$$

取满足 Slater 条件的点 x_S, 即有

$$\sum_{i=1}^{m} \lambda_i c_i(x_S) \geqslant 0.$$

又 $c_i(x_S) < 0$ 和 $\lambda_i \geqslant 0$, 我们得到 $\lambda = 0$, 即 (4.3.4) 式化为

$$\nu^{\mathrm{T}}(Ax - b) \geqslant 0, \quad \forall\, x \in \mathcal{D}. \tag{4.3.5}$$

同时, 根据 $(\lambda, \nu, \mu) \neq 0$ 可知 $\nu \neq 0$, 结合 A 行满秩有 $A^{\mathrm{T}}\nu \neq 0$. 因为 $x_S \in \mathbf{int}\,\mathcal{D}$, 则存在 e 使得 $\tilde{x} = x_S + e \in \mathcal{D}$, 且 $\nu^{\mathrm{T}}Ae < 0$. 另一方面根据 (4.3.5) 有 $\nu^{\mathrm{T}}Ae = \nu^{\mathrm{T}}A(\tilde{x} - x_S) = \nu^{\mathrm{T}}(A\tilde{x} - b) \geqslant 0$, 矛盾, 故 $\mu = 0$ 不成立.

综上所述, Slater 条件能保证强对偶性. $\qquad\square$

在上面定理的证明中, Slater 条件用来保证 $\mu \neq 0$. 这里, 我们假设了 $\mathbf{relint}\,\mathcal{D} = \mathbf{int}\,\mathcal{D}$. 对于直接使用相对内点的证明, 读者可以参考文献 [124] 定理 31.1.

4.3.2　一阶充要条件

对于一般的约束优化问题, 当问题满足特定约束品性时, 我们知道 KKT 条件是局部最优解处的必要条件. 而对于凸优化问题, 当 Slater 条件满足时, KKT 条件则变为局部最优解的充要条件 (根据凸性, 局部最优解也是全局最优解). 实际上我们有如下定理.

定理 4.6（凸问题的 KKT 条件）　对于凸优化问题 (4.3.1), 如果 Slater 条件成立, 那么 x^*, λ^* 分别是原始、对偶全局最优解当且仅当

$$\text{稳定性条件} \quad 0 \in \partial f(x^*) + \sum_{i \in \mathcal{I}} \lambda_i^* \partial c_i(x^*) + \sum_{i \in \mathcal{E}} \lambda_i^* a_i,$$

$$\text{原始可行性条件} \quad Ax^* = b,$$

$$\text{原始可行性条件} \quad c_i(x^*) \leqslant 0,\ \forall i \in \mathcal{I},$$

$$\text{对偶可行性条件} \quad \lambda_i^* \geqslant 0,\ \forall i \in \mathcal{I}, \tag{4.3.6}$$

$$\text{互补松弛条件} \quad \lambda_i^* c_i(x^*) = 0,\ \forall i \in \mathcal{I}.$$

其中 a_i 是矩阵 A^{T} 的第 i 列.

在这里条件 (4.3.6) 和条件(4.2.8) 略有不同. 在凸优化问题中没有假设 $f(x)$ 和 $c_i(x)$ 是可微函数, 因此我们在这里使用的是次梯度. 当 $f(x)$ 和 $c_i(x)$ 都是凸可微函数时, 条件 (4.3.6) 就是条件 (4.2.8).

定理 4.6 的充分性比较容易说明. 实际上, 设存在 $(\bar{x}, \bar{\lambda})$ 满足 KKT 条件 (4.3.6), 我们考虑凸优化问题的拉格朗日函数

$$L(x, \lambda) = f(x) + \sum_{i \in \mathcal{I}} \lambda_i c_i(x) + \sum_{i \in \mathcal{E}} \lambda_i (a_i^{\mathrm{T}} x - b_i),$$

当固定 $\lambda = \bar{\lambda}$ 时, 注意到 $\bar{\lambda}_i \geqslant 0, i \in \mathcal{I}$ 以及 $\bar{\lambda}_i(a_i^{\mathrm{T}} x), i \in \mathcal{E}$ 是线性函数可知 $L(x, \bar{\lambda})$ 是关于 x 的凸函数. 由凸函数全局最优点的一阶充要性可知, 此时 $\bar{x}$ 就是 $L(x, \bar{\lambda})$ 的全局极小点. 根据拉格朗日对偶函数的定义,

$$L(\bar{x}, \bar{\lambda}) = \inf_{x \in \mathcal{D}} L(x, \bar{\lambda}) = g(\bar{\lambda}).$$

根据原始可行性条件 $A\bar{x} = b$ 以及互补松弛条件 $\bar{\lambda}_i c_i(\bar{x}) = 0, i \in \mathcal{I}$ 可以得到

$$L(\bar{x}, \bar{\lambda}) = f(\bar{x}) + 0 + 0 = f(\bar{x}).$$

根据弱对偶原理,

$$L(\bar{x}, \bar{\lambda}) = f(\bar{x}) \geqslant p^* \geqslant d^* \geqslant g(\bar{\lambda}). \tag{4.3.7}$$

由于 $L(\bar{x}, \bar{\lambda}) = g(\bar{\lambda})$, (4.3.7) 式中的不等号皆为等号, 因此我们有 $p^* = d^*$ 且 $\bar{x}, \bar{\lambda}$ 分别是原始问题和对偶问题的最优解.

定理 4.6 的充分性说明, 若能直接求解出凸优化问题 (4.3.1) 的 KKT 对, 则其就对应 (4.3.1) 的最优解. 注意, 在充分性部分的证明中, 我们没有使用 Slater 条件, 这是因为在证明的一开始假设了 KKT 点是存在的. Slater 条件的意义在于当问题 (4.3.1) 最优解存在时, 其相应 KKT 条件也会得到满足. 换句话说, 当 Slater 条件不满足时, 即使原始问题存在全局极小值点, 也可能不存在 (x^*, λ^*) 满足 KKT 条件(4.3.6).

定理 4.6 的必要性证明比较复杂, 我们在下一个小节给出. 读者可根据自己实际情况自行阅读.

*4.3.3 一阶充要条件: 必要性的证明

考虑问题

$$\min_{x \in \mathcal{X}} \quad f(x), \tag{4.3.8}$$

其中 $\mathcal{X}$ 是闭凸集并且 $f(x)$ 是凸函数. 事实上, 问题(4.3.8) 也给出了凸优化问题的一般形式. 为了证明 KKT 条件的必要性, 我们首先引入极锥和法锥的概念.

定义 4.12(极锥) 设 K 为 $\mathbb{R}^n$ 的子集, 我们称集合

$$K^\circ = \{y \mid \langle x, y \rangle \leqslant 0, \quad \forall x \in K\}$$

为 K 的极锥, 其中 $\langle \cdot, \cdot \rangle$ 是 K 所在空间的一个内积.

对比对偶锥的定义 (定义 4.3) 可知极锥实际上是对偶锥中元素取相反元素得到的, 一个直观的例子如图 4.6 所示. 极锥有非常好的性质, 当 K 为凸锥时, 根据定义容易验证下面的结论成立:

命题 4.2 设 K 为 $\mathbb{R}^n$ 上的凸锥, 则

(1) K° 是闭凸锥;

(2) $K^\circ = (\bar{K})^\circ$, 其中 $\bar{K}$ 为 K 的闭包;

(3) 若 K 为闭凸锥, 则 $K^{\circ\circ} = K$.

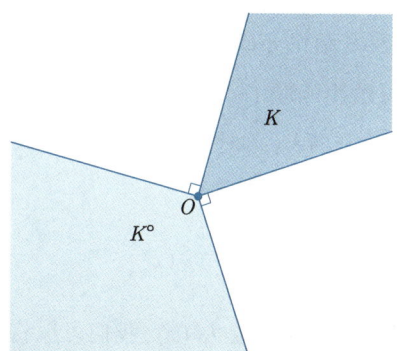

图 4.6 $\mathbb{R}^2$ 上的锥 K 及其极锥 K°

法锥是另一个重要的概念, 它和极锥有密切的关系.

定义 4.13(法锥) 设 $\mathcal{X}$ 为凸集, $x \in \mathcal{X}$ 为其上一点. 我们称集合

$$N_{\mathcal{X}}(x) \stackrel{\text{def}}{=\!=} \{z \mid \langle z, y - x \rangle \leqslant 0, \forall y \in \mathcal{X}\}$$

为 $\mathcal{X}$ 在点 x 处的法锥.

法锥是几何学中法线的推广, 一个直观的例子见图 4.7, 图中我们选取集合 $\mathcal{X}$ 的四个不同点来计算其法锥, 当点 x 在 $\mathcal{X}$ 光滑边界上时, $N_{\mathcal{X}}(x)$ 退化成外法线. 此外, 从法锥的定义容易看出, 法锥实际上是将 x 平移到原点后的极锥, 即

$$N_{\mathcal{X}}(x) = (\mathcal{X} - \{x\})^\circ.$$

法锥的重要性之一是其与示性函数的次微分是等价的. 实际上我们有如下的结果:

命题 4.3 设 $\mathcal{X}$ 是闭凸集, $x \in \mathcal{X}$, 则 $N_{\mathcal{X}}(x) = \partial I_{\mathcal{X}}(x)$, 其中 $I_{\mathcal{X}}(x)$ 是集合 $\mathcal{X}$ 的示性函数.

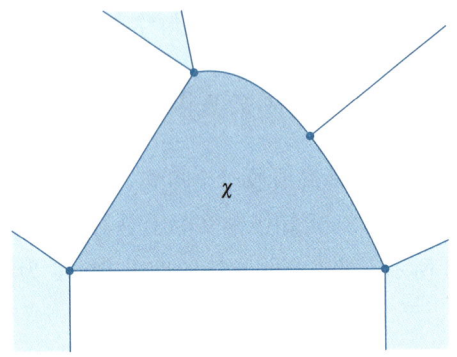

图 4.7 集合 $\mathcal{X}$ 在不同点处的法锥

证明 若 $z \in \partial I_{\mathcal{X}}(x)$, 则对任意 $y \in \mathbf{dom}\, I_{\mathcal{X}}$ 有

$$0 = I_{\mathcal{X}}(y) - I_{\mathcal{X}}(x) \geqslant z^{\mathrm{T}}(y - x),$$

这说明 $\partial I_{\mathcal{X}}(x) \subseteq N_{\mathcal{X}}(x)$. 反之结论亦成立. $\qquad\square$

借助法锥的概念我们可给出问题 (4.3.8) 的最优性条件.

定理 4.7 设 Slater 条件满足, 且 $\mathcal{X} \cap \mathbf{dom}\, f \neq \varnothing$. 对于 $x^* \in \mathcal{X}$, 其为问题 (4.3.8) 的全局极小解当且仅当存在 $s \in \partial f(x^*)$ 使得

$$-s \in N_{\mathcal{X}}(x^*).$$

证明 通过利用凸集 $\mathcal{X}$ 的示性函数 $I_{\mathcal{X}}(x)$, 我们可以将问题 (4.3.8) 转化为如下无约束优化问题:

$$\min_{x \in \mathbb{R}^n} \quad f(x) + I_{\mathcal{X}}(x).$$

由定理 3.5 可知, x^* 为其全局极小解当且仅当

$$0 \in \partial(f + I_{\mathcal{X}})(x^*).$$

由于 Slater 条件成立, 根据 Moreau-Rockafellar 定理 (定理 2.22) 有

$$\partial(f + I_{\mathcal{X}})(x^*) = \partial f(x^*) + \partial I_{\mathcal{X}}(x^*).$$

因此, 一定存在一个次梯度 $s \in \partial f(x^*)$, 使得

$$-s \in \partial I_{\mathcal{X}}(x^*).$$

又 $\partial I_{\mathcal{X}}(x^*) = N_{\mathcal{X}}(x^*)$, 故有 $-s \in N_{\mathcal{X}}(x^*)$.

反之, 假设存在 $s \in \partial f(x^*)$ 满足 $-s \in N_{\mathcal{X}}(x^*)$. 根据次梯度的定义,

$$f(y) \geqslant f(x^*) + s^{\mathrm{T}}(y - x^*), \quad \forall y \in \mathcal{X}.$$

因为 $-s \in N_{\mathcal{X}}(x^*)$, 我们有

$$s^{\mathrm{T}}(y - x^*) \geqslant 0.$$

因此,

$$f(y) \geqslant f(x^*), \quad \forall y \in \mathcal{X},$$

即 x^* 为全局极小解.   □

定理 4.7 将最优性条件转化为 $\partial f(x)$ 和法锥 $N_{\mathcal{X}}(x)$ 的关系. 对问题 (4.3.8), 其可行域实际上可写成若干集合的交, 即

$$\mathcal{X} = \left(\bigcap_{i \in \mathcal{I}} \{x \mid c_i(x) \leqslant 0\} \right) \cap \{x \mid Ax = b\}.$$

通常来说, 对每个约束 $c_i(x) \leqslant 0$ 研究其法锥是比较容易的, 我们给出如下关于多个集合交集的法锥的引理:

引理 4.4(交集的法锥为逐个集合对应法锥的和)   给定 $\mathbb{R}^n$ 中的一列闭凸集 $\mathcal{X}_1$, $\mathcal{X}_2, \cdots, \mathcal{X}_m$, 记其交集为 $\mathcal{X} = \mathcal{X}_1 \cap \mathcal{X}_2 \cap \cdots \cap \mathcal{X}_m$. 对其内一点 $x \in \mathcal{X}$, 若

$$\mathbf{int}\, \mathcal{X}_1 \cap \mathbf{int}\, \mathcal{X}_2 \cap \cdots \cap \mathbf{int}\, \mathcal{X}_m \neq \varnothing, \tag{4.3.9}$$

则

$$N_{\mathcal{X}}(x) = N_{\mathcal{X}_1}(x) + N_{\mathcal{X}_2}(x) + \cdots + N_{\mathcal{X}_m}(x).$$

若某 $\mathcal{X}_i$ 是多面体, 则在 (4.3.9) 式中 $\mathbf{int}\, \mathcal{X}_i$ 可减弱为 $\mathcal{X}_i$.

引理 4.4 实际上是 Moreau-Rockafellar 定理的推论, 利用法锥和示性函数次微分的等价性可自然得到此结果. 详细讨论可参考文献 [124] 定理 23.8. 下面的引理给出了每个集合 $\{x \mid c_i(x) \leqslant 0\}$ 法锥的具体形式.

引理 4.5   设 $c(x)$ 是适当的闭凸函数, $\partial c(x_0)$ 存在、非空且 $c(x_0) = 0$. 定义集合

$$\mathcal{X} = \{x \mid c(x) \leqslant 0\},$$

且存在 x_s 使得 $c(x_s) < 0$, 则有 $N_{\mathcal{X}}(x_0) = \mathbf{cone}\, \partial c(x_0)$, 其中 $\mathbf{cone}\, S$ 是集合 S 的锥包, 即

$$\mathbf{cone}\, S \overset{\mathrm{def}}{=\!=} \{tx \mid x \in S,\ t \geqslant 0\}.$$

证明   为了记号方便, 定义 $K_0 = \mathbf{cone}(\mathcal{X} - \{x_0\})$ 以及

$$\mathcal{G}(x_0) = \mathbf{cone}\, \partial c(x_0). \tag{4.3.10}$$

根据法锥的定义, 我们实际上有

$$(K_0)^\circ = N_{\mathcal{X}}(x_0).$$

设 $d \in K_0$, 由 $\mathcal{X}$ 的凸性知, 当 τ 充分小时有 $x_0 + \tau d \in \mathcal{X}$. 现在考虑点 x_0 处的方向导数 $\partial c(x_0; d)$, 根据定理 2.21,

$$0 \geqslant \partial c(x_0; d) = \sup_{s \in \partial c(x_0)} d^{\mathrm{T}} s.$$

这说明

$$d^{\mathrm{T}} s \leqslant 0, \quad \forall s \in \mathcal{G}(x_0).$$

即我们证明了 $K_0 \subseteq \left(\mathcal{G}(x_0) \right)^{\circ}$.

反过来, 若 $d \in \left(\mathcal{G}(x_0) \right)^{\circ}$, 则 $\partial c(x_0; d) \leqslant 0$. 下面我们分两种情况进行讨论.

(1) $\partial c(x_0; d) < 0$. 由方向导数的定义知, 当 τ 充分小时有 $c(x_0 + \tau d) < 0$, 即 $x_0 + \tau d \in \mathcal{X}$. 这说明 $d \in K_0$.

(2) $\partial c(x_0; d) = 0$. 此时构造一系列方向 d^k:

$$d^k = (1 - \alpha_k) d + \alpha_k (x_s - x_0),$$

其中 x_s 为满足 Slater 条件的点, $\{\alpha_k\}$ 为单调下降趋于 0 的正序列, 则 d^k 处的方向导数有如下估计:

$$\begin{aligned}
\partial c(x_0; d^k) &= \sup_{s \in \partial c(x_0)} s^{\mathrm{T}} d^k \\
&\leqslant (1 - \alpha_k) \sup_{s \in \partial c(x_0)} s^{\mathrm{T}} d + \alpha_k \sup_{s \in \partial c(x_0)} s^{\mathrm{T}} (x_s - x_0) \\
&\leqslant (1 - \alpha_k) \partial c(x_0; d) + \alpha_k c(x_s) \\
&< 0,
\end{aligned}$$

其中第二个不等式用到了次梯度的定义以及定理 2.20 的结果. 根据 (1) 的论断, 可知 $d^k \in K_0, \forall k$. 取极限可知 $d \in \overline{K_0}$, 即 d 为 K_0 闭包中的元素.

结合上面的两种情况可知 $\left(\mathcal{G}(x_0) \right)^{\circ} \subseteq \overline{K_0}$. 进一步, 我们有

$$K_0 \subseteq \left(\mathcal{G}(x_0) \right)^{\circ} \subseteq \overline{K_0}. \tag{4.3.11}$$

注意到极锥是闭集, 对 (4.3.11) 式中的三个集合取闭包可知 $\left(\mathcal{G}(x_0) \right)^{\circ} = \overline{K_0}$. 再次取二者的极锥, 我们最终得到

$$N_{\mathcal{X}}(x_0) = \left(\overline{K_0} \right)^{\circ} = \left(\mathcal{G}(x_0) \right)^{\circ \circ} = \mathcal{G}(x_0). \qquad \square$$

利用上面的若干结论, 我们可以进一步刻画出凸优化问题 (4.3.1) 的法锥. 在这里注意, 由于 $\mathbf{dom}\, c_i = \mathbb{R}^n$, 根据定理 2.14, 这意味着 $c_i(x)$ 在全空间是连续的凸函数.

定理 4.8   假设 Slater 条件满足. 若 x 为问题 (4.3.1) 的可行域 $\mathcal{X}$ 中的点, 则

$$N_{\mathcal{X}}(x) = \sum_{i \in \mathcal{A}(x) \cap \mathcal{I}} \mathcal{G}_i(x) + \mathcal{R}(A^{\mathrm{T}}), \tag{4.3.12}$$

其中 $\mathcal{G}_i(x)$ 针对每个 $c_i(x)$ 根据 (4.3.10) 式定义, $\mathcal{R}(A^{\mathrm{T}})$ 表示矩阵 A^{T} 的像空间, $\mathcal{A}(x)$ 为点 x 处的积极集 (见定义 4.5).

证明   该定理的证明实际上是前面结论的结合. 定义可行域

$$\mathcal{X} = \left(\bigcap_{i \in \mathcal{I}} \{x \mid c_i(x) \leqslant 0\} \right) \cap \{x \mid Ax = b\} \stackrel{\text{def}}{=\!=} \left(\bigcap_{i \in \mathcal{I}} \mathcal{X}_i \right) \cap L.$$

由 Slater 条件成立, 使用引理 4.4 可得

$$N_{\mathcal{X}}(x) = N_{\mathcal{X}_1}(x) + N_{\mathcal{X}_2}(x) + \cdots + N_{\mathcal{X}_m}(x) + N_L(x).$$

下面分别计算上式中各项法锥的具体形式.

在点 x 处, 若 $c_i(x) < 0$, 根据连续性可知 c_i 在点 x 的一个开邻域内均为负. 由法锥的定义可知此时 $N_{\mathcal{X}_i}(x) = \{0\}$. 这说明针对不起作用的约束, 在最优性条件中可不作考虑.

若 $c_i(x) = 0$, 根据引理 4.5, 可知 $N_{\mathcal{X}_i}(x) = \mathcal{G}_i(x)$.

最后只需要计算出 $L = \{x \mid Ax = b\}$ 的法锥即可. 注意到, 对任意 $y \in L$, 我们有

$$A(y - x) = 0.$$

这说明 $\mathcal{R}(A^{\mathrm{T}}) \subseteq N_L(x)$. 另一方面, 根据 $\mathbb{R}^n$ 上的分解, 对任意 $w \in \mathbb{R}^n$ 有

$$w = z + A^{\mathrm{T}}s, \quad z \in \mathcal{N}(A), \ s \in \mathbb{R}^p,$$

可知若 $w \in N_L(x)$ 则必有 $z = 0$. 这说明 $N_L(x) \subseteq \mathcal{R}(A^{\mathrm{T}})$.

结合上述的推导我们可知 (4.3.12) 式成立. $\square$

将 (4.3.12) 式代入定理 4.7, 我们就可以证明定理 4.6 描述的 KKT 条件的必要性.

证明 (KKT 条件的必要性)   结合定理 4.7 和定理 4.8 我们可以得到

$$0 \in \partial f(x^*) + \sum_{i \in \mathcal{A}(x^*) \cap \mathcal{I}} \mathcal{G}_i(x^*) + \mathcal{R}(A^{\mathrm{T}}).$$

根据 $\mathcal{G}_i(x^*)$ 和 $\mathcal{R}(A^{\mathrm{T}})$ 的定义, 存在 $\lambda_i^* \geqslant 0$ 和 $\nu_i^* \in \mathbb{R}$, 使得

$$0 \in \partial f(x^*) + \sum_{i \in \mathcal{A}(x^*) \cap \mathcal{I}} \lambda_i^* \partial c_i(x^*) + \sum_{i \in \mathcal{E}} \nu_i^* a_i.$$

若补充定义 $\lambda_i^* = 0,\ i \in \mathcal{I} \backslash \mathcal{A}(x^*)$, 则我们最终可得到

$$0 \in \partial f(x^*) + \sum_{i \in \mathcal{I}} \lambda_i^* \partial c_i(x^*) + \sum_{i \in \mathcal{E}} \nu_i a_i.$$

由可行性知 $Ax^* = b$ 以及 $c_i(x^*) \leqslant 0$. 由 λ_i^* 的定义可知互补松弛条件

$$\lambda_i^* c_i(x^*) = 0, \quad i \in \mathcal{I}$$

成立. KKT 条件的必要性得证. $\qquad\qquad\square$

4.4　约束优化最优性理论应用实例

这一部分, 我们以实例的方式更进一步地解释光滑凸优化问题、非光滑凸优化问题以及光滑非凸优化问题的最优性条件.

4.4.1　仿射空间的投影问题

考虑优化问题

$$\min_{x \in \mathbb{R}^n} \quad \frac{1}{2}\|x - y\|^2,$$
$$\text{s.t.} \quad Ax = b,$$

其中 $A \in \mathbb{R}^{m \times n}$, $b \in \mathbb{R}^m$ 以及 $y \in \mathbb{R}^n$ 为给定的矩阵和向量. 这里不妨设矩阵 A 是行满秩的 (否则, 可以按照 A 的行之间的相关性消除约束冗余, 从而使得消去后的 $\tilde{A}$ 是行满秩的). 这个问题可以看成仿射平面 $\{x \in \mathbb{R}^n \mid Ax = b\}$ 的投影问题.

对于等式约束, 我们引入拉格朗日乘子 $\lambda \in \mathbb{R}^m$, 构造拉格朗日函数

$$L(x, \lambda) = \frac{1}{2}\|x - y\|^2 + \lambda^{\mathrm{T}}(Ax - b).$$

因为只有仿射约束, 故 Slater 条件满足. x^* 为一个全局最优解, 当且仅当存在 $\lambda^* \in \mathbb{R}^m$ 使得

$$\begin{cases} x^* - y + A^{\mathrm{T}}\lambda = 0, \\ \qquad\qquad Ax^* = b. \end{cases}$$

由上述 KKT 条件第一式, 等号左右两边同时左乘 A 可得

$$Ax^* - Ay + AA^{\mathrm{T}}\lambda = 0.$$

注意到 $Ax^* = b$ 以及 AA^{T} 是可逆矩阵, 因此可解出乘子

$$\lambda = (AA^{\mathrm{T}})^{-1}(Ay - b),$$

将 λ 代回 KKT 条件第一式可知

$$x^* = y - A^{\mathrm{T}}(AA^{\mathrm{T}})^{-1}(Ay - b).$$

因此, 点 y 到集合 $\{x \mid Ax = b\}$ 的投影为 $y - A^{\mathrm{T}}(AA^{\mathrm{T}})^{-1}(Ay - b)$.

4.4.2 线性规划问题

考虑线性规划问题

$$
\begin{aligned}
\min_{x \in \mathbb{R}^n} \quad & c^{\mathrm{T}}x, \\
\text{s.t.} \quad & Ax = b, \quad x \geqslant 0,
\end{aligned}
\tag{4.4.1}
$$

其中 $A \in \mathbb{R}^{m \times n}, b \in \mathbb{R}^m, c \in \mathbb{R}^n$ 分别为给定的矩阵和向量.

线性规划问题(4.4.1) 的拉格朗日函数为

$$
\begin{aligned}
L(x, s, \nu) &= c^{\mathrm{T}}x + \nu^{\mathrm{T}}(Ax - b) - s^{\mathrm{T}}x \\
&= -b^{\mathrm{T}}\nu + (A^{\mathrm{T}}\nu - s + c)^{\mathrm{T}}x, \quad s \geqslant 0,
\end{aligned}
$$

其中 $s \in \mathbb{R}^n, \nu \in \mathbb{R}^m$. 由于线性规划是凸问题且满足 Slater 条件, 因此对于任意一个全局最优解 x^*, 我们有如下 KKT 条件:

$$
\begin{cases}
c + A^{\mathrm{T}}\nu^* - s^* = 0, \\
Ax^* = b, \\
x^* \geqslant 0, \\
s^* \geqslant 0, \\
s^* \odot x^* = 0,
\end{cases}
\tag{4.4.2}
$$

其中 $\odot$ 表示向量的 Hadamard 积, 即 $(x \odot y)_i = x_i y_i$. 上述 KKT 条件也是充分的, 即满足上式的 x^* 也为问题(4.4.1) 的全局最优解, 并且 s^*, ν^* 也为其对偶问题的全局最优解.

我们可以进一步说明线性规划问题的解和其对偶问题的解之间的关系. 设原始问题和对偶问题最优解处函数值分别为 p^* 和 d^*, 则根据 p^* 取值情况有如下三种可能:

(1) 如果 $-\infty < p^* < +\infty$(有界), 那么原始问题可行而且存在最优解. 由 Slater 条件知强对偶原理成立, 因此有 $d^* = p^*$, 即对偶问题也是可行的且存在最优解.

(2) 如果 $p^* = -\infty$, 那么原始问题可行, 但目标函数值无下界. 由弱对偶原理知 $d^* \leqslant p^* = -\infty$, 即 $d^* = -\infty$. 因为对偶问题是对目标函数极大化, 所以此时对偶问题不可行.

(3) 如果 $p^* = +\infty$, 那么原始问题无可行解. 注意到 Slater 条件对原始问题不成立, 此时对偶问题既可能函数值无界 (对应 $d^* = +\infty$), 也可能无可行解 (对应 $d^* = -\infty$). 我们指出, 此时不可能出现 $-\infty < d^* < +\infty$ 的情形, 这是因为如果对偶问题可行且存在最优解, 那么可对对偶问题应用强对偶原理, 进而导出原始问题也存在最优解, 这与 $p^* = +\infty$ 矛盾.

最后, 我们将原始问题和对偶问题解的关系总结在表 4.1 中. 可以看到, 针对线性规划问题及其对偶问题, 解的情况只有四种可能.

表 4.1　线性规划原始问题和对偶问题的对应关系

原始问题	对偶问题		
	有界	无界	不可行
有界	✓	×	×
无界	×	×	✓
不可行	×	✓	✓

4.4.3　基追踪

如第 1.2 节中介绍, 压缩感知中的一个常用模型是基追踪问题:

$$\min_{x \in \mathbb{R}^n} \quad \|x\|_1, \quad \text{s.t.} \quad Ax = b. \tag{4.4.3}$$

利用分解 $x_i = x_i^+ - x_i^-$, 其中 $x_i^+ = \max\{x_i, 0\}$, $x_i^- = \max\{-x_i, 0\}$ 分别表示 x_i 的正部和负部, 问题 (4.4.3) 的一种等价形式可以写成

$$\min \quad \sum_i x_i^+ + x_i^-,$$

$$\text{s.t.} \quad Ax^+ - Ax^- = b, \quad x^+, x^- \geqslant 0.$$

进一步地, 令 $y = \begin{bmatrix} x^+ \\ x^- \end{bmatrix} \in \mathbb{R}^{2n}$, 我们将问题 (4.4.3) 转为化如下线性规划问题:

$$\min_{y \in \mathbb{R}^{2n}} \quad \mathbf{1}^\mathrm{T} y,$$

$$\text{s.t.} \quad [A, -A]y = b, \quad y \geqslant 0,$$

其中 $\mathbf{1} = (1, 1, \cdots, 1)^{\mathrm{T}} \in \mathbb{R}^{2n}$.

根据上面一般线性规划问题的最优性条件, 求解基追踪问题 (4.4.3) 等价于求解

$$
\begin{cases}
\mathbf{1} + [A, -A]^{\mathrm{T}} \nu^* - s^* = 0, \\
[A, -A] y^* = b, \\
y^* \geqslant 0, \\
s^* \geqslant 0, \\
s^* \odot y^* = 0,
\end{cases} \tag{4.4.4}
$$

其中 $s^* \in \mathbb{R}^{2n}, \nu^* \in \mathbb{R}^m$.

另外, 我们还可以直接利用非光滑凸优化问题的最优性理论来推导问题 (4.4.3) 的最优性条件. 对于等式约束, 我们引入拉格朗日乘子 $\nu \in \mathbb{R}^m$, 拉格朗日函数为

$$
L(x, \nu) = \|x\|_1 + \nu^{\mathrm{T}} (Ax - b).
$$

x^* 为全局最优解当且仅当存在 $\nu^* \in \mathbb{R}^m$ 使得

$$
\begin{cases}
0 \in \partial \|x^*\|_1 + A^{\mathrm{T}} \nu^*, \\
Ax^* = b.
\end{cases} \tag{4.4.5}
$$

最优性条件 (4.4.4) 和(4.4.5) 本质上是等价的. 事实上, 对于条件 (4.4.4), 令 $x_i^* = y_i^* - y_{n+i}^*$, $i = 1, 2, \cdots, n$, 则

$$
[A, -A] y^* = b \implies Ax^* = b.
$$

对于等式 $\mathbf{1} + [A, -A]^{\mathrm{T}} \nu^* - s^* = 0$, 我们有

$$
(A^{\mathrm{T}} \nu^*)_i = -1 + s_i^* = 1 - s_{n+i}^*, \quad i = 1, 2, \cdots, n.
$$

因此, $s_i^* + s_{n+i}^* = 2$, $i = 1, 2, \cdots, n$. 根据互补条件, y_i^*, y_{n+i}^* 至少有一个为 0. 故若 $x_i^* = 0$, 则有 $y_i^* = y_{n+i}^* = 0$. 此时根据 s_i^*, $s_{n+i}^* \geqslant 0$, 则有 $(A^{\mathrm{T}} \nu^*)_i \in [-1, 1]$. 若 $x_i^* < 0$, 则有 $y_i^* = 0$, $y_{n+i}^* > 0$, 此时有 $(A^{\mathrm{T}} \nu^*)_i = 1$. 类似地, 对于 $x_i^* > 0$, 我们有 $(A^{\mathrm{T}} \nu^*)_i = -1$. 以上过程均可逆推, 这就证明了条件 (4.4.4) 和条件 (4.4.5) 是等价的.

4.4.4 最大割问题的半定规划松弛及其非凸分解模型

最大割问题的半定规划松弛问题有如下形式:

$$\min \quad \langle C, X \rangle,$$
$$\text{s.t.} \quad X_{ii} = 1, \ i = 1, 2, \cdots, n, \tag{4.4.6}$$
$$X \succeq 0.$$

易知该问题为一个凸优化问题, 并且 Slater 约束品性成立 ($X = I$ 为一个相对内点). 对于等式约束, 我们引入拉格朗日乘子 $\mu_i \in \mathbb{R}, i = 1, 2, \cdots, n$; 对于半正定约束, 根据对偶锥, 我们引入拉格朗日乘子 $\Lambda \in \mathcal{S}_+^n$, 拉格朗日函数为

$$L(X, \mu, \Lambda) = \langle C, X \rangle + \sum_{i=1}^n \mu_i (X_{ii} - 1) - \text{Tr}(X\Lambda), \quad \Lambda \in \mathcal{S}_+^n, \ \mu \in \mathbb{R}^n.$$

根据约束优化的最优性条件, 可行点 X^* 为全局极小解当且仅当存在 Λ^*, μ^* 使得

$$\begin{cases} C + \text{Diag}(\mu^*) - \Lambda^* = 0, \\ \qquad X_{ii}^* = 1, \ i = 1, 2, \cdots, n, \\ \qquad X^* \succeq 0, \\ \qquad \Lambda^* \succeq 0, \\ \text{Tr}(X^* \Lambda^*) = 0. \end{cases}$$

由于 X^* 与 Λ^* 的半正定性, 上述条件中的 $\text{Tr}(X^* \Lambda^*) = 0$ 可以等价地用 $X^* \Lambda^* = 0$ 来代替.

如果问题 (4.4.6) 中的决策矩阵 X 的维数很大, 那么数值求解的代价往往会难以接受. 在实际中, 我们经常考虑其非凸分解模型. 具体地, 令 $X = YY^T$, $Y \in \mathbb{R}^{n \times p}$, 那么问题 (4.4.6) 转化为

$$\min_{Y \in \mathbb{R}^{n \times p}} \quad \text{Tr}(CYY^T),$$
$$\text{s.t.} \quad \text{diag}(YY^T) = \mathbf{1}. \tag{4.4.7}$$

注意, 此时 $YY^T \succeq 0$ 自然满足. 这里 p 的选取与问题 (4.4.6) 的全局最优解 X^* 的秩 p^* 有关. 如果 $p \geqslant p^*$, 可以证明由问题 (4.4.7) 的局部最优解 Y^* 可以构造出 (4.4.6) 的一个全局最优解 $Y^*(Y^*)^T$.

对于非凸优化问题 (4.4.7), 在可行点 $Y = (y_1, y_2, \cdots, y_n)^T$ 处, 其约束可以表示为 $c_i(Y) = \|y_i\|^2 - 1 = 0, i = 1, 2, \cdots, n$. 在 Y 处, 我们有

$$\nabla c_i(Y) = 2(0, \cdots, 0, y_i, 0, \cdots 0)^T.$$

因为 $y_i \neq 0$, 故 $\{\nabla c_i(Y)\}_{i=1}^n$ 是线性无关的, 即 LICQ 成立. 对于等式约束, 我们引入

拉格朗日乘子 $\lambda_i \in \mathbb{R}, i \in 1, 2, \cdots, n$, 构造拉格朗日函数

$$L(Y, \lambda) = \mathrm{Tr}(CYY^{\mathrm{T}}) - \sum_{i=1}^{n} \lambda_i c_i(Y).$$

根据约束优化问题的最优性理论, 有如下 KKT 条件:

$$\begin{cases} 2CY - 2(\lambda_1 y_1, \lambda_2 y_2, \cdots, \lambda_n y_n)^{\mathrm{T}} = 0, \\ \mathrm{diag}(YY^{\mathrm{T}}) = \mathbf{1}. \end{cases}$$

令 $\Lambda = \mathrm{Diag}(\lambda_1, \lambda_2, \cdots, \lambda_n)$, 上述第一式可以转换为

$$(C - \Lambda)Y = 0.$$

因为该问题只有等式约束, 故临界锥就是切锥, 即

$$\mathcal{C}(Y, \lambda) = \{D \in \mathbb{R}^{n \times p} \mid \mathrm{diag}(YD^{\mathrm{T}}) = 0\}.$$

拉格朗日函数的海瑟矩阵算子形式为

$$\nabla_{YY}^2 L(X, \lambda)[D] = 2(C - \Lambda)D.$$

假设 Y 为一个局部最优解, 则存在 λ_i, $i = 1, 2, \cdots, n$, 使得

$$\begin{cases} \langle (C - \Lambda)D, D \rangle \geqslant 0, \quad \forall \mathrm{diag}(YD^{\mathrm{T}}) = 0, \\ \mathrm{diag}(YY^{\mathrm{T}}) = \mathbf{1}, \\ (C - \Lambda)Y = 0. \end{cases}$$

假设在一点 Y 处, 存在 λ_i, $i = 1, 2, \cdots, n$, 使得

$$\begin{cases} \langle (C - \Lambda)D, D \rangle > 0, \quad \forall \mathrm{diag}(YD^{\mathrm{T}}) = 0, \\ \mathrm{diag}(YY^{\mathrm{T}}) = \mathbf{1}, \\ (C - \Lambda)Y = 0, \end{cases}$$

那么 Y 为问题 (4.4.7) 的一个严格局部最优解.

注 4.2　利用关系式 $(C - \Lambda)Y = 0$ 和约束 $\mathrm{diag}(YY^{\mathrm{T}}) = \mathbf{1}$ 可以显式求得 $\lambda = \mathrm{diag}(CYY^{\mathrm{T}})$. 换句话说, 在这个例子中根据约束的特殊结构, 我们能显式给出乘子 λ 的表达式. 这个性质在一般约束优化问题中是没有的.

4.5   罚函数法

4.5.1   等式约束的二次罚函数法

上一章介绍了各种各样的求解无约束优化问题的方法. 那么, 我们能否通过将问题 (4.0.1) 变形为无约束优化问题来求解呢? 为此考虑一种简单的情况, 假设问题约束中仅含等式约束, 即考虑问题

$$
\begin{aligned}
&\min_x \quad f(x), \\
&\text{s.t.} \quad c_i(x) = 0, \quad i \in \mathcal{E},
\end{aligned}
\tag{4.5.1}
$$

其中变量 $x \in \mathbb{R}^n$, $\mathcal{E}$ 为等式约束的指标集, $c_i(x)$ 为连续函数. 在某些特殊场合下, 可以通过直接求解 (非线性) 方程组 $c_i(x) = 0$ 消去部分变量, 将其转化为无约束问题. 但对一般的函数 $c_i(x)$ 来说, 变量消去这一操作是不可实现的, 我们必须采用其他方法来处理这种问题.

罚函数法的思想是将约束优化问题 (4.5.1) 转化为无约束优化问题来进行求解. 为了保证解的逼近质量, 无约束优化问题的目标函数为原约束优化问题的目标函数加上与约束函数有关的惩罚项. 对于可行域外的点, 惩罚项为正, 即对该点进行惩罚; 对于可行域内的点, 惩罚项为 0, 即不做任何惩罚. 因此, 惩罚项会促使无约束优化问题的解落在可行域内.

对于等式约束问题, 惩罚项的选取方式有很多, 结构最简单的是二次函数. 这里给出二次罚函数的定义.

定义 4.14 (等式约束的二次罚函数)   对等式约束最优化问题 (4.5.1), 定义二次罚函数

$$
P_E(x, \sigma) = f(x) + \frac{1}{2}\sigma \sum_{i \in \mathcal{E}} c_i^2(x),
\tag{4.5.2}
$$

其中等式右端第二项称为惩罚项, $\sigma > 0$ 称为罚因子.

由于这种罚函数对不满足约束的点进行惩罚, 在迭代过程中点列一般处于可行域之外, 因此它也被称为**外点罚函数**. 二次罚函数的特点如下: 对于非可行点而言, 当 σ 变大时, 惩罚项在罚函数中的权重加大, 对罚函数求极小, 相当于迫使其极小点向可行域靠近; 在可行域中, $P_E(x, \sigma)$ 的全局极小点与约束最优化问题 (4.5.1) 的最优解相同.

为了直观理解罚函数的作用, 我们给出一个例子.

例 4.1   考虑优化问题

$$
\min \quad x + \sqrt{3}y, \quad \text{s.t.} \quad x^2 + y^2 = 1.
$$

容易求出该问题最优解为 $\left(-\dfrac{1}{2}, -\dfrac{\sqrt{3}}{2}\right)^{\mathrm{T}}$. 考虑二次罚函数

$$P_E(x, y, \sigma) = x + \sqrt{3}y + \frac{\sigma}{2}(x^2 + y^2 - 1)^2,$$

并在图 4.8 中绘制出 $\sigma = 1$ 和 $\sigma = 10$ 对应的罚函数的等高线. 可以看出, 随着 σ 增大, 二次罚函数 $P_E(x, y, \sigma)$ 的最小值和原问题最小值越来越接近, 但最优点附近的等高线越来越趋于扁平, 这导致求解无约束优化问题的难度变大. 此外, 当 $\sigma = 10$ 时函数出现了一个极大值, 罚函数图形在 $\left(-\dfrac{1}{2}, -\dfrac{\sqrt{3}}{2}\right)^{\mathrm{T}}$ 附近出现了一个鞍点.

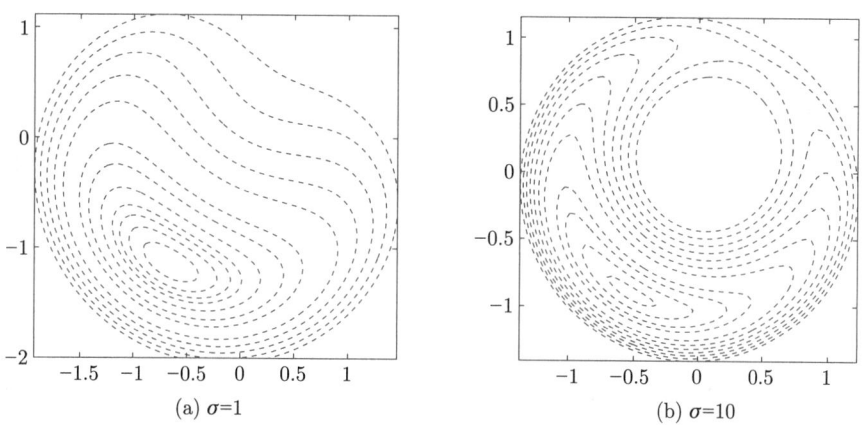

(a) $\sigma=1$　　　　　(b) $\sigma=10$

图 4.8　二次罚函数取不同 σ 时等高线的变化

从以上例子知道, 给定罚因子 σ, 我们可通过求解 $P_E(x, \sigma)$ 的最小值点作为原问题的近似解. 但实际情况并不总是这样, 下面这个例子表明, 当 σ 选取过小时罚函数可能无下界.

例 4.2　考虑优化问题

$$\min \quad -x^2 + 2y^2, \quad \text{s.t.} \quad x = 1.$$

通过消去变量容易得知最优解就是 $(1, 0)^{\mathrm{T}}$. 但考虑罚函数

$$P_E(x, y, \sigma) = -x^2 + 2y^2 + \frac{\sigma}{2}(x - 1)^2,$$

对任意的 $\sigma \leqslant 2$, 该罚函数是无界的.

出现以上现象的原因是当罚因子过小时, 不可行点处的函数下降抵消了罚函数对约束违反的惩罚. 实际上所有外点罚函数法均存在这个问题, 因此 σ 的初值选取不应该太小.

我们先在算法 4.1 中给出等式约束的二次罚函数法, 之后对每一步进行具体解释.

算法 4.1   二次罚函数法

1: 给定 $\sigma_1 > 0, x^0, k \leftarrow 1$. 罚因子增长系数 $\rho > 1$.
2: **while** 未达到收敛准则 **do**
3:    以 x^k 为初始点, 求解 $x^{k+1} = \arg\min\limits_{x} P_E(x, \sigma_k)$.
4:    选取 $\sigma_{k+1} = \rho\sigma_k$.
5:    $k \leftarrow k+1$.
6: **end while**

算法 4.1 的执行过程比较直观: 即先选取一系列指数增长的罚因子 σ_k, 然后针对每个罚因子求解二次罚函数 $P_E(x, \sigma_k)$ 的最小值点 (或局部极小值点). 这种逐步增加罚因子的做法在实际中被广泛使用, 例如在 LASSO 问题求解中这一策略被称为**连续化** (continuation). 算法第三行中 $\arg\min$ 的含义是如下情况之一:

(1) x^{k+1} 是罚函数 $P_E(x, \sigma_k)$ 的全局极小解;

(2) x^{k+1} 是罚函数 $P_E(x, \sigma_k)$ 的局部极小解;

(3) x^{k+1} 不是罚函数 $P_E(x, \sigma_k)$ 的严格的极小解, 但近似满足一阶最优性条件 $\nabla_x P_E(x^{k+1}, \sigma_k) \approx 0$.

根据前面的叙述, 在算法 4.1 中需要注意如下三点: 第一, 对参数 σ_k 的选取需要非常小心, 若 σ_k 增长太快, 则子问题不易求解 (具体分析见下一小节末尾对算法数值困难的讨论). 若增长太慢, 则算法需要的外迭代数 (算法中的 while 循环) 会增多. 一个比较合理的取法是根据当前 $P_E(x, \sigma_k)$ 的求解难度来确定 σ_k 的增幅, 若当前子问题收敛很快, 可以在下一步选取较大的 σ_{k+1}, 否则就不宜过分增大 σ_k. 第二, 在前面的例子中我们提到了 $P_E(x, \sigma)$ 在 σ 较小时可能无界, 此时迭代就会发散. 当求解子问题时, 一旦检测到迭代点发散就应该立即终止迭代并增大罚因子. 第三, 子问题求解的精度必须足够精确, 为保证收敛, 子问题求解误差需要趋于零.

4.5.2   收敛性分析

本小节讨论等式约束的二次罚函数法的收敛性. 为了讨论方便, 我们假设对每个 σ_k, $P_E(x, \sigma_k)$ 的最小值点都是存在的. 注意这个假设对某些优化问题是不对的, 其本质原因是因为二次罚函数的惩罚力度不够, 因此我们不会使用二次罚函数法去求解不满足此假设的优化问题.

定理 4.9（二次罚函数法的收敛性 1）   设 x^{k+1} 是 $P_E(x, \sigma_k)$ 的全局极小解, σ_k 单调上升趋于无穷, 则 $\{x^k\}$ 的每个极限点 x^* 都是原问题的全局极小解.

证明   设 $\bar{x}$ 是原问题(4.5.1) 的全局极小解, 即

$$f(\bar{x}) \leqslant f(x), \quad \forall\, x \text{ 满足 } c_i(x) = 0,\, i \in \mathcal{E}.$$

由定理条件, x^{k+1} 是 $P_E(x, \sigma_k)$ 的全局极小值, 我们有 $P_E(x^{k+1}, \sigma_k) \leqslant P_E(\bar{x}, \sigma_k)$, 即

$$f(x^{k+1}) + \frac{\sigma_k}{2} \sum_{i \in \mathcal{E}} c_i^2(x^{k+1}) \leqslant f(\bar{x}) + \frac{\sigma_k}{2} \sum_{i \in \mathcal{E}} c_i^2(\bar{x}) = f(\bar{x}), \tag{4.5.3}$$

整理可得

$$\sum_{i \in \mathcal{E}} c_i^2(x^{k+1}) \leqslant \frac{2}{\sigma_k} (f(\bar{x}) - f(x^{k+1})). \tag{4.5.4}$$

设 x^* 是 $\{x^k\}$ 的一个极限点, 为了方便, 不妨设 $x^k \to x^*$. 在(4.5.4) 式中令 $k \to \infty$, 根据 $c_i(x)$ 和 $f(x)$ 的连续性以及 $\sigma_k \to +\infty$ 可知

$$\sum_{i \in \mathcal{E}} c_i^2(x^*) = 0.$$

这说明 x^* 是原问题的一个可行解. 由(4.5.3) 式可得 $f(x^{k+1}) \leqslant f(\bar{x})$, 两边取极限得 $f(x^*) \leqslant f(\bar{x})$. 由 $\bar{x}$ 的最优性可知 $f(x^*) = f(\bar{x})$, 即 x^* 也是全局极小解.   □

以上定理表明, 若可以找到子问题的全局极小解, 则它们的极限点为原问题的最小值点. 但实际应用当中, 求 $P_E(x, \sigma_k)$ 的全局极小解是难以做到的, 我们只能将子问题求解到一定精度. 因此定理 4.9 的应用场合十分有限. 下面给出另一个定理, 它从最优性条件给出了迭代点列的收敛性.

定理 4.10（二次罚函数法的收敛性 2）   设 $f(x)$ 与 $c_i(x)$, $i \in \mathcal{E}$ 连续可微, 正数序列 $\varepsilon_k \to 0, \sigma_k \to +\infty$, 在算法 4.1 中, 子问题的解 x^{k+1} 满足 $\|\nabla_x P_E(x^{k+1}, \sigma_k)\| \leqslant \varepsilon_k$, 而对 $\{x^k\}$ 的任何极限点 x^*, 都有 $\{\nabla c_i(x^*), i \in \mathcal{E}\}$ 线性无关, 则 x^* 是等式约束最优化问题(4.5.1) 的 KKT 点, 且

$$\lim_{k \to \infty} (-\sigma_k c_i(x^{k+1})) = \lambda_i^*, \quad \forall\, i \in \mathcal{E}, \tag{4.5.5}$$

其中 λ_i^* 是约束 $c_i(x^*) = 0$ 对应的拉格朗日乘子.

证明   容易求出 $P_E(x, \sigma_k)$ 的梯度为

$$\nabla P_E(x, \sigma_k) = \nabla f(x) + \sum_{i \in \mathcal{E}} \sigma_k c_i(x) \nabla c_i(x). \tag{4.5.6}$$

根据子问题求解的终止准则, 对 x^{k+1} 我们有

$$\left\| \nabla f(x^{k+1}) + \sum_{i \in \mathcal{E}} \sigma_k c_i(x^{k+1}) \nabla c_i(x^{k+1}) \right\| \leqslant \varepsilon_k. \tag{4.5.7}$$

利用三角不等式 $\|a\| - \|b\| \leqslant \|a + b\|$ 可以把(4.5.7) 式变形为

$$\left\| \sum_{i \in \mathcal{E}} c_i(x^{k+1}) \nabla c_i(x^{k+1}) \right\| \leqslant \frac{1}{\sigma_k} (\varepsilon_k + \|\nabla f(x^{k+1})\|). \tag{4.5.8}$$

为了方便, 不妨设 $\{x^k\}$ 收敛于 x^*, 在(4.5.8) 式中不等号两边同时令 $k \to \infty$, 根据 $f(x), c_i(x)$ 的连续性,

$$\sum_{i \in \mathcal{E}} c_i(x^*) \nabla c_i(x^*) = 0.$$

又由于 $\nabla c_i(x^*)$ 线性无关, 此时必有 $c_i(x^*) = 0, \forall\, i \in \mathcal{E}$. 这表明 x^* 实际上是一个可行点.

以下我们说明点 x^* 满足 KKT 条件中的梯度条件, 为此需要构造拉格朗日乘子 $\lambda^* = (\lambda_1^*, \lambda_2^*, \cdots, \lambda_{|\mathcal{E}|}^*)^{\mathrm{T}}$, 其中 $|\mathcal{E}|$ 表示 $\mathcal{E}$ 中元素的个数. 记

$$\nabla c(x) = [\nabla c_i(x)]_{i \in \mathcal{E}}, \tag{4.5.9}$$

并定义 $\lambda_i^k = -\sigma_k c_i(x^{k+1})$, $\lambda^k = (\lambda_1^*, \lambda_2^*, \cdots, \lambda_{|\mathcal{E}|}^*)^{\mathrm{T}}$, 则梯度式 (4.5.6) 可以改写为

$$\nabla c(x^{k+1})\lambda^k = \nabla f(x^{k+1}) - \nabla P_E(x^{k+1}, \sigma_k).$$

由条件知 $\nabla c(x^*)$ 是列满秩矩阵, 而 $x^k \to x^*$, 因此当 k 充分大时, $\nabla c(x^{k+1})$ 应该是列满秩矩阵, 进而可以利用 $\nabla c(x^{k+1})$ 的广义逆来表示 λ^k:

$$\lambda^k = (\nabla c(x^{k+1})^{\mathrm{T}} \nabla c(x^{k+1}))^{-1} \nabla c(x^{k+1})^{\mathrm{T}} (\nabla f(x^{k+1}) - \nabla_x P_E(x^{k+1}, \sigma_k)).$$

等式两侧关于 k 取极限, 并注意到 $\nabla_x P_E(x^{k+1}, \sigma_k) \to 0$, 我们有

$$\lambda^* \stackrel{\mathrm{def}}{=\!=} \lim_{k \to \infty} \lambda^k = (\nabla c(x^*)^{\mathrm{T}} \nabla c(x^*))^{-1} \nabla c(x^*)^{\mathrm{T}} \nabla f(x^*).$$

最后在梯度表达式(4.5.6) 中令 $k \to \infty$ 可得

$$\nabla f(x^*) - \nabla c(x^*)\lambda^* = 0.$$

这说明 KKT 条件中的梯度条件成立, λ^* 就是点 x^* 对应的拉格朗日乘子.   □

在定理 4.10 的证明过程中, 还可以得到一个推论: 不管 $\{\nabla c_i(x^*)\}$ 是否线性无关, 通过算法 4.1 给出解 x^k 的聚点总是 $\phi(x) = \|c(x)\|^2$ 的一个稳定点. 这说明即便没有找到可行解, 我们也找到了使得约束 $c(x) = 0$ 违反度相对较小的一个解. 此外, 定理 4.10 虽然不要求每一个子问题精确求解, 但要获得原问题的解, 子问题解的精度需要越来越高. 它并没有给出一个非渐近的误差估计, 即没有说明当给定原问题解的目标精度时, 子问题的求解精度 ε_k 应该如何选取.

作为等式约束二次罚函数法的总结, 最后简要分析一下算法 4.1 的数值困难. 我们知道, 要想得到原问题的解, 罚因子 σ_k 必须趋于正无穷. 以下从矩阵条件数的角度说明, 当 σ_k 趋于正无穷时, 子问题求解难度会显著变大. 考虑罚函数 $P_E(x, \sigma)$ 的海瑟矩阵:

$$\nabla_{xx}^2 P_E(x, \sigma) = \nabla^2 f(x) + \sum_{i \in \mathcal{E}} \sigma c_i(x) \nabla^2 c_i(x) + \sigma \nabla c(x) \nabla c(x)^{\mathrm{T}}, \tag{4.5.10}$$

其中 $\nabla c(x)$ 如(4.5.9) 式定义. 我们现在考虑当 x 接近最优点时, 海瑟矩阵的变化情况. 由定理 4.10, 在 $x \approx x^*$ 时, 应该有 $-\sigma c_i(x) \approx \lambda_i^*$. 根据这一近似, 我们可以使用拉格朗日函数 $L(x, \lambda^*)$ 的海瑟矩阵来近似(4.5.10) 式等号右边的前两项:

$$\nabla_{xx}^2 P_E(x, \sigma) \approx \nabla_{xx}^2 L(x, \lambda^*) + \sigma \nabla c(x) \nabla c(x)^{\mathrm{T}}, \tag{4.5.11}$$

其中 $\nabla c(x) \nabla c(x)^{\mathrm{T}}$ 是一个半正定矩阵且奇异, 它有 $(n - |\mathcal{E}|)$ 个特征值都是 0. 注意, (4.5.11) 式右边包含两个矩阵: 一个定值矩阵和一个最大特征值趋于正无穷的奇异矩阵. 从直观上来说, 海瑟矩阵 $\nabla_{xx}^2 P_E(x, \sigma)$ 的条件数将会越来越大, 这意味着子问题的等高线越来越密集, 使用梯度类算法求解将会变得非常困难. 若使用牛顿法, 则求解牛顿方程本身就是一个非常困难的问题. 因此在实际应用中, 我们不可能令罚因子趋于正无穷.

4.5.3　一般约束问题的二次罚函数法

上一小节仅仅考虑了等式约束优化问题, 那么对于不等式约束的问题应该如何设计二次罚函数呢? 不等式约束优化问题有如下形式:

$$\begin{aligned} \min \quad & f(x), \\ \text{s.t.} \quad & c_i(x) \leqslant 0, \ i \in \mathcal{I}. \end{aligned} \tag{4.5.12}$$

显然, 它和等式约束优化问题最大的不同就是允许 $c_i(x) < 0$ 发生, 而若采用原来的方式定义罚函数为 $\|c(x)\|^2$, 它也会惩罚 $c_i(x) < 0$ 的可行点, 这显然不是我们需要的. 针对问题(4.5.12), 我们必须对原有二次罚函数进行改造来得到新的二次罚函数, 它应该具有如下特点: 仅仅惩罚 $c_i(x) > 0$ 的那些点, 而对可行点不作惩罚.

定义 4.15(不等式约束的二次罚函数)　对不等式约束最优化问题 (4.5.12), 定义二次罚函数

$$P_I(x, \sigma) = f(x) + \frac{1}{2}\sigma \sum_{i \in \mathcal{I}} \tilde{c}_i^2(x), \tag{4.5.13}$$

其中等式右端第二项称为惩罚项, $\tilde{c}_i(x)$ 的定义为

$$\tilde{c}_i(x) = \max\{c_i(x), 0\}, \tag{4.5.14}$$

常数 $\sigma > 0$ 称为罚因子.

注意到函数 $h(t) = (\max\{t, 0\})^2$ 关于 t 是可导的, 因此 $P_I(x, \sigma)$ 的梯度也存在, 可以使用梯度类算法来求解子问题. 然而一般来讲 $P_I(x, \sigma)$ 不是二阶可导的, 因此不能直接利用二阶算法 (如牛顿法) 求解子问题, 这也是不等式约束问题二次罚函数的不

足之处. 求解不等式约束问题的罚函数法的结构和算法 4.1 完全相同, 这里略去相关说明.

一般的约束优化问题可能既含等式约束又含不等式约束, 它的形式为

$$
\begin{aligned}
\min \quad & f(x), \\
\text{s.t.} \quad & c_i(x) = 0, \ i \in \mathcal{E}, \\
& c_i(x) \leqslant 0, \ i \in \mathcal{I}.
\end{aligned}
\tag{4.5.15}
$$

针对这个问题, 我们只需要将两种约束的罚函数相加就能得到一般约束优化问题的二次罚函数.

定义 4.16 (一般约束的二次罚函数) 对一般约束最优化问题 (4.5.15), 定义二次罚函数

$$
P(x, \sigma) = f(x) + \frac{1}{2}\sigma\Big[\sum_{i\in\mathcal{E}} c_i^2(x) + \sum_{i\in\mathcal{I}} \tilde{c}_i^2(x)\Big],
\tag{4.5.16}
$$

其中等式右端第二项称为惩罚项, $\tilde{c}_i(x)$ 的定义如 (4.5.14) 式, 常数 $\sigma > 0$ 称为罚因子.

同样地, 我们可以使用合适的办法来求解罚函数子问题, 在这里不再叙述具体算法.

4.5.4 应用举例

许多优化问题建模都可以看成是应用了罚函数的思想, 因此罚函数法也可自然应用到这类问题的求解中.

1. LASSO 问题求解

考虑 LASSO 问题

$$
\min_x \quad \frac{1}{2}\|Ax - b\|^2 + \mu\|x\|_1,
$$

其中 $\mu > 0$ 是正则化参数. 我们知道求解 LASSO 问题的最终目标是为了解决如下基追踪 (BP) 问题:

$$
\min \quad \|x\|_1, \quad \text{s.t.} \quad Ax = b,
$$

在这里 $Ax = b$ 是一个欠定方程组. 注意到 BP 问题是一个等式约束的非光滑优化问题, 我们使用二次罚函数作用于等式约束 $Ax = b$, 可得

$$
\min_x \quad \|x\|_1 + \frac{\sigma}{2}\|Ax - b\|^2.
$$

令 $\mu = \dfrac{1}{\sigma}$, 则容易看出使用 $\dfrac{1}{\mu}$ 作为二次罚因子时, BP 问题的罚函数子问题就等价于 LASSO 问题. 这一观察至少说明了以下两点: 第一, LASSO 问题的解和 BP 问题的解

本身不等价, 当 μ 趋于 0 时, LASSO 问题的解收敛到 BP 问题的解; 第二, 当 μ 比较小时, 根据之前的讨论, 此时 BP 问题罚函数比较病态, 若直接求解则收敛速度会很慢. 根据罚函数的思想, 罚因子应该逐渐增加到无穷, 这等价于在 LASSO 问题中先取一个较大的 μ, 之后再不断缩小 μ 直至达到我们所要求解的值. 具体算法在算法 4.2 中给出.

算法 4.2　LASSO 问题求解的罚函数法

1: 给定初值 x^0, 最终参数 μ, 初始参数 μ_0, 因子 $\gamma \in (0,1)$, $k \leftarrow 0$.

2: **while** $\mu_k \geqslant \mu$ **do**

3: 　以 x^k 为初值, 求解问题 $x^{k+1} = \arg\min_x \left\{ \dfrac{1}{2}\|Ax - b\|^2 + \mu_k\|x\|_1 \right\}$.

4: 　**if** $\mu_k = \mu$ **then**

5: 　　停止迭代, 输出 x^{k+1}.

6: 　**else**

7: 　　更新罚因子 $\mu_{k+1} = \max\{\mu, \gamma\mu_k\}$.

8: 　　$k \leftarrow k + 1$.

9: 　**end if**

10: **end while**

求解 LASSO 子问题可以使用之前介绍过的次梯度法, 也可以使用第五章将提到的多种非光滑函数的优化方法求解. 图 4.9 展示了分别使用罚函数法和次梯度法求解 LASSO 问题的结果, 其中使用与第 3.5 节中同样的 A 和 b, 并取 LASSO 问题的正则化参数为 $\mu = 10^{-3}$. 在罚函数法中, 令 μ 从 10 开始, 因子 $\gamma = 0.1$, 次梯度法选取固定步长 $\alpha = 0.0002$. 从图 4.9 中我们可明显看到罚函数法的效果比直接使用次梯度法要好, 在迭代初期, 由于 μ 较大, 这意味着约束 $Ax = b$ 可以不满足, 从而算法可将优化的重点放到 $\|x\|_1$ 上; 随着迭代进行, μ 单调减小, 此时算法将更注重于可行性 ($\|Ax - b\|$ 的大小). 直接取 $\mu = 10^{-3}$ 效果不佳, 这是因为惩罚项 $\|Ax - b\|^2$ 的权重太大, 次梯度法会尽量使得迭代点满足 $Ax = b$, 而忽视了 $\|x\|_1$ 项的作用, 图 4.9 也可说明这一问题. 在每个 LASSO 子问题中我们使用了次梯度法求解, 若使用第五章的近似点梯度法求解子问题, 那么算法 4.2 等价于求解 ℓ_1 极小化问题的 FPC (fixed-point continuation) 算法[65].

2. 矩阵补全问题

第一章介绍了低秩矩阵恢复问题 (又称矩阵补全问题), 并引入了该问题的两种形式, 即问题 (1.3.2) 和问题 (1.3.3). 若考虑问题 (1.3.2), 即

$$\begin{aligned}
\min \quad & \|X\|_*, \\
\text{s.t.} \quad & X_{ij} = M_{ij}, \quad (i,j) \in \Omega,
\end{aligned}$$

我们对其中的等式约束引入二次罚函数可以得到

$$\min \quad \|X\|_* + \frac{\sigma}{2} \sum_{(i,j)\in\Omega} (X_{ij} - M_{ij})^2.$$

当罚因子 $\sigma = \dfrac{1}{\mu}$ 时, 罚函数恰好对应问题 (1.3.3), 即

$$\min \quad \mu\|X\|_* + \frac{1}{2} \sum_{(i,j)\in\Omega} (X_{ij} - M_{ij})^2. \tag{4.5.17}$$

因此我们可以使用罚函数法的策略求解矩阵补全问题, 具体见算法 4.3.

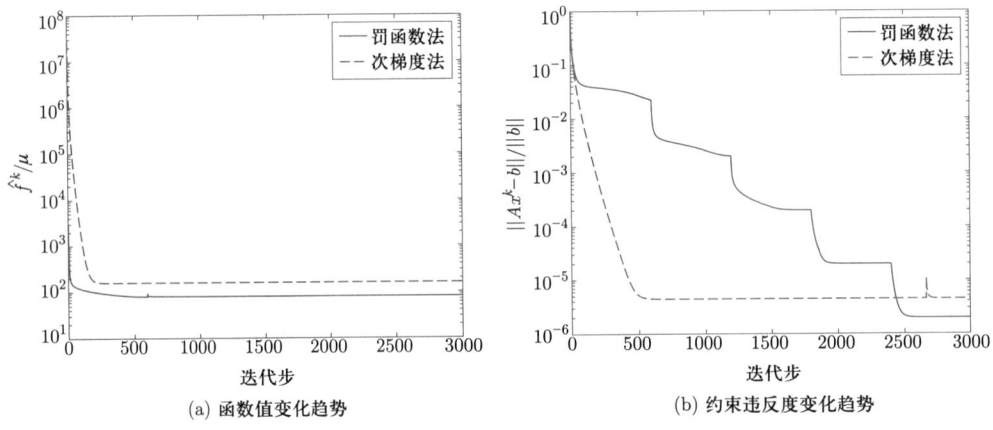

(a) 函数值变化趋势   (b) 约束违反度变化趋势

图 4.9 使用次梯度法和罚函数法求解 LASSO 问题

    由于我们还没有学习如何处理带核范数的优化问题, 这里先跳过子问题求解的叙述. 实际上求解子问题(4.5.17) 可使用之后讲到的近似点梯度法和加速近似点梯度法 (包括 FISTA 算法[10,138]). 若罚函数法使用 (不精确) 近似点梯度法求解每个子问题, 则算法 4.3 实际上等价于 FPC (fixed-point continuation) 或 FPCA (fixed-point continuation with approximate SVD) 算法 [88].

算法 4.3 矩阵补全问题求解的罚函数法

1: 给定初值 X^0, 最终参数 μ, 初始参数 μ_0, 因子 $\gamma \in (0,1)$, $k \leftarrow 0$.
2: **while** $\mu_k \geqslant \mu$ **do**
3:     以 X^k 为初值, $\mu = \mu_k$ 为正则化参数求解问题(4.5.17), 得 X^{k+1}.
4:     **if** $\mu_k = \mu$ **then**
5:         停止迭代, 输出 X^{k+1}.
6:     **else**
7:         更新罚因子 $\mu_{k+1} = \max\{\mu, \gamma\mu_k\}$.
8:         $k \leftarrow k+1$.
9:     **end if**
10:    $k \leftarrow k+1$.
11: **end while**

4.5.5 其他类型的罚函数法

作为本节的扩展, 我们再介绍一些其他类型的罚函数.

1. 内点罚函数法

前面介绍的二次罚函数均属于**外点罚函数**, 即在求解过程中允许自变量 x 位于原问题可行域之外, 当罚因子趋于无穷时, 子问题最优解序列从可行域外部逼近最优解. 自然地, 若我们想要使得子问题最优解序列从可行域内部逼近最优解, 则需要构造**内点罚函数**. 顾名思义, 内点罚函数在迭代时始终要求自变量 x 不能违反约束, 因此它主要用于不等式约束优化问题.

考虑含不等式约束的优化问题(4.5.12), 为了使得迭代点始终在可行域内, 当迭代点趋于可行域边界时, 我们需要罚函数趋于正无穷, 常用的罚函数是**对数罚函数**.

定义 4.17(对数罚函数)　对不等式约束最优化问题 (4.5.12), 定义对数罚函数

$$P_I(x,\sigma) = f(x) - \sigma \sum_{i \in \mathcal{I}} \ln(-c_i(x)), \tag{4.5.18}$$

其中等式右端第二项称为惩罚项, $\sigma > 0$ 称为罚因子.

容易看到, $P_I(x,\sigma)$ 的定义域为 $\{x \mid c_i(x) < 0\}$, 因此在迭代过程中自变量 x 严格位于可行域内部. 当 x 趋于可行域边界时, 由于对数罚函数的特点, $P_I(x,\sigma)$ 会趋于正无穷, 这说明对数罚函数的极小值严格位于可行域内部. 然而, 对原问题(4.5.12), 它的最优解通常位于可行域边界, 即 $c_i(x) \leqslant 0$ 中至少有一个取到等号, 此时我们需要调整罚因子 σ 使其趋于 0, 这会减弱对数罚函数在边界附近的惩罚效果.

例 4.3　考虑优化问题

$$\begin{aligned} \min \quad & x^2 + 2xy + y^2 + 2x - 2y, \\ \text{s.t.} \quad & x \geqslant 0, \ y \geqslant 0, \end{aligned}$$

容易求出该问题最优解为 $x = 0$, $y = 1$. 我们考虑对数罚函数

$$P_I(x,y,\sigma) = x^2 + 2xy + y^2 + 2x - 2y - \sigma(\ln x + \ln y).$$

并在图 4.10 中绘制出 $\sigma = 1$ 和 $\sigma = 0.4$ 对应的等高线. 可以看出, 随着 σ 减小, 对数罚函数 $P_I(x,y,\sigma)$ 的最小值点和原问题最小值点越来越接近, 但当 x 和 y 趋于可行域边界时, 对数罚函数趋于正无穷.

算法 4.4 给出了基于对数罚函数的优化方法.

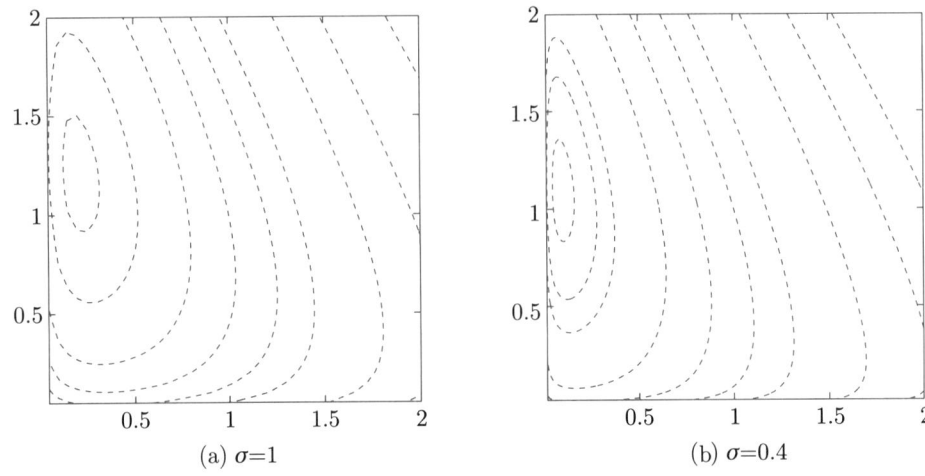

(a) $\sigma=1$ (b) $\sigma=0.4$

图 4.10   对数罚函数取不同 σ 时等高线变化

算法 4.4   对数罚函数法

1: 给定 $\sigma_0 > 0$, 可行解 x^0, $k \leftarrow 0$. 罚因子缩小系数 $\rho \in (0,1)$.

2: **while** 未达到收敛准则 **do**

3:    以 x^k 为初始点, 求解 $x^{k+1} = \underset{x}{\arg\min} \, P_I(x, \sigma_k)$.

4:    选取 $\sigma_{k+1} = \rho\sigma_k$.

5:    $k \leftarrow k + 1$.

6: **end while**

和二次罚函数法不同, 算法 4.4 要求初始点 x^0 是一个可行解, 这是根据对数罚函数法本身的要求. 常用的收敛准则可以包含

$$\left| \sigma_k \sum_{i \in \mathcal{I}} \ln(-c_i(x^{k+1})) \right| \leqslant \varepsilon,$$

其中 $\varepsilon > 0$ 为给定的精度. 实际上, 可以证明 (见习题 **4.20**) 算法 4.4 产生的迭代点列满足

$$\lim_{k \to \infty} \sigma_k \sum_{i \in \mathcal{I}} \ln(-c_i(x^{k+1})) = 0.$$

同样地, 内点罚函数法也会有类似外点罚函数法的数值困难, 即当 σ 趋于 0 时, 子问题 $P_I(x, \sigma)$ 的海瑟矩阵条件数会趋于无穷, 因此对子问题的求解将会越来越困难. 这个现象其实也可从图 4.10 中发现, 读者可仿照二次罚函数的情形对对数罚函数进行类似的分析.

2. 精确罚函数法

我们已经介绍了二次罚函数和对数罚函数, 它们的一个共同特点就是在求解的时候必须令罚因子趋于正无穷或零, 这会带来一定的数值困难. 而对于有些罚函数, 在问题

求解时不需要令罚因子趋于正无穷 (或零), 这种罚函数称为**精确罚函数**. 换句话说, 若罚因子选取适当, 对罚函数进行极小化得到的解恰好就是原问题的精确解. 这个性质在设计算法时非常有用, 使用精确罚函数的算法通常会有比较好的性质.

常用的精确罚函数是 ℓ_1 罚函数.

定义 4.18 (ℓ_1 罚函数) 对一般约束最优化问题 (4.5.15), 定义 ℓ_1 罚函数

$$P(x, \sigma) = f(x) + \sigma\Big[\sum_{i \in \mathcal{E}} |c_i(x)| + \sum_{i \in \mathcal{I}} \tilde{c}_i(x)\Big], \tag{4.5.19}$$

其中等式右端第二项称为惩罚项, $\tilde{c}_i(x)$ 的定义如 (4.5.14) 式, 常数 $\sigma > 0$ 称为罚因子.

在这里和二次罚函数不同, 我们用绝对值代替平方来构造惩罚项, 实际上是对约束的 ℓ_1 范数进行惩罚. 注意, ℓ_1 罚函数不是可微函数, 求解此罚函数导出的子问题依赖第五章的内容.

下面的定理揭示了 ℓ_1 函数的精确性, 证明可参考文献 [66].

定理 4.11 设 x^* 是一般约束优化问题 (4.5.15) 的一个严格局部极小解, 且满足 KKT 条件 (4.2.8), 其对应的拉格朗日乘子为 $\lambda_i^*, i \in \mathcal{E} \cup \mathcal{I}$, 则当罚因子 $\sigma > \sigma^*$ 时, x^* 也为 $P(x, \sigma)$ 的一个局部极小解, 其中

$$\sigma^* = \|\lambda^*\|_\infty \overset{\text{def}}{=\joinrel=} \max_i |\lambda_i^*|.$$

定理 4.11 说明了对于精确罚函数, 当罚因子充分大 (不需要是正无穷) 时, 原问题的极小值点就是 ℓ_1 罚函数的极小值点, 这和定理 4.9 的结果是有区别的.

4.6 增广拉格朗日函数法

在二次罚函数法中, 根据定理 4.10, 我们有

$$c_i(x^{k+1}) \approx -\frac{\lambda_i^*}{\sigma_k}, \quad \forall i \in \mathcal{E}. \tag{4.6.1}$$

因此, 为了保证可行性, 罚因子必须趋于正无穷. 此时, 子问题因条件数爆炸而难以求解. 那么, 是否可以通过对二次罚函数进行某种修正, 使得对有限的罚因子, 得到的逼近最优解也是可行的? 增广拉格朗日函数法就是这样的一个方法.

4.6.1 等式约束优化问题的增广拉格朗日函数法

1. 增广拉格朗日函数法的构造

增广拉格朗日函数法的每一步构造一个增广拉格朗日函数, 而该函数的构造依赖于拉格朗日函数和约束的二次罚函数. 具体地, 对于等式约束优化问题 (4.5.1), **增广拉格朗日函数**定义为

$$L_\sigma(x, \lambda) = f(x) + \sum_{i \in \mathcal{E}} \lambda_i c_i(x) + \frac{1}{2}\sigma \sum_{i \in \mathcal{E}} c_i^2(x), \tag{4.6.2}$$

即在拉格朗日函数的基础上, 添加约束的二次罚函数. 在第 k 步迭代, 给定罚因子 σ_k 和乘子 λ^k, 增广拉格朗日函数 $L_{\sigma_k}(x, \lambda^k)$ 的最小值点 x^{k+1} 满足

$$\nabla_x L_{\sigma_k}(x^{k+1}, \lambda^k) = \nabla f(x^{k+1}) + \sum_{i \in \mathcal{E}} (\lambda_i^k + \sigma_k c_i(x^{k+1}))\nabla c_i(x^{k+1}) = 0. \tag{4.6.3}$$

对于优化问题 (4.5.1), 其最优解 x^* 以及相应的乘子 λ^* 需满足

$$\nabla f(x^*) + \sum_{i \in \mathcal{E}} \lambda_i^* \nabla c_i(x^*) = 0. \tag{4.6.4}$$

为使增广拉格朗日函数法产生的迭代点列收敛到 x^*, 需要保证等式 (4.6.3) 和 (4.6.4) 在最优解处的一致性. 因此, 对于充分大的 k,

$$\lambda_i^* \approx \lambda_i^k + \sigma_k c_i(x^{k+1}), \quad \forall i \in \mathcal{E}.$$

上式等价于

$$c_i(x^{k+1}) \approx \frac{1}{\sigma_k}(\lambda_i^* - \lambda_i^k), \tag{4.6.5}$$

所以, 当 λ_i^k 足够接近 λ_i^* 时, 点 x^{k+1} 处的约束违反度将会远小于 $\frac{1}{\sigma_k}$. 注意, 在 (4.6.1) 式中约束违反度是正比于 $\frac{1}{\sigma_k}$ 的. 即增广拉格朗日函数法可以通过有效地更新乘子来降低约束违反度. (4.6.5) 式表明, 乘子的一个有效的更新格式为

$$\lambda_i^{k+1} = \lambda_i^k + \sigma_k c_i(x^{k+1}), \quad \forall i \in \mathcal{E}.$$

那么, 我们得到问题(4.5.1) 的增广拉格朗日函数法, 见算法 4.5, 其中 $c(x) = [c_i(x)]_{i \in \mathcal{E}}$, 并沿用上一节中的定义

$$\nabla c(x) = [\nabla c_i(x)]_{i \in \mathcal{E}}.$$

算法 4.5 增广拉格朗日函数法

1: 选取初始点 x^0, 乘子 λ^0, 罚因子 $\sigma_0 > 0$, 罚因子更新常数 $\rho > 0$, 约束违反度常数 $\varepsilon > 0$ 和精度要求 $\eta_k > 0$. 并令 $k = 0$.

2: **for** $k = 0, 1, 2, \cdots$ **do**

3:     以 x^k 为初始点, 求解

$$\min_x \quad L_{\sigma_k}(x, \lambda^k),$$

    得到满足精度条件

$$\|\nabla_x L_{\sigma_k}(x, \lambda^k)\| \leqslant \eta_k$$

    的解 x^{k+1}.

4:     **if** $\|c(x^{k+1})\| \leqslant \varepsilon$ **then**

5:         返回近似解 x^{k+1}, λ^k, 终止迭代.

6:     **end if**

7:     更新乘子：$\lambda^{k+1} = \lambda^k + \sigma_k c(x^{k+1})$.

8:     更新罚因子：$\sigma_{k+1} = \rho \sigma_k$.

9: **end for**

下面以一个例子来说明增广拉格朗日函数法相较于二次罚函数法在控制约束违反度上的优越性.

例 4.4 考虑优化问题

$$\min \quad x + \sqrt{3}y, \quad \text{s.t.} \quad x^2 + y^2 = 1. \tag{4.6.6}$$

容易求出该问题最优解为 $x^* = \left(-\dfrac{1}{2}, -\dfrac{\sqrt{3}}{2}\right)^{\mathrm{T}}$, 相应的拉格朗日乘子 $\lambda^* = 1$. 我们考虑增广拉格朗日函数

$$L_\sigma(x, y, \lambda) = x + \sqrt{3}y + \lambda(x^2 + y^2 - 1) + \frac{\sigma}{2}(x^2 + y^2 - 1)^2,$$

并在图 4.11 中绘制出 $L_2(x, y, 0.9)$ 的等高线, 图中标 "$*$" 的点为原问题的最优解 x^*, 标 "$\circ$" 的点为罚函数或增广拉格朗日函数的最优解. 对于二次罚函数, 其最优解约为 $(-0.5957, -1.0319)$, 与最优解 x^* 的欧几里得距离约为 0.1915, 约束违反度约为 0.4197. 对于增广拉格朗日函数, 其最优解约为 $(-0.5100, -0.8833)$, 与最优解 x^* 的欧几里得距离约为 0.02, 约束违反度约为 0.0403. 可以看出, 增广拉格朗日函数的最优解更接近真实解, 与最优解的距离以及约束违反度都约为二次罚函数法的 $\dfrac{1}{10}$. 需要注意的是, 这依赖于乘子的选取.

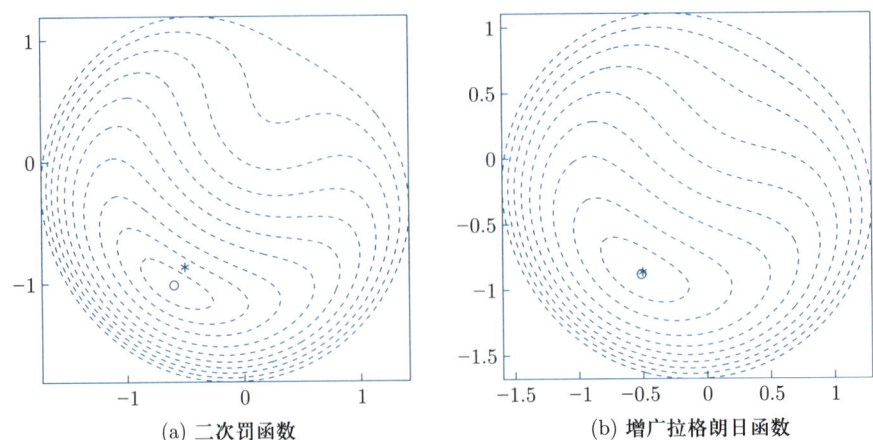

(a) 二次罚函数　　　　　　　　　　　　(b) 增广拉格朗日函数

图 4.11   二次罚函数和增广拉格朗日函数取罚因子 $\sigma = 2$ 时等高线变化

随着罚因子 σ_k 的变大, $L_{\sigma_k}(x, \lambda^k)$ 关于 x 的海瑟矩阵的条件数也会越来越大, 从而使得迭代点 x^{k+1} 的求解难度提高. 但是, 当 σ_k 和 σ_{k+1} 比较接近时, x^k 可以作为求解 x^{k+1} 时的一个初始点, 从而加快收敛. 因此, 罚因子 σ_k 增长得不能太快. 但如果 σ_k 增长得太慢, 迭代点列 $\{x^k\}$ 收敛到原问题解的速度会下降. 在实际中, 我们需要注意参数 ρ 的选取, 一个经验的取法是 $\rho \in [2, 10]$.

2. 收敛性

增广拉格朗日函数作为罚函数的一种, 一个关于它的自然的问题是其极小值点和原问题 (4.5.1) 的极小值点有什么关系. 假设 x^*, λ^* 分别为等式约束问题 (4.5.1) 的局部极小解和相应的乘子, 并且二阶充分条件成立, 可以证明, 在已知 λ^* 的情况下, 对于有限大的 σ, x^* 也为增广拉格朗日函数 $L_\sigma(x, \lambda^*)$ 的严格局部极小解. 当 λ^* 未知时, 对于足够接近 λ^* 的 λ 以及足够大的 σ, 增广拉格朗日函数 $L_\sigma(x, \lambda)$ 的局部极小解会与 x^* 足够接近. 这也说明了增广拉格朗日函数在一定条件下是精确罚函数.

定理 4.12   设 x^*, λ^* 分别为问题 (4.5.1) 的局部极小解和相应的乘子, 并且在点 x^* 处 LICQ 和二阶充分条件成立. 那么, 存在一个有限大的常数 $\bar{\sigma}$, 使得对任意的 $\sigma \geqslant \bar{\sigma}$, x^* 都是 $L_\sigma(x, \lambda^*)$ 的严格局部极小解. 反之, 如果 x^* 为 $L_\sigma(x, \lambda^*)$ 的局部极小解且满足 $c_i(x^*) = 0$, $i \in \mathcal{E}$, 那么 x^* 为问题 (4.5.1) 的局部极小解.

证明   因为 x^* 为问题 (4.5.1) 的局部极小解且二阶充分条件成立, 所以

$$\nabla_x L(x^*, \lambda^*) = \nabla f(x^*) + \sum_{i \in \mathcal{E}} \lambda_i^* \nabla c_i(x^*) = 0,$$

$$u^{\mathrm{T}} \nabla_{xx}^2 L(x^*, \lambda^*) u = u^{\mathrm{T}} \left(\nabla^2 f(x^*) + \sum_{i \in \mathcal{E}} \lambda_i^* \nabla^2 c_i(x^*) \right) u > 0, \tag{4.6.7}$$

$$\forall u, \nabla c(x^*)^{\mathrm{T}} u = 0.$$

根据上面的条件, 我们来证 x^* 对于 $L_\sigma(x, \lambda^*)$ 的最优性. 因为 $c_i(x^*) = 0$, $i \in \mathcal{E}$, 我们有

$$\nabla_x L_\sigma(x^*, \lambda^*) = \nabla_x L(x^*, \lambda^*) = 0,$$

$$\nabla_{xx}^2 L_\sigma(x^*, \lambda^*) = \nabla_{xx}^2 L(x^*, \lambda^*) + \sigma \nabla c(x^*) \nabla c(x^*)^{\mathrm{T}}.$$

对于充分大的 σ, 可以证明

$$\nabla_{xx}^2 L_\sigma(x^*, \lambda^*) \succ 0.$$

事实上, 若对于任意的 $\sigma = k$, $k = 1, 2, \cdots$, 都存在 u_k 满足 $\|u_k\| = 1$, 且使得

$$u_k^{\mathrm{T}} \nabla_{xx}^2 L_\sigma(x^*, \lambda^*) u_k = u_k^{\mathrm{T}} \nabla_{xx}^2 L(x^*, \lambda^*) u_k + k \|\nabla c(x^*)^{\mathrm{T}} u_k\|^2 \leqslant 0,$$

则

$$\|\nabla c(x^*)^{\mathrm{T}} u_k\|^2 \leqslant -\frac{1}{k} u_k^{\mathrm{T}} \nabla_{xx}^2 L(x^*, \lambda^*) u_k \to 0, \quad k \to \infty.$$

因为 $\{u_k\}$ 为有界序列, 必存在聚点, 设为 u. 那么

$$\nabla c(x^*)^{\mathrm{T}} u = 0, \quad u^{\mathrm{T}} \nabla_{xx}^2 L(x^*, \lambda^*) u \leqslant 0,$$

这与 (4.6.7) 式矛盾. 故存在有限大的 $\bar{\sigma}$, 使得当 $\sigma \geqslant \bar{\sigma}$ 时,

$$\nabla_{xx}^2 L_\sigma(x^*, \lambda^*) \succ 0,$$

因而 x^* 是 $L_\sigma(x, \lambda^*)$ 的严格局部极小解.

反之, 如果 x^* 满足 $c_i(x^*) = 0$ 且为 $L_\sigma(x, \lambda^*)$ 的局部极小解, 那么对于任意与 x^* 充分接近的可行点 x, 我们有

$$f(x^*) = L_\sigma(x^*, \lambda^*) \leqslant L_\sigma(x, \lambda^*) = f(x).$$

因此, x^* 为问题(4.5.1) 的一个局部极小解. $\qquad\square$

对于算法 4.5, 通过进一步假设乘子点列的有界性以及收敛点处的约束品性, 我们可以证明算法迭代产生的点列 $\{x^k\}$ 会有子列收敛到问题 (4.5.1) 的一阶稳定点.

定理 4.13（增广拉格朗日函数法的收敛性）　假设乘子列 $\{\lambda^k\}$ 是有界的, 罚因子 $\sigma_k \to +\infty$, $k \to \infty$, 算法 4.5 中精度 $\eta_k \to 0$, 迭代点列 $\{x^k\}$ 的一个子序列 x^{k_j+1} 收敛到 x^*, 并且在点 x^* 处 LICQ 成立. 那么存在 λ^*, 满足

$$\lambda^{k_j+1} \to \lambda^*, \quad j \to \infty,$$

$$\nabla f(x^*) + \nabla c(x^*) \lambda^* = 0, \quad c(x^*) = 0.$$

证明　对于增广拉格朗日函数 $L_{\sigma_k}(x, \lambda^k)$,

$$\nabla_x L_{\sigma_k}(x^{k+1}, \lambda^k) = \nabla f(x^{k+1}) + \nabla c(x^{k+1})(\lambda^k + \sigma_k c(x^{k+1}))$$

$$= \nabla f(x^{k+1}) + \nabla c(x^{k+1}) \lambda^{k+1} = \nabla_x L(x^{k+1}, \lambda^{k+1}).$$

那么, 对于任意使得 $\mathrm{rank}(\nabla c(x^{k_j+1})) = m \overset{\mathrm{def}}{=\!=} |\mathcal{E}|$ 的 k_j(根据假设和点 x^* 处 LICQ 成立, 当 x^{k_j+1} 充分接近 x^* 时此式成立),

$$\lambda^{k_j+1} = \left(\nabla c(x^{k_j+1})^{\mathrm{T}} \nabla c(x^{k_j+1})\right)^{-1} \nabla c(x^{k_j+1})^{\mathrm{T}} \left(\nabla_x L_{\sigma_k}(x^{k_j+1}, \lambda^{k_j}) - \nabla f(x^{k_j+1})\right).$$

因为 $\|\nabla_x L_{\sigma_k}(x^{k_j+1}, \lambda^{k_j})\| \leqslant \eta_{k_j} \to 0$, 我们有

$$\lambda^{k_j+1} \to \lambda^* \overset{\mathrm{def}}{=\!=} -\left(\nabla c(x^*)^{\mathrm{T}} \nabla c(x^*)\right)^{-1} \nabla c(x^*)^{\mathrm{T}} \nabla f(x^*)$$

以及

$$\nabla_x L(x^*, \lambda^*) = 0.$$

而 $\{\lambda^k\}$ 是有界的, 并且 $\lambda^{k_j} + \sigma_{k_j} c(x^{k_j+1}) \to \lambda^*$, 所以 $\{\sigma_{k_j} c(x^{k_j+1})\}$ 是有界的. 又 $\sigma_k \to +\infty$, 则

$$c(x^*) = 0. \qquad\qquad \square$$

定理 4.13 依赖于乘子列 $\{\lambda_k\}$ 的有界性, $\{x^k\}$ 的子序列收敛性, 以及收敛点处的 LICQ. 这里, 我们不加证明地给出更一般性的收敛结果, 证明过程可以参考文献 [15] 命题 2.7.

定理 4.14（增广拉格朗日函数法的收敛性——更弱的假设）　假设 x^*, λ^* 分别是问题 (4.5.1) 的严格局部极小解和相应的拉格朗日乘子, 那么, 存在足够大的常数 $\bar{\sigma} > 0$ 和足够小的常数 $\delta > 0$, 若对某个 k, 有

$$\frac{1}{\sigma_k}\|\lambda^k - \lambda^*\| < \delta, \quad \sigma_k \geqslant \bar{\sigma},$$

则

$$\lambda^k \to \lambda^*, \quad x^k \to x^*.$$

同时, 若 $\limsup_{k\to\infty} \sigma_k < +\infty$ 且 $\lambda^k \neq \lambda^*$, $\forall k$, 则 $\{\lambda^k\}$ 收敛的速度是 Q-线性的; 若 $\limsup_{k\to\infty} \sigma_k = +\infty$ 且 $\lambda^k \neq \lambda^*$, $\forall k$, 则 $\{\lambda^k\}$ 收敛的速度是 Q-超线性的.

定理 4.14 不需要假设 $\{\sigma_k\}$ 趋于正无穷 (尽管由 $\limsup_{k\to\infty} \sigma_k = +\infty$ 可以推出 Q-超线性收敛) 以及 $\{x^k\}$ 的子序列收敛性. 相应地, 这里需要找到合适的 λ^k 和 σ_k.

4.6.2　一般约束优化问题的增广拉格朗日函数法

对于一般约束优化问题

$$\begin{aligned}
\min \quad & f(x), \\
\mathrm{s.t.} \quad & c_i(x) = 0, \ i \in \mathcal{E}, \\
& c_i(x) \leqslant 0, \ i \in \mathcal{I},
\end{aligned} \qquad (4.6.8)$$

也可以定义其增广拉格朗日函数以及设计相应的增广拉格朗日函数法. 在拉格朗日函数的定义中, 往往倾向于将简单的约束 (比如非负约束、盒子约束等) 保留, 对复杂的约束引入乘子. 这里, 对于带不等式约束的优化问题, 我们先通过引入松弛变量将不等式约束转化为等式约束和简单的非负约束, 再对保留非负约束形式的拉格朗日函数添加等式约束的二次罚函数来构造增广拉格朗日函数.

1. 增广拉格朗日函数

对于问题 (4.6.8), 通过引入松弛变量可以得到如下等价形式:

$$
\begin{aligned}
\min_{x,s} \quad & f(x), \\
\text{s.t.} \quad & c_i(x) = 0, \ i \in \mathcal{E}, \\
& c_i(x) + s_i = 0, \ i \in \mathcal{I}, \\
& s_i \geqslant 0, \ i \in \mathcal{I}.
\end{aligned}
\tag{4.6.9}
$$

保留非负约束, 可以构造拉格朗日函数

$$
L(x,s,\lambda,\mu) = f(x) + \sum_{i \in \mathcal{E}} \lambda_i c_i(x) + \sum_{i \in \mathcal{I}} \mu_i(c_i(x) + s_i), \ s_i \geqslant 0, i \in \mathcal{I}.
$$

记问题(4.6.9) 中等式约束的二次罚函数为 $p(x,s)$, 则

$$
p(x,s) = \sum_{i \in \mathcal{E}} c_i^2(x) + \sum_{i \in \mathcal{I}} (c_i(x) + s_i)^2.
$$

我们构造增广拉格朗日函数如下:

$$
L_\sigma(x,s,\lambda,\mu) = f(x) + \sum_{i \in \mathcal{E}} \lambda_i c_i(x) + \sum_{i \in \mathcal{I}} \mu_i(c_i(x) + s_i) + \frac{\sigma}{2} p(x,s), \quad s_i \geqslant 0, i \in \mathcal{I},
$$

其中 σ 为罚因子.

2. 增广拉格朗日函数法

在第 k 步迭代中, 给定乘子 λ^k, μ^k 和罚因子 σ_k, 我们需要求解如下问题:

$$
\min_{x,s} \quad L_{\sigma_k}(x,s,\lambda^k,\mu^k), \quad \text{s.t.} \quad s \geqslant 0,
\tag{4.6.10}
$$

以得到 x^{k+1}, s^{k+1}. 求解问题(4.6.10) 的一个有效的方法是投影梯度法 (将在第五章的近似点梯度法中介绍). 另外一种方法是消去 s, 求解只关于 x 的优化问题. 具体地, 固定 x, 关于 s 的子问题可以表示为

$$\min_{s \geqslant 0} \quad \sum_{i \in \mathcal{I}} \mu_i(c_i(x) + s_i) + \frac{\sigma_k}{2} \sum_{i \in \mathcal{I}} (c_i(x) + s_i)^2.$$

根据凸优化问题的最优性理论, s 为以上问题的一个全局最优解, 当且仅当

$$s_i = \max\left\{ -\frac{\mu_i}{\sigma_k} - c_i(x), 0 \right\}, \quad i \in \mathcal{I}. \tag{4.6.11}$$

将 s_i 的表达式代入 L_{σ_k} 我们有

$$
\begin{aligned}
L_{\sigma_k}(x, \lambda^k, \mu^k) =& f(x) + \sum_{i \in \mathcal{E}} \lambda_i c_i(x) + \frac{\sigma_k}{2} \sum_{i \in \mathcal{E}} c_i^2(x) + \\
& \frac{\sigma_k}{2} \sum_{i \in \mathcal{I}} \left(\max\left\{ \frac{\mu_i}{\sigma_k} + c_i(x), 0 \right\}^2 - \frac{\mu_i^2}{\sigma_k^2} \right),
\end{aligned}
\tag{4.6.12}
$$

其为关于 x 的连续可微函数 (如果 $f(x), c_i(x), i \in \mathcal{I} \cup \mathcal{E}$ 连续可微). 因此, 问题 (4.6.10) 等价于

$$\min_{x \in \mathbb{R}^n} \quad L_{\sigma_k}(x, \lambda^k, \mu^k),$$

并可以利用梯度法进行求解. 这样做的一个好处是, 我们消去了变量 s, 从而在低维空间 $\mathbb{R}^n$ 中 (问题 (4.6.10) 的决策空间为 $\mathbb{R}^{n+|\mathcal{I}|}$) 求解极小点.

对于问题 (4.6.9), 其最优解 x^*, s^* 和乘子 λ^*, μ^* 需满足 KKT 条件:

$$0 = \nabla f(x^*) + \sum_{i \in \mathcal{E}} \lambda_i^* \nabla c_i(x^*) + \sum_{i \in \mathcal{I}} \mu_i^* \nabla c_i(x^*),$$

$$\mu_i^* \geqslant 0, \ i \in \mathcal{I},$$

$$s_i^* \geqslant 0, \ i \in \mathcal{I}.$$

问题 (4.6.10) 的最优解 x^{k+1}, s^{k+1} 满足

$$
\begin{aligned}
0 =& \nabla f(x^{k+1}) + \sum_{i \in \mathcal{E}} \left(\lambda_i^k + \sigma_k c_i(x^{k+1}) \right) \nabla c_i(x^{k+1}) + \\
& \sum_{i \in \mathcal{I}} \left(\mu_i^k + \sigma_k(c_i(x^{k+1}) + s_i^{k+1}) \right) \nabla c_i(x^{k+1}), \\
s_i^{k+1} =& \max\left\{ -\frac{\mu_i^k}{\sigma_k} - c_i(x^{k+1}), 0 \right\}, \quad i \in \mathcal{I}.
\end{aligned}
$$

对比问题(4.6.9) 和问题(4.6.10) 的 KKT 条件, 易知乘子的更新格式为

$$\lambda_i^{k+1} = \lambda_i^k + \sigma_k c_i(x^{k+1}), \quad i \in \mathcal{E},$$

$$\mu_i^{k+1} = \max\{\mu_i^k + \sigma_k c_i(x^{k+1}), 0\}, \quad i \in \mathcal{I}.$$

对于等式约束, 约束违反度定义为

$$v_k(x^{k+1}) = \sqrt{\sum_{i \in \mathcal{E}} c_i^2(x^{k+1}) + \sum_{i \in \mathcal{I}} \left(c_i(x^{k+1}) + s_i^{k+1}\right)^2}.$$

根据 (4.6.11) 式消去 s, 约束违反度为

$$v_k(x^{k+1}) = \sqrt{\sum_{i \in \mathcal{E}} c_i^2(x^{k+1}) + \sum_{i \in \mathcal{I}} \max\left\{c_i(x^{k+1}), -\frac{\mu_i^k}{\sigma_k}\right\}^2}.$$

综上, 我们给出约束优化问题 (4.6.10) 的增广拉格朗日函数法, 见算法 4.6. 该算法和算法 4.5 结构相似, 但它给出了算法参数的一种具体更新方式. 每次计算出子问题的近似解 x^{k+1} 后, 算法需要判断约束违反度 $v_k(x^{k+1})$ 是否满足精度要求. 若满足, 则进行乘子的更新, 并提高子问题求解精度, 此时罚因子不变; 若不满足, 则不进行乘子的更新, 并适当增大罚因子以便得到约束违反度更小的解.

算法 4.6　问题(4.6.10) 的增广拉格朗日函数法

1: 选取初始点 x^0, 乘子 λ^0, μ^0, 罚因子 $\sigma_0 > 0$, 约束违反度常数 $\varepsilon > 0$, 精度常数 $\eta > 0$, 以及常数 $0 < \alpha \leqslant \beta \leqslant 1$ 和 $\rho > 1$. 令 $\eta_0 = \dfrac{1}{\sigma_0}$, $\varepsilon_0 = \dfrac{1}{\sigma_0^\alpha}$ 以及 $k = 0$.

2: **for** $k = 0, 1, 2, \cdots$ **do**

3:　以 x^k 为初始点, 求解

$$\min_x \quad L_{\sigma_k}(x, \lambda^k, \mu^k),$$

　　得到满足精度条件

$$\|\nabla_x L_{\sigma_k}(x^{k+1}, \lambda^k, \mu^k)\|_2 \leqslant \eta_k$$

　　的解 x^{k+1}.

4:　**if** $v_k(x^{k+1}) \leqslant \varepsilon_k$ **then**

5:　　**if** $v_k(x^{k+1}) \leqslant \varepsilon$ 且 $\|\nabla_x L_{\sigma_k}(x^{k+1}, \lambda^k, \mu^k)\|_2 \leqslant \eta$ **then**

6:　　　得到逼近解 $x^{k+1}, \lambda^k, \mu^k$, 终止迭代.

7:　　**end if**

8:　　更新乘子:

$$\lambda_i^{k+1} = \lambda_i^k + \sigma_k c_i(x^{k+1}), \quad i \in \mathcal{E},$$

$$\mu_i^{k+1} = \max\{\mu_i^k + \sigma_k c_i(x^{k+1}), 0\}, \quad i \in \mathcal{I}.$$

9:　　罚因子不变: $\sigma_{k+1} = \sigma_k$.

10:　减小子问题求解误差和约束违反度: $\eta_{k+1} = \dfrac{\eta_k}{\sigma_{k+1}}$, $\varepsilon_{k+1} = \dfrac{\varepsilon_k}{\sigma_{k+1}^\beta}$.

11:　**else**

12:　　乘子不变: $\lambda^{k+1} = \lambda^k$.

13:　　更新罚因子: $\sigma_{k+1} = \rho\sigma_k$.

14:　　　　调整子问题求解误差和约束违反度：$\eta_{k+1} = \dfrac{1}{\sigma_{k+1}}$, $\varepsilon_{k+1} = \dfrac{1}{\sigma_{k+1}^{\alpha}}$.

15:　　**end if**

16: **end for**

4.6.3　凸优化问题的增广拉格朗日函数法

考虑凸优化问题：

$$
\begin{aligned}
&\min_{x \in \mathbb{R}^n}\quad f(x), \\
&\text{s.t.}\quad c_i(x) \leqslant 0,\ i = 1, 2, \cdots, m,
\end{aligned}
\tag{4.6.13}
$$

其中 $f : \mathbb{R}^n \to \mathbb{R}, c_i : \mathbb{R}^n \to \mathbb{R}, i = 1, 2, \cdots, m$ 为闭凸函数. 为了叙述的方便, 这里考虑不等式形式的凸优化问题. 定义可行域为 $\mathcal{X} = \{x \mid c_i(x) \leqslant 0,\ i = 1, 2, \cdots, m\}$.

对于问题 (4.6.13), 根据上一小节介绍的不等式约束的增广拉格朗日函数表达式 (4.6.12) (这里 $\mathcal{E} = \varnothing$), 其增广拉格朗日函数为

$$
L_\sigma(x, \lambda) = f(x) + \frac{\sigma}{2} \sum_{i=1}^m \left(\max\left\{ \frac{\lambda_i}{\sigma} + c_i(x), 0 \right\}^2 - \frac{\lambda_i^2}{\sigma^2} \right),
$$

其中 λ 和 σ 分别为乘子以及罚因子.

给定一列单调递增的乘子 $\sigma_k \uparrow \sigma_\infty$, 以及初始乘子 λ^0, 问题 (4.6.13) 的增广拉格朗日函数法为

$$
\begin{cases}
x^{k+1} \approx \displaystyle\arg\min_{x \in \mathbb{R}^n} L_{\sigma_k}(x, \lambda^k), \\
\lambda^{k+1} = \lambda^k + \sigma_k \nabla_\lambda L_{\sigma_k}(x^{k+1}, \lambda^k) = \max\{0, \lambda^k + \sigma_k c(x^{k+1})\}.
\end{cases}
\tag{4.6.14}
$$

为了方便叙述, 以下定义 $\phi_k(x) = L_{\sigma_k}(x, \lambda^k)$. 由于 $\phi_k(x)$ 的最小值点的显式表达式通常是未知的, 我们往往调用迭代算法求其一个近似解. 为了保证收敛性, 我们要求该近似解至少满足如下非精确条件之一 (参考文献 [123, 153, 160])：

$$
\phi_k(x^{k+1}) - \inf \phi_k \leqslant \frac{\varepsilon_k^2}{2\sigma_k}, \quad \varepsilon_k \geqslant 0, \sum_{k=1}^\infty \varepsilon_k < +\infty,
\tag{4.6.15}
$$

$$
\phi_k(x^{k+1}) - \inf \phi_k \leqslant \frac{\delta_k^2}{2\sigma_k} \|\lambda^{k+1} - \lambda^k\|_2^2, \quad \delta_k \geqslant 0, \sum_{k=1}^\infty \delta_k < +\infty,
\tag{4.6.16}
$$

$$
\mathrm{dist}(0, \partial \phi_k(x^{k+1})) \leqslant \frac{\delta_k'}{\sigma_k} \|\lambda^{k+1} - \lambda^k\|_2, \quad 0 \leqslant \delta_k' \to 0,
\tag{4.6.17}
$$

其中 $\varepsilon_k, \delta_k, \delta_k'$ 是人为设定的参数, $\mathrm{dist}(0, \partial\phi_k(x^{k+1}))$ 表示 0 到集合 $\partial\phi_k(x^{k+1})$ 的欧几

里得距离. 根据 λ^{k+1} 的更新格式 (4.6.14), 容易得知

$$\|\lambda^{k+1} - \lambda^k\|_2 = \|\max\{0, \lambda^k + \sigma_k c(x^{k+1})\} - \lambda^k\|_2$$

$$= \|\max\{-\lambda^k, \sigma_k c(x^{k+1})\}\|_2.$$

由于 $\inf \phi_k$ 是未知的, 直接验证上述不精确条件中的 (4.6.15) 式和 (4.6.16) 式是数值上不可行的. 但是, 如果 ϕ_k 是 α-强凸函数 (在某些应用中可以计算出 α 或得到其估计值), 那么 (见习题 2.15)

$$\phi_k(x) - \inf \phi_k \leqslant \frac{1}{2\alpha} \text{dist}^2(0, \partial\phi_k(x)). \tag{4.6.18}$$

根据 (4.6.18) 式, 可以进一步构造如下数值可验证的不精确条件:

$$\text{dist}(0, \partial\phi_k(x^{k+1})) \leqslant \sqrt{\frac{\alpha}{\sigma_k}} \varepsilon_k, \quad \varepsilon_k \geqslant 0, \sum_{k=1}^{\infty} \varepsilon_k < +\infty,$$

$$\text{dist}(0, \partial\phi_k(x^{k+1})) \leqslant \sqrt{\frac{\alpha}{\sigma_k}} \delta_k \|\lambda^{k+1} - \lambda^k\|_2, \quad \delta_k \geqslant 0, \sum_{k=1}^{\infty} \delta_k < +\infty,$$

$$\text{dist}(0, \partial\phi_k(x^{k+1})) \leqslant \frac{\delta_k'}{\sigma_k} \|\lambda^{k+1} - \lambda^k\|_2, \quad 0 \leqslant \delta_k' \to 0.$$

这里, 我们给出不精确条件 (4.6.15) 下的增广拉格朗日函数法 (4.6.14) 的收敛性. 证明细节可以参考文献 [123] 定理 4.

定理 4.15（凸问题的增广拉格朗日函数法的收敛性） 假设 $\{x^k\}$、$\{\lambda^k\}$ 为问题 (4.6.13) 的增广拉格朗日函数法(4.6.14) 生成的序列, x^{k+1} 满足不精确条件 (4.6.15). 如果问题(4.6.13) 的 Slater 约束品性成立, 那么序列 $\{\lambda^k\}$ 是有界且收敛的, 记极限为 λ^∞, 则 λ^∞ 为对偶问题的一个最优解.

如果存在一个 γ, 使得下水平集 $\{x \in \mathcal{X} | f(x) \leqslant \gamma\}$ 是非空有界的, 那么序列 $\{x^k\}$ 也是有界的, 并且其所有的聚点都是问题 (4.6.13) 的最优解.

注 4.3 这里的乘子 λ^k 与文献 [123] 中的互为相反数, 其原因是在构造拉格朗日函数时, 我们引入的乘子为 $-\lambda(\geqslant 0)$, 而文献 [123] 引入的乘子为 $\lambda(\geqslant 0)$.

注 4.4 和定理 4.15 类似, 同样有基于不精确条件 (4.6.16) 和 (4.6.17) 的收敛性结果. 见文献 [123] 定理 5.

4.6.4 基追踪问题的增广拉格朗日函数法

这一小节将以基追踪 (BP) 问题为例讨论增广拉格朗日函数法及其收敛性. 我们将看到针对一些凸问题, 增广拉格朗日函数法会有比较特殊的性质, 比如固定罚因子也能保证算法的收敛性甚至有限终止性等. 本小节的内容主要参考了文献 [155, 160].

设 $A \in \mathbb{R}^{m \times n}(m \leqslant n), b \in \mathbb{R}^m, x \in \mathbb{R}^n$, BP 问题 为

$$\min_{x \in \mathbb{R}^n} \quad \|x\|_1, \quad \text{s.t.} \quad Ax = b. \tag{4.6.19}$$

引入拉格朗日乘子 $y \in \mathbb{R}^m$, 其拉格朗日函数为

$$L(x, y) = \|x\|_1 + y^{\mathrm{T}}(Ax - b),$$

那么对偶函数

$$g(y) = \inf_x L(x, y) = \begin{cases} -b^{\mathrm{T}}y, & \|A^{\mathrm{T}}y\|_\infty \leqslant 1, \\ -\infty, & \text{其他}. \end{cases}$$

因此, 我们得到如下对偶问题:

$$\min_{y \in \mathbb{R}^m} \quad b^{\mathrm{T}}y, \quad \text{s.t.} \quad \|A^{\mathrm{T}}y\|_\infty \leqslant 1. \tag{4.6.20}$$

通过引入变量 s, 上述问题可以等价地写成

$$\min_{y \in \mathbb{R}^m, s \in \mathbb{R}^n} \quad b^{\mathrm{T}}y, \quad \text{s.t.} \quad A^{\mathrm{T}}y - s = 0, \|s\|_\infty \leqslant 1. \tag{4.6.21}$$

下面讨论如何对原始问题和对偶问题应用增广拉格朗日函数法.

1. 原始问题的增广拉格朗日函数法

引入罚因子 σ 和乘子 λ, 问题 (4.6.19) 的增广拉格朗日函数为

$$L_\sigma(x, \lambda) = \|x\|_1 + \lambda^{\mathrm{T}}(Ax - b) + \frac{\sigma}{2}\|Ax - b\|_2^2. \tag{4.6.22}$$

在增广拉格朗日函数法的一般理论中, 需要罚因子 σ 足够大来保证迭代收敛 (控制约束违反度). 对于 BP 问题(4.6.19), 后面可以证明, 对于固定的非负罚因子也能够保证收敛性 (尽管在实际中动态调整罚因子可能会使得算法更快收敛). 现在考虑固定罚因子 σ 情形的增广拉格朗日函数法. 在第 k 步迭代, 更新格式为

$$\begin{cases} x^{k+1} = \underset{x \in \mathbb{R}^n}{\arg\min} \, L_\sigma(x, \lambda^k) = \underset{x \in \mathbb{R}^n}{\arg\min} \left\{ \|x\|_1 + \frac{\sigma}{2}\left\|Ax - b + \frac{\lambda^k}{\sigma}\right\|_2^2 \right\}, \\ \lambda^{k+1} = \lambda^k + \sigma(Ax^{k+1} - b). \end{cases} \tag{4.6.23}$$

设迭代的初始点为 $x^0 = \lambda^0 = 0$. 考虑迭代格式(4.6.23) 中的第一步, 假设 x^{k+1} 为 $L_\sigma(x, \lambda^k)$ 的一个全局极小解, 那么

$$0 \in \partial\|x^{k+1}\|_1 + \sigma A^{\mathrm{T}}\left(Ax^{k+1} - b + \frac{\lambda^k}{\sigma}\right).$$

因此,

$$-A^{\mathrm{T}}\lambda^{k+1} \in \partial\|x^{k+1}\|_1. \tag{4.6.24}$$

满足上式的 x^{k+1} 往往是不能显式得到的, 需要采用迭代算法来进行求解, 比如上一章介绍的次梯度法, 以及第五章将介绍的近似点梯度法, 等等.

这里沿用第 3.5 节中的 A 和 b 的生成方式, 且选取不同的稀疏度 $r = 0.1$ 和 $r = 0.2$. 我们固定罚因子 σ, 并采用近似点梯度法作为求解器, 不精确地求解关于 x 的子问题以得到 x^{k+1}. 具体地, 设置求解精度 $\eta_k = 10^{-k}$, 并且使用 BB 步长作为线搜索初始步长. 图 4.12 展示了算法产生的迭代点与最优点的距离变化以及约束违反度的走势. 从图 4.12 中可以看到: 对于 BP 问题, 固定的 σ 也可以保证增广拉格朗日函数法收敛.

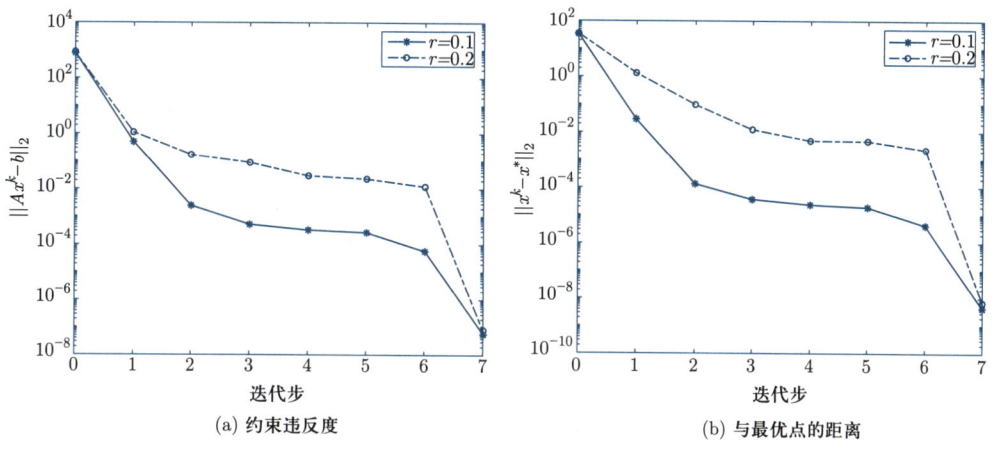

(a) 约束违反度   (b) 与最优点的距离

图 4.12 增广拉格朗日函数法求解 BP 问题

我们将证明对于固定的二次罚项系数 $\sigma = 1$, 迭代格式 (4.6.23) 具有有限终止性. 根据(4.6.24) 式, 先证明迭代格式(4.6.23) 的一些基本性质.

引理 4.6　设迭代序列 $\{x^k\}$、$\{\lambda^k\}$ 是算法(4.6.23) 从初始点 $x^0 = \lambda^0 = 0$ 产生的序列, 则它们满足

(1) $\|Ax^k - b\|_2$ 是单调下降的: $\|Ax^{k+1} - b\|_2 \leqslant \|Ax^k - b\|_2$;

(2) 若存在 $\tilde{x}$ 满足 $A\tilde{x} = b$, 则 $\dfrac{\sigma}{2}\|Ax^k - b\|_2^2 \leqslant \dfrac{1}{k}\|\tilde{x}\|_1$;

证明　由迭代格式(4.6.23) 的第一步,

$$\|x^{k+1}\|_1 + (\lambda^k)^{\mathrm{T}}(Ax^{k+1} - b) + \frac{\sigma}{2}\|Ax^{k+1} - b\|_2^2$$

$$\leqslant \|x^k\|_1 + (\lambda^k)^{\mathrm{T}}(Ax^k - b) + \frac{\sigma}{2}\|Ax^k - b\|_2^2.$$

由于 $\|x\|_1$ 的凸性和(4.6.24) 式, 我们有

$$\|x^{k+1}\|_1 \geqslant \|x^k\|_1 + \langle -A^{\mathrm{T}}\lambda^k, x^{k+1} - x^k \rangle.$$

结合上面两式,

$$\|Ax^{k+1} - b\|_2 \leqslant \|Ax^k - b\|_2.$$

下面证明第二个结论. 由迭代格式(4.6.23) 的第二步,

$$A^{\mathrm{T}}(\lambda^{k+1} - \lambda^k) = \sigma A^{\mathrm{T}}(Ax^{k+1} - b).$$

由 $\dfrac{\sigma}{2}\|Ax - b\|_2^2$ 和 $\|x\|_1$ 的凸性 (分别应用于点 x^{k+1} 和 x^k 处) 以及 (4.6.24) 式, 我们有

$$
\begin{aligned}
&\frac{\sigma}{2}\|Ax^{k+1} - b\|_2^2 - \frac{\sigma}{2}\|Ax - b\|_2^2 \\
&\leqslant \langle A^{\mathrm{T}}(\lambda^{k+1} - \lambda^k), x^{k+1} - x \rangle \\
&= \langle A^{\mathrm{T}}\lambda^{k+1}, x^{k+1} - x \rangle - \langle A^{\mathrm{T}}\lambda^k, x^k - x \rangle - \langle A^{\mathrm{T}}\lambda^k, x^{k+1} - x^k \rangle \\
&\leqslant \langle A^{\mathrm{T}}\lambda^{k+1}, x^{k+1} - x \rangle - \langle A^{\mathrm{T}}\lambda^k, x^k - x \rangle + \|x^{k+1}\|_1 - \|x^k\|_1.
\end{aligned}
$$

由 $\|Ax^k - b\|_2$ 的单调性和 $\|x\|_1$ 的凸性,

$$
\begin{aligned}
&k\left(\frac{\sigma}{2}\|Ax^k - b\|_2^2 - \frac{\sigma}{2}\|Ax - b\|_2^2\right) \\
&\leqslant \sum_{j=1}^{k}\left(\frac{\sigma}{2}\|Ax^j - b\|_2^2 - \frac{\sigma}{2}\|Ax - b\|_2^2\right) \\
&\leqslant \langle A^{\mathrm{T}}\lambda^k, x^k - x \rangle + \|x^k\|_1 - \langle A^{\mathrm{T}}\lambda^0, x^0 - x \rangle - \|x^0\|_1 \\
&\leqslant \|x\|_1,
\end{aligned}
$$

取 $x = \tilde{x}$, 我们有

$$\frac{\sigma}{2}\|Ax^k - b\|_2^2 \leqslant \frac{1}{k}\|\tilde{x}\|_1. \tag{4.6.25}$$

$\square$

下面的引理表明, 增广拉格朗日函数法(4.6.23) 得到的点列中的点如果是可行的, 则为原始问题(4.6.19) 的一个最优解.

引理 4.7 假设问题(4.6.19) 的可行域非空, x^k 是由迭代格式(4.6.23) 得到的满足 $Ax^k = b$ 的迭代点, 则 x^k 是 BP 问题(4.6.19) 的一个解.

证明 对任意 x, 由 $\|x\|_1$ 的凸性和(4.6.24) 式, 有

$$
\begin{aligned}
\|x^k\|_1 &\leqslant \|x\|_1 - \langle x - x^k, -A^{\mathrm{T}}\lambda^k \rangle \\
&= \|x\|_1 + \langle Ax - Ax^k, \lambda^k \rangle \\
&= \|x\|_1 + \langle Ax - b, \lambda^k \rangle,
\end{aligned} \tag{4.6.26}
$$

因此, 对任意的满足 $Ax = b$ 的 x, 都有 $\|x^k\|_1 \leqslant \|x\|_1$, 于是 x^k 是问题 (4.6.19) 的最优解.

$\square$

根据上面的引理, 还可以证明增广拉格朗日函数法 (4.6.23) 会在有限步迭代内收敛到问题 (4.6.19) 的最优解, 即存在正整数 K, 当 $k > K$ 时, x^k 为问题 (4.6.19) 的解.

定理 4.16 假设问题(4.6.19) 的可行域非空, 迭代序列 $\{x^k\}$、$\{\lambda^k\}$ 是由迭代格式 (4.6.23) 从初始点 $x^0 = \lambda^0 = 0$ 产生的, 则存在正整数 K 使得任意的 $x^k, k \geqslant K$ 是问题(4.6.19) 的解.

证明 对指标集 $\{1, 2, \cdots, n\}$ 的任一划分 (I_+^j, I_-^j, E^j), 令

$$U^j \overset{\text{def}}{=\!=} U(I_+^j, I_-^j, E^j) = \{x \mid x_i \geqslant 0, i \in I_+^j;\ x_i \leqslant 0, i \in I_-^j;\ x_i = 0, i \in E^j\},$$

$$H^j \overset{\text{def}}{=\!=} \min_{x \in \mathbb{R}^n} \left\{ \frac{1}{2} \|Ax - b\|_2^2 \ \Big|\ x \in U^j \right\}.$$

对于迭代点 λ^k, 我们可以定义指标集 $\{1, 2, \cdots, n\}$ 的划分 (I_+^k, I_-^k, E^k) 为

$$I_+^k = \{i : (A^{\mathrm{T}}\lambda^k)_i = -1\}, I_-^k = \{i : (A^{\mathrm{T}}\lambda^k)_i = 1\}, E^k = \{i : (A^{\mathrm{T}}\lambda^k)_i \in (-1, 1)\}.$$

由 U^j 的定义和 $-A^{\mathrm{T}}\lambda^k \in \partial\|x^k\|_1$ 知, $x^k \in U^k$.

因为问题 (4.6.19) 的可行域非空, 故存在 $\tilde{x}$ 满足 $\|A\tilde{x} - b\| = 0$. 由引理 4.6 的 (2), 对任意满足 $H^j > 0$ 的 j, 存在一个充分大的 K_j 使得 $x^k \notin U^j, \forall k \geqslant K_j$. 于是取 $K = \max\limits_{j}\{K_j \mid H^j > 0\}$, 有 $H^k = 0, \forall k \geqslant K$. 结合 $\|x\|_1$ 的凸性和 (4.6.24) 式, 对 $k \geqslant K$ 我们有

$$\|x^k\|_1 + (\lambda^k)^{\mathrm{T}}Ax^k \leqslant \|x\|_1 + (\lambda^k)^{\mathrm{T}}Ax. \tag{4.6.27}$$

容易验证等号成立当且仅当 $x \in U^k$. 由于 $H^k = 0$, 取 $\tilde{x} \in U^k$ 且 $\|A\tilde{x} - b\| = 0$, 根据 x^{k+1} 的最优性有

$$\frac{\sigma}{2}\|Ax^{k+1} - b\|^2 \leqslant \|\tilde{x}\|_1 - \|x^{k+1}\|_1 + (\lambda^k)^{\mathrm{T}}A(\tilde{x} - x^{k+1}) + \frac{\sigma}{2}\|A\tilde{x} - b\|^2$$

$$\leqslant \|\tilde{x}\|_1 - \|x^k\|_1 + (\lambda^k)^{\mathrm{T}}A(\tilde{x} - x^k) + \frac{\sigma}{2}\|A\tilde{x} - b\|^2 = 0,$$

其中最后一个不等式利用了 (4.6.27) 和其等号成立的条件 (注意 $x^k, \tilde{x} \in U^k$). 由引理 4.7 可知, $x^{k+1}, \forall k \geqslant K$ 都是问题 (4.6.19) 的最优解. $\qquad\square$

定理 4.16 假设了关于 x^{k+1} 的子问题可以精确求解. 对于一般的矩阵 A(例如非对角的情形), 该子问题的精确解是难以求得的. 在实际中, 我们采用迭代算法来进行求解, 具体算法会在第五章中介绍. 即使利用迭代算法求得近似解 x^{k+1}, 增广拉格朗日函数法也有非常好的数值表现, 因此在实际中非常受欢迎.

我们知道 BP 问题是线性规划问题的特例, 因此, 对于线性规划问题, 是否也可以设计相应的增广拉格朗日函数法呢? 答案是肯定的. 对于线性规划问题, 我们可以类似地证明有限终止性 [81]. 对于一般凸优化问题的增广拉格朗日函数法, 读者可以参考经典文献 [123].

2. 与 Bregman 算法的等价性

在文献 [155] 中, 作者提出了求解 BP 问题(4.6.19) 的 Bregman 迭代算法. 对于凸函数 $h(x) = \|x\|_1$, 定义其 **Bregman 距离**:

$$D_h^g(x,y) = h(x) - h(y) - \langle g, x - y \rangle,$$

其中 $g \in \partial h(y)$ 为函数 h 在点 y 处的一个次梯度. 对于一般的凸函数 h, 容易证明 $D_h^g(x,y) \neq D_h^g(y,x)$, 所以 $D_h^g(x,y)$ 不一定是距离函数. 但是, 我们可以证明: 对于任意的 x,y, 都有 $D_h^g(x,y) \geqslant 0$; 对连接 x,y 的线段上的任一点 z, 都有 $D_h^g(x,y) \geqslant D_h^g(z,y)$.

有了 Bregman 距离之后, 问题(4.6.19) 的 Bregman 迭代算法为

$$\begin{cases} x^{k+1} = \underset{x \in \mathbb{R}^n}{\arg\min} \left\{ D_h^{g^k}(x, x^k) + \frac{1}{2}\|Ax - b\|_2^2 \right\}, \\ g^{k+1} = g^k - A^{\mathrm{T}}(Ax^{k+1} - b). \end{cases} \tag{4.6.28}$$

在上面的格式中, 我们需要说明 $g^{k+1} \in \partial h(x^{k+1})$. 事实上, 根据点 x^{k+1} 的最优性条件, 我们有

$$0 \in \partial h(x^{k+1}) - g^k + A^{\mathrm{T}}(Ax^{k+1} - b),$$

因此,

$$g^{k+1} = g^k - A^{\mathrm{T}}(Ax^{k+1} - b) \in \partial h(x^{k+1}).$$

对比增广拉格朗日函数法 (4.6.23), 令罚因子 $\sigma = 1$, 并记算法的初始点为 x^0, λ^0, 我们不难看出, 如果算法(4.6.28) 的初始点设置为 $x^0, -A^{\mathrm{T}}\lambda^0$, 那么在第 k 步迭代有如下对应关系:

$$g^k = -A^{\mathrm{T}}\lambda^k.$$

也就是说, 在合理选取初始点的情况下, 两个算法得到的迭代点列是完全一致的.

3. 对偶问题的增广拉格朗日函数法

考虑对偶问题(4.6.21):

$$\min_{y \in \mathbb{R}^m, s \in \mathbb{R}^n} \quad b^{\mathrm{T}}y, \quad \text{s.t.} \quad A^{\mathrm{T}}y - s = 0, \quad \|s\|_\infty \leqslant 1.$$

引入拉格朗日乘子 λ 和罚因子 σ, 增广拉格朗日函数为

$$L_\sigma(y, s, \lambda) = b^{\mathrm{T}}y + \lambda^{\mathrm{T}}(A^{\mathrm{T}}y - s) + \frac{\sigma}{2}\|A^{\mathrm{T}}y - s\|_2^2, \quad \|s\|_\infty \leqslant 1.$$

那么, 增广拉格朗日函数法的迭代格式为:

$$
\begin{cases}
(y^{k+1}, s^{k+1}) = \underset{y, \|s\|_\infty \leqslant 1}{\arg\min}\ L_{\sigma_k}(y, s, \lambda^k) \\
\qquad\qquad\quad = \underset{y, \|s\|_\infty \leqslant 1}{\arg\min}\ \left\{ b^{\mathrm{T}}y + \dfrac{\sigma_k}{2} \left\| A^{\mathrm{T}}y - s + \dfrac{\lambda^k}{\sigma_k} \right\|_2^2 \right\}, \\
\lambda^{k+1} = \lambda^k + \sigma_k(A^{\mathrm{T}}y^{k+1} - s^{k+1}), \\
\sigma_{k+1} = \min\{\rho\sigma_k, \bar{\sigma}\},
\end{cases}
$$

其中 $\rho > 1$ 和 $\bar{\sigma} < +\infty$ 为算法参数. 由于 (y^{k+1}, s^{k+1}) 的显式表达式是未知的, 我们需要利用迭代算法来进行求解.

除了利用投影梯度法求解关于 (y, s) 的联合最小化问题外, 还可以利用最优性条件将 s 用 y 来表示, 转而求解只关于 y 的最小化问题. 具体地, 关于 s 的极小化问题为

$$
\min_s\ \frac{\sigma}{2}\|A^{\mathrm{T}}y - s + \frac{\lambda}{\sigma}\|_2^2, \quad \text{s.t.} \quad \|s\|_\infty \leqslant 1.
$$

通过简单地推导, 可知

$$
s = \mathcal{P}_{\|s\|_\infty \leqslant 1}\left(A^{\mathrm{T}}y + \frac{\lambda}{\sigma}\right), \tag{4.6.29}
$$

其中 $\mathcal{P}_{\|s\|_\infty \leqslant 1}$ 为集合 $\{s : \|s\|_\infty \leqslant 1\}$ 的投影算子, 即

$$
\mathcal{P}_{\|s\|_\infty \leqslant 1}(x) = \max\{\min\{x, 1\}, -1\}.
$$

将 s 的表达式代入增广拉格朗日函数中, 我们得到

$$
L_\sigma(y, \lambda) = b^{\mathrm{T}}y + \frac{\sigma}{2}\left\| \psi\left(A^{\mathrm{T}}y + \frac{\lambda}{\sigma}\right) \right\|_2^2 - \frac{\lambda^2}{2\sigma},
$$

其中 $\psi(x) = \mathrm{sign}(x)\max\{|x| - 1, 0\}$, $\mathrm{sign}(x)$ 表示 x 的符号, 即

$$
\mathrm{sign}(x) = \begin{cases}
1, & x > 0, \\
0, & x = 0, \\
-1, & x < 0.
\end{cases}
$$

注意, 为了记号简洁, 我们仍然使用 L_σ 来表示增广拉格朗日函数, 但变量个数有所变化.

消去 s 的增广拉格朗日函数法为

$$
\begin{cases}
y^{k+1} = \underset{y}{\arg\min}\ \left\{ b^{\mathrm{T}}y + \dfrac{\sigma}{2} \left\| \psi\left(A^{\mathrm{T}}y + \dfrac{\lambda^k}{\sigma_k}\right) \right\|_2^2 \right\}, \\
\lambda^{k+1} = \sigma_k \psi\left(A^{\mathrm{T}}y^{k+1} + \dfrac{\lambda^k}{\sigma_k}\right), \\
\sigma_{k+1} = \min\{\rho\sigma_k, \bar{\sigma}\}.
\end{cases} \tag{4.6.30}
$$

在迭代格式(4.6.30) 的第一步中, 我们不能得到关于 y^{k+1} 的显式表达式. 但是由于 L_{σ_k} (y, λ^k) 关于 y 是连续可微的, 且其梯度为

$$\nabla_y L_{\sigma_k}(y, \lambda^k) = b + \sigma_k A \psi \left(A^{\mathrm{T}} y + \frac{\lambda^k}{\sigma_k} \right).$$

可以利用梯度法对其进行求解. 除此之外, 还可以采用半光滑牛顿法, 相关内容可以参考文献 [80, 160].

记 $\phi_k(y) = L_{\sigma_k}(y, \lambda^k)$. 为了保证收敛性, 根据一般凸优化问题的增广拉格朗日函数法的收敛条件 (4.6.15), 我们要求 y^{k+1} 满足

$$\phi_k(y^{k+1}) - \inf \phi_k \leqslant \frac{\varepsilon_k^2}{2\sigma_k}, \quad \varepsilon_k \geqslant 0, \sum_{k=1}^{\infty} \varepsilon_k + \infty, \tag{4.6.31}$$

其中 ε_k 是人为设定的参数.

根据定理 4.15, 有如下收敛性定理.

定理 4.17　假设 $\{y^k\}$、$\{\lambda^k\}$ 是由迭代格式 (4.6.30) 产生的序列, 并且 y^{k+1} 的求解精度满足 (4.6.31) 式, 而矩阵 A 是行满秩的. 那么, 序列 $\{y^k\}$ 是有界的, 且其任一聚点均为问题 (4.6.21) 的最优解. 同时, 序列 $\{\lambda^k\}$ 有界且收敛, 其极限为原始问题 (4.6.19) 的某个最优解.

注 4.5　定理 4.17 假设 A 是行满秩的, 因此, 我们知道可行域

$$\mathcal{X} = \{y \,|\, \|A^{\mathrm{T}} y\|_\infty \leqslant 1\}$$

是有界的. 由于 $0 \in \mathcal{X}$, 故 $\{x \in \mathcal{X} \mid f(x) \leqslant 0\}$ 是非空有界的. 根据约束的线性性, 易知问题 (4.6.20) 的 Slater 约束品性成立.

这里注意, ϕ_k 只是凸的, 并不是强凸的. 我们可以通过添加 $\frac{1}{2\sigma_k} \|y - y^k\|_2^2$, 并求解

$$y^{k+1} \approx \arg\min_y \left\{ \phi_k(y) + \frac{1}{2\sigma_k} \|y - y^k\|_2^2 \right\}$$

使得 y^{k+1} 满足不精确条件 (4.6.31). 此时, 函数 $\phi_k(y) + \frac{1}{2\sigma_k} \|y - y^k\|_2^2$ 是 $\frac{1}{\sigma_k}$ 强凸的. 修改后的迭代点列的收敛性基本与原始问题增广拉格朗日函数法的一致, 证明细节可以参考文献 [81, 160].

4.7　逐步二次规划法

4.7.1　拉格朗日–牛顿法

考虑等式约束优化问题

$$\min_x \quad f(x),$$
$$\text{s.t.} \quad c_i(x) = 0, \quad i \in \mathcal{E}. \tag{4.7.1}$$

x 是一个 KKT 点当且仅当存在 $\lambda \in \mathbb{R}^{|\mathcal{E}|}$ 使得

$$\nabla f(x) - \nabla c(x)^{\mathrm{T}} \lambda = 0, \tag{4.7.2}$$

$$-c(x) = 0. \tag{4.7.3}$$

根据拉格朗日函数的定义,

$$L(x, \lambda) = f(x) - \lambda^{\mathrm{T}} c(x),$$

式(4.7.2) 和式(4.7.3) 实质上就是要求拉格朗日函数的稳定点. 因而一切基于求解(4.7.2) 和(4.7.3) 的方法都称为拉格朗日方法. 给定当前迭代点 $x^k \in \mathbb{R}^n$ 及 $\lambda^k \in \mathbb{R}^{|\mathcal{E}|}$. 求解(4.7.2) 和(4.7.3) 的牛顿–拉弗森 (Newton-Raphson) 步为 $((\delta x)^k, (\delta \lambda)^k)$, 它满足

$$\begin{bmatrix} W(x^k, \lambda^k) & -A(x^k) \\ -A(x^k)^{\mathrm{T}} & 0 \end{bmatrix} \begin{bmatrix} (\delta x)^k \\ (\delta \lambda)^k \end{bmatrix} = - \begin{bmatrix} \nabla f(x^k) - A(x^k) \lambda^k \\ -c(x^k) \end{bmatrix} \tag{4.7.4}$$

其中

$$A(x) = \nabla c(x),$$
$$W(x, \lambda) = \nabla^2 f(x) - \sum_{i \in \mathcal{E}} (\lambda^k)_i \nabla^2 c_i(x^k). \tag{4.7.5}$$

考虑罚函数

$$P(x, \lambda) = \|\nabla f(x) - A(x) \lambda\|_2^2 + \|c(x)\|_2^2,$$

不难验证, 由(4.7.4) 所定义的 $(\delta x)^k$ 和 $(\delta \lambda)^k$ 满足

$$\left[((\delta x)^k)^{\mathrm{T}}, ((\delta \lambda)^k)^{\mathrm{T}} \right] \nabla_x P(x^k, \lambda^k) = -2 P(x^k, \lambda^k) \leqslant 0.$$

算法 4.7 是基于(4.7.4) 的, 所以它被称为拉格朗日–牛顿法.

算法 4.7   拉格朗日–牛顿法

1: 给出 $x^1 \in \mathbb{R}^n$, $\lambda^1 \in \mathbb{R}^{|\mathcal{E}|}$, $\beta \in (0,1)$, $\varepsilon \geqslant 0$, 计算 $P(x^1, \lambda^1)$, 并令 $k := 1$.

2: **while** $P(x^k, \lambda^k) > \varepsilon$ **do**

3:    求解(4.7.4) 得到 $(\delta x)^k$ 和 $(\delta \lambda)^k$.

4:    设置步长初始值 $\alpha = 1$, 并利用回退法计算 α 满足

$$P(x^k + \alpha(\delta x)^k, \lambda^k + \alpha(\delta \lambda)^k) \leqslant (1 - \beta\alpha)P(x^k, \lambda^k). \tag{4.7.6}$$

5:    更新 $x^{k+1} = x^k + \alpha(\delta x)^k$, $\lambda^{k+1} = \lambda^k + \alpha(\delta \lambda)^k$.

6:    $k \leftarrow k + 1$.

7: **end while**

对于算法 4.7, 我们有如定理 4.18 所示的收敛性结果.

定理 4.18   设 $f(x)$ 和 $c(x)$ 二次连续可微, 若矩阵

$$\begin{bmatrix} W(x^k, \lambda^k) & -A(x^k) \\ -A(x^k)^{\mathrm{T}} & 0 \end{bmatrix}^{-1}$$

一致有界, 则 $\{(x^k, \lambda^k)\}$ 的任何聚点都是方程 $P(x, \lambda) = 0$ 的根.

证明   假定 $(\bar{x}, \bar{\lambda})$ 是 $\{(x^k, \lambda^k)\}$ 的一个聚点且

$$P(\bar{x}, \bar{\lambda}) > 0. \tag{4.7.7}$$

则必存在无穷集合 $K_0 \subseteq \{1, 2, \cdots\}$ 使得

$$\lim_{\substack{k \in K_0 \\ k \to \infty}} x^k = \bar{x}, \quad \lim_{\substack{k \in K_0 \\ k \to \infty}} \lambda^k = \bar{\lambda}. \tag{4.7.8}$$

根据线搜索条件(4.7.6), 我们有

$$P(x^{k+1}, \lambda^{k+1}) \leqslant (1 - \beta\alpha_k)P(x^k, \lambda^k). \tag{4.7.9}$$

从(4.7.7)—(4.7.9) 可知

$$\lim_{\substack{k \in K_0 \\ k \to \infty}} \alpha_k = 0.$$

根据算法的构造可得

$$P(x^k + \hat{\alpha}_k(\delta x)^k, \lambda^k + \hat{\alpha}_k(\delta \lambda)^k) > (1 - \beta\hat{\alpha}_k)P(x^k, \lambda^k)$$

对所有充分大的 $k \in K_0$ 均成立, 其中 $\hat{\alpha}_k = 4\alpha_k \in (0, 1)$. 记 $(\overline{\delta x}, \overline{\delta \lambda})$ 为

$$\begin{bmatrix} W(\bar{x}, \bar{\lambda}) & -A(\bar{x}) \\ -A(\bar{x})^{\mathrm{T}} & 0 \end{bmatrix} \begin{bmatrix} (\delta x)^k \\ (\delta \lambda)^k \end{bmatrix} = - \begin{bmatrix} \nabla f(\bar{x}) - A(\bar{x})\bar{\lambda} \\ -c(\bar{x}) \end{bmatrix} \tag{4.7.10}$$

的解, 由于 $\hat{\alpha}_k \to 0$, 我们有

$$\lim_{\substack{k \in K_0 \\ k \to \infty}} \frac{P(\bar{x} + \hat{\alpha}_k \overline{\delta x}, \bar{\lambda} + \hat{\alpha}_k \overline{\delta \lambda}) - P(\bar{x}, \bar{\lambda})}{\hat{\alpha}_k} = -2P(\bar{x}, \bar{\lambda}) < -P(\bar{x}, \bar{\lambda}).$$

利用 $(x^k, \lambda^k) \to (\bar{x}, \bar{\lambda})$ $(k \in K_0)$ 以及(4.7.7) 的一致有界性即知

$$((\delta x)^k, (\delta \lambda)^k) \to (\overline{\delta x}, \overline{\delta \lambda}).$$

于是对充分大的 $k \in K_0$ 有

$$\frac{P(x^k + \hat{\alpha}_k (\delta x)^k, \lambda^k + \hat{\alpha}_k (\delta \lambda)^k) - P(x^k, \lambda^k)}{\hat{\alpha}_k} \leqslant -P(x^k, \lambda^k). \tag{4.7.11}$$

由于 $\beta < 1$, (4.7.11) 显然与(4.7.10) 相矛盾. 此矛盾说明定理成立. $\qquad\square$

定理 4.19 设 $f(x)$ 和 $c(x)$ 二次连续可微, 若矩阵(4.7.7) 一致有界, 则由算法 4.7 所产生的点列 $\{x^k\}$ 的任一聚点都是问题(4.7.1)的 KKT 点.

证明 假定定理不真, 由于 $P(x^k, \lambda^k)$ 的单调下降性, 我们有

$$\lim_{k \to \infty} P(x^k, \lambda^k) > 0.$$

这一极限和条件(4.7.6) 可推出

$$\prod_{k=1}^{\infty} (1 - \beta \alpha_k) > 0.$$

从上式可知

$$\sum_{k=1}^{\infty} \alpha_k < +\infty. \tag{4.7.12}$$

由于

$$\begin{bmatrix} W(x^k, \lambda^k) & -A(x^k) \\ -A(x^k)^{\mathrm{T}} & 0 \end{bmatrix} \begin{bmatrix} (\delta x)^k \\ (\delta \lambda)^k \end{bmatrix} = - \begin{bmatrix} \nabla f(x^k) - A(x^k)\lambda^k \\ -c(x^k) \end{bmatrix},$$

故知存在正常数 $\gamma > 0$ 使得

$$\|(\delta x)^k\| + \|\lambda^k + (\delta \lambda)^k\| \leqslant \gamma(\|\nabla f(x^k)\| + \|c(x^k)\|). \tag{4.7.13}$$

设 $\bar{x}$ 是 $\{x^k\}$ 的任一聚点. 定义集合

$$S_\delta = \{x \mid \|x - \bar{x}\| \leqslant \delta\},$$

其中 $\delta > 0$ 是任意给定的一正常数. 由(4.7.13) 知存在常数 $\eta > 0$ 使得对一切 $x^k \in S_\delta$ 都有

$$\|(\delta x)^k\| \leqslant \eta. \tag{4.7.14}$$

从(4.7.12) 知存在 $\bar{k}$ 使得

$$\sum_{k=\bar{k}}^{\infty} \alpha_k < \frac{\delta}{2\eta}. \tag{4.7.15}$$

由于 $\bar{x}$ 是 $\{x^k\}$ 的聚点, 故存在 $\hat{k} > \bar{k}$ 使得

$$\|x^{\hat{k}} - \bar{x}\| < \frac{\delta}{2}. \tag{4.7.16}$$

从式(4.7.14)—(4.7.16) 以及 $\|x^{k+1} - x^k\| = \alpha_k \|(\delta x)^k\|$ 可知

$$x^k \in S_\delta, \quad \forall k \geqslant \hat{k}.$$

于是(4.7.14) 对一切 $k \geqslant \hat{k}$ 都成立. 因此, 从(4.7.12) 可知

$$\lim_{k \to \infty} x^k = \bar{x}.$$

从上一定理知 $\{(x^k, \lambda^k)\}$ 无聚点, 故有

$$\lim_{k \to \infty} \|\lambda^k\| = \infty. \tag{4.7.17}$$

于是, 从(4.7.17) 和(4.7.13) 可知

$$\begin{aligned}
\|\lambda^{k+1}\| &= \|\lambda^k + \alpha_k (\delta\lambda)^k\| \\
&= \|(1 - \alpha_k)\lambda^k + \alpha_k (\lambda^k + (\delta\lambda)^k)\| \\
&= (1 - \alpha_k)\|\lambda^k\| + \mathcal{O}(\alpha_k) < \|\lambda^k\|
\end{aligned}$$

对一切充分大的 k 都成立, 这显然与(4.7.17) 矛盾. 矛盾说明定理成立. □

关于算法 4.7 的收敛速度, 我们有如下结果.

定理 4.20 设算法 4.7 产生的点列收敛于 x^*, 若 $f(x)$ 和 $c(x)$ 在 x^* 附近三次连续可微, $A(x^*)$ 是列满秩, 而且在 x^* 处二阶充分条件满足, 则必有 $\lambda^k \to \lambda^*$, 且

$$\left\| \begin{pmatrix} x^{k+1} - x^* \\ \lambda^{k+1} - \lambda^* \end{pmatrix} \right\| = \mathcal{O}\left(\left\| \begin{pmatrix} x^k - x^* \\ \lambda^k - \lambda^* \end{pmatrix} \right\|^2 \right). \tag{4.7.18}$$

证明 由于算法 4.7 实质上是(4.7.2) 和 (4.7.3) 的牛顿–拉弗森方法, 而且二阶充分条件保证矩阵

$$\begin{bmatrix} W(x^*, \lambda^*) & -A(x^*) \\ -A(x^*)^{\mathrm{T}} & 0 \end{bmatrix} \tag{4.7.19}$$

是非奇异的, 故知对充分大的 k 有

$$\left\| \begin{pmatrix} x^k + (\delta x)^k - x^* \\ \lambda^k + (\delta \lambda)^k - \lambda^* \end{pmatrix} \right\| = \mathcal{O}\left(\left\| \begin{pmatrix} x^k - x^* \\ \lambda^k - \lambda^* \end{pmatrix} \right\|^2 \right). \tag{4.7.20}$$

利用(4.7.20) 和 $f(x)$、$c(x)$ 的三次连续可微性, 知对所有充分大的 k, (4.7.6) 在 $\alpha = 1$ 时成立. 于是(4.7.18) 成立. □

应当指出的是, (4.7.18) 并不等价于常规的二次收敛定义:

$$\|x^{k+1} - x^*\| = \mathcal{O}(\|x^k - x^*\|^2).$$

为分析迭代点列 $\{x^k\}$ 的收敛速度, 我们先给出如下结果:

引理 4.8　在定理 4.20 的假定下, 我们有

$$\varepsilon_{k+1} = \mathcal{O}(\|x^k - x^*\|\varepsilon_k), \tag{4.7.21}$$

其中

$$\varepsilon_k = \|x^k - x^*\| + \|\lambda^k - \lambda^*\|.$$

证明　从定理 4.20 的证明可知, 对所有充分大的 k 都有 $\alpha_k = 1$. 于是由 $(\delta x)^k$ 和 $(\delta \lambda)^k$ 的定义可得到

$$\begin{bmatrix} W(x^k, \lambda^k) & -A(x^k) \\ -A(x^k)^{\mathrm{T}} & 0 \end{bmatrix} \begin{bmatrix} x^{k+1} - x^* \\ \lambda^{k+1} - \lambda^* \end{bmatrix}$$

$$= \begin{bmatrix} -\nabla f(x^k) + A(x^k)\lambda^k \\ c(x^k) \end{bmatrix} + \begin{bmatrix} W(x^k, \lambda^k)(x^k - \lambda^*) - A(x^k)(\lambda^k - \lambda^*) \\ -A(x^k)^{\mathrm{T}}(x^k - x^*) \end{bmatrix}$$

$$= \begin{bmatrix} (A(x^*) - A(x^k))(\lambda^k - \lambda^*) + \mathcal{O}(\|x^k - x^*\|^2) \\ \mathcal{O}(\|x^k - x^*\|^2) \end{bmatrix}$$

$$= \begin{bmatrix} \mathcal{O}(\|x^k - x^*\|[\|x^k - x^*\| + \|\lambda^k - \lambda^*\|]) \\ \mathcal{O}(\|x^k - x^*\|^2) \end{bmatrix}$$

$$= \mathcal{O}(\|x^k - x^*\|\varepsilon_k).$$

从上式和矩阵(4.7.19) 的非奇异性即知引理为真. □

定理 4.21　在定理 4.20 的假定下, 点列 $\{x^k\}$ 超线性收敛于 x^* 且对任意给定的正整数 p 都有

$$\|x^{k+1} - x^*\| = o\left(\|x^k - x^*\| \prod_{j=1}^{p} \|x^{k-j} - x^*\| \right).$$

证明 从(4.7.21) 即知点列 $\{x^k\}$ 超线性收敛于 x^*. 对任意给定的正整数 p, 反复利用(4.7.21) 可得到

$$
\begin{aligned}
\|x^{k+1} - x^*\| &= \mathcal{O}(\varepsilon_{k+1}) = \mathcal{O}(\|x^k - x^*\|\varepsilon_k) \\
&= \mathcal{O}(\|x^k - x^*\| \, \|x^{k-1} - x^*\|\varepsilon_{k-1}) \\
&= \mathcal{O}\Big(\|x^k - x^*\|\Big(\prod_{j=1}^{p} \|x^{k-j} - x^*\|\Big)\varepsilon_{k-p}\Big) \\
&= o\Big(\|x^k - x^*\|\prod_{j=1}^{p} \|x^{k-j} - x^*\|\Big).
\end{aligned}
$$

故知定理成立. □

拉格朗日–牛顿法的一个重要贡献是在它的基础上发展了逐步二次规划方法, 后者已经成为当今求解中小规模非线性约束优化问题的一类最重要的方法.

我们将(4.7.4) 写成如下形式:

$$
W(x^k, \lambda^k)(\delta x)^k + \nabla f(x^k) = A(x^k)[\lambda^k + (\delta\lambda)^k], \qquad c(x^k) + A(x^k)^{\mathrm{T}}(\delta x)^k = 0.
$$

不难发现, $(\delta x)^k$ 是二次规划问题:

$$
\min \quad d^{\mathrm{T}}\nabla f(x^k) + \frac{1}{2}d^{\mathrm{T}}W(x^k, \lambda^k)d, \tag{4.7.22}
$$

$$
\text{s.t.} \quad c(x^k) + A(x^k)^{\mathrm{T}}d = 0. \tag{4.7.23}
$$

的 KKT 点. 而且 $(\lambda^k + (\delta\lambda)^k)$ 是相应的拉格朗日乘子. 所以, 拉格朗日–牛顿法可理解为逐步求解二次规划(4.7.22)—(4.7.23) 的方法. λ^1 预先给出, 对任何 $k \geqslant 1$, 有

$$
\lambda^{k+1} = \lambda^k + \alpha_k(\delta\lambda)^k = \lambda^k + \alpha_k[\bar{\lambda}^k - \lambda^k].
$$

其中 $\bar{\lambda}^k$ 是(4.7.22)—(4.7.23) 的拉格朗日乘子, α_k 是第 k 次迭代的步长.

4.7.2 Wilson-Han-Powell 方法

本节我们介绍一个逐步二次规划方法, 这个方法于 1976 年由 Han (韩世平)[67] 提出. 该方法是基于上一节所讨论的拉格朗日–牛顿方法. 在每次迭代中用一修正矩阵 B^k 代替 $W(x^k, \lambda^k)$. 由于拉格朗日–牛顿方法早在 Wilson [147] 中考虑, 后经 Powell[117] 修改, 所以, 通常人们称其为 Wilson-Han-Powell 方法.

考虑一般非线性约束问题

$$
\begin{aligned}
\min \quad & f(x), \\
\text{s.t.} \quad & c_i(x) = 0, \ i \in \mathcal{E}, \\
& c_i(x) \geqslant 0, \ i \in \mathcal{I}.
\end{aligned} \tag{4.7.24}
$$

类似(4.7.22)—(4.7.23), 我们构造子问题:

$$\min_{d \in \mathbb{R}^n} \quad (g^k)^{\mathrm{T}} d + \frac{1}{2} d^{\mathrm{T}} B^k d, \tag{4.7.25}$$

$$\text{s.t.} \quad a_i(x^k)^{\mathrm{T}} d + c_i(x^k) = 0, \quad i \in \mathcal{E}, \tag{4.7.26}$$

$$a_i(x^k)^{\mathrm{T}} d + c_i(x^k) \geqslant 0, \quad i \in \mathcal{I}, \tag{4.7.27}$$

其中

$$A(x^k) = [a_i(x^k)]_{i \in \mathcal{E} \cup \mathcal{I}} = [\nabla c_i(x^k)]_{i \in \mathcal{E} \cup \mathcal{I}} = \nabla c(x^k),$$

$g^k = g(x^k) = \nabla f(x^k)$, $B^k \in \mathbb{R}^{n \times n}$ 是拉格朗日函数的海瑟矩阵的近似. 记(4.7.25)—(4.7.27) 的解为 d^k, Wilson-Han-Powell 方法就是用 d^k 作为第 k 次迭代的搜索方向. λ^k 为(4.7.25)—(4.7.27) 的拉格朗日乘子. 故有

$$g^k + B^k d^k = A(x^k) \lambda^k, \tag{4.7.28}$$

$$(\lambda^k)_i \geqslant 0, \quad i \in \mathcal{I}, \tag{4.7.29}$$

$$(\lambda^k)^{\mathrm{T}} [c(x^k) + A(x^k)^{\mathrm{T}} d^k] = 0. \tag{4.7.30}$$

值得注意的是, 上式定义的 λ^k 和上一节所定义的 λ^k 是不一样的.

d^k 有一个很好的性质, 它是许多罚函数的下降方向. 例如, 对于 ℓ_1 精确罚函数, 我们有:

引理 4.9 设 d^k 是(4.7.25)—(4.7.27) 的 KKT 点, λ^k 是相应的拉格朗日乘子, 则对于 ℓ_1 罚函数

$$P(x, \sigma) = f(x) + \sigma \|c^{(-)}(x)\|_1, \tag{4.7.31}$$

有

$$P'_\alpha(x^k + \alpha d^k, \sigma)|_{\alpha=0} \leqslant -(d^k)^{\mathrm{T}} B^k d^k - \sigma \|c^{(-)}(x^k)\|_1 - (\lambda^k)^{\mathrm{T}} c(x^k). \tag{4.7.32}$$

其中约束违反度函数 $c^{(-)}(x) = [c_i^{(-)}(x)]_{i \in \mathcal{E} \cup \mathcal{I}}^{\mathrm{T}}$ 定义为

$$c_i^{(-)}(x) = \begin{cases} c_i(x), & i \in \mathcal{E}, \\ \min\{0, c_i(x)\}, & i \in \mathcal{I}. \end{cases}$$

若 $(d^k)^{\mathrm{T}} B^k d^k > 0$ 且 $\sigma \geqslant \|\lambda^k\|_\infty$, 则 d^k 是罚函数(4.7.31) 在 x^k 处的下降方向.

证明 利用 $\|(c + Ad)^{(-)}\|_1$ 的凸性, 我们有

$$
\begin{aligned}
P'_\alpha(x^k + \alpha d^k, \sigma)\big|_{\alpha=0} &= \lim_{\alpha \to 0_+} \frac{P(x^k + \alpha d^k) - P(x^k)}{\alpha} \\
&= (g^k)^{\mathrm{T}} d^k + \lim_{\alpha \to 0_+} \sigma \frac{\|[c(x^k) + \alpha A(x^k)^{\mathrm{T}} d^k]^{(-)}\|_1 - \|c^{(-)}(x^k)\|_1}{\alpha} \\
&\leqslant (g^k)^{\mathrm{T}} d^k + \lim_{\alpha \to 0_+} \sigma[\|(c(x^k) + A(x^k)^{\mathrm{T}} d^k)^{(-)}\|_1 - \|c^{(-)}(x^k)\|_1] \\
&= (g^k)^{\mathrm{T}} d^k - \sigma \|c^{(-)}(x^k)\|_1.
\end{aligned}
\tag{4.7.33}
$$

从(4.7.28) 和(4.7.30) 式可推得

$$
(g^k)^{\mathrm{T}} d^k = -(d^k)^{\mathrm{T}} B^k d^k - (\lambda^k)^{\mathrm{T}} c(x^k).
\tag{4.7.34}
$$

利用(4.7.33) 和(4.7.34) 即知道(4.7.32) 式成立. 因为 λ^k 满足(4.7.29), 由 $c^{(-)}(x)$ 的定义即有

$$
(\lambda^k)^{\mathrm{T}} c(x^k) \leqslant \sum_{i \in \mathcal{E} \cup \mathcal{I}} |(\lambda^k)_i| \, |c_i^{(-)}(x^k)|,
$$

将上式代入(4.7.32) 式, 再利用 $(d^k)^{\mathrm{T}} B^k d^k > 0$ 和 $\sigma > \|\lambda^k\|_\infty$ 的假设, 我们有

$$
P'_\alpha(x^k + \alpha d^k, \sigma)\big|_{\alpha=0} \leqslant -(d^k)^{\mathrm{T}} B^k d^k - \sum_{i \in \mathcal{E} \cup \mathcal{I}} (\sigma - |(\lambda^k)_i|)|c_i^{(-)}(x^k)| < 0.
\tag{4.7.35}
$$

从而引理成立. □

算法 4.8 是 Han[67] 提出的逐步二次规划方法.

算法 4.8 的全局收敛性结果如定理 4.22 所示.

算法 4.8 SQP

1: 给出 $x^1 \in \mathbb{R}^n, \sigma > 0, \delta > 0, B^1 \in \mathbb{R}^{n \times n}, \varepsilon \geqslant 1, \{\varepsilon_k\}_{k=1}^\infty$ 非负数列且满足 $\sum_{k=1}^\infty \varepsilon_k < +\infty.$ 令 $k = 1.$

2: **for** $k = 1, 2, \cdots$ **do**

3:    求解(4.7.25) 和(4.7.27) 给出 $d^k.$

4:    若 $\|d^k\| \leqslant \varepsilon$, 则停机.

5:    求 $\alpha_k \in [0, \delta]$, 使得

$$
P(x^k + \alpha_k d^k, \sigma) \leqslant \min_{0 \leqslant \alpha \leqslant \delta} P(x^k + \alpha d^k, \sigma) + \varepsilon_k.
\tag{4.7.36}
$$

6:    更新 $x^{k+1} = x^k + \alpha_k d^k.$

7:    用某种方式计算 $B^{k+1}.$

8: **end for**

定理 4.22　假定 $f(x)$ 和 $c_i(x)$ 连续可微, 存在常数 $m, M > 0$ 使得

$$m\|d\|^2 \leqslant d^{\mathrm{T}} B^k d \leqslant M\|d\|^2$$

对一切 k 和 $d \in \mathbb{R}^n$ 都成立, 若 $\|\lambda^k\|_\infty \leqslant \sigma$ 对一切 k 均成立, 则算法 4.8 产生的点列 $\{x^k\}$ 的任一聚点都是问题(4.7.24) 的 KKT 点.

证明　假定定理不真, 则存在子列收敛于 $\bar{x}$, 且 $\bar{x}$ 不是 KKT 点. 记

$$\lim_{\substack{k \in K_0 \\ k \to \infty}} x^k = \bar{x}.$$

不失一般性, 可假定

$$\lim_{\substack{k \in K_0 \\ k \to \infty}} \lambda^k = \bar{\lambda}, \quad \lim_{\substack{k \in K_0 \\ k \to \infty}} B^k = \bar{B}.$$

如果

$$\lim_{\substack{k \in K_0 \\ k \to \infty}} \|d^k\| = 0,$$

则由

$$g^k + B^k d^k = A^k \lambda^k$$

可推出

$$g(\bar{x}) = A(\bar{x})\bar{\lambda}.$$

这与 $\bar{x}$ 不是 KKT 点相矛盾. 故可假设

$$\|d^k\| \geqslant \eta > 0, \quad \forall\, k \in K_0\,,$$

其中 η 是一常数. 利用上式和 (4.7.35) 可知

$$P'_\alpha(x^k + \alpha d^k, \sigma)|_{\alpha=0} \leqslant -m\eta\|d^k\| \tag{4.7.37}$$

对一切 $k \in K_0$ 都成立. 利用(4.7.37) 以及函数 $f(x)$ 和 $c(x)$ 的连续可微性可知, 必存在正常数 $\bar{\eta}$, 使得

$$\min_{0 \leqslant \alpha \leqslant \delta} P\left(x^k + \alpha d^k, \sigma\right) \leqslant P(x^k, \sigma) - \bar{\eta}$$

对一切 $k \in K_0$ 都成立. 故知

$$P(x^{k+1}, \sigma) \leqslant P(x^k, \sigma) - \bar{\eta} + \varepsilon_k, \quad \forall k \in K_0.$$

于是我们得到

$$\sum_{k \in K_0} \bar{\eta} \leqslant \sum_{k \in K_0} [P(x^k, \sigma) - P(x^{k+1}, \sigma)] + \sum_{k \in K_0} \varepsilon_k$$

$$\leqslant \sum_{k=1}^{\infty}[P(x^k,\sigma) - P(x^{k+1},\sigma)] + \sum_{k=1}^{\infty}\varepsilon_k.$$

由于 $\lim\limits_{k\to+\infty} P(x^k,\sigma) = P(\bar{x},\sigma)$, 我们推得

$$\sum_{k\in K_0} \bar{\eta} \leqslant P(x^1,\sigma) - P(\bar{x},\sigma) + \sum_{k=1}^{\infty}\varepsilon_k < +\infty.$$

从上式和 $\bar{\eta} > 0$ 知 K_0 是一个有限集合, 这与假定 K_0 是一无穷子列相矛盾. 此矛盾说明定理为真. □

全局收敛性要求

$$\sigma > \|\lambda^k\|_\infty \tag{4.7.38}$$

对一切 k 都成立. 但在实际计算中很难先给定这样的 σ. 若 σ 太小, 则条件(4.7.38) 可能遭到破坏, 若 σ 过大则会使搜索步长 α_k 变得很小, 将影响算法的收敛速度. Powell[117] 提出在第 k 次迭代时利用如下精确罚函数

$$P(x,\sigma_k) = f(x) + \sum_{i\in\mathcal{E}\cup\mathcal{I}} (\sigma_k)_i|c_i^{(-)}(x)|,$$

这里 $(\sigma_k)_i > 0$. 这些罚系数可用如下方法产生:

$$(\sigma_1)_i = (\lambda^1)_i \quad i \in \mathcal{E}\cup\mathcal{I},$$
$$(\sigma_k)_i = \max\left\{|[\lambda^k]_i|, \frac{1}{2}[(\sigma_{k-1})_i + |(\lambda^k)_i|]\right\}, \quad i\in\mathcal{E}\cup\mathcal{I}, \ k>1;$$

这样定义的 σ_k 显然满足

$$(\sigma_k)_i \geqslant |(\lambda^k)_i| \quad i\in\mathcal{E}\cup\mathcal{I}.$$

由于 $(\sigma_k)_i$ 是随 k 变化的, 故定理 4.22 的条件不成立. Chamberlain[28] 举例说明 Powell 的修正罚因子技巧可能导致死循环.

关于算法 4.8 中 B^{k+1} 的计算, 一般是用拟牛顿修正公式逐步迭代产生. 从 4.7.1 节中的讨论可知, 我们希望 B^{k+1} 是拉格朗日函数的海瑟矩阵的近似, 我们可取

$$s^k = x^{k+1} - x^k,$$
$$y^k = \nabla f(x^{k+1}) - \nabla f(x^k) - \sum_{i\in\mathcal{E}\cup\mathcal{I}}(\lambda^k)_i[\nabla c_i(x^{k+1}) - \nabla c_i(x^k)].$$

然后利用拟牛顿公式计算 B^{k+1}. 与无约束优化本质不一样的是, 对于价值函数进行线搜索并不能保证

$$(s^k)^\mathrm{T}y^k > 0,$$

从而不能直接利用 BFGS 方法. Powell[117] 建议取

$$\bar{y}^k = \begin{cases} y^k, & (s^k)^{\mathrm{T}} y^k \geqslant 0.2(s^k)^{\mathrm{T}} B^k s^k, \\ \theta_k y^k + (1 - \theta_k) B^k s^k, & \text{其他}, \end{cases} \tag{4.7.39}$$

其中

$$\theta_k = \frac{0.8(s^k)^{\mathrm{T}} B^k s^k}{(s^k)^{\mathrm{T}} B^k s^k - (s^k)^{\mathrm{T}} y^k}. \tag{4.7.40}$$

这种选取 $\bar{y}^k$ 的基本思想是, 利用 y^k 和 $B^k s^k$ 的凸组合构造一可以用来修正矩阵的向量. 由于 $B^k s^k$ 可理解为 y^k 的一种近似估计, 且满足 (因为 B^k 正定)

$$(s^k)^{\mathrm{T}} (B^k s^k) > 0,$$

故利用 y^k 和 $B^k s^k$ 的凸组合是一种很自然的选择. Powell 的公式(4.7.39)—(4.7.40) 在几何上可理解为: 设 $B^k s^k$ 在 s^k 方向上的投影长度为 1, 修正公式(4.7.39)—(4.7.40) 实际上就是要求 $\bar{y}^k$ 是在 y^k 和 $B^k s^k$ 的连线上使其尽可能靠近 y^k, 且在 s^k 方向上投影的长度至少为 0.2. 这可由图 4.13 表明.

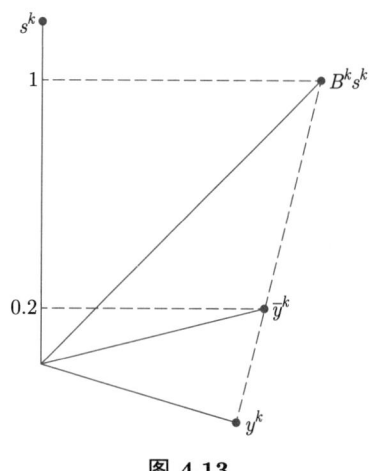

图 4.13

得到修正方向后, 我们可用 BFGS 方法计算 B^{k+1}:

$$B^{k+1} = B^k - \frac{B^k s^k (s^k)^{\mathrm{T}} B^k}{(s^k)^{\mathrm{T}} B^k s^k} + \frac{\bar{y}^k (\bar{y}^k)^{\mathrm{T}}}{(s^k)^{\mathrm{T}} \bar{y}^k}.$$

另一种修正 y^k 的方法是取

$$\hat{y}^k = y^k + 2\rho \sum_{i \in \mathcal{E} \cup \mathcal{I}} -c_i(x^k) \nabla c_i(x^k)$$

代替 y^k. 由于

$$\hat{y}^k \approx [\nabla^2 L(x^k, \lambda^k) + 2\rho A(x^k) A(x^k)^{\mathrm{T}}] s^k,$$

所以可理解为利用 $\hat{y}^k$ 来使得 B^{k+1} 近似增广拉格朗日函数的海瑟矩阵. 这一选取的优点是

$$(s^k)^{\mathrm{T}}\hat{y}^k > 0 \tag{4.7.41}$$

通常可以得到满足. 若 $(s^k)^{\mathrm{T}}\hat{y}^k \leqslant 0$, 则可利用增大 ρ 来使(4.7.41) 成立. 一般来说, 在解处增广拉格朗日函数的海瑟矩阵是正定的, 故用正定矩阵 B^k 近似它是比较合理.

4.7.3　SQP 步的超线性收敛性

为了证明逐步二次规划方法的超线性收敛性

$$\lim_{k\to\infty}\frac{\|x^{k+1}-x^*\|}{\|x^k-x^*\|} = 0,$$

只需证明算法产生的搜索方向 d^k 满足

$$\lim_{k\to\infty}\frac{\|x^k+d^k-x^*\|}{\|x^k-x^*\|} = 0 \tag{4.7.42}$$

以及算法在(4.7.42) 成立的条件下可允许对所有充分大的 $k, \alpha_k = 1$. 所以算法超线性收敛的关键在于它所给出的搜索方向 d^k 满足(4.7.42). 我们称满足 (4.7.42) 的 d^k 为超线性收敛步. 本节我们讨论逐步二次规划法的搜索方向是超线性收敛步的等价条件.

在本节, 我们作如下假设.

假设 4.1

(1) $f(x), c_i(x)$ 都是二次连续可微;

(2) 由算法产生的点列 $\{x^k\} \to x^*$;

(3) x^* 是 KKT 点且

$$\nabla c_i(x^*), \quad i \in \mathcal{A}(x^*) \tag{4.7.43}$$

线性无关. 记矩阵 $A(x^*)$ 是由(4.7.43) 组成的 $n \times |\mathcal{A}(x^*)|$ 矩阵, 对一切满足

$$A(x^*)^{\mathrm{T}}d = 0 \tag{4.7.44}$$

的非零向量 d 都有

$$d^{\mathrm{T}}W(x^*,\lambda^*)d \neq 0, \tag{4.7.45}$$

其中 $W(x^*,\lambda^*)$ 由(4.7.5) 定义, λ^* 是在 x^* 处的拉格朗日乘子.

上述假定是约束优化超线性收敛分析时常用的. 显然, 在二阶充分性假定:

$$d^{\mathrm{T}}W(x^*,\lambda^*)d > 0, \quad \forall d \neq 0, \ A(x^*)^{\mathrm{T}}d = 0,$$

下, (4.7.44) 与(4.7.45) 成立.

我们还假定算法在收敛时, 能自动判断在解处的积极集合 $\mathcal{A}(x^*)$, 从而当 k 充分大时, 搜索方向 d^k 实际上就是一个等式约束的二次规划的解.

假设 4.2 在 k 充分大时, d^k 是问题

$$\min_{d \in \mathbb{R}^n} \quad d^{\mathrm{T}} g^k + \frac{1}{2} d^{\mathrm{T}} B^k d,$$

$$\text{s.t.} \quad c_i(x^k) + d^{\mathrm{T}} \nabla c_i(x^k) = 0, \quad i \in \mathcal{A}(x^*)$$

的解.

在假定 4.2 成立时, 存在 $\lambda^k \in \mathbb{R}^{|\mathcal{A}(x^*)|}$ 使得

$$g^k + B^k d^k = A(x^k) \lambda^k, \tag{4.7.46}$$

$$A(x^k)^{\mathrm{T}} d^k = -\hat{c}(x^k), \tag{4.7.47}$$

其中 $\hat{c}(x)$ 由 $c_i(x)(i \in \mathcal{A}(x^*))$ 组成.

定理 4.23 设假定 4.1 和假定 4.2 成立, 则 d^k 是一超线性收敛步, 即

$$\lim_{k \to \infty} \frac{\|x^k + d^k - x^*\|}{\|x^k - x^*\|} = 0 \tag{4.7.48}$$

等价于

$$\lim_{k \to \infty} \frac{\|P^k(B^k - W(x^*, \lambda^*))d^k\|}{\|d^k\|} = 0. \tag{4.7.49}$$

其中 P^k 是从 $\mathbb{R}^n$ 到 $A(x^k)^{\mathrm{T}}$ 零空间上的投影算子, 即有

$$P^k = (I - A(x^k)(A(x^k)^{\mathrm{T}} A(x^k))^{-1} A(x^k)^{\mathrm{T}}). \tag{4.7.50}$$

证明 由 (4.7.46) 和 P^k 的定义, 我们有

$$\begin{aligned} P^k B^k d^k &= -P^k g^k = -P^k[\nabla f(x^k) - A(x^k)\lambda^*] \\ &= -P^k W(x^*, \lambda^*)(x^k - x^*) + \mathcal{O}(\|x^k - x^*\|^2). \end{aligned} \tag{4.7.51}$$

所以

$$\begin{aligned} P^k(B^k - W(x^*, \lambda^*))d^k = &-P^k W(x^*, \lambda^*)[x^k + d^k - x^*] + \\ &\mathcal{O}(\|x^k - x^*\|^2). \end{aligned} \tag{4.7.52}$$

利用 (4.7.47) 和

$$\begin{aligned} \hat{c}(x^k) &= \hat{c}(x^k) - \hat{c}(x^*) \\ &= A(x^k)^{\mathrm{T}}(x^k - x^*) + \mathcal{O}(\|x^k - x^*\|^2), \end{aligned}$$

我们有

$$A(x^k)^{\mathrm{T}}(x^k + d^k - x^*) = \mathcal{O}(\|x^k - x^*\|^2). \tag{4.7.53}$$

将(4.7.52) 和(4.7.53) 写成矩阵形式:

$$
\begin{bmatrix} P^k W(x^*, \lambda^*) \\ A(x^k)^{\mathrm{T}} \end{bmatrix} (x^k + d^k - x^*) = \begin{bmatrix} -P^k(B^k - W(x^*, \lambda^*))d^k \\ 0 \end{bmatrix} + \tag{4.7.54}
$$

$$
\mathcal{O}(\|x^k - x^*\|^2).
$$

定义矩阵

$$
G^* = \begin{bmatrix} P^* W(x^*, \lambda^*) \\ A(x^*)^{\mathrm{T}} \end{bmatrix},
$$

其中 $P^* = I - A(x^*)(A(x^*)^{\mathrm{T}} A(x^*))^{-1} A(x^*)^{\mathrm{T}}$. 则对任何 $d \in \mathbb{R}^n$, 若 $G^* d = 0$ 则有

$$
A(x^*)^{\mathrm{T}} d = 0, \tag{4.7.55}
$$

$$
d^{\mathrm{T}} P^* W(x^*, \lambda^*) d = 0.
$$

从(4.7.55) 知 $P^* d = d$, 因而

$$
d^{\mathrm{T}} W(x^*, \lambda^*) d = 0.
$$

由假定 (4.1) 知 $d = 0$. 所以矩阵 G^* 是一列满秩矩阵. 故从 $x^k \to x^*$ 和(4.7.54) 知, (4.7.48) 式等价于

$$
\lim_{k \to \infty} \frac{\|P^k(B^k - W(x^*, \lambda^*))d^k\|}{\|x^k - x^*\|} = 0. \tag{4.7.56}
$$

利用(4.7.56) 等价于(4.7.48), 以及(4.7.48) 等价于

$$
\lim_{k \to \infty} \frac{\|x^k - x^*\|}{\|d^k\|} = 1,
$$

我们可证(4.7.56) 等价于(4.7.49). 所以定理为真. $\qquad\square$

利用(4.7.46) 和关系式 $\lambda^k \to \lambda^*$, 我们有

$$
W(x^*, \lambda^*)d^k = W(x^*, \lambda^k)d^k + o(\|d^k\|)
$$

$$
= \nabla f(x^k + d^k) - A(x^k + d^k)\lambda^k - \nabla f(x^k) + A(x^k)\lambda^k + o(\|d^k\|).
$$

于是

$$
P^k(B^k - W(x^*, \lambda^*))d^k = -P^k[\nabla f(x^k + d^k) - A(x^k + d^k)\lambda^k] + o(\|d^k\|).
$$

从上式和定理 4.23 得到下面结果.

推论 4.1 在定理 4.23 的假定下, (4.7.48) 等价于

$$\lim_{k\to\infty} \frac{\|P^k[\nabla f(x^k + d^k) - A(x^k + d^k)\lambda^k]\|}{\|d^k\|} = 0.$$

从定理 4.23 可知, 为了使逐步二次规划超线性收敛, 我们应选取 B^k 使其满足(4.7.49), 也就是说 B^k 应是 $W(x^*, \lambda^*)$ 的好的近似.

4.7.4 Marotos 效应

对于无约束优化问题, 若 x^* 是一稳定点且二阶充分性条件 $\nabla^2 f(x^*)$ 正定成立, 则只要 $x^k \to x^*$, d^k 是一超线性收敛步, 就对所有充分大的 k, 都有

$$f(x^k + d^k) < f(x^k).$$

从而可知, 在无约束情形, 超线性收敛步都是可以接受的. 但这一点在约束优化时却不成立, 此现象是 Marotos[89] 最先指出的, 因而称为 Marotos 效应.

考虑等式约束优化问题

$$\min_{x=(u,v)\in\mathbb{R}^2} \quad f(x) = 3v^2 - 2u, \quad \text{s.t.} \quad c(x) = u - v^2 = 0.$$

不难验证 $x^* = (0,0)^{\mathrm{T}}$ 是唯一的极小点且假设 4.1 中的 (3) 满足. 事实上, 在 x^* 处二阶充分条件满足. 考虑任何靠近解的点 ($\varepsilon > 0$ 充分小)

$$\bar{x}(\varepsilon) = (u(\varepsilon), v(\varepsilon))^{\mathrm{T}} = (\varepsilon^2, \varepsilon)^{\mathrm{T}}.$$

取 $B = W(x^*, \lambda^*)$, 则二次规划子问题为

$$\min_{d\in\mathbb{R}^2} \quad d^{\mathrm{T}}\begin{bmatrix} -2 \\ 6\varepsilon \end{bmatrix} + \frac{1}{2}d^{\mathrm{T}}\begin{bmatrix} 0 & 0 \\ 0 & 2 \end{bmatrix}d, \tag{4.7.57}$$

$$\text{s.t.} \quad d^{\mathrm{T}}\begin{bmatrix} 1 \\ -2\varepsilon \end{bmatrix} = 0. \tag{4.7.58}$$

不难计算, (4.7.57)—(4.7.58) 之解为

$$\bar{d}(\varepsilon) = \begin{bmatrix} -2\varepsilon^2 \\ -\varepsilon \end{bmatrix}.$$

所以我们有

$$\|\bar{x}(\varepsilon) + \bar{d}(\varepsilon) - x^*\| = \mathcal{O}(\|\bar{x}(\varepsilon) - x^*\|^2).$$

因此, $\bar{d}(\varepsilon)$ 是一超线性收敛步. 直接计算还表明:

$$f(\bar{x}(\varepsilon) + \bar{d}(\varepsilon)) = 2\varepsilon^2,$$

$$c(\bar{x}(\varepsilon) + \bar{d}(\varepsilon)) = -\varepsilon^2.$$

由于

$$f(\bar{x}(\varepsilon)) = \varepsilon^2,$$

$$c(\bar{x}(\varepsilon)) = 0,$$

所以

$$f(\bar{x}(\varepsilon) + \bar{d}(\varepsilon)) > f(\bar{x}(\varepsilon)),$$

$$|c(\bar{x}(\varepsilon) + \bar{d}(\varepsilon))| > |c(\bar{x}(\varepsilon))|.$$

也就是说, 尽管 $\bar{d}(\varepsilon)$ 是一超线性收敛步 (即 $\bar{x}(\varepsilon) + \bar{d}(\varepsilon)$ 比 $\bar{x}(\varepsilon)$ 远远近于 x^*), 但无论是从目标函数值还是从约束函数的违反度来看, $\bar{x}(\varepsilon) + \bar{d}(\varepsilon)$ 都比 $\bar{x}(\varepsilon)$ "坏". 事实上, 对任何非光滑精确罚函数

$$P_{\sigma,h}(x) = f(x) + \sigma h(c^{(-)}(x)), \tag{4.7.59}$$

都有

$$P_{\sigma,h}(\bar{x}(\varepsilon) + \bar{d}(\varepsilon)) > P_{\sigma,h}(\bar{x}(\varepsilon)).$$

(4.7.59) 中的强距离函数 h 是定义在 $\mathbb{R}^2$ 上的凸函数, $h(0) = 0$, 且存在正常数 $\delta > 0$, 使得

$$h(c) \geqslant \delta \|c\|_1$$

对一切 $c \in \mathbb{R}^2$ 成立. 特别地, 若 ℓ_1 罚函数是价值函数, 则 $\bar{x}(\varepsilon) + \bar{d}(\varepsilon)$ 不能被接受.

Marotos 效应揭露了对于许多罚函数, 超线性收敛步并不一定能被接受, 从而可能破坏算法的收敛性.

克服 Marotos 效应的方法主要有三种. 第一是放松接受试探步的条件. 粗略地说, 既然试探步 d^k 是一超线性收敛步, 我们应当在保证收敛的前提下尽可能地接受 $\alpha_k = 1$ 的步长因子. 第二是引进二阶校正步 $\hat{d}^k$ 的技巧, 其中 $\hat{d}^k$ 满足 $\|\hat{d}^k\| = O(\|d^k\|^2)$, 且有 $P_\sigma(x^k + d^k + \hat{d}^k) < P_\sigma(x^k)$. 这样 $d^k + \hat{d}^k$ 仍是一超线性收敛步, 且它可被接受. 第三是在算法中用光滑精确罚函数作为价值函数. 若罚函数 $P_\sigma(x)$ 是光滑的, 则只要(4.7.48) 成立就有

$$P_\sigma(x^k + d^k) < P_\sigma(x^k).$$

我们将在以下小节对这几种克服 Marotos 效应的技巧加以介绍.

4.7.5　Watchdog 技术

Marotos 效应的本质是由于

$$P_\sigma(x^k + d^k) > P_\sigma(x^k),$$

使得 $x^{k+1} \neq x^k + d^k$, 因而破坏超线性收敛性. 在 Chamberlain 等人[29] 提出的 Watchdog 技术中, 在一些迭代中进行标准型线搜索, 即要求

$$P_\sigma(x^{k+1}) < P_\sigma(x^k),$$

而在另一些迭代中进行 "松弛搜索". "松弛搜索" 可要求拉格朗日函数值下降, 或可简单地取 $\alpha_k = 1$. 如果在一次迭代求得的新点与原先迭代过程中最好的点相比, $P_\sigma(x)$ 有了 "足够的" 下降, 就可让下一次迭代中的线搜索为 "松弛搜索".

定义函数

$$P_\sigma(x) = f(x) + \sum_{i \in \mathcal{E}} \sigma_i |c_i(x)| + \sum_{i \in \mathcal{I}} \sigma_i |\min\{0, c_i(x)\}|,$$

$$P_\sigma^{(k)}(x) = f(x^k) + (x - x^k)^{\mathrm{T}} \nabla f(x^k) + \frac{1}{2}(x - x^k)^{\mathrm{T}} B^k (x - x^k) +$$

$$\sum_{i \in \mathcal{E}} \sigma_i |c_i(x^k) + (x - x^k)^{\mathrm{T}} \nabla c_i(x^k)| +$$

$$\sum_{i \in \mathcal{I}} \sigma_i \left| \min\left\{0, c_i(x^k) + (x - x^k)^{\mathrm{T}} \nabla c_i(x^k)\right\} \right|.$$

设 $l \leqslant k$ 是至第 k 次迭代 "最好" 的点, 即

$$P_\sigma(x^l) = \min_{1 \leqslant i \leqslant k} P_\sigma(x^i).$$

设 $\beta \in \left(0, \dfrac{1}{2}\right)$ 是一给定的常数, 若在第 k 次迭代得到的 $x^{k+1} = x^k + \alpha_k d^k$, 满足

$$P_\sigma(x^{k+1}) \leqslant P_\sigma(x^l) - \beta[P_\sigma(x^l) - P_\sigma^{(l)}(x^{l+1})], \tag{4.7.60}$$

则称 x^{k+1} 与 x^l 相比 $P_\sigma(x)$ 有了 "足够的" 下降, 也称 $P_\sigma(x^{k+1})$ 比 $P_\sigma(x^l)$ "足够小".

算法 4.9 给出的是 Watchdog 方法.

事实上, 如果 "松弛搜索" 和 "标准搜索" 都一样的话, 上面给出的算法实际上就是基于标准线搜索的方法. 所以 Watchdog 技术就是原来优化方法的推广.

算法 4.9　Watchdog 方法

1: 给出初值 $x^1 \in \mathbb{R}^n$, 给出正整数 $\bar{n}$, 令线搜索类型为标准型, $k := l := 1$.

2: 计算搜索方向 d^k.

3: 利用所定义的线搜索类型进行线搜索得到 $\alpha_k > 0$.

4: 更新 $x^{k+1} = x^k + \alpha_k d^k$.

5: 若(4.7.60)满足, 则下一次的线搜索类型为松弛搜索, 否则为标准搜索.

6: 若 $P_\sigma(x^{k+1}) \leqslant P_\sigma(x^1)$, 则 $l := k + 1$.

7: 若 $k < l + \bar{n}$, 则转步 8; $x^{k+1} := x^l; l := k + 1$.

8: 如果需要迭代, 则 $k := k + 1$; 转步 2.

设标准线搜索要求

$$P_\sigma(x^{k+1}) \leqslant P_\sigma(x^k) - \beta[P_\sigma(x^k) - P_\sigma^{(k)}(x^{k+1})].$$

由算法的构造可知, 一定存在 $k \leqslant l + \bar{n} + 1$ 使得

$$P_\sigma(x^{k+1}) \leqslant P_\sigma(x^l) - \beta[P_\sigma(x^l) - P_\sigma^{(l)}(x^{l+1})]$$

成立. 故知 Watchdog 方法虽然不使 $P_\sigma(x)$ 单调下降, 但保证每 $\bar{n} + 1$ 次迭代中必使价值函数 $P_\sigma(x)$ 足够下降. 令 $l(j)$ 是第 j 个 l 的值, 从上面的讨论我们有

$$l(j) < l(j+1) \leqslant l(j) + \bar{n} + 2.$$

若假定点列 $\{x^k\}$ 有界, 则 $P_\sigma(x^{l(j)})$ 不趋于负无穷, 于是从不等式

$$P_\sigma(x^{l(j+1)}) \leqslant P_\sigma(x^{l(j)}) - \beta[P_\sigma(x_{l(j)}) - P_\sigma^{(l(j))}(x^{l(j)+1})]$$

可推得

$$\sum_{j=1}^\infty [P_\sigma(x^{l(j)}) - P_\sigma^{(l(j))}(x^{l(j)+1})] < +\infty.$$

利用上式就可证明 $\{x^k\}$ 必有一聚点是约束优化问题的 KKT 点.

4.7.6　二阶校正步

二阶校正步是指满足

$$\|\hat{d}^k\| = \mathcal{O}(\|d^k\|^2)$$

且使

$$P_\sigma(x^k + d^k + \hat{d}^k) < P_\sigma(x^k)$$

成立的修正步 $\hat{d}^k$. 我们考虑 $\hat{d}^k$ 是下面二次规划之解,

$$\min_{d \in \mathbb{R}^n} \quad (g^k)^{\mathrm{T}}(d^k + d) + \frac{1}{2}(d^k + d)^{\mathrm{T}} B^k (d^k + d), \tag{4.7.61}$$

$$\text{s.t.} \qquad c_i(x^k + d^k) + a_i(x^k)^{\mathrm{T}} d = 0, \quad i \in \mathcal{E}, \tag{4.7.62}$$

$$c_i(x^k + d^k) + a_i(x^k)^{\mathrm{T}} d \geqslant 0, \quad i \in \mathcal{I}. \tag{4.7.63}$$

这里 d^k 是(4.7.25)—(4.7.27) 的解.

为了简单起见, 我们考虑所有的约束都是等式约束. 假定二阶充分条件在 x^* 满足且 $x^k \to x^*$. 由 KKT 条件知存在 $\lambda^k \in \mathbb{R}^{|\mathcal{E}|}$ 和 $\hat{\lambda}^k \in \mathbb{R}^{|\mathcal{E}|}$ 使得

$$B^k d^k = -g^k + A(x^k)\lambda^k, \tag{4.7.64}$$

$$A(x^k)^{\mathrm{T}} d^k = -c(x^k). \tag{4.7.65}$$

和

$$B^k d^k + B^k \hat{d}^k = -g^k + A(x^k)\hat{\lambda}^k, \tag{4.7.66}$$

$$A(x^k)^{\mathrm{T}} \hat{d}^k = -c(x^k + d^k). \tag{4.7.67}$$

利用(4.7.64) 和 (4.7.66) 知

$$P^k B^k \hat{d}^k = 0, \tag{4.7.68}$$

其中 P^k 由(4.7.50) 定义. 我们作如下假定:

假设 4.3

(1) $x^k \to x^*$;

(2) 在 x^* 处 $A(x^*)$ 列满秩;

(3) 存在正常数 $\bar{m}, \bar{M}$, 使得

$$d^{\mathrm{T}} B^k d \geqslant \bar{m} \|d\|_2^2$$

对任何满足 $A(x^k)^{\mathrm{T}} d = 0$ 的 d 都成立, 以及 $\|B^k\| \leqslant \bar{M}$ 对一切 k 都成立.

在上面假定下, 我们有如下结果.

引理 4.10 设假设 4.3 的条件成立, 则存在正常数 η 使得

$$\left\| \begin{bmatrix} P^k B^k \\ A(x^k)^{\mathrm{T}} \end{bmatrix} d \right\|_2 \geqslant \eta \|d\|_2 \tag{4.7.69}$$

对一切 $d \in \mathbb{R}^n$ 和一切充分大的 k 都成立.

证明 设 $A(x^k)$ 的 QR 分解为

$$A(x^k) = [Y^k \ Z^k] \begin{bmatrix} R^k \\ 0 \end{bmatrix}.$$

由于 $A(x^*)$ 非奇异, 故存在 k_0 使得当 $k \geqslant k_0$ 时,

$$\|(R^k)^{-1}\|_2 \leqslant \hat{\eta},$$

其中 $\hat{\eta} > 0$ 是一常数, 于是当 $k \geqslant k_0$ 时,

$$\|A(x^k)^{\mathrm{T}}d\|_2 = \|(R^k)^{\mathrm{T}}(Y^k)^{\mathrm{T}}d\|_2 \geqslant \frac{1}{\hat{\eta}}\|(Y^k)^{\mathrm{T}}d\|_2. \tag{4.7.70}$$

利用 $Y^k(Y^k)^{\mathrm{T}} + Z^k(Z^k)^{\mathrm{T}} = I$, 我们有

$$\begin{aligned}
\|P^k B^k d\|_2 &= \|Z^k(Z^k)^{\mathrm{T}}B^k d\|_2 \\
&= \|Z^k(Z^k)^{\mathrm{T}}B^k Y^k(Y^k)^{\mathrm{T}}d + Z^k(Z^k)^{\mathrm{T}}B^k Z^k(Z^k)^{\mathrm{T}}d\|_2 \\
&\geqslant \|Z^k(Z^k)^{\mathrm{T}}B^k Z^k(Z^k)^{\mathrm{T}}d\|_2 - \|B^k\|_2\|(Y^k)^{\mathrm{T}}d\|_2 \\
&\geqslant \bar{m}\|(Z^k)^{\mathrm{T}}d\|_2 - \bar{M}\|(Y^k)^{\mathrm{T}}d\|_2.
\end{aligned} \tag{4.7.71}$$

于是当

$$\|(Y^k)^{\mathrm{T}}d\| \geqslant \frac{\bar{m}}{2\bar{M}}\|(Z^k)^{\mathrm{T}}d\| \tag{4.7.72}$$

时, 用(4.7.70) 可推得

$$\|A(x^k)^{\mathrm{T}}d\|_2 \geqslant \frac{1}{\hat{\eta}}\|(Y^k)^{\mathrm{T}}d\|_2 \geqslant \frac{\dfrac{\bar{m}}{2\bar{M}}}{\hat{\eta}\sqrt{1 + \left(\dfrac{\bar{m}}{2\bar{M}}\right)^2}}\|d\|_2. \tag{4.7.73}$$

若(4.7.72) 不成立, 则从(4.7.71) 可知

$$\|P^k B^k d\|_2 \geqslant \frac{1}{2}\bar{m}\|(Z^k)^{\mathrm{T}}d\|_2 \geqslant \frac{\bar{M}}{\sqrt{1 + \left(\dfrac{2\bar{M}}{\bar{m}}\right)^2}}\|d\|_2. \tag{4.7.74}$$

于是当 $k \geqslant k_0$ 时, (4.7.73) 和(4.7.74) 两者必有一个成立. 令

$$\eta = \min\left\{\frac{1}{\hat{\eta}}, \bar{M}\right\}\frac{1}{\sqrt{1 + 4(\bar{M}/\bar{m})^2}},$$

则知(4.7.69) 对所有的 $k \geqslant k_0$ 和所有的 $d \in \mathbb{R}^n$ 都成立.   □

利用(4.7.67)—(4.7.68), 我们有

$$\begin{bmatrix} P^k B^k \\ A(x^k)^{\mathrm{T}} \end{bmatrix}\hat{d}^k = \begin{bmatrix} 0 \\ -c(x^k + d^k) \end{bmatrix} = \mathcal{O}(\|d^k\|_2^2).$$

所以, 从上面关系式和引理 4.10 可得到以下引理.

引理 4.11 在假定 4.3 的条件下, 必存在正常数 $\bar{\eta} > 0$ 使得

$$\|\hat{d}^k\|_2 \leqslant \bar{\eta}\|d^k\|_2^2.$$

于是, 我们证明了由 (4.7.61)—(4.7.63) 定义的修正步的确是一个二阶步.

下面我们证明二阶校正步 $\hat{d}^k$ 一定会使得 $d^k + \hat{d}^k$ 可接受. 首先利用 (4.7.67) 即知

$$\begin{aligned}
c(x^k + d^k + \hat{d}^k) &= c(x^k + d^k) + A(x^k)^{\mathrm{T}}\hat{d}^k + o(\|\hat{d}^k\|) \\
&= o(\|d^k\|^2) = o(\|x^k - x^*\|^2).
\end{aligned} \tag{4.7.75}$$

定义向量

$$\bar{d}^k = -(A(x^k)^{\mathrm{T}})^{\dagger} c(x^k + d^k) - P^k(x^k + d^k - x^*), \tag{4.7.76}$$

则知

$$\begin{aligned}
&\|x^k + d^k + \bar{d}^k - x^*\| \\
=&\|(I - P^k)(x^k + d^k - x^*) - (A(x^k)^{\mathrm{T}})^{\dagger} c(x^k + d^k)\| \\
=&\|(I - P^k)(x^k + d^k - x^*) - (A(x^k)^{\mathrm{T}})^{\dagger} A(x^k)^{\mathrm{T}}(x^k + d^k - x^*)\| \\
&+ o(\|x^k - x^*\|^2) \\
=& o(\|x^k - x^*\|^2).
\end{aligned}$$

而且, 从 (4.7.76) 可知

$$A(x^k)^{\mathrm{T}}\bar{d}^k = -c(x^k + d^k).$$

如果我们不仅假定 (4.7.49) 成立, 而且假定

$$\frac{\|(B^k - W(x^*, \lambda^*))d\|}{\|d\|} \to 0$$

对 $d = d^k + \hat{d}^k, d = d^k + \bar{d}$ 都成立, 则有

$$\begin{aligned}
(g^k - A^k\lambda^*)^{\mathrm{T}}d + \frac{1}{2}d^{\mathrm{T}}B^k d =& L(x^k + d, \lambda^*) - L(x^k, \lambda^*) + o(\|d\|^2) + o(\|x^k - x^*\|^2) \\
=& L(x^k + d, \lambda^*) - L(x^k, \lambda^*) + o(\|x^k - x^*\|^2)
\end{aligned} \tag{4.7.77}$$

对 $d = d^k + \hat{d}^k$ 和 $d = d^k + \bar{d}^k$ 都成立. 由 $\hat{d}^k$ 的定义, 我们有

$$\begin{aligned}
&(g^k)^{\mathrm{T}}\hat{d}^k + \frac{1}{2}(d^k + \hat{d}^k)^{\mathrm{T}}B^k(d^k + \hat{d}^k) \\
\leqslant& (g^k)^{\mathrm{T}}\bar{d}^k + \frac{1}{2}(d^k + \bar{d}^k)^{\mathrm{T}}B^k(d^k + \bar{d}^k).
\end{aligned} \tag{4.7.78}$$

从(4.7.77)—(4.7.78) 可知

$$L(x^k + d^k + \hat{d}^k, \lambda^*) \leqslant L(x^k + d^k + \bar{d}^k, \lambda^*) + o(\|x^k - x^*\|^2)$$

$$\leqslant L(x^*, \lambda^*) + o(\|x^k - x^*\|^2).$$

利用上式和(4.7.75) 即知

$$f(x^k + d^k + \hat{d}^k) \leqslant f(x^*) + o(\|x^k - x^*\|^2), \tag{4.7.79}$$

从(4.7.75) 和(4.7.79) 我们有

$$P_\sigma(x^k + d^k + \hat{d}^k) \leqslant P_\sigma(x^*) + o(\|x^k - x^*\|^2). \tag{4.7.80}$$

在二阶充分性假定下, 一定存在正常数 $\delta > 0$ 使得

$$P_\sigma(x^k) \geqslant P_\sigma(x^*) + \delta\|x^k - x^*\|^2. \tag{4.7.81}$$

于是, 从上面两个不等式即知对所有充分大的 k, 都有

$$P_\sigma(x^k + d^k + \hat{d}^k) < P_\sigma(x^k). \tag{4.7.82}$$

事实上, 利用(4.7.80)—(4.7.81) 我们可证

$$\lim_{k\to\infty} \frac{P_\sigma(x^k) - P_\sigma(x^k + d^k + \hat{d}^k)}{P_\sigma(x^k) - P_\sigma(x^*)} = 1.$$

利用(4.7.75) 和(4.7.82), 我们知

$$\lim_{k\to\infty} \frac{\|x^k + d^k + \hat{d}^k - x^*\|}{\|x^k - x^*\|} = 0,$$

即 $d^k + \hat{d}^k$ 是一超线性收敛步, 而且它也是可被接受的.

另一种计算二阶校正步的方法是求解子问题

$$\min_{d\in\mathbb{R}^n} \quad (\tilde{g}^k)^{\mathrm{T}}d + \frac{1}{2}d^{\mathrm{T}}B^k d, \tag{4.7.83}$$

$$\text{s.t.} \quad c_i(x^k) + a_i(x^k)^{\mathrm{T}}d = 0, \quad i \in \mathcal{E}, \tag{4.7.84}$$

$$c_i(x^k) + a_i(x^k)^{\mathrm{T}}d \geqslant 0, \quad i \in \mathcal{I}, \tag{4.7.85}$$

其中

$$\tilde{g}^k = g^k + \frac{1}{2}\sum_{i\in\mathcal{E}\cup\mathcal{I}}(\lambda^k)_i[\nabla c_i(x^k) - \nabla c_i(x^k + d^k)],$$

λ^k 是二次规划(4.7.25)—(4.7.27) 的拉格朗日乘子. 可以证明(4.7.83)—(4.7.85) 所定义的搜索方向也是一超线性收敛步而且可被接受. 详细的讨论可参阅 Mayne 和 Polak[90] 以及 Fukushima[51].

4.7.7 光滑价值函数

Marotos 效应出现是由于用来判别迭代点好坏的价值函数是非光滑的. 若 $P(x)$ 是一光滑函数, 它在 x^* 处达到最小, 且 $\nabla^2 P(x)$ 正定. 则对充分靠近于 x^* 的 x, 有

$$\bar{M}\|x - x^*\|^2 \geqslant P(x) - P(x^*) \geqslant \bar{m}\|x - x^*\|^2,$$

其中 $\bar{M} \geqslant \bar{m}$ 是两个正常数. 于是, 只要

$$\frac{\|x^k + d^k - x^*\|}{\|x^k - x^*\|} \to 0,$$

就有

$$P(x^k + d^k) \leqslant P(x^*) + \bar{M}\|x^k + d^k - x^*\|^2$$

$$< P(x^*) + \bar{m}\|x^k - x^*\|^2 \leqslant P(x^k)$$

对充分大的 k 成立. 所以, 用光滑精确罚函数作为价值函数则可避免 Marotos 效应.

考虑等式约束问题

$$\min_{x \in \mathbb{R}^n} \quad f(x), \tag{4.7.86}$$

$$\text{s.t.} \quad c(x) = 0. \tag{4.7.87}$$

我们用 Fletcher 光滑精确罚函数

$$P_F(x, \sigma) = f(x) - \lambda(x)^{\mathrm{T}} c(x) + \frac{1}{2}\|c(x)\|_2^2, \tag{4.7.88}$$

其中 $\lambda(x) = A(x)^{\dagger} \nabla f(x)$, 作为价值函数. 由于函数(4.7.88) 的导数需要计算 $f(x)$ 和 $c(x)$ 的二阶导数, Powell 和 Yuan[118] 利用(4.7.88) 的一个逼近形式

$$\Phi_{k,i}(\alpha\beta_{k,i}) = f(x^k + \alpha\beta_{k,i}d^k) -$$

$$[\lambda(x^k) + \alpha(\lambda(x^k + \beta_{k,i}d^k) - \lambda(x^k))]^{\mathrm{T}} c(x^k + \alpha\beta_{k,i}d^k) +$$

$$\frac{1}{2}\sigma_{k,i}\|c(x^k + \alpha\beta_{k,i}d^k)\|_2^2, \quad 0 \leqslant \alpha \leqslant 1,$$

其中 d^k 是二次规划(4.7.25)—(4.7.27) 的解, $\beta_{k,i}$ 是第 k 次迭代中的第 $i+1$ 个试探步长, $\sigma_{k,i}$ 是当前的罚因子, 且满足

$$\Phi'_{k,i}(0) \leqslant -\frac{1}{2}[(d^k)^{\mathrm{T}} B^k d^k + \sigma_{k,i}\|c(x^k)\|_2^2] \leqslant -\frac{1}{4}\sigma_{k,i}\|c(x^k)\|_2^2. \tag{4.7.89}$$

于是我们可给出 Powell 和 Yuan 的方法如算法 4.10.

算法 4.10 SQP: Powell 和 Yuan 方法

1: 给出 $x^1 \in \mathbb{R}^n, \beta_1 \in (0,1), \beta_2 \in [\beta_1,1), \mu \in (0,0.5), \sigma_{1,-1} > 0, B^1 \in \mathbb{R}^{n \times n}, \varepsilon \geqslant 0$, 并令 $k = 1$.

2: **for** $k = 1, 2, \cdots$ **do**

3:     解(4.7.25)—(4.7.27) 给出 d^k.

4:     若 $\|d^k\| \leqslant \varepsilon$, 则停机.

5:     构造数列 $\{\beta_{k,i}\}_{i=0}^\infty$, 使得 $\beta_{k,0} = 1, \beta_{k,i+1} \in [\beta_1, \beta_2]\beta_{k,i}, \forall i \geqslant 0$.

6:     选取最小的 i 使得存在 $\sigma_{k,i}$ 满足(4.7.89), 且 $\phi_{k,i}(\beta_{k,i}) \leqslant \phi_{k,i}(0) + \mu\beta_{k,i}\Phi'_{k,i}(0)$.

7:     更新 $x^{k+1} = x^k + \beta_{k,i}d^k, \sigma_{k+1,-1} = \sigma_{k,i}$, 计算 B^{k+1}.

8: **end for**

引理 4.12   设 $\{x^k\}, \{d^k\}, \{B^k\}$ 有界, $A(x) = \nabla c(x)$ 对一切 $x \in \mathbb{R}^n$ 均为列满秩以及存在常数 $\delta > 0$, 使得对一切 k 都有

$$d^{\mathrm{T}}B^k d \geqslant \delta\|d\|_2^2, \quad \forall A(x^k)^{\mathrm{T}}d = 0.$$

则存在 k' 使得对一切 $k \geqslant k'$ 都有

$$\sigma_{k,i} = \sigma_{k',0} = \bar{\sigma} > 0,$$

而且

$$\lim_{k \to \infty} \|d^k\| = 0.$$

利用引理 4.12 就可证明算法 4.10 的全局收敛性结果.

定理 4.24   在引理 4.12 的条件下, 算法 4.10 产生的点列 $\{x^k\}$ 的任何聚点都是问题(4.7.86)—(4.7.87) 的 KKT 点.

我们下面证明在靠近解时, 任何超线性收敛步都能被算法 4.10 所接受.

引理 4.13   设引理 4.12 的条件满足, 算法 4.10 产生的点列 $\{x^k\}$ 收敛于 x^*. 设任一子列 $\{k_i, i = 1, 2, \cdots\}$ 当 $k_i \to \infty$ 时有

$$\|x^{k_i} + d^{k_i} - x^*\| = o(\|x^{k_i} - x^*\|),$$

则对所有充分大的 i, 有

$$x^{k_i+1} = x^{k_i} + d^{k_i}.$$

证明   不失一般性, 我们可假定所有的 $k_i \geqslant k'$. 为了记号简便起见, 我们用 j 代替 k_i. 根据算法的构造, 只需证明

$$\Phi_{j,0}(1) - \Phi_{j,0}(0) - \mu\Phi'_{j,0}(0) < 0. \tag{4.7.90}$$

由(4.7.90) 知

$$\Phi_{j,0}(1) = f(x^j + d^j) - \lambda(x^j + d^j)^{\mathrm{T}}c(x^j + d^j) + \frac{1}{2}\bar{\sigma}\|c(x^j + d^j)\|_2^2. \tag{4.7.91}$$

利用 $f(x)$ 的二次连续可微性, 我们有

$$
\begin{aligned}
f(x^j + d^j) &= f(x^j) + \frac{1}{2}(d^j)^{\mathrm{T}}[g^j + g(x^j + d^j)] + o(\|d^j\|_2^2) \\
&= f(x^j) + \frac{1}{2}(d^j)^{\mathrm{T}}[g^j + g(x^*)] + o(\|d^j\|_2^2).
\end{aligned}
\tag{4.7.92}
$$

同样, 对 $c_i(x^j + d^j)$ 也有类似 $(4.7.92)$ 的表达式. 将这些表达式代入 $(4.7.91)$ 中得到

$$
\begin{aligned}
\Phi_{j,0}(1) - \Phi_{j,0}(0) &= \frac{1}{2}(d^j)^{\mathrm{T}}[g^j + g(x^*)] - \lambda(x^j + d^j)^{\mathrm{T}}. \\
&\quad \left[c^j + \frac{1}{2}(A^j)^{\mathrm{T}}d^j + \frac{1}{2}A(x^*)^{\mathrm{T}}d^j \right] - \\
&\quad \left[-(\lambda^j)^{\mathrm{T}}c^j + \frac{1}{2}\bar{\sigma}\|c^j\|_2^2 \right] + o(\|d^j\|_2^2) \\
&= \frac{1}{2}\Phi'_{j,0}(0) + \frac{1}{2}(d^j)^{\mathrm{T}}[g(x^*) - A(x^*)\lambda(x^j + d^j)] + o(\|d^j\|_2^2) \\
&= \frac{1}{2}\Phi'_{j,0}(0) + o(\|d^j\|_2^2).
\end{aligned}
\tag{4.7.93}
$$

不难证明存在正常数 $\bar{\eta} > 0$, 使得对一切 k 和 i 都有

$$
\Phi'_{k,i}(0) \leqslant -\bar{\eta}\|d^k\|_2^2.
\tag{4.7.94}
$$

利用 $(4.7.93)$, $(4.7.94)$ 以及 $\mu < \frac{1}{2}$ 即知, 对充分大的 $j = k_i$, $(4.7.90)$ 成立, 所以引理为真. □

从引理 4.13 可直接推出定理 4.25.

定理 4.25　设引理 4.12 的条件满足, 算法 4.10 产生的点列收敛于 x^*, 如果

$$
\lim_{k \to \infty} \frac{\|x^k + d^k - x^*\|}{\|x^k - x^*\|} = 0,
$$

则对充分大的 k 都有 $x^{k+1} = x^k + d^k$, 于是点列 $\{x^k\}$ 超线性收敛于 x^*.

4.8　线性规划内点法

线性规划是非常经典的约束优化问题, 它的目标函数和约束都是线性函数. 因为其形式简单, 在现实中有非常多的应用, 线性规划一直受到人们的格外关注. 求解线性规划问题的算法非常之多, 最经典的要数 Dantzig 在 1947 年提出的单纯形法 [37]. 我们知道, 由于线性规划问题具有特殊结构, 它的解必然是在可行域的顶点 (或某一边界处) 取到, 而单纯形法则是通过某种方式不断列出可行域的顶点然后一步一步寻找问题的最

优解. 由于线性规划可行域的顶点数可能多达 $\mathcal{O}(2^n)$ 个 (n 为自变量维数), 因此单纯形法最坏情况下的复杂度是指数量级. 实际上我们也可以构造出特殊的例子, 使得单纯形法遍历可行域中的每一个顶点. 这一现象表明对于某些大型问题和病态问题, 单纯形法的效果可能很差, 我们必须寻找其他办法来求解线性规划问题.

在大约 30 年后, 内点法应运而生, 其中比较实用的算法是 Karmarkar 在 1984 年提出的线性规划算法 [76]. 内点法是在可行域内部寻找一条路径最终抵达其边界, 这和单纯形法有着截然不同的思想. 由于迭代点处于可行域内部, 因此求解每个子问题的计算代价都远高于仅仅在可行域边界移动的单纯形法. 然而内点法的一步迭代对问题解的改善是显著的, 正因为如此, 可以证明内点法实际上是一个多项式时间算法. 在本节中我们将介绍线性规划内点法的基本思想以及一些实现过程, 但略去技术细节方面的讨论.

4.8.1   原始–对偶算法

首先写出线性规划的原始问题和对偶问题

$$
\begin{array}{llll}
\text{(P)} & \min & c^{\mathrm{T}}x, & \qquad \text{(D)} \quad \max \quad b^{\mathrm{T}}y, \\
& \text{s.t.} & Ax = b, & \qquad \qquad \text{s.t.} \quad A^{\mathrm{T}}y + s = c, \\
& & x \geqslant 0, & \qquad \qquad \qquad \quad s \geqslant 0.
\end{array}
\tag{4.8.1}
$$

写出问题(4.8.1) 的 KKT 条件:

$$
Ax = b, \tag{4.8.2a}
$$

$$
A^{\mathrm{T}}y + s = c, \tag{4.8.2b}
$$

$$
x_i s_i = 0, \ i = 1, 2, \cdots, n, \tag{4.8.2c}
$$

$$
x \geqslant 0, s \geqslant 0. \tag{4.8.2d}
$$

原始–对偶算法作为一种内点法, 它实际上是利用条件 (4.8.2) 不断在可行域的相对内部产生迭代点的过程. 具体来说, 原始–对偶算法构造的解满足条件(4.8.2a)(4.8.2b) 以及 (4.8.2d), 而只能近似地满足条件 (4.8.2c). 当条件 (4.8.2d) 满足且条件 (4.8.2c) 对任意的 i 不满足时, 我们有 $x_i s_i > 0, \forall i$, 这意味着点 (x, s) 为可行域的相对内点, 也是内点法得名的原因.

> **注 4.6**   实际上单纯形法的构造也可理解为利用了 KKT 条件(4.8.2). 不过它舍弃了条件 $x \geqslant 0, s \geqslant 0$, 并保证其他三个条件在迭代过程中成立. 而条件(4.8.2a)—(4.8.2c) 处理起来并不复杂, 因此单纯形法迭代一步非常迅速, 其终止准则恰好可以检查迭代点是否满足条件(4.8.2d).

由上面的分析可知, 条件(4.8.2c) 在内点法中不能严格满足, 而我们想要算法最终收敛到线性规划问题的解, 因此希望 $x_i s_i \to 0, \forall\, i$. 这个条件就可以作为内点法的终止条件. 实际上, 我们可以对内点 $x > 0, s > 0$ 定义互补条件(4.8.2c) 违反度的度量

$$\mu = \frac{1}{n} \sum_{i=1}^{n} x_i s_i = \frac{x^{\mathrm{T}} s}{n}, \tag{4.8.3}$$

也称为对偶间隙. 当 μ 趋于 0 时, (x, s) 将越来越接近可行域的边界.

综上所述, 线性规划原始–对偶算法的目标是给定当前可行点 (x, y, s), 寻找下一个点

$$(\tilde{x}, \tilde{y}, \tilde{s}) = (x, y, s) + (\Delta x, \Delta y, \Delta z)$$

使得如下条件成立:

$$\begin{cases} A^{\mathrm{T}} \tilde{y} + \tilde{s} = c, & \tilde{s} > 0, \\ A \tilde{x} = b, & \tilde{x} > 0, \\ \tilde{x}_i \tilde{s}_i = \sigma \mu, & i = 1, 2, \cdots, n. \end{cases} \tag{4.8.4}$$

其中 $0 < \sigma < 1$ 是取定的常数. 条件(4.8.4) 也被称为是**扰动 KKT 条件**, 最后一个条件可进一步使用分量乘积简化为 $\tilde{x} \odot \tilde{s} = \sigma \mu \mathbf{1}$. 可以用如下方式来理解最后一个条件: 假设 μ 是当前点 (x, y, s) 处的对偶间隙, 我们希望迭代下一步时这个度量将会缩小一个比例 σ.

我们通过如下方法近似求解(4.8.4): 首先展开方程组可以得到

$$\begin{cases} A(x + \Delta x) = b, \\ A^{\mathrm{T}}(y + \Delta y) + (s + \Delta s) = c, \\ (s + \Delta s) \odot (x + \Delta x) = \sigma \mu \mathbf{1}, \end{cases}$$

去除高阶非线性项 $\Delta x \odot \Delta s$ 后得到线性方程组:

$$\begin{cases} A \Delta x = r_p \overset{\text{def}}{=\!=} b - Ax, \\ A^{\mathrm{T}} \Delta y + \Delta s = r_d \overset{\text{def}}{=\!=} c - s - A^{\mathrm{T}} y, \\ x \odot \Delta s + s \odot \Delta x = r_c \overset{\text{def}}{=\!=} \sigma \mu \mathbf{1} - x \odot s, \end{cases}$$

其中 $r = (r_p, r_d, r_c)^{\mathrm{T}}$ 刻画了 KKT 条件(4.8.2) 的残量. 记 $L_x = \mathrm{Diag}(x), L_s = \mathrm{Diag}(s)$, 我们将方程组化为矩阵形式

$$\begin{bmatrix} A & 0 & 0 \\ 0 & A^{\mathrm{T}} & I \\ L_s & 0 & L_x \end{bmatrix} \begin{bmatrix} \Delta x \\ \Delta y \\ \Delta s \end{bmatrix} = \begin{bmatrix} r_p \\ r_d \\ r_c \end{bmatrix}. \tag{4.8.5}$$

利用矩阵分块消元, 可以直接求解方程(4.8.5), 得到

$$
\begin{cases}
\Delta y = (AL_s^{-1}L_x A^{\mathrm{T}})^{-1}(r_p + AL_s^{-1}(L_x r_d - r_c)), \\
\Delta s = r_d - A^{\mathrm{T}} \Delta y, \\
\Delta x = -L_s^{-1}(L_x \Delta s - r_c),
\end{cases}
\tag{4.8.6}
$$

其中 $AL_s^{-1}L_x A^{\mathrm{T}}$ 是对称矩阵, 当 A 满秩时, $AL_s^{-1}L_x A^{\mathrm{T}}$ 正定.

　　一般来说, 即使初始点 (x, y, s) 是可行的, 求解线性方程组(4.8.5) 产生的更新 $(\tilde{x}, \tilde{y}, \tilde{s})$ 也不一定是可行解. 由于前两个方程(4.8.2a) (4.8.2b) 是线性的, 在迭代过程中可以一直满足. 但 $x > 0, s > 0$ 这个约束不能保证一直成立. 为此我们考虑采用线搜索中的回溯法来确定一个合适的更新

$$
(x^{k+1}, y^{k+1}, s^{k+1}) = (x^k, y^k, s^k) + \alpha_k(\Delta x^k, \Delta y^k, \Delta s^k),
\tag{4.8.7}
$$

其中 $\alpha_k = \alpha_0 \rho^{k_0}$, 并选取最小的整数 k_0 使得 $x^{k+1} > 0, s^{k+1} > 0$, 这里 $0 < \rho < 1$, α_0 是给定常数.

　　适用于求解线性规划的原始–对偶算法可总结为如下过程:

(1) 给定初始可行点 (x^0, y^0, s^0), 令 $k \leftarrow 0$;

(2) 构造方程(4.8.5), 获得解(4.8.6);

(3) 使用线搜索(4.8.7) 求得下一步可行解;

(4) 若满足停机条件, 终止; 否则令 $k \leftarrow k + 1$, 转步 (2).

从算法的迭代过程来看, 原始–对偶算法有点类似于带约束的线搜索类算法, 即先确定下降方向 $(\Delta x, \Delta y, \Delta s)$, 再选取合适的步长使得下一步迭代点仍然是可行域的严格内点. 该算法的主要计算量来自方程(4.8.5) 的求解. 步长 α_k 的选取也是内点法的一个关键因素, 我们在下一个小节将介绍更好地选择步长的方法.

4.8.2　路径追踪算法

　　我们用动态的观点再次考察扰动的 KKT 条件(4.8.4). 随着迭代进行, 这个条件中的 μ 将趋于 0. 根据隐函数定理, 给定 μ 时条件(4.8.4) 决定的解是存在唯一的. 原始–对偶算法的过程就是在不断寻找满足条件(4.8.4) 的点的近似, 对任意的 μ, 满足条件(4.8.4) 的点是非常重要的: 为此我们引入下面的定义.

定义 4.19(中心路径) 给定参数 $\tau > 0$, 点 (x_τ, y_τ, s_τ) 满足如下方程:

$$
\begin{aligned}
Ax &= b, \\
A^{\mathrm{T}}y + s &= c, \\
x_i s_i &= \tau, \quad i = 1, 2, \cdots, n, \\
x > 0, &\ s > 0.
\end{aligned}
\tag{4.8.8}
$$

则称单参数曲线

$$
\mathcal{C} = \{(x_\tau, y_\tau, s_\tau) \mid \tau > 0\}
\tag{4.8.9}
$$

为**中心路径**, 称方程(4.8.8) 为**中心路径方程**.

实际上, 从罚函数角度来说, 可以证明方程(4.8.8) 实际是罚函数形式优化问题

$$
\min_{x} \quad c^{\mathrm{T}}x - \tau \sum_{i=1}^{n} \ln x_i, \quad \text{s.t.} \quad Ax = b
$$

的最优性条件.

在这里注意, 由上一小节给出的原始–对偶算法产生的迭代点序列虽然是可行解, 但是它们一般不在中心路径上. 原因有两点, 一是因为求解方程(4.8.5) 时忽略了高阶项 $\Delta x \odot \Delta s$, 在这一步引入了误差; 二是因为采用了线搜索来选取 α_k, 这只能保证下一步的点落在可行域 $x > 0, s > 0$ 内, 而中心路径方程要求 $x \odot s$ 的每个分量都有相同的值 τ, 在实际迭代中这个条件一般不会满足. 实际上, 中心路径这一名字也是由此而来. 我们知道 $x_i s_i = 0$ 意味着点 (x, s) 已经接近可行域的边缘, 如果继续进行迭代, 则迭代点将会紧贴定义域边缘进行更新, 这有违于内点法的思想. 比较理想的情况就是 $x_i s_i$ 能以较一致的速度下降到 0, 而不是各个分量下降, 参差不齐, 以上就是我们考虑中心路径的原因.

我们希望在原始–对偶算法中, 迭代点列 (x^k, y^k, s^k) 应该在中心路径 $\mathcal{C}$ 附近移动, 跟随曲线 $\mathcal{C}$ 直至到达最优值点, 这就是下面要介绍的路径追踪算法. 将点列 (x^k, y^k, s^k) 限制在中心路径 $\mathcal{C}$ 附近的方式就是选取合适的线搜索算法. 考虑线性规划问题的严格可行域

$$
\mathcal{F}^\circ = \{(x, y, s) \mid Ax = b, A^{\mathrm{T}}y + s = c, x > 0, s > 0\},
$$

并定义中心路径邻域为

$$
\mathcal{N}_{-\infty}(\gamma) = \{(x, y, s) \in \mathcal{F}^\circ \mid x_i s_i \geqslant \gamma\mu, \ \forall \ i\},
\tag{4.8.10}
$$

如图 4.14, (4.8.10) 式是其中一种较常用的中心路径邻域, 当某点处于这个邻域中时, $x \odot s$ 的每个分量至少为 $\gamma\mu$, 其中 γ 通常取一个较小的正数, 如 10^{-3}, 且一般不大于迭代算法(4.8.4) 中的 σ. 当 γ 趋于 0 时, 邻域 $\mathcal{N}_{-\infty}(\gamma)$ 将会和可行域越来越接近.

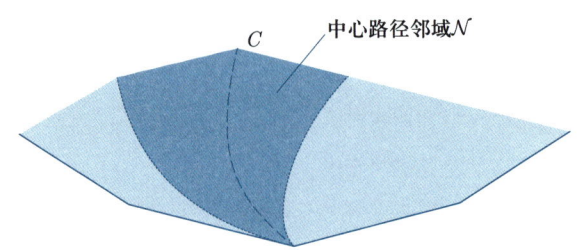

图 4.14 中心路径以及中心路径邻域 $\mathcal{N}$

有了中心路径邻域的概念, 我们就可以写出带路径追踪的原始–对偶算法了 (也简称为路径追踪算法, 见算法 4.11). 该算法的关键在于如何选取最大的 α_k. 实际上, 由方程(4.8.5) 的性质, 只需要保证在下一步迭代时 (x, y, s) 满足 $x_i s_i \geqslant \gamma \mu$ 即可. 这是关于 α 的 n 个二次不等式, 求解比较容易. 再结合条件 $x > 0, s > 0$ 就能很容易地确定 α_k, 细节留给读者完成.

算法 4.11　路径追踪算法

1: 选取初值 $(x^0, y^0, s^0) \in \mathcal{F}^\circ$, 参数 $0 < \gamma < \sigma < 1$, $k \leftarrow 0$.

2: **while** 未达到收敛准则 **do**

3:　求解方程(4.8.5) 得到更新 $(\Delta x, \Delta y, \Delta s)$.

4:　选取最大的 $\alpha \in (0, 1]$ 使得下一步迭代点落在 $\mathcal{N}_{-\infty}(\gamma)$ 内, 记为 α_k.

5:　更新 $(x^{k+1}, y^{k+1}, s^{k+1}) = (x^k, y^k, s^k) + \alpha_k(\Delta x, \Delta y, \Delta s)$.

6:　$k \leftarrow k + 1$.

7: **end while**

接下来直接给出算法 4.11 的一些性质, 详细的证明可参考文献 [102].

引理 4.14　设 $(x, y, s) \in \mathcal{N}_{-\infty}(\gamma)$, 记

$$(x(\alpha), y(\alpha), s(\alpha)) = (x, y, s) + \alpha(\Delta x, \Delta y, \Delta s).$$

则对任意的 $\alpha \in \left[0, 2^{3/2} \gamma \dfrac{1 - \gamma}{1 + \gamma} \dfrac{\sigma}{n}\right]$, 有

$$(x(\alpha), y(\alpha), s(\alpha)) \in \mathcal{N}_{-\infty}(\gamma).$$

引理 4.14 说明了在算法 4.11 中至少可以选取

$$\alpha_k = 2^{3/2} \frac{\sigma}{n} \gamma \frac{1 - \gamma}{1 + \gamma},$$

虽然这样选取的 α_k 不一定是最大的.

基于上面的结果, 有如下的收敛性:

定理 4.26（原始–对偶算法的收敛性）　给定参数 $0 < \gamma < \sigma < 1$, 设 $\mu_k = \dfrac{(x^k)^{\mathrm{T}} s^k}{n}$ 为算法 4.11 产生的对偶间隙, 且初值 $(x^0, y^0, s^0) \in \mathcal{N}_{-\infty}(\gamma)$, 则存在与维数

n 无关的常数 c, 使得对任意 k 有

$$\mu_{k+1} \leqslant \left(1 - \frac{c}{n}\right)\mu_k.$$

更进一步地, 对任意给定的精度 $\varepsilon \in (0,1)$, 存在迭代步数 $K = \mathcal{O}\left(n\ln\frac{1}{\varepsilon}\right)$ 使得

$$\mu_k \leqslant \varepsilon\mu_0, \quad \forall k \geqslant K.$$

定理 4.26 表明对偶间隙是呈指数式趋于 0 的, 且当维数 n 越大时收敛于 0 的速度也就越慢. 这个结果揭示了内点法确实可以做到在多项式时间内产生给定精度的解, 从这方面来看它比单纯形法更加快速, 在实际应用中也是如此. 虽然在最初的设计中, 内点法的效率远不如单纯形法, 但随着人们不断完善, 内点法已经成为主流的线性规划求解算法之一, 并且在很多问题上要优于单纯形法. 或许在将来的某一天, 人们会继续加深对线性规划这一经典问题的理解, 从而设计出更好的算法来取代内点法.

4.9　总结

本章介绍了一般约束优化问题的罚函数法、增广拉格朗日函数法、逐步二次规划法以及线性规划问题的内点法. 相较于罚函数法, 增广拉格朗日函数法具有更好的理论性质 (尤其是对凸优化问题). 关于凸优化问题的增广拉格朗日函数法, 读者可以进一步参考文献 [123]. 我们知道增广拉格朗日函数法的困难之一是决策变量的更新. 除了前面介绍的利用半光滑性质, 还可以利用交替方向乘子法, 其给出了一种有效的更新方式, 我们会在第五章中详细介绍该方法.

习题 4

4.1　证明下列锥是自对偶锥:
(a) 半正定锥 $\{X \mid X \succeq 0\}$ (全空间为 $\mathcal{S}^n$);
(b) 二次锥 $\{(x,t) \in \mathbb{R}^{n+1} \mid t \geqslant \|x\|_2\}$ (全空间为 $\mathbb{R}^{n+1}$).

4.2　考虑优化问题

$$\min_{x \in \mathbb{R}^n} \quad x^{\mathrm{T}}Ax + 2b^{\mathrm{T}}x, \quad \text{s.t.} \quad \|x\|_2 \leqslant \Delta,$$

其中 $A \in \mathcal{S}^n_{++}$, $b \in \mathbb{R}^n$, $\Delta > 0$. 求出该问题的最优解.

4.3   考虑函数 $f(x) = 2x_1^2 + x_2^2 - 2x_1x_2 + 2x_1^3 + x_1^4$, 求出其所有一阶稳定点, 并判断它们是否为局部最优点 (极小或极大)、鞍点或全局最优点?

4.4   给出下列优化问题的显式解:

(a) $\min\limits_{x \in \mathbb{R}^n}$ $c^{\mathrm{T}}x$,   s.t. $Ax = b$, 其中 $A \in \mathbb{R}^{m \times n}$, $b \in \mathbb{R}^m$;

(b) $\min\limits_{x \in \mathbb{R}^n}$ $\|x\|_2$,   s.t. $Ax = b$;

(c) $\min\limits_{x \in \mathbb{R}^n}$ $c^{\mathrm{T}}x$,   s.t. $\mathbf{1}^{\mathrm{T}}x = 1$, $x \geqslant 0$;

(d) $\min\limits_{X \in \mathbb{R}^{m \times n}}$ $\|X\|_* + \dfrac{1}{2}\|X - Y\|_F^2$, 其中 $Y \in \mathbb{R}^{m \times n}$ 是已知的.

4.5   计算下列优化问题的对偶问题:

(a) $\min\limits_{x \in \mathbb{R}^n}$ $\|x\|_1$,   s.t. $Ax = b$;

(b) $\min\limits_{x \in \mathbb{R}^n}$ $\|Ax - b\|_1$;

(c) $\min\limits_{x \in \mathbb{R}^n}$ $\|Ax - b\|_\infty$;

(d) $\min\limits_{x \in \mathbb{R}^n}$ $x^{\mathrm{T}}Ax + 2b^{\mathrm{T}}x$,   s.t. $\|x\|_2^2 \leqslant 1$, 其中 A 为正定矩阵.

4.6   如下论断正确吗? 为什么?

对等式约束优化问题

$$\min \quad f(x), \quad \text{s.t.} \quad c_i(x) = 0, \ i \in \mathcal{E}.$$

考虑与之等价的约束优化问题:

$$\min \quad f(x), \quad \text{s.t.} \quad c_i^2(x) = 0, \ i \in \mathcal{E}.$$

设 $x^\sharp$ 是上述问题的一个 KKT 点, 根据(4.2.8) 式, $x^\sharp$ 满足

$$0 = \nabla f(x^\sharp) + 2 \sum_{i \in \mathcal{E}} \lambda_i^\sharp c_i(x^\sharp) \nabla c_i(x^\sharp),$$

$$0 = c_i(x^\sharp), \quad i \in \mathcal{E},$$

其中 $\lambda_i^\sharp$ 是相应的拉格朗日乘子. 整理上式得 $\nabla f(x^\sharp) = 0$. 这说明对等式约束优化问题, 我们依然能给出类似无约束优化问题的最优性条件.

4.7   证明: 若在点 x 处线性约束品性 (见定义 4.8) 满足, 则有 $T_{\mathcal{X}}(x) = \mathcal{F}(x)$.

4.8   考虑优化问题

$$\min_{x \in \mathbb{R}^2} \quad x_1,$$

$$\text{s.t.} \quad 16 - (x_1 - 4)^2 - x_2^2 \geqslant 0,$$

$$x_1^2 + (x_2 - 2)^2 - 4 = 0.$$

求出该优化问题的 KKT 点, 并判断它们是不是局部极小点、鞍点以及全局极小点?

4.9　考虑对称矩阵的特征值问题

$$\min_{x\in\mathbb{R}^n}\quad x^{\mathrm{T}}Ax,\quad \text{s.t.}\quad \|x\|_2=1,$$

其中 $A\in\mathcal{S}^n$. 试分析其所有的局部极小点、鞍点以及全局极小点.

4.10　类似于线性规划问题, 试分析半定规划 (4.1.20) 与其对偶问题 (4.1.21) 的最优值的关系 (强对偶性什么时候成立, 什么时候失效).

4.11　在介绍半定规划问题的最优性条件时, 我们提到互补松弛条件可以是 $\langle X,S\rangle = 0$ 或 $XS=0$, 证明这两个条件是等价的, 即对 $X\succeq 0$ 与 $S\succeq 0$ 有

$$\langle X,S\rangle = 0 \Leftrightarrow XS=0.$$

(提示: 证明 X 和 S 可以同时正交对角化且对应的特征值满足互补松弛条件.)

4.12　考虑等式约束的最小二乘问题

$$\min_{x\in\mathbb{R}^n}\quad \|Ax-b\|_2^2,\quad \text{s.t.}\quad Gx=h,$$

其中 $A\in\mathbb{R}^{m\times n}$ 且 $\mathrm{rank}(A)=n$, $G\in\mathbb{R}^{p\times n}$ 且 $\mathrm{rank}(G)=p$.

(a) 写出该问题的对偶问题;

(b) 给出原始问题和对偶问题的最优解的显式表达式.

4.13　考虑优化问题

$$\min_{x\in\mathbb{R}^n}\quad x^{\mathrm{T}}Ax+2b^{\mathrm{T}}x,\quad \text{s.t.}\quad \|x\|_2\leqslant 1,$$

其中 $A\in\mathcal{S}^n$, $b\in\mathbb{R}^n$. 写出该问题的对偶问题, 以及对偶问题的对偶问题.

4.14　考虑支持向量机问题

$$\min_{x\in\mathbb{R}^n,\xi}\quad \frac{1}{2}\|x\|_2^2+\mu\sum_{i=1}^m\xi_i,$$

$$\text{s.t.}\quad b_ia_i^{\mathrm{T}}x\geqslant 1-\xi_i,\ i=1,2,\cdots,m,$$

$$\xi_i\geqslant 0,\ i=1,2,\cdots,m,$$

其中 $\mu>0$ 为常数且 $b_i\in\mathbb{R}$, $a_i\in\mathbb{R}^n$, $i=1,2,\cdots,m$ 是已知的. 写出该问题的对偶问题.

4.15　考虑优化问题

$$\min_{x\in\mathbb{R},y>0}\quad \mathrm{e}^{-x},\quad \text{s.t.}\quad \frac{x^2}{y}\leqslant 0.$$

(a) 证明这是一个凸优化问题, 求出最小值并判断 Slater 条件是否成立;

(b) 写出该问题的对偶问题, 并求出对偶问题的最优解以及对偶间隙.

4.16   考虑优化问题

$$\min_{Z\in\mathbb{R}^{n\times q},V\in\mathbb{R}^{q\times p}} \|X - ZV\|_F^2, \quad \text{s.t.} \quad V^{\mathrm{T}}V = I, \quad Z^{\mathrm{T}}\mathbf{1} = 0,$$

其中 $X \in \mathbb{R}^{n\times p}$. 请给出该优化问题的解.

4.17   构造一个等式约束优化问题, 使得它存在一个局部极小值, 但对于任意的 $\sigma > 0$, 它的二次罚函数是无界的.

4.18   考虑等式约束优化问题

$$\begin{aligned}
\min \quad & -x_1x_2x_3, \\
\text{s.t.} \quad & x_1 + 2x_2 + 3x_3 = 60.
\end{aligned}$$

使用二次罚函数求解该问题, 当固定罚因子 σ_k 时, 写出二次罚函数的最优解 x^{k+1}. 当 $\sigma_k \to +\infty$ 时, 写出该优化问题的解并求出约束的拉格朗日乘子. 此外, 当罚因子 σ 满足什么条件时, 二次罚函数的海瑟矩阵 $\nabla_{xx}^2 P_E(x, \sigma)$ 是正定的?

4.19   考虑等式约束优化问题

$$\min \quad f(x), \quad \text{s.t.} \quad c_i(x) = 0, \, i \in \mathcal{E},$$

定义一般形式的罚函数

$$P_E(x, \sigma) = f(x) + \sigma \sum_{i\in\mathcal{E}} \varphi(c_i(x)),$$

其中 $\varphi(t)$ 是充分光滑的函数, 且 $t = 0$ 是其 s 阶零点 $(s \geqslant 2)$, 即

$$\varphi(0) = \varphi'(0) = \cdots = \varphi^{(s-1)}(0) = 0, \quad \varphi^{(s)}(0) \neq 0.$$

设 x^k, σ_k 的选取方式和算法 4.1 的相同, 且 $\{x^k\}$ 存在极限 x^*, 在点 x^* 处 LICQ (见定义 4.6) 成立.

(a) 证明: $\sigma_k(c_i(x^k))^{s-1}, \, \forall \, i \in \mathcal{E}$ 极限存在, 其极限 λ_i^* 为约束 $c_i(x^*) = 0$ 对应的拉格朗日乘子;

(b) 求 $P_E(x, \sigma)$ 关于 x 的海瑟矩阵 $\nabla_{xx}^2 P_E(x, \sigma)$;

(c) 设在 (a) 中 $\lambda_i^* \neq 0, \, \forall \, i \in \mathcal{E}$, 证明: 当 $\sigma_k \to +\infty$ 时, $\nabla_{xx}^2 P_E(x^k, \sigma_k)$ 有 m 个特征值的模长与 $\sigma_k^{1/(s-1)}$ 同阶, 其中 $m = |\mathcal{E}|$.

4.20   考虑不等式约束优化问题 (4.5.12), 其中 f 在可行域 $\mathcal{X}$ 上有下界, 现使用对数罚函数法进行求解 (算法 4.4). 假设在算法 4.4 的每一步子问题能求出罚函数的全局极小值点 x^{k+1}, 证明: 算法 4.4 在有限次迭代后终止, 或者

$$\lim_{k\to\infty} \sigma_k \sum_{i\in\mathcal{I}} \ln(-c_i(x^{k+1})) = 0,$$

并且

$$\lim_{k\to\infty} f(x^k) = \inf_{x\in \text{int}\mathcal{X}} f(x).$$

4.21 考虑一般约束优化问题 (4.5.15), 现在针对等式约束使用二次罚函数, 对不等式约束使用对数罚函数:

$$P(x,\sigma) = f(x) + \frac{\sigma}{2}\sum_{i\in\mathcal{E}} c_i^2(x) - \frac{1}{\sigma}\sum_{i\in\mathcal{I}} \ln(-c_i(x)),$$

其中 $\mathbf{dom}\,P = \{x \mid c_i(x) < 0,\ i \in \mathcal{I}\}$. 令罚因子 $\sigma_k \to +\infty$, 定义

$$x^{k+1} = \arg\min_x P(x,\sigma_k).$$

假定涉及的所有函数都是连续的, $\{x \mid c_i(x) \leqslant 0,\ i \in \mathcal{I}\}$ 是有界闭集, x^* 为问题 (4.5.15) 的解. 试证明如下结论:

(a) $\lim\limits_{k\to\infty} P(x^{k+1},\sigma_k) = f(x^*)$;

(b) $\lim\limits_{k\to\infty} \sigma_k \sum\limits_{i\in\mathcal{E}} c_i^2(x^{k+1}) = 0$;

(c) $\lim\limits_{k\to\infty} \dfrac{1}{\sigma_k}\sum\limits_{i\in\mathcal{I}} \ln(-c_i(x^{k+1})) = 0$.

4.22 (Morrison 方法) 考虑等式约束优化问题 (4.5.1), 设其最优解为 x^*. 令 M 是最优函数值 $f(x^*)$ 的一个下界估计 (即 $M \leqslant f(x^*)$), 构造辅助函数

$$v(M,x) = [f(x) - M]^2 + \sum_{i\in\mathcal{E}} c_i^2(x),$$

Morrison 方法的迭代步骤如下:

$$x^k = \arg\min_x\ v(M_k,x),$$

$$M_{k+1} = M_k + \sqrt{v(M_k,x^k)}.$$

试回答以下问题:

(a) 证明: $f(x^k) \leqslant f(x^*)$;

(b) 若 $M_k \leqslant f(x^*)$, 证明: $M_{k+1} \leqslant f(x^*)$;

(c) 证明: $\lim\limits_{k\to\infty} M_k = f(x^*)$;

(d) 求 $v(M,x)$ 关于 x 的海瑟矩阵, 并说明 Morrison 方法和算法 4.1 的联系.

4.23 考虑不等式约束优化问题

$$\min\quad f(x), \quad \text{s.t.}\quad c_i(x) \leqslant 0,\ i \in \mathcal{I}.$$

(a) 定义函数 $F(x) = \sup\limits_{\lambda_i \geqslant 0}\left\{f(x) + \sum\limits_{i\in\mathcal{I}} \lambda_i c_i(x)\right\}$, 证明: 原问题等价于无约束优化问题 $\min\limits_x F(x)$;

(b) 定义函数

$$\hat{F}(x,\lambda^k,\sigma_k) = \sup_{\lambda_i \geqslant 0} \left\{ f(x) + \sum_{i \in \mathcal{I}} \lambda_i c_i(x) - \frac{\sigma_k}{2} \sum_{i \in \mathcal{I}} (\lambda_i - \lambda_i^k)^2 \right\},$$

求 $\hat{F}(x,\lambda^k,\sigma_k)$ 的显式表达式;

(c) 考虑如下优化算法:

$$x^k = \arg\min_x \hat{F}(x,\lambda^k,\sigma_k),$$

$$\lambda^{k+1} = \arg\max_{\lambda \geqslant 0} \left\{ \sum_{i \in \mathcal{I}} \lambda_i c_i(x^k) - \frac{\sigma_k}{2} \sum_{i \in \mathcal{I}} (\lambda_i - \lambda_i^k)^2 \right\},$$

$$\sigma_{k+1} = \min\{\rho\sigma_k, \bar{\sigma}\},$$

试说明其与算法 4.5 的区别和联系.

4.24 对于 LASSO 问题

$$\min_{x \in \mathbb{R}^n} \quad \frac{1}{2}\|Ax - b\|_2^2 + \mu\|x\|_1,$$

写出该问题及其对偶问题的增广拉格朗日函数法.

4.25 考虑线性规划问题

$$\min_{x \in \mathbb{R}^n} \quad c^{\mathrm{T}}x, \quad \text{s.t.} \quad Ax = b, \ x \geqslant 0.$$

(a) 写出该问题及其对偶问题的增广拉格朗日函数法;

(b) 分析有限终止性.

4.26 证明:方程(4.8.5) 的系数矩阵非奇异当且仅当 A 是行满秩的.

4.27 使用拉格朗日–牛顿方法求解 Rosenbrock 问题

$$\min \quad (1 - x_1)^2, \quad \text{s.t.} \quad x_2 - x_1^2 = 0.$$

初始的迭代点和拉格朗日乘子分别取为 $(0.8, 0.6)^{\mathrm{T}}$ 和 $\lambda = 1$. 给出最开始的三个迭代点.

4.28 证明:Watchdog 技术 (算法 4.9) 可以克服 Marotos 效应.

4.29 证明:在二次规划(4.7.22)—(4.7.23) 中, 我们可以将目标函数中的 $d^{\mathrm{T}}\nabla f(x^k)$ 替换成 $d^{\mathrm{T}}\nabla_x L(x^k, \lambda^k)$ 而不改变问题的解.

4.30 证明:由(4.7.39) 定义的 $\bar{y}^k$ 满足

$$(s^k)^{\mathrm{T}}\bar{y}^k = 0.2(s^k)^{\mathrm{T}}B^k s^k > 0.$$

4.31 给出求解方程(4.8.5) (即内点法线性系统子问题) 的详细过程.

4.32   对线性规划问题(4.8.1) 中的原始问题 (P), 构造带等式约束的内点罚函数子问题

$$\min \quad c^{\mathrm{T}}x - \tau \sum_{i=1}^{n} \ln x_i, \quad \text{s.t.} \quad Ax = b,$$

其中 $\tau > 0$ 为罚因子. 试说明求解该问题等价于求解中心路径方程(4.8.8), 并且进一步说明当 $\tau \to 0$ 时, 该问题的解收敛于满足 KKT 方程(4.8.2) 的点.

4.33   详细说明在算法 4.11 中如何选取最大的 α 使得 $\alpha \in \mathcal{N}_{-\infty}(\gamma)$.

4.34   考虑部分变量为自由变量 (即无非负约束) 的线性规划问题:

$$
\begin{aligned}
\min_{x,y} \quad & c^{\mathrm{T}}x + d^{\mathrm{T}}y, \\
\text{s.t.} \quad & A_1 x + A_2 y = b, \\
& x \geqslant 0,
\end{aligned}
$$

在这里注意变量 y 没有非负约束. 试推导求解此问题的原始–对偶算法, 给出类似于(4.8.5)式的方程组并给出其解的显式表达式.

第五章

复合优化算法

本章主要考虑如下复合优化问题:

$$\min_{x \in \mathbb{R}^n} \quad \psi(x) \overset{\text{def}}{=\!=} f(x) + h(x), \tag{5.0.1}$$

其中 $f(x)$ 为可微函数 (可能非凸), $h(x)$ 可能为不可微函数. 问题 (5.0.1) 出现在很多应用领域中, 例如压缩感知、图像处理、机器学习等, 如何高效求解该问题是近年来的热门课题. 第三章曾利用光滑化的思想处理不可微项 $h(x)$, 但这种做法没有充分利用 $h(x)$ 的性质, 在实际应用中有一定的局限性. 而本章将介绍若干适用于求解问题 (5.0.1) 的方法并给出一些理论性质. 我们首先引入针对问题 (5.0.1) 直接进行求解的近似点梯度法和 Nesterov 加速算法, 之后介绍求解特殊结构复合优化问题的近似点算法、分块坐标下降法、对偶算法以及交替方向乘子法, 最后介绍处理 $\nabla f(x)$ 难以精确计算情形的随机优化算法.

需要注意的是, 许多实际问题并不直接具有本章介绍的算法所能处理的形式, 我们需要利用拆分、引入辅助变量等技巧将其进行等价变形, 最终化为合适的优化问题. 具体可参考第 5.3 节和第 5.4 节的内容. 此外, 本章涉及的定理证明需要较多第二章中的内容, 为了方便, 我们默认所有次梯度计算规则的前提成立 (加法、线性变量替换等, 见第 2.7.4 节). 这些前提在绝大多数应用中都会满足.

5.1　近似点梯度法

在机器学习、图像处理领域中, 许多模型包含两部分: 一部分是误差项, 一般为光滑函数; 另外一部分是正则项, 可能为非光滑函数, 用来保证求解问题的特殊结构. 例如最常见的 LASSO 问题就是用 ℓ_1 范数构造正则项保证求解的参数是稀疏的, 从而起到筛选变量的作用. 由于有非光滑部分的存在, 此类问题属于非光滑的优化问题, 我们可以考虑使用次梯度算法进行求解. 然而次梯度算法并不能充分利用光滑部分的信息, 也很难在迭代中保证非光滑项对应的解的结构信息, 这使得次梯度算法在求解这类问题时往往收敛较慢. 本节将介绍求解这类问题非常有效的一种算法——近似点梯度算法. 它能克服次梯度算法的缺点, 充分利用光滑部分的信息, 并在迭代过程中显式地保证解的结构, 从而能够达到和求解光滑问题的梯度算法相近的收敛速度. 在后面的内容中, 我们首先引入邻近算子, 它是近似点梯度算法中处理非光滑部分的关键; 接着介绍近似点梯度算法的迭代格式, 并给出一些实际的例子; 最后给出这个算法的一些收敛性证明, 并将看到它确实有和光滑梯度算法相似的收敛速度. 为了讨论简便, 我们主要介绍凸函数的情形. 最后一小节简单介绍非凸函数的邻近算子, 供感兴趣的读者阅读.

5.1.1 邻近算子

邻近算子是处理非光滑问题的一个非常有效的工具, 也与许多算法的设计密切相关, 比如我们即将介绍的近似点梯度法和近似点算法等. 当然该算子并不局限于非光滑函数, 也可以用来处理光滑函数. 本小节将介绍邻近算子的相关内容, 为引入近似点梯度算法做准备.

首先给出邻近算子的定义.

定义 5.1 (邻近算子) 对于一个凸函数 h, 定义它的邻近算子为

$$\text{prox}_h(x) = \underset{u \in \text{dom}\, h}{\arg\min} \left\{ h(u) + \frac{1}{2}\|u - x\|^2 \right\}. \tag{5.1.1}$$

可以看到, 邻近算子的目的是求解一个距 x 不算太远的点, 并使函数值 $h(x)$ 也相对较小. 一个很自然的问题是, 上面给出的邻近算子的定义是不是有意义的, 即定义中的优化问题的解是不是存在唯一的. 若答案是肯定的, 我们就可使用邻近算子去构建迭代格式. 下面的定理将给出定义中优化问题解的存在唯一性.

定理 5.1 (邻近算子是良定义的) 若 h 是适当的闭凸函数, 则对任意的 $x \in \mathbb{R}^n$, $\text{prox}_h(x)$ 的值存在且唯一.

证明 为了简化证明, 我们假设 h 至少在定义域内的一点处存在次梯度, 保证次梯度存在的一个充分条件是 $\text{dom}\, h$ 内点集非空. 对于比较复杂的情况读者可参考文献 [8] 命题 12.15. 定义辅助函数

$$m(u) = h(u) + \frac{1}{2}\|u - x\|^2,$$

下面利用魏尔斯特拉斯定理 (定理 3.1) 来说明 $m(u)$ 最小值点的存在性. 因为 $h(u)$ 是凸函数, 且至少在一点存在次梯度, 所以 $h(u)$ 有全局下界:

$$h(u) \geqslant h(v) + \theta^{\text{T}}(u - v),$$

这里 $v \in \text{dom}\, h, \theta \in \partial h(v)$. 进而得到

$$\begin{aligned}
m(u) &= h(u) + \frac{1}{2}\|u - x\|^2 \\
&\geqslant h(v) + \theta^{\text{T}}(u - v) + \frac{1}{2}\|u - x\|^2,
\end{aligned}$$

这表明 $m(u)$ 具有二次下界. 容易验证 $m(u)$ 为适当闭函数且具有强制性 (当 $\|u\| \to +\infty$ 时, $m(u) \to +\infty$), 根据定理 3.1 可知 $m(u)$ 存在最小值.

接下来证明唯一性. 注意到 $m(u)$ 是强凸函数, 根据命题 2.3 的结果可直接得出 $m(u)$ 的最小值唯一. 综上 $\text{prox}_h(x)$ 是良定义的. □

另外, 根据最优性条件可以得到如下等价结论:

定理 5.2（邻近算子与次梯度的关系）　若 h 是适当的闭凸函数, 则

$$u = \mathrm{prox}_h(x) \iff x - u \in \partial h(u).$$

证明　若 $u = \mathrm{prox}_h(x)$, 则由最优性条件得 $0 \in \partial h(u) + (u-x)$, 因此有 $x - u \in \partial h(u)$. 反之, 若 $x - u \in \partial h(u)$, 则由次梯度的定义可得到

$$h(v) \geqslant h(u) + (x - u)^{\mathrm{T}}(v - u), \quad \forall\, v \in \mathbf{dom}\, h.$$

两边同时加 $\dfrac{1}{2}\|v - x\|^2$, 即有

$$\begin{aligned}
h(v) + \frac{1}{2}\|v - x\|^2 &\geqslant h(u) + (x - u)^{\mathrm{T}}(v - u) + \frac{1}{2}\|v - x\|^2 \\
&\geqslant h(u) + \frac{1}{2}\|u - x\|^2, \quad \forall\, v \in \mathbf{dom}\, h.
\end{aligned}$$

因此我们得到 $u = \mathrm{prox}_h(x)$. □

用 th 代替 h, 上面的等价结论形式上可以写成

$$u = \mathrm{prox}_{th}(x) \iff u \in x - t\partial h(u).$$

邻近算子的计算可以看成是次梯度算法的隐式格式 (后向迭代), 这实际是近似点算法的迭代格式. 对于非光滑情形, 由于次梯度不唯一, 显式格式的迭代并不唯一, 而隐式格式却能得到唯一解. 此外在步长的选择上面, 隐式格式也要优于显式格式.

下面给出一些常见的例子. 计算邻近算子的过程实际上是在求解一个优化问题, 我们给出 ℓ_1 范数和 ℓ_2 范数对应的计算过程, 其他例子读者可以自行验证.

例 5.1（邻近算子的例子）　在下面所有例子中, 常数 $t > 0$ 为正实数.

(1) ℓ_1 范数:

$$h(x) = \|x\|_1, \quad \mathrm{prox}_{th}(x) = \mathrm{sign}(x)\max\{|x| - t, 0\}.$$

证明　邻近算子 $u = \mathrm{prox}_{th}(x)$ 的最优性条件为

$$x - u \in t\partial\|u\|_1 = \begin{cases} \{t\}, & u > 0, \\ [-t, t], & u = 0, \\ \{-t\}, & u < 0, \end{cases}$$

因此, 当 $x > t$ 时, $u = x - t$; 当 $x < -t$ 时, $u = x + t$; 当 $x \in [-t, t]$ 时, $u = 0$, 即有 $u = \mathrm{sign}(x)\max\{|x| - t, 0\}$. □

(2) ℓ_2 范数:

$$h(x) = \|x\|_2, \quad \mathrm{prox}_{th}(x) = \begin{cases} \left(1 - \dfrac{t}{\|x\|_2}\right)x, & \|x\|_2 \geqslant t, \\ 0, & \text{其他}. \end{cases}$$

证明 邻近算子 $u = \mathrm{prox}_{th}(x)$ 的最优性条件为

$$x - u \in t\partial\|u\|_2 = \begin{cases} \left\{\dfrac{tu}{\|u\|_2}\right\}, & u \neq 0, \\ \{w : \|w\|_2 \leqslant t\}, & u = 0, \end{cases}$$

因此, 当 $\|x\|_2 > t$ 时, $u = x - \dfrac{tx}{\|x\|_2}$; 当 $\|x\|_2 \leqslant t$ 时, $u = 0$. $\qquad\square$

(3) 二次函数 (其中 A 对称正定):

$$h(x) = \frac{1}{2}x^{\mathrm{T}}Ax + b^{\mathrm{T}}x + c, \quad \mathrm{prox}_{th}(x) = (I + tA)^{-1}(x - tb).$$

(4) 负自然对数的和:

$$h(x) = -\sum_{i=1}^{n}\ln x_i, \quad \mathrm{prox}_{th}(x)_i = \frac{x_i + \sqrt{x_i^2 + 4t}}{2}, \quad i = 1, 2, \cdots, n.$$

除了直接利用定义计算, 很多时候可以利用已知邻近算子的结果, 计算其他邻近算子. 下面我们给出一些常用的运算规则. 运用这些简单的规则, 可以求解更复杂的邻近算子.

例 5.2 (邻近算子的运算规则) 由邻近算子的定义和基本的计算推导, 我们可以得出邻近算子满足如下运算规则:

(1) 变量的常数倍放缩以及平移 $(\lambda \neq 0)$:

$$h(x) = g(\lambda x + a), \quad \mathrm{prox}_h(x) = \frac{1}{\lambda}(\mathrm{prox}_{\lambda^2 g}(\lambda x + a) - a);$$

(2) 函数 (及变量) 的常数倍放缩 $(\lambda > 0)$:

$$h(x) = \lambda g\left(\frac{x}{\lambda}\right), \quad \mathrm{prox}_h(x) = \lambda\,\mathrm{prox}_{\lambda^{-1}g}\left(\frac{x}{\lambda}\right);$$

(3) 加上线性函数:

$$h(x) = g(x) + a^{\mathrm{T}}x, \quad \mathrm{prox}_h(x) = \mathrm{prox}_g(x - a);$$

(4) 加上二次项 $(u > 0)$

$$h(x) = g(x) + \frac{u}{2}\|x - a\|_2^2, \quad \mathrm{prox}_h(x) = \mathrm{prox}_{\theta g}(\theta x + (1 - \theta)a);$$

其中 $\theta = \dfrac{1}{1 + u}$;

(5) 向量函数:

$$h\left(\begin{bmatrix} x \\ y \end{bmatrix}\right) = \varphi_1(x) + \varphi_2(y), \quad \mathrm{prox}_h\left(\begin{bmatrix} x \\ y \end{bmatrix}\right) = \begin{bmatrix} \mathrm{prox}_{\varphi_1}(x) \\ \mathrm{prox}_{\varphi_2}(y) \end{bmatrix}.$$

对于一般的复合函数, 我们很难给出其邻近算子的显式解. 不过当外层函数的邻近算子有显式解且内层函数是特殊的仿射函数的时候, 求解复合函数的邻近算子就会容易得多. 下面的例子给出了一般函数复合仿射变换的结果.

例 5.3 (仿射变换与邻近算子)　已知函数 $g(x)$ 和矩阵 A, 设 $h(x) = g(Ax + b)$. 在通常情况下, 我们不能使用 g 的邻近算子直接计算关于 h 的邻近算子. 然而, 若有 $AA^{\mathrm{T}} = \dfrac{1}{\alpha}I$(其中 α 为任意正常数), 则

$$\mathrm{prox}_h(x) = (I - \alpha A^{\mathrm{T}}A)x + \alpha A^{\mathrm{T}}(\mathrm{prox}_{\alpha^{-1}g}(Ax + b) - b).$$

例如, $h(x_1, x_2, \cdots, x_m) = g(x_1 + x_2 + \cdots + x_m)$ 的邻近算子为

$$\mathrm{prox}_h(x_1, x_2, \cdots, x_m)_i = x_i - \frac{1}{m}\left(\sum_{j=1}^m x_j - \mathrm{prox}_{mg}\left(\sum_{j=1}^m x_j\right)\right).$$

证明　考虑如下优化问题:

$$\min_{u,y} \quad g(y) + \frac{1}{2}\|u - x\|^2,$$

$$\mathrm{s.t.} \quad Au + b = y,$$

则其解中的 $u = \mathrm{prox}_h(x)$. 固定 y 对于 u 求极小值, 这是一个到仿射集的投影问题, 其解为

$$u = x + A^{\mathrm{T}}(AA^{\mathrm{T}})^{-1}(y - b - Ax)$$

$$= (I - \alpha A^{\mathrm{T}}A)x + \alpha A^{\mathrm{T}}(y - b).$$

将其代入优化问题, 将目标函数化为

$$g(y) + \frac{\alpha^2}{2}\|A^{\mathrm{T}}(y - b - Ax)\|^2 = g(y) + \frac{\alpha}{2}\|y - b - Ax\|^2.$$

由此得到 $y = \mathrm{prox}_{\alpha^{-1}g}(Ax + b)$, 再代入 u 的表达式中即可得到结果.　□

另外一种比较常用的邻近算子是关于示性函数的邻近算子. 集合 C 的示性函数定义为

$$I_C(x) = \begin{cases} 0, & x \in C, \\ +\infty, & \text{其他}, \end{cases}$$

它可以用来把约束变成目标函数的一部分.

例 5.4 (闭凸集上的投影)　设 C 为 $\mathbb{R}^n$ 上的闭凸集, 则示性函数 I_C 的邻近算子为点 x 到集合 C 的投影, 即

$$\mathrm{prox}_{I_C}(x) = \arg\min_u \left\{ I_C(u) + \frac{1}{2}\|u - x\|^2 \right\}$$

$$= \arg\min_{u \in C} \|u - x\|^2 = \mathcal{P}_C(x).$$

此外, 应用定理 5.2 可进一步得到

$$u = \mathcal{P}_C(x) \Leftrightarrow x - u \in \partial I_C(u)$$

$$\Leftrightarrow (x-u)^{\mathrm{T}}(z-u) \leqslant I_C(z) - I_C(u) = 0, \quad \forall\, z \in C.$$

此结论有较强的几何意义: 若点 x 位于 C 外部, 则从投影点 u 指向 x 的向量与任意起点为 u 且指向 C 内部的向量的夹角为直角或钝角.

5.1.2　近似点梯度法

下面将引入本节的重点——近似点梯度算法. 我们将考虑如下复合优化问题:

$$\min \quad \psi(x) = f(x) + h(x), \tag{5.1.2}$$

其中函数 f 为可微函数, 其定义域 $\mathbf{dom}\, f = \mathbb{R}^n$, 函数 h 为凸函数, 可以是非光滑的, 并且一般计算此项的邻近算子并不复杂. 比如 LASSO 问题, 两项分别为 $f(x) = \dfrac{1}{2}\|Ax-b\|^2$, $h(x) = \mu\|x\|_1$. 一般的带凸集约束的优化问题也可以用 (5.1.2) 式表示, 即对问题

$$\min_{x \in C} \quad \phi(x),$$

复合优化问题中的两项可以写作 $f(x) = \phi(x)$, $h(x) = I_C(x)$, 其中 $I_C(x)$ 为示性函数.

近似点梯度法的思想非常简单: 注意到 $\psi(x)$ 有两部分, 对于光滑部分 f 做梯度下降, 对于非光滑部分 h 使用邻近算子, 则近似点梯度法的迭代公式为

$$x^{k+1} = \mathrm{prox}_{t_k h}(x^k - t_k \nabla f(x^k)), \tag{5.1.3}$$

其中 $t_k > 0$ 为每次迭代的步长, 它可以是一个常数或者由线搜索得出. 近似点梯度法跟众多算法都有很强的联系, 在一些特定条件下, 近似点梯度法还可以转化为其他算法: 当 $h(x) = 0$ 时, 迭代公式变为梯度下降法

$$x^{k+1} = x^k - t_k \nabla f(x^k);$$

当 $h(x) = I_C(x)$ 时, 迭代公式变为投影梯度法

$$x^{k+1} = \mathcal{P}_C(x^k - t_k \nabla f(x^k)).$$

近似点梯度法可以总结为算法 5.1.

算法 5.1　近似点梯度法

1: **输入**: 函数 $f(x), h(x)$, 初始点 x^0. 初始化 $k = 0$.
2: **while** 未达到收敛准则 **do**
3: 　　$x^{k+1} = \mathrm{prox}_{t_k h}(x^k - t_k \nabla f(x^k))$.
4: 　　$k \leftarrow k + 1$.
5: **end while**

如何理解近似点梯度法? 根据邻近算子的定义, 把迭代公式展开:

$$x^{k+1} = \arg\min_u \left\{ h(u) + \frac{1}{2t_k} \|u - x^k + t_k \nabla f(x^k)\|^2 \right\}$$
$$= \arg\min_u \left\{ h(u) + f(x^k) + \nabla f(x^k)^{\mathrm{T}}(u - x^k) + \frac{1}{2t_k} \|u - x^k\|^2 \right\},$$

可以发现, 近似点梯度法实质上就是将问题的光滑部分线性展开再加上二次项并保留非光滑部分, 然后求极小来作为每一步的估计. 此外, 根据定理 5.2, 近似点梯度算法可以形式上写成

$$x^{k+1} = x^k - t_k \nabla f(x^k) - t_k g^k, \quad g^k \in \partial h(x^{k+1}).$$

其本质上是对光滑部分做显式的梯度下降, 对非光滑部分做隐式的梯度下降.

算法 5.1 中步长 t_k 的选取较为关键. 当 f 为梯度 L–利普希茨连续函数时, 可取固定步长 $t_k = t \leqslant \frac{1}{L}$. 当 L 未知时可使用线搜索准则

$$f(x^{k+1}) \leqslant f(x^k) + \nabla f(x^k)^{\mathrm{T}}(x^{k+1} - x^k) + \frac{1}{2t_k} \|x^{k+1} - x^k\|^2. \tag{5.1.4}$$

我们将在第 5.1.4 小节中解释这样选取的原因. 此外, 还可利用 BB 步长作为 t_k 的初始估计并用非单调线搜索准则进行校正. 由于 $\psi(x)$ 是不可微的函数, 利用格式 (3.5.7) 或格式 (3.5.8) 进行计算时, 应使用 $\nabla f(x^k)$ 和 $\nabla f(x^{k-1})$(即光滑部分的梯度) 计算与其对应的 y^{k-1}. 类似地, 仿照准则 (3.4.6) 可构造如下适用于近似点梯度法的非单调线搜索准则:

$$\psi(x^{k+1}) \leqslant C^k - \frac{c_1}{2t_k} \|x^{k+1} - x^k\|^2, \tag{5.1.5}$$

其中 $c_1 \in (0, 1)$ 为正常数, C^k 的定义同 (3.4.6) 式. 注意, 定义 C^k 时需要使用整体函数值 $\psi(x^k)$.

5.1.3 应用举例

1. LASSO 问题求解

这里介绍如何使用近似点梯度法来求解 LASSO 问题

$$\min_x \quad \mu \|x\|_1 + \frac{1}{2} \|Ax - b\|^2.$$

令 $f(x) = \frac{1}{2} \|Ax - b\|^2$, $h(x) = \mu \|x\|_1$, 则

$$\nabla f(x) = A^{\mathrm{T}}(Ax - b),$$

$$\mathrm{prox}_{t_k h}(x) = \mathrm{sign}(x) \max\{|x| - t_k \mu, 0\}.$$

求解 LASSO 问题的近似点梯度算法可以由下面的迭代格式给出:

$$y^k = x^k - t_k A^{\mathrm{T}}(Ax^k - b),$$

$$x^{k+1} = \text{sign}(y^k) \max\{|y^k| - t_k\mu, 0\},$$

即第一步做梯度下降, 第二步做收缩. 特别地, 第二步收缩算子保证了迭代过程中解的稀疏结构. 这也解释了为什么近似点梯度算法效果好的原因.

我们用同第 3.5 节中一样的 A 和 b, 并取 $\mu = 10^{-3}$. 采用连续化的近似点梯度法来求解, 分别取固定步长 $t = \dfrac{1}{L}$, 这里 $L = \lambda_{\max}(A^{\mathrm{T}}A)$, 和结合线搜索的 BB 步长. 停机准则和参数 μ 的连续化设置和第 3.5 节中的光滑化梯度法一致, 结果如图 5.1.

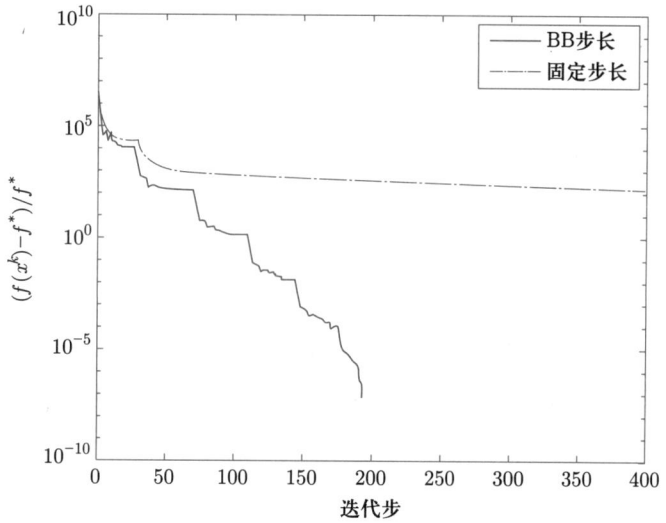

图 5.1 近似点梯度法求解 LASSO 问题

可以看到, 结合线搜索的 BB 步长能够显著提高算法的收敛速度, 且比 第 3.5 节中的光滑化梯度法收敛得更快.

2. 低秩矩阵恢复

考虑低秩矩阵恢复模型 (1.3.3):

$$\min_{X \in \mathbb{R}^{m \times n}} \quad \mu\|X\|_* + \frac{1}{2} \sum_{(i,j) \in \Omega} (X_{ij} - M_{ij})^2,$$

其中 M 是想要恢复的低秩矩阵, 但是只知道其在下标集 Ω 上的值. 令

$$f(X) = \frac{1}{2} \sum_{(i,j) \in \Omega} (X_{ij} - M_{ij})^2, \quad h(X) = \mu\|X\|_*,$$

定义矩阵 $P \in \mathbb{R}^{m \times n}$:

$$P_{ij} = \begin{cases} 1, & (i,j) \in \Omega, \\ 0, & \text{其他}, \end{cases}$$

则

$$f(X) = \frac{1}{2}\|P \odot (X - M)\|_F^2,$$

$$\nabla f(X) = P \odot (X - M),$$

$$\text{prox}_{t_k h}(X) = U\text{Diag}\left(\max\{|d| - t_k\mu, 0\}\right)V^{\text{T}},$$

其中 $X = U\text{Diag}(d)V^{\text{T}}$ 为矩阵 X 的约化的奇异值分解. 近似点梯度法的迭代格式为

$$Y^k = X^k - t_k P \odot (X^k - M),$$

$$X^{k+1} = \text{prox}_{t_k h}(Y^k).$$

3. 小波模型求解

下面考虑小波分解模型:

$$\min_{u} \quad \|\lambda \odot (Wu)\|_1 + \frac{1}{2}\|Au - b\|^2, \tag{5.1.6}$$

其中 $W \in \mathbb{R}^{m \times n}$ 是紧小波框架算子, 即满足 $W^{\text{T}}W = I$, 第二项为问题的损失函数. 利用紧框架的性质, 可以引入 $d = Wu$, 则 $u = W^{\text{T}}d$, 可以使用近似点梯度法求解对应的合成模型:

$$\min_{d} \quad \|\lambda \odot d\|_1 + \frac{1}{2}\|AW^{\text{T}}d - b\|^2. \tag{5.1.7}$$

令 $f(d) = \frac{1}{2}\|AW^{\text{T}}d - b\|^2$, $h(d) = \|\lambda \odot d\|_1$, 则

$$\nabla f(d) = WA^{\text{T}}(AW^{\text{T}}d - b),$$

$$\text{prox}_{t_k h}(d) = \text{sign}(d)\max\{|d| - t_k\lambda, 0\}.$$

近似点梯度算法可以由下面的迭代格式给出:

$$y^k = d^k - t_k WA^{\text{T}}(AW^{\text{T}}d^k - b),$$

$$d^{k+1} = \text{sign}(y^k)\max\left\{|y^k| - t_k\lambda, 0\right\}.$$

4. 平衡小波模型求解

平衡小波模型也是图像处理领域一个非常重要的模型, 它可以写成如下形式:

$$\min_{\alpha} \quad \|\lambda \odot \alpha\|_1 + \frac{\kappa}{2}\|(I - WW^{\text{T}})\alpha\|^2 + \frac{1}{2}\|AW^{\text{T}}\alpha - b\|^2. \tag{5.1.8}$$

这里并不要求 W 是紧框架, 即不要求 $W^{\mathrm{T}}W = I$. 为了使用近似点梯度算法, 令

$$f(\alpha) = \frac{\kappa}{2}\|(I - WW^{\mathrm{T}})\alpha\|^2 + \frac{1}{2}\|AW^{\mathrm{T}}\alpha - b\|^2, \quad h(\alpha) = \|\lambda \odot \alpha\|_1,$$

则

$$\nabla f(\alpha) = \kappa(I - WW^{\mathrm{T}})\alpha + WA^{\mathrm{T}}(AW^{\mathrm{T}}\alpha - b),$$

$$\mathrm{prox}_{t_k h}(\alpha) = \mathrm{sign}(\alpha)\max\{|\alpha| - t_k\lambda, 0\}.$$

近似点梯度算法可以由下面的迭代格式给出:

$$y^k = \alpha^k - t_k(\kappa(I - WW^{\mathrm{T}})\alpha^k + WA^{\mathrm{T}}(AW^{\mathrm{T}}\alpha^k - b)),$$

$$\alpha^{k+1} = \mathrm{sign}(y^k)\max\{|y^k| - t_k\lambda, 0\}.$$

5.1.4 收敛性分析

本小节介绍近似点梯度算法的收敛性. 在提出近似点梯度算法时, 我们仅仅要求 $f(x)$ 为可微函数, 但在收敛性分析时则要求 $f(x)$ 也为凸函数.

假设 5.1

(1) f 在其定义域 $\mathbf{dom}\, f = \mathbb{R}^n$ 内为凸的; ∇f 在常数 L 意义下利普希茨连续, 即

$$\|\nabla f(x) - \nabla f(y)\| \leqslant L\|x - y\|, \quad \forall x, y;$$

(2) h 是适当的闭凸函数 (因此 prox_{th} 的定义是合理的);

(3) 函数 $\psi(x) = f(x) + h(x)$ 的最小值 ψ^* 是有限的, 并且在点 x^* 处可以取到 (并不要求唯一).

以上的条件可以保证近似点梯度法的收敛结果: 在定步长 $t_k \in \left(0, \dfrac{1}{L}\right]$ 的情况下, 迭代点 x^k 处的函数值 $\psi(x^k)$ 以 $\mathcal{O}\left(\dfrac{1}{k}\right)$ 的速率收敛到 ψ^*.

在正式给出收敛定理之前, 我们先引入一个新函数.

定义 5.2 (梯度映射) 设 $f(x)$ 和 $h(x)$ 满足假设 5.1, $t > 0$ 为正常数, 定义梯度映射为

$$G_t(x) = \frac{1}{t}(x - \mathrm{prox}_{th}(x - t\nabla f(x))). \tag{5.1.9}$$

通过计算可以发现 $G_t(x)$ 为近似点梯度法每次迭代中的负的 "搜索方向", 即

$$x^{k+1} = \mathrm{prox}_{th}(x^k - t\nabla f(x^k)) = x^k - tG_t(x^k).$$

这里需要注意的是, $G_t(x)$ 并不是 $\psi = f + h$ 的梯度或者次梯度, 而由之前邻近算子与次梯度的关系可以得出

$$G_t(x) - \nabla f(x) \in \partial h(x - tG_t(x)). \tag{5.1.10}$$

此外, $G_t(x)$ 作为 "搜索方向", 与算法的收敛性有很强的关系: $G_t(x) = 0$ 当且仅当 x 为 $\psi(x) = f(x) + h(x)$ 的最小值点.

有了上面的铺垫, 我们介绍近似点梯度法的收敛性.

定理 5.3　在假设 5.1 下, 取定步长为 $t_k = t \in \left(0, \dfrac{1}{L}\right]$, 设 $\{x^k\}$ 是由迭代格式(5.1.3) 产生的序列, 则

$$\psi(x^k) - \psi^* \leqslant \frac{1}{2kt}\|x^0 - x^*\|^2. \tag{5.1.11}$$

证明　利用假设 5.1 中的利普希茨连续的性质, 根据二次上界 (2.2.3) 可以得到

$$f(y) \leqslant f(x) + \nabla f(x)^{\mathrm{T}}(y - x) + \frac{L}{2}\|y - x\|^2, \quad \forall x, y \in \mathbb{R}^n.$$

令 $y = x - tG_t(x)$, 有

$$f(x - tG_t(x)) \leqslant f(x) - t\nabla f(x)^{\mathrm{T}}G_t(x) + \frac{t^2 L}{2}\|G_t(x)\|^2.$$

若 $0 < t \leqslant \dfrac{1}{L}$, 则

$$f(x - tG_t(x)) \leqslant f(x) - t\nabla f(x)^{\mathrm{T}}G_t(x) + \frac{t}{2}\|G_t(x)\|^2. \tag{5.1.12}$$

此外, 由 $f(x), h(x)$ 为凸函数, 对任意 $z \in \mathbf{dom}\,\psi$ 我们有

$$h(z) \geqslant h(x - tG_t(x)) + (G_t(x) - \nabla f(x))^{\mathrm{T}}(z - x + tG_t(x)),$$

$$f(z) \geqslant f(x) + \nabla f(x)^{\mathrm{T}}(z - x),$$

其中关于 $h(z)$ 的不等式利用了关系式(5.1.10). 整理得

$$h(x - tG_t(x)) \leqslant h(z) - (G_t(x) - \nabla f(x))^{\mathrm{T}}(z - x + tG_t(x)), \tag{5.1.13}$$

$$f(x) \leqslant f(z) - \nabla f(x)^{\mathrm{T}}(z - x). \tag{5.1.14}$$

将(5.1.12)—(5.1.14) 式相加可得, 对任意 $z \in \mathbf{dom}\,\psi$ 有

$$\psi(x - tG_t(x)) \leqslant \psi(z) + G_t(x)^{\mathrm{T}}(x - z) - \frac{t}{2}\|G_t(x)\|^2. \tag{5.1.15}$$

因此, 对于每一步的迭代,

$$\tilde{x} = x - tG_t(x),$$

在全局不等式 (5.1.15) 中, 取 $z = x^*$ 有

$$\begin{aligned}
\psi(\tilde{x}) - \psi^* &\leqslant G_t(x)^{\mathrm{T}}(x - x^*) - \frac{t}{2}\|G_t(x)\|^2 \\
&= \frac{1}{2t}\left(\|x - x^*\|^2 - \|x - x^* - tG_t(x)\|^2\right) \\
&= \frac{1}{2t}\left(\|x - x^*\|^2 - \|\tilde{x} - x^*\|^2\right).
\end{aligned} \tag{5.1.16}$$

分别取 $x = x^{i-1}, \tilde{x} = x^i, t = t_i = \dfrac{1}{L}, i = 1, 2, \cdots, k$, 代入不等式 (5.1.16) 并累加,

$$\sum_{i=1}^{k} (\psi(x^i) - \psi^*) \leqslant \frac{1}{2t} \sum_{i=1}^{k} (\|x^{i-1} - x^*\|^2 - \|x^i - x^*\|^2)$$

$$= \frac{1}{2t} (\|x^0 - x^*\|^2 - \|x^k - x^*\|^2)$$

$$\leqslant \frac{1}{2t} \|x^0 - x^*\|^2.$$

注意到在不等式 (5.1.15) 中, 取 $z = x$ 即可得到算法为下降法:

$$\psi(\tilde{x}) \leqslant \psi(x) - \frac{t}{2} \|G_t(x)\|^2,$$

即 $\psi(x^i)$ 为非增的, 因此

$$\psi(x^k) - \psi^* \leqslant \frac{1}{k} \sum_{i=1}^{k} (\psi(x^i) - \psi^*) \leqslant \frac{1}{2kt} \|x^0 - x^*\|^2. \qquad \square$$

在定理 5.3 中, 收敛性要求步长小于或等于 ∇f 对应的利普希茨常数 L 的倒数. 但是在实际应用中, 我们经常很难知道 L, 因此可以考虑线搜索的技巧. 注意到, 之所以需要 $t \leqslant \dfrac{1}{L}$ 的条件是因为不等式(5.1.12), 所以线搜索策略可以是从某个 $t = \hat{t} > 0$ 开始进行回溯 $(t \leftarrow \beta t)$, 直到满足不等式

$$f(x - tG_t(x)) \leqslant f(x) - t\nabla f(x)^{\mathrm{T}} G_t(x) + \frac{t}{2} \|G_t(x)\|^2. \tag{5.1.17}$$

注意, (5.1.17) 式与前面给出的线搜索准则 (5.1.4) 是等价的, 这也说明了准则 (5.1.4) 的合理性.

类似于定理 5.3, 我们有如下收敛性定理:

定理 5.4 在假设 5.1 下, 从某个 $t = \hat{t} > 0$ 开始进行回溯 $(t \leftarrow \beta t)$ 直到满足不等式(5.1.17), 设 $\{x^k\}$ 是由迭代格式(5.1.3) 产生的序列, 则

$$\psi(x^k) - \psi^* \leqslant \frac{1}{2k \min\{\hat{t}, \beta/L\}} \|x^0 - x^*\|^2.$$

证明 由定理 5.3 的证明过程, 当 $0 < t \leqslant \dfrac{1}{L}$ 时, 不等式(5.1.17) 成立, 因此由线搜索所得的步长 t 应该满足 $t \geqslant t_{\min} = \min\left\{\hat{t}, \dfrac{\beta}{L}\right\}$. 利用和定理 5.3 同样的证明方法, 我们有 $\psi(x^i) < \psi(x^{i-1})$, 且

$$\psi(x^i) - \psi^* \leqslant \frac{1}{2t_{\min}} (\|x^{i-1} - x^*\|^2 - \|x^i - x^*\|^2).$$

从 $i = 1$ 到 $i = k$ 累加所有的不等式, 并利用 $\psi(x^i)$ 是非增的, 可得上界估计

$$\psi(x^k) - \psi^* \leqslant \frac{1}{2kt_{\min}} \|x^0 - x^*\|^2. \qquad \square$$

*5.1.5　非凸函数的邻近算子与近似点梯度法

作为本节的拓展, 我们简单介绍对一般非凸函数如何定义邻近算子以及它的一些简单性质. 同时将给出在非凸情况下近似点梯度法的结构.

根据凸函数邻近算子的定义(5.1.1), 形式上邻近算子是计算一个函数的最小值点. 我们引入凸性是为了保证最小值点存在唯一, 而且方便计算. 当 h 为非凸函数时, 唯一性一般不能保证, 但是至少可以保证最小值点存在. 因此对非凸函数定义邻近算子是可行的.

本节对有下界的适当闭函数定义邻近算子.

定义 5.3 (适当闭函数的邻近算子)　设 h 是适当闭函数, 且具有有限的下界, 即满足 $\inf\limits_{x \in \mathbf{dom}\, h} h(x) > -\infty$, 定义 h 的邻近算子为

$$\mathrm{prox}_h(x) = \arg\min_{u \in \mathbf{dom}\, h} \left\{ h(u) + \frac{1}{2}\|u - x\|^2 \right\}.$$

这里和凸函数情形不同的是, 非凸函数 h 的邻近算子是一个集合函数, 即 $\mathrm{prox}_h(x)$ 是一个集合. 在凸函数的情形下, 由于解的存在唯一性, $\mathrm{prox}_h(x)$ 只包含一个点.

我们定义了非凸函数 h 的邻近算子 prox_h, 一个自然的问题是, prox_h 是不是良定义的? 对适当闭函数, 可以证明 prox_h 是良定义的.

命题 5.1　设 h 是适当闭函数且 $\inf\limits_{x \in \mathbf{dom}\, h} h(x) > -\infty$, 则对任意的 $x \in \mathbf{dom}\, h$, $\mathrm{prox}_h(x)$ 是 $\mathbb{R}^n$ 上的非空紧集.

证明　定义 $g(u) = h(u) + \frac{1}{2}\|u - x\|^2$, 设 $\inf\limits_{x \in \mathbf{dom}\, h} h(x) = l$. 取 $u_0 \in \mathbf{dom}\, h$, 由于二次函数 $\frac{1}{2}\|u - x\|^2$ 无上界, 因此存在 $R > 0$, 使得当 $\|u - x\| > R$ 时,

$$\frac{1}{2}\|u - x\|^2 > g(u_0) - l,$$

即对任意满足 $\|u - x\| > R$ 的 u, 我们有

$$g(u) > g(u_0).$$

这说明下水平集 $\{u \mid g(u) \leqslant g(u_0)\}$ 含于球 $\|u - x\| \leqslant R$ 内, 即 g 有一个非空有界下水平集. 显然 $g(u)$ 是闭函数, 由魏尔斯特拉斯定理 (定理 3.1) 可知, $g(u)$ 的最小值点集合 $\mathrm{prox}_h(x)$ 是非空紧集. □

以上命题说明, 对于适当闭函数 h, 总是可以定义它的邻近算子 prox_h, 尽管在实际使用的时候我们往往只选择 prox_h 中的一个元素.

下面简要介绍 prox_h 的性质. 我们知道, 对凸函数 h, 有最优性条件

$$u = \mathrm{prox}_h(x) \Leftrightarrow x - u \in \partial h(u).$$

这实际上是定理 5.2 的结果. 对于适当闭函数 h, 是否也有类似的性质呢?

由于 h 不是凸函数, 所以在一般情况下 $0 \in \partial h(x^*)$ 不能保证 x^* 是局部极小点. 通常将所有满足 $0 \in \partial h(x)$ 的点称为 $f(x)$ 的临界点 (或稳定点), 这和讨论光滑函数的情形是一致的. 根据一阶必要条件容易得出下面的结论:

推论 5.1   设 h 是适当闭函数且有下界, $u \in \mathrm{prox}_h(x)$, 则

$$x - u \in \partial h(u).$$

证明   容易计算出 $g(v) = h(v) + \dfrac{1}{2}\|v - x\|^2$ 的次微分 (见定义 3.3) 为

$$\partial g(v) = \partial h(v) + \{v - x\},$$

其中 "+" 表示集合间的加法. 根据 u 的定义以及定理 3.7 我们有

$$0 \in \partial g(u) = \partial h(u) + \{u - x\},$$

而这又等价于

$$x - u \in \partial h(u). \qquad \square$$

此推论说明在非凸情形下也能得到类似定理 5.2 的性质. 这在分析非凸问题算法收敛性时有很大帮助. 我们在以后介绍分块坐标下降法收敛性的时候会进一步说明这些性质是如何应用在算法分析中的.

在本小节的最后, 我们引入在非凸情形下的近似点梯度法. 为此仍然考虑复合优化问题(5.1.2):

$$\min \quad \psi(x) = f(x) + h(x),$$

在这里 $f(x)$ 是可微函数, $h(x)$ 为适当闭函数 (不一定为凸), 则可以写出近似点梯度法为

$$x^{k+1} \in \mathrm{prox}_{t_k h}(x^k - t_k \nabla f(x^k)), \tag{5.1.18}$$

其中 $t_k > 0$ 为步长, 可以取为固定值或由线搜索算法得出. 由于非凸函数的邻近算子没有唯一性, 在迭代时往往选取 $\mathrm{prox}_{t_k h}$ 中的一个元素. 此时的近似点梯度算法也具有收敛性, 其收敛性实际上是分块坐标下降法收敛性的特殊情形. 具体内容将在第 5.3 节中介绍.

5.2 Nesterov 加速算法

上一节分析了近似点梯度算法的收敛速度: 若光滑部分的梯度是利普希茨连续的, 则目标函数的收敛速度可以达到 $\mathcal{O}\left(\dfrac{1}{k}\right)$. 一个自然的问题是如果仅用梯度信息, 我们

能不能取得更快的收敛速度. Nesterov 分别在 1983 年、1988 年和 2005 年提出了三种改进的一阶算法, 收敛速度能达到 $\mathcal{O}\left(\dfrac{1}{k^2}\right)$. 实际上, 这三种算法都可以应用到近似点梯度算法上. 在 Nesterov 加速算法刚提出的时候, 由于牛顿算法有更快的收敛速度, Nesterov 加速算法在当时并没有引起太多的关注. 但近年来, 随着数据量的增大, 牛顿型方法由于其过大的计算复杂度, 不便于有效地应用到实际中, Nesterov 加速算法作为一种快速的一阶算法重新被挖掘出来并迅速流行起来. Beck 和 Teboulle 就在 2008 年给出了 Nesterov 在 1983 年提出的算法的近似点梯度法版本——FISTA. 本节将对这些加速方法做一定的介绍和总结, 主要讨论凸函数的加速算法, 并给出相应的例子和收敛性证明. 作为补充, 我们也将简单介绍非凸问题上的加速算法.

5.2.1　FISTA 算法

考虑如下复合优化问题:

$$\min_{x\in\mathbb{R}^n}\quad \psi(x)=f(x)+h(x), \tag{5.2.1}$$

其中 $f(x)$ 是连续可微的凸函数且梯度是利普希茨连续的 (利普希茨常数是 L), $h(x)$ 是适当的闭凸函数. 优化问题(5.2.1) 由光滑部分 $f(x)$ 和非光滑部分 $h(x)$ 组成, 可以使用近似点梯度法来求解这一问题, 但是其收敛速度只有 $\mathcal{O}\left(\dfrac{1}{k}\right)$. 很自然地, 我们希望能够加速近似点梯度算法, 这就是本小节要介绍的 FISTA 算法.

FISTA 算法由两步组成: 第一步沿着前两步的计算方向计算一个新点, 第二步在该新点处做一步近似点梯度迭代, 即

$$
\begin{aligned}
y^k &= x^{k-1}+\frac{k-2}{k+1}(x^{k-1}-x^{k-2}),\\
x^k &= \operatorname{prox}_{t_k h}(y^k-t_k\nabla f(y^k)).
\end{aligned}
$$

图 5.2 给出 FISTA 算法的迭代序列图. 可以看到这一做法对每一步迭代的计算量几乎没有影响, 而带来的效果是显著的. 如果选取 t_k 为固定的步长并小于或等于 $\dfrac{1}{L}$, 其收敛速度达到了 $\mathcal{O}\left(\dfrac{1}{k^2}\right)$, 我们将在收敛性分析中给出推导过程. 完整的 FISTA 算法见算法 5.2.

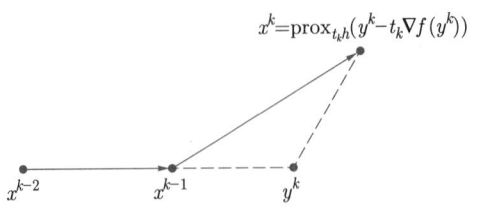

图 5.2　FISTA 一次迭代

算法 5.2　FISTA

1: **输入**：$x^0 = x^{-1} \in \mathbb{R}^n$, $k \leftarrow 1$.

2: **while** 未达到收敛准则 **do**

3:　　计算 $y^k = x^{k-1} + \dfrac{k-2}{k+1}(x^{k-1} - x^{k-2})$,

4:　　选取 $t_k = t \in \left(0, \dfrac{1}{L}\right]$, 计算 $x^k = \text{prox}_{t_k h}(y^k - t_k \nabla f(y^k))$.

5:　　$k \leftarrow k + 1$.

6: **end while**

为了对算法更好地推广, 可以给出 FISTA 算法的一个等价变形, 只是把原来算法中的第一步拆成两步迭代, 相应算法见算法 5.3. 当 $\gamma_k = \dfrac{2}{k+1}$, 并且取固定步长时, 两个算法是等价的. 但是当 γ_k 采用别的取法时, 算法 5.3 将给出另一个版本的加速算法.

算法 5.3　FISTA 算法的等价变形

1: **输入**：$v_0 = x_0 \in \mathbb{R}^n$, $k \leftarrow 1$.

2: **while** 未达到收敛准则 **do**

3:　　计算 $y^k = (1 - \gamma_k)x^{k-1} + \gamma_k v^{k-1}$.

4:　　选取 t_k, 计算 $x^k = \text{prox}_{t_k h}(y^k - t_k \nabla f(y^k))$.

5:　　计算 $v^k = x^{k-1} + \dfrac{1}{\gamma_k}(x^k - x^{k-1})$.

6:　　$k \leftarrow k + 1$.

7: **end while**

对于该算法框架, 我们需要确定如何选取步长 t_k 和 γ_k, 这决定了算法的收敛速度. 首先给出算法 5.3 以 $\mathcal{O}\left(\dfrac{1}{k^2}\right)$ 的速度收敛的条件 (具体的证明将在后面给出)：

$$f(x^k) \leqslant f(y^k) + \langle \nabla f(y^k), x^k - y^k \rangle + \frac{1}{2t_k}\|x^k - y^k\|_2^2, \tag{5.2.2}$$

$$\gamma_1 = 1, \quad \frac{(1-\gamma_i)t_i}{\gamma_i^2} \leqslant \frac{t_{i-1}}{\gamma_{i-1}^2}, \quad i > 1, \tag{5.2.3}$$

$$\frac{\gamma_k^2}{t_k} = \mathcal{O}\left(\frac{1}{k^2}\right). \tag{5.2.4}$$

可以看到当取 $t_k = \dfrac{1}{L}$, $\gamma_k = \dfrac{2}{k+1}$ 时, 以上条件满足. 而且 γ_k 的选取并不唯一, 例如我们可以采取

$$\gamma_1 = 1, \quad \frac{1}{\gamma_k} = \frac{1}{2}\left(1 + \sqrt{1 + \frac{4}{\gamma_{k-1}}}\right)$$

来得到序列 $\{\gamma_k\}$, 这样导出的算法的收敛速度依然是 $\mathcal{O}\left(\dfrac{1}{k^2}\right)$.

在算法 5.2 和算法 5.3 中都要求步长满足 $t_k \leqslant \dfrac{1}{L}$, 此时条件(5.2.2) 满足. 然而, 对绝大多数问题我们不知道函数 ∇f 的利普希茨常数. 为了在这种情况下条件(5.2.2) 依然能满足, 需要使用线搜索来确定合适的 t_k, 同时选取 γ_k 使得条件(5.2.3) 和条件(5.2.4) 同时满足, 从而使得算法达到 $\mathcal{O}\left(\dfrac{1}{k^2}\right)$ 的收敛速度. 下面给出两个线搜索算法, 在执行它们时条件(5.2.2)—(5.2.4) 同时得到满足, 进而可以得到相同收敛速度的结合线搜索的 FISTA 算法.

第一种方法比较直观, 类似于近似点梯度算法, 它是在算法 5.3 的第 4 行中加入线搜索, 并取 $\gamma_k = \dfrac{2}{k+1}$, 以回溯的方式找到满足条件 (5.2.2) 的 t_k 即可. 每一次的起始步长取为前一步的步长 t_{k-1}, 通过不断指数式地减小步长 t_k 来使得条件(5.2.2) 得到满足. 注意, 当 t_k 足够小时, 条件(5.2.2) 是一定会得到满足的, 因此不会出现线搜索无法终止的情况. 容易验证条件(5.2.3)(5.2.4) 在迭代过程中也得到满足. 该算法的具体过程见算法 5.4.

算法 5.4　线搜索算法 1

1: **输入**: $t_k = t_{k-1} > 0$, $\rho < 1$. 参照点 y^k 及其梯度 $\nabla f(y^k)$.

2: 计算 $x^k = \text{prox}_{t_k h}(y^k - t_k \nabla f(y^k))$.

3: **while** 条件(5.2.2) 对 x^k, y^k 不满足 **do**

4: 　　$t_k \leftarrow \rho t_k$.

5: 　　重新计算 $x^k = \text{prox}_{t_k h}(y^k - t_k \nabla f(y^k))$.

6: **end while**

7: **输出**: 迭代点 x^k, 步长 t_k.

在第一种方法中线搜索的初始步长 t_k 取为上一步的步长 t_{k-1}, 并在迭代过程中不断减小, 这不利于算法较快收敛. 注意到算法 5.3 中参数 γ_k 也是可调的, 这进一步增加了设计线搜索算法的灵活性. 第二种线搜索方法不仅改变步长 t_k 而且改变 γ_k, 所以 y^k 也随之改变. 该算法的具体过程见算法 5.5.

由 γ_k 的计算可知, 其一定满足条件(5.2.3) 且有 $0 < \gamma_k \leqslant 1$, 并且 t_k 的选取必有一个下界 $t_{\min}$. 关于 $\dfrac{\gamma_k^2}{t_k}$ 的估计, 我们有

$$\frac{\sqrt{t_{k-1}}}{\gamma_{k-1}} = \frac{\sqrt{(1-\gamma_k)t_k}}{\gamma_k} \leqslant \frac{\sqrt{t_k}}{\gamma_k} - \frac{\sqrt{t_k}}{2},$$

这里的不等号是由于 $\sqrt{1-x}$ 在点 $x = 0$ 处的凹性. 反复利用上式可得

$$\frac{\sqrt{t_k}}{\gamma_k} \geqslant \sqrt{t_1} + \frac{1}{2}\sum_{i=2}^{k} \sqrt{t_i},$$

因此

$$\frac{\gamma_k^2}{t_k} \leqslant \frac{1}{(\sqrt{t_1} + \frac{1}{2} \sum_{i=2}^{k} \sqrt{t_i})^2} \leqslant \frac{4}{t_{\min}(k+1)^2} = \mathcal{O}\left(\frac{1}{k^2}\right). \tag{5.2.5}$$

以上的分析说明了条件(5.2.3) 和条件(5.2.4) 在算法 5.5 的执行中也得到满足.

算法 5.5 线搜索算法 2

1: **输入:** $t_k = \hat{t} > 0$, $t_{k-1} > 0$, $\rho < 1$.

2: **loop**

3:    取 γ_k 为关于 γ 的方程 $t_{k-1}\gamma^2 = t_k\gamma_{k-1}^2(1-\gamma)$ 的正根.

4:    计算 $y^k = (1-\gamma_k)x^{k-1} + \gamma_k v^{k-1}$ 和梯度 $\nabla f(y^k)$.

5:    计算 $x^k = \text{prox}_{t_k h}(y^k - t_k\nabla f(y^k))$.

6:    **if** 条件(5.2.2) 对 x^k, y^k 不满足 **then**

7:       $t_k \leftarrow \rho t_k$.

8:    **else**

9:       结束循环.

10:    **end if**

11: **end loop**

12: **输出:** 迭代点 x^k, 步长 t_k.

算法 5.5 的执行过程比算法 5.4 复杂. 由于它同时改变了 t_k 和 γ_k, 迭代点 x^k 和参照点 y^k 在线搜索的过程中都发生了变化, 点 y^k 处的梯度也需要重新计算. 但此算法给我们带来的好处就是步长 t_k 不再单调下降, 在迭代后期也可以取较大值, 这会进一步加快收敛.

总的来说, 固定步长的 FISTA 算法对于步长的选取是较为保守的, 为了保证收敛, 有时不得不选取一个很小的步长, 这使得固定步长的 FISTA 算法收敛较慢. 若采用线搜索, 则在算法执行过程中会有很大机会选择符合条件的较大步长, 因此线搜索可能加快算法的收敛, 但代价就是每一步迭代的复杂度变高. 在实际的 FISTA 算法中, 需要权衡固定步长和线搜索算法的利弊, 从而选择针对特定问题的高效算法.

原始的 FISTA 算法不是一个下降算法, 这里给出一个 FISTA 的下降算法变形, 只需要对算法 5.3 的第 4 行进行修改. 在计算邻近算子之后, 我们并不立即选取此点作为新的迭代点, 而是检查函数值在当前点处是否下降, 只有当函数值下降时才更新迭代点. 假设经过近似点映射之后的点为 u, 则对当前点 x^k 做如下更新:

$$x^k = \begin{cases} u, & \psi(u) \leqslant \psi(x^{k-1}), \\ x^{k-1}, & \psi(u) > \psi(x^{k-1}). \end{cases} \tag{5.2.6}$$

完整的下降 FISTA 算法的结构如算法 5.6 所示, 其中 $\psi(x^k) \leqslant \psi(x^{k-1})$ 恒成立. 在实

际计算过程中, 由于步长或 γ_k 会随着 k 变化, 因此(5.2.6) 式中的 $\psi(u) > \psi(x^{k-1})$ 不会一直成立, 即算法不会停留在某个 x^{k-1} 而不进行更新. 步长和 γ_k 的选取只需使用固定步长 $t_k \leqslant \dfrac{1}{L}$, $\gamma_k = \dfrac{2}{k+1}$ 或者使用前述的任意一种线搜索方法均可.

算法 5.6　下降 FISTA 算法

1: **输入**: $v^0 = x^0 \in \mathbb{R}^n$, 初始化 $k \leftarrow 1$.

2: **while** 未达到收敛准则 **do**

3:　　计算 $y = (1 - \gamma_k)x^{k-1} + \gamma_k v^{k-1}$.

4:　　计算 $u = \mathrm{prox}_{t_k h}(y - t_k \nabla f(y))$.

5:　　使用(5.2.6) 式更新迭代点 x^k.

6:　　计算 $v^k = x^{k-1} + \dfrac{1}{\gamma_k}(u - x^{k-1})$.

7:　　$k \leftarrow k + 1$.

8: **end while**

5.2.2　其他加速算法

本小节将给出除 FISTA 算法外的另外两种加速算法, 它们分别是 Nesterov 在 1988 年和 2005 年提出的算法的推广版本. 此外, 本小节还将简单提一下针对非凸复合优化问题的 Nesterov 加速算法.

对于复合优化问题 (5.2.1), 我们给出第二类 Nesterov 加速算法, 见算法 5.7.

算法 5.7　第二类 Nesterov 加速算法

1: **输入**: 令 $x^0 = y^0$, 初始化 $k \leftarrow 1$.

2: **while** 未达到收敛准则 **do**

3:　　计算 $z^k = (1 - \gamma_k)x^{k-1} + \gamma_k y^{k-1}$.

4:　　计算 $y^k = \mathrm{prox}_{(t_k/\gamma_k)h}\left(y^{k-1} - \dfrac{t_k}{\gamma_k}\nabla f(z^k)\right)$.

5:　　计算 $x^k = (1 - \gamma_k)x^{k-1} + \gamma_k y^k$.

6:　　$k \leftarrow k + 1$.

7: **end while**

8: **输出**: x^k.

第二类 Nesterov 加速算法的一步迭代可参考图 5.3. 和经典 FISTA 算法的一个重要区别在于, 第二类 Nesterov 加速算法中的三个序列 $\{x^k\}$, $\{y^k\}$ 和 $\{z^k\}$ 都可以保证在定义域内. 而 FISTA 算法中的序列 $\{y^k\}$ 不一定在定义域内. 在第二类 Nesterov 加速算法中, 我们同样可以取 $\gamma_k = \dfrac{2}{k+1}$, $t_k = \dfrac{1}{L}$ 来获得 $\mathcal{O}\left(\dfrac{1}{k^2}\right)$ 的收敛速度.

针对问题 (5.2.1) 的第三类 Nesterov 加速算法框架见算法 5.8. 该算法和第二类 Nesterov 加速算法 5.7 的区别仅仅在于 y^k 的更新, 第三类 Nesterov 加速算法计算 y^k

时需要利用全部已有的 $\{\nabla f(z^i)\}, i = 1, 2, \cdots, k$. 同样地, 该算法取 $\gamma_k = \dfrac{2}{k+1}, t_k = \dfrac{1}{L}$ 时, 也有 $\mathcal{O}\left(\dfrac{1}{k^2}\right)$ 的收敛速度.

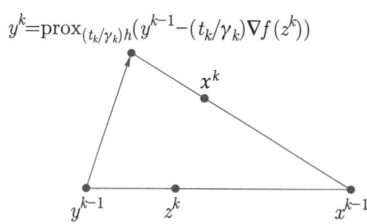

$$y^k = \mathrm{prox}_{(t_k/\gamma_k)h}(y^{k-1}-(t_k/\gamma_k)\nabla f(z^k))$$

图 5.3　第二类 Nesterov 加速算法的一步迭代

算法 5.8　第三类 Nesterov 加速算法

1: **输入:** 令 $x^0 \in \mathbf{dom}\, h$, $y^0 = \underset{x \in \mathbf{dom}\, h}{\arg\min} \|x\|^2$. 初始化 $k \leftarrow 1$.

2: **while** 未达到收敛准则 **do**

3: 　　计算 $z^k = (1 - \gamma_k)x^{k-1} + \gamma_k y^{k-1}$.

4: 　　计算 $y^k = \mathrm{prox}_{(t_k \sum\limits_{i=1}^{k} 1/\gamma_i)h}\left(-t_k \sum\limits_{i=1}^{k} \dfrac{1}{\gamma_i}\nabla f(z^i)\right)$.

5: 　　计算 $x^k = (1 - \gamma_k)x^{k-1} + \gamma_k y^k$.

6: 　　$k \leftarrow k + 1$.

7: **end while**

8: **输出:** x^k.

　　除了针对凸问题的加速算法, 还有针对非凸复合优化问题的加速算法. 仍然考虑问题(5.2.1) 的形式, 这里并不要求 f 是凸的, 但是要求其是可微的且梯度是利普希茨连续的, h 与之前的要求相同. 将针对凸函数的加速算法做一些修改, 我们可以给出非凸复合优化问题的加速梯度法框架. 在算法 5.9 中, λ_k 和 t_k 分别为更新 y^k 和 x^k 的步长参数. 从形式上看, 算法 5.9 和之前我们接触的任何一种算法都不相同, 但可以证明当 λ_k 和 t_k 取特定值时, 它等价于之前介绍过的第二类 Nesterov 加速算法 (见本章习题).

　　在非凸函数情形下, 一阶算法一般只能保证收敛到一个稳定点, 并不能保证收敛到最优解, 因此无法用函数值与最优值的差来衡量优化算法解的精度. 类似于非凸光滑函数利用梯度作为停止准则, 对于非凸复合函数 (5.2.1), 我们利用梯度映射 (定义 5.2) 来判断算法是否收敛. 注意到 $G_t(x) = 0$ 是优化问题(5.2.1) 的一阶必要条件, 因此利用 $\|G_{t_k}(x^k)\|$ 来刻画算法 5.9 的收敛速度. 可以证明, 当 f 为凸函数时, 算法 5.9 的收敛速度与 FISTA 算法相同, 两者都为 $\mathcal{O}\left(\dfrac{1}{k^2}\right)$; 当 f 为非凸函数时, 算法 5.9 也收敛, 且收敛速度为 $\mathcal{O}\left(\dfrac{1}{k}\right)$, 详见文献 [54].

算法 5.9   复合优化问题的加速算法框架

1: **输入**: 令 $x^0 = y^0 \in \mathbb{R}^n$, 取 $\{\gamma_k\}$ 使得 $\gamma_1 = 1$ 且当 $k \geqslant 2$ 时, $\gamma_k \in (0,1)$. 初始化 $k \leftarrow 1$.

2: **while** 未达到收敛准则 **do**

3:    $z^k = \gamma_k y^{k-1} + (1 - \gamma_k) x^{k-1}$,

4:    $y^k = \text{prox}_{\lambda_k h}\left(y^{k-1} - \lambda_k \nabla f(z^k)\right)$,

5:    $x^k = \text{prox}_{t_k h}\left(z^k - t_k \nabla f(z^k)\right)$.

6:    $k \leftarrow k + 1$.

7: **end while**

8: **输出**: x^k.

5.2.3   应用举例

之前我们用近似点梯度算法求解的模型, 都可以用 Nesterov 加速算法来求解. 为了简化篇幅, 此处不再重复叙述对应的优化问题, 而是直接给出相应的加速算法迭代格式.

1. LASSO 问题求解

求解 LASSO 问题的 FISTA 算法可以由下面的迭代格式给出:

$$y^k = x^{k-1} + \frac{k-2}{k+1}(x^{k-1} - x^{k-2}),$$

$$w^k = y^k - t_k A^{\mathrm{T}}(Ay^k - b),$$

$$x^k = \text{sign}(w^k) \max\{|w^k| - t_k\mu, 0\}.$$

与近似点梯度算法相同, 由于最后一步将 w^k 中绝对值小于 $t_k\mu$ 的分量置零, 该算法能够保证迭代过程中解具有稀疏结构. 我们也给出第二类 Nesterov 加速算法:

$$z^k = (1 - \gamma_k)x^{k-1} + \gamma_k y^{k-1},$$

$$w^k = y^{k-1} - \frac{t_k}{\gamma_k} A^{\mathrm{T}}(Az^k - b),$$

$$y^k = \text{sign}(w^k) \max\left\{|w^k| - \frac{t_k}{\gamma_k}\mu, 0\right\},$$

$$x^k = (1 - \gamma_k)x^{k-1} + \gamma_k y^k,$$

和第三类 Nesterov 加速算法:

$$z^k = (1 - \gamma_k)x^{k-1} + \gamma_k y^{k-1},$$

$$w^k = -t_k \sum_{i=1}^{k} \frac{1}{\gamma_i} A^{\mathrm{T}}(Az^i - b),$$

$$y^k = \text{sign}(w^k) \max \left\{ |w^k| - t_k \sum_{i=1}^k \frac{1}{\gamma_i} \mu, 0 \right\},$$

$$x^k = (1 - \gamma_k) x^{k-1} + \gamma_k y^k.$$

我们用同第 3.5 节中一样的 A 和 b, 并取 $\mu = 10^{-3}$, 分别利用连续化近似点梯度法、连续化 FISTA 加速算法、连续化第二类 Nesterov 算法来求解问题, 并分别取固定步长 $t = \frac{1}{L}$, 这里 $L = \lambda_{\max}(A^{\mathrm{T}}A)$, 和结合线搜索的 BB 步长. 停机准则与参数 μ 的连续化设置和第 3.5 节中的光滑化梯度法一致. 结果如图 5.4. 可以看到: 就固定步长而言, FISTA 算法相较于 第二类 Nesterov 加速算法收敛得略快一些, 也可注意到 FISTA 算法是非单调算法. 同时, BB 步长和线搜索技巧可以加速算法的收敛速度. 此外, 带线搜索的近似点梯度法可以比带线搜索的 FISTA 算法更快收敛.

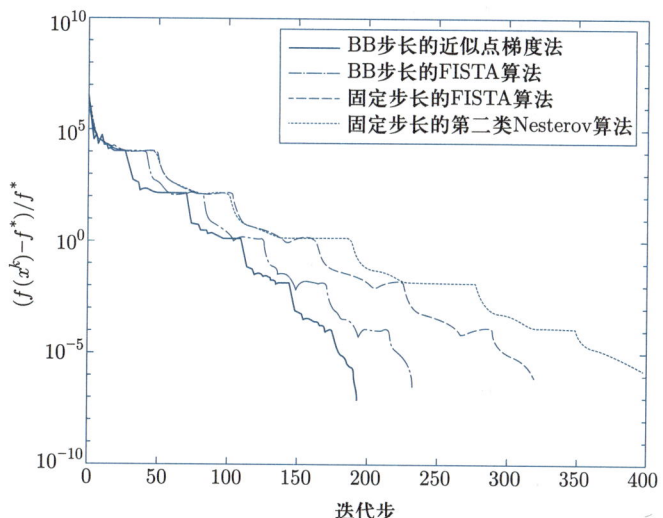

图 5.4 使用近似点梯度法以及不同的加速算法求解 **LASSO** 问题

2. 小波模型求解

针对合成小波模型求解的 FISTA 算法和第二类 Nesterov 加速算法可以由下面的迭代格式给出:

$$y^k = d^{k-1} + \frac{k-2}{k+1}(d^{k-1} - d^{k-2}),$$

$$w^k = y^k - t_k W A^{\mathrm{T}}(A W^{\mathrm{T}} y^k - b),$$

$$d^k = \text{sign}(w^k) \max\{|w^k| - t_k \lambda, 0\}.$$

和

$$z^k = (1 - \gamma_k) d^{k-1} + \gamma_k y^{k-1},$$

$$w^k = y^{k-1} - \frac{t_k}{\gamma_k} WA^{\mathrm{T}}(AW^{\mathrm{T}}z^k - b),$$

$$y^k = \mathrm{sign}(w^k) \max\left\{|w^k| - \frac{t_k}{\gamma_k}\lambda, 0\right\},$$

$$d^k = (1 - \gamma_k)d^{k-1} + \gamma_k y^k.$$

3. 平衡小波模型求解

平衡小波模型求解的 FISTA 算法可以写成

$$y^k = \alpha^{k-1} + \frac{k-2}{k+1}(\alpha^{k-1} - \alpha^{k-2}),$$

$$w^k = y^k - t_k(\kappa(I - WW^{\mathrm{T}})y^k + WA^{\mathrm{T}}(AW^{\mathrm{T}}y^k - b)),$$

$$\alpha^k = \mathrm{sign}(w^k) \max\{|w^k| - t_k\lambda, 0\},$$

而相应的第二类 Nesterov 加速算法的格式为

$$z^k = (1 - \gamma_k)\alpha^{k-1} + \gamma_k y^{k-1},$$

$$w^k = y^{k-1} - \frac{t_k}{\gamma_k}(\kappa(I - WW^{\mathrm{T}})z^k + WA^{\mathrm{T}}(AW^{\mathrm{T}}z^k - b)),$$

$$y^k = \mathrm{sign}(w^k) \max\left\{|w^k| - \frac{t_k}{\gamma_k}\lambda, 0\right\},$$

$$\alpha^k = (1 - \gamma_k)\alpha^{k-1} + \gamma_k y^k.$$

5.2.4　收敛性分析

本小节将给出 Nesterov 加速算法收敛速度的理论分析, 我们将只针对凸优化问题分析 FISTA 算法和第二类 Nesterov 加速算法的收敛速度, 而对于第三类 Nesterov 加速算法和非凸问题的加速算法, 有兴趣的读者可以自行阅读相关文献.

下面的定理给出了固定步长的 FISTA 算法的收敛速度.

定理 5.5（固定步长 FISTA 算法收敛速度）　在假设 5.1 的条件下, 当用算法 5.3 求解凸复合优化问题 (5.2.1) 时, 若取固定步长 $t_k = \dfrac{1}{L}$, 则

$$\psi(x^k) - \psi(x^*) \leqslant \frac{2L}{(k+1)^2}\|x^0 - x^*\|^2. \tag{5.2.7}$$

证明　首先根据 $x^k = \mathrm{prox}_{t_k h}(y^k - t_k \nabla f(y^k))$, 可知

$$-x^k + y^k - t_k \nabla f(y^k) \in t_k \partial h(x^k).$$

故对于任意的 x, 有

$$t_k h(x) \geqslant t_k h(x^k) + \langle -x^k + y^k - t_k \nabla f(y^k), x - x^k \rangle. \tag{5.2.8}$$

另一方面由 f 梯度利普希茨连续和 $t_k = \dfrac{1}{L}$ 可以得到

$$f(x^k) \leqslant f(y^k) + \langle \nabla f(y^k), x^k - y^k \rangle + \frac{1}{2t_k} \|x^k - y^k\|^2. \tag{5.2.9}$$

结合以上两个不等式, 对于任意的 x 有

$$
\begin{aligned}
\psi(x^k) &= f(x^k) + h(x^k) \\
&\leqslant h(x) + f(y^k) + \langle \nabla f(y^k), x - y^k \rangle + \frac{1}{t_k} \langle x^k - y^k, x - x^k \rangle + \\
&\quad \frac{1}{2t_k} \|x^k - y^k\|^2 \\
&\leqslant h(x) + f(x) + \frac{1}{t_k} \langle x^k - y^k, x - x^k \rangle + \frac{1}{2t_k} \|x^k - y^k\|^2 \\
&= \psi(x) + \frac{1}{t_k} \langle x^k - y^k, x - x^k \rangle + \frac{1}{2t_k} \|x^k - y^k\|^2.
\end{aligned}
\tag{5.2.10}
$$

在 (5.2.10) 式中分别取 $x = x^{k-1}$ 和 $x = x^*$, 并记 $\psi(x^*) = \psi^*$, 再分别乘 $1 - \gamma_k$ 和 γ_k 并相加得到

$$
\begin{aligned}
&\psi(x^k) - \psi^* - (1 - \gamma_k)(\psi(x^{k-1}) - \psi^*) \\
&\leqslant \frac{1}{t_k} \langle x^k - y^k, (1 - \gamma_k)x^{k-1} + \gamma_k x^* - x^k \rangle + \frac{1}{2t_k} \|x^k - y^k\|^2.
\end{aligned}
\tag{5.2.11}
$$

结合迭代式

$$v^k = x^{k-1} + \frac{1}{\gamma_k}(x^k - x^{k-1}),$$

$$y^k = (1 - \gamma_k)x^{k-1} + \gamma_k v^{k-1},$$

不等式 (5.2.11) 可以化为

$$
\begin{aligned}
&\psi(x^k) - \psi^* - (1 - \gamma_k)(\psi(x^{k-1}) - \psi^*) \\
&\leqslant \frac{1}{2t_k}(\|y^k - (1 - \gamma_k)x^{k-1} - \gamma_k x^*\|^2 - \|x^k - (1 - \gamma_k)x^{k-1} - \gamma_k x^*\|^2) \\
&= \frac{\gamma_k^2}{2t_k}(\|v^{k-1} - x^*\|^2 - \|v^k - x^*\|^2).
\end{aligned}
\tag{5.2.12}
$$

注意到 t_k, γ_k 的取法满足不等式

$$\frac{1 - \gamma_k}{\gamma_k^2} t_k \leqslant \frac{1}{\gamma_{k-1}^2} t_{k-1}, \tag{5.2.13}$$

可以得到一个有关相邻两步迭代的不等式

$$\frac{t_k}{\gamma_k^2}(\psi(x^k) - \psi^*) + \frac{1}{2}\|v^k - x^*\|^2 \leqslant \frac{t_{k-1}}{\gamma_{k-1}^2}(\psi(x^{k-1}) - \psi^*) + \frac{1}{2}\|v^{k-1} - x^*\|^2. \quad (5.2.14)$$

反复利用(5.2.14) 式, 我们有

$$\frac{t_k}{\gamma_k^2}(\psi(x^k) - \psi^*) + \frac{1}{2}\|v^k - x^*\|^2 \leqslant \frac{t_1}{\gamma_1^2}(\psi(x^1) - \psi^*) + \frac{1}{2}\|v^1 - x^*\|^2. \quad (5.2.15)$$

对 $k = 1$, 注意到 $\gamma_1 = 1, v^0 = x^0$, 再次利用(5.2.12) 式可得

$$\begin{aligned}
&\frac{t_1}{\gamma_1^2}(\psi(x^1) - \psi^*) + \frac{1}{2}\|v^1 - x^*\|^2 \\
&\leqslant \frac{(1-\gamma_1)t_1}{\gamma_1^2}(\psi(x^0) - \psi^*) + \frac{1}{2}\|v^0 - x^*\|^2 = \frac{1}{2}\|x^0 - x^*\|^2.
\end{aligned} \quad (5.2.16)$$

结合(5.2.15) 式和(5.2.16) 式可以得到(5.2.7) 式. □

在定理 5.5 的证明中关键的一步在于建立(5.2.14) 式, 而建立这个递归关系并不需要 $t = \dfrac{1}{L}, \gamma_k = \dfrac{2}{k+1}$ 这一具体条件, 我们只需要保证条件(5.2.2) 和条件(5.2.3) 成立即可. 条件(5.2.2) 主要依赖于 $f(x)$ 的梯度利普希茨连续性; 而(5.2.3) 的成立依赖于 γ_k 和 t_k 的选取. 最后, 条件(5.2.4) 的成立保证了算法 5.3 的收敛速度达到 $\mathcal{O}\left(\dfrac{1}{k^2}\right)$. 也就是说, 如果抽取条件(5.2.2)—(5.2.4) 作为算法收敛的一般条件, 则可以证明一大类 FISTA 算法的变形都具有 $\mathcal{O}\left(\dfrac{1}{k^2}\right)$ 的收敛速度.

推论 5.2(一般 FISTA 算法的收敛速度) 在假设 5.1 的条件下, 当用算法 5.3 求解凸复合优化问题 (5.2.1) 时, 若迭代点 x^k, y^k, 步长 t_k 以及组合系数 γ_k 满足条件(5.2.2)—(5.2.4), 则

$$\psi(x^k) - \psi(x^*) \leqslant \frac{C}{k^2}, \quad (5.2.17)$$

其中 C 仅与函数 f、初始点 x^0 的选取有关. 特别地, 采用线搜索算法 5.4 和算法 5.5 的 FISTA 算法具有 $\mathcal{O}\left(\dfrac{1}{k^2}\right)$ 的收敛速度.

在这里我们指出, 虽然已经抽象出了 t_k, γ_k 满足的条件, 但我们无法再找到其他的 t_k, γ_k 来进一步改善 FISTA 算法的收敛速度, 即 $\mathcal{O}\left(\dfrac{1}{k^2}\right)$ 是 FISTA 算法所能达到的最高的收敛速度.

第二类 Nesterov 加速算法的收敛性分析可以使用相同的技术得到.

定理 5.6(第二类 Nesterov 加速算法收敛速度) 取 $\gamma_k = \dfrac{2}{k+1}$ 和 $t_k = \dfrac{1}{L}$, 利用算法 5.7 求解问题 (5.2.1) 有如下收敛性结果:

$$\psi(x^k) - \psi(x^*) \leqslant \frac{2L}{(k+1)^2}\|x^0 - x^*\|^2. \quad (5.2.18)$$

证明 首先根据 $y^k = \text{prox}_{(t_k/\gamma_k)h}\left(y^{k-1} - \left(\dfrac{t_k}{\gamma_k}\right)\nabla f(z^k)\right)$, 可知

$$\gamma_k(y^{k-1} - y^k) - t_k\nabla f(z^k) \in t_k\partial h(y^k),$$

故对于任意的 x, 有

$$t_k h(x) \geqslant t_k h(y^k) + \langle \gamma_k(y^{k-1} - y^k) - t_k\nabla f(z^k), x - y^k \rangle. \tag{5.2.19}$$

再由 h 的凸性,

$$h(x^k) \leqslant (1 - \gamma_k)h(x^{k-1}) + \gamma_k h(y^k),$$

消去 $h(y^k)$ 得到

$$
\begin{aligned}
h(x^k) \leqslant &(1 - \gamma_k)h(x^{k-1}) + \\
&\gamma_k\left[h(x) - \left\langle \frac{\gamma_k}{t_k}(y^{k-1} - y^k) - \nabla f(z^k), x - y^k \right\rangle\right].
\end{aligned}
\tag{5.2.20}
$$

利用 f 的凸性和梯度利普希茨连续的性质, 我们有

$$
\begin{aligned}
f(x^k) &\leqslant f(z^k) + \langle \nabla f(z^k), x^k - z^k \rangle + \frac{L}{2}\|x^k - z^k\|^2 \\
&= f(z^k) + \langle \nabla f(z^k), x^k - z^k \rangle + \frac{1}{2t_k}\|x^k - z^k\|^2.
\end{aligned}
\tag{5.2.21}
$$

用迭代步 3 减去迭代步 1 有 $x^k - z^k = \gamma_k(y^k - y^{k-1})$, 将此等式与

$$x^k = (1 - \gamma_k)x^{k-1} + \gamma_k y^k$$

代入上式右端得

$$f(x^k) \leqslant f(z^k) + \langle \nabla f(z^k), (1 - \gamma_k)x^{k-1} + \gamma_k y^k - z^k \rangle + \frac{\gamma_k^2}{2t_k}\|y^k - y^{k-1}\|^2. \tag{5.2.22}$$

注意到

$$
\begin{aligned}
&f(z^k) + \langle \nabla f(z^k), (1 - \gamma_k)x^{k-1} + \gamma_k y^k - z^k \rangle \\
=&(1 - \gamma_k)[f(z^k) + \langle \nabla f(z^k), x^{k-1} - z^k \rangle] + \gamma_k[f(z^k) + \langle \nabla f(z^k), y^k - z^k \rangle] \\
\leqslant&(1 - \gamma_k)f(x^{k-1}) + \gamma_k[f(z^k) + \langle \nabla f(z^k), y^k - z^k \rangle],
\end{aligned}
\tag{5.2.23}
$$

结合不等式(5.2.22) (5.2.23) 得到

$$f(x^k) \leqslant (1 - \gamma_k)f(x^{k-1}) + \gamma_k[f(z^k) + \langle \nabla f(z^k), y^k - z^k \rangle] + \frac{\gamma_k^2}{2t_k}\|y^k - y^{k-1}\|^2. \tag{5.2.24}$$

将(5.2.20) 式与(5.2.24) 式相加, 并结合

$$f(x) \geqslant f(z^k) + \langle \nabla f(z^k), x - z^k \rangle,$$

再取 $x = x^*$,

$$\psi(x^k) - (1 - \gamma_k)\psi(x^{k-1})$$

$$\leqslant \gamma_k \left[h(x^*) + f(x^*) - \frac{\gamma_k}{t_k}\langle y^{k-1} - y^k, x^* - y^k \rangle \right] + \frac{\gamma_k^2}{2t_k}\|y^k - y^{k-1}\|^2 \quad (5.2.25)$$

$$\leqslant \gamma_k \psi(x^*) + \frac{\gamma_k^2}{2t_k}(\|y^{k-1} - x^*\|_2^2 - \|y^k - x^*\|^2).$$

这个不等式和(5.2.12) 式的形式完全相同, 因此后续过程可按照定理 5.5 进行推导, 最终我们可以得到(5.2.18) 式. □

同样地, 注意到定理 5.6 推导的关键步骤仍为条件(5.2.2)—(5.2.4). 因此对采用线搜索步长的第二类 Nesterov 加速算法, 我们仍然有相同的收敛结果.

推论 5.3 (一般第二类 Nesterov 加速算法的收敛速度)　当用算法 5.7 求解凸复合优化问题 (5.2.1) 时, 若迭代点 x^k, y^k, 步长 t_k 以及组合系数 γ_k 满足条件(5.2.2)—(5.2.4), 则

$$\psi(x^k) - \psi(x^*) \leqslant \frac{C}{k^2}, \quad (5.2.26)$$

其中 C 仅和函数 f, 初始点 x^0 的选取有关.

5.3　分块坐标下降法

在许多实际的优化问题中, 人们所考虑的目标函数虽然有成千上万的自变量, 对这些变量联合求解目标函数的极小值通常很困难, 但这些自变量具有某种 "可分离" 的形式: 当固定其中若干变量时, 函数的结构会得到极大的简化. 这种特殊的形式使得人们可以将原问题拆分成数个只有少数自变量的子问题. 分块坐标下降法 (block coordinate descent, BCD) 正是利用了这样的思想来求解这种具有特殊结构的优化问题, 在多数实际问题中有良好的数值表现. 本节介绍分块坐标下降法的基本迭代格式和一些最近的收敛性结果, 同时给出一些例子来说明其在具体问题上的应用.

5.3.1　问题描述

考虑具有如下形式的问题:

$$\min_{x \in \mathcal{X}} \quad F(x_1, x_2, \cdots, x_s) = f(x_1, x_2, \cdots, x_s) + \sum_{i=1}^{s} r_i(x_i), \tag{5.3.1}$$

其中 $\mathcal{X}$ 是函数的可行域, 这里将自变量 x 拆分成 s 个变量块 $x_1, x_2, \cdots, x_s$, 每个变量块 $x_i \in \mathbb{R}^{n_i}$. 函数 f 是关于 x 的可微函数, 每个 $r_i(x_i)$ 关于 x_i 是适当的闭凸函数, 但不一定可微.

在问题 (5.3.1) 中, 目标函数 F 的性质体现在 f, 每个 r_i 以及自变量的分块上. 通常情况下, f 对于所有变量块 x_i 不可分, 但单独考虑每一块自变量时, f 有简单结构; r_i 只和第 i 个自变量块有关, 因此 r_i 在目标函数中是一个可分项. 求解问题 (5.3.1) 的难点在于如何利用分块结构处理不可分的函数 f.

注 5.1 在给出问题 (5.3.1) 时, 唯一引入凸性的部分是 r_i. 其余部分没有引入凸性, 可行域 $\mathcal{X}$ 不一定是凸集, f 也不一定是凸函数.

需要指出的是, 并非所有问题都适合按照问题 (5.3.1) 进行处理. 下面给出六个可以化成问题 (5.3.1) 的实际例子, 第 5.3.3 小节将介绍如何使用分块坐标下降法求解它们.

例 5.5 (分组 LASSO[136]) 考虑线性模型 $b = a^{\mathrm{T}} x + \varepsilon$, 现在对 x 使用分组 LASSO 模型建模. 设矩阵 $A \in \mathbb{R}^{n \times p}$ 和向量 $b \in \mathbb{R}^n$ 分别由上述模型中自变量和响应变量的 n 组观测值组成. 参数 $x = (x_1, x_2, \cdots, x_G) \in \mathbb{R}^p$ 可以分成 G 组, 且 $\{x_i\}_{i=1}^{G}$ 中只有少数的非零向量. 则分组 LASSO 对应的优化问题可表示为

$$\min_{x} \quad \frac{1}{2n} \|b - Ax\|_2^2 + \lambda \sum_{i=1}^{G} \sqrt{p_i} \|x_i\|_2.$$

在这个例子中待优化的变量共有 G 块.

例 5.6 (聚类问题) 考虑 K-均值聚类问题的等价形式:

$$\begin{aligned} \min_{\Phi, H} \quad & \|A - \Phi H\|_F^2, \\ \text{s.t.} \quad & \Phi \in \mathbb{R}^{n \times k}, \text{每一行只有一个元素为 } 1, \text{其余为 } 0, \\ & H \in \mathbb{R}^{k \times p}. \end{aligned} \tag{5.3.2}$$

这是一个矩阵分解问题, 自变量总共有两块. 注意到变量 Φ 取值在离散空间上, 因此聚类问题不是凸问题.

例 5.7 (低秩矩阵恢复[120]) 设 $b \in \mathbb{R}^m$ 是已知的观测向量, $\mathcal{A}$ 是线性映射. 考虑求解下面的极小化问题:

$$\min_{X, Y} \quad \frac{1}{2} \|\mathcal{A}(XY) - b\|_2^2 + \alpha \|X\|_F^2 + \beta \|Y\|_F^2,$$

其中 $\alpha, \beta > 0$ 为正则化参数. 这里正则化的作用是消除解 (X, Y) 在放缩意义下的不唯一性. 在这个例子中自变量共有两块.

类似的例子还有非负矩阵分解与非负张量分解.

例 5.8 (非负矩阵分解[105]) 设 M 是已知矩阵, 考虑求解如下极小化问题:

$$\min_{X,Y \geqslant 0} \quad \frac{1}{2}\|XY - M\|_F^2 + \alpha r_1(X) + \beta r_2(Y).$$

在这个例子中自变量共有两块, 且均有非负的约束.

例 5.9 (非负张量分解[146]) 设 $\mathcal{M}$ 是已知张量, 考虑求解如下极小化问题:

$$\min_{A_1,A_2,\cdots,A_N \geqslant 0} \quad \frac{1}{2}\|\mathcal{M} - A_1 \circ A_2 \circ \cdots \circ A_N\|_F^2 + \sum_{i=1}^{N} \lambda_i r_i(A_i),$$

其中 "$\circ$" 表示张量的外积运算. 在这个例子中自变量的块数为 N.

字典学习问题也具有形式(5.3.1).

例 5.10 (字典学习) 设 $A \in \mathbb{R}^{m \times n}$ 为 n 个观测, 每个观测的信号维数是 m, 现在我们要从 A 中学习出一个字典 $D \in \mathbb{R}^{m \times k}$ 和系数矩阵 $X \in \mathbb{R}^{k \times n}$, 使之为如下问题的解:

$$\min_{D,X} \quad \frac{1}{2n}\|DX - A\|_F^2 + \lambda\|X\|_1, \quad \text{s.t.} \quad \|D\|_F \leqslant 1.$$

在这里自变量有两块, 分别为 D 和 X, 此外对 D 还存在球约束 $\|D\|_F \leqslant 1$.

上述的所有例子中, 函数 f 关于变量全体一般是非凸的, 这使得求解问题(5.3.1) 变得很有挑战性. 首先, 应用在非凸问题上的算法的收敛性不易分析, 很多针对凸问题设计的算法通常会失效; 其次, 目标函数的整体结构十分复杂, 这使得变量的更新需要很大计算量. 对于这类问题, 我们最终的目标是要设计一种算法, 它具有简单的变量更新格式, 同时具有一定的 (全局) 收敛性. 而分块坐标下降法则是处理这类问题较为有效的算法.

5.3.2 算法结构

考虑问题 (5.3.1), 我们所感兴趣的分块坐标下降法具有如下更新方式: 按照 x_1, $x_2,\cdots,x_s$ 的次序依次固定其他 $(s-1)$ 块变量极小化 F, 完成一块变量的极小化后, 它的值便立即被更新到变量空间中, 更新下一块变量时将使用每个变量最新的值. 根据这种更新方式定义辅助函数

$$f_i^k(x_i) = f(x_1^k,\cdots,x_{i-1}^k,x_i,x_{i+1}^{k-1},\cdots,x_s^{k-1}),$$

其中 x_j^k 表示在第 k 次迭代中第 j 块自变量的值, x_i 是函数的自变量. 函数 f_i^k 表示在第 k 次迭代更新第 i 块变量时所需要考虑的目标函数的光滑部分. 考虑第 i 块变量时前 $(i-1)$ 块变量已经完成更新, 因此上标为 k, 而后面下标从 $(i+1)$ 起的变量仍为旧的值, 因此上标为 $(k-1)$.

在每一步更新中, 通常使用以下三种更新格式之一:

$$x_i^k = \arg\min_{x_i \in \mathcal{X}_i^k} \left\{ f_i^k(x_i) + r_i(x_i) \right\}, \tag{5.3.3}$$

$$x_i^k = \arg\min_{x_i \in \mathcal{X}_i^k} \left\{ f_i^k(x_i) + \frac{L_i^{k-1}}{2} \|x_i - x_i^{k-1}\|_2^2 + r_i(x_i) \right\}, \tag{5.3.4}$$

$$x_i^k = \arg\min_{x_i \in \mathcal{X}_i^k} \left\{ \langle \hat{g}_i^k, x_i - \hat{x}_i^{k-1} \rangle + \frac{L_i^{k-1}}{2} \|x_i - \hat{x}_i^{k-1}\|_2^2 + r_i(x_i) \right\}, \tag{5.3.5}$$

其中 $L_i^k > 0$ 为常数,

$$\mathcal{X}_i^k = \{ x \in \mathbb{R}^{n_i} \mid (x_1^k, \cdots, x_{i-1}^k, x, x_{i+1}^{k-1}, \cdots, x_s^{k-1}) \in \mathcal{X} \}.$$

在更新格式(5.3.5) 中, $\hat{x}_i^{k-1}$ 采用外推定义:

$$\hat{x}_i^{k-1} = x_i^{k-1} + \omega_i^{k-1}(x_i^{k-1} - x_i^{k-2}), \tag{5.3.6}$$

其中 $\omega_i^k \geqslant 0$ 为外推的**权重**, $\hat{g}_i^k \overset{\text{def}}{=\!=} \nabla f_i^k(\hat{x}_i^{k-1})$ 为外推点处的梯度. 在(5.3.6) 式中取权重 $\omega_i^k = 0$ 即可得到不带外推的更新格式, 此时计算(5.3.5) 等价于进行一次近似点梯度法的更新. 在(5.3.5) 式使用外推是为了加快分块坐标下降法的收敛速度. 我们可以通过如下的方式理解这三种格式: 格式(5.3.3) 是最直接的, 即固定其他分量然后对单一变量求极小; 格式(5.3.4) 则是增加了一个近似点项 $\frac{L_i^{k-1}}{2}\|x_i - x_i^{k-1}\|_2^2$ 来限制下一步迭代不应该与当前位置相距过远, 增加近似点项的作用是使得算法能够收敛; 格式(5.3.5) 首先对 $f_i^k(x)$ 进行线性化以简化子问题的求解, 在此基础上引入了 Nesterov 加速算法的技巧加快收敛.

为了直观地说明分块坐标下降法的迭代过程, 我们给出一个简单的例子.

例 5.11 考虑二元二次函数的优化问题

$$\min \quad f(x, y) = x^2 - 2xy + 10y^2 - 4x - 20y,$$

现在对变量 x, y 使用分块坐标下降法求解. 当固定 y 时, 可知当 $x = 2 + y$ 时函数取极小值; 当固定 x 时, 可知当 $y = 1 + \dfrac{x}{10}$ 时函数取极小值. 故采用格式(5.3.3) 的分块坐标下降法为

$$x^{k+1} = 2 + y^k, \tag{5.3.7}$$

$$y^{k+1} = 1 + \frac{x^{k+1}}{10}. \tag{5.3.8}$$

图 5.5 描绘了当初始点为 $(x, y) = (0.5, 0.2)$ 时的迭代点轨迹, 可以看到在进行了 7 次迭代后迭代点与最优解已充分接近. 回忆一下我们在例 3.2 中曾经对一个类似的问题使用

过梯度法, 而梯度法的收敛相当缓慢. 一个直观的解释是: 对于比较病态的问题, 由于分块坐标下降法是对逐个分量处理, 所以它能较好地捕捉目标函数的各向异性, 而梯度法则会受到很大影响.

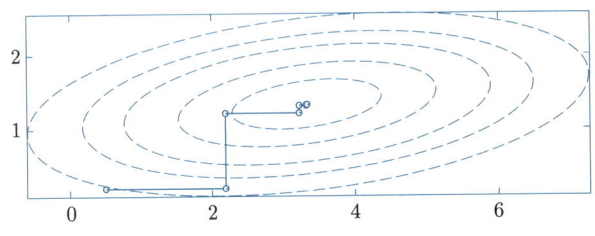

图 5.5　分块坐标下降法迭代轨迹

结合上述更新格式(5.3.3)—(5.3.5) 可以得到分块坐标下降法的基本框架, 详见算法 5.10.

算法 5.10　分块坐标下降法

1: **初始化**: 选择两组初始点 $(x_1^{-1}, x_2^{-1}, \cdots, x_s^{-1}) = (x_1^0, x_2^0, \cdots, x_s^0)$.
2: **for** $k = 1, 2, \cdots$ **do**
3: 　　**for** $i = 1, 2, \cdots$ **do**
4: 　　　　使用格式 (5.3.3) 或 (5.3.4) 或 (5.3.5) 更新 x_i^k.
5: 　　**end for**
6: 　　**if** 满足停机条件 **then**
7: 　　　　返回 $(x_1^k, x_2^k, \cdots, x_s^k)$, 算法终止.
8: 　　**end if**
9: **end for**

算法 5.10 的子问题可采用三种不同的更新格式, 一般来说这三种格式会产生不同的迭代序列, 可能会收敛到不同的解, 坐标下降算法的数值表现也不相同. 格式 (5.3.3) 是最直接的更新方式, 它严格保证了整个迭代过程的目标函数值是下降的. 然而由于 f 的形式复杂, 子问题求解难度较大. 在收敛性方面, 格式 (5.3.3) 在强凸问题上可保证目标函数收敛到极小值, 但在非凸问题上不一定收敛. 格式 (5.3.4) (5.3.5) 则是对格式 (5.3.3) 的修正, 不保证迭代过程目标函数的单调性, 但可以改善收敛性结果. 使用格式 (5.3.4) 可使得算法收敛性在函数 F 为非严格凸时有所改善. 格式 (5.3.5) 实质上为目标函数的一阶泰勒展开近似, 在一些测试问题上有更好的表现, 可能的原因是使用一阶近似可以避开一些局部极小值点. 此外, 格式 (5.3.5) 的计算量很小, 比较容易实现.

在实际的应用中, 三种更新格式都有适用的问题, 若子问题可以写出显式解, 则使用分块坐标下降算法可以节省相当一部分计算量. 在每一步更新中, 三种迭代格式 (5.3.3) —(5.3.5) 对不同自变量块可以混合使用, 不必仅仅局限于一种. 但对于同一个变量块, 在整个迭代中应该使用相同的格式. 例如在之后介绍的字典学习问题中, 若对变量 D 使用格式(5.3.3), 对变量 X 使用格式(5.3.5), 则两个子问题都有显式解. 因此更新格式的混用使得分块坐标下降法变得更加灵活.

值得注意的是, 对于非凸函数 $f(x)$, 分块坐标下降法 (算法 5.10) 可能失效. Powell 在 1973 年就给出了一个使用格式(5.3.3) 但不收敛的例子[112].

例 5.12　令函数

$$F(x_1, x_2, x_3) = -x_1x_2 - x_2x_3 - x_3x_1 + \sum_{i=1}^{3}[(x_i - 1)_+^2 + (-x_i - 1)_+^2],$$

其中 $(x_i - 1)_+^2$ 表示先对 $(x_i - 1)$ 取正部再平方. 设 $\varepsilon > 0$, 初始点取为

$$x^0 = \left(-1 - \varepsilon, 1 + \frac{\varepsilon}{2}, -1 - \frac{\varepsilon}{4}\right),$$

容易验证迭代序列满足

$$x^k = (-1)^k(-1, 1, -1) + (-\frac{1}{8})^k\left(-\varepsilon, \frac{\varepsilon}{2}, -\frac{\varepsilon}{4}\right),$$

这个迭代序列有两个聚点 $(-1, 1, -1)$ 与 $(1, -1, 1)$, 但这两个点都不是 F 的稳定点.

以上例子表明, 分块坐标下降法的收敛性需要更多的假设, 对非凸函数使用此方法可能会失败.

5.3.3　应用举例

1. LASSO 问题求解

下面介绍如何使用分块坐标下降法来求解 LASSO 问题

$$\min_x \quad \mu\|x\|_1 + \frac{1}{2}\|Ax - b\|^2. \tag{5.3.9}$$

由于目标函数的 $\|x\|_1$ 部分是可分的, 因此第 i 块变量即为 x 的第 i 个分量. 为了方便, 在考虑第 i 块的更新时, 将自变量 x 记为

$$x = \begin{bmatrix} x_i \\ \bar{x}_i \end{bmatrix}$$

其中 $\bar{x}_i$ 为 x 去掉第 i 个分量而形成的列向量. 而相应地, 矩阵 A 在第 i 块的更新记为

$$A = \begin{bmatrix} a_i & \bar{A}_i \end{bmatrix},$$

其中 $\bar{A}_i$ 为矩阵 A 去掉第 i 列而形成的矩阵. 这里为了方便表示, 同时将 x 和 A 的分量顺序进行了调整, 但调整后的问题依然和原问题是等价的.

以下我们推导分块坐标下降法的更新格式. 在第 i 块的更新中, 考虑直接极小化的格式(5.3.3), 原问题可以写为

$$\min_{x_i}\quad \mu|x_i| + \mu\|\bar{x}_i\|_1 + \frac{1}{2}\|a_i x_i - (b - \bar{A}_i \bar{x}_i)\|^2. \tag{5.3.10}$$

做替换 $c_i = b - \bar{A}_i \bar{x}_i$, 并注意到仅与 $\bar{x}_i$ 有关的项是常数, 原问题等价于

$$\min_{x_i}\quad f_i(x_i) \stackrel{\text{def}}{=\!=} \mu|x_i| + \frac{1}{2}\|a_i\|^2 x_i^2 - a_i^{\mathrm{T}} c_i x_i. \tag{5.3.11}$$

对函数(5.3.11), 可直接写出它的最小值点

$$x_i^k = \arg\min_{x_i} f_i(x_i) = \begin{cases} \dfrac{a_i^{\mathrm{T}} c_i - \mu_i}{\|a_i\|^2}, & a_i^{\mathrm{T}} c_i > \mu, \\[2mm] \dfrac{a_i^{\mathrm{T}} c_i + \mu_i}{\|a_i\|^2}, & a_i^{\mathrm{T}} c_i < -\mu, \\[2mm] 0, & \text{其他}. \end{cases} \tag{5.3.12}$$

因此可写出 LASSO 问题的分块坐标下降法, 见算法 5.11.

算法 5.11   LASSO 问题的分块坐标下降法

1: 输入 A, b, 参数 μ. 初始化 $x^0 = 0$, $k \leftarrow 1$.
2: **while** 未达到收敛准则 **do**
3:    **for** $i = 1, 2, \cdots, n$ **do**
4:       根据定义计算 $\bar{x}_i, c_i$.
5:       使用公式(5.3.12) 计算 x_i^k.
6:    **end for**
7:    $k \leftarrow k + 1$.
8: **end while**

我们用同第 3.5 节中一样的 A 和 b, 分别取 $\mu = 10^{-2}$、10^{-3}, 并调用连续化坐标下降法进行求解, 其中停机准则和参数 μ 的连续化设置和第 3.5 节中的光滑化梯度法一致, 结果如图 5.6 所示. 可以看到, 在结合连续化策略之后, 坐标下降法可以很快地收敛到问题的解. 相比其他算法, 坐标下降法不需要调节步长参数.

2. K-均值聚类算法

下面对聚类问题(5.3.2) 使用分块坐标下降法进行求解. 其目标函数为

$$\begin{aligned} \min_{\Phi, H}\quad & \|A - \Phi H\|_F^2, \\ \text{s.t.}\quad & \Phi \in \mathbb{R}^{n \times k}, \text{每一行只有一个元素为 1, 其余为 0}, \\ & H \in \mathbb{R}^{k \times p}. \end{aligned}$$

接下来分别讨论在固定 Φ 和 H 的条件下如何极小化另一块变量.

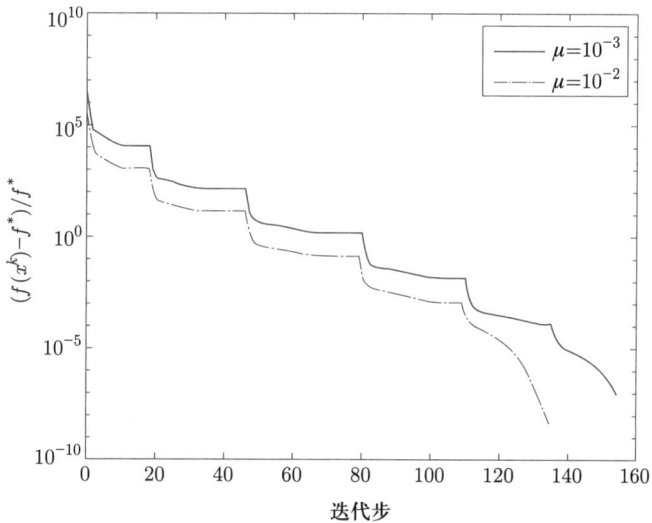

图 5.6 分块坐标下降法求解 LASSO 问题

当固定 H 时, 设 Φ 的每一行为 ϕ_i^{T}, 那么根据矩阵分块乘法,

$$A - \Phi H = \begin{bmatrix} a_1^{\mathrm{T}} \\ a_2^{\mathrm{T}} \\ \vdots \\ a_n^{\mathrm{T}} \end{bmatrix} - \begin{bmatrix} \phi_1^{\mathrm{T}} \\ \phi_2^{\mathrm{T}} \\ \vdots \\ \phi_n^{\mathrm{T}} \end{bmatrix} H = \begin{bmatrix} a_1^{\mathrm{T}} - \phi_1^{\mathrm{T}} H \\ a_2^{\mathrm{T}} - \phi_2^{\mathrm{T}} H \\ \vdots \\ a_n^{\mathrm{T}} - \phi_n^{\mathrm{T}} H \end{bmatrix}.$$

注意到 ϕ_i 只有一个分量为 1, 其余分量为 0, 不妨设其第 j 个分量为 1, 此时 $\phi_i^{\mathrm{T}} H$ 相当于将 H 的第 j 行取出, 因此 $\|a_i^{\mathrm{T}} - \phi_i^{\mathrm{T}} H\|$ 为 a_i^{T} 与 H 的第 j 个行向量的距离. 我们的最终目的是极小化 $\|A - \Phi H\|_F^2$, 所以 j 应该选矩阵 H 中距离 a_i^{T} 最近的那一行, 即

$$\Phi_{ij} = \begin{cases} 1, & j = \arg\min_l \|a_i - h_l\|, \\ 0, & \text{其他}. \end{cases}$$

其中 h_l^{T} 表示矩阵 H 的第 l 行.

当固定 Φ 时, 此时考虑 H 的每一行 h_j^{T}, 根据目标函数的等价性有

$$\|A - \Phi H\|_F^2 = \sum_{j=1}^k \sum_{a \in S_j} \|a - h_j\|^2,$$

因此只需要对每个 h_j 求最小即可. 设 $\bar{a}_j$ 是目前第 j 类所有点的均值, 则

$$\sum_{a \in S_j} \|a - h_j\|^2 = \sum_{a \in S_j} \|a - \bar{a}_j + \bar{a}_j - h_j\|^2$$

$$= \sum_{a \in S_j} \left(\|a - \bar{a}_j\|^2 + \|\bar{a}_j - h_j\|^2 + 2\langle a - \bar{a}_j, \bar{a}_j - h_j \rangle \right)$$

$$= \sum_{a \in S_j} \left(\|a - \bar{a}_j\|^2 + \|\bar{a}_j - h_j\|^2 \right),$$

这里利用了交叉项 $\sum_{a \in S_j} \langle a - \bar{a}_j, \bar{a}_j - h_j \rangle = 0$ 的事实. 因此容易看出, 此时 h_j 直接取为 $\bar{a}_j$ 即可达到最小值.

综上, 我们得到了针对聚类问题的分块坐标下降法, 它每一次迭代分为两步:

(1) 固定参考点 H, 将每个样本点分到和其最接近的参考点代表的类中;

(2) 固定聚类方式 Φ, 重新计算每个类所有点的均值并将其作为新的参考点.

这个过程恰好就是经典的 K-均值聚类算法, 因此可以得到结论: K-均值聚类算法本质上是一个分块坐标下降法.

3. 非负矩阵分解

非负矩阵分解问题[105] 也可以使用分块坐标下降法求解. 现在考虑最基本的非负矩阵分解问题

$$\min_{X,Y \geqslant 0} \quad \frac{1}{2}\|XY - M\|_F^2. \tag{5.3.13}$$

它的一个等价形式为

$$\min_{X,Y} \quad \frac{1}{2}\|XY - M\|_F^2 + I_{\geqslant 0}(X) + I_{\geqslant 0}(Y), \tag{5.3.14}$$

其中 $I_{\geqslant 0}(\cdot)$ 为集合 $\{X \mid X \geqslant 0\}$ 的示性函数. 不难验证问题 (5.3.14) 具有形式(5.3.1).

以下考虑求解方法. 注意到 X 和 Y 耦合在一起, 在固定 Y 的条件下, 我们无法直接按照格式(5.3.3) 或格式(5.3.4) 的形式给出子问题的显式解. 若要采用这两种格式需要额外设计算法求解子问题, 最终会产生较大计算量. 但我们总能使用格式(5.3.5) 来对子问题进行线性化, 从而获得比较简单的更新格式. 令 $f(X,Y) = \frac{1}{2}\|XY - M\|_F^2$, 则

$$\frac{\partial f}{\partial X} = (XY - M)Y^{\mathrm{T}}, \quad \frac{\partial f}{\partial Y} = X^{\mathrm{T}}(XY - M). \tag{5.3.15}$$

注意到在格式(5.3.5) 中, 当 $r_i(X)$ 为凸集示性函数时, 即是求解到该集合的投影, 因此得到分块坐标下降法如下:

$$\begin{aligned}
X^{k+1} &= \max\{X^k - t_k^x(X^kY^k - M)(Y^k)^{\mathrm{T}}, 0\}, \\
Y^{k+1} &= \max\{Y^k - t_k^y(X^k)^{\mathrm{T}}(X^kY^k - M), 0\},
\end{aligned} \tag{5.3.16}$$

其中 t_k^x, t_k^y 是步长, 分别对应格式(5.3.5) 中的 $\dfrac{1}{L_i^k}, i = 1, 2$.

4. 字典学习

在实际中带变量 D 的罚函数的形式也很常见:

$$\min \quad \frac{1}{2n}\|DX - A\|_F^2 + \lambda\|X\|_1 + \frac{\mu}{2}\|D\|_F^2. \tag{5.3.17}$$

注意问题(5.3.17) 使用罚函数 $\frac{\mu}{2}\|D\|_F^2$ 代替 F 范数约束 $\|D\|_F \leqslant 1$, 在一定条件下它们是等价的. 现在我们考虑使用分块坐标下降法来求解问题(5.3.17).

优化问题(5.3.17) 的变量总共有两块, 当固定变量 D 时, 考虑函数

$$f_D(X) = \frac{1}{2n}\|DX - A\|_F^2 + \lambda\|X\|_1.$$

注意到对 $f_D(X)$ 直接极小化是 n 个 LASSO 问题, 无法求出显式解, 为此我们可以使用格式(5.3.5). 通过直接计算可得 $f_D(X)$ 中光滑部分的梯度为

$$G = \frac{1}{n}D^{\mathrm{T}}(DX - A),$$

因此格式(5.3.5) 等价于

$$X^{k+1} = \mathrm{prox}_{t_k\lambda\|\cdot\|_1}\left(X^k - \frac{t_k}{n}(D^k)^{\mathrm{T}}(D^kX^k - A)\right),$$

其中 t_k 为步长.

当固定变量 X 时, 考虑函数

$$f_X(D) = \frac{1}{2n}\|DX - A\|_F^2 + \frac{\mu}{2}\|D\|_F^2.$$

注意到对 $f_X(D)$ 直接极小化是 m 个岭回归问题, 可求出显式解, 所以我们可以使用格式(5.3.3). 计算关于 D^{T} 的梯度为

$$\nabla_{D^{\mathrm{T}}}f_X(D) = \frac{1}{n}X(X^{\mathrm{T}}D^{\mathrm{T}} - A^{\mathrm{T}}) + \mu D^{\mathrm{T}},$$

令梯度为零向量, 可得

$$D = AX^{\mathrm{T}}(XX^{\mathrm{T}} + n\mu I)^{-1}.$$

因为 $X \in \mathbb{R}^{k\times n}$, 其中 $k \ll n$, 所以 XX^{T} 是一个比较小的矩阵, 可以方便地求出它的逆. 故格式(5.3.3) 等价于

$$D^{k+1} = A(X^{k+1})^{\mathrm{T}}(X^{k+1}(X^{k+1})^{\mathrm{T}} + n\mu I)^{-1}.$$

若先更新 X 再更新 D, 则最终可以得到如下的分块坐标下降法:

$$X^{k+1} = \mathrm{prox}_{t_k\lambda\|\cdot\|_1}\left(X^k - \frac{t_k}{n}(D^k)^{\mathrm{T}}(D^kX^k - A)\right), \tag{5.3.18}$$

$$D^{k+1} = A(X^{k+1})^{\mathrm{T}}(X^{k+1}(X^{k+1})^{\mathrm{T}} + n\mu I)^{-1}. \tag{5.3.19}$$

5. 最大割问题的非凸松弛

最大割问题的实际算法设计中也会考虑一种基于半定松弛的非凸松弛:

$$
\begin{aligned}
\text{(半定松弛)} \quad & \min \quad \langle C, X \rangle, \\
& \text{s.t.} \quad X_{ii} = 1, \ i = 1, 2, \cdots, n, \\
& \qquad X \succeq 0.
\end{aligned}
$$

(5.3.20)

$$
\begin{aligned}
\text{(非凸松弛)} \quad & \min \quad \langle C, V^{\mathrm{T}} V \rangle, \\
& \text{s.t.} \quad v_i \in \mathbb{R}^p, \ \|v_i\| = 1, \ i = 1, 2, \cdots, n, \\
& \qquad V = [v_1, v_2, \cdots, v_n].
\end{aligned}
$$

比较两种松弛方式可知, 非凸松弛通过引入分解 $X = V^{\mathrm{T}} V$ 并限制 V 的每一列的 ℓ_2 范数为 1, 将半定松弛中的 X 对角线元素为 1 以及 X 半正定的约束消去了. 但这两个问题一般不等价, 当 p 充分大时二者等价. 实际计算中通常选取一个较小的 p.

问题(5.3.20) 中的非凸松弛有个自然的分块结构: 矩阵 V 是按列分成 n 块的, 因此可以用分块坐标下降法求解. 以格式(5.3.3) 为例, 取定 i, 固定其余 $v_j, j \neq i$, 我们只考虑目标函数和 v_i 相关的部分. 因为目标函数为

$$
\mathrm{Tr}\left(
\begin{bmatrix}
C_{11} & \cdots & C_{1i} & \cdots & C_{1n} \\
\vdots & & \vdots & & \vdots \\
C_{i1} & \cdots & C_{ii} & \cdots & C_{in} \\
\vdots & & \vdots & & \vdots \\
C_{n1} & \cdots & C_{ni} & \cdots & C_{nn}
\end{bmatrix}
\begin{bmatrix}
v_1^{\mathrm{T}} v_1 & \cdots & v_1^{\mathrm{T}} v_i & \cdots & v_1^{\mathrm{T}} v_n \\
\vdots & & \vdots & & \vdots \\
v_i^{\mathrm{T}} v_1 & \cdots & v_i^{\mathrm{T}} v_i & \cdots & v_i^{\mathrm{T}} v_n \\
\vdots & & \vdots & & \vdots \\
v_n^{\mathrm{T}} v_1 & \cdots & v_n^{\mathrm{T}} v_i & \cdots & v_n^{\mathrm{T}} v_n
\end{bmatrix}
\right),
$$

根据以上矩阵分块示意图可知和 v_i 有关的部分为

$$
C_{ii} v_i^{\mathrm{T}} v_i + \sum_{j \neq i} (C_{ij} + C_{ji}) v_i^{\mathrm{T}} v_j.
$$

注意到约束 $\|v_i\| = 1$, 因此上式中的第一项是常数, 可以忽略; 同时最大割问题中的 C 是对称矩阵, 因此 $C_{ij} = C_{ji}$. 结合以上两点, 最终在第 i 步我们求解的子问题是:

$$
\min \quad f_i(v_i) = \left(\sum_{j \neq i} C_{ji} v_j^{\mathrm{T}} \right) v_i, \quad \text{s.t.} \quad \|v_i\| = 1. \tag{5.3.21}
$$

根据柯西不等式,

$$
\left(\sum_{j \neq i} C_{ji} v_j^{\mathrm{T}} \right) v_i \geqslant - \left\| \sum_{j \neq i} C_{ji} v_j \right\| \|v_i\| = - \left\| \sum_{j \neq i} C_{ji} v_j \right\|,
$$

等号成立当且仅当

$$v_i = \frac{-\sum\limits_{j \neq i} C_{ji}v_j}{\left\| \sum\limits_{j \neq i} C_{ji}v_j \right\|}.$$

因此我们可得到求解最大割问题的分块坐标下降法, 见算法 5.12.

算法 5.12 最大割问题的分块坐标下降法 [144]

1: 初始化 v_i 且使得 $\|v_i\| = 1$.

2: **while** 未达到收敛准则 **do**

3:     **for** $i = 1, 2, \cdots, n$ **do**

4:         计算 $b_i = \sum\limits_{j \neq i} C_{ji}v_j$.

5:         更新 $v_i = -\dfrac{b_i}{\|b_i\|}$.

6:     **end for**

7: **end while**

同理, 为了增加算法的稳定性, 也可考虑使用格式(5.3.4) 来求解此问题, 读者可自行推导相关算法.

*5.3.4 收敛性分析

本小节对格式 (5.3.5) 在 $s = 2$ 且非凸的情况下进行收敛性分析. 这一分析技术主要的工具是 Kurdyka-Łojasiewicz(在后面的分析中简记为 KL) 性质. 感兴趣的读者可以参考文献 [16].

为了叙述简便, 我们重新对问题 (5.3.1) 定义记号. 考虑问题

$$\min \Psi(x, y) \stackrel{\text{def}}{=\!=} f(x) + g(y) + H(x, y), \quad (x, y) \in \mathbb{R}^n \times \mathbb{R}^m, \tag{5.3.22}$$

其中 f 和 g 为适当闭函数, H 为其定义域上的连续可微函数. 注意 f 和 g 不再是凸函数, 这和上一小节的问题有所区别.

对问题 (5.3.22), 格式 (5.3.5) 化为如下基本形式 (取 $\hat{g}_i^{k+1}$ 为 $\nabla_x H(x^k, y^k)$ 或 $\nabla_y H(x^k, y^k)$, $\hat{x}_i^k$ 为 x^k 或 y^k):

$$x^{k+1} \in \text{prox}_{c_k f}(x^k - c_k \nabla_x H(x^k, y^k)), \tag{5.3.23}$$

$$y^{k+1} \in \text{prox}_{d_k g}(y^k - d_k \nabla_y H(x^{k+1}, y^k)). \tag{5.3.24}$$

其中 c_k, d_k 为步长参数, 对应 (5.3.5) 中的 L_i^k, 具体取法和函数 $\Psi(x, y)$ 本身的性质有关, 在后面的讨论中会给出. 格式 (5.3.23)、格式(5.3.24) 与格式 (5.3.5) 有所区别, 由于

f 和 g 不是凸函数, 相应地 prox_f 和 prox_g 是集合函数, 在迭代过程中只要求 x^{k+1} 和 y^{k+1} 是相应集合中的一个元素即可. 为了保证 prox_f 和 prox_g 是良定义的, 我们对 f 和 g 还需要提出下界有限的假设.

> **注 5.2**　由于自变量只有两块, 对光滑部分 H 我们采用的是线性化处理, 因此格式 (5.3.23) (5.3.24) 又称为近似点交替线性化方法. 当变量只有一块时, 该方法退化成非凸情形的近似点梯度法, 收敛性可类似地建立.

为了分析算法的收敛性, 我们先给出目标问题 (5.3.22) 所要满足的一个假设.

假设 5.2　在问题 (5.3.22) 中, 函数 f, g, H 满足:

(1) $f: \mathbb{R}^n \to (-\infty, +\infty]$, $g: \mathbb{R}^m \to (-\infty, +\infty]$ 均为适当下半连续函数, $\inf\limits_{\mathbb{R}^n \times \mathbb{R}^m} \Psi > -\infty$, $\inf\limits_{\mathbb{R}^n} f > -\infty$, 以及 $\inf\limits_{\mathbb{R}^m} g > -\infty$;

(2) $H: \mathbb{R}^n \times \mathbb{R}^m \to \mathbb{R}$ 是连续可微函数, 且 ∇H 在有界集上是联合利普希茨连续的. 即对于任意的 $B_1 \times B_2 \subset \mathbb{R}^n \times \mathbb{R}^m$, 存在 $L > 0$ 使得对于任意的 $(x_i, y_i) \in B_1 \times B_2, i = 1, 2$ 有

$$
\begin{aligned}
&\left\| \left(\nabla_x H(x_1, y_1) - \nabla_x H(x_2, y_2), \nabla_y H(x_1, y_1) - \nabla_y H(x_2, y_2) \right) \right\| \\
&\leqslant L \| (x_1 - x_2, y_1 - y_2) \|.
\end{aligned}
\tag{5.3.25}
$$

根据假设 5.2 中的 (2), 在有界集上 H 关于每个分量都是梯度 L-利普希茨连续的, 且参数与另一分量无关. 即

$$
\| \nabla_x H(x_1, y) - \nabla_x H(x_2, y) \| \leqslant L \| x_1 - x_2 \|,
$$

$$
\| \nabla_y H(x, y_1) - \nabla_y H(x, y_2) \| \leqslant L \| y_1 - y_2 \|.
$$

在假设 5.2 下, 可以直接写出 $\Psi(x, y)$ 的次微分:

$$
\partial \Psi(x, y) = \left(\nabla_x H(x, y) + \partial f(x), \nabla_y H(x, y) + \partial g(y) \right),
\tag{5.3.26}
$$

其中 "+" 表示为集合间的加法. 注意, 这里的次微分应使用非凸函数的定义 3.3.

有了以上基本概念的铺垫, 我们可以分析近似点交替线性化方法在问题 (5.3.22) 上的收敛性了. 分析过程主要分为三个步骤: 推导每一步迭代的函数值充分下降量, 证明子列的收敛性, 证明全序列的收敛性.

1. 充分下降

第一步是推导算法的充分下降量. 下面的引理揭示了近似点交替线性化方法每一步迭代的充分下降性, 它本质上是邻近算子的性质和梯度利普希茨连续函数性质的结合.

引理 5.1　设 $h: \mathbb{R}^d \to \mathbb{R}$ 是连续可微函数, 梯度 ∇h 是利普希茨连续的, 相应的常数为 L_h, $\sigma: \mathbb{R}^d \to (-\infty, +\infty]$ 是适当下半连续函数且 $\inf\limits_{\mathbb{R}^d} \sigma > -\infty$. 固定 $t < \dfrac{1}{L_h}$,

则对任意的 $u \in \mathbf{dom}\,\sigma$ 和 $\tilde{u} \in \mathrm{prox}_{t\sigma}(u - t\nabla h(u))$, 有

$$h(\tilde{u}) + \sigma(\tilde{u}) \leqslant h(u) + \sigma(u) - \frac{1}{2}\left(\frac{1}{t} - L_h\right)\|\tilde{u} - u\|^2. \tag{5.3.27}$$

证明 首先根据 σ 的假设, $\tilde{u}$ 是良定义的. 根据 $\tilde{u}$ 的最优性, 有

$$\langle \tilde{u} - u, \nabla h(u) \rangle + \frac{1}{2t}\|\tilde{u} - u\|^2 + \sigma(\tilde{u}) \leqslant \sigma(u).$$

再结合二次上界 (2.2.3), 有

$$\begin{aligned}
h(\tilde{u}) + \sigma(\tilde{u}) &\leqslant h(u) + \langle \tilde{u} - u, \nabla h(u) \rangle + \frac{L_h}{2}\|\tilde{u} - u\|^2 + \sigma(\tilde{u})\\
&\leqslant h(u) + \frac{L_h}{2}\|\tilde{u} - u\|^2 + \sigma(u) - \frac{1}{2t}\|\tilde{u} - u\|^2\\
&= h(u) + \sigma(u) - \frac{1}{2}\left(\frac{1}{t} - L_h\right)\|\tilde{u} - u\|^2.
\end{aligned}$$

即可得到 (5.3.27) 成立. $\qquad\square$

在引理 5.1 的证明中没有利用到 $t < \dfrac{1}{L_h}$ 这个条件, 这是因为 (5.3.27) 式对任意的 $t > 0$ 均成立. 要求 $t < \dfrac{1}{L_h}$ 是为了让每一步有充分的下降量, 从而使得近似点梯度迭代是一个下降算法.

利用以上引理可推导出近似点交替线性化方法的单步充分下降量. 在问题 (5.3.22) 中, 定义迭代点序列

$$z^k = (x^k, y^k), \quad \forall\, k \geqslant 0.$$

则对于序列 $\{z^k\}$ 我们有如下的充分下降定理:

定理 5.7（充分下降） 在假设 5.2 的条件下, $\{z^k\}$ 为迭代格式 (5.3.23) (5.3.24) 产生的迭代序列, 且假设 $\{z^k\}$ 有界. 取步长 $c_k = d_k = \dfrac{1}{\gamma L}$, 其中 $\gamma > 1$ 是常数, L 为 ∇H 的利普希茨系数, 则以下结论成立:

(1) 迭代点处的函数值序列 $\{\Psi(z^k)\}$ 是单调下降的, 且

$$\frac{\rho_1}{2}\|z^{k+1} - z^k\|^2 \leqslant \Psi(z^k) - \Psi(z^{k+1}), \quad \forall\, k \geqslant 0, \tag{5.3.28}$$

其中 $\rho_1 = (\gamma - 1)L$;

(2) 序列 $\{\|z^{k+1} - z^k\|\}_{k=1}^{\infty}$ 平方可和, 即

$$\sum_{k=1}^{\infty}\left(\|x^{k+1} - x^k\|^2 + \|y^{k+1} - y^k\|^2\right) = \sum_{k=1}^{\infty}\|z^{k+1} - z^k\|^2 < +\infty, \tag{5.3.29}$$

并由此推出 $\displaystyle\lim_{k\to\infty}\|z^{k+1} - z^k\| = 0$.

证明   (1) 根据假设 5.2 的 (2), $H(x, y)$ 关于每个分量都是利普希茨连续的, 由引理 5.1 可得到每一步关于 x^k 和 y^k 的下降量估计:

$$H(x^{k+1}, y^k) + f(x^{k+1})$$
$$\leqslant H(x^k, y^k) + f(x^k) - \frac{1}{2}\left(\frac{1}{c_k} - L\right)\|x^{k+1} - x^k\|^2$$
$$= H(x^k, y^k) + f(x^k) - \frac{1}{2}(\gamma - 1)L\|x^{k+1} - x^k\|^2,$$

以及

$$H(x^{k+1}, y^{k+1}) + g(y^{k+1})$$
$$\leqslant H(x^{k+1}, y^k) + g(y^k) - \frac{1}{2}\left(\frac{1}{d_k} - L\right)\|y^{k+1} - y^k\|^2$$
$$= H(x^{k+1}, y^k) + g(y^k) - \frac{1}{2}(\gamma - 1)L\|y^{k+1} - y^k\|^2.$$

将上述两个不等式相加, 消去 $H(x^{k+1}, y^k)$, 得到

$$\begin{aligned}
&\Psi(z^k) - \Psi(z^{k+1}) \\
=\,&H(x^k, y^k) + f(x^k) + g(y^k) - H(x^{k+1}, y^{k+1}) - f(x^{k+1}) - g(y^{k+1}) \quad (5.3.30)\\
\geqslant\,&\frac{1}{2}(\gamma - 1)L\left(\|x^{k+1} - x^k\|^2 + \|y^{k+1} - y^k\|^2\right).
\end{aligned}$$

由此立即可得

$$\frac{\rho_1}{2}\|z^{k+1} - z^k\|^2 \leqslant \Psi(z^k) - \Psi(z^{k+1}). \qquad (5.3.31)$$

此外, 容易得知迭代点处的函数值 $\{\Psi(z^k)\}$ 关于 k 是单调递减的. 根据假设 $\inf \Psi > -\infty$ 可知 $\Psi(z^k)$ 单调下降收敛到一个有限的数 Ψ^*.

(2) 设 N 为任意的整数, 在 (5.3.31) 式中对 k 求和, 得

$$\sum_{k=0}^{N-1}\|z^{k+1} - z^k\|^2 \leqslant \frac{2}{\rho_1}(\Psi(z^0) - \Psi(z^N)) \leqslant \frac{2}{\rho_1}(\Psi(z^0) - \Psi^*).$$

令 $N \to \infty$ 即可得 $\sum_{k=0}^{\infty}\|z^{k+1} - z^k\|^2 < +\infty$, 从而

$$\lim_{k \to \infty}\|z^{k+1} - z^k\| = 0. \qquad \Box$$

定理 5.7 表明进行一轮近似点交替线性化迭代后, 函数值下降量的下界可被相邻迭代点之间的距离控制. 几乎所有下降类的算法在一定条件下都会满足这个性质. 到此我们完成了算法收敛性分析的第一个步骤.

2. 次梯度上界

在上一步中我们证明了迭代点处的函数值 Ψ^k 最终会收敛到某个值, 但是这个值和局部最优解的关系还没有明确说明. 而序列 $\{z^k\}$ 的收敛性质在上面的定理中也没有体现. 在这一部分我们将讨论序列 $\{z^k\}$ 是否会趋于某个临界点, 这是收敛性框架中的第二个步骤.

引理 5.2(次梯度上界)　在假设 5.2 的条件下, 设 $\{z^k\}$ 是迭代格式 (5.3.23) (5.3.24) 产生的有界序列, 对任意的整数 k, 定义

$$A_x^k = \frac{1}{c_{k-1}}(x^{k-1} - x^k) + \nabla_x H(x^k, y^k) - \nabla_x H(x^{k-1}, y^{k-1}), \tag{5.3.32}$$

以及

$$A_y^k = \frac{1}{d_{k-1}}(y^{k-1} - y^k) + \nabla_y H(x^k, y^k) - \nabla_y H(x^k, y^{k-1}). \tag{5.3.33}$$

则有 $(A_x^k, A_y^k) \in \partial\Psi(x^k, y^k)$ 且

$$\|(A_x^k, A_y^k)\| \leqslant \|A_x^k\| + \|A_y^k\| \leqslant \rho_2 \|z^k - z^{k-1}\|, \tag{5.3.34}$$

其中 $\rho_2 = (2\gamma + 3)L$, γ 和 L 的定义同定理 5.7.

证明　由迭代格式 (5.3.23), 当更新 x^k 时,

$$x^k = \operatorname*{arg\,min}_{x \in \mathbb{R}^n} \left\{ \langle x - x^{k-1}, \nabla_x H(x^{k-1}, y^{k-1}) \rangle + \frac{1}{2c_{k-1}} \|x - x^{k-1}\|^2 + f(x) \right\},$$

由一阶最优性条件可知

$$\nabla_x H(x^{k-1}, y^{k-1}) + \frac{1}{c_{k-1}}(x^k - x^{k-1}) + u^k = 0,$$

其中 $u^k \in \partial f(x^k)$ 为 f 的一个次梯度. 因此我们有

$$\nabla_x H(x^{k-1}, y^{k-1}) + u^k = \frac{1}{c_{k-1}}(x^{k-1} - x^k).$$

同理, 由迭代格式 (5.3.24) 可知关于 y^k 有

$$\nabla_y H(x^k, y^{k-1}) + v^k = \frac{1}{d_{k-1}}(y^{k-1} - y^k),$$

其中 $v^k \in \partial g(y^k)$ 为 g 的一个次梯度.

由 A_x^k, A_y^k 的定义和 $\partial\Psi$ 的表达式 (5.3.26) 可得

$$A_x^k = \nabla_x H(x^k, y^k) + u^k \in \partial_x \Psi(x^k, y^k),$$

$$A_y^k = \nabla_y H(x^k, y^k) + v^k \in \partial_y \Psi(x^k, y^k).$$

即有 $(A_x^k, A_y^k) \in \partial \Psi(x^k, y^k)$, 我们需要证明的第一个结论因此成立.

下面估计 A_x^k 和 A_y^k 的模长. 这里需要借助假设 5.2 的 (2), 即 ∇H 在有界集上关于 (x, y) 是联合利普希茨连续的. 因此对 $\|A_x^k\|$ 我们有

$$
\begin{aligned}
\|A_x^k\| &\leqslant \frac{1}{c_{k-1}} \|x^{k-1} - x^k\| + \|\nabla_x H(x^k, y^k) - \nabla_x H(x^{k-1}, y^{k-1})\| \\
&\leqslant \frac{1}{c_{k-1}} \|x^{k-1} - x^k\| + L\big(\|x^{k-1} - x^k\| + \|y^{k-1} - y^k\|\big) \\
&= \left(L + \frac{1}{c_{k-1}}\right) \|x^{k-1} - x^k\| + L\|y^{k-1} - y^k\| \\
&= (\gamma + 1)L\|x^{k-1} - x^k\| + L\|y^{k-1} - y^k\| \\
&\leqslant (\gamma + 2)L\|z^{k-1} - z^k\|.
\end{aligned}
$$

其中, 第二个不等式是根据 ∇H 的利普希茨连续性, 最后一个不等式是将 $\|x^{k-1} - x^k\|$ 和 $\|y^{k-1} - y^k\|$ 统一放大为 $\|z^{k-1} - z^k\|$.

另一方面, 对 $\|A_y^k\|$ 的估计只需要用到 ∇H 关于 y 的利普希茨连续性:

$$
\begin{aligned}
\|A_y^k\| &\leqslant \frac{1}{d_{k-1}} \|y^k - y^{k-1}\| + \|\nabla_y H(x^k, y^k) - \nabla_y H(x^k, y^{k-1})\| \\
&\leqslant \frac{1}{d_{k-1}} \|y^k - y^{k-1}\| + L\|y^k - y^{k-1}\| \\
&= \left(\frac{1}{d_{k-1}} + L\right) \|y^k - y^{k-1}\| \\
&\leqslant (\gamma + 1)L\|z^k - z^{k-1}\|.
\end{aligned}
$$

结合这两个估计我们最终得到

$$
\|(A_x^k, A_y^k)\| \leqslant \|A_x^k\| + \|A_y^k\| \leqslant (2\gamma + 3)L\|z^k - z^{k-1}\| = \rho_2 \|z^k - z^{k-1}\|. \qquad \Box
$$

从以上分析知道, 随着迭代的进行, $\partial \Psi(z^k)$ 将会包含一个模长不断趋于 0 的向量, 这暗示着某种收敛性. 在迭代序列 $\{z^k\}$ 是有界的这一假设下, 由于有界序列一定有收敛的子列, 因此猜想 $\{z^k\}$ 的极限点应该和 Ψ 的临界点有一定的关系. 实际上, 我们有如下引理:

引理 5.3 (极限点集的性质)　定义 $\omega(z^0)$ 为近似点交替线性化方法从点 z^0 出发产生迭代序列的所有极限点集, 且 $\{z^k\}$ 是有界序列, 则以下结论成立:

(1) $\varnothing \neq \omega(z^0) \subset \operatorname{crit} \Psi$, 其中 $\operatorname{crit} \Psi$ 定义为 Ψ 所有的临界点;

(2) z^k 与集合 $\omega(z^0)$ 的距离趋于 0, 即

$$
\lim_{k \to \infty} \operatorname{dist}(z^k, \omega(z^0)) = 0; \tag{5.3.35}
$$

(3) $\omega(z^0)$ 是非空的连通紧集;

(4) Ψ 在 $\omega(z^0)$ 上是一个有限的常数.

引理 5.3 的证明比较烦琐, 读者可在文献 [16] 中找到严格的证明. 该引理表明从点 z^0 出发产生的点列 $\{z^k\}$ 的极限点都是 Ψ 的临界点 (次梯度集含有零向量). 至此我们已经得到了迭代序列 $\{z^k\}$ 的子列收敛性, 这至少保证了算法在迭代过程中与临界点越来越接近. 一个自然的问题就是: $\{z^k\}$ 全序列在何种条件下收敛? 这就要进入理论分析的第三个步骤: 利用函数的 KL 性质.

3. 利用 KL 性质证明全序列收敛

证明 $\{z^k\}$ 的全序列收敛性需要引入与 KL 性质相关的一些定义和概念. 为了记号方便, 给定实数 $\alpha \leqslant \beta$, 定义 $[\alpha, \beta]$ 关于函数 σ 的原像为

$$[\alpha \leqslant \sigma \leqslant \beta] = \{x \in \mathbb{R}^d \mid \alpha \leqslant \sigma(x) \leqslant \beta\}.$$

可类似地定义 $[\alpha < \sigma < \beta]$. 接下来引入 Φ_η 函数类的概念.

定义 5.4 (Φ_η 函数类) 定义 Φ_η 是凹连续函数 $\varphi: [0, \eta) \to \mathbb{R}_+$ 的集合且满足如下条件:

(1) $\varphi(0) = 0$;

(2) φ 在 $(0, \eta)$ 内连续可微, 在点 0 处连续;

(3) 对任意的 $s \in (0, \eta)$, 都有 $\varphi'(s) > 0$.

根据上面的定义我们可引入 KL 性质.

定义 5.5 (Kurdyka-Łojasiewicz (KL) 性质) 设 $\sigma: \mathbb{R}^d \to (-\infty, +\infty]$ 是适当下半连续函数.

(1) 称函数 σ 在给定点 $\bar{u} \in \mathbf{dom}\, \partial\sigma \stackrel{\text{def}}{=} \{u \mid \partial\sigma(u) \neq \varnothing\}$ 处具有 **KL 性质**, 若存在 $\eta \in (0, +\infty]$ 和 $\bar{u}$ 的一个邻域 U 以及函数 $\varphi \in \Phi_\eta$, 使得

$$\forall\, u \in U \cap [\sigma(\bar{u}) < \sigma < \sigma(\bar{u}) + \eta],$$

以下不等式成立:

$$\varphi'(\sigma(u) - \sigma(\bar{u})) \cdot \mathrm{dist}(0, \partial\sigma(u)) \geqslant 1,$$

其中 $\mathrm{dist}(x, S)$ 表示点 x 到集合 S 的距离.

(2) 若 σ 在 $\mathbf{dom}\, \partial\sigma$ 上处处满足 KL 性质, 则称 σ 是一个 **KL 函数**.

一大类函数都具有 KL 性质, 该性质刻画了函数本身在给定点 $\bar{u}$ 处的某种行为. 显然, 如果点 $\bar{u}$ 不是函数 σ 的临界点, 那么 KL 性质在点 $\bar{u}$ 处自然成立. 因此 KL 性质成立的不平凡情形是 $\bar{u}$ 是 σ 的临界点, 即 $0 \in \partial\sigma(\bar{u})$. 在这种情况下 KL 性质保证了 "函数 σ 可被锐化". 直观上来说, 令

$$\tilde{\varphi}(u) = \varphi(\sigma(u) - \sigma(\bar{u})),$$

KL 性质在某种条件下可以改写成

$$\mathrm{dist}(0, \partial \tilde{\varphi}(u)) \geqslant 1,$$

其中 u 的取法需要保证 $\sigma(u) > \sigma(\bar{u})$. 以上性质表明, 无论 u 多么接近临界点 $\bar{u}$, 函数 $\tilde{\varphi}(u)$ 的次梯度的模长均大于 1. 所以 KL 性质也被称为是函数 σ 在**重参数化子** φ 下的一个**锐化**, 这种几何性质在分析一阶算法的收敛性时起到关键的作用.

由于非凸问题有多个临界点, 有时单个点 $\bar{u}$ 处的 KL 性质是不够的, 我们需要引入一致 KL 性质.

引理 5.4 (一致 KL 性质)　设 Ω 是紧集, $\sigma : \mathbb{R}^d \to (-\infty, +\infty]$ 是适当下半连续函数, 在 Ω 上为常数且在 Ω 的每个点处都满足 KL 性质, 则存在 $\varepsilon > 0, \eta > 0, \varphi \in \Phi_\eta$ 使得对任意 $\bar{u} \in \Omega$ 和所有满足以下条件的 u:

$$\{u \in \mathbb{R}^d \ : \ \mathrm{dist}(u, \Omega) < \varepsilon\} \cap [\sigma(\bar{u}) < \sigma < \sigma(\bar{u}) + \eta],$$

有

$$\varphi'(\sigma(u) - \sigma(\bar{u}))\mathrm{dist}(0, \partial\sigma(u)) \geqslant 1.$$

证明　因为 $\mathbb{R}^d$ 上的紧集可以由有限多个开集覆盖, 因此该问题可在有限个点上进行讨论. 设 μ 是 σ 在 Ω 上的取值. 由于 Ω 是紧集, 根据有限覆盖定理, 存在有限多个开球 $B(u_i, \varepsilon_i)$ (其中 $u_i \in \Omega, i = 1, 2, \cdots, p$) 使得 $\Omega \subset \bigcup_{i=1}^{p} B(u_i, \varepsilon_i)$.

现在考虑这些点 u_i. 在点 u_i 上 KL 性质成立, 设 $\varphi_i : [0, \eta_i) \to \mathbb{R}_+$ 是对应的重参数化子, 则对任意 $u \in B(u_i, \varepsilon_i) \cap [\mu < \sigma < \mu + \eta_i]$, 有逐点的 KL 性质:

$$\varphi_i'(\sigma(u) - \mu)\mathrm{dist}(0, \partial\sigma(u)) \geqslant 1. \tag{5.3.36}$$

取充分小的 $\varepsilon > 0$ 使得

$$U_\varepsilon \overset{\mathrm{def}}{=\!=} \{u \in \mathbb{R}^d \mid \mathrm{dist}(u, \Omega) \leqslant \varepsilon\} \subset \bigcup_{i=1}^{p} B(u_i, \varepsilon_i).$$

取 $\eta = \min_i \eta_i$, 以及

$$\varphi(s) = \int_0^s \max_i \varphi_i'(t)\mathrm{d}t, \quad s \in [0, \eta).$$

容易验证 $\varphi \in \Phi_\eta$.

对任意的 $u \in U_\varepsilon \cap [\mu < \sigma < \mu + \eta]$, u 必定落在某个球 $B(u_{i_0}, \varepsilon_{i_0})$ 中, 我们有

$$\varphi'(\sigma(u) - \mu)\mathrm{dist}(0, \partial\sigma(u)) = \max_i \varphi_i'(\sigma(u) - \mu)\mathrm{dist}(0, \partial\sigma(u))$$

$$\geqslant \varphi_{i_0}'(\sigma(u) - \mu)\mathrm{dist}(0, \partial\sigma(u)) \geqslant 1.$$

即一致 KL 性质成立.　　　　　　　　　　　　　　　　　　　　　　　□

注意, 该引理和普通 KL 性质的区别是 φ, η 的取法对 $\bar{u}$ 是一致的, 不再依赖于 $\bar{u}$ 的具体位置. 同时 u 选择的范围也相应地扩大了. 有了上面的准备工作, 我们可以利用 KL 性质证明 $\{z^k\}$ 的全序列收敛性.

定理 5.8（有限长度性质） 设 Ψ 是 KL 函数, 且假设 5.2 满足, $\{z^k\}$ 是有界序列, 则以下结论成立:

(1) 序列 $\{z^k\}$ 的长度有限, 即

$$\sum_{k=1}^{\infty} \|z^{k+1} - z^k\| < +\infty. \tag{5.3.37}$$

(2) 序列 $\{z^k\}$ 收敛到 Ψ 的一个临界点 $z^* = (x^*, y^*)$.

证明 由于 $\{z^k\}$ 是有界序列, 存在收敛子列 $\{z^{k_q}\} \to \bar{z}, q \to \infty$. 和之前的推导类似, 不管全序列 $\{z^k\}$ 收敛性如何, 对应的函数值列 $\{\Psi(z^k)\}$ 总是收敛的, 且

$$\lim_{k \to \infty} \Psi(z^k) = \Psi(\bar{z}). \tag{5.3.38}$$

以下不妨设 $\Psi(\bar{z}) < \Psi(z^k), \forall k \in \mathbb{N}$. 这是因为若存在 $\bar{k}$ 使得 $\Psi(z^{\bar{k}}) = \Psi(\bar{z})$, 由充分下降性 (5.3.28) 可知 $z^{\bar{k}+1} = z^{\bar{k}}$, 进而有 $z^k = z^{\bar{k}}, \forall k > \bar{k}$. 结论自然成立.

由极限 (5.3.38) 和极限点集 $\omega(z^0)$ 的性质 (5.3.35), 可知对任意的 $\varepsilon, \eta > 0$, 存在充分大的正整数 l, 使得对任意的 $k > l$,

$$\Psi(z^k) < \Psi(\bar{z}) + \eta, \quad \text{dist}(z^k, \omega(z^0)) < \varepsilon.$$

以上的分析说明当 k 充分大时, 迭代点序列最终会满足一致 KL 性质的前提. 下面就在这个结论下分别证明定理 5.8 的两个结论.

(1) 根据临界点的性质, $\omega(z^0)$ 是非空紧集, 且 Ψ 在 $\omega(z^0)$ 上是常数. 在引理 5.4 中令 $\Omega = \omega(z^0)$, 对任意的 $k > l$,

$$\varphi'(\Psi(z^k) - \Psi(\bar{z}))\text{dist}(0, \partial\Psi(z^k)) \geqslant 1. \tag{5.3.39}$$

根据引理 5.2 可知

$$\text{dist}(0, \partial\Psi(z^k)) \leqslant \|(A_x^k, A_y^k)\| \leqslant \rho_2 \|z^k - z^{k-1}\|.$$

代入 KL 性质有

$$\varphi'(\Psi(z^k) - \Psi(\bar{z})) \geqslant \frac{1}{\rho_2} \|z^k - z^{k-1}\|^{-1}. \tag{5.3.40}$$

另外, 由 φ 的凹性, 有

$$\begin{aligned}
&\varphi(\Psi(z^k) - \Psi(\bar{z})) - \varphi(\Psi(z^{k+1}) - \Psi(\bar{z})) \\
&\geqslant \varphi'(\Psi(z^k) - \Psi(\bar{z}))(\Psi(z^k) - \Psi(z^{k+1})).
\end{aligned} \tag{5.3.41}$$

为了表示方便, 定义

$$\Delta_{p,q} = \varphi(\Psi(z^p) - \Psi(\bar{z})) - \varphi(\Psi(z^q) - \Psi(\bar{z})),$$

其中 p, q 为任意正整数. 定义常数

$$C = \frac{2\rho_2}{\rho_1} > 0.$$

根据不等式 (5.3.41), 使用 (5.3.40) 式和定理 5.7 分别估计不等号右边的两项, 有

$$
\begin{aligned}
\Delta_{k,k+1} &\geqslant \varphi'(\Psi(z^k) - \Psi(\bar{z}))(\Psi(z^k) - \Psi(z^{k+1})) \\
&\geqslant \frac{1}{\rho_2}\|z^k - z^{k-1}\|^{-1} \cdot \frac{\rho_1}{2}\|z^{k+1} - z^k\|^2 \\
&= \frac{\|z^{k+1} - z^k\|^2}{C\|z^k - z^{k-1}\|},
\end{aligned}
\tag{5.3.42}
$$

等价于

$$\|z^{k+1} - z^k\| \leqslant \sqrt{C\Delta_{k,k+1}\|z^k - z^{k-1}\|}.$$

根据基本不等式 $2\sqrt{ab} \leqslant a + b, \ \forall \, a, b > 0$, 我们取 $a = \|z^k - z^{k-1}\|$, $b = C\Delta_{k,k+1}$, 则

$$2\|z^{k+1} - z^k\| \leqslant \|z^k - z^{k-1}\| + C\Delta_{k,k+1}. \tag{5.3.43}$$

对任意的 $k > l$, 在 (5.3.43) 中把 k 替换成 i 并对 $i = l+1, l+2, \cdots, k$ 求和, 得

$$
\begin{aligned}
2\sum_{i=l+1}^{k}\|z^{i+1} - z^i\| &\leqslant \sum_{i=l+1}^{k}\|z^i - z^{i-1}\| + C\sum_{i=l+1}^{k}\Delta_{i,i+1} \\
&\leqslant \sum_{i=l+1}^{k}\|z^{i+1} - z^i\| + \|z^{l+1} - z^l\| + C\Delta_{l+1,k+1}.
\end{aligned}
$$

最后一个不等式是因为 $\Delta_{p,q} + \Delta_{q,r} = \Delta_{p,r}$.

注意到上式不等号右边刚好可以和左边部分抵消, 我们有

$$
\begin{aligned}
\sum_{i=l+1}^{k}&\|z^{i+1} - z^i\| \\
&\leqslant \|z^{l+1} - z^l\| + C\Big(\varphi(\Psi(z^{l+1}) - \Psi(\bar{z})) - \varphi(\Psi(z^{k+1}) - \Psi(\bar{z}))\Big) \\
&\leqslant \|z^{l+1} - z^l\| + C\varphi(\Psi(z^{l+1}) - \Psi(\bar{z})).
\end{aligned}
$$

不等式右边是有界的数且与 k 无关, 由级数收敛的定义立即可得

$$\sum_{k=1}^{\infty}\|z^{k+1} - z^k\| < +\infty.$$

(2) 在 (5.3.37) 的前提下 $\{z^k\}$ 全序列收敛是显然的. 这等价于证明 $\{z^k\}$ 是柯西列. 对任意 $q > p > l$,

$$z^q - z^p = \sum_{k=p}^{q-1}(z^{k+1} - z^k),$$

根据三角不等式,

$$\|z^q - z^p\| = \left\|\sum_{k=p}^{q-1}(z^{k+1} - z^k)\right\| \leqslant \sum_{k=p}^{q-1}\|z^{k+1} - z^k\|,$$

而 $\|z^{k+1} - z^k\|$ 的可和性意味着 $\displaystyle\sum_{k=l+1}^{\infty}\|z^{k+1} - z^k\|$ 趋于 0. 因此 $\{z^k\}$ 是一个柯西列, 算法产生的迭代序列有全序列收敛性. □

定理 5.8 的 (1) 有别于定理 5.7 的 (2): 后者只得到了 $\|z^{k+1} - z^k\|$ 平方可和的结论, 而前者则说明从 z^0 出发, 迭代序列的轨迹长度是有限的. 这个结论显然比定理 5.7 中的要强, 也是推导全序列收敛的关键.

4. 一般问题的收敛性分析框架

总结以上三个步骤, 我们实际上建立了一大类非凸问题优化算法收敛性分析的框架. 给定函数 $\varPsi: \mathbb{R}^d \to (-\infty, +\infty]$ 为适当下半连续函数, 考虑极小化问题

$$\min_{z \in \mathbb{R}^d} \quad \varPsi(z).$$

对任意的一般性算法 $\mathcal{A}$, 假定算法 $\mathcal{A}$ 以如下方式产生迭代序列 $\{z^k\}_{k \in \mathbb{N}}$:

$$z^0 \in \mathbb{R}^d, \quad z^{k+1} = \mathcal{A}(z^k), \quad k = 0, 1, \cdots.$$

我们的最终目标是要证明算法 $\mathcal{A}$ 产生的**全序列**收敛到 $\varPsi$ 的一个稳定点. 注意, 在一般的分析框架下能比较容易地得到序列 $\{z^k\}$ 的子列收敛性, 若函数满足 KL 性质, 则可以得到迭代序列的全序列收敛性.

我们采用了如下步骤来证明该算法的收敛性:

(1) **充分下降**: 算法 $\mathcal{A}$ 本质上是一个下降算法, 且每一步的下降量有一个下界估计:

$$\rho_1\|z^{k+1} - z^k\|^2 \leqslant \varPsi(z^k) - \varPsi(z^{k+1}), \quad k = 0, 1, \cdots,$$

其中 ρ_1 是和迭代次数 k 无关的常数.

(2) **每次迭代时次梯度的上界**: 假设算法 $\mathcal{A}$ 的迭代序列有界, 则在这一步需要找到另一个常数 ρ_2 使得次梯度有一个上界估计:

$$\|w^{k+1}\| \leqslant \rho_2 \|z^{k+1} - z^k\|, \quad w^k \in \partial \Psi(z^k), \quad k = 0, 1, \cdots.$$

(3) **应用 KL 性质**：假设 Ψ 是一个 KL 函数且迭代序列 $\{z^k\}$ 有界, 证明 $\{z^k\}$ 是一个柯西列.

前两个步骤是证明多数算法的基本步骤, 当这两个性质成立时, 对任意的算法 $\mathcal{A}$ 产生的迭代序列的聚点集合都为非空连通紧集, 且这些聚点都是 Ψ 的临界点. 此外, 前两个性质的成立依赖于算法本身的理论性质, 而 KL 性质本质上是函数自身的性质, 不依赖算法 $\mathcal{A}$ 的结构. 因此第三步是推导全序列收敛的关键.

5.4 交替方向乘子法

统计学、机器学习和科学计算中出现了很多结构复杂且可能非凸、非光滑的优化问题. 交替方向乘子法很自然地提供了一个适用范围广泛、容易理解和实现、可靠性不错的解决方案. 该方法是在 20 世纪 70 年代发展起来的, 与许多其他算法等价或密切相关, 如对偶分解、乘子方法、Douglas-Rachford Splitting 方法、Dykstra 交替投影方法、Bregman 对于带 ℓ_1 范数问题的迭代算法、近似点算法等. 本节首先介绍交替方向乘子法的基本算法; 在介绍了 Douglas-Rachford Splitting 方法之后, 说明将其应用在对偶问题上与将交替方向乘子法应用在原始问题上等价; 然后给出交替方向乘子法的一些变形技巧, 以及它和其他一些算法的关系; 接着给出大量实际问题中的例子, 并展示如何用交替方向乘子法来求解这些问题; 最后给出交替方向乘子法的收敛性证明.

5.4.1 交替方向乘子法

本节考虑如下凸问题:

$$
\begin{aligned}
\min_{x_1, x_2} \quad & f_1(x_1) + f_2(x_2), \\
\text{s.t.} \quad & A_1 x_1 + A_2 x_2 = b,
\end{aligned}
\tag{5.4.1}
$$

其中 f_1, f_2 是适当的闭凸函数, 但不要求是光滑的, $x_1 \in \mathbb{R}^n, x_2 \in \mathbb{R}^m, A_1 \in \mathbb{R}^{p \times n}, A_2 \in \mathbb{R}^{p \times m}, b \in \mathbb{R}^p$. 这个问题的特点是目标函数可以分成彼此分离的两块, 但是变量被线性约束结合在一起. 常见的一些无约束和带约束的优化问题都可以表示成这一形式. 下面的一些例子将展示如何把某些一般的优化问题转化为适用交替方向乘子法求解的标准形式.

例 5.13 可以分成两块的无约束优化问题

$$\min_x \quad f_1(x) + f_2(x).$$

为了将此问题转化为标准形式(5.4.1), 需要将目标函数改成可分的形式. 我们通过引入一个新的变量 z 并令 $x = z$, 将问题转化为

$$\min_{x,z} \quad f_1(x) + f_2(z), \quad \text{s.t.} \quad x - z = 0.$$

例 5.14 带线性变换的无约束优化问题

$$\min_x \quad f_1(x) + f_2(Ax).$$

类似地, 我们可以引入一个新的变量 z, 令 $z = Ax$, 则问题变为

$$\min_{x,z} \quad f_1(x) + f_2(z), \quad \text{s.t.} \quad Ax - z = 0.$$

对比问题(5.4.1) 可知 $A_1 = A$ 和 $A_2 = -I$.

例 5.15 凸集上的约束优化问题

$$\min_x \quad f(x), \quad \text{s.t.} \quad Ax \in C,$$

其中 $C \subset \mathbb{R}^n$ 为凸集. 对于集合约束 $Ax \in C$, 我们可以用示性函数 $I_C(\cdot)$ 将其添加到目标函数中, 那么问题可以转化为例 5.14 中的形式:

$$\min_x \quad f(x) + I_C(Ax),$$

其中 $I_C(z)$ 是集合 C 的示性函数, 即

$$I_C(z) = \begin{cases} 0, & z \in C, \\ +\infty, & \text{其他}. \end{cases}$$

再引入约束 $z = Ax$, 那么问题转化为

$$\min_{x,z} \quad f(x) + I_C(z), \quad \text{s.t.} \quad Ax - z = 0.$$

例 5.16 全局一致性问题 (global consensus problem) [19]

$$\min_x \quad \sum_{i=1}^{N} \phi_i(x).$$

令 $x = z$, 并将 x 复制 N 份, 分别为 x_i, 那么问题转化为

$$\min_{x_i,z} \quad \sum_{i=1}^{N} \phi_i(x_i),$$

$$\text{s.t.} \quad x_i - z = 0, \ i = 1, 2, \cdots, N.$$

在这里注意, 从形式上看全局一致性问题仍然具有问题(5.4.1) 的结构: 如果令

$$x = (x_1^{\mathrm{T}}, x_2^{\mathrm{T}}, \cdots, x_N^{\mathrm{T}})^{\mathrm{T}}$$

以及

$$f_1(x) = \sum_{i=1}^{N} \phi_i(x_i), \quad f_2(z) = 0,$$

则此问题可以化为

$$\min_{x,z} \quad f_1(x) + f_2(z), \quad \text{s.t.} \quad A_1 x - A_2 z = 0,$$

其中矩阵 A_1, A_2 定义为

$$A_1 = \begin{bmatrix} I & & & \\ & I & & \\ & & \ddots & \\ & & & I \end{bmatrix}, \quad A_2 = \begin{bmatrix} I \\ I \\ \vdots \\ I \end{bmatrix}.$$

在全局一致性问题的例子中, 我们将问题重写为具有两个变量块的形式, 而不是简单地将问题 (5.4.1) 推广为多个变量块的形式. 这样做是有一定原因的, 我们将在应用举例部分给出解答.

例 5.17   共享问题 (sharing problem)[19]

$$\min_{x_i} \quad \sum_{i=1}^{N} f_i(x_i) + g\left(\sum_{i=1}^{N} x_i\right).$$

为了使目标函数可分, 我们将 g 的变量 x_i 分别复制一份为 z_i, 那么问题转化为

$$\min_{x_i,z_i} \quad \sum_{i=1}^{N} f_i(x_i) + g\left(\sum_{i=1}^{N} z_i\right),$$

$$\text{s.t.} \quad x_i - z_i = 0, \ i = 1, 2, \cdots, N.$$

容易验证此问题也具有问题(5.4.1) 的形式.

下面给出交替方向乘子法 (alternating direction method of multipliers, ADMM) 的迭代格式, 首先写出问题(5.4.1) 的增广拉格朗日函数

$$L_\rho(x_1, x_2, y) = f_1(x_1) + f_2(x_2) + y^{\mathrm{T}}(A_1 x_1 + A_2 x_2 - b) + \frac{\rho}{2}\|A_1 x_1 + A_2 x_2 - b\|_2^2, \tag{5.4.2}$$

其中 $\rho > 0$ 是二次罚项的系数. 常见的求解带约束问题的增广拉格朗日函数法为如下更新:

$$(x_1^{k+1}, x_2^{k+1}) = \underset{x_1, x_2}{\arg\min}\, L_\rho(x_1, x_2, y^k), \tag{5.4.3}$$

$$y^{k+1} = y^k + \tau\rho(A_1 x_1^{k+1} + A_2 x_2^{k+1} - b), \tag{5.4.4}$$

其中 τ 为步长. 在实际求解中, 第一步迭代(5.4.3) 同时对 x_1 和 x_2 进行优化有时候比较困难, 而固定一个变量求解关于另一个变量的极小问题可能比较简单, 因此我们可以考虑对 x_1 和 x_2 交替求极小, 这就是交替方向乘子法的基本思路. 其迭代格式可以总结如下:

$$x_1^{k+1} = \underset{x_1}{\arg\min}\, L_\rho(x_1, x_2^k, y^k), \tag{5.4.5}$$

$$x_2^{k+1} = \underset{x_2}{\arg\min}\, L_\rho(x_1^{k+1}, x_2, y^k), \tag{5.4.6}$$

$$y^{k+1} = y^k + \tau\rho(A_1 x_1^{k+1} + A_2 x_2^{k+1} - b), \tag{5.4.7}$$

其中 τ 为步长, 通常取值于 $\left(0, \dfrac{1+\sqrt{5}}{2}\right)$. 关于这样选择步长的收敛性, 我们将在证明收敛性的小节中介绍.

观察交替方向乘子法的迭代格式, 第一步固定 x_2, y 对 x_1 求极小; 第二步固定 x_1, y 对 x_2 求极小; 第三步更新拉格朗日乘子 y. 这一迭代格式和之前讨论的交替极小化方法非常相似. 它们的区别是交替极小化方法的第一步是针对拉格朗日函数求极小, 而 ADMM 的第一步将其换成了增广拉格朗日函数. 虽然从形式上看两个算法只是略有差别, 但这种改变会带来截然不同的算法表现. ADMM 的一个最直接的改善就是去掉了目标函数 $f_1(x)$ 强凸的要求, 其本质还是由于它引入了二次罚项. 而在交替极小化方法中我们要求 $f(x)$ 为强凸函数.

需要注意的是, 虽然交替方向乘子法引入了二次罚项, 但对一般的闭凸函数 f_1 和 f_2, 迭代(5.4.5) 和迭代 (5.4.6) 在某些特殊情况下仍然不是良定义的. 本节假设每个子问题的解均是存在且唯一的, 但读者应当注意到这个假设对一般的闭凸函数是不成立的.

与无约束优化问题不同, 交替方向乘子法针对的问题(5.4.1) 是带约束的优化问题, 因此算法的收敛准则应当借助约束优化问题的最优性条件 (KKT 条件). 因为 f_1, f_2 均

为闭凸函数, 约束为线性约束, 所以当 Slater 条件成立时, 可以使用凸优化问题的 KKT 条件来作为交替方向乘子法的收敛准则. 问题(5.4.1) 的拉格朗日函数为

$$L(x_1, x_2, y) = f_1(x_1) + f_2(x_2) + y^{\mathrm{T}}(A_1 x_1 + A_2 x_2 - b).$$

根据定理 4.6, 若 x_1^*, x_2^* 为问题(5.4.1) 的最优解, y^* 为对应的拉格朗日乘子, 则以下条件满足:

$$0 \in \partial_{x_1} L(x_1^*, x_2^*, y^*) = \partial f_1(x_1^*) + A_1^{\mathrm{T}} y^*, \tag{5.4.8a}$$

$$0 \in \partial_{x_2} L(x_1^*, x_2^*, y^*) = \partial f_2(x_2^*) + A_2^{\mathrm{T}} y^*, \tag{5.4.8b}$$

$$A_1 x_1^* + A_2 x_2^* = b. \tag{5.4.8c}$$

在这里, 条件(5.4.8c) 又称为原始可行性条件, 条件(5.4.8a) 和条件(5.4.8b) 又称为对偶可行性条件. 由于问题中只含等式约束, KKT 条件中的互补松弛条件可以不加考虑. 在 ADMM 迭代中, 我们得到的迭代点实际为 (x_1^k, x_2^k, y^k), 因此收敛准则应当针对 (x_1^k, x_2^k, y^k) 检测条件(5.4.8). 接下来讨论如何具体计算这些收敛准则.

一般来说, 原始可行性条件(5.4.8c) 在迭代中是不满足的, 为了检测这个条件, 需要计算原始可行性残差

$$r^k = A_1 x_1^k + A_2 x_2^k - b$$

的模长, 这一计算是比较容易的. 下面来看两个对偶可行性条件. 考虑 ADMM 迭代更新 x_2 的步骤

$$x_2^k = \arg\min_x \left\{ f_2(x) + \frac{\rho}{2} \left\| A_1 x_1^k + A_2 x - b + \frac{y^{k-1}}{\rho} \right\|^2 \right\},$$

假设这一子问题有显式解或能够精确求解, 根据最优性条件不难推出

$$0 \in \partial f_2(x_2^k) + A_2^{\mathrm{T}} [y^{k-1} + \rho(A_1 x_1^k + A_2 x_2^k - b)]. \tag{5.4.9}$$

注意到当 ADMM 步长 $\tau = 1$ 时, 根据迭代(5.4.7) 可知上式方括号中的表达式就是 y^k, 最终我们有

$$0 \in \partial f_2(x_2^k) + A_2^{\mathrm{T}} y^k,$$

这恰好就是条件(5.4.8b). 上面的分析说明在 ADMM 迭代过程中, 若 x_2 的更新能取到精确解且步长 $\tau = 1$, 对偶可行性条件(5.4.8b) 是自然成立的, 因此无须针对条件(5.4.8b) 单独验证最优性条件. 然而, 在迭代过程中条件(5.4.8a) 却不能自然满足. 实际上, 由 x_1 的更新公式

$$x_1^k = \arg\min_x \left\{ f_1(x) + \frac{\rho}{2} \left\| A_1 x + A_2 x_2^{k-1} - b + \frac{y^{k-1}}{\rho} \right\|^2 \right\},$$

假设子问题能精确求解, 根据最优性条件

$$0 \in \partial f_1(x_1^k) + A_1^{\mathrm{T}}[\rho(A_1 x_1^k + A_2 x_2^{k-1} - b) + y^{k-1}].$$

注意, 这里 x_2 上标是 $k-1$, 因此根据 ADMM 的第三式 (5.4.7), 同样取 $\tau = 1$, 我们有

$$0 \in \partial f_1(x_1^k) + A_1^{\mathrm{T}}(y^k + \rho A_2(x_2^{k-1} - x_2^k)). \tag{5.4.10}$$

对比条件(5.4.8a) 可知多出来的项为 $\rho A_1^{\mathrm{T}} A_2(x_2^{k-1} - x_2^k)$, 因此要检测对偶可行性只需要检测残差

$$s^k = A_1^{\mathrm{T}} A_2(x_2^{k-1} - x_2^k)$$

是否充分小, 这一检测同样也是比较容易的. 综上, 当 x_2 更新取到精确解且 $\tau = 1$ 时, 判断 ADMM 是否收敛只需要检测前述两个残差 r^k、s^k 是否充分小:

$$\begin{aligned} 0 &\approx \|r^k\| = \|A_1 x_1^k + A_2 x_2^k - b\| \quad \text{(原始可行性)}, \\ 0 &\approx \|s^k\| = \|A_1^{\mathrm{T}} A_2(x_2^{k-1} - x_2^k)\| \quad \text{(对偶可行性)}. \end{aligned} \tag{5.4.11}$$

5.4.2 Douglas-Rachford Splitting 算法

Douglas-Rachford Splitting (DRS) 算法是一类非常重要的算子分裂算法. 它可以用于求解下面的无约束优化问题:

$$\min_x \quad \psi(x) = f(x) + h(x), \tag{5.4.12}$$

其中 f 和 h 是闭凸函数. DRS 算法的迭代格式是

$$x^{k+1} = \mathrm{prox}_{th}(z^k), \tag{5.4.13}$$

$$y^{k+1} = \mathrm{prox}_{tf}(2x^{k+1} - z^k), \tag{5.4.14}$$

$$z^{k+1} = z^k + y^{k+1} - x^{k+1}, \tag{5.4.15}$$

其中 t 是一个正的常数. 我们还可以通过一系列变形来得到 DRS 格式的等价迭代. 首先在原始 DRS 格式中按照 y, z, x 的顺序进行更新, 则有

$$y^{k+1} = \mathrm{prox}_{tf}(2x^k - z^k),$$

$$z^{k+1} = z^k + y^{k+1} - x^k,$$

$$x^{k+1} = \mathrm{prox}_{th}(z^{k+1}).$$

引入辅助变量 $w^k = z^k - x^k$, 并注意到上面迭代中变量 z^k, z^{k+1} 可以消去, 则得到 DRS 算法的等价迭代格式

$$y^{k+1} = \mathrm{prox}_{tf}(x^k - w^k), \tag{5.4.16}$$

$$x^{k+1} = \operatorname{prox}_{th}(w^k + y^{k+1}), \tag{5.4.17}$$

$$w^{k+1} = w^k + y^{k+1} - x^{k+1}. \tag{5.4.18}$$

DRS 格式还可以写成关于 z^k 的不动点迭代的形式

$$z^{k+1} = T(z^k), \tag{5.4.19}$$

其中

$$T(z) = z + \operatorname{prox}_{tf}(2\operatorname{prox}_{th}(z) - z) - \operatorname{prox}_{th}(z).$$

将 DRS 格式写成不动点迭代的形式是有好处的: 第一, 它去掉了迭代中的 x^k, y^k 变量, 使得算法形式更加简洁; 第二, 对不动点迭代的收敛性研究有一些常用的工具和技术手段, 例如泛函分析中的压缩映射原理; 第三, 针对不动点迭代可写出很多种不同类型的加速算法.

下面的定理给出 T 的不动点与 $f + h$ 的极小值之间的关系:

定理 5.9   (1) 若 z 是 (5.4.19) 中 T 的一个不动点, 即 $z = T(z)$, 则 $x = \operatorname{prox}_{th}(z)$ 是问题 (5.4.12) 的一个最小值点.

(2) 若 x 是问题 (5.4.12) 的一个最小值点, 则存在 $u \in t\partial f(x) \cap (-t\partial h(x))$, 且 $x - u = T(x - u)$, 即 $x - u$ 是 T 的一个不动点.

证明   (1) 如果 z 是 T 的一个不动点, 即

$$z = T(z) = z + \operatorname{prox}_{tf}(2\operatorname{prox}_{th}(z) - z) - \operatorname{prox}_{th}(z),$$

令 $x = \operatorname{prox}_{th}(z)$, 则

$$\operatorname{prox}_{tf}(2x - z) = x = \operatorname{prox}_{th}(z).$$

由邻近算子的定义和最优性条件得

$$x - z \in t\partial f(x), \quad z - x \in t\partial h(x).$$

因此,

$$0 \in t\partial f(x) + t\partial h(x).$$

根据凸优化问题的一阶充要条件知 $x = \operatorname{prox}_{th}(z)$ 是问题 (5.4.12) 的一个最小值点.

(2) 因为 x 是问题 (5.4.12) 一个最小值点, 根据一阶充要条件,

$$0 \in t\partial f(x) + t\partial h(x),$$

这等价于存在 $u \in t\partial f(x) \cap (-t\partial h(x))$. 由定理 5.2 ,

$$u \in t\partial f(x) \Longleftrightarrow x = \operatorname{prox}_{tf}(x + u),$$

$$u \in (-t\partial h(x)) \Longleftrightarrow x = \operatorname{prox}_{th}(x - u),$$

然后可以得到

$$\text{prox}_{tf}\left(2\,\text{prox}_{th}(x-u)-(x-u)\right)-\text{prox}_{th}(x-u)=0,$$

即

$$x-u=T(x-u).\qquad\qquad\square$$

对于不动点迭代, 我们可以通过添加松弛项来加快收敛速度, 即

$$z^{k+1}=z^k+\rho(T(z^k)-z^k),$$

其中, 当 $1<\rho<2$ 时是超松弛, $0<\rho<1$ 时是欠松弛. 从而得到 DRS 算法的松弛版本

$$x^{k+1}=\text{prox}_{th}(z^k),$$
$$y^{k+1}=\text{prox}_{tf}(2x^{k+1}-z^k),$$
$$z^{k+1}=z^k+\rho(y^{k+1}-x^{k+1}),$$

其等价形式为

$$y^{k+1}=\text{prox}_{tf}(x^k-w^k),$$
$$x^{k+1}=\text{prox}_{th}((1-\rho)x^k+\rho y^{k+1}+w^k),$$
$$w^{k+1}=w^k+\rho y^{k+1}+(1-\rho)x^k-x^{k+1}.$$

DRS 算法和 ADMM 有一定的等价关系. 考虑本章开始引入的可分的凸问题(5.4.1):

$$\min_{x_1,x_2}\quad f_1(x_1)+f_2(x_2),$$

$$\text{s.t.}\quad A_1x_1+A_2x_2=b,$$

它的对偶问题为无约束复合优化问题

$$\min_z\quad \underbrace{b^{\mathrm{T}}z+f_1^*(-A_1^{\mathrm{T}}z)}_{f(z)}+\underbrace{f_2^*(-A_2^{\mathrm{T}}z)}_{h(z)},\qquad(5.4.20)$$

根据问题(5.4.20) 的结构拆分出 $f(z)$ 和 $h(z)$, 我们对该问题使用 DRS 算法求解. 下面这个定理表明, 对原始问题(5.4.1) 使用 ADMM 求解就等价于将 DRS 算法应用在对偶问题(5.4.20) 上.

定理 5.10 如果 $w^1=-tA_2x_2^0$, 那么对问题(5.4.20) 应用迭代格式(5.4.16) — (5.4.18) 等价于运用 ADMM 到问题(5.4.1).

证明   对于迭代格式(5.4.16), 其最优性条件为

$$0 \in tb - tA_1 \partial f_1^*(-A_1^{\mathrm{T}} y^{k+1}) - x^k + w^k + y^{k+1},$$

上式等价于存在 $x_1^k \in \partial f_1^*(-A_1^{\mathrm{T}} y^{k+1})$, 使得

$$y^{k+1} = x^k - w^k + t(A_1 x_1^k - b). \tag{5.4.21}$$

根据共轭函数的次梯度之间的关系, $-A_1^{\mathrm{T}} y^{k+1} \in \partial f_1(x_1^k)$, 故

$$-A_1^{\mathrm{T}}(x^k - w^k + t(A_1 x_1^k - b)) \in \partial f_1(x_1^k).$$

这就是如下更新

$$x_1^k = \underset{x_1}{\arg\min} \left\{ f_1(x_1) + (x^k)^{\mathrm{T}}(A_1 x_1 - b) + \frac{t}{2} \left\| A_1 x_1 - b - \frac{w^k}{t} \right\|_2^2 \right\}.$$

的最优性条件.

类似地, 迭代(5.4.17) 的最优性条件为

$$0 \in tA_2 \partial f_2^*(-A_2^{\mathrm{T}} x^{k+1}) + w^k + y^{k+1} - x^{k+1},$$

其等价于存在 $x_2^k \in \partial f_2^*(-A_2^{\mathrm{T}} x^{k+1})$, 使得

$$x^{k+1} = x^k + t(A_1 x_1^k + A_2 x_2^k - b). \tag{5.4.22}$$

同样地, $-A_2^{\mathrm{T}} x^{k+1} \in \partial f_2(x_2^k)$, 所以可得

$$-A_2^{\mathrm{T}}(x^k + t(A_1 x_1^k + A_2 x_2^k - b)) \in \partial f_2(x_2^k),$$

其等价于

$$x_2^k = \underset{x_2}{\arg\min} \left\{ f_2(x_2) + (x^k)^{\mathrm{T}}(A_2 x_2) + \frac{t}{2} \| A_1 x_1^k + A_2 x_2 - b \|_2^2 \right\}.$$

由(5.4.21) 式和(5.4.22) 式可得 w-更新转化为 $w^{k+1} = -tA_2 x_2^k$. 令 $z^k = x^{k+1}$, 总结上面的更新, 可得

$$x_1^k = \underset{x_1}{\arg\min} \left\{ f_1(x_1) + (z^{k-1})^{\mathrm{T}} A_1 x_1 + \frac{t}{2} \| A_1 x_1 + A_2 x_2^{k-1} - b \|^2 \right\},$$

$$x_2^k = \underset{x_2}{\arg\min} \left\{ f_2(x_2) + (z^{k-1})^{\mathrm{T}} A_2 x_2 + \frac{t}{2} \| A_1 x_1^k + A_2 x_2 - b \|^2 \right\},$$

$$z^k = z^{k-1} + t \left(A_1 x_1^k + A_2 x_2^k - b \right),$$

这就是交替方向乘子法应用到问题 (5.4.1), 其中罚因子 $\rho = t$, 步长 $\tau = 1$.

以上论证过程均可以反推, 因此等价性成立.   □

5.4.3 常见变形和技巧

本小节将给出交替方向乘子法的一些变形以及实现交替方向乘子法的一些技巧.

1. 线性化

我们构造 ADMM 的初衷是将自变量拆分, 最终使得关于 x_1 和 x_2 的子问题有显式解. 但是在实际应用中, 有时子问题并不容易求解, 或者没有必要精确求解. 那么如何寻找子问题的一个近似呢?

不失一般性, 我们考虑第一个子问题, 即

$$\min_{x_1} \quad f_1(x_1) + \frac{\rho}{2}\|A_1 x_1 - v^k\|^2, \tag{5.4.23}$$

其中

$$v^k = b - A_2 x_2^k - \frac{1}{\rho}y^k. \tag{5.4.24}$$

当子问题不能显式求解时, 可采用**线性化**的方法[104] 近似求解问题 (5.4.23). 线性化技巧实际上是使用近似点项对子问题目标函数进行二次近似. 当子问题目标函数可微时, 线性化将问题(5.4.23) 变为

$$x_1^{k+1} = \arg\min_{x_1}\left\{\left(\nabla f_1(x_1^k) + \rho A_1^{\mathrm{T}}\left(A_1 x_1^k - v^k\right)\right)^{\mathrm{T}} x_1 + \frac{1}{2\eta_k}\|x_1 - x^k\|_2^2\right\},$$

其中 η_k 是步长参数, 这等价于做一步梯度下降. 当目标函数不可微时, 可以考虑只将二次项线性化, 即

$$x_1^{k+1} = \arg\min_{x_1}\left\{f_1(x_1) + \rho\left(A_1^{\mathrm{T}}(A_1 x_1^k - v^k)\right)^{\mathrm{T}} x_1 + \frac{1}{2\eta_k}\|x_1 - x^k\|_2^2\right\},$$

这等价于求解子问题(5.4.23) 时做一步近似点梯度步. 当然, 若 $f_1(x_1)$ 是可微函数与不可微函数的和时, 也可将其可微部分线性化.

2. 缓存分解

如果目标函数中含二次函数, 例如 $f_1(x_1) = \frac{1}{2}\|Cx_1 - d\|_2^2$, 那么针对 x_1 的更新(5.4.5) 等价于求解线性方程组

$$(C^{\mathrm{T}}C + \rho A_1^{\mathrm{T}}A_1)x_1 = C^{\mathrm{T}}d + \rho A_1^{\mathrm{T}}v^k,$$

其中 v^k 的定义如(5.4.24) 式. 虽然子问题有显式解, 但是每步求解的复杂度仍然比较高, 这时候可以考虑用**缓存分解**的方法. 首先对 $C^{\mathrm{T}}C + \rho A_1^{\mathrm{T}}A_1$ 进行楚列斯基分解并缓存分解的结果, 在每步迭代中只需要求解简单的三角形方程组; 当 ρ 发生更新时, 就要重新进行分解. 特别地, 当 $C^{\mathrm{T}}C + \rho A_1^{\mathrm{T}}A_1$ 一部分容易求逆, 另一部分是低秩的情形时, 可以用 SMW 公式 (3.9.13) 来求逆.

3. 优化转移

有时候为了方便求解子问题, 可以用一个性质好的矩阵 D 近似二次项 $A_1^{\mathrm{T}} A_1$, 此时子问题(5.4.23) 替换为

$$x_1^{k+1} = \arg\min_{x_1} \left\{ f_1(x_1) + \frac{\rho}{2} \| A_1 x_1 - v^k \|_2^2 + \frac{\rho}{2} (x_1 - x^k)^{\mathrm{T}} (D - A_1^{\mathrm{T}} A_1)(x_1 - x^k) \right\},$$

其中 v^k 的定义如(5.4.24) 式, 这种方法也称为**优化转移**. 通过选取合适的 D, 当计算 $\arg\min_{x_1} \left\{ f_1(x_1) + \frac{\rho}{2} x_1^{\mathrm{T}} D x_1 \right\}$ 明显比计算 $\arg\min_{x_1}\{ f_1(x_1) + \frac{\rho}{2} x_1^{\mathrm{T}} A_1^{\mathrm{T}} A_1 x_1 \}$ 要容易时, 优化转移可以极大地简化子问题的计算. 特别地, 当 $D = \frac{\eta_k}{\rho} I$ 时, 优化转移等价于做单步的近似点梯度步.

4. 二次罚项系数的动态调节

动态调节二次罚项系数在交替方向乘子法的实际应用中是一个非常重要的数值技巧. 在介绍 ADMM 时我们引入了原始可行性和对偶可行性 (分别用 $\|r^k\|$ 和 $\|s^k\|$ 度量), 见(5.4.11) 式. 在实际求解过程中, 二次罚项系数 ρ 太大会导致原始可行性 $\|r^k\|$ 下降很快, 但是对偶可行性 $\|s^k\|$ 下降很慢; 二次罚项系数太小, 则会有相反的效果. 这样都会导致收敛比较慢或得到的解的可行性很差. 一个自然的想法是在每次迭代时动态调节惩罚系数 ρ 的大小, 从而使得原始可行性和对偶可行性能够以比较一致的速度下降到零. 这种做法通常可以改善算法在实际中的收敛效果, 以及使算法表现更少地依赖于惩罚系数的初始选择. 一个简单有效的方式是令

$$\rho^{k+1} = \begin{cases} \gamma_p \rho^k, & \|r^k\| > \mu \|s^k\|, \\ \dfrac{\rho^k}{\gamma_d} & \|s^k\| > \mu \|r^k\|, \\ \rho^k, & \text{其他}, \end{cases}$$

其中 $\mu > 1, \gamma_p > 1, \gamma_d > 1$ 是参数. 常见的选择为 $\mu = 10, \gamma_p = \gamma_d = 2$. 该惩罚参数更新方式背后的想法是在迭代过程中, 将原始可行性 $\|r^k\|$ 和对偶可行性 $\|s^k\|$ 保持在彼此的 μ 倍内. 如果发现 $\|r^k\|$ 或 $\|s^k\|$ 下降过慢就应该相应增大或减小二次罚项系数 ρ^k. 但在改变 ρ^k 的时候需要注意, 若之前利用了缓存分解的技巧, 此时分解需要重新计算. 更一般地, 我们可以考虑对每一个约束给一个不同的惩罚系数, 甚至可以将增广拉格朗日函数(5.4.2) 中的二次项 $\frac{\rho}{2} \|r\|^2$ 替换为 $\frac{\rho}{2} r^{\mathrm{T}} P r$, 其中 P 是一个对称正定矩阵. 如果 P 在整个迭代过程中是不变的, 我们可以将这个一般的交替方向乘子法解释为将标准的交替方向乘子法应用在修改后的初始问题上——等式约束 $A_1 x_1 + A_2 x_2 - b = 0$ 替换为 $F(A_1 x_1 + A_2 x_2 - b) = 0$, 其中 F 为 P 的楚列斯基因子, 即 $P = F^{\mathrm{T}} F$, 且 F 是对角元为正数的上三角形矩阵.

5. 超松弛

另外一种想法是用**超松弛**的技巧, 在(5.4.6) 式与(5.4.7) 式中, $A_1x_1^{k+1}$ 可以被替换为

$$\alpha_k A_1 x_1^{k+1} - (1 - \alpha_k)(A_2 x_2^k - b),$$

其中 $\alpha_k \in (0, 2)$ 是一个松弛参数. 当 $\alpha_k > 1$ 时, 这种技巧称为超松弛; 当 $\alpha_k < 1$ 时, 这种技巧称为欠松弛. 实验表明 $\alpha_k \in [1.5, 1.8]$ 的超松弛可以提高收敛速度.

6. 多块与非凸问题的 ADMM

在引入问题(5.4.1) 时, 我们提到了有两块变量 x_1, x_2. 这个问题不难推广到有多块变量的情形:

$$\begin{aligned} \min_{x_1, x_2, \cdots, x_N} \quad & f_1(x_1) + f_2(x_2) + \cdots + f_N(x_N), \\ \text{s.t.} \quad & A_1 x_1 + A_2 x_2 + \cdots + A_N x_N = b. \end{aligned} \tag{5.4.25}$$

这里 $f_i(x_i)$ 是闭凸函数, $x_i \in \mathbb{R}^{n_i}, A_i \in \mathbb{R}^{m \times n_i}$. 同样可以写出问题(5.4.25) 的增广拉格朗日函数 $L_\rho(x_1, x_2, \cdots, x_N, y)$, 相应的多块 ADMM 迭代格式为

$$\begin{aligned} x_1^{k+1} &= \arg\min_x L_\rho(x, x_2^k, \cdots, x_N^k, y^k), \\ x_2^{k+1} &= \arg\min_x L_\rho(x_1^{k+1}, x, \cdots, x_N^k, y^k), \\ &\quad \cdots\cdots\cdots\cdots \\ x_N^{k+1} &= \arg\min_x L_\rho(x_1^{k+1}, x_2^{k+1}, \cdots, x, y^k), \\ y^{k+1} &= y^k + \tau\rho(A_1 x_1^{k+1} + A_2 x_2^{k+1} + \cdots + A_N x_N^{k+1} - b), \end{aligned}$$

其中 $\tau \in \left(0, \frac{1}{2}(\sqrt{5} + 1)\right)$ 为步长参数.

针对非凸问题, ADMM 格式可能不是良定义的, 即每个子问题可能不存在最小值或最小值点不唯一. 若只考虑子问题解存在的情形, 我们依然可以形式上利用 ADMM 格式(5.4.5)—(5.4.7) 对非凸问题进行求解. 这里 arg min 应该理解为选取子问题最小值点中的一个.

和有两块变量的凸问题上的 ADMM 格式相比, 多块 (非凸) ADMM 可能不具有收敛性. 但在找到有效算法之前, 这两种 ADMM 算法的变形都值得一试. 它们在某些实际问题上也有不错的效果.

5.4.4 应用举例

本小节给出一些交替方向乘子法的应用实例. 在实际中, 大多数问题并不直接具有问题(5.4.1) 的形式. 我们需要通过一系列拆分技巧将问题化成 ADMM 的标准形式, 同时要求每一个子问题尽量容易求解. 需要指出的是, 对同一个问题可能有多种拆分方式, 不同方式导出的最终算法可能差异巨大, 读者应当选择最容易求解的拆分方式.

1. LASSO 问题

LASSO 问题为

$$\min \quad \mu\|x\|_1 + \frac{1}{2}\|Ax - b\|^2.$$

这是典型的无约束复合优化问题, 我们可以很容易地将其写成 ADMM 标准问题形式:

$$\min_{x,z} \quad f(x) + h(z), \quad \text{s.t.} \quad x = z,$$

其中 $f(x) = \frac{1}{2}\|Ax - b\|^2$, $h(z) = \mu\|z\|_1$. 对于此问题, 交替方向乘子法迭代格式为

$$x^{k+1} = \arg\min_x \left\{ \frac{1}{2}\|Ax - b\|^2 + \frac{\rho}{2}\left\|x - z^k + \frac{1}{\rho}y^k\right\|_2^2 \right\}$$

$$= (A^{\mathrm{T}}A + \rho I)^{-1}(A^{\mathrm{T}}b + \rho z^k - y^k),$$

$$z^{k+1} = \arg\min_z \left\{ \mu\|z\|_1 + \frac{\rho}{2}\left\|x^{k+1} - z + \frac{1}{\rho}y^k\right\|^2 \right\}$$

$$= \text{prox}_{(\mu/\rho)\|\cdot\|_1}\left(x^{k+1} + \frac{1}{\rho}y^k\right),$$

$$y^{k+1} = y^k + \tau\rho(x^{k+1} - z^{k+1}).$$

注意, 因为 $\rho > 0$, 所以 $A^{\mathrm{T}}A + \rho I$ 总是可逆的. x 迭代本质上是计算一个岭回归问题 (ℓ_2 范数平方正则化的最小二乘问题); 而对 z 的更新为 ℓ_1 范数的邻近算子, 同样有显式解. 在求解 x 迭代时, 若使用固定的罚因子 ρ, 我们可以缓存矩阵 $A^{\mathrm{T}}A + \rho I$ 的初始分解, 从而减小后续迭代中的计算量. 需要注意的是, 在 LASSO 问题中, 矩阵 $A \in \mathbb{R}^{m \times n}$ 通常有较多的列 (即 $m \ll n$), 因此 $A^{\mathrm{T}}A \in \mathbb{R}^{n \times n}$ 是一个低秩矩阵, 二次罚项的作用就是将 $A^{\mathrm{T}}A$ 增加了一个正定项. 该 ADMM 主要运算量来自更新 x 变量时求解线性方程组, 复杂度为 $\mathcal{O}(n^3)$(若使用缓存分解技术或 SMW 公式 (3.9.13) 则可进一步降低每次迭代的运算量).

接下来考虑 LASSO 问题的对偶问题

$$\min \quad b^{\mathrm{T}}y + \frac{1}{2}\|y\|^2, \quad \text{s.t.} \quad \|A^{\mathrm{T}}y\|_\infty \leqslant \mu. \tag{5.4.26}$$

将 $\|A^{\mathrm{T}}y\|_\infty \leqslant \mu$ 变成示性函数放在目标函数中, 并引入约束 $A^{\mathrm{T}}y + z = 0$, 可以得到如下等价问题:

$$\min \quad \underbrace{b^{\mathrm{T}}y + \frac{1}{2}\|y\|^2}_{f(y)} + \underbrace{I_{\|z\|_\infty \leqslant \mu}(z)}_{h(z)},$$

$$\text{s.t.} \quad A^{\mathrm{T}}y + z = 0. \tag{5.4.27}$$

对约束 $A^{\mathrm{T}}y + z = 0$ 引入乘子 x, 对偶问题的增广拉格朗日函数为

$$L_\rho(y, z, x) = b^{\mathrm{T}}y + \frac{1}{2}\|y\|^2 + I_{\|z\|_\infty \leqslant \mu}(z) - x^{\mathrm{T}}(A^{\mathrm{T}}y + z) + \frac{\rho}{2}\|A^{\mathrm{T}}y + z\|^2.$$

在这里我们故意引入符号 x 作为拉格朗日乘子, 实际上可以证明 (见习题 5.17)x 恰好对应的是原始问题的自变量. 以下说明如何求解每个子问题. 当固定 y, x 时, 对 z 的更新即向无穷范数球 $\{z\|\|z\|_\infty \leqslant \mu\}$ 做欧几里得投影, 即将每个分量截断在区间 $[-\mu, \mu]$ 中; 当固定 z, x 时, 对 y 的更新即求解线性方程组

$$(I + \rho AA^{\mathrm{T}})y = A(x^k - \rho z^{k+1}) - b.$$

因此得到 ADMM 迭代格式为

$$z^{k+1} = \mathcal{P}_{\|z\|_\infty \leqslant \mu}\left(\frac{x^k}{\rho} - A^{\mathrm{T}}y^k\right),$$

$$y^{k+1} = (I + \rho AA^{\mathrm{T}})^{-1}\left(A(x^k - \rho z^{k+1}) - b\right),$$

$$x^{k+1} = x^k - \tau\rho(A^{\mathrm{T}}y^{k+1} + z^{k+1}).$$

注意, 虽然 ADMM 应用于对偶问题也需要求解一个线性方程组, 但由于 LASSO 问题的特殊性 $(m \ll n)$, 求解 y 更新的线性方程组需要的计算量是 $\mathcal{O}(m^3)$, 使用缓存分解技巧后可进一步降低至 $\mathcal{O}(m^2)$, 这远小于针对原始问题的 ADMM.

对原始问题, 另一种可能的拆分方法是

$$\min \quad \underbrace{\mu\|x\|_1}_{f(x)} + \underbrace{\frac{1}{2}\|z\|^2}_{h(z)}, \quad \text{s.t.} \quad z = Ax - b,$$

可以写出其增广拉格朗日函数为

$$L_\rho(x, z, y) = \mu\|x\|_1 + \frac{1}{2}\|z\|^2 + y^{\mathrm{T}}(Ax - b - z) + \frac{\rho}{2}\|Ax - b - z\|^2.$$

但是如果对这种拆分方式使用 ADMM, 求解 x 的更新本质上还是在求解一个 LASSO 问题! 这种变形方式将问题绕回了起点, 因此并不是一个实用的方法.

我们用同第 3.5 节中一样的 A 和 b, 并取 $\mu = 10^{-3}$, 分别使用 ADMM 求解原始问题和对偶问题, 这里取 $\tau = 1.618$, 原始问题和对偶问题的参数 ρ 分别为 0.01 和 100, 终止条件设为 $|f(x^k) - f(x^{k-1})| < 10^{-8}$ 和最大迭代步数 2000. 此外, 对于原始问题的 ADMM, 我们还添加终止条件 $\|x^k - z^k\| < 10^{-10}$; 相应地, 对于对偶问题, 额外的终止条件取为 $\|A^{\mathrm{T}} y^k + z^k\| < 10^{-10}$. 算法结果见图 5.7. 这里的 ADMM 没有使用连续化策略来调整 μ, 因此可以看出 ADMM 相对其他算法的强大之处. 此外, 对于这个例子, 求解原始问题需要的迭代步数较少, 但求解对偶问题每一次迭代所需的时间更短, 综合来看 ADMM 求解对偶问题时更快.

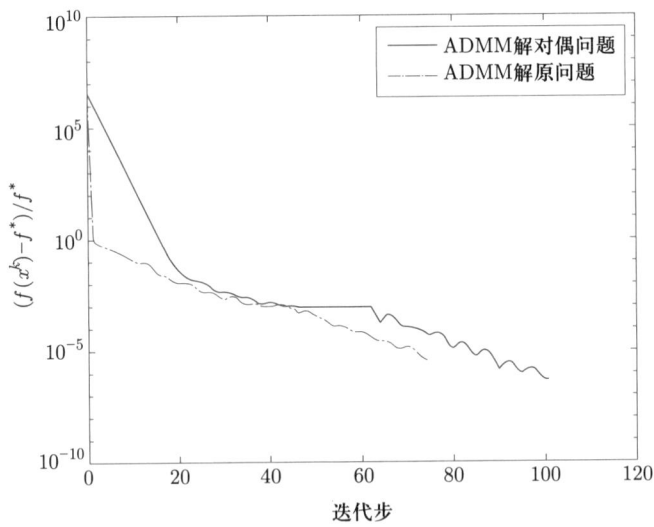

图 5.7 ADMM 求解 LASSO 问题

2. 广义 LASSO 问题

广义 LASSO 问题的定义为

$$\min_x \quad \mu\|Fx\|_1 + \frac{1}{2}\|Ax - b\|^2. \tag{5.4.28}$$

在 LASSO 问题中, 增加 $\|x\|_1$ 项是要保证 x 的稀疏性, 而对许多问题, x 本身不稀疏, 但在某种变换下是稀疏的. 一个重要的例子是当 $F \in \mathbb{R}^{(n-1) \times n}$ 是一阶差分矩阵

$$F_{ij} = \begin{cases} 1, & j = i + 1, \\ -1, & j = i, \\ 0, & \text{其他}, \end{cases}$$

且 $A = I$ 时, 广义 LASSO 问题为

$$\min_x \quad \frac{1}{2}\|x - b\|^2 + \mu \sum_{i=1}^{n-1} |x_{i+1} - x_i|,$$

这个问题就是图像去噪问题的 TV 模型[125]; 当 $A = I$ 且 F 是二阶差分矩阵时, 问题(5.4.28) 被称为一范数趋势滤波[77]. 下面介绍如何使用 ADMM 求解问题(5.4.28). 通过引入约束 $Fx = z$, 我们将问题(5.4.28) 写为交替方向乘子法所对应问题的形式:

$$\min_{x,z} \quad \frac{1}{2}\|Ax - b\|^2 + \mu\|z\|_1, \quad \text{s.t.} \quad Fx - z = 0, \tag{5.4.29}$$

引入乘子 y, 其增广拉格朗日函数为

$$L_\rho(x,z,y) = \frac{1}{2}\|Ax - b\|^2 + \mu\|z\|_1 + y^{\mathrm{T}}(Fx - z) + \frac{\rho}{2}\|Fx - z\|^2.$$

此问题的 x 迭代是求解方程组

$$(A^{\mathrm{T}}A + \rho F^{\mathrm{T}}F)x = A^{\mathrm{T}}b + \rho F^{\mathrm{T}}\left(z^k - \frac{y^k}{\rho}\right),$$

而 z 迭代依然通过 ℓ_1 范数的邻近算子. 因此交替方向乘子法所产生的迭代为

$$x^{k+1} = (A^{\mathrm{T}}A + \rho F^{\mathrm{T}}F)^{-1}\left(A^{\mathrm{T}}b + \rho F^{\mathrm{T}}\left(z^k - \frac{y^k}{\rho}\right)\right),$$

$$z^{k+1} = \mathrm{prox}_{(\mu/\rho)\|\cdot\|_1}\left(Fx^{k+1} + \frac{y^k}{\rho}\right),$$

$$y^{k+1} = y^k + \tau\rho(Fx^{k+1} - z^{k+1}).$$

在这个问题中, ADMM 迭代的主要计算量仍在 x 更新上. 由于图像去噪问题涉及的变量数量可能有上百万, 这一步迭代就要涉及求解一个百万量级的线性方程组. 在这种数据规模下不适合再使用矩阵分解的方式求解方程组, 而应当注意系数矩阵的特殊结构. 对于全变差去噪问题, $A^{\mathrm{T}}A + \rho F^{\mathrm{T}}F$ 是三对角矩阵, 所以此时 x 迭代可以在 $\mathcal{O}(n)$ 的时间复杂度内解决[61]; 对于图像去模糊问题, A 是卷积算子, 则利用傅里叶变换可将求解方程组的复杂度降低至 $\mathcal{O}(n\log n)$; 对于一范数趋势滤波问题, $A^{\mathrm{T}}A + \rho F^{\mathrm{T}}F$ 是五对角矩阵, 所以 x 迭代仍可以在 $\mathcal{O}(n)$ 的时间复杂度内解决.

3. 逆协方差矩阵估计

逆协方差矩阵估计问题的基本形式是

$$\min_X \quad \langle S, X \rangle - \ln\det X + \mu\|X\|_1, \tag{5.4.30}$$

其中 S 是已知的对称矩阵, 通常由样本协方差矩阵得到. 变量 $X \in \mathcal{S}_{++}^n$, $\|\cdot\|_1$ 定义为矩阵所有元素绝对值的和. 文献 [127] 说明在这个问题上, 交替方向乘子法具有非常好的表现. 接下来我们说明如何应用交替方向乘子法.

目标函数由光滑项和非光滑项组成, 因此引入约束 $X = Z$ 将问题的两部分分离:

$$\min \quad \underbrace{\langle S, X \rangle - \ln\det X}_{f(X)} + \underbrace{\mu\|Z\|_1}_{h(Z)}, \quad \text{s.t.} \quad X = Z.$$

引入乘子 U 作用在约束 $X - Z = 0$ 上, 可得增广拉格朗日函数为

$$L_\rho(X, Z, U) = \langle S, X \rangle - \ln \det X + \mu\|Z\|_1 + \langle U, X - Z \rangle + \frac{\rho}{2}\|X - Z\|_F^2.$$

这里注意, 针对矩阵情形我们应当使用 F 范数替换 ℓ_2 范数作为增广拉格朗日函数法的罚项. 接下来就是分别写出 ADMM 子问题的显式解. 首先, 固定 Z^k, U^k, 则 X 子问题是凸光滑问题, 对 X 求矩阵导数并令其为零,

$$S - X^{-1} + U^k + \rho(X - Z^k) = 0.$$

这是一个关于 X 的矩阵方程, 可以求出满足上述矩阵方程的唯一正定的 X 为

$$X^{k+1} = Q\mathrm{Diag}(x_1, x_2, \cdots, x_n)Q^{\mathrm{T}},$$

其中 Q 包含矩阵 $S - \rho Z^k + U^k$ 的所有特征向量, x_i 的表达式为

$$x_i = \frac{-d_i + \sqrt{d_i^2 + 4\rho}}{2\rho},$$

d_i 为矩阵 $S - \rho Z^k + U^k$ 的第 i 个特征值. 其次, 固定 X^{k+1}, U^k, 则 Z 的更新为矩阵 ℓ_1 范数的邻近算子. 最后是常规的乘子更新. 读者可在习题 5.4 中推导相关结论.

4. 矩阵分离问题

考虑矩阵分离问题:

$$\min_{X, S} \quad \|X\|_* + \mu\|S\|_1, \quad \text{s.t.} \quad X + S = M, \tag{5.4.31}$$

其中 $\|\cdot\|_1$ 与 $\|\cdot\|_*$ 分别表示矩阵 ℓ_1 范数与核范数. 引入乘子 Y 作用在约束 $X + S = M$ 上, 我们可以得到此问题的增广拉格朗日函数

$$L_\rho(X, S, Y) = \|X\|_* + \mu\|S\|_1 + \langle Y, X + S - M \rangle + \frac{\rho}{2}\|X + S - M\|_F^2. \tag{5.4.32}$$

在第 $(k + 1)$ 步, 交替方向乘子法分别求解关于 X 和 S 的子问题来更新得到 X^{k+1} 和 S^{k+1}. 对于 X 子问题,

$$\begin{aligned}
X^{k+1} &= \arg\min_X L_\rho(X, S^k, Y^k) \\
&= \arg\min_X \left\{ \|X\|_* + \frac{\rho}{2}\left\| X + S^k - M + \frac{Y^k}{\rho} \right\|_F^2 \right\}, \\
&= \arg\min_X \left\{ \frac{1}{\rho}\|X\|_* + \frac{1}{2}\left\| X + S^k - M + \frac{Y^k}{\rho} \right\|_F^2 \right\},
\end{aligned}$$

$$= U\mathrm{Diag}\Big(\mathrm{prox}_{(1/\rho)\|\cdot\|_1}(\sigma(A))\Big)V^{\mathrm{T}},$$

其中 $A = M - S^k - \dfrac{Y^k}{\rho}$, $\sigma(A)$ 为 A 的所有非零奇异值构成的向量并且 $U\mathrm{Diag}(\sigma(A))V^{\mathrm{T}}$ 为 A 的约化奇异值分解. 对于 S 子问题,

$$
\begin{aligned}
S^{k+1} &= \underset{S}{\arg\min}\ L_\rho(X^{k+1}, S, Y^k)\\
&= \underset{S}{\arg\min}\left\{\mu\|S\|_1 + \frac{\rho}{2}\left\|X^{k+1} + S - M + \frac{Y^k}{\rho}\right\|_F^2\right\}\\
&= \mathrm{prox}_{(\mu/\rho)\|\cdot\|_1}\left(M - X^{k+1} - \frac{Y^k}{\rho}\right).
\end{aligned}
$$

对于乘子 Y, 依然使用常规更新, 即

$$Y^{k+1} = Y^k + \tau\rho(X^{k+1} + S^{k+1} - M).$$

那么, 交替方向乘子法的迭代格式为

$$
\begin{aligned}
X^{k+1} &= U\mathrm{Diag}\Big(\mathrm{prox}_{(1/\rho)\|\cdot\|_1}(\sigma(A))\Big)V^{\mathrm{T}},\\
S^{k+1} &= \mathrm{prox}_{(\mu/\rho)\|\cdot\|_1}\left(M - L^{k+1} - \frac{Y^k}{\rho}\right),\\
Y^{k+1} &= Y^k + \tau\rho(X^{k+1} + S^{k+1} - M).
\end{aligned}
$$

5. 全局一致性优化问题

第 5.4.1 小节介绍了全局一致性优化问题

$$\min_x\ \sum_{i=1}^N \phi_i(x),$$

并给出了一个拆分方式

$$\min_{x_i, z}\ \sum_{i=1}^N \phi_i(x_i), \quad \text{s.t.}\quad x_i - z = 0,\ i = 1, 2, \cdots, N,$$

其增广拉格朗日函数为

$$L_\rho(x_1, x_2, \cdots, x_N, z, y_1, y_2, \cdots, y_N) = \sum_{i=1}^N \phi_i(x_i) + \sum_{i=1}^N y_i^{\mathrm{T}}(x_i - z) + \frac{\rho}{2}\sum_{i=1}^N \|x_i - z\|^2.$$

固定 z^k, y_i^k, 更新 x_i 的公式为

$$x_i^{k+1} = \arg\min_x \left\{ \phi_i(x) + \frac{\rho}{2} \left\| x - z^k + \frac{y_i^k}{\rho} \right\|^2 \right\}. \tag{5.4.33}$$

在这里注意, 虽然表面上看增广拉格朗日函数有 $(N+1)$ 个变量块, 但本质上还是两个变量块. 这是因为在更新某 x_i 时并没有利用其他 x_i 的信息, 所有 x_i 可以看成一个整体. 相应地, 所有乘子 y_i 也可以看成一个整体. 迭代式(5.4.33) 的具体计算依赖于 ϕ_i 的形式, 在一般情况下更新 x_i 的表达式为

$$x_i^{k+1} = \operatorname{prox}_{\phi_i/\rho} \left(z^k - \frac{y_i^k}{\rho} \right).$$

固定 x_i^{k+1}, y_i^k, 问题关于 z 是二次函数, 因此可以直接写出显式解:

$$z^{k+1} = \frac{1}{N} \sum_{i=1}^{N} \left(x_i^{k+1} + \frac{y_i^k}{\rho} \right).$$

综上, 该问题的交替方向乘子法迭代格式为

$$x_i^{k+1} = \operatorname{prox}_{\phi_i/\rho} \left(z^k - \frac{y_i^k}{\rho} \right), \ i = 1, 2, \cdots, N,$$

$$z^{k+1} = \frac{1}{N} \sum_{i=1}^{N} \left(x_i^{k+1} + \frac{y_i^k}{\rho} \right),$$

$$y_i^{k+1} = y_i^k + \tau\rho(x_i^{k+1} - z^{k+1}), \ i = 1, 2, \cdots, N.$$

6. 非凸集合上的优化问题

非凸集合上的优化问题可以表示为

$$\min \quad f(x), \quad \text{s.t.} x \in S, \tag{5.4.34}$$

其中 f 是闭凸函数, 但 S 是非凸集合. 利用例 5.15 的技巧, 对集合 S 引入示性函数 $I_S(z)$ 并做拆分, 可得到问题(5.4.34) 的等价优化问题:

$$\min \quad f(x) + I_S(z), \quad \text{s.t.} \quad x - z = 0, \tag{5.4.35}$$

其增广拉格朗日函数为

$$L_\rho(x, z, y) = f(x) + I_S(z) + y^{\mathrm{T}}(x - z) + \frac{\rho}{2}\|x - z\|^2.$$

由于 f 是闭凸函数, 固定 z, y 后对 x 求极小就是计算邻近算子:

$$x^{k+1} = \operatorname{prox}_{f/\rho}\left(z^k - \frac{y^k}{\rho}\right).$$

固定 x, y, 对 z 求极小实际上是到非凸集合上的投影问题:

$$z^{k+1} = \arg\min_{z\in S}\frac{1}{2}\left\|z - \left(x^{k+1} + \frac{y^k}{\rho}\right)\right\|^2 = \mathcal{P}_S\left(x^{k+1} + \frac{y^k}{\rho}\right).$$

一般来说, 由于 S 是非凸集合, 计算 $\mathcal{P}_S$ 是比较困难的 (例如不能保证存在性和唯一性), 但是当 S 有特定结构时, 到 S 上的投影可以精确求解.

(1) 基数: 如果 $S = \{x \mid \|x\|_0 \leqslant c\}$, 其中 $\|\cdot\|_0$ 表示 ℓ_0 范数, 即非零元素的数目, 那么计算任意向量 v 到 S 中的投影就是保留 v 分量中绝对值从大到小排列的前 c 个, 其余分量变成 0. 假设 v 的各个分量满足

$$|v_{i_1}| \geqslant |v_{i_2}| \geqslant \cdots \geqslant |v_{i_n}|,$$

则投影算子可写成

$$(\mathcal{P}_S(v))_i = \begin{cases} v_i, & i \in \{i_1, i_2, \cdots, i_c\}, \\ 0, & \text{其他}. \end{cases}$$

(2) 低秩投影: 当变量 $x \in \mathbb{R}^{m\times n}$ 是矩阵时, 一种常见的非凸约束是在低秩矩阵空间中进行优化问题求解, 即 $S = \{x \mid \operatorname{rank}(x) \leqslant r\}$. 此时到低秩矩阵空间上的投影等价于对 x 做截断奇异值分解. 设 x 的奇异值分解为

$$x = \sum_{i=1}^{\min\{m,n\}} \sigma_i u_i v_i^{\mathrm{T}},$$

其中 $\sigma_1 \geqslant \cdots \geqslant \sigma_{\min\{m,n\}} \geqslant 0$ 为奇异值, u_i, v_i 为对应的左右奇异向量, 则 $\mathcal{P}_S$ 的表达式为

$$\mathcal{P}_S(x) = \sum_{i=1}^r \sigma_i u_i v_i^{\mathrm{T}}.$$

(3) 布尔 (Bool) 约束: 如果限制变量 x 只能在 $\{0,1\}$ 中取值, 即 $S = \{0,1\}^n$, 容易验证 $\mathcal{P}_S(v)$ 就是简单地把 v 的每个分量 v_i 变为 0 和 1 中离它更近的数, 一种可能的实现方式是分别对它们做四舍五入操作.

7. 非负矩阵分解和补全

非负矩阵分解和补全是一个非常重要的统计学习方法, 它可以看作非负矩阵分解问题和低秩矩阵补全问题的结合, 即已知一个非负矩阵的部分元素, 求其非负分解.

假设我们有从一个非负、秩为 r 的矩阵 $M \in \mathbb{R}^{m \times n}$ 中采样的部分元素 $M_{i,j}, (i,j) \in \Omega \subset \{1,2,\cdots,m\} \times \{1,2,\cdots,n\}$, 目标是要找到非负矩阵 $X \in \mathbb{R}^{m \times q}, Y \in \mathbb{R}^{q \times n}$ 使得 $\|M - XY\|_F^2$ 极小. 一般地, 因为数据和应用问题的不同, q 可以等于、小于或者大于 r. 定义矩阵 $P \in \mathbb{R}^{m \times n}$:

$$P_{ij} = \begin{cases} 1, & (i,j) \in \Omega, \\ 0, & \text{其他}, \end{cases}$$

则非负矩阵分解和补全问题可以写成如下形式:

$$\min_{X,Y} \quad \|P \odot (XY - M)\|_F^2,$$

$$\text{s.t.} \quad X_{ij} \geqslant 0, Y_{ij} \geqslant 0, \forall i,j.$$

注意, 这个问题是非凸的.

为了利用交替方向乘子法的优势, 我们考虑如下等价形式:

$$\min_{U,V,X,Y,Z} \quad \frac{1}{2}\|XY - Z\|_F^2,$$

$$\text{s.t.} \quad X = U, Y = V,$$

$$U \geqslant 0, V \geqslant 0,$$

$$P \odot (Z - M) = 0.$$

对于等式约束 $X = U$ 和 $Y = V$ 分别引入拉格朗日乘子 Λ 和 Π, 并将非负约束 $U \geqslant 0, V \geqslant 0$ 和观测值约束 $P \odot (Z - M) = 0$ 放到约束中, 则增广拉格朗日函数为

$$L_{\alpha,\beta}(X,Y,Z,U,V,\Lambda,\Pi)$$

$$= \frac{1}{2}\|XY - Z\|_F^2 + \langle \Lambda, X - U \rangle + \langle \Pi, Y - V \rangle +$$

$$\frac{\alpha}{2}\|X - U\|_F^2 + \frac{\beta}{2}\|Y - V\|_F^2. \tag{5.4.36}$$

应用交替方向乘子法, 可得

$$X^{k+1} = \underset{X}{\arg\min}\ L_{\alpha,\beta}(X, Y^k, Z^k, U^k, V^k, \Lambda^k, \Pi^k),$$

$$Y^{k+1} = \underset{Y}{\arg\min}\ L_{\alpha,\beta}(X^{k+1}, Y, Z^k, U^k, V^k, \Lambda^k, \Pi^k),$$

$$Z^{k+1} = \underset{P \odot (Z-M)=0}{\arg\min}\ L_{\alpha,\beta}(X^{k+1}, Y^{k+1}, Z, U^k, V^k, \Lambda^k, \Pi^k),$$

$$U^{k+1} = \underset{U \geqslant 0}{\arg\min}\ L_{\alpha,\beta}(X^{k+1}, Y^{k+1}, Z^{k+1}, U, V^k, \Lambda^k, \Pi^k),$$

$$V^{k+1} = \underset{V \geqslant 0}{\arg\min} \; L_{\alpha,\beta}(X^{k+1}, Y^{k+1}, Z^{k+1}, U^{k+1}, V, \Lambda^k, \Pi^k),$$

$$\Lambda^{k+1} = \Lambda^k + \tau\alpha(X^{k+1} - U^{k+1}),$$

$$\Pi^{k+1} = \Pi^k + \tau\beta(Y^{k+1} - V^{k+1}).$$

将子问题求解, 可得

$$X^{k+1} = (Z^k(Y^k)^{\mathrm{T}} + \alpha U^k - \Lambda^k)(Y^k(Y^k)^{\mathrm{T}} + \alpha I)^{-1},$$

$$Y^{k+1} = ((X^{k+1})^{\mathrm{T}}X^{k+1} + \beta I)^{-1}((X^{k+1})^{\mathrm{T}}Z^k + \beta V^k - \Pi^k),$$

$$Z^{k+1} = X^{k+1}Y^{k+1} + P \odot (M - X^{k+1}Y^{k+1}),$$

$$U^{k+1} = \mathcal{P}_+ \left(X^{k+1} + \frac{\Lambda^k}{\alpha} \right),$$

$$V^{k+1} = \mathcal{P}_+ \left(Y^{k+1} + \frac{\Pi^k}{\beta} \right),$$

$$\Lambda^{k+1} = \Lambda^k + \tau\alpha(X^{k+1} - U^{k+1}),$$

$$\Pi^{k+1} = \Pi^k + \tau\beta(Y^{k+1} - V^{k+1}),$$

其中 $(\mathcal{P}_+(A))_{ij} = \max\{a_{ij}, 0\}$. 注意, 该格式为多块交替方向乘子法, 其收敛性可能需要较强假设.

8. 多块交替方向乘子法的反例

这里给出一个多块交替方向乘子法的例子, 并且从数值上说明若直接采用格式(5.4.25), 则算法未必收敛.

考虑最优化问题

$$\begin{aligned} \min \quad & 0, \\ \mathrm{s.t.} \quad & A_1x_1 + A_2x_2 + A_3x_3 = 0, \end{aligned} \tag{5.4.37}$$

其中 $A_i \in \mathbb{R}^3$, $i = 1, 2, 3$ 为三维空间中的非零向量, $x_i \in \mathbb{R}$, $i = 1, 2, 3$ 是自变量. 问题(5.4.37) 实际上就是求解三维空间中的线性方程组, 若 A_1, A_2, A_3 之间线性无关, 则问题(5.4.37) 只有零解. 此时容易计算出最优解对应的乘子为 $y = (0, 0, 0)^{\mathrm{T}}$.

现在推导多块交替方向乘子法的格式. 问题(5.4.37) 的增广拉格朗日函数为

$$L_\rho(x, y) = 0 + y^{\mathrm{T}}(A_1x_1 + A_2x_2 + A_3x_3) + \frac{\rho}{2}\|A_1x_1 + A_2x_2 + A_3x_3\|^2.$$

当固定 x_2, x_3, y 时, 对 x_1 求最小可推出

$$A_1^{\mathrm{T}}y + \rho A_1^{\mathrm{T}}(A_1x_1 + A_2x_2 + A_3x_3) = 0,$$

整理可得

$$x_1 = -\frac{1}{\|A_1\|^2}\left(A_1^{\mathrm{T}}\left(\frac{y}{\rho} + A_2 x_2 + A_3 x_3\right)\right).$$

可类似地计算 x_2, x_3 的表达式, 因此多块交替方向乘子法的迭代格式可以写为

$$\begin{aligned}
x_1^{k+1} &= -\frac{1}{\|A_1\|^2}A_1^{\mathrm{T}}\left(\frac{y^k}{\rho} + A_2 x_2^k + A_3 x_3^k\right), \\
x_2^{k+1} &= -\frac{1}{\|A_2\|^2}A_2^{\mathrm{T}}\left(\frac{y^k}{\rho} + A_1 x_1^{k+1} + A_3 x_3^k\right), \\
x_3^{k+1} &= -\frac{1}{\|A_3\|^2}A_3^{\mathrm{T}}\left(\frac{y^k}{\rho} + A_1 x_1^{k+1} + A_2 x_2^{k+1}\right), \\
y^{k+1} &= y^k + \rho(A_1 x_1^{k+1} + A_2 x_2^{k+1} + A_3 x_3^{k+1}).
\end{aligned} \tag{5.4.38}$$

对此问题而言, 罚因子取不同值仅仅是将乘子 y^k 缩放了常数倍, 所以罚因子 ρ 的任意取法 (包括动态调节) 都是等价的. 在数值实验中我们不妨取 $\rho = 1$.

格式 (5.4.38) 的收敛性与 A_i, $i = 1, 2, 3$ 的选取有关. 为了方便, 令 $A = [A_1, A_2, A_3]$, 以及 $x = (x_1, x_2, x_3)^{\mathrm{T}}$, 并选取 A 为

$$\widetilde{A} = \begin{bmatrix} 1 & 1 & 1 \\ 1 & 1 & 2 \\ 1 & 2 & 2 \end{bmatrix} \quad \text{或} \quad \widehat{A} = \begin{bmatrix} 1 & 1 & 2 \\ 0 & 1 & 1 \\ 0 & 0 & 1 \end{bmatrix}.$$

在迭代中, 自变量初值选为 $(1, 1, 1)$, 乘子选为 $(0, 0, 0)$. 图 5.8 记录了在两种不同 A 条件下, x 和 y 的 ℓ_2 范数随迭代的变化过程. 可以看到, 当 $A = \widetilde{A}$ 时数值结果表明迭代是发散的, 而当 $A = \widehat{A}$ 时数值结果表明迭代是收敛的. 另一个比较有趣的观察是, 在图 5.8(b) 中 $\|x\|$ 与 $\|y\|$ 并不是单调下降的, 而是在下降的同时有规律地振荡. 实际上, 文献 [32] 中具体解释了 A 取 $\widetilde{A}$ 会导致发散的原因.

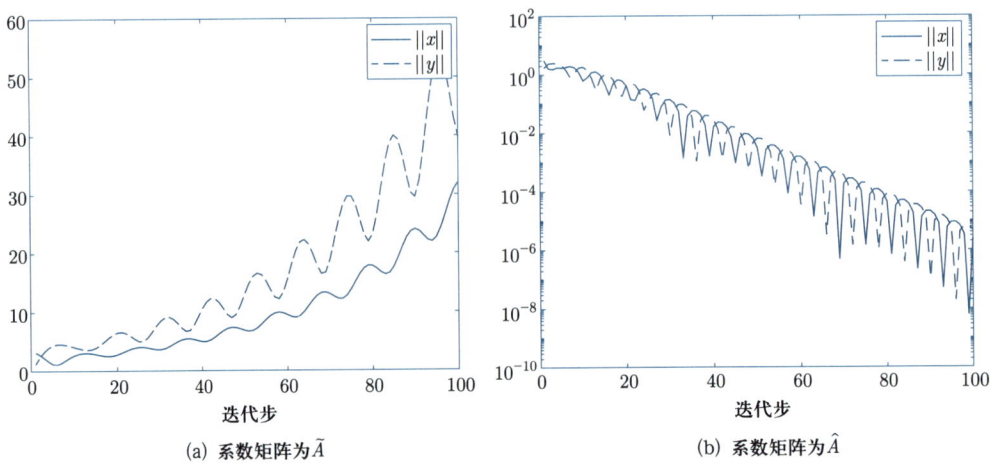

(a) 系数矩阵为 $\widetilde{A}$ (b) 系数矩阵为 $\widehat{A}$

图 5.8 选取不同 A 时的数值结果

*5.4.5　收敛性分析

本节主要讨论交替方向乘子法 (5.4.5) — (5.4.7) 在问题 (5.4.1) 上的收敛性, 更详细的讨论请参考文献 [34]. 在此之前我们先引入一些必要的假设.

假设 5.3　(1) $f_1(x)$, $f_2(x)$ 均为闭凸函数, 且每个 ADMM 迭代子问题存在唯一解; (2) 原始问题(5.4.1) 的解集非空, 且 Slater 条件满足.

假设 5.3 给出的条件是很基本的, f_1 和 f_2 的凸性保证了要求解的问题是凸问题, 每个子问题存在唯一解是为了保证迭代的良定义; 而在 Slater 条件满足的情况下, 原始问题的 KKT 对和最优解是对应的, 因此可以很方便地使用 KKT 条件来讨论收敛性.

由于原始问题解集非空, 不妨设 (x_1^*, x_2^*, y^*) 是 KKT 对, 即满足条件(5.4.8)

$$-A_1^{\mathrm{T}} y^* \in \partial f_1(x_1^*), \quad -A_2^{\mathrm{T}} y^* \in \partial f_2(x_2^*), \quad A_1 x_1^* + A_2 x_2^* = b.$$

我们最终的目的是证明 ADMM 迭代序列 $\{(x_1^k, x_2^k, y^k)\}$ 收敛到原始问题的一个 KKT 对, 因此引入如下记号来表示当前迭代点和 KKT 对的误差:

$$(e_1^k, e_2^k, e_y^k) \overset{\mathrm{def}}{=\!=} (x_1^k, x_2^k, y^k) - (x_1^*, x_2^*, y^*).$$

我们进一步引入如下辅助变量来简化之后的证明:

$$
\begin{aligned}
u^k &= -A_1^{\mathrm{T}}[y^k + (1-\tau)\rho(A_1 e_1^k + A_2 e_2^k) + \rho A_2(x_2^{k-1} - x_2^k)], \\
v^k &= -A_2^{\mathrm{T}}[y^k + (1-\tau)\rho(A_1 e_1^k + A_2 e_2^k)], \\
\Psi_k &= \frac{1}{\tau\rho}\|e_y^k\|^2 + \rho\|A_2 e_2^k\|^2, \\
\Phi_k &= \Psi_k + \max\{1-\tau, 1-\tau^{-1}\}\rho\|A_1 e_1^k + A_2 e_2^k\|^2.
\end{aligned}
\tag{5.4.39}
$$

其中 u^k, v^k 和每个子问题的最优性条件有很大联系, 见(5.4.9) 式和(5.4.10) 式, 而 Ψ_k 和 Φ_k 则是误差向量 e_1^k, e_2^k, e_y^k 的某种度量.

在这些记号的基础上, 我们有如下结果:

引理 5.5　假设 $\{(x_1^k, x_2^k, y^k)\}$ 为交替方向乘子法产生一个迭代序列, 那么, 对任意的 $k \geqslant 1$ 有

$$u^k \in \partial f_1(x_1^k), \; v^k \in \partial f_2(x_2^k), \tag{5.4.40}$$

$$
\begin{aligned}
\Phi_k - \Phi_{k+1} \geqslant {}& \min\{\tau, 1+\tau-\tau^2\}\rho\|A_2(x_2^k - x_2^{k+1})\|^2 + \\
& \min\{1, 1+\tau^{-1}-\tau\}\rho\|A_1 e_1^{k+1} + A_2 e_2^{k+1}\|^2.
\end{aligned}
\tag{5.4.41}
$$

证明　先证明(5.4.40) 式的两个结论. 根据交替方向乘子法的迭代过程, 对 x_1^{k+1} 我们有

$$0 \in \partial f_1(x_1^{k+1}) + A_1^{\mathrm{T}} y^k + \rho A_1^{\mathrm{T}} (A_1 x_1^{k+1} + A_2 x_2^k - b).$$

将 $y^k = y^{k+1} - \tau \rho (A_1 x_1^{k+1} + A_2 x_2^{k+1} - b)$ 代入上式, 消去 y^k 就有

$$-A_1^{\mathrm{T}} \Big(y^{k+1} + (1-\tau)\rho(A_1 x_1^{k+1} + A_2 x_2^{k+1} - b) + \rho A_2(x_2^k - x_2^{k+1}) \Big) \in \partial f_1(x_1^{k+1}).$$

根据 u^k 的定义自然有 $u^k \in \partial f_1(x_1^k)$(注意代回 $b = A_1 x_1^* + A_2 x_2^*$). 类似地, 对 x_2^{k+1} 我们有

$$0 \in \partial f_2(x_2^{k+1}) + A_2^{\mathrm{T}} y^k + \rho A_2^{\mathrm{T}} (A_1 x_1^{k+1} + A_2 x_2^{k+1} - b),$$

同样利用 y^k 的表达式消去 y^k, 得到

$$-A_2^{\mathrm{T}} \Big(y^{k+1} + (1-\tau)\rho(A_1 x_1^{k+1} + A_2 x_2^{k+1} - b) \Big) \in \partial f_2(x_2^{k+1}).$$

根据 v^k 的定义自然有 $v^k \in \partial f_2(x_2^k)$.

接下来证明不等式(5.4.41). 首先根据 (x_1^*, x_2^*, y^*) 的最优性条件以及关系式(5.4.40),

$$u^{k+1} \in \partial f_1(x_1^{k+1}), \quad -A_1^{\mathrm{T}} y^* \in \partial f_1(x_1^*),$$

$$v^{k+1} \in \partial f_2(x_2^{k+1}), \quad -A_2^{\mathrm{T}} y^* \in \partial f_2(x_2^*).$$

根据凸函数的单调性,

$$\langle u^{k+1} + A_1^{\mathrm{T}} y^*, x_1^{k+1} - x_1^* \rangle \geqslant 0,$$

$$\langle v^{k+1} + A_2^{\mathrm{T}} y^*, x_2^{k+1} - x_2^* \rangle \geqslant 0.$$

将上述两个不等式相加, 结合 u^{k+1}, v^{k+1} 的定义, 并注意到恒等式

$$A_1 x_1^{k+1} + A_2 x_2^{k+1} - b = (\tau\rho)^{-1}(y^{k+1} - y^k) = (\tau\rho)^{-1}(e_y^{k+1} - e_y^k), \tag{5.4.42}$$

我们就可以得到

$$\frac{1}{\tau\rho} \langle e_y^{k+1}, e_y^k - e_y^{k+1} \rangle - (1-\tau)\rho \| A_1 x_1^{k+1} + A_2 x_2^{k+1} - b \|^2 +$$

$$\rho \langle A_2(x_2^{k+1} - x_2^k), A_1 x_1^{k+1} + A_2 x_2^{k+1} - b \rangle - \tag{5.4.43}$$

$$\rho \langle A_2(x_2^{k+1} - x_2^k), A_2 e_2^{k+1} \rangle \geqslant 0.$$

不等式(5.4.43) 的形式和不等式(5.4.41) 还有一定差异, 主要的差别就在

$$\rho \langle A_2(x_2^{k+1} - x_2^k), A_1 x_1^{k+1} + A_2 x_2^{k+1} - b \rangle$$

这一项上. 我们来估计这一项的上界. 为了方便, 引入新符号

$$\nu^{k+1} = y^{k+1} + (1-\tau)\rho(A_1 x_1^{k+1} + A_2 x_2^{k+1} - b),$$

$$M^{k+1} = (1-\tau)\rho \left\langle A_2(x_2^{k+1} - x_2^k), A_1 x_1^k + A_2 x_2^k - b \right\rangle,$$

则 $-A_2^{\mathrm{T}} \nu^{k+1} \in \partial f_2(x_2^{k+1})$ 以及 $-A_2^{\mathrm{T}} \nu^k \in \partial f_2(x_2^k)$. 再利用单调性知

$$\left\langle -A_2^{\mathrm{T}}(\nu^{k+1} - \nu^k), x_2^{k+1} - x_2^k \right\rangle \geqslant 0. \tag{5.4.44}$$

根据这些不等式关系我们最终得到

$$\rho \left\langle A_2(x_2^{k+1} - x_2^k), A_1 x_1^{k+1} + A_2 x_2^{k+1} - b \right\rangle$$

$$= (1-\tau)\rho \left\langle A_2(x_2^{k+1} - x_2^k), A_1 x_1^{k+1} + A_2 x_2^{k+1} - b \right\rangle +$$

$$\left\langle A_2(x_2^{k+1} - x_2^k), y^{k+1} - y^k \right\rangle$$

$$= M^{k+1} + \left\langle \nu^{k+1} - \nu^k, A_2(x_2^{k+1} - x_2^k) \right\rangle$$

$$\leqslant M^{k+1},$$

其中第一个等号利用了关系式(5.4.42), 第二个等号利用了 ν^k 的定义 (注意 M^{k+1} 中 x_1 和 x_2 的上标的变化), 最后的不等式则是直接应用(5.4.44) 式.

　　估计完这一项之后, 不等式(5.4.43) 可以放缩成

$$\frac{1}{\tau\rho} \left\langle e_y^{k+1}, e_y^k - e_y^{k+1} \right\rangle - (1-\tau)\rho \|A_1 x_1^{k+1} + A_2 x_2^{k+1} - b\|^2 +$$

$$M^{k+1} - \rho \left\langle A_2(x_2^{k+1} - x_2^k), A_2 e_2^{k+1} \right\rangle \geqslant 0.$$

上式中含有内积项, 利用恒等式

$$\langle a, b \rangle = \frac{1}{2}(\|a\|^2 + \|b\|^2 - \|a-b\|^2) = \frac{1}{2}(\|a+b\|^2 - \|a\|^2 - \|b\|^2),$$

进一步得到

$$\frac{1}{\tau\rho}(\|e_y^k\|^2 - \|e_y^{k+1}\|^2) - (2-\tau)\rho \|A_1 x_1^{k+1} + A_2 x_2^{k+1} - b\|^2 +$$

$$2M^{k+1} - \rho \|A_2(x_2^{k+1} - x_2^k)\|^2 - \rho \|A_2 e_2^{k+1}\|^2 + \rho \|A_2 e_2^k\|^2 \geqslant 0. \tag{5.4.45}$$

此时除了 M^{k+1} 中的项, (5.4.45) 中的其他项均在不等式(5.4.41) 中出现. 由于 M^{k+1} 的符号和 τ 的取法有关, 下面我们针对 τ 的两种取法进行讨论.

情形一　$\tau \in (0,1]$, 此时 $M^{k+1} \geqslant 0$, 根据基本不等式,

$$2 \left\langle A_2(x_2^{k+1} - x_2^k), A_1 x_1^k + A_2 x_2^k - b \right\rangle$$

$$\leqslant \|A_2(x_2^{k+1} - x_2^k)\|^2 + \|A_1 x_1^k + A_2 x_2^k - b\|^2.$$

代入不等式(5.4.45) 得到

$$
\frac{1}{\tau\rho}\|e_y^k\|^2 + \rho\|A_2 e_2^k\|^2 + (1-\tau)\rho\|A_1 e_1^k + A_2 e_2^k\|^2 -
$$

$$
\left[\frac{1}{\tau\rho}\|e_y^{k+1}\|^2 + \rho\|A_2 e_2^{k+1}\|^2 + (1-\tau)\rho\|A_1 e_1^{k+1} + A_2 e_2^{k+1}\|^2\right] \tag{5.4.46}
$$

$$
\geqslant \rho\|A_1 x_1^{k+1} + A_2 x_2^{k+1} - b\|^2 + \tau\rho\|A_2(x_2^{k+1} - x_2^k)\|^2.
$$

情形二　$\tau > 1$, 此时 $M^{k+1} < 0$, 根据基本不等式,

$$
-2\left\langle A_2(x_2^{k+1} - x_2^k), A_1 x_1^k + A_2 x_2^k - b\right\rangle
$$

$$
\leqslant \tau\|A_2(x_2^{k+1} - x_2^k)\|^2 + \frac{1}{\tau}\|A_1 x_1^k + A_2 x_2^k - b\|^2.
$$

同样代入不等式(5.4.45) 可以得到

$$
\frac{1}{\tau\rho}\|e_y^k\|^2 + \rho\|A_2 e_2^k\|^2 + \left(1 - \frac{1}{\tau}\right)\rho\|A_1 e_1^k + A_2 e_2^k\|^2 -
$$

$$
\left[\frac{1}{\tau\rho}\|e_y^{k+1}\|^2 + \rho\|A_2 e_2^{k+1}\|^2 + \left(1 - \frac{1}{\tau}\right)\rho\|A_1 e_1^{k+1} + A_2 e_2^{k+1}\|^2\right] \tag{5.4.47}
$$

$$
\geqslant \left(1 + \frac{1}{\tau} - \tau\right)\rho\|A_1 x_1^{k+1} + A_2 x_2^{k+1} - b\|^2 + (1 + \tau - \tau^2)\rho\|A_2(x_2^{k+1} - x_2^k)\|^2.
$$

整合(5.4.46) 式和(5.4.47) 式即可得到不等式 (5.4.41).注意, 只有当 $\tau \in \left(0, \dfrac{1+\sqrt{5}}{2}\right)$ 时, (5.4.41) 式中不等号右侧的项才为非负. $\qquad\square$

引理 5.5 中(5.4.40) 式直接利用了每个子问题的最优性条件以及 KKT 条件, 不等式 (5.4.41) 的证明比较复杂, 它实际上是文献 [44] 定理 B.1 的一个简化版本. 这个不等式的直观解释是迭代点误差的某种度量 $\varPhi_k$ 是单调有界的.

有了引理 5.5 的基础, 我们给出主要的收敛性定理.

定理 5.11　在假设 5.3 的条件下, 进一步假定 A_1, A_2 列满秩.若 $\tau \in \left(0, \dfrac{1+\sqrt{5}}{2}\right)$, 则序列 $\{(x_1^k, x_2^k, y^k)\}$ 收敛到原始问题的一个 KKT 对.

证明　引理 5.5 表明 $\varPhi_k$ 都是有界列, 根据 $\varPhi_k$ 的定义 (5.4.39) 可知

$$
\|e_y^k\|, \quad \|A_2 e_2^k\|, \quad \|A_1 e_1^k + A_2 e_2^k\|
$$

均有界. 根据不等式

$$
\|A_1 e_1^k\| \leqslant \|A_1 e_1^k + A_2 e_2^k\| + \|A_2 e_2^k\|,
$$

可以进一步推出 $\{\|A_1 e_1^k\|\}$ 也是有界序列. 注意到 $A_1^{\mathrm{T}} A_1 \succ 0, A_2^{\mathrm{T}} A_2 \succ 0$, 因此以上有界性也等价于 $\{(x_1^k, x_2^k, y^k)\}$ 是有界序列.

引理 5.3 的另一个直接结果就是无穷级数

$$\sum_{k=0}^{\infty} \|A_1 e_1^k + A_2 e_2^k\|^2, \ \sum_{k=0}^{\infty} \|A_2(x_2^{k+1} - x_2^k)\|^2$$

都是收敛的, 这表明

$$\|A_1 e_1^k + A_2 e_2^k\| = \|A_1 x_1^k + A_2 x_2^k - b\| \to 0,$$
$$\|A_2(x_2^{k+1} - x_2^k)\| \to 0. \tag{5.4.48}$$

利用这些结果我们就可以推导收敛性了. 首先证明迭代点子列的收敛性. 由于 $\{(x_1^k, x_2^k, y^k)\}$ 是有界序列, 因此它存在一个收敛子列, 设

$$(x_1^{k_j}, x_2^{k_j}, y^{k_j}) \to (x_1^{\infty}, x_2^{\infty}, y^{\infty}).$$

使用(5.4.39) 式中的 u^k 和 v^k 的定义以及(5.4.48) 式可得 $\{u^k\}$ 与 $\{v^k\}$ 相应的子列也收敛:

$$u^{\infty} \overset{\text{def}}{=} \lim_{j\to\infty} u^{k_j} = -A_1^{\mathrm{T}} y^{\infty}, \quad v^{\infty} = \lim_{j\to\infty} v^{k_j} = -A_2^{\mathrm{T}} y^{\infty}. \tag{5.4.49}$$

从(5.4.40) 式我们知道对于任意的 $k \geqslant 1$, 有 $u^k \in \partial f_1(x_1^k)$, $v^k \in \partial f_2(x_2^k)$. 利用定理 2.19 中次梯度映射的图像是闭集可知

$$-A_1 y^{\infty} \in \partial f_1(x_1^{\infty}), \quad -A_2 y^{\infty} \in \partial f_2(x_2^{\infty}).$$

由(5.4.48) 的第一式可知

$$\lim_{j\to\infty} \|A_1 x_1^{k_j} + A_2 x_2^{k_j} - b\| = \|A_1 x_1^{\infty} + A_2 x_2^{\infty} - b\| = 0.$$

这表明 $(x_1^{\infty}, x_2^{\infty}, y^{\infty})$ 是原始问题的一个 KKT 对. 因此上述分析中的 (x_1^*, x_2^*, y^*) 均可替换为 $(x_1^{\infty}, x_2^{\infty}, y^{\infty})$.

为了说明 $\{(x_1^k, x_2^k, y^k)\}$ 全序列的收敛性, 我们注意到 Φ_k 是单调下降的, 且对子列 $\{\Phi_{k_j}\}$ 有

$$\lim_{j\to\infty} \Phi_{k_j}$$
$$= \lim_{j\to\infty} \left(\frac{1}{\tau\rho} \|e_y^{k_j}\|^2 + \rho\|A_2 e_2^{k_j}\|^2 + \max\left\{1-\tau, 1-\frac{1}{\tau}\right\} \rho\|A_1 e_1^{k_j} + A_2 e_2^{k_j}\|^2 \right)$$
$$= 0.$$

由于单调序列的子列收敛等价于全序列收敛, 因此 $\lim_{k\to\infty} \Phi_k = 0$, 从而可以立即得到

$$0 \leqslant \limsup_{k\to\infty} \frac{1}{\tau\rho} \|e_y^k\|^2 \leqslant \limsup_{k\to\infty} \Phi_k = 0,$$

$$0 \leqslant \limsup_{k \to \infty} \rho \|A_2 e_2^k\|^2 \leqslant \limsup_{k \to \infty} \Phi_k = 0,$$

$$0 \leqslant \limsup_{k \to \infty} \left\{ \max \left\{ 1 - \tau, 1 - \frac{1}{\tau} \right\} \rho \|A_1 e_1^k + A_2 e_2^k\|^2 \right\} \leqslant \limsup_{k \to \infty} \Phi_k = 0.$$

这说明

$$\|e_y^k\| \to 0, \quad \|A_2 e_2^k\| \to 0, \quad \|A_1 e_1^k + A_2 e_2^k\| \to 0,$$

进一步有

$$0 \leqslant \limsup_{k \to \infty} \|A_1 e_1^k\| \leqslant \lim_{k \to \infty} \left(\|A_2 e_2^k\| + \|A_1 e_1^k + A_2 e_2^k\| \right) = 0.$$

注意到 $A_1^{\mathrm{T}} A_1 \succ 0$, $A_2^{\mathrm{T}} A_2 \succ 0$, 所以最终我们得到全序列收敛:

$$(x_1^k, x_2^k, y^k) \to (x_1^\infty, x_2^\infty, y^\infty). \qquad \Box$$

5.5 随机优化算法

随着大数据时代的来临, 以及机器学习和深度学习等人工智能领域的发展, 许多大规模的优化问题随之产生, 它们对传统优化理论和算法都产生了巨大的挑战. 幸运的是, 这些问题往往与概率和统计学科有很大联系, 由此促使了随机优化算法的广泛使用. 随机算法的思想可以追溯到 Monro-Robbins 算法[122], 相比传统优化算法, 随机优化算法能极大地节省每步迭代的运算量, 从而使得算法在大规模数据中变得可行. 本节将介绍随机梯度算法的基本形式和收敛性理论, 以及当前在深度学习领域广泛应用的一些随机梯度型算法.

为了方便理解本节主要考虑的问题形式, 首先介绍机器学习的一个基本模型——监督学习模型. 假定 (a, b) 服从概率分布 P, 其中 a 为输入, b 为标签. 我们的任务是要给定输入 a 预测标签 b, 即要决定一个最优的函数 ϕ 使得期望风险 $\mathbb{E}[L(\phi(a), b)]$ 最小, 其中 $L(\cdot, \cdot)$ 表示损失函数, 用来衡量预测的准确度, 函数 ϕ 为某个函数空间中的预测函数. 在实际问题中我们并不知道真实的概率分布 P, 而是随机采样得到的一个数据集 $\mathcal{D} = \{(a_1, b_1), (a_2, b_2), \cdots, (a_N, b_N)\}$. 然后我们用经验风险来近似期望风险, 并将预测函数 $\phi(\cdot)$ 参数化为 $\phi(\cdot; x)$ 以缩小要找的预测函数的范围, 即要求解下面的极小化问题:

$$\min_x \quad \frac{1}{N} \sum_{i=1}^N L(\phi(a_i; x), b_i). \tag{5.5.1}$$

对应于随机优化问题有 $\xi_i = (a_i, b_i)$ 以及

$$f_i(x) = L(\phi(a_i; x), b_i), \quad h(x) = 0.$$

在机器学习中, 大量的问题都可以表示为问题 (5.5.1) 的形式. 由于数据规模巨大, 计算目标函数的梯度变得非常困难, 但是可以通过采样的方式只计算部分样本的梯度来进行梯度下降, 往往也能达到非常好的数值表现, 而每步的运算量却得到了极大的减小.

我们将主要考虑如下随机优化问题:

$$\min_{x \in \mathbb{R}^n} \quad f(x) \xlongequal{\text{def}} \frac{1}{N} \sum_{i=1}^{N} f_i(x), \tag{5.5.2}$$

其中 $f_i(x)$ 对应第 i 个样本的损失函数. 问题 (5.5.2) 也称为随机优化问题的有限和形式.

5.5.1　随机梯度下降算法

下面为了讨论方便, 先假设 (5.5.2) 中每一个 $f_i(x)$ 是凸的、可微的. 因此可以运用梯度下降算法

$$x^{k+1} = x^k - \alpha_k \nabla f(x^k) \tag{5.5.3}$$

来求解原始的优化问题. 在迭代格式(5.5.3) 中,

$$\nabla f(x^k) = \frac{1}{N} \sum_{i=1}^{N} \nabla f_i(x^k).$$

在绝大多数情况下, 我们不能通过化简的方式得到 $\nabla f(x^k)$ 的表达式, 要计算这个梯度必须计算出所有的 $\nabla f_i(x^k), i = 1, 2, \cdots, N$ 然后将它们相加. 然而在机器学习中, 采集到的样本量是巨大的, 因此计算 $\nabla f(x^k)$ 需要非常大的计算量. 使用传统的梯度法求解机器学习问题并不是一个很好的做法.

既然梯度的计算很复杂, 有没有减少计算量的方法呢? 这就是下面要介绍的随机梯度下降算法 (SGD). 它的基本迭代格式为

$$x^{k+1} = x^k - \alpha_k \nabla f_{s_k}(x^k), \tag{5.5.4}$$

其中 s_k 是从 $\{1, 2, \cdots, N\}$ 中随机等可能地抽取的一个样本, α_k 称为步长[①]. 通过对比 (5.5.3) 式和 (5.5.4) 式可知, 随机梯度算法不去计算全梯度 $\nabla f(x^k)$, 而是从众多样本中随机抽出一个样本 s_i, 然后仅仅计算这个样本处的梯度 $\nabla f_{s_k}(x^k)$, 以此作为 $\nabla f(x^k)$ 的近似. 注意, 在全梯度 $\nabla f(x^k)$ 的表达式中含系数 $\dfrac{1}{N}$, 而迭代格式(5.5.4) 中不含 $\dfrac{1}{N}$. 这是因为我们要保证随机梯度的条件期望恰好是全梯度, 即

$$\mathbb{E}_{s_k}[\nabla f_{s_k}(x^k) | x^k] = \nabla f(x^k).$$

---

① 在机器学习和深度学习领域中, 更多的时候被称为学习率 (learning rate).

这里使用条件期望的符号 $\mathbb{E}[\cdot|x^k]$ 的原因是迭代点 x^k 本身也是一个随机变量. 实际计算中每次只抽取一个样本 s_k 的做法比较极端, 常用的形式是小批量 (mini-batch) 随机梯度法, 即随机选择一个元素个数很少的集合 $\mathcal{I}_k \subset \{1, 2, \cdots, N\}$, 然后执行迭代格式

$$x^{k+1} = x^k - \frac{\alpha_k}{|\mathcal{I}_k|} \sum_{s \in \mathcal{I}_k} \nabla f_s(x^k),$$

其中 $|\mathcal{I}_k|$ 表示 $\mathcal{I}_k$ 中的元素个数. 本节后面的阐述中虽然只考虑最简单形式的随机梯度下降算法 (5.5.4), 但很多变形和分析都可以推广到小批量随机梯度法.

随机梯度下降法使用一个样本点的梯度代替了全梯度, 并且每次迭代选取的样本点是随机的, 这使得每次迭代时计算梯度的复杂度变为了原先的 $\dfrac{1}{N}$, 在样本量 N 很大的时候无疑是一个巨大的改进. 但正因为如此, 算法中也引入了随机性, 一个自然的问题是这样的算法还会有收敛性吗? 如果收敛, 是什么意义下的收敛? 这些问题将在第 5.5.3 小节中给出具体的回答.

当 $f_i(x)$ 是凸函数但不一定可微时, 我们可以用 $f_i(x)$ 的次梯度代替梯度进行迭代. 这就是随机次梯度算法, 它的迭代格式为

$$x^{k+1} = x^k - \alpha_k g^k, \tag{5.5.5}$$

其中 α_k 为步长, $g^k \in \partial f_{s_k}(x^k)$ 为随机次梯度, 其期望为真实的次梯度.

随机梯度算法在深度学习中得到了广泛的应用, 下面介绍其在深度学习中的一些变形.

1. 动量方法

传统的梯度法在问题比较病态时收敛速度非常慢, 随机梯度下降法也有类似的问题. 为了克服这一缺陷, 人们提出了动量方法 (momentum), 旨在加速学习. 该方法在处理高曲率或是带噪声的梯度上非常有效, 其思想是在算法迭代时一定程度上保留之前更新的方向, 同时利用当前计算的梯度调整最终的更新方向. 这样一来, 可以在一定程度上增加稳定性, 从而学习得更快, 并且还有一定摆脱局部最优解的能力. 从形式上来看, 动量方法引入了一个速度变量 v, 它代表参数移动的方向和大小. 动量方法的具体迭代格式如下:

$$v^{k+1} = \mu_k v^k - \alpha_k \nabla f_{s_k}(x^k), \tag{5.5.6}$$

$$x^{k+1} = x^k + v^{k+1}. \tag{5.5.7}$$

在计算当前点的随机梯度 $\nabla f_{s_i}(x^k)$ 后, 我们并不是直接将其更新到变量 x^k 上, 即不完全相信这个全新的更新方向, 而是将其和上一步更新方向 v^k 做线性组合来得到新的更新方向 v^{k+1}. 由动量方法迭代格式立即得出当 $\mu_k = 0$ 时该方法退化成随机梯度下降

法. 在动量方法中, 参数 μ_k 的范围是 $[0,1)$, 通常取 $\mu_k \geqslant 0.5$, 其含义为迭代点带有较大惯性, 每次迭代会在原始迭代方向的基础上做一个小的修正. 在普通的梯度法中, 每一步迭代只用到了当前点的梯度估计, 动量方法的更新方向还使用了之前的梯度信息. 当许多连续的梯度指向相同的方向时, 步长就会很大, 这从直观上看也是非常合理的.

图 5.9 比较了梯度法和动量方法在例 3.2 中的表现. 可以看到普通梯度法生成的点列会在椭圆的短轴方向上来回移动, 而动量方法生成的点列更快收敛到了最小值点.

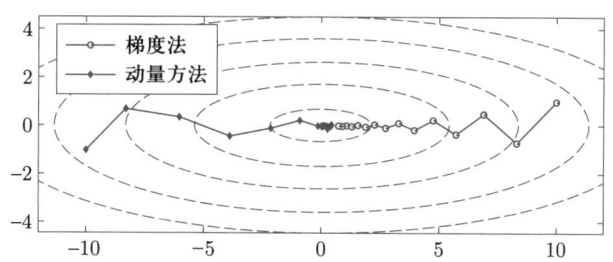

图 5.9 动量方法在海瑟矩阵病态条件下的表现

2. Nesterov 加速算法

针对光滑问题的 Nesterov 加速算法迭代的随机版本为

$$y^{k+1} = x^k + \mu_k(x^k - x^{k-1}), \tag{5.5.8}$$

$$x^{k+1} = y^{k+1} - \alpha_k \nabla f_{s_k}(y^{k+1}), \tag{5.5.9}$$

其中 $\mu_k = \dfrac{k-1}{k+2}$, 步长 α_k 是一个固定值或者由线搜索确定. 现在我们通过一些等价变形来说明 Nesterov 加速算法可以看成是某种动量方法. 首先在第 k 步迭代引入速度变量

$$v^k = x^k - x^{k-1},$$

再合并原始 Nesterov 加速算法的两步迭代可以得到

$$x^{k+1} = x^k + \mu_k(x^k - x^{k-1}) - \alpha_k \nabla f_k(x^k + \mu_k(x^k - x^{k-1})).$$

若定义有关 v^{k+1} 的迭代式为

$$v^{k+1} = \mu_k v^k - \alpha_k \nabla f_k(x^k + \mu_k v^k),$$

则得到关于 x^k 和 v^k 的等价迭代:

$$v^{k+1} = \mu_k v^k - \alpha_k \nabla f_{s_k}(x^k + \mu_k v^k), \tag{5.5.10}$$

$$x^{k+1} = x^k + v^{k+1}. \tag{5.5.11}$$

与动量方法相比, 二者的主要差别在梯度的计算上. Nesterov 加速算法先对点施加速度的作用, 再求梯度, 这可以理解为对标准动量方法做了一个校正.

3. AdaGrad

在一般的随机梯度法中, 调参是一个很大的难点, 参数设置的好坏对算法的性能有显著的影响. 所以我们希望算法能在运行的过程中, 根据当前情况自发地调整参数, 这就是 AdaGrad(adaptive subgradient methods) 的出发点. 对无约束光滑凸优化问题, 点 x 是问题的解等价于该点处梯度为零向量. 但对大部分问题而言, 梯度的每个分量收敛到零的速度是不同的. 传统梯度算法只有一个统一的步长 α_k 来调节每一步迭代, 它没有针对每一个分量考虑. 当梯度的某个分量较大时, 可以推断出在该方向上函数变化比较剧烈, 此时应该用小步长; 当梯度的某个分量较小时, 在该方向上函数比较平缓, 此时应该用大步长. AdaGrad 就是根据这个思想设计的.

令 $g^k = \nabla f_{s_k}(x^k)$, 为了记录整个迭代过程中梯度各个分量的累积情况, 引入向量

$$G^k = \sum_{i=1}^{k} g^i \odot g^i.$$

从 G^k 的定义可知, G^k 的每个分量表示迭代过程中梯度在该分量处的累积平方和. 当 G^k 的某分量较大时, 我们认为该分量变化比较剧烈, 因此应采用小步长, 反之亦然. 因此 AdaGrad 的迭代格式为

$$x^{k+1} = x^k - \frac{\alpha}{\sqrt{G^k + \varepsilon \mathbf{1}_n}} \odot g^k, \tag{5.5.12}$$

$$G^{k+1} = G^k + g^{k+1} \odot g^{k+1}, \tag{5.5.13}$$

这里 $\dfrac{\alpha}{\sqrt{G^k + \varepsilon \mathbf{1}_n}}$ 中的除法和求根运算都是对向量每个分量分别操作的 (下同), α 为初始步长, 引入 $\varepsilon \mathbf{1}_n$ 这一项是为了防止除零运算. 可以看到 AdaGrad 的步长大致反比于历史梯度累积值的算术平方根, 所以梯度较大时步长下降很快, 反之则下降较慢, 这样做的效果就是在参数空间更平缓的方向上, 前后两次迭代的距离较大. 在凸优化问题中 AdaGrad 有比较好的理论性质, 但实际应用中也发现在训练深度神经网络模型时, 从训练开始就累积梯度平方会导致步长过早或过多减小.

如果在 AdaGrad 中使用真实梯度 $\nabla f(x^k)$, 那么 AdaGrad 也可以看成是一种介于一阶和二阶的优化算法. 考虑 $f(x)$ 在点 x^k 处的二阶泰勒展开:

$$f(x) \approx f(x^k) + \nabla f(x^k)^{\mathrm{T}}(x - x^k) + \frac{1}{2}(x - x^k)^{\mathrm{T}} B^k (x - x^k),$$

我们知道选取不同的 B^k 可以导出不同的优化算法. 例如使用常数倍单位矩阵近似 B^k 时可得到梯度法; 利用海瑟矩阵作为 B^k 时可得到牛顿法. 而 AdaGrad 则是使用一个对角矩阵来作为 B^k. 具体地, 取

$$B^k = \frac{1}{\alpha} \mathrm{Diag}(\sqrt{G^k + \varepsilon \mathbf{1}_n})$$

时导出的算法就是 AdaGrad. 读者可自行验证.

4. RMSProp

RMSProp(root mean square propagation) 是对 AdaGrad 的一个改进, 该方法在非凸问题上可能表现更好. AdaGrad 会累加之前所有的梯度分量平方, 这就导致步长是单调递减的, 因此在训练后期步长会非常小, 同时这样做也加大了计算的开销. 所以 RMSProp 提出只需使用离当前迭代点比较近的项, 同时引入衰减参数 ρ. 具体地, 令

$$M^{k+1} = \rho M^k + (1-\rho)g^{k+1} \odot g^{k+1},$$

再对其每个分量分别求根, 就得到均方根 (root mean square)

$$R^k = \sqrt{M^k + \varepsilon \mathbf{1}_n}, \tag{5.5.14}$$

最后将均方根的倒数作为每个分量步长的修正, 得到 RMSProp 迭代格式:

$$x^{k+1} = x^k - \frac{\alpha}{R^k} \odot g^k, \tag{5.5.15}$$

$$M^{k+1} = \rho M^k + (1-\rho)g^{k+1} \odot g^{k+1}. \tag{5.5.16}$$

引入参数 ε 同样是为了防止分母为 0 的情况发生. 一般取 $\rho = 0.9$, $\alpha = 0.001$. 可以看到 RMSProp 和 AdaGrad 的唯一区别是将 G^k 替换成了 M^k.

5. AdaDelta

AdaDelta 在 RMSProp 的基础上, 对历史的 Δx^k 也同样累积平方并求均方根:

$$D^k = \rho D^{k-1} + (1-\rho)\Delta x^k \odot \Delta x^k, \tag{5.5.17}$$

$$T^k = \sqrt{D^k + \varepsilon \mathbf{1}_n}, \tag{5.5.18}$$

然后使用 T^{k-1} 和 R^k 的商对梯度进行校正, 完整的过程如算法 5.13 所示, 其中 T^k 和 R^k 的定义分别为 (5.5.18) 式和 (5.5.14) 式.

算法 5.13 AdaDelta

1: 输入 x^1, ρ, ε.
2: 置初值 $M^0 = 0$, $D^0 = 0$.
3: **for** $k = 1, 2, \cdots, K$ **do**
4:     随机选取 $i \in \{1, 2, \cdots, N\}$, 计算梯度 $g^k = \nabla f_i(x^k)$.
5:     计算 $M^k = \rho M^{k-1} + (1-\rho)g^k \odot g^k$.
6:     计算 $\Delta x^k = -\dfrac{T^{k-1}}{R^k} \odot g^k$.
7:     计算 $D^k = \rho D^{k-1} + (1-\rho)\Delta x^k \odot \Delta x^k$.
8:     $x^{k+1} \leftarrow x^k + \Delta x^k$.
9: **end for**

注意, 计算步长时 T 和 R 的下标相差 1, 这是因为我们还没有计算出 Δx^k 的值, 无法使用 T^k 进行计算. AdaDelta 的特点是步长选择较为保守, 同时也改善了 AdaGrad 步长单调下降的缺陷.

6. Adam

Adam(adaptive moment estimation) 本质上是带动量项的 RMSProp, 它利用梯度的一阶矩估计和二阶矩估计动态调整每个参数步长. 虽然 RMSProp 也采用了二阶矩估计, 但是缺少修正因子, 所以它在训练初期可能有比较大的偏差. Adam 的优点主要在于经过偏差修正后, 每一次迭代的步长都有一个确定范围, 使得参数比较平稳.

与 RMSProp 和动量方法相比, Adam 可以看成是带修正的二者的结合. 在 Adam 中不直接使用随机梯度作为基础的更新方向, 而是选择了一个动量项进行更新:

$$S^k = \rho_1 S^{k-1} + (1 - \rho_1)g^k.$$

与此同时它和 RMSProp 类似, 也会记录迭代过程中梯度的二阶矩:

$$M^k = \rho_2 M^{k-1} + (1 - \rho_2)g^k \odot g^k.$$

与原始动量方法和 RMSProp 的区别是, 由于 S^k 和 M^k 本身带有偏差, Adam 不直接使用这两个量更新, 而是在更新前先对其进行修正:

$$\hat{S}^k = \frac{S^k}{1 - \rho_1^k}, \quad \hat{M}^k = \frac{M^k}{1 - \rho_2^k},$$

这里 ρ_1^k, ρ_2^k 分别表示 ρ_1, ρ_2 的 k 次方. Adam 最终使用修正后的一阶矩和二阶矩进行迭代点的更新.

$$x^{k+1} = x^k - \frac{\alpha}{\sqrt{\hat{M}^k + \varepsilon \mathbf{1}_n}} \odot \hat{S}^k.$$

我们将完整的迭代过程整理到算法 5.14 中. 这里参数 ρ_1 通常选为 0.9, ρ_2 选为 0.999, 全局步长 $\alpha = 0.001$.

上面的很多算法已经被实现在主流的深度学习框架中, 可以非常方便地用于训练神经网络: Pytorch 里实现的算法有 AdaDelta, AdaGrad, Adam, Nesterov, RMSProp 等; Tensorflow 里实现的算法则有 AdaDelta, AdaGradDA, AdaGrad, ProximalAdagrad, Ftrl, Momentum, Adam 和 CenteredRMSProp 等.

算法 5.14 Adam

1: 给定步长 α, 矩估计的指数衰减速率 ρ_1, ρ_2, x^1.

2: 置初值 $S^0 = 0, M^0 = 0$.

3: **for** $k = 1, 2, \cdots, K$ **do**

4: 　随机选取 $i \in \{1, 2, \cdots, N\}$, 计算梯度 $g^k = \nabla f_i(x^k)$.

5: 　更新一阶矩估计: $S^k = \rho_1 S^{k-1} + (1 - \rho_1) g^k$.

6: 　更新二阶矩估计: $M^k = \rho_2 M^{k-1} + (1 - \rho_2) g^k \odot g^k$.

7: 　修正一阶矩的偏差: $\hat{S}^k = \dfrac{S^k}{1 - \rho_1^k}$.

8: 　修正二阶矩的偏差: $\hat{M}^k = \dfrac{M^k}{1 - \rho_2^k}$.

9: 　$x^{k+1} = x^k - \dfrac{\alpha}{\sqrt{\hat{M}^k} + \varepsilon \mathbf{1}_n} \odot \hat{S}^k$.

10: **end for**

5.5.2　应用举例

随机优化在机器学习的监督模型中有非常多的应用, 本小节介绍两个例子——逻辑回归和神经网络.

1. 逻辑回归

逻辑回归是最基本的线性分类模型, 它经常用来作为各种分类模型的比较标准. 给定数据集 $\{(a_i, b_i)\}_{i=1}^N$, 带 ℓ_2 范数平方正则项的逻辑回归对应的优化问题 (5.5.2) 可以写成如下形式:

$$\min_{x \in \mathbb{R}^n} \quad f(x) = \frac{1}{N} \sum_{i=1}^N f_i(x) = \frac{1}{N} \sum_{i=1}^N \ln(1 + \exp(-b_i \cdot a_i^{\mathrm{T}} x)) + \lambda \|x\|_2^2,$$

其中

$$f_i(x) = \ln(1 + \exp(-b_i \cdot a_i^{\mathrm{T}} x)) + \lambda \|x\|_2^2.$$

每步我们随机取一个下标 i_k 对应的梯度 $\nabla f_{i_k}(x^k)$ 做随机梯度下降, 其迭代格式可以写成

$$x^{k+1} = x^k - \alpha_k \nabla f_{i_k}(x^k) = x^k - \alpha_k \left(\frac{-\exp(-b_{i_k} \cdot a_{i_k}^{\mathrm{T}} x^k) b_{i_k} a_{i_k}}{1 + \exp(-b_{i_k} \cdot a_{i_k}^{\mathrm{T}} x^k)} + 2\lambda x^k \right),$$

其中 i_k 为从 $\{1, 2, \cdots, N\}$ 中随机抽取的一个样本, α_k 为步长.

这里和第 3.8 节一样, 采用 LIBSVM[31] 网站的数据集并令 $\lambda = \dfrac{10^{-2}}{N}$, 分别测试不同随机算法在数据集 CINA 和 a9a 上的表现. 我们采用网格搜索方法来确定随机算法中的参数值, 对每个参数重复 5 次数值实验并取其平均表现. 对比发现: 对随机梯度算法, 步长 $\alpha_k = 10^{-3}$ 表现最好. 动量方法中取 $\mu_k = 0.8, \alpha_k = 10^{-3}$; AdaGrad, RMSProp

和 Adam 中的 α 分别取为 $0.4, 10^{-3}, 5 \cdot 10^{-3}$, 数值稳定参数均设置为 $\varepsilon = 10^{-7}$. 数值结果见图 5.10. 随机算法的批量大小 (batch size) 表示每次迭代所采用的样本数 (即随机生成的下标 i 的个数). 在横坐标中, 每个时期 (epoch) 表示计算了 N 次分量函数 f_i 的梯度. 可以看到, 加入了动量之后, 随机梯度法的收敛加快, 但没有自适应类梯度方法快. 值得注意的是, 当批量大小从 1 变成 10 时, 随机梯度法和动量方法达到相同精度需要的时期数变多, 但大的批量大小对应的算法效率更高 (计算梯度时矩阵乘法的并行效率以及内存利用率会更高). 在自适应梯度类方法中, AdaGrad 对该凸问题收敛最快, Adam 次之. 在 a9a 数据集上, RMSProp 和 AdaDelta 在批量大小为 1 时尾部出现函数值上升 (尽管设置更小的 α 可以避免出现上升, 但会大大降低目标函数值的下降速度), 批量大小为 10 时算法产生的 x 对应的目标函数值更小.

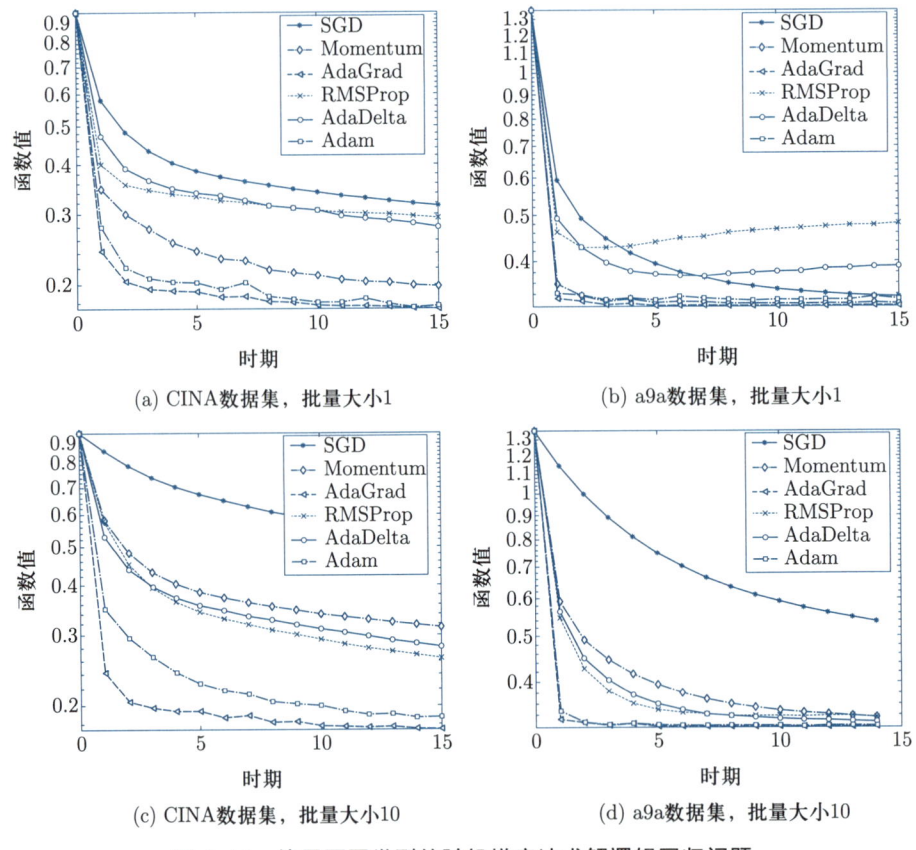

图 5.10 使用不同类型的随机梯度法求解逻辑回归问题.

2. 多层感知机神经网络

多层感知机也叫全连接神经网络, 是一种基本的网络结构, 第 1.4 节已经简要地介绍了这一模型. 考虑有 L 个隐藏层的多层感知机, 给定输入 $a \in \mathbb{R}^p$, 则多层感知机的输

出可用如下迭代过程表示:

$$y^{(l)} = t(x^{(l)} y^{(l-1)} + w^{(l)}), \quad l = 1, 2, \cdots, L+1,$$

其中 $x^{(l)} \in \mathbb{R}^{m_{l-1} \times m_l}$ 为系数矩阵, $w^{(l)} \in \mathbb{R}^{m_l}$ 为非齐次项, $t(\cdot)$ 为非线性激活函数. 该感知机的输出为 $y^{(L+1)}$.

现在用非线性函数 $h(a; x)$ 来表示该多层感知机, 其中

$$x = (x^{(1)}, x^{(2)}, \cdots, x^{(L)}, w^{(1)}, w^{(2)}, \cdots, w^{(L)})$$

表示所有网络参数的集合, 则学习问题可以表示成经验损失函数求极小问题:

$$\min \quad \frac{1}{N} \sum_{i=1}^{N} L(h(a_i; x), b_i).$$

同样地, 由于目标函数表示成了样本平均的形式, 我们可以用随机梯度算法:

$$x^{k+1} = x^k - \tau_k \nabla_x L(h(a_{s_k}; x^k), b_{s_k}),$$

其中 s_k 为从 $\{1, 2, \cdots, N\}$ 中随机抽取的一个样本. 算法最核心的部分为求梯度, 由于函数具有复合结构, 因此可以采用后传算法. 假定已经得到关于第 l 隐藏层的导数 $\dfrac{\partial L}{\partial y^{(l)}}$, 然后可以通过下面递推公式得到关于第 l 隐藏层参数的导数以及关于前一个隐藏层的导数:

$$\begin{aligned}
\frac{\partial L}{\partial w^{(l)}} &= \frac{\partial L}{\partial y^{(l)}} \odot \frac{\partial t}{\partial z}, \\
\frac{\partial L}{\partial x^{(l)}} &= \left(\frac{\partial L}{\partial y^{(l)}} \odot \frac{\partial t}{\partial z} \right) (y^{(l-1)})^{\mathrm{T}}, \\
\frac{\partial L}{\partial y^{(l-1)}} &= (x^{(l)})^{\mathrm{T}} \left(\frac{\partial L}{\partial y^{(l)}} \odot \frac{\partial t}{\partial z} \right).
\end{aligned} \tag{5.5.19}$$

其中 $\odot$ 为逐元素相乘. 完整的后传算法见算法 5.15.

算法 5.15　后传算法

1: $g \leftarrow \nabla_{\hat{y}} L(\hat{y}, b_{s_k})$.

2: **for** $l = L+1, L, \cdots, 1.$ **do**

3: 　　$g \leftarrow g \odot \dfrac{\partial t}{\partial z}$.

4: 　　$\dfrac{\partial L}{\partial w^{(l)}} = g$.

5: 　　$\dfrac{\partial L}{\partial x^{(l)}} = g(y^{(l-1)})^{\mathrm{T}}$.

6: 　　$g \leftarrow (x^{(l)})^{\mathrm{T}} g$.

7: **end for**

5.5.3 收敛性分析

随机梯度算法具有不确定性,这样的算法会有收敛性吗? 本小节将比较细致地回答这一问题. 概括来说,随机梯度下降法的收敛性依赖于步长的选取以及函数 f 本身的性质,在不同条件下会有不同结果. 这一点和梯度法是类似的. 我们将对目标函数分别为一般凸函数和可微强凸函数的情况进行讨论.

1. 一般凸函数下随机梯度算法的收敛性

首先考虑每个 $f_i(x)$ 是凸函数的情况,此时只假设 $f_i(x)$ 存在次梯度. 相应地,随机梯度下降法在这种情况下实际上是随机次梯度算法. 在介绍具体定理之前,我们先列出算法和函数所满足的基本假设.

假设 5.4 对问题(5.5.2) 使用迭代算法(5.5.4) 时

(1) 每个 $f_i(x)$ 是闭凸函数, 存在次梯度;

(2) 随机次梯度二阶矩是一致有界的, 即存在 M, 对任意的 $x \in \mathbb{R}^n$ 以及随机下标 s_k, 有

$$\mathbb{E}_{s_k}[\|g^k\|^2] \leqslant M^2 < +\infty, \quad g^k \in \partial f_{s_k}(x^k);$$

(3) 迭代的随机点列 $\{x^k\}$ 处处有界, 即 $\|x^k - x^*\| \leqslant R, \forall K$, 其中 x^* 是问题 (5.5.2) 的最优解.

在假设 5.4 的条件下, 我们有如下重要的引理:

引理 5.6 在假设 5.4 的条件下, 令 $\{\alpha_k\}$ 是任一正步长序列, $\{x^k\}$ 是由随机次梯度法产生的序列, 那么对所有的 $K \geqslant 1$, 有

$$\sum_{k=1}^{K} \alpha_k \mathbb{E}[f(x^k) - f(x^*)] \leqslant \frac{1}{2}\mathbb{E}[\|x^1 - x^*\|^2] + \frac{1}{2}\sum_{k=1}^{K} \alpha_k^2 M^2. \tag{5.5.20}$$

证明 令 $\bar{g}^k = \mathbb{E}[g^k|x^k]$, $\xi^k = g^k - \bar{g}^k$. 由随机次梯度法的性质,

$$\bar{g}^k = \mathbb{E}[g^k|x^k] \in \partial f(x^k),$$

也就是说 $\bar{g}^k$ 就是次梯度. 由次梯度的性质,

$$\langle \bar{g}^k, x^* - x^k \rangle \leqslant f(x^*) - f(x^k).$$

可以推导得

$$
\begin{aligned}
&\frac{1}{2}\|x^{k+1} - x^*\|^2 \\
={}&\frac{1}{2}\|x^k - \alpha_k g^k - x^*\|^2 \\
={}&\frac{1}{2}\|x^k - x^*\|^2 + \alpha_k\langle g^k, x^* - x^k\rangle + \frac{\alpha_k^2}{2}\|g^k\|^2 \\
={}&\frac{1}{2}\|x^k - x^*\|^2 + \alpha_k\langle \bar{g}^k, x^* - x^k\rangle + \frac{\alpha_k^2}{2}\|g^k\|^2 + \alpha_k\langle \xi^k, x^* - x^k\rangle \\
\leqslant{}&\frac{1}{2}\|x^k - x^*\|^2 + \alpha_k(f(x^*) - f(x^k)) + \frac{\alpha_k^2}{2}\|g^k\|^2 + \alpha_k\langle \xi^k, x^* - x^k\rangle.
\end{aligned}
\tag{5.5.21}
$$

注意到 $\mathbb{E}[\xi^k|x^k] = \mathbb{E}[g^k|x^k] - \bar{g}^k = 0$, 再利用条件期望的性质就有

$$
\mathbb{E}[\langle \xi^k, x^* - x^k\rangle] = \mathbb{E}[\mathbb{E}[\langle \xi^k, x^* - x^k\rangle|x_k]] = 0.
$$

对不等式(5.5.21) 两端求期望就得到

$$
\begin{aligned}
&\alpha_k\mathbb{E}[f(x^k) - f(x^*)] \\
&\leqslant \frac{1}{2}\mathbb{E}[\|x^k - x^*\|^2] - \frac{1}{2}\mathbb{E}[\|x^{k+1} - x^*\|^2] + \frac{\alpha_k^2}{2}M^2.
\end{aligned}
\tag{5.5.22}
$$

两边对 k 求和即证. $\qquad\square$

引理 5.6 没有直接说明收敛性, 因为此时步长 α_k 的选取还是未知的. 根据该引理, 我们很容易得到随机次梯度算法在收缩步长下的收敛性.

定理 5.12（随机次梯度算法的收敛性 1）　在假设 5.4 的条件下, 令 $A_K = \sum\limits_{i=1}^{K}\alpha_i$, 定义 $\bar{x}_K = \dfrac{1}{A_K}\sum\limits_{k=1}^{K}\alpha_k x^k$, 则

$$
\mathbb{E}[f(\bar{x}_K) - f(x^*)] \leqslant \frac{R^2 + \sum\limits_{k=1}^{K}\alpha_k^2 M^2}{2\sum\limits_{k=1}^{K}\alpha_k}.
\tag{5.5.23}
$$

证明　由 $f(x)$ 的凸性以及引理 5.6 立即得到

$$
\begin{aligned}
A_k\mathbb{E}[f(\bar{x}_K) - f(x^*)] &\leqslant \sum_{k=1}^{K}\alpha_k\mathbb{E}[f(x^k) - f(x^*)] \\
&\leqslant \frac{1}{2}\mathbb{E}[\|x^1 - x^*\|^2] + \frac{1}{2}\sum_{k=1}^{K}\alpha_k^2 M^2
\end{aligned}
$$

$$= \frac{R^2 + \sum\limits_{k=1}^{K} \alpha_k^2 M^2}{2}.$$

不等式两边同除以 A_K 得到

$$\mathbb{E}[f(\bar{x}_K) - f(x^*)] \leqslant \frac{R^2 + \sum\limits_{k=1}^{K} \alpha_k^2 M^2}{2A_K}. \qquad \square$$

从定理 5.12 可以看到, 当

$$\sum_{k=1}^{\infty} \alpha_k = +\infty, \qquad \frac{\sum\limits_{k=1}^{K} \alpha_k^2}{\sum\limits_{k=1}^{K} \alpha_k} \to 0$$

时, 随机次梯度算法收敛. 对一个固定的步长 α, 不等式 (5.5.23) 右侧有一个不随 K 递减的常数, 因此固定步长随机次梯度算法在函数值取期望意义下是不收敛的, 它仅仅能找到一个次优解:

$$\mathbb{E}[f(\bar{x}_K) - f(x^*)] \leqslant \frac{R^2}{2K\alpha} + \frac{\alpha M^2}{2}.$$

特别地, 对于给定的迭代次数 K, 选取固定步长 $\alpha = \dfrac{R}{M\sqrt{K}}$, 可以达到 $\mathcal{O}\left(\dfrac{1}{\sqrt{K}}\right)$ 的精度, 即

$$\mathbb{E}[f(\bar{x}_K) - f(x^*)] \leqslant \frac{RM}{\sqrt{K}}.$$

定理 5.12 的收敛性是在步长加权平均意义下的收敛性, 在步长不增的情况下, 我们可以得到直接平均意义下的收敛性.

定理 5.13（随机次梯度算法的收敛性 2）   在假设 5.4 的条件下, 令 $\{\alpha_k\}$ 是一个不增的正步长序列, $\bar{x}_K = \dfrac{1}{K}\sum\limits_{k=1}^{K} x^k$, 则

$$\mathbb{E}[f(\bar{x}_K) - f(x^*)] \leqslant \frac{R^2}{2K\alpha_K} + \frac{1}{2K}\sum_{k=1}^{K} \alpha_k M^2. \qquad (5.5.24)$$

证明   对引理 5.6 中的 (5.5.22) 式两边同除以 α_k, 就有

$$\mathbb{E}[f(x^k) - f(x^*)] \leqslant \frac{1}{2\alpha_k}\mathbb{E}[\|x^k - x^*\|_2^2] - \frac{1}{2\alpha_k}\mathbb{E}[\|x^{k+1} - x^*\|_2^2] + \frac{\alpha_k}{2}M^2.$$

再对 k 求和, 并且利用 $f(x)$ 的凸性和 α_k 的单调性得

$$\mathbb{E}[f(\bar{x}_K) - f(x^*)] \leqslant \frac{1}{K}\sum_{k=1}^{K}\mathbb{E}[f(x^k) - f(x^*)]$$

$$\leqslant \frac{1}{2K}\left(\frac{1}{\alpha_1}\mathbb{E}[\|x^1 - x^*\|^2] + \sum_{k=1}^{K}\alpha_k M^2 +\right.$$

$$\left.\sum_{k=2}^{K}\left(\frac{1}{\alpha_k} - \frac{1}{\alpha_{k-1}}\right)\mathbb{E}[\|x^k - x^*\|^2]\right)$$

$$\leqslant \frac{R}{2K\alpha_k} + \frac{1}{2K}\sum_{k=1}^{K}\alpha_k M^2. \qquad \square$$

注意, 该定理和定理 5.12 的不同之处在于 $\bar{x}_K$ 的定义.

通过选取 $\mathcal{O}\left(\dfrac{1}{\sqrt{k}}\right)$ 阶数的步长, 我们可以得到目标函数的收敛速度为 $\mathcal{O}\left(\dfrac{1}{\sqrt{K}}\right)$.

推论 5.4 在假设 5.4 的条件下, 令 $\alpha_k = \dfrac{R}{M\sqrt{k}}$, 则

$$\mathbb{E}[f(\bar{x}_K) - f(x^*)] \leqslant \frac{3RM}{2\sqrt{K}}, \tag{5.5.25}$$

其中 $\bar{x}_K$ 的定义和定理 5.13 相同.

证明 注意到

$$\sum_{k=1}^{K}\frac{1}{\sqrt{k}} \leqslant \int_0^K \frac{1}{\sqrt{t}}\mathrm{d}t = 2\sqrt{K}.$$

将 $\alpha_k = \dfrac{R}{M\sqrt{k}}$ 代入式 (5.5.24) 就得到

$$\mathbb{E}[f(\bar{x}_K) - f(x^*)] \leqslant \frac{R^2}{2K\dfrac{R}{M\sqrt{K}}} + \frac{RM}{2K}2\sqrt{K} = \frac{3RM}{2\sqrt{K}}. \qquad \square$$

前面的定理分析了随机次梯度算法在期望意义下的收敛性和收敛速度. 我们可以发现它和非随机次梯度算法具有相同的收敛速度——$\mathcal{O}\left(\dfrac{1}{\sqrt{K}}\right)$. 而随机次梯度算法每步的计算代价远小于非随机次梯度, 这一定程度上解释了为什么随机算法在一些问题中的表现要远远好于非随机算法.

很多情况下仅有期望的分析是不够的, 我们需要更细致的刻画, 下面主要讨论随机次梯度算法在依概率意义下的收敛性和收敛速度.

定理 5.14 选择推论 5.4 中的步长 α_k, 使得 $\mathbb{E}[f(\bar{x}_K) - f(x^*)] \to 0$, 那么我们有依概率收敛 $f(\bar{x}_K) - f(x^*) \xrightarrow{P} 0 \ (K \to \infty)$, 即对任意的 $\varepsilon > 0$, 都有

$$\lim_{K \to \infty} P(f(\bar{x}_K) - f(x^*) \geqslant \varepsilon) = 0. \tag{5.5.26}$$

证明 由马尔可夫不等式立即得到

$$P(f(\bar{x}_K) - f(x^*) \geqslant \varepsilon) \leqslant \frac{1}{\varepsilon}\mathbb{E}[f(\bar{x}_K) - f(x^*)] \to 0. \qquad \square$$

上面的定理只保证目标函数值是依概率收敛的, 下面将进行更加细致的分析, 给出其收敛速度.

定理 5.15(随机次梯度算法的收敛性 3) 在假设 5.4 的条件下, 进一步假设对于所有的随机次梯度 g, 有 $\|g\| \leqslant M$, 那么对任意的 $\varepsilon > 0$,

$$f(\bar{x}_K) - f(x^*) \leqslant \frac{R^2}{2K\alpha_K} + \frac{1}{2K}\sum_{k=1}^{K}\alpha_k M^2 + \frac{RM}{\sqrt{K}}\varepsilon \tag{5.5.27}$$

以大于等于 $1 - \mathrm{e}^{-\frac{1}{2}\varepsilon^2}$ 的概率成立, 其中步长列 $\{\alpha_k\}$ 是单调不增序列, $\bar{x}_K$ 的定义和定理 5.13 中的定义相同.

证明 令 $\bar{g}^k = \mathbb{E}[g^k|x^k]$, $\xi^k = g^k - \bar{g}^k$. 在引理 5.6 中, 由(5.5.21) 式的推导过程我们已经得到

$$f(x^k) - f(x^*) \leqslant \frac{1}{2\alpha_k}\|x^k - x^*\|^2 - \frac{1}{2\alpha_k}\|x^{k+1} - x^*\|^2 +$$

$$\frac{\alpha_k}{2}\|g^k\|^2 + \alpha_k\langle\xi^k, x^* - x^k\rangle.$$

两边对 k 求和, 并利用 $f(x)$ 的凸性与 α_k 的单调性就有

$$f(\bar{x}_K) - f(x^*) \leqslant \frac{1}{K}\sum_{k=1}^{K}f(x^k) - f(x^*)$$

$$\leqslant \frac{R^2}{2K\alpha_K} + \frac{1}{2K}\sum_{k=1}^{K}\alpha_k\|g^k\|^2 + \frac{1}{K}\sum_{k=1}^{K}\langle\xi^k, x^* - x^k\rangle$$

$$\leqslant \frac{R^2}{2K\alpha_K} + \frac{1}{2K}\sum_{k=1}^{K}\alpha_k M^2 + \frac{1}{K}\sum_{k=1}^{K}\langle\xi^k, x^* - x^k\rangle.$$

令 $\omega = \dfrac{R^2}{2K\alpha_K} + \dfrac{1}{2K}\displaystyle\sum_{k=1}^{K}\alpha_k M^2$, 得到

$$P(f(\bar{x}_K) - f(x^*) - \omega \geqslant t) \leqslant P\left(\frac{1}{K}\sum_{k=1}^{K}\langle\xi^k, x^* - x^k\rangle \geqslant t\right). \tag{5.5.28}$$

设 $Z^k = (x^1, x^2, \cdots, x^{k+1})$. 因为

$$\mathbb{E}[\xi^k|Z^{k-1}] = \mathbb{E}[\xi^k|x^k] = 0, \quad \mathbb{E}[x^k|Z^{k-1}] = x^k,$$

我们知道 $\langle\xi^k, x^* - x^k\rangle$ 是一个鞅差序列. 同时由

$$\|\xi^k\|_2 = \|g^k - \bar{g}^k\|_2 \leqslant 2M,$$

推出

$$|\langle\xi^k, x^* - x^k\rangle| \leqslant \|\xi^k\|\|x^* - x^k\|_2 \leqslant 2MR,$$

即 $\langle \xi^k, x^* - x^k \rangle$ 有界. 由 Azuma-Hoeffding 不等式就得到

$$P\left(\frac{1}{K} \sum_{k=1}^{K} \langle \xi^k, x^* - x^k \rangle \geqslant t \right) \leqslant \exp\left(-\frac{Kt^2}{2M^2R^2} \right).$$

将 $t = \dfrac{MR\varepsilon}{\sqrt{K}}$ 代入, 有

$$P\left(\frac{1}{K} \sum_{k=1}^{K} \langle \xi^k, x^* - x^k \rangle \geqslant \frac{MR\varepsilon}{\sqrt{K}} \right) \leqslant \exp\left(-\frac{\varepsilon^2}{2} \right).$$

结合 (5.5.28) 式, 定理得证. □

定理 5.15 给出随机次梯度算法的收敛性更加细致的刻画. 如果取 $\alpha_k = \dfrac{R}{\sqrt{k}M}$, 并令 $\delta = \mathrm{e}^{-\frac{1}{2}\varepsilon^2}$, 就有

$$P\left(f(\bar{x}_K) - f(x^*) \leqslant \frac{3RM}{2\sqrt{K}} + \frac{RM\sqrt{2\ln\frac{1}{\delta}}}{\sqrt{K}} \right) \geqslant 1 - \delta.$$

可以看到除一个很小的概率外, 函数值以 $\mathcal{O}\left(\dfrac{1}{\sqrt{K}} \right)$ 的速度收敛.

2. 可微强凸函数下随机梯度算法的收敛性

在前面的讨论中, 我们知道对一般凸优化问题而言, 随机梯度下降法的收敛速度是 $\mathcal{O}\left(\dfrac{1}{\sqrt{K}} \right)$. 如果 $f(x)$ 有更好的性质, 例如 $f(x)$ 是可微强凸函数, 随机梯度下降法的收敛速度会有改善吗? 下面将指出: 若 $f(x)$ 是可微强凸函数, 则随机梯度下降法的收敛速度可以提升到 $\mathcal{O}\left(\dfrac{1}{K} \right)$.

首先我们列出这一部分的统一假设.

假设 5.5 对问题(5.5.2) 使用迭代算法(5.5.4) 时,

(1) $f(x)$ 是可微函数, 每个 $f_i(x)$ 梯度存在;

(2) $f(x)$ 是梯度利普希茨连续的, 相应常数为 L;

(3) $f(x)$ 是强凸函数, 强凸参数为 μ;

(4) 随机梯度二阶矩是一致有界的, 即存在 M, 对任意的 $x \in \mathbb{R}^n$ 以及随机下标 s^k, 有

$$\mathbb{E}_{s_k}[\|\nabla f_{s_k}(x)\|^2] \leqslant M^2 < +\infty.$$

下面的定理将给出随机梯度算法在固定步长下的收敛性分析.

定理 5.16（随机梯度算法的收敛性） 在假设 5.5 的条件下, 定义 $\Delta_k = \|x^k - x^*\|$. 对固定的步长 $\alpha_k = \alpha,\ 0 < \alpha < \dfrac{1}{2\mu}$, 有

$$\mathbb{E}[f(x^{K+1}) - f(x^*)] \leqslant \frac{L}{2}\mathbb{E}[\Delta_{K+1}^2] \leqslant \frac{L}{2}\left[(1-2\alpha\mu)^K\Delta_1^2 + \frac{\alpha M^2}{2\mu}\right]. \tag{5.5.29}$$

证明 根据随机梯度算法的更新公式,

$$\begin{aligned}
\Delta_{k+1}^2 &= \|x^{k+1} - x^*\|^2 = \|x^k - \alpha_k\nabla f_{s_k}(x^k) - x^*\|^2 \\
&= \|x^k - x^*\|^2 - 2\alpha_k\langle\nabla f_{s_k}(x^k), x^k - x^*\rangle + \alpha_k^2\|\nabla f_{s_k}(x^k)\|^2 \\
&= \Delta_k^2 - 2\alpha_k\langle\nabla f_{s_k}(x^k), x^k - x^*\rangle + \alpha_k^2\|\nabla f_{s_k}(x^k)\|^2,
\end{aligned}$$

其中比较难处理的一项是 $\langle\nabla f_{s_k}(x^k), x^k - x^*\rangle$, 原因是 s_k 和 x^k 都具有随机性. 由条件期望的性质 $\mathbb{E}[X] = \mathbb{E}[\mathbb{E}[X|Y]]$, 有

$$\begin{aligned}
&\mathbb{E}_{s_1,s_2,\cdots,s_k}[\langle\nabla f_{s_k}(x^k), x^k - x^*\rangle] \\
&= \mathbb{E}_{s_1,s_2,\cdots,s_{k-1}}[\mathbb{E}_{s_k}[\langle\nabla f_{s_k}(x^k), x^k - x^*\rangle|s_1,\cdots,s_{k-1}]] \\
&= \mathbb{E}_{s_1,s_2,\cdots,s_{k-1}}[\langle\mathbb{E}_{s_k}[\nabla f_{s_k}(x^k)|s_1,s_2,\cdots,s_{k-1}], x^k - x^*\rangle] \\
&= \mathbb{E}_{s_1,s_2,\cdots,s_{k-1}}[\langle\nabla f(x^k), x^k - x^*\rangle] \\
&= \mathbb{E}_{s_1,s_2,\cdots,s_k}[\langle\nabla f(x^k), x^k - x^*\rangle].
\end{aligned}$$

推导过程利用了 x^k 仅仅和 $s_1, s_2, \cdots, s_{k-1}$ 有关, 因此固定 $s_1, s_2, \cdots, s_{k-1}$ 后 x^k 是一个常数. 我们通过取期望的方式, 将 $\nabla f_{s_k}(x^k)$ 替换成了 $\nabla f(x^k)$. 根据强凸函数的单调性,

$$\langle\nabla f(x^k), x^k - x^*\rangle = \langle\nabla f(x^k) - \nabla f(x^*), x^k - x^*\rangle \geqslant \mu\|x^k - x^*\|^2.$$

因此利用随机梯度二阶矩的一致有界性以及对 $\langle\nabla f(x^k), x^k - x^*\rangle$ 进行放缩可以得到

$$\mathbb{E}_{s_1,s_2,\cdots,s_k}[\Delta_{k+1}^2] \leqslant (1-2\alpha\mu)\mathbb{E}_{s_1,s_2,\cdots,s_k}[\Delta_k^2] + \alpha^2 M^2. \tag{5.5.30}$$

对 k 做归纳, 就得到

$$\mathbb{E}_{s_1,s_2,\cdots,s_K}[\Delta_{K+1}^2] \leqslant (1-2\alpha\mu)^K\Delta_1^2 + \sum_{i=0}^{K-1}(1-2\alpha\mu)^i\alpha^2 M^2. \tag{5.5.31}$$

由定理条件, $0 < 2\alpha\mu < 1$ 则,

$$\sum_{i=0}^{K-1}(1-2\alpha\mu)^i < \sum_{i=0}^{\infty}(1-2\alpha\mu)^i = \frac{1}{2\alpha\mu},$$

所以

$$\mathbb{E}_{s_1,s_2,\cdots,s_K}[\Delta_{K+1}^2] \leqslant (1-2\alpha\mu)^K \Delta_1^2 + \frac{\alpha M^2}{2\mu}. \tag{5.5.32}$$

注意, 证明进行到这一步并没有利用 $f(x)$ 梯度 L-利普希茨连续这一条件. 我们已经能够得到迭代点列在期望意义下的一些收敛结果. 若再利用梯度 L-利普希茨连续函数的二次上界 (2.2.3), 则可以得到

$$f(x^{K+1}) - f(x^*) \leqslant \langle \nabla f(x^*), x^{K+1} - x^* \rangle + \frac{L}{2}\|x^{K+1} - x^*\|^2.$$

利用 $\nabla f(x^*) = 0$ 并对上式左右两边取期望可得

$$\mathbb{E}[f(x^{K+1}) - f(x^*)] \leqslant \frac{L}{2}\mathbb{E}[\Delta_{K+1}^2] \leqslant \frac{L}{2}\left[(1-2\alpha\mu)^K \Delta_1^2 + \frac{\alpha M^2}{2\mu}\right].$$

此即目标函数值在期望的意义下的收敛结果. □

可以看到, 对于固定的步长, 算法不能保证收敛, 这是因为(5.5.32) 的右端有不随 K 变化的常数. 若设置递减的步长, 则收敛速度可以达到 $\mathcal{O}\left(\dfrac{1}{K}\right)$, 这个结论将在下面的定理中给出.

定理 5.17 (随机梯度算法的收敛速度[18]定理 4.7)   在定理 5.16 的结果中, 取递减的步长

$$\alpha_k = \frac{\beta}{k+\gamma},$$

其中 $\beta > \dfrac{1}{2\mu}$, $\gamma > 0$, 使得 $\alpha_1 \leqslant \dfrac{1}{2\mu}$, 那么对于任意的 $k \geqslant 1$, 都有

$$\mathbb{E}[f(x^k) - f(x^*)] \leqslant \frac{L}{2}\mathbb{E}[\Delta_k^2] \leqslant \frac{L}{2}\frac{v}{\gamma+k}, \tag{5.5.33}$$

这里 $v = \max\left\{\dfrac{\beta^2 M^2}{2\beta\mu-1}, (\gamma+1)\Delta_1^2\right\}$.

证明   定理 5.16 已经证明了

$$\mathbb{E}_{s_1,s_2,\cdots,s_k}[\Delta_{k+1}^2] \leqslant (1-2\alpha_k\mu)\mathbb{E}_{s_1,s_2,\cdots,s_k}[\Delta_k^2] + \alpha_k^2 M^2.$$

我们采用数学归纳法证明(5.5.33) 式. 当 $k = 1$ 时, 由 v 的定义知(5.5.33) 式成立. 现假设该式对 k 成立, 为了记号简便定义 $\hat{k} = \gamma + k$, 则 $\alpha_k = \dfrac{\beta}{\hat{k}}$. 由归纳假设,

$$\mathbb{E}[\Delta_{k+1}^2] \leqslant \left(1 - \frac{2\beta\mu}{\hat{k}}\right)\frac{v}{\hat{k}} + \frac{\beta^2 M^2}{\hat{k}^2}$$

$$= \frac{\hat{k} - 2\beta\mu}{\hat{k}^2}v + \frac{\beta^2 M^2}{\hat{k}^2}$$

$$
\begin{aligned}
&= \frac{\hat{k}-1}{\hat{k}^2}v - \frac{2\beta\mu-1}{\hat{k}^2}v + \frac{\beta^2 M^2}{\hat{k}^2} \\
&\leqslant \frac{v}{\hat{k}+1},
\end{aligned}
$$

最后一个不等式用到了 v 的定义. 所以 (5.5.33) 式对 $k+1$ 也成立. □

本小节分析了次梯度算法和梯度下降法的普通版本和随机版本的收敛速度, 它们的算法复杂度如表 5.1 所示. 这里复杂度是指计算梯度的次数, ε 代表希望达到的精度, N 表示样本数量. 对于普通梯度下降方法, 每一次迭代都需要计算 N 次梯度, 而随机算法只需要计算一次. 我们可以看到次梯度算法的普通版本和随机版本的收敛速度并没有差别, 而每步的计算量能大大降低. 但是在可微光滑和强凸情形下, 随机梯度算法的收敛速度要慢于梯度算法. 下一小节将讨论产生这一差别的原因, 并介绍方差减小技术来改进它.

表 5.1　梯度下降法的算法复杂度

算法	f 凸 (次梯度算法)	f 可微强凸	f 可微强凸且 L-光滑
随机算法	$\mathcal{O}\left(\dfrac{1}{\varepsilon^2}\right)$	$\mathcal{O}\left(\dfrac{1}{\varepsilon}\right)$	$\mathcal{O}\left(\dfrac{1}{\varepsilon}\right)$
普通算法	$\mathcal{O}\left(\dfrac{N}{\varepsilon^2}\right)$	$\mathcal{O}\left(\dfrac{N}{\varepsilon}\right)$	$\mathcal{O}\left(N\ln\left(\dfrac{1}{\varepsilon}\right)\right)$

5.5.4　方差减小技术

上一小节证明了在次梯度情形以及 $f(x)$ 可微强凸的条件下, 随机梯度方法的算法复杂度要小于普通的梯度法. 但是我们也发现随机方法容易受到梯度估计噪声的影响, 这使得它在固定步长下不能收敛, 并且在递减步长下也只能达到 R-次线性收敛 $\mathcal{O}\left(\dfrac{1}{k}\right)$, 而普通梯度法在强凸且梯度 L-利普希茨连续的条件下可以达到 Q-线性收敛速度. 下面分析这两种算法的主要区别.

在假设 5.5 的条件下, 对梯度下降法有

$$
\begin{aligned}
\Delta_{k+1}^2 &= \|x^{k+1}-x^*\|^2 = \|x^k - \alpha\nabla f(x^k) - x^*\|^2 \\
&= \Delta_k^2 - 2\alpha\langle\nabla f(x^k), x^k - x^*\rangle + \alpha^2\|\nabla f(x^k)\|^2 \\
&\leqslant (1-2\alpha\mu)\Delta_k^2 + \alpha^2\|\nabla f(x^k)\|_2^2 \qquad (\mu\text{-强凸}) \\
&\leqslant (1-2\alpha\mu+\alpha^2 L^2)\Delta_k^2. \qquad (L\text{-光滑})
\end{aligned}
\tag{5.5.34}
$$

对随机梯度下降法, 利用条件期望的性质 (具体细节读者可自行验证) 有

$$\mathbb{E}[\Delta_{k+1}^2] = \mathbb{E}[\|x^{k+1} - x^*\|_2^2] = \mathbb{E}[\|x^k - \alpha \nabla f_{s_k}(x^k) - x^*\|]^2$$

$$= \mathbb{E}[\Delta_k^2] - 2\alpha \mathbb{E}[\langle \nabla f_{s_k}(x^k), x^k - x^* \rangle] + \alpha^2 \mathbb{E}[\|\nabla f_{s_k}(x^k)\|^2]$$

$$= \mathbb{E}[\Delta_k^2] - 2\alpha \mathbb{E}[\langle \nabla f(x^k), x^k - x^* \rangle] + \alpha^2 \mathbb{E}[\|\nabla f_{s_k}(x^k)\|^2]$$

$$\leqslant (1 - 2\alpha\mu)\mathbb{E}[\Delta_k^2] + \alpha^2 \mathbb{E}[\|\nabla f_{s_k}(x^k)\|^2] \qquad (\mu\text{-强凸})$$

$$= (1 - 2\alpha\mu)\mathbb{E}[\Delta_k^2] + \alpha^2 \mathbb{E}[\|\nabla f_{s_k}(x^k) - \nabla f(x^k) + \nabla f(x^k)\|^2]$$

$$\leqslant (1 - 2\alpha\mu + \alpha^2 L^2)\mathbb{E}[\Delta_k^2] + \alpha^2 \mathbb{E}[\|\nabla f_{s_k}(x^k) - \nabla f(x^k)\|^2],$$

也即

$$\mathbb{E}[\Delta_{k+1}^2] \leqslant \underbrace{(1 - 2\alpha\mu + \alpha^2 L^2)\mathbb{E}[\Delta_k^2]}_{A} + \underbrace{\alpha^2 \mathbb{E}[\|\nabla f_{s_k}(x^k) - \nabla f(x^k)\|^2]}_{B}. \tag{5.5.35}$$

从上面的分析中可以看到两种算法的主要差别就在 B 项上, 也就是梯度估计的某种方差. 它导致了随机梯度算法只能有 $\mathcal{O}\left(\dfrac{1}{k}\right)$ 的收敛速度. 但是在许多机器学习的应用中, 随机梯度算法的真实的收敛速度可能会更快一些. 这主要是因为许多应用对解的精度要求并没有太高, 而在开始部分方差较小, 即有 $B \ll A$, 那么我们会观察到近似 Q-线性收敛速度; 而随着迭代步数增多, 方差逐渐增大, 算法最终的收敛速度为 $\mathcal{O}\left(\dfrac{1}{k}\right)$. 所以为了能获得比较快的渐近收敛速度, 我们的主要目标就是减少方差项 B 来加快随机梯度算法的收敛速度. 下面将要介绍三种减小方差的算法:

- SAG (stochastic average gradient)
- SAGA[①]
- SVRG (stochastic variance reduced gradient)

相对于普通的随机梯度算法使用更多的样本点, 这些算法的基本思想都是通过利用之前计算得到的信息来减小方差, 最终获得 Q-线性收敛速度.

1. SAG 算法和 SAGA 算法

在随机梯度下降法中, 每一步迭代仅仅使用了当前点的随机梯度, 而迭代计算的历史随机梯度则直接丢弃不再使用. 当迭代接近收敛时, 上一步的随机梯度同样也是当前迭代点处梯度的一个很好的估计. 随机平均梯度法 (SAG) 就是基于这一想法构造的. 在迭代中, SAG 算法记录所有之前计算过的随机梯度, 再与当前新计算的随机梯度求平均, 最终作为下一步的梯度估计. 具体来说, SAG 算法在内存中开辟了存储 N 个随机梯度的空间

$$[g_1^k, g_2^k, \cdots, g_N^k],$$

---

① 和 SAG 算法不同, SAGA 算法名字本身并不是四个英文单词的缩写.

分别用于记录和第 i 个样本相关的最新的随机梯度. 在第 k 步更新时, 若抽取的样本点下标为 s_k, 则计算随机梯度后将 $g_{s_k}^k$ 的值更新为当前的随机梯度值, 而其他未抽取到的下标对应的 g_i^k 保持不变. 每次 SAG 算法更新使用的梯度方向是所有 g_i^k 的平均值. 它的数学迭代格式为

$$x^{k+1} = x^k - \frac{\alpha_k}{N} \sum_{i=1}^{N} g_i^k, \tag{5.5.36}$$

其中 g_i^k 的更新方式为

$$g_i^k = \begin{cases} \nabla f_{s_k}(x^k), & i = s_k, \\ g_i^{k-1}, & \text{其他,} \end{cases} \tag{5.5.37}$$

这里 s_k 是第 k 次迭代随机抽取的样本. 由 g_i^k 的更新方式不难发现, 每次迭代时只有一个 g_i^k 的内容发生了改变, 而其他的 g_i^k 是直接沿用上一步的值. 因此 SAG 迭代公式还可以写成

$$x^{k+1} = x^k - \alpha_k \left(\frac{1}{N} (\nabla f_{s_k}(x^k) - g_{s_k}^{k-1}) + \frac{1}{N} \sum_{i=1}^{N} g_i^{k-1} \right), \tag{5.5.38}$$

其中 g_i^k 的更新方式如(5.5.37) 式. 在 SAG 算法中 $\{g_i^k\}$ 的初值可简单地取为零向量或中心化的随机梯度向量, 我们不加证明地指出, SAG 算法每次使用的随机梯度的条件期望并不是真实梯度 $\nabla f(x^k)$, 但随着迭代进行, 随机梯度的期望和真实梯度的偏差会越来越小.

接下来直接给出 SAG 算法的收敛性分析.

定理 5.18（SAG 算法的收敛性 [128]） 在假设 5.5 的条件下, 取固定步长 $\alpha_k = \frac{1}{16L}$, g_i^k 的初值取为零向量, 则对任意的 k, 我们有

$$\mathbb{E}[f(x^k)] - f(x^*) \leqslant \left(1 - \min \left\{ \frac{\mu}{16L}, \frac{1}{8N} \right\} \right)^k C_0,$$

其中常数 C_0 为与 k 无关的常数.

上述定理表明 SAG 算法确实有 Q-线性收敛速度. 但是 SAG 算法的缺点在于需要存储 N 个梯度向量, 当样本量 N 很大时, 这无疑是一个很大的开销. 因此 SAG 算法在实际中很少使用, 它的主要价值在于算法的思想. 很多其他实用算法都是根据 SAG 算法变形而来的.

SAGA 算法是 SAG 算法的一个修正. 我们知道 SAG 算法每一步的随机梯度的条件期望并不是真实梯度, 这其实是一个缺陷. SAGA 算法则使用无偏的梯度向量作为更新方向, 它的迭代方式为

$$x^{k+1} = x^k - \alpha_k \left(\nabla f_{s_k}(x^k) - g_{s_k}^{k-1} + \frac{1}{N} \sum_{i=1}^{N} g_i^{k-1} \right). \tag{5.5.39}$$

对比 (5.5.38) 式可以发现, SAGA 算法去掉了 $\nabla f_{s_k}(x^k) - g_{s_k}^{k-1}$ 前面的系数 $\dfrac{1}{N}$. 可以证明每次迭代使用的梯度方向都是无偏的, 即

$$\mathbb{E}\left[\nabla f_{s_k}(x^k) - g_{s_k}^{k-1} + \frac{1}{N}\sum_{i=1}^{N} g_i^{k-1} \ \Big|\ x^k\right] = \nabla f(x^k).$$

SAGA 算法同样有 Q-线性收敛速度, 实际上我们有如下结果:

定理 5.19（SAGA 算法的收敛性[38]） 在假设 5.5 的条件下, 取固定步长 $\alpha_k = \dfrac{1}{2(\mu N + L)}$. 定义 $\Delta_k = \|x^k - x^*\|$, 则对任意的 $k \geqslant 1$ 有

$$\mathbb{E}[\Delta_k^2] \leqslant \left(1 - \frac{\mu}{2(\mu N + L)}\right)^k \left(\Delta_1^2 + \frac{N(f(x^1) - f(x^*))}{\mu N + L}\right). \tag{5.5.40}$$

如果强凸的参数 μ 是未知的, 也可以取 $\alpha = \dfrac{1}{3L}$, 此时有类似的收敛结果.

2. SVRG 算法

与 SAG 算法和 SAGA 算法不同, SVRG 算法通过周期性缓存全梯度的方法来减小方差. 具体做法是在随机梯度下降方法中, 每经过 m 次迭代就设置一个检查点, 计算一次全梯度, 在之后的 m 次迭代中, 将这个全梯度作为参考点来达到减小方差的目的. 令 $\tilde{x}^j$ 是第 j 个检查点, 则我们需要计算点 $\tilde{x}^j$ 处的全梯度

$$\nabla f(\tilde{x}^j) = \frac{1}{N}\sum_{i=1}^{N} \nabla f_i(\tilde{x}^j),$$

在之后的迭代中使用方向 v^k 作为更新方向:

$$v^k = \nabla f_{s_k}(x^k) - (\nabla f_{s_k}(\tilde{x}^j) - \nabla f(\tilde{x}^j)), \tag{5.5.41}$$

其中 $s_k \in \{1, 2, \cdots, N\}$ 是随机选取的一个样本. 注意到给定 $s_1, s_2, \cdots, s_{k-1}$ 时 $x^k, \tilde{x}^j$ 均为定值, 由 v^k 的表达式可知

$$\mathbb{E}[v^k | s_1, s_2, \cdots, s_{k-1}] = \mathbb{E}[\nabla f_{s_k}(x^k) | x^k] - \mathbb{E}[\nabla f_{s_k}(\tilde{x}^j) - \nabla f(\tilde{x}^j) | s_1, s_2, \cdots, s_{k-1}]$$

$$= \nabla f(x^k) - 0 = \nabla f(x^k),$$

即 v^k 在条件期望的意义下是 $\nabla f(x^k)$ 的一个无偏估计. 公式 (5.5.41) 有简单的直观理解. 事实上, 我们希望用 $\nabla f_{s_k}(\tilde{x}^j)$ 去估计 $\nabla f(\tilde{x}^j)$, 那么 $\nabla f_{s_k}(\tilde{x}^j) - \nabla f(\tilde{x}^j)$ 就可以看作梯度估计的误差, 所以在每一步随机梯度迭代用该项来对 $\nabla f_{s_k}(x^k)$ 做一个校正.

接下来分析方差, 并通过数学的方法说明为什么选取参考点会使得估计的方差变小. 这里需要作一个额外的假设

$$\|\nabla f_i(x) - \nabla f_i(y)\| \leqslant L\|x - y\|, \quad i = 1, 2, \cdots, N,$$

也即 $f(x)$ 的每一个子函数都是梯度 L-利普希茨连续的. 为记号方便, 令 $y = \tilde{x}^j$, x^* 为 $f(x)$ 的最小值点, $\Delta_k = \|x^k - x^*\|$ 为 x^k 与 x^* 的距离, 则

$$\mathbb{E}\left[\|v^k\|^2\right] = \mathbb{E}\left[\|\nabla f_{s_k}(x^k) - (\nabla f_{s_k}(y) - \nabla f(y))\|^2\right]$$

$$= \mathbb{E}\left[\|\nabla f_{s_k}(x^k) - \nabla f_{s_k}(y) + \nabla f(y) + \nabla f_{s_k}(x^*) - \nabla f_{s_k}(x^*)\|^2\right]$$

$$\leqslant 2\mathbb{E}\left[\|\nabla f_{s_k}(x^k) - \nabla f_{s_k}(x^*)\|^2\right] + 2\mathbb{E}\left[\|\nabla f_{s_k}(y) - \nabla f(y) - \nabla f_{s_k}(x^*)\|^2\right] \quad (5.5.42)$$

$$\leqslant 2L^2\mathbb{E}\left[\Delta_k^2\right] + 2\mathbb{E}\left[\|\nabla f_{s_k}(y) - \nabla f_{s_k}(x^*)\|^2\right]$$

$$\leqslant 2L^2\mathbb{E}\left[\Delta_k^2\right] + 2L^2\mathbb{E}\left[\|y - x^*\|^2\right].$$

其中第一个不等式是因为 $\|a+b\|^2 \leqslant 2\|a\|^2 + 2\|b\|^2$, 第二个不等式使用了有关二阶矩的不等式

$$\mathbb{E}\left[\|\xi - \mathbb{E}\xi\|^2\right] \leqslant \mathbb{E}\left[\|\xi\|^2\right].$$

从上面的不等式可以看出, 如果 x^k 和 y 非常接近 x^*, 梯度估计的方差就很小. 显然频繁地更新 y 可以使得方差更小, 但是这样同时也增加了计算全梯度的次数.

算法 5.16 给出了完整的 SVRG 算法, 注意, 为了之后推导收敛性的方便, 我们将 SVRG 算法写成了二重循环的形式. 在 SVRG 方法中, 只给出了 $\tilde{x}^j$ 的一种更新方法, 实际上 $\tilde{x}^j$ 可以有其他的选法, 例如随机选取前 m 步的 x^k 中的一个. 与 SAG 算法和 SAGA 算法不同, SVRG 算法不需要分配存储空间来记录 N 个梯度向量, 但它的代价在于每 m 步都要计算一次全梯度, 在每次迭代的时候也需要多计算一个梯度 $\nabla f_{s_k}(\tilde{x}^j)$.

算法 5.16　SVRG 算法

1: 给定 $\tilde{x}^0$, 步长 α, 更新次数 m.
2: 计算全梯度 $\nabla f(x^0)$.
3: **for** $j = 1, 2, \cdots, J$ **do**
4:　赋值 $y = \tilde{x}^{j-1}$, $x^1 = \tilde{x}^{j-1}$.
5:　计算全梯度 $\nabla f(y)$.
6:　**for** $k = 1, 2, \cdots, m$ **do**
7:　　随机选取 $s_k \in \{1, 2, \cdots, N\}$.
8:　　计算 $v^k = \nabla f_{s_k}(x^k) - (\nabla f_{s_k}(y) - \nabla f(y))$.
9:　　更新 $x^{k+1} = x^k - \alpha v^k$.
10:　**end for**
11:　计算参考点 $\tilde{x}^j = \dfrac{1}{m}\sum_{i=1}^m x^i$.
12: **end for**

下面分析 SVRG 算法的收敛性. 这里的收敛性是针对参考点序列 $\{\tilde{x}^j\}$ 而言的.

定理 5.20（SVRG 算法的收敛性 [75]） 设每个 $f_i(x)$ 是可微凸函数, 且梯度为 L-利普希茨连续的, 函数 $f(x)$ 是强凸的, 强凸参数为 μ. 在算法 5.16 中取步长 $\alpha \in \left(0, \dfrac{1}{2L}\right]$, 并且 m 充分大使得

$$\rho = \frac{1}{\mu\alpha(1-2L\alpha)m} + \frac{2L\alpha}{1-2L\alpha} < 1, \tag{5.5.43}$$

那么 SVRG 算法对于参考点 $\tilde{x}^j$ 在函数值期望的意义下有 Q-线性收敛速度:

$$\mathbb{E}[f(\tilde{x}^j) - f(x^*)] \leqslant \rho\mathbb{E}[f(\tilde{x}^{j-1}) - f(x^*)]. \tag{5.5.44}$$

证明 定义 $\Delta_k = \|x^k - x^*\|$ 为 x^k 与最优解 x^* 的距离, 与之前的误差分析类似, 对算法 5.16 的内层循环 (固定 j) 进行分析可以得到

$$
\begin{aligned}
\mathbb{E}\left[\Delta_{k+1}^2\right] &= \mathbb{E}\left[\|x^{k+1} - x^*\|^2\right] = \mathbb{E}\left[\|x^k - \alpha v^k - x^*\|^2\right] \\
&= \mathbb{E}\left[\Delta_k^2\right] - 2\alpha\mathbb{E}\left[\langle v^k, x^k - x^*\rangle\right] + \alpha^2\mathbb{E}\left[\|v^k\|^2\right] \\
&= \mathbb{E}\left[\Delta_k^2\right] - 2\alpha\mathbb{E}\left[\langle\nabla f(x^k), x^k - x^*\rangle\right] + \alpha^2\mathbb{E}\left[\|v^k\|^2\right] \\
&\leqslant \mathbb{E}\left[\Delta_k^2\right] - 2\alpha\mathbb{E}\left[(f(x^k) - f(x^*))\right] + \alpha^2\mathbb{E}\left[\|v^k\|^2\right].
\end{aligned}
$$

接下来构造辅助函数

$$\phi_i(x) = f_i(x) - f_i(x^*) - \nabla f_i(x^*)(x - x^*),$$

注意到 $\phi_i(x)$ 也是凸函数且梯度 L-利普希茨连续, 根据推论 2.1 的结论, 我们有

$$\frac{1}{2L}\|\nabla\phi_i(x)\|^2 \leqslant \phi_i(x) - \phi_i(x^*).$$

展开 $\phi_i(x)$ 与 $\nabla\phi_i(x)$ 的表达式可得

$$\|\nabla f_i(x) - \nabla f_i(x^*)\|^2 \leqslant 2L[f_i(x) - f_i(x^*) - \nabla f_i(x^*)^{\mathrm{T}}(x - x^*)].$$

对 i 从 1 到 N 进行求和, 注意 $\nabla f(x^*) = 0$, 就得到

$$\frac{1}{N}\sum_{i=1}^{N}\|\nabla f_i(x) - \nabla f_i(x^*)\|^2 \leqslant 2L[f(x) - f(x^*)], \quad \forall\, x. \tag{5.5.45}$$

利用(5.5.42) 式的推导过程容易推出 v^k 二阶矩的上界表达式

$$\mathbb{E}\left[\|v^k\|^2\right] \leqslant 2\mathbb{E}\left[\|\nabla f_{s_k}(x^k) - \nabla f_{s_k}(x^*)\|^2\right] + 2\mathbb{E}\left[\|\nabla f_{s_k}(\tilde{x}^{j-1}) - \nabla f_{s_k}(x^*)\|^2\right].$$

对上式右侧第一项, 我们有

$$\mathbb{E}[\|\nabla f_{s_k}(x^k) - \nabla f_{s_k}(x^*)\|^2]$$

$$=\mathbb{E}[\mathbb{E}[\|\nabla f_{s_k}(x^k) - \nabla f_{s_k}(x^*)\|^2 | s_1, s_2, \cdots, s_{k-1}]]$$

$$=\mathbb{E}\left[\frac{1}{N}\sum_{i=1}^{N}\|\nabla f_i(x^k) - \nabla f_i(x^*)\|^2\right]$$

$$\leqslant 2L\mathbb{E}[f(x^k) - f(x^*)],$$

这里第二个等式直接利用求期望的公式, 最后的不等式利用了不等式(5.5.45). 类似地, 对右侧第二项, 我们有

$$\mathbb{E}[\|\nabla f_{s_k}(\tilde{x}^{j-1}) - \nabla f_{s_k}(x^*)\|^2] \leqslant 2L\mathbb{E}[f(\tilde{x}^{j-1}) - f(x^*)].$$

最终可得对 $\mathbb{E}[\|v^k\|^2]$ 的估计:

$$\mathbb{E}[\|v^k\|^2] \leqslant 4L(\mathbb{E}[f(x^k) - f(x^*)] + \mathbb{E}[f(\tilde{x}^{j-1}) - f(x^*)]).$$

将 $\mathbb{E}[\|v^k\|^2]$ 的上界代入对 $\mathbb{E}[\Delta_{k+1}^2]$ 的估计, 就有

$$\mathbb{E}\left[\Delta_{k+1}^2\right] \leqslant \mathbb{E}\left[\Delta_k^2\right] - 2\alpha\mathbb{E}\left[f(x^k) - f(x^*)\right] + \alpha^2\mathbb{E}\left[\|v^k\|^2\right]$$

$$\leqslant \mathbb{E}\left[\Delta_k^2\right] - 2\alpha(1 - 2\alpha L)\mathbb{E}\left[f(x^k) - f(x^*)\right] +$$

$$4L\alpha^2\mathbb{E}[f(\tilde{x}^{j-1}) - f(x^*)].$$

对 k 从 1 到 m 求和, 并且注意到 $x^1 = \tilde{x}^{j-1}$ 就可以得到

$$\mathbb{E}\left[\Delta_{m+1}^2\right] + 2\alpha(1 - 2\alpha L)\sum_{k=1}^{m}\mathbb{E}\left[f(x^k) - f(x^*)\right]$$

$$\leqslant \mathbb{E}\left[\|\tilde{x}^{j-1} - x^*\|^2\right] + 4L\alpha^2 m\mathbb{E}[f(\tilde{x}^{j-1}) - f(x^*)]$$

$$\leqslant \frac{2}{\mu}\mathbb{E}[f(\tilde{x}^{j-1}) - f(x^*)] + 4L\alpha^2 m\mathbb{E}[f(\tilde{x}^{j-1}) - f(x^*)],$$

其中最后一个不等式利用了 $f(x)$ 强凸的性质.

注意到 $\tilde{x}^j = \dfrac{1}{m}\sum_{k=1}^{m} x^k$, 所以

$$\mathbb{E}[f(\tilde{x}^j) - f(x^*)]$$

$$\leqslant \frac{1}{m}\sum_{k=1}^{m}\mathbb{E}[f(x^k) - f(x^*)]$$

$$\leqslant \frac{1}{2\alpha(1 - 2\alpha L)m}\left(\frac{2}{\mu} + 4mL\alpha^2\right)\mathbb{E}[f(\tilde{x}^{j-1}) - f(x^*)]$$

$$=\rho\mathbb{E}[f(\tilde{x}^{j-1}) - f(x^*)]. \qquad \square$$

5.6 总结

本章介绍了众多求解复合优化问题的算法, 这些算法可以应用到常见的大部分凸优化问题上. 针对非凸问题, 适用的算法有近似点梯度法、分块坐标下降法、交替方向乘子法以及随机优化算法. Nesterov 加速算法和近似点算法在经过合适变形后也可推广到一些非凸问题上. 由于在非凸情形下原始问题和对偶问题之间可能缺乏明显的关系, 对偶算法应用在此类问题上比较困难. 读者需要在应用算法之前判断优化问题的种类, 之后选择合适的算法求解.

近似点梯度法是解决非光滑、无约束、规模较大问题的常用算法. 通常情况下它能利用问题的结构, 有着比次梯度法更好的表现. 有关近似点梯度法更进一步的讨论我们推荐读者阅读文献 [106]. 近似点梯度算法还有一些变形, 比如镜像下降算法[9], 条件梯度算法[50,73], 惯性近似点梯度法[103], 有兴趣的读者可以自行了解. 近似点算法可以理解成一种特殊的近似点梯度算法, 也可以理解成次梯度算法的隐式格式. 同时, 近似点算法与增广拉格朗日函数法有着非常密切的关系, 由于其等价性, 增广拉格朗日函数法可以视作 (次) 梯度算法隐式格式的一种实现方式.

Nesterov 加速算法能够对近似点梯度算法进行加速, 对于凸复合优化问题目标函数的收敛速度能够从 $\mathcal{O}\left(\frac{1}{k}\right)$ 提高到 $\mathcal{O}\left(\frac{1}{k^2}\right)$. 但 Nesterov 算法最初是如何构造出来的并没有一个很直观的解释, 人们只能将这一贡献归功于 Nesterov 本人强大的数学推导能力. 直观理解 Nesterov 加速算法的本质是一个很有意思的课题, 例如, 文献 [132] 的作者提出使用微分方程的观点来解释 Nesterov 加速算法. 通过理解 Nesterov 加速算法的背后原理, 人们或许能够构造出其他非平凡的加速算法. 本章主要给出了常用的一些 Nesterov 加速算法, 有关 FISTA 算法的部分参考了文献 [10,11], 第二类 Nesterov 加速算法在文献 [98] 中提出, 第三类 Nesterov 加速算法可参考文献 [13,97]. 值得注意的是, 这些加速算法框架同样可以应用到非凸的复合优化问题中, 文献 [53–55] 给出了非凸函数情形下的收敛性分析. 更多有关加速算法的结果可参考文献 [99,100,142].

除 Nesterov 加速算法外, 实际上还有很多其他类型的加速算法. 例如深度学习中的动量算法[110,135] 以及在很多领域广泛应用的安德森加速算法[3,143], 有兴趣的读者可以自己了解相关内容.

分块坐标下降法的历史可以追溯到 1960 年之前, 它由于算法结构简单且易于实现而受到一些应用数学家的关注. 然而当时分块坐标下降法并不是一个很流行的算法, 由于其过于简单、收敛速度缓慢, 人们的研究重点大多在其他有较快收敛速度的算法上. 分块坐标下降法的复兴主要是由统计学习和机器学习推动的, 这些问题的特点是自变量维数高, 而且不需要求解太精确, 因此分块坐标下降法非常适用于处理大规模问题. 有关收敛性方面的结论也是非常多, 早在 1963 年, 文献 [145] 就给出了格式 (5.3.3) 对凸函数的收敛结果, 之后文献 [87, 141] 对凸函数的收敛性做了进一步改善. 对一类特殊函数, 文献 [4, 63] 给出了格式(5.3.4) 的收敛性结果. 在分块坐标下降算法中, 每个变量块更新的顺序对算法的表现有很大影响, 常用的做法是循环更新、随机更新以及选取梯度模长最大的分量更新等, 随机更新的分块坐标下降法还可衍生出异步并行算法, 详见文献 [12, 83, 84, 121]. 其他的一些有关分块坐标下降法的综述可参考文献 [148].

早期的交替方向乘子法可以参考 1975 年左右针对变分问题提出的算法 [52, 58], 其在 21 世纪初产生了大量的相关应用. 因为其结构简单、易于实现, 交替方向乘子法很快受到人们的青睐. 但该方法本身也具有一定的缺陷, 例如正文给出了多块变量的交替方向乘子法的反例, 该反例来自文献 [32]. 为了解决这一问题, 人们提出 RP-ADMM[133], 即如果每一轮迭代的乘子更新前随机独立地改变多块变量的更新顺序, 那么这种算法在求解上述问题时在期望意义下收敛. 此后 RP-ADMM 被拓展到不可分的多块凸优化问题上 [33]. 正文还提到交替方向乘子法在一般情况下每一步可能不是良定义的, 因此人们提出了近似点交替方向乘子法[44], 即在更新 x_1 与 x_2 子问题目标函数中再添加正定二次项. 近几十年也有许多文献对交替方向乘子法的收敛性有进一步讨论, 读者可参考文献 [40, 68, 70, 71].

随机优化的早期研究可参考 1951 年的 Monro-Robbins 算法[122]. 最近一些年, 随着大数据和深度学习等相关领域的发展, 随机优化算法受到了人们的大量关注和研究. 我们这里介绍了无约束光滑优化问题的随机梯度法以及相应的方差减少和加速技术. 除了梯度方法外, 人们也研究了随机拟牛顿法 [17, 24, 95, 150] 和带有子采样的牛顿法[14, 22, 23, 92, 108, 151]. 对于目标函数中带有非光滑项的情形, 也有相应的随机近似点梯度类算法, 见文献 [129, 149]. 对于约束优化问题 (例如随机主成分分析) 的随机梯度法, 感兴趣的读者可以参考文献 [74, 159].

本章的部分内容基于 Lieven Vandenberghe 教授的课件编写, 包含近似点梯度法、Nesterov 加速算法、近似点算法、对偶分解算法、交替方向乘子法. 分块坐标下降法结构叙述主要参考了文献 [152], 相关的收敛性分析主要参考了文献 [16]. Chambolle-Pock 算法的收敛性编写参考了文献 [30]. 交替方向乘子法方面的内容同时参考了印卧涛教授的课件, 相关的收敛性分析主要参考了文献 [34].

习题 5

5.1 证明例 5.1 中的 (3)(4) 的邻近算子的形式.

5.2 证明例 5.2 中的运算法则成立.

5.3 求下列函数的邻近算子:

(a) $f(x) = I_C(x)$, 其中 $C = \{(x, t) \in \mathbb{R}^{n+1} | \|x\|_2 \leqslant t\}$;

(b) $f(x) = \inf_{y \in C} \|x - y\|$, 其中 C 是闭凸集;

(c) $f(x) = \dfrac{1}{2} \big(\inf_{y \in C} \|x - y\| \big)^2$, 其中 C 是闭凸集.

5.4 对矩阵函数我们也可类似地定义邻近算子, 只需将向量版本中的 ℓ_2 范数替换为 F 范数, 即

$$\mathrm{prox}_f(X) = \mathop{\arg\min}_{U \in \mathbf{dom}\, f} f(U) + \frac{1}{2} \|U - X\|_F^2.$$

试求出如下函数的邻近算子表达式:

(a) $f(U) = \|U\|_1$, 其中 $\mathbf{dom}\, f = \mathbb{R}^{m \times n}$;

(b) $f(U) = -\ln\det(U)$, 其中 $\mathbf{dom}\, f = \{U \mid U \succ 0\}$, 这里邻近算子的自变量 X 为对称矩阵 (不一定正定);

(c) $f(U) = I_C(U)$, 其中 $C = \{U \in \mathcal{S}^n \mid U \succeq 0\}$;

(d) $f(U) = \|U\|_*$, 其中 $\mathbf{dom}\, f = \mathbb{R}^{m \times n}$.

5.5 对一般复合优化问题的加速算法 (算法 5.9), 试证明:

(a) 当 $t_k = \gamma_k \lambda_k$ 且 $h(x) = 0$ 时, 算法 5.9 等价于第二类 Nesterov 加速算法;

(b) 当 $t_k = \lambda_k$ 时, 算法 5.9 等价于近似点梯度法.

5.6 假设 f 是闭凸函数, 证明 Moreau 分解的成立, 即

$$x = \mathrm{prox}_f(x) + \mathrm{prox}_{f^*}(x) \quad \forall x.$$

5.7 假设 f 是闭凸函数, 证明 Moreau 分解的推广成立, 即对任意的 $\lambda > 0$ 有

$$x = \mathrm{prox}_{\lambda f}(x) + \lambda \, \mathrm{prox}_{\lambda^{-1} f^*} \left(\frac{x}{\lambda} \right) \quad \forall x.$$

(提示: 利用 Moreau 分解的结论.)

5.8 写出关于 LASSO 问题的鞍点问题形式, 并写出原始–对偶混合梯度算法和 Chambolle-Pock 算法.

5.9 设函数 $f(x_1, x_2) = |x_1 - x_2| - \min\{x_1, x_2\}$, 其定义域为 $[0, 1] \times [0, 1]$. 试推导基于格式(5.3.3)的分块坐标下降法 (x_1 和 x_2 分别看做一个变量块), 此算法是否收敛?

5.10 试对分组 LASSO 问题 (即例 5.5) 推导出基于格式(5.3.4)的分块坐标下降法.

5.11 考虑最大割问题的非凸松弛

$$\begin{aligned}
\min \quad & \langle C, V^T V \rangle, \\
\text{s.t.} \quad & \|v_i\| = 1, \; i = 1, 2, \cdots, n, \\
& V = [v_1, v_2, \cdots, v_n] \in \mathbb{R}^{p \times n}.
\end{aligned}$$

仿照算法 5.12 的构造过程, 推导出使用格式(5.3.4) 的分块坐标下降法.

5.12 考虑约束优化问题

$$\min \quad \max\{e^{-x} + y, y^2\}, \quad \text{s.t.} \quad y \geqslant 2,$$

其中 $x, y \in \mathbb{R}$ 为自变量.

(a) 通过引入松弛变量 z, 试说明该问题等价于

$$\min \quad \max\{e^{-x} + y, y^2\} + I_{\mathbb{R}_+}(z), \quad \text{s.t.} \quad y - z = 2;$$

(b) 推导 (a) 中问题的对偶问题, 并求出原始问题的最优解;

(c) 对 (a) 中的问题形式, 使用 ADMM 求解时可能会遇到什么问题?

5.13 写出对于线性规划对偶问题运用 ADMM 的迭代格式, 以及与之等价的对于原始问题的 DRS 格式, 并指出 ADMM 和 DRS 算法更新变量之间的关系.

5.14 相关系数矩阵逼近问题的定义为

$$\begin{aligned}
\min \quad & \frac{1}{2}\|X - G\|_F^2, \\
\text{s.t.} \quad & X_{ii} = 1, \quad i = 1, 2, \cdots, n, \\
& X \succeq 0.
\end{aligned}$$

其中自变量 X 取值于对称矩阵空间 $\mathcal{S}^n$, G 为给定的实对称矩阵. 这个问题在金融领域中有重要的应用. 由于误差等因素, 根据实际观测得到的相关系数矩阵的估计 G 往往不具有相关系数矩阵的性质 (如对角线为 1, 正定性), 我们的最终目标是找到一个和 G 最接近的相关系数矩阵 X. 试给出满足如下要求的算法:

(a) 对偶近似点梯度法, 并给出化简后的迭代公式;

(b) 针对原始问题的 ADMM , 并给出每个子问题的显式解.

5.15 鲁棒主成分分析问题是将一个已知矩阵 M 分解成一个低秩部分 L 和一个稀疏部分 S 的和, 即求解如下优化问题:

$$\min \quad \|L\|_* + \lambda\|S\|_1, \quad \text{s.t.} \quad L + S = M,$$

其中 L, S 均为自变量. 写出求解鲁棒主成分分析问题的 ADMM 格式, 并说明如何求解每个子问题. (提示: 可以利用习题 **5.4** 的结论.)

5.16 考虑 ℓ_0 范数优化问题的罚函数形式:

$$\min \quad \lambda\|x\|_0 + \frac{1}{2}\|Ax - b\|^2,$$

其中 $A \in \mathbb{R}^{m \times n}(m < n)$ 为实矩阵, $\|\cdot\|_0$ 为 ℓ_0 范数, 即非零元素的个数. 试针对 ℓ_0 范数优化问题形式化推导具有两个变量块的 ADMM 格式. 在算法中每个子问题是如何求解的?

5.17　试说明 LASSO 对偶问题中, 若在问题(5.4.27) 中对约束

$$A^{\mathrm{T}}y + z = 0$$

引入乘子 x, 则 x 恰好对应 LASSO 原始问题(5.4.26) 中的自变量.

5.18　实现关于 LASSO 问题使用以下算法的程序, 并比较它们的效率

(a) 近似点梯度算法;

(b) Nesterov 加速算法;

(c) 交替方向乘子法;

(d) 分块坐标下降法;

(e) 随机近似点梯度算法.

5.19　设 $f(x) = \dfrac{1}{N}\sum_{i=1}^{N} f_i(x)$, 其中每个 $f_i(x)$ 是可微函数, 且 $f(x)$ 为梯度 L-利普希茨连续的. $\{x^k\}$ 是由随机梯度下降法产生的迭代序列, s_k 为第 k 步随机抽取的下标. 证明:

$$\mathbb{E}[\|\nabla f_{s_k}(x^k)\|^2] \leqslant L^2 \mathbb{E}[\|x^k - x^*\|^2] + \mathbb{E}[\|\nabla f_{s_k}(x^k) - \nabla f(x^k)\|^2],$$

其中 x^* 是 $f(x)$ 的一个最小值点.

5.20　在 SAGA 算法中, 每一步的下降方向取为

$$v^k = \nabla f_{s_k}(x^k) - g_{s_k}^{k-1} + \frac{1}{N}\sum_{i=1}^{N} g_i^{k-1},$$

假设初值 $g_i^0 = 0, i = 1, 2, \cdots, N$, 证明:

$$\mathbb{E}[v^k | s_1, s_2, \cdots, s_{k-1}] = \nabla f(x^k).$$

符号表

符号	含义
$\mathbb{R}$	实数集合
$\bar{\mathbb{R}}$	广义实数集合
$\mathbb{R}^n$	n 维欧几里得空间
$\mathbb{R}^{m \times n}$	$m \times n$ 矩阵空间
$\mathcal{S}^n$	n 阶对称矩阵空间
$\mathcal{S}^n_+$	n 阶对称半正定矩阵空间
$\mathcal{S}^n_{++}$	n 阶对称正定矩阵空间
int S	集合 S 的内点
affine S	集合 S 的仿射包
conv S	集合 S 的凸包
cone S	集合 S 的锥包
$A \subseteq B$	集合 A 是 B 的子集
$A \subset B$	集合 A 是 B 的真子集
$A + B$	集合 A 与 B 的加法 (分别从 A 与 B 中选取一个元素相加构成的集合)
$A - B$	集合 A 与 B 的减法 (分别从 A 与 B 中选取一个元素相减构成的集合)
$N_\delta(x)$	点 x 处半径为 δ 的邻域
$\mathrm{dist}(x, S)$	点 x 到集合 S 的欧几里得距离
$a \stackrel{\mathrm{def}}{=\!=} b$	表达式 a 的定义为表达式 b
x	最优化问题的变量

续表

符号	含义
x^k	最优化算法在第 k 步时自变量 x 的值
x^*	最优化问题的最优解
x^{T}	向量或矩阵的转置
$\bar{x}^{\mathrm{T}}$	向量或矩阵的共轭转置
$\mathbf{dom}\, f$	函数 f 的定义域
$\mathbf{epi}\, f$	函数 f 的上方图
$\nabla f(x)$	函数 f 在点 x 处的梯度
$\nabla^2 f(x)$	函数 f 在点 x 处的海瑟矩阵
$\partial f(x; d)$	函数 f 在点 x 处关于方向 d 的方向导数
$\partial f(x)$	函数 f 在点 x 处的次微分
$\underset{x \in \mathcal{X}}{\arg\min} f(x)$	函数 f 在可行域 $\mathcal{X}$ 中的一个最小值点
$\underset{x \in \mathcal{X}}{\arg\max} f(x)$	函数 f 在可行域 $\mathcal{X}$ 中的一个最大值点
$\mathrm{sign}(x)$	符号函数
$\ln(x)$	自然对数 (以 e 为底)
d^k	最优化算法在第 k 步时的下降方向
α_k	最优化算法在第 k 步时的步长
$x \geqslant 0$	向量 x 每一个分量都大于或等于 0, 即 $x_i \geqslant 0, i = 1, 2, \cdots, n$
$x \odot y$	向量或矩阵 x 和 y 的 Hadamard 积 (逐分量相乘)
$\langle x, y \rangle$	向量或矩阵 x 和 y 的内积
$\mathcal{R}(X)$	矩阵 X 的像空间
$\mathcal{N}(X)$	矩阵 X 的零空间
$\mathrm{Tr}(X)$	矩阵 X 的迹
$\det(X)$	矩阵 X 的行列式
$X \succeq 0$	矩阵 X 半正定
$X \succeq Y$	矩阵 $X - Y$ 半正定
$X \succ 0$	矩阵 X 严格正定
$X \succ Y$	矩阵 $X - Y$ 严格正定
$\|x\|, \|x\|_2$	向量 x 的 ℓ_2 范数
$\|x\|_1$	向量 x 的 ℓ_1 范数 (所有分量绝对值的和)
$\|X\|_2$	矩阵 X 的谱范数 (最大奇异值)
$\|X\|_1$	矩阵 X 的 ℓ_1 范数 (所有分量绝对值的和)

符号	含义
$\|X\|_F$	矩阵 X 的 F 范数
$\|X\|_*$	矩阵 X 的核范数 (所有奇异值的和)
$\mathrm{diag}(X)$	方阵 X 所有对角线元素组成的向量
$\mathrm{Diag}(x)$	以向量 x 元素生成的对角矩阵
s^k	在拟牛顿算法中, 相邻两次迭代点的差 $x^{k+1} - x^k$
y^k	在拟牛顿算法中, 相邻两次迭代点处梯度的差, 即 $\nabla f(x^{k+1}) - \nabla f(x^k)$
B^k	二阶算法中第 k 步海瑟矩阵的近似矩阵
H^k	二阶算法中第 k 步海瑟矩阵逆的近似矩阵
$\mathcal{E}$	约束优化问题中所有等式约束指标集合
$\mathcal{I}$	约束优化问题中所有不等式约束指标集合
$\mathcal{A}(x)$	约束优化问题中点 x 处的积极集
$P_E(x, \sigma)$	等式约束罚函数
$P_I(x, \sigma)$	不等式约束罚函数
$L(x, \lambda)$	拉格朗日函数
$L_\sigma(x, \lambda)$	增广拉格朗日函数
$\mathrm{prox}_f(x)$	函数 f 的邻近算子
$I_S(x)$	集合 S 的示性函数
$\mathcal{P}_S(x)$	点 x 到闭集 S 的欧几里得投影
$P(A)$	随机事件 A 的概率
$\mathbb{E}[X]$	随机变量 X 的数学期望
$\mathbb{E}[X|Y]$	随机变量 X 关于 Y 的条件期望

参考文献

[1] ABADI M, AGARWAL A, BARHAM P, et al. TensorFlow: largescale machine learning on heterogeneous systems[Z]. Tensorflow. 2015.

[2] ADBY P. Introduction to optimization methods[M]. Berlin: Springer Science & Business Media, 2013.

[3] ANDERSON D G. Iterative procedures for nonlinear integral equations[J]. Journal of the ACM (JACM), 1965, 12(4): 547—560.

[4] AUSLENDER A. Asymptotic properties of the Fenchel dual functional and applications to decomposition problems[J]. Journal of Optimization Theory and Applications, 1992, 73(3): 427—449.

[5] AVERICK B M, CARTER R G, XUE G L, et al. The MINPACK-2 test problem collection[R]. Chicago: Argonne National Lab, 1992.

[6] AL-BAALI M. Descent property and global convergence of the fletcher—reeves method with inexact line search[J]. IMA Journal of Numerical Analysis, 1985, 5(1): 121—124.

[7] BAIRE R, DENJOY A. Leçons sur les fonctions discontinues: professées au collège de france[M]. Paris: Gauthier-Villars, 1905.

[8] BAUSCHKE H H, COMBETTES P L, et al. Convex analysis and monotone operator theory in Hilbert spaces: vol. 408[M]. New York: Springer, 2011.

[9] BECK A, TEBOULLE M. Mirror descent and nonlinear projected subgradient methods for convex optimization[J]. Operations Research Letters, 2003, 31(3): 167—175.

[10] BECK A, TEBOULLE M. A fast iterative shrinkage-thresholding algorithm for linear inverse problems[J]. SIAM Journal on Imaging Sciences, 2009, 2(1): 183—202.

[11] BECK A, TEBOULLE M. Gradient-based algorithms with applications to signal-recovery problems[M]//Convex optimization in signal processing and communications. Cambridge, UK: Cambridge University Press, 2009: 42—88.

[12] BECK A, TETRUASHVILI L. On the convergence of block coordinate descent type methods[J]. SIAM Journal on Optimization, 2013, 23(4): 2037—2060.

[13] BECKER S, BOBIN J, CANDÈS E J. NESTA: a fast and accurate first-order method for sparse recovery[J]. SIAM Journal on Imaging Sciences, 2011, 4(1): 1—39.

[14] BERAHAS A S, BOLLAPRAGADA R, NOCEDAL J. An investigation of Newton-sketch and subsampled Newton methods[J]. Optimization Methods and Software, 2020: 1—20.

[15] BERTSEKAS D P. Constrained optimization and Lagrange multiplier methods[M]. Salt Lake: Academic press, 2014.

[16] BOLTE J, SABACH S, TEBOULLE M. Proximal alternating linearized minimization for nonconvex and nonsmooth problems[J]. Mathematical Programming, 2014, 146(1): 459—494.

[17] BORDES A, BOTTOU L, GALLINARI P. SGD-QN: careful quasinewton stochastic gradient descent[J]. Journal of Machine Learning Research, 2009, 10(59): 1737—1754.

[18] BOTTOU L, CURTIS F E, NOCEDAL J. Optimization methods for large-scale machine learning[J]. SIAM Review, 2018, 60(2): 223—311.

[19] BOYD S, PARIKH N, CHU E, et al. Distributed optimization and statistical learning via the alternating direction method of multipliers [J]. Foundations and Trendső in Machine learning, 2011, 3(1): 1—122.

[20] BOYD S, VANDENBERGHE L. Convex optimization[M]. Cambridge, UK: Cambridge University Press, 2004.

[21] BUNCH J R, PARLETT B N. Direct methods for solving symmetric indefinite systems of linear equations[J]. SIAM Journal on Numerical Analysis, 1971, 8(4): 639—655.

[22] BYRD R H, CHIN G M, NEVEITT W, et al. On the use of stochastic Hessian information in optimization methods for machine learning[J]. SIAM Journal on Optimization, 2011, 21(3): 977—995.

[23] BYRD R H, CHIN G M, NOCEDAL J, et al. Sample size selection in optimization methods for machine learning[J]. Mathematical Programming, 2012, 134(1): 127—155.

[24] BYRD R H, HANSEN S L, NOCEDAL J, et al. A stochastic quasi-Newton method for large-scale optimization[J]. SIAM Journal on Optimization, 2016, 26(2): 1008—1031.

[25] BYRD R H, NOCEDAL J, SCHNABEL R B. Representations of quasi-Newton matrices and their use in limited memory methods[J]. Mathematical Programming, 1994, 63(1-3): 129—156.

[26] BYRD R H, SCHNABEL R B, SHULTZ G A. Approximate solution of the trust region problem by minimization over two-dimensional subspaces[J]. Mathematical Programming, 1988, 40(1-3): 247—263.

[27] CANDÈS E J, LI X, SOLTANOLKOTABI M. Phase retrieval via Wirtinger flow: theory and algorithms[J]. IEEE Transactions on Information Theory, 2015, 61(4): 1985—2007.

[28] CHAMBERLAIN R. Some examples of cycling in variable metric methods for constrained minimization[J]. Mathematical Programming, 1979, 16: 378—383.

[29] CHAMBERLAIN R, POWELL M, LEMARECHAL C, et al. The watchdog technique for forcing convergence in algorithms for constrained optimization[J]. Algorithms for constrained minimization of smooth nonlinear functions, 1982: 1—17.

[30] CHAMBOLLE A, POCK T. A first-order primal-dual algorithm for convex problems with applications to imaging[J]. Journal of Mathematical Imaging and Vision, 2011, 40(1): 120—145.

[31] CHANG C C, LIN C J. Libsvm: a library for support vector machines[J]. ACM Transactions on intelligent systems and technology (TIST), 2011, 2(3): 1—27.

[32] CHEN C, HE B, YE Y, et al. The direct extension of ADMM for multi-block convex minimization problems is not necessarily convergent[J]. Mathematical Programming, 2016, 155(1-2): 57—79.

[33] CHEN C, LI M, LIU X, et al. On the convergence of multi-block alternating direction method of multipliers and block coordinate descent method[J]. ArXiv:1508.00193, 2015.

[34] CHEN L, SUN D, TOH K C. A note on the convergence of ADMM for linearly constrained convex optimization problems[J]. Computational Optimization and Applications, 2017, 66(2): 327—343.

[35] COLLOBERT R, KAVUKCUOGLU K, FARABET C. Torch7: a MATLAB-like environment for machine learning[C]//Nips 2011. NIPS Foundation, 2011.

[36] DAI Y H, YUAN Y X. A nonlinear conjugate gradient method with a strong global convergence property[J]. SIAM Journal on Optimization, 1999, 10(1): 177—182.

[37] DANTZIG G. Linear programming and extensions[M]. Princeton: Princeton University Press, 2016.

[38] DEFAZIO A, BACH F, LACOSTE-JULIEN S. SAGA: a fast incremental gradient method with support for non-strongly convex composite objectives[C]//Advances in neural information processing systems. Cambridge, Massachusetts: MIT Press, 2014: 1646—1654.

[39] DEMMEL J W. Applied numerical linear algebra: vol. 56[M]. Philadelphia: SIAM, 1997.

[40] DENG W, YIN W. On the global and linear convergence of the generalized alternating direction method of multipliers[J]. Journal of Scientific Computing, 2016, 66(3): 889—916.

[41] DENNIS J E, MEI H. Two new unconstrained optimization algorithms which use function and gradient values[J]. Journal of Optimization Theory and Applications, 1979, 28(4): 453—482.

[42] DENNIS JR J E, SCHNABEL R B. Numerical methods for unconstrained optimization and nonlinear equations: vol. 16[M]. Philadelphia: SIAM, 1996.

[43] DUBOVITSKII A Y, MILYUTIN A A. Extremum problems in the presence of restrictions[J]. USSR Computational Mathematics and Mathematical Physics, 1965, 5(3): 1—80.

[44] FAZEL M, PONG T K, SUN D, et al. Hankel matrix rank minimization with applications to system identification and realization [J]. SIAM Journal on Matrix Analysis and Applications, 2013, 34(3): 946—977.

[45] FEI Y, RONG G, WANG B, et al. Parallel L-BFGS-B algorithm on GPU[J]. Computers & Graphics, 2014, 40: 1—9.

[46] FLETCHER R, REEVES C M. Function minimization by conjugate gradients[J]. The Computer Journal, 1964, 7(2): 149—154.

[47] FLETCHER R. Practical methods of optimization[M]. John Wiley & Sons, 2000.

[48] FLETCHER R. Practical methods of optimization[M]. New Jersey: John Wiley & Sons, 2013.

[49] FLETCHER R, FREEMAN T. A modified Newton method for minimization[J]. Journal of Optimization Theory and Applications, 1977, 23(3): 357—372.

[50] FRANK M, WOLFE P. An algorithm for quadratic programming [J]. Naval Research Logistics Quarterly, 1956, 3(1-2): 95—110.

[51] FUKUSHIMA M. A successive quadratic programming algorithm with global and super-linear convergence properties[J]. Mathematical Programming, 1986, 35(3): 253—264.

[52] GABAY D, MERCIER B. A dual algorithm for the solution of non linear variational problems via finite element approximation[M]. Institut de recherche d'informatique et d'automatique, 1975.

[53] GHADIMI S, LAN G. Stochastic first-and zeroth-order methods for nonconvex stochastic programming[J]. SIAM Journal on Optimization, 2013, 23(4): 2341—2368.

[54] GHADIMI S, LAN G. Accelerated gradient methods for nonconvex nonlinear and stochastic programming[J]. Mathematical Programming, 2016, 156(1-2): 59—99.

[55] GHADIMI S, LAN G, ZHANG H. Mini-batch stochastic approximation methods for nonconvex stochastic composite optimization[J]. Mathematical Programming, 2016, 155(1-2): 267—305.

[56] GILBERT J C, NOCEDAL J. Global convergence properties of conjugate gradient methods for optimization[J]. SIAM Journal on optimization, 1992, 2(1): 21—42.

[57] GILL P E, MURRAY W, WRIGHT M H. Practical optimization[M]. Philadelphia: Society for Industrial, 2019.

[58] GLOWINSKI R, MARROCO A. Sur l'approximation, par éléments finis d'ordre un, et la résolution, par pénalisation-dualité d'une classe de problèmes de dirichlet non linéaires[J]. Revue française d'automatique, informatique, recherche opérationnelle. Analyse numérique, 1975, 9(R2): 41—76.

[59] GOLDFARB D. Curvilinear path steplength algorithms for minimization which use directions of negative curvature[J]. Mathematical Programming, 1980, 18(1): 31—40.

[60] GOLDSTEIN A, PRICE J. An effective algorithm for minimization [J]. Numerische Mathematik, 1967, 10(3): 184—189.

[61] GOLUB G H, VAN LOAN C F. Matrix computations: vol. 3[M]. 4th ed. Baltimore: Johns Hopkins University Press, 2012.

[62] GRIPPO L, LAMPARIELLO F, LUCIDI S. A truncated Newton method with nonmonotone line search for unconstrained optimization[J]. Journal of Optimization Theory and Applications, 1989, 60(3): 401—419.

[63] GRIPPO L, SCIANDRONE M. On the convergence of the block nonlinear Gauss-Seidel method under convex constraints[J]. Operations Research Letters, 2000, 26(3): 127—136.

[64] GRIPPO L, LAMPARIELLO F, LUCIDI S. A nonmonotone line search technique for Newton's method[J]. SIAM Journal on Numerical Analysis, 1986, 23(4): 707—716.

[65] HALE E T, YIN W, ZHANG Y. Fixed-point continuation for ℓ_1- minimization: methodology and convergence[J]. SIAM Journal on Optimization, 2008, 19(3): 1107—1130.

[66] HAN S P, MANGASARIAN O L. Exact penalty functions in nonlinear programming[J]. Mathematical Programming, 1979, 17(1): 251—269.

[67] HAN S P. A globally convergent method for nonlinear programming [J]. Journal of optimization theory and applications, 1977, 22(3): 297—309.

[68] HE B, YUAN X. On the $\mathcal{O}(1/n)$ convergence rate of the Douglas-Rachford alternating direction method[J]. SIAM Journal on Numerical Analysis, 2012, 50(2): 700—709.

[69] HESTENES M R, STIEFEL E. Methods of conjugate gradients for solving linear systems: vol. 49[M]. Washington: NBS, 1952.

[70] HONG M, LUO Z Q. On the linear convergence of the alternating direction method of multipliers[J]. Mathematical Programming, 2017, 162(1-2): 165—199.

[71] HONG M, LUO Z Q, RAZAVIYAYN M. Convergence analysis of alternating direction method of multipliers for a family of nonconvex problems[J]. SIAM Journal on Optimization, 2016, 26(1): 337—364.

[72] HU J, JIANG B, LIN L, et al. Structured quasi-Newton methods for optimization with orthogonality constraints[J]. SIAM Journal on Scientific Computing, 2019, 41(4): A2239—A2269.

[73] JAGGI M. Revisiting Frank-Wolfe: projection-free sparse convex optimization[C]// DASGUPTA S, MCALLESTER D. Proceedings of Machine Learning Research: Proceedings of the 30th international conference on machine learning: vol. 28: 1. Atlanta: PMLR, 2013: 427—435.

[74] JIANG B, MA S, SO A M C, et al. Vector transport-free SVRG with general retraction for Riemannian optimization: complexity analysis and practical implementation[J]. ArXiv:1705.09059, 2017.

[75] JOHNSON R, ZHANG T. Accelerating stochastic gradient descent using predictive variance reduction[C]//Advances in neural information processing systems. Cambridge, Massachusetts: MIT Press, 2013: 315—323.

[76] KARMARKAR N. A new polynomial-time algorithm for linear programming [C]//Proceedings of the sixteenth annual ACM symposium on theory of computing. New York: Association for Computer Machinery, 1984: 302—311.

[77] KIM S J, KOH K, BOYD S, et al. ℓ_1 trend filtering[J]. SIAM Review, 2009, 51(2): 339—360.

[78] LANDWEBER L. An iteration formula for Fredholm integral equations of the first kind[J]. American Journal of Mathematics, 1951, 73(3): 615—624.

[79] LEVENBERG K. A method for the solution of certain non-linear problems in least squares[J]. Quarterly of Applied Mathematics, 1944, 2(2): 164—168.

[80] LI X, SUN D, TOH K C. A highly efficient semismooth Newton augmented Lagrangian method for solving Lasso problems[J]. SIAM Journal on Optimization, 2018, 28(1): 433—458.

[81] LI X, SUN D, TOH K C. An asymptotically superlinearly convergent semismooth Newton augmented Lagrangian method for linear programming[J]. ArXiv:1903.09546, 2019.

[82] LIU D C, NOCEDAL J. On the limited memory BFGS method for large scale optimization[J]. Mathematical Programming, 1989, 45(1-3): 503—528.

[83] LIU J, WRIGHT S J. Asynchronous stochastic coordinate descent: parallelism and convergence properties[J]. SIAM Journal on Optimization, 2015, 25(1): 351—376.

[84] LIU J, WRIGHT S J, RÉ C, et al. An asynchronous parallel stochastic coordinate descent algorithm[J]. The Journal of Machine Learning Research, 2015, 16(1): 285—322.

[85] LIU Y, STOREY C. Efficient generalized conjugate gradient algorithms, part 1: theory[J]. Journal of optimization theory and applications, 1991, 69: 129—137.

[86] LUENBERGER D G, YE Y. Linear and nonlinear programming[M]. 4th ed. Berlin: Springer Publishing Company, Incorporated, 2015.

[87] LUO Z Q, TSENG P. On the convergence of the coordinate descent method for convex differentiable minimization[J]. Journal of Optimization Theory and Applications, 1992, 72(1): 7—35.

[88] MA S, GOLDFARB D, CHEN L. Fixed point and Bregman iterative methods for matrix rank minimization[J]. Mathematical Programming, 2011, 128(1-2): 321—353.

[89] MARATOS N. Exact penalty function algorithms for finite dimensional and control optimization problems[J]. 1978.

[90] MAYNE D Q, POLAK E. A surperlinearly convergent algorithm for constrained optimization problems[M]. Springer, 1982.

[91] MCCORMICK G P. A modification of Armijo's step-size rule for negative curvature[J]. Mathematical Programming, 1977, 13(1): 111—115.

[92] MILZAREK A, XIAO X, CEN S, et al. A stochastic semismooth Newton method for non-smooth nonconvex optimization[J]. SIAM Journal on Optimization, 2019, 29(4): 2916—2948.

[93] MORALES J L, NOCEDAL J. Remark on "algorithm 778: L-BFGSB: fortran subroutines for large-scale bound constrained optimization" [J]. ACM Transactions on Mathematical Software, 2011, 38(1).

[94] MORÉ J J, SORENSEN D C. On the use of directions of negative curvature in a modified Newton method[J]. Mathematical Programming, 1979, 16(1): 1—20.

[95] MORITZ P, NISHIHARA R, JORDAN M. A linearly-convergent stochastic L-BFGS algorithm[C]//Artificial intelligence and statistics. 2016: 249—258.

[96] NASH S G, NOCEDAL J. A numerical study of the limited memory BFGS method and the truncated-Newton method for large scale optimization[J]. SIAM Journal on Optimization, 1991, 1(3): 358—372.

[97] NESTEROV Y. Smooth minimization of non-smooth functions[J]. Mathematical Programming, 2005, 103(1): 127—152.

[98] NESTEROV Y. On an approach to the construction of optimal methods of minimization of smooth convex functions[J]. Ekonomika i Mateaticheskie Metody, 1988, 24(3): 509—517.

[99] NESTEROV Y. Introductory lectures on convex programming volume i: basic course[J]. Lecture notes, 1998, 3(4): 5.

[100] NESTEROV Y. Lectures on convex optimization: vol. 137[M]. Berlin: Springer, 2018.

[101] NOCEDAL J. Updating quasi-Newton matrices with limited storage [J]. Mathematics of computation, 1980, 35(151): 773—782.

[102] NOCEDAL J, WRIGHT S. Numerical optimization[M]. 2nd ed. Berlin: Springer Science & Business Media, 2006.

[103] OCHS P, CHEN Y, BROX T, et al. iPiano: inertial proximal algorithm for nonconvex optimization[J]. SIAM Journal on Imaging Sciences, 2014, 7(2): 1388—1419.

[104] OUYANG Y, CHEN Y, LAN G, et al. An accelerated linearized alternating direction method of multipliers[J]. SIAM Journal on Imaging Sciences, 2015, 8(1): 644—681.

[105] PAATERO P, TAPPER U. Positive matrix factorization: a nonnegative factor model with optimal utilization of error estimates of data values[J]. Environmetrics, 1994, 5(2): 111—126.

[106] PARIKH N, BOYD S, et al. Proximal algorithms[J]. Foundations and Trendső in Optimization, 2014, 1(3): 127—239.

[107] PETERSEN K B, PEDERSEN M S. The matrix cookbook[Z]. Version 20121115. 2012.

[108] PILANCI M, WAINWRIGHT M J. Newton sketch: a near lineartime optimization algorithm with linear-quadratic convergence[J]. SIAM Journal on Optimization, 2017, 27(1): 205—245.

[109] POLAK E, RIBIERE G. Note sur la convergence de méthodes de directions conjuguées[J]. ESAIM: Mathematical Modelling and Numerical Analysis-Modélisation Mathématique et Analyse Numérique, 1969, 3(R1): 35—43.

[110] POLYAK B T. Some methods of speeding up the convergence of iteration methods[J]. USSR Computational Mathematics and Mathematical Physics, 1964, 4(5): 1—17.

[111] POLYAK B T. The conjugate gradient method in extremal problems [J]. USSR Computational Mathematics and Mathematical Physics, 1969, 9(4): 94—112.

[112] POWELL M J D. On search directions for minimization algorithms [J]. Mathematical Programming, 1973, 4(1): 193—201.

[113] POWELL M J D. Some convergence properties of the conjugate gradient method[J]. Mathematical Programming, 1976, 11: 42—49.

[114] POWELL M J D. Restart procedures for the conjugate gradient method[J]. Mathematical programming, 1977, 12: 241—254.

[115] POWELL M J. A new algorithm for unconstrained optimization[G]//Nonlinear programming. Amsterdam: Elsevier, 1970: 31—65.

[116] POWELL M J. Nonconvex minimization calculations and the conjugate gradient method[C]//Numerical analysis: proceedings of the 10th biennial conference held at dundee, scotland, june 28-july 1, 1983. 1984: 122—141.

[117] POWELL M J. A fast algorithm for nonlinearly constrained optimization calculations[C]//Numerical analysis: proceedings of the biennial conference held at dundee, june 28-july 1, 1977. 2006: 144—157.

[118] POWELL M J, YUAN Y. A recursive quadratic programming algorithm that uses differentiable exact penalty functions[J]. Mathematical programming, 1986, 35: 265—278.

[119] POWELL M. A note on quasi-Newton formulae for sparse second derivative matrices[J]. Mathematical Programming, 1981, 20(1): 144—151.

[120] RECHT B, FAZEL M, PARRILO P. Guaranteed minimum-rank solutions of linear matrix equations via nuclear norm minimization[J]. SIAM Review, 2010, 52(3): 471—501.

[121] RICHTÁRIK P, TAKÁ M. Iteration complexity of randomized block-coordinate descent methods for minimizing a composite function[J]. Mathematical Programming, 2014, 144(1-2): 1—38.

[122] ROBBINS H, MONRO S, et al. A stochastic approximation method [J]. The Annals of Mathematical Statistics, 1951, 22(3): 400—407.

[123] ROCKAFELLAR R T. Augmented Lagrangians and applications of the proximal point algorithm in convex programming[J]. Mathematics of Operations Research, 1976, 1(2): 97—116.

[124] ROCKAFELLAR R. Convex analysis[M]. Princeton: Princeton University Press, 1970.

[125] RUDIN L I, OSHER S, FATEMI E. Nonlinear total variation based noise removal algorithms[J]. Physica D: Nonlinear Phenomena, 1992, 60(1-4): 259—268.

[126] RUSZCZYSKI A P, RUSZCZYNSKI A. Nonlinear optimization: vol. 13[M]. Princeton: Princeton University Press, 2006.

[127] SCHEINBERG K, MA S, GOLDFARB D. Sparse inverse covariance selection via alternating linearization methods[C]//Advances in neural information processing systems. Cambridge, Massachusetts: MIT Press, 2010: 2101—2109.

[128] SCHMIDT M, LE ROUX N, BACH F. Minimizing finite sums with the stochastic average gradient[J]. Mathematical Programming, 2017, 162(1-2): 83—112.

[129] SHALEV-SHWARTZ S, ZHANG T. Accelerated proximal stochastic dual coordinate ascent for regularized loss minimization[C]// International conference on machine learning. 2014: 64—72.

[130] SNYMAN J A. Practical mathematical optimization[M]. Berlin: Springer, 2005.

[131] STEIHAUG T. The conjugate gradient method and trust regions in large scale optimization[J]. SIAM Journal on Numerical Analysis, 1983, 20(3): 626—637.

[132] SU W, BOYD S, CANDÈS E. A differential equation for modeling Nesterov's accelerated gradient method: theory and insights[C] //Advances in neural information processing systems. Cambridge, Massachusetts: MIT Press, 2014: 2510—2518.

[133] SUN R, LUO Z Q, YE Y. On the expected convergence of randomly permuted ADMM[J]. ArXiv:1503.06387, 2015.

[134] SUN W, YUAN Y X. Optimization theory and methods: nonlinear programming: vol. 1[M]. Berlin: Springer Science & Business Media, 2006.

[135] SUTSKEVER I, MARTENS J, DAHL G, et al. On the importance of initialization and momentum in deep learning[C]//International conference on machine learning. 2013: 1139—1147.

[136] TIBSHIRANI R. Regression shrinkage and selection via the Lasso[J]. Journal of the Royal Statistical Society. Series B (Methodological), 1996: 267—288.

[137] TIKHONOV A N, ARSENIN V I. Solutions of ill-posed problems: vol. 14[M]. Washington: Vh Winston, 1977.

[138] TOH K C, YUN S. An accelerated proximal gradient algorithm for nuclear norm regularized linear least squares problems[J]. Pacific Journal of Optimization, 2010, 6(615-640): 15.

[139] TOINT P. A note about sparsity exploiting quasi-Newton updates [J]. Mathematical Programming, 1981, 21(1): 172—181.

[140] TOUATI-AHMED D, STOREY C. Efficient hybrid conjugate gradient techniques[J]. Journal of optimization theory and applications, 1990, 64: 379—397.

[141] TSENG P. Dual coordinate ascent methods for non-strictly convex minimization[J]. Mathematical Programming, 1993, 59(1): 231—247.

[142] TSENG P. On accelerated proximal gradient methods for convexconcave optimization[J]. submitted to SIAM Journal on Optimization, 2008, 2: 3.

[143] WALKER H F, NI P. Anderson acceleration for fixed-point iterations [J]. SIAM Journal on Numerical Analysis, 2011, 49(4): 1715—1735.

[144] WANG P W, CHANG W C, KOLTER J Z. The mixing method: coordinate descent for low-rank semidefinite programming [J]. ArXiv:1706.00476, 2017.

[145] WARGA J. Minimizing certain convex functions[J]. Journal of the Society for Industrial and Applied Mathematics, 1963, 11(3): 588—593.

[146] WELLING M, WEBER M. Positive tensor factorization[J]. Pattern Recognition Letters, 2001, 22: 1255—1261.

[147] WILSON R B. A simplicial algorithm for concave programming[J]. Ph. D. Dissertation, Graduate School of Bussiness Administration, 1963.

[148] WRIGHT S J. Coordinate descent algorithms[J]. Mathematical Programming, 2015, 151(1): 3—34.

[149] XIAO L, ZHANG T. A proximal stochastic gradient method with progressive variance reduction[J]. SIAM Journal on Optimization, 2014, 24(4): 2057—2075.

[150] XU P, ROOSTA F, MAHONEY M W. Second-order optimization for non-convex machine learning: an empirical study[M]//Proceedings of the 2020 siam international conference on data mining: 199—207.

[151] XU P, YANG J, ROOSTA-KHORASANI F, et al. Sub-sampled Newton methods with non-uniform sampling[C]//Advances in neural information processing systems. Cambridge, Massachusetts: MIT Press, 2016: 3000—3008.

[152] XU Y, YIN W. A block coordinate descent method for regularized multiconvex optimization with applications to nonnegative tensor factorization and completion[J]. SIAM Journal on Imaging Sciences, 2013, 6(3): 1758—1789.

[153] YANG L, SUN D, TOH K C. SDPNAL+: a majorized semismooth Newton-CG augmented Lagrangian method for semidefinite programming with nonnegative constraints[J]. Mathematical Programming Computation, 2015, 7(3): 331—366.

[154] YIN W. Analysis and generalizations of the linearized bregman method[J]. SIAM Journal on Imaging Sciences, 2010, 3(4): 856—877.

[155] YIN W, OSHER S, GOLDFARB D, et al. Bregman iterative algorithms for ℓ_1-minimization with applications to compressed sensing [J]. SIAM Journal on Imaging Sciences, 2008, 1(1): 143—168.

[156] YUAN Y X. On the truncated conjugate gradient method[J]. Mathematical Programming, 2000, 87(3): 561—573.

[157] YUAN Y X. Recent advances in trust region algorithms[J]. Mathematical Programming, 2015, 151(1): 249—281.

[158] ZHANG H, HAGER W W. A nonmonotone line search technique and its application to unconstrained optimization[J]. SIAM Journal on Optimization, 2004, 14(4): 1043—1056.

[159] ZHANG H, REDDI S J, SRA S. Riemannian SVRG: fast stochastic optimization on Riemannian manifolds[C]//Advances in neural information processing systems. Cambridge, Massachusetts: MIT Press, 2016: 4592—4600.

[160] ZHAO X Y, SUN D, TOH K C. A Newton-CG augmented Lagrangian method for semidefinite programming[J]. SIAM Journal on Optimization, 2010, 20(4): 1737—1765.

[161] ZHU C, BYRD R H, LU P, et al. Algorithm 778: L-BFGS-B: Fortran subroutines for large-scale bound-constrained optimization[J]. ACM Transactions on Mathematical Software (TOMS), 1997, 23(4): 550—560.

[162] 刘浩洋, 户将, 李勇锋, 等. 最优化: 建模、算法与理论 [M]. 北京: 高等教育出版社, 2020.

[163] 徐树方, 钱江. 矩阵计算六讲 [M]. 北京: 高等教育出版社, 2011.

[164] 徐树方, 高立, 张平文. 数值线性代数 [M]. 北京: 北京大学出版社, 2013.

[165] 戴彧虹, 袁亚湘. 非线性共轭梯度法 [M]. 上海: 上海科学技术出版社, 2000.

[166] 袁亚湘, 孙文瑜. 最优化理论与方法 [M]. 北京: 科学出版社, 1997.

索引

郑重声明

高等教育出版社依法对本书享有专有出版权。任何未经许可的复制、销售行为均违反《中华人民共和国著作权法》，其行为人将承担相应的民事责任和行政责任；构成犯罪的，将被依法追究刑事责任。为了维护市场秩序，保护读者的合法权益，避免读者误用盗版书造成不良后果，我社将配合行政执法部门和司法机关对违法犯罪的单位和个人进行严厉打击。社会各界人士如发现上述侵权行为，希望及时举报，我社将奖励举报有功人员。

反盗版举报电话　　（010）58581999　58582371
反盗版举报邮箱　　dd@hep.com.cn
通信地址　　北京市西城区德外大街4号
　　　　　　高等教育出版社知识产权与法律事务部
邮政编码　　100120

读者意见反馈

为收集对教材的意见建议，进一步完善教材编写并做好服务工作，读者可将对本教材的意见建议通过如下渠道反馈至我社。

咨询电话　　400-810-0598
反馈邮箱　　hepsci@pub.hep.cn
通信地址　　北京市朝阳区惠新东街4号富盛大厦1座
　　　　　　高等教育出版社理科事业部
邮政编码　　100029

防伪查询说明

用户购书后刮开封底防伪涂层，使用手机微信等软件扫描二维码，会跳转至防伪查询网页，获得所购图书详细信息。

防伪客服电话　　（010）58582300

图书在版编目（CIP）数据

最优化方法与理论 / 文再文，袁亚湘编著 . -- 北京：
高等教育出版社，2024. 8（2025. 8 重印）. -- (101 计划核心教材).
ISBN 978-7-04-062561-5

Ⅰ . O242.23

中国国家版本馆 CIP 数据核字第 2024SY5127 号

Zuiyouhua Fangfa yu Lilun

策划编辑	张晓丽	出版发行	高等教育出版社	
责任编辑	张晓丽	社　　址	北京市西城区德外大街4号	
封面设计	王　洋	邮政编码	100120	
版式设计	徐艳妮	购书热线	010-58581118	
责任绘图	裴一丹	咨询电话	400-810-0598	
责任校对	陈　杨	网　　址	http://www.hep.edu.cn	
责任印制	赵义民		http://www.hep.com.cn	
		网上订购	http://www.hepmall.com.cn	
			http://www.hepmall.com	
			http://www.hepmall.cn	

印　　刷	北京盛通印刷股份有限公司
开　　本	787mm×1092mm　1/16
印　　张	26.5
字　　数	550 千字
版　　次	2024年8月第1版
印　　次	2025年8月第2次印刷
定　　价	68.00元

本书如有缺页、倒页、脱页等质量问题
请到所购图书销售部门联系调换